国防电子信息技术丛书

现代电子战系统导论

（第二版）

Introduction to Modern EW Systems

Second Edition

［意］ Andrea De Martino 著

姜道安 等译

電子工業出版社

Publishing House of Electronics Industry

北京 · BEIJING

内 容 简 介

全书共 6 章，第 1 章描述了对称与非对称的冲突场景及其电子战系统在其中的应用；第 2 章阐述了雷达、通信、导航、光电及激光雷达等现代系统的最新发展；第 3 章描述了新型无源电子战装备架构、需求及其性能；第 4 章论述了 ESM 系统中的射频测向与辐射源定位技术；第 5 章和第 6 章分别论述了对现代射频和红外对抗装备的需求、架构、所采用的技术，以及对射频有源装备和红外/光电导弹导引头实施的主要对抗技术。

本书另有 6 个附录。附录 A：传感器接收机的信号检测；附录 B：估计理论概念简介；附录 C：天线与相控阵天线；附录 D：模拟调制方法；附录 E：BFSK 通信系统中噪声与单音干扰提高误码率的评估；附录 F：雷达脉冲压缩波形。

本书是近年来全面论述电子战技术发展的一本不可多得的技术专著，由中国电子科技集团公司光电研究院组织翻译，供国内电子对抗、雷达等领域的研发、使用、管理人员以及高等院校师生参考。

图书在版编目（CIP）数据

现代电子战系统导论：第二版 /（意）安德里亚·马蒂诺（Andrea De Martino）著；姜道安等译. —北京：电子工业出版社，2020.4

（国防电子信息技术丛书）

书名原文：Introduction to Modern EW Systems,Second Edition

ISBN 978-7-121-38761-6

I. ①现…　II. ①安…　②姜…　III. ①电子对抗－研究　IV. ①TN97

中国版本图书馆 CIP 数据核字（2020）第 041160 号

责任编辑：竺南直　　　特约编辑：郭　莉

印　　刷：三河市鑫金马印装有限公司

装　　订：三河市鑫金马印装有限公司

出版发行：电子工业出版社

北京市海淀区万寿路 173 信箱　　邮编：100036

开　　本：787×1092　1/16　　印张：22　　字数：563.2 千字

版　　次：2020 年 4 月第 1 版（原著第 2 版）

印　　次：2024 年 1 月第 6 次印刷

定　　价：99.00 元

凡所购买电子工业出版社图书有缺损问题，请向购买书店调换。若书店售缺，请与本社发行部联系，联系及邮购电话：（010）88254888，88258888。

质量投诉请发邮件至 zlts@phei.com.cn，盗版侵权举报请发邮件至 dbqq@phei.com.cn。

本书咨询联系方式：yangbo2@phei.com.cn。

式；第 6 章有关通信对抗的内容中增加了灵巧干扰和全球导航卫星系统(GNSS)干扰。

本书由姜道安主译。参加全书翻译工作的还有石岚、任宁、刘敬民、杨莲莲、张洁，参加全书校对工作的有赵非玉、韩冰、于群、任庆国、张静元。此外，还要感谢本书第一版的编译人员王燕、朱松、秦平、彭华、李铮。希望本书能为国内电子战界同行带来更多的思考。

电子战还面临着许多挑战，需要我们去解决，电子战还有许多新疆域，有待我们去开拓。

译　者

2019 年 12 月

译　者　序[①]

本书是意大利电子公司首席技术官 Andrea De Martino 博士于2018年在2012年出版的《现代电子战系统导论》基础上撰写的第二版电子战技术专著。

全书共 6 章。

第 1 章是电子战场景介绍，首先介绍了电子战定义以及在军事中的作用。其次在电子战相关的主要武器系统中，增加了 1.2.7 节“战区弹道导弹”，主要讨论了对弹道导弹实施雷达截获的三种策略。本章还在电子战场景中增加了远距离机载控制系统(包括无人机与无人驾驶水面航行器)和定向能武器，它们作为高技术武器平台已在现代战争中发挥重要作用。本章最后依然为电子战在对称和非对称冲突中的应用。

第 2 章介绍了电子战的作战对象，重点讲述了信号辐射源和传感器的发展，其占比超过全书的三分之一。作者用大量篇幅论述对抗对象，似乎是想说明，要想搞好对抗，清晰地把握对象的发展是必需的。虽然其深度只是为了理解后面几章将要论述的与接收机和信号截获、分类和干扰有关的电子战设备，但是，第 2 章的篇幅已经充分展示了信号辐射源的新形态，这无疑是当前电子战发展必须予以高度重视的。本章依然包括雷达、通信、卫星导航、光电热像仪、激光雷达系统几个部分，但其中 2.3 节的雷达部分变化较大：新增了“噪声波形雷达”“多输入-多输出雷达”两部分内容；全面更新了“合成孔径雷达”中“非合作空中监视”的内容；原“脉冲压缩”中的内容移入到附录 F 中。

第 3 章介绍的是侦察系统。在 3.5 节“雷达波段电子战传感器体系结构”中新增了 3.5.4 节“新一代电子战雷达波段传感器的体系结构”，主要介绍了被称为“射频光子学”的新技术。在 3.8 节“辐射源识别”中新增了“特定辐射源识别”的内容，它对于在高密度电磁战场上作战的现代 ESM/ELINT 系统来说起着重要作用。

第 4 章介绍的是测向和定位。归根到底，辐射源的位置是极为有用的军事信息。虽然这部分的篇幅只约占全书的十分之一，但是连同第 2 章的部分内容，体现出电子战要千方百计地给出目标位置，这是电子战技术十分重要的一部分。本章新增了一种辐射源定位方法——“可操作的移动无源辐射源追踪(PET)系统”，它能补充地面战区防御系统的监视功能，为地面战区防御系统提供预警。

第 5 章和第 6 章讲述的是干扰技术，但是同时展开的、甚至更为深入论述的是抗干扰技术。同时从正反两个方面进行阐述是本书一个不错的切入点。正是由于两方面的论述，让我们看到，研究干扰并提出实际有效的干扰方法才是我们的目标。但是，侦察和锁定对象已经很困难，要获得干扰是否有效的反馈更不容易，这是我们不得不面对的现实。其中第 5 章的 5.4 节增加了实时数据链路(RTDL)的描述，5.7 节增加了定向红外干扰-诱饵相结合的干扰方

---

① 中文翻译版的一些字体、符号、正斜体等沿用了英文原版的写作风格。

序

本书的主题是电子战(EW)。电子战的定义是“冲突各方对敌方用于控制部队和武器的电子系统进行探测并实施电子攻击，同时以电子方式保护己方电子系统和其他目标的一系列措施和行动”。第二次世界大战期间，电子战首次在战争中得到广泛应用，主要用于挫败雷达和敌我识别系统(IFF)等新型电子装备，效果显著，尤其是在夜战中。其中著名的战例就是 1943 年 6 月 24 日在对汉堡发起的夜间空袭中，盟军首次使用一种隐秘的无源雷达干扰技术，成功地干扰了德国防空系统的主要传感器(54 cm 的“维尔茨堡”雷达)。盟军当时将该技术叫做 Window，德军称之为 Düppel，而现在则称为 Chaff(箔条)。

电子战的目的是破坏或至少降低敌方各种系统的效能，对象不仅包括雷达，还包括红外传感器/导引头、无线电通信和导航设备。因此，在敌对环境下作战时，电子战系统对于保护所有军事平台是必不可少的。

电子战是一个庞大的主题，可采用多种方式进行分类阐述。根据切入点的不同，大致可按“自上而下”或“自下而上”的方法来分类，前者以作战及系统体系结构为切入点，后者以技术为切入点。对于作者 Andrea De Martino 博士来说，选择前一种方法是很自然的，因为他是国际知名的科学家和系统工程师，不仅在电子战领域有 20 多年的经验，在雷达系统分析、评估与设计方面也具有 20 多年的经验。他目前担任电子战领域世界排名第三的意大利电子公司(Elettronica S.p.A.)的首席技术官。

De Martino 博士所著的这本书从作战形式和场景着手，首先分析了作战相关的辐射源及其信号特点，接着讨论了辐射源探测与分类/识别问题，重点阐述了对辐射源的精确定位，最后介绍了应对敌方辐射源/平台可采用的各种不同的电子措施。其中一些入门必备的基础知识放在附录中进行了介绍，分别是信号检测、估值理论和方法、阵列天线、模拟调制。

这样的编写方式将使本书深受作战人员和技术人员的欢迎，而且可能更受后一类读者的喜爱。事实上，与大约十年前发行的相同主题的出版物相比，本书在许多方面都提供了有用的附加值。首先，如前所述，本书采用了真正的系统工程方法。第二，本书介绍了电子战系统的最新(功能强大的)方法与技术(例如，接收和干扰共用的相控阵天线、数字射频存储器、直接射频 / 中频采样的信号采集、高速数字信号处理器以及用于辐射源识别与定位的先进检测和评估技术，包括低截获概率技术)。第三，也是最后的一项优势就是内容详尽全面，详细、深入地讨论了大多数电子战书籍很少涉及的一些话题，包括对无线电通信、红外、激光系统的截获与干扰，以及对抗所谓非对称战争的主要武器装备的电子行动，也即如何对抗简易爆炸装置(IED)以及便携式武器(单兵便携式防空导弹、火箭推进榴弹等)。

最后，我非常荣幸地向大家推荐这本重要且非常实用的技术专著，希望广大电子战工程技术人员和用户以及电子防御和攻击领域的操作员、设计员都从中受益。

Gaspare Galati

意大利罗马 Tor Vergata 大学雷达理论与技术教授

作者简介

Andrea De Martino 博士 1970 年毕业于罗马大学电子工程学院，1970—971 年在该校从事大系统理论和自动控制领域的研究，1977 年获得自动控制系统博士学位。1971—1972 年，在意大利空军服役，担任上尉，随后进入意大利 Selenia 公司。1972—1985 年，主要从事雷达系统开发，职位从雷达系统工程师到总工程师，业务范围从监视雷达和跟踪雷达到多功能相控阵雷达，然后被任命为地面和舰载电子战系统部的负责人。

1985 年，De Martino 博士加入意大利电子公司，并担任过多个部门的负责人，从事电子战新产品及微波设备的研制。从 1999 年开始，任职公司首席技术官。2002 年～2009 年期间还被任命为欧洲防务联盟的技术负责人，该联盟包含英国赛莱克斯·伽利略公司、西班牙英达拉公司和德国 EADS 公司。

De Martino 博士拥有多项专利，在各种保密和非保密的会议以及专业期刊上发表了多篇论述雷达和电子战装备的技术论文。

前　　言

现代战争很大程度是基于各种电子系统(如传感器、执行器、通信设备、数据处理器和显示器等)之上的，这些电子系统构成了信息作战系统和武器系统的主干。

信息对于圆满完成各种军事任务都至关重要，无论是防御和进攻任务，还是确保己方人员和武器设施生存的任务均是如此。

信息作战是通过对信息和数据的采集、传送和存储完成的，目的是了解敌方意图，然后对后续武器和人员的使用做出正确的决策。这样的过程可用所谓的 OODA(观察—定位—决策—行动)环模型来表示。OODA 环需尽快进行，才能掌握先机，获得对敌优势。

武器系统的效能完全取决于对目标/威胁的识别以及对其位置、运动数据的精确了解，而所有这些均是由电子系统提供的。

在现代战争中，电子战对上述系统发挥着重要作用，这是因为电子战系统的无源部分能够通过增强辐射源威胁的身份获取良好的态势感知，从而提高所截获辐射源威胁情报的质量；电子战系统的有源部分能够根据最优策略使用对抗措施，以保护己方军事人员和设施，同时对敌防御实施攻击行动。

本书重点描述现代电子战系统，包括 6 章。

第 1 章描述了对称与非对称的冲突场景。在对称冲突中，对己方设施的所有威胁(即地面、空中、太空和海面平台的武器系统，如导弹与枪炮)都是由电子传感系统(如雷达和/或红外/光电传感器)驱动的。在非对称冲突中，威胁包括恐怖分子/狙击手以及短程红外导弹和简易爆炸装置等小型武器。在这两种场景中，电子战系统都承担着探测并对抗这些威胁的任务，只是在频段和类型上有很大不同。

第 2 章论述了信号辐射源和红外/光电传感器的发展，阐述了雷达、射频和激光制导武器以及通信设备等现代系统与以往系统的不同。这些信号辐射源和红外/光电传感器构成了对称冲突场景中的威胁，同时也是非对称冲突场景中威胁的一部分。

第 3 章基于最新装备架构的高速数据处理解决方案，通过对新型无源电子战装备架构需求及其性能的描述，讨论了被称为电子支援措施(ESM)的无源电子战射频系统所面临的主要挑战。

第 4 章论述了 ESM 系统中采用的现代射频测向与辐射源定位技术。

第 5 章和第 6 章分别论述了对现代射频和红外有源对抗装备的需求、架构和所采用的技术(例如数字射频存储器、固态有源宽带相控阵)，以及对射频有源装备(雷达、射频导弹导引头和通信设备)与红外/光电导弹导引头实施的主要基本(即对多种类似威胁有效的)对抗技术。

附录中简单介绍了传感器接收机的信号探测概念(附录 A)、评估传感器测量精度的估计理论(附录 B)、射频装备所采用的天线阵列和相控阵(附录 C)、通信设备所采用的模拟调制方法(附录 D)以及对采用 BFSK 调制方式的通信系统噪声与单音干扰所导致的误码率(BER)增加的评估(附录 E)。

致　谢

在本书写作过程中，得到了 G.Galati 教授等诸多朋友的大力支持。G.Galati 教授对书稿进行了修订并提出了有益的意见，同时还得到了意大利电子公司各位同仁的大力支持，对此表示衷心感谢。特别感谢 V.Rossi 和 L.Girardi 为本书提供了所有插图。此外，还需感谢做出贡献的同事有 R.Ardoino、D.Benvenuti、F.Conte、L.Dinoi、G.Foglia、G.Lubello、A.Pantano、G.Panci、D.Pistoia 与 A.Zaccaron。

同时还特别感谢我所在的意大利电子公司以及 Selex Galileo、Selex SI 与 MBDA 等意大利防御公司提供并允许我在本书中使用其装备的照片。

最后，诚挚感谢我的家人在整个写作过程中对我的容忍和耐心。

目　　录

第 1 章　电子战场景介绍

1.1　电子战的定义以及在军事中的作用

在正式的军事术语[1]中，电子战（EW）被定义为一项旨在控制电磁频谱（EMS）为目标的军事行动。这个目标通过进攻性的电子攻击（EA）、防御性的电子防护（EP）、情报收集与威胁识别的电子战支援（ES）行动实现。相对以前所用的术语，EA、EP 和 ES 分别对应于电子对抗措施（ECM）、电子反对抗措施（ECCM）和电子战支援措施（ESM）。目前的定义给出的功能范围更广。

新的电子攻击（EA）功能定义除以前的电子对抗功能外，还包括了使用定向能武器（DEW）、反辐射导弹（ARM）、电磁脉冲（EMP）和核脉冲（NEMP）摧毁敌方电子设备。

新的电子防护（EP）功能定义在以前的 ECCM 功能上，新包括了电磁辐射控制（EMCON）、电子设备的电磁加固、电子战频率冲突排除以及通信保密（COMSEC）行动。

新的电子战支援（ES）功能定义与电子战支援措施（ESM）定义相比，并没有什么特别的不同之处，二者均包括近实时的威胁识别以支持迅速做出与电子攻击、电子防护、武器规避及目标瞄准行动相关的决策。

电子战功能分类如图 1.1 所示。

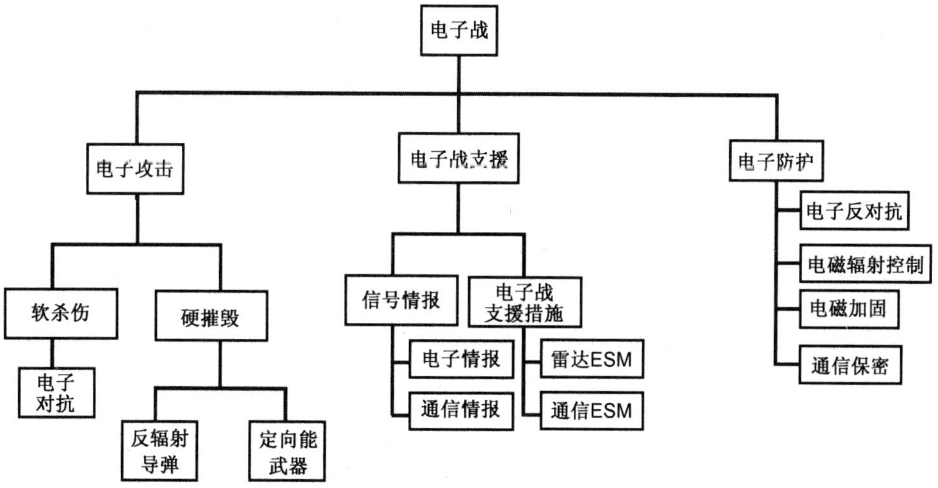

图 1.1　电子战功能分类

电子战是指挥控制（C2）战中的军事行动之一，目的在于通过破坏敌方指控的连通性，获得指控优势，从而在军事行动中取得成功。事实上，C2 系统是各种链路，指挥官根据通过这些链路上报的信息和情报所做出的决策又通过这些链路通联到战场部队中。

一个 C2 系统是由多个节点组成的网络，各个节点包括大量子系统，如传感器、导航系统、指挥与数据融合中心、通信链路等。关键节点是指那些一旦被中断或破坏，会立即降低 C2 系统进行有效作战行动的一个节点。

指挥控制战(C2W)由五项军事行动构成，它们被综合用于 C2 防护和 C2 攻击行动中：

- 作战保密(OPSEC)；
- 电子战；
- 心理战(PSYOPS)；
- 军事欺骗；
- 物理摧毁。

通常情况下，作战保密与军事欺骗在军事行动的所谓“竞争阶段”(即军事冲突的开始阶段)最有效，但五项行动对战争均是至关重要的。

作战保密是指通过控制和隐藏己方的军事规划信息，阻止敌方获得己方能力与意图相关信息的过程。心理战是指一种有计划的行动，把有影响的信息传输给敌方使其采取对己方部队有利的行动。

欺骗行动指降低敌方情报收集、监视、目标截获和侦察(ISTAR)等环节的准确性，从而使敌方对己方部队的能力和部署做出错误结论。

电子战通过对情报收集、通信与雷达系统实施电磁欺骗来对欺骗行动提供支持。

对关键节点的物理摧毁是最希望达成且最有效的手段。包括武器的应用，目标瞄准和战斗损伤评估(BDA)等功能的应用，后两种功能通常是由电子和光学成像设备完成的。电子攻击也可以实现物理摧毁，电子攻击通过使用反辐射导弹攻击雷达和通信源，以及利用定向能武器破坏或烧毁敌方电子设备参与攻击过程。

总之，在军事领域中(也即 C2W 框架中)，电子战发挥着重要作用，电子攻击支持 C2W 攻击进行作战行动，电子防护保护 C2W 免受敌电子攻击，电子战支援提供用于规划己方 C2 攻击以及相关战场战斗损伤评估所需的信息，从而给 C2W 规划提供效能反馈。

本章首先简要描述由电子传感器驱动的主要武器系统的工作原理，这些是电子战行动的潜在基础，很容易受到电子战攻击；随后将讨论对称冲突与非对称冲突中电子战的应用。

1.2 电子战相关的主要武器系统

各国及其盟国的军队通常至少由三个军种组成：陆军、海军和空军(在本书中，将海军陆战队归到海军)，它们分别承担国家/联盟不同的领土防御任务以及与敌方进行战争活动等任务。在执行任务过程中，它们各自拥有大量不同的平台(飞机、舰船、坦克、装甲车以及士兵)，平台中装备的各种武器系统，如弹药、枪炮和导弹，其任务是摧毁敌方资源(设施)。

摧毁敌方资源(设施)最好是在远距离完成，以防止对己方设施造成损害：距离越远，己方资源(设施)的安全性越高，因为这降低了敌方有效反击的概率。目前对现代武器的设想是在更远的距离以更快的速度打击目标，从而缩短敌方有效防御的反应时间，提高武器攻击的成功概率。武器系统需要足够高的瞄准精度，这一需求通过远程探测和准确跟踪目标的电磁传感器(和电子设备)得以满足，从而使炸弹、火炮、导弹能够对目标实施精确打击和引导。各种空对地打击武器的作用距离[2]的示意图见图 1.2。

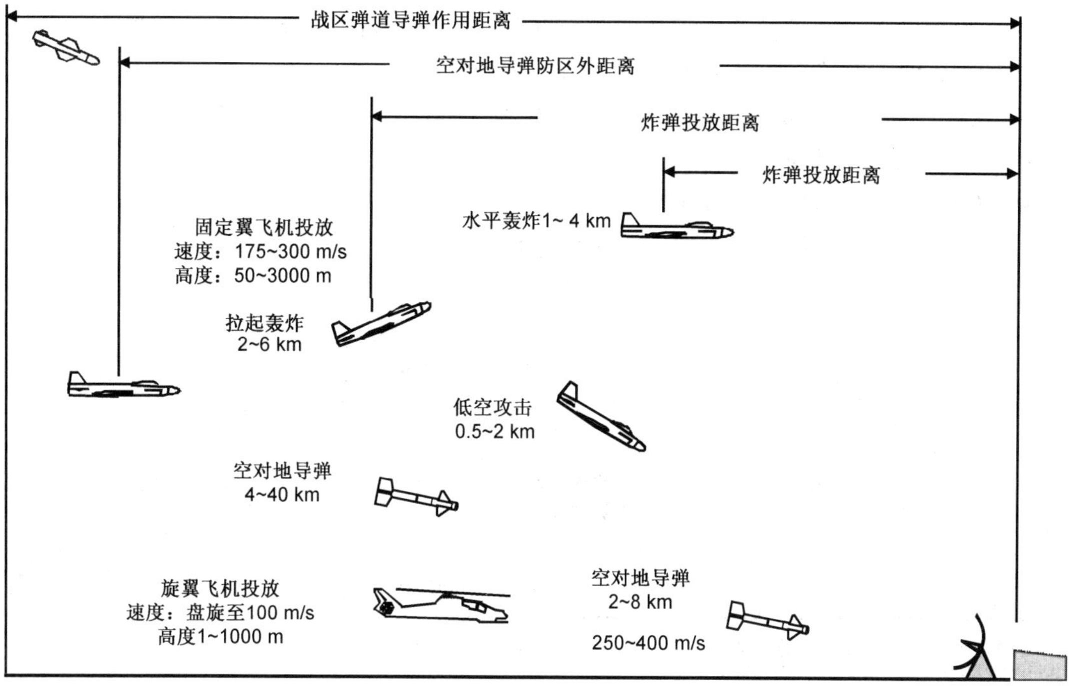

图 1.2　各种空对地打击武器的作用距离示意图

空军的任务是确保关注区域上的空中/太空优势以及重要领土防空。这些任务是通过综合防空系统(IADS)完成的。它由大量资源(设施)构成，包括：

- 防空系统，由地面与机载预警雷达、地空导弹(SAM)的指挥控制中心以及要地与机场防空高炮(AAA)组成；
- 制空(或防空)战斗机；
- 突防/攻击飞机；
- 各种类型无人机(UAV)。

电子战的目的是控制电磁频谱，使己方部队获得优势并对敌传感器实施压制，通过对敌方传感器定位以及采取行动降低其性能，通过放大敌方的问题并限制、削弱其相关武器系统效能(即杀伤概率)实现。

下面简要介绍主要武器系统的工作原理。其驱动传感器的工作及其局限将在第 2 章中详细讨论。

各国武装部队所采用的主要武器系统类型如下：

(1) 地面/舰载或机载预警监视系统。预警系统由各种远程(超过 400 km)监视雷达组成，主要工作在较低的雷达频段(100～3500 MHz)。

(2) 各种类型的导弹系统，包括：

- 地对空导弹；
- 空对空导弹；
- 反舰导弹或对付地面高价值目标的导弹，它们从空中发射(ASM)或从地面/水面发射(SSM)。

上述导弹均可用雷达或红外寻的器制导，并且在相应攻击距离上实施攻击，攻击距离是指从导弹发射平台到导弹攻击点的距离。红外制导导弹通常比雷达制导导弹的作用距离更短。反舰导弹主要采用雷达制导，但有些为复合制导(雷达+红外)。其他类型导弹包括：

- 反坦克系统，主要采用有线制导或红外激光制导，有些由毫米波(MMW)制导；
- 反辐射导弹(ARM)；
- 弹道导弹(末制导采用红外导引头)，攻击能力类型如图 1.3 所示。

各种导弹类型的典型作用距离如图 1.4 所示。

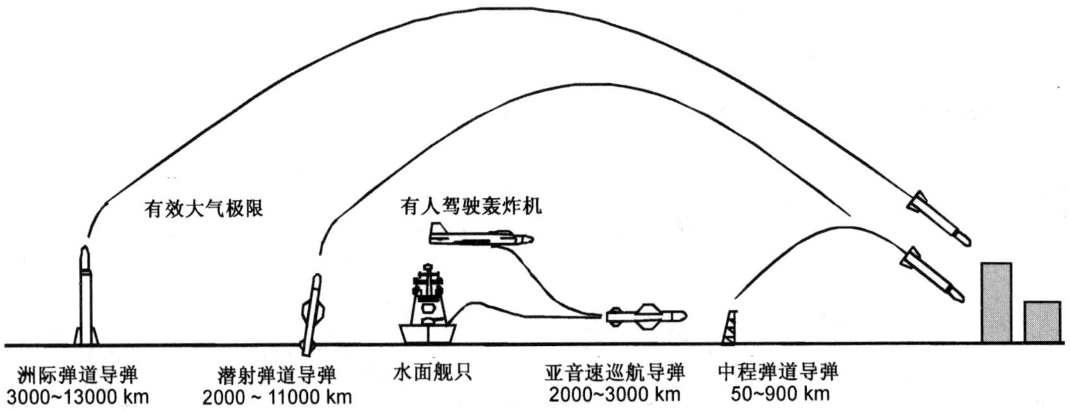

图 1.3 各种导弹功击能力

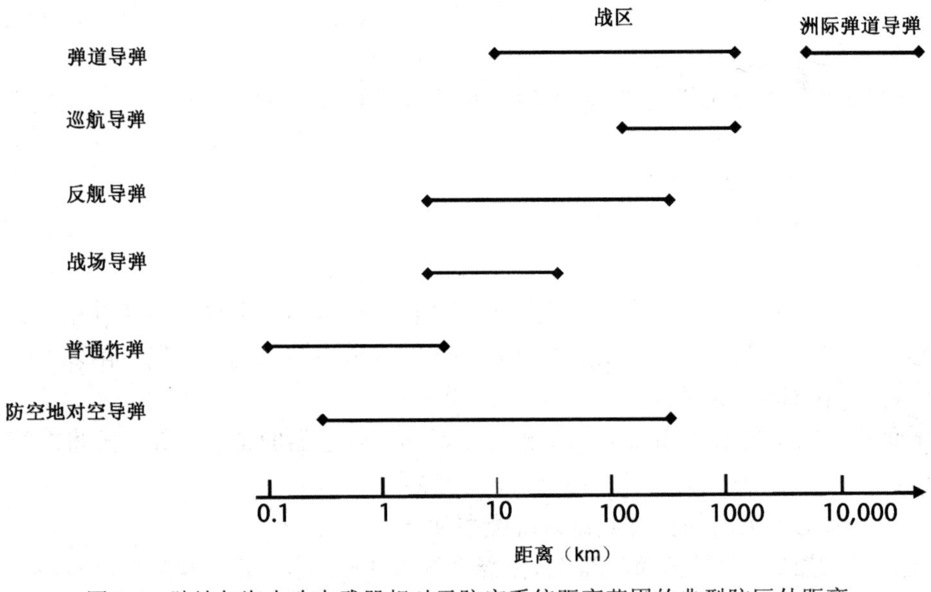

图 1.4 陆地与海上攻击武器相对于防空系统距离范围的典型防区外距离

(3) 火炮系统，如雷达制导防高射炮(AAA)。

(4) 打击坦克或建筑物用的精确制导弹药，由光学/红外跟踪器与激光测距仪制导的炮弹构成。

(5) 通信网络，是所有军事行动的干线，为 C2 提供战斗态势信息并处理 C2 下发的各项指令。

1.2.1　火炮系统

火炮系统一般由各种口径的枪炮构成，受火控系统(FCS)命令的指挥，可对固定和移动目标进行射击。火控系统根据目标参数、弹道与枪炮参数、气象条件计算出达到目标的射弹弹道。

对于飞机等移动目标，防空高射炮火控系统装有跟踪雷达，在该雷达收到监视雷达发出的 2D 数据(射程和方位)后，对指定目标进行俯仰探测搜索。一旦截获到目标，跟踪雷达就连续为火控系统提供精确的 3D(射程、方位与俯仰)目标坐标，并通过该数据确定目标的运动数据。通过这些数据和对目标弹道的推断，确定出火炮射击对目标的拦截点，如图 1.5 所示。

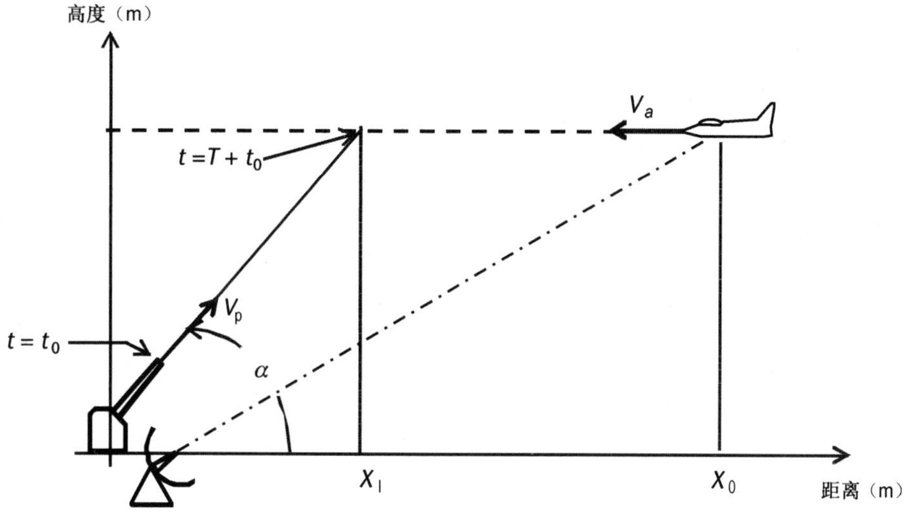

V_a = 目标速度(m/s)；　T= 炮弹飞行时间(s)

V_p= 飞行时间内炮弹的平均速度(m/s)

α = 方位角(rad)

X_I= 拦截点(m)

X_0 = 发射时间的目标位置 t_0(m)

$$X_i = X_0 \frac{V_a \cos\alpha}{V_a + V_p \cos\alpha}$$

图 1.5　防空高射炮对目标弹道的拦截点

为了达到所需的杀伤概率，必须发射多枚炮弹。在射击过程中，跟踪雷达测量炮弹对飞机的脱靶距离，使火控系统能够校正炮弹的瞄准点和所计算的炮弹弹道。为判断攻击是否成功，跟踪雷达还将提供对目标交战的毁伤评估。

防空高射炮的杀伤概率主要取决于跟踪雷达所提供的目标的运动数据和弹道数据的测量精度，在某种程度上还取决于炮弹的杀伤半径。

1.2.2　导弹系统

当对目标的运动数据和弹道的测量都很准确时(尤其是目标处于非机动状态时)，并且弹道飞行时间很短时，火炮系统在近程上是相当有效的。对于远距离的情况，弹道飞行时间长，目标有机会机动，经过适度的机动就会使计算的拦截点变得无效。

通过两类导弹可增加拦截点的距离：一是使用惯性制导或 GPS 制导来攻击固定位置目标的导弹(弹道导弹和地形匹配制导导弹)；二是通过制导对移动目标(即使在交战期间这些目标处于机动状态)实施攻击的导弹，即制导导弹。

根据制导方式不同，制导导弹可分为两类：指令制导导弹或导引头制导导弹。实际上，导弹可通过跟踪目标或导弹的远程传感器(雷达、红外或光电探头)实现指令制导或导弹内部传感器(称为“导引头”)的指令制导跟踪目标。

制导导弹[3]一般包括以下设备：

- 接收机：解调远程传感器发来的指令数据；或导引头(雷达、红外或光电探头)：封装在顶段天线罩/红外罩内，可跟踪目标并形成发往制导系统的指令信号。
- 弹头：含有摧毁目标的爆炸物。爆炸物一般使用近炸引信触发，从而使处于弹头杀伤半径内的所有目标都会被击中。
- 制导系统或自动导航系统：将导引头发来的指令信号转换为操纵舵方位，从而引导导弹指向目标拦截点。
- 引擎：由推进装置推动，为导弹提供动力并提供导引头与制导系统所需的电源。

导弹结构和导弹导引头/制导系统的工作示意图如图 1.6 所示。

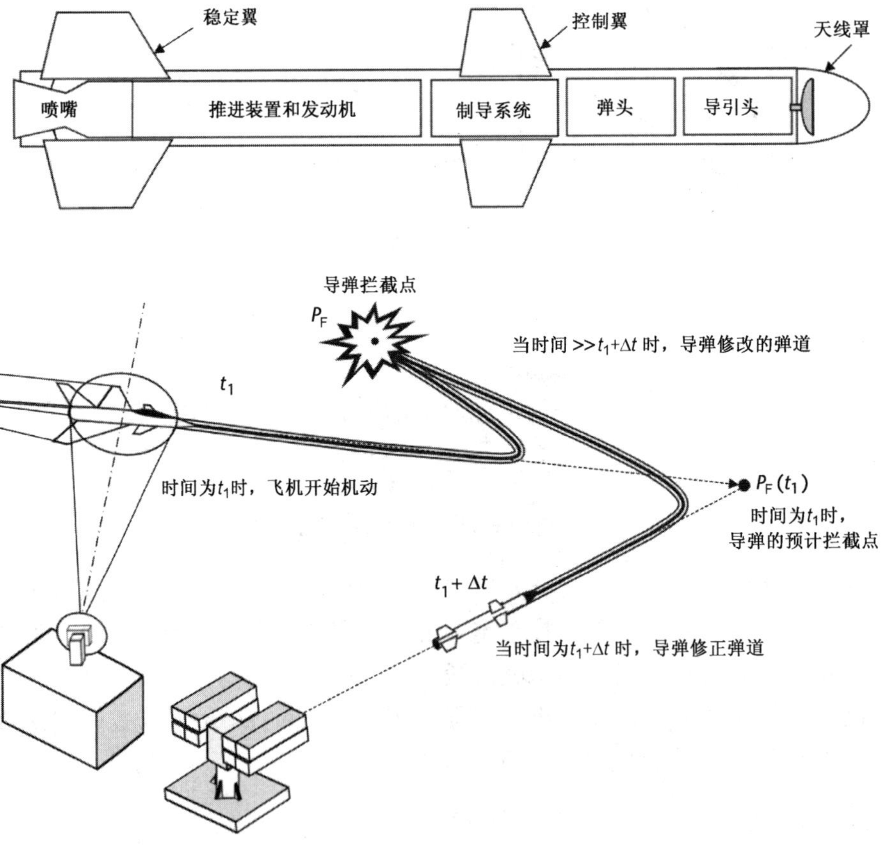

图 1.6 导弹结构和导弹导引头/制导系统的工作示意图

导弹武器系统包含有搜索雷达，如果是地面或舰载导弹系统，它将向 C2 上报相关信息；如果是机载导弹系统，它要向主控计算机上报信息，用于评估威胁并引导跟踪雷达以及相关导弹发射装置，导弹发射装置一般能够快速按序发射多枚导弹。

导弹系统类型多样，包括攻击敌方固定位置的超远程弹道导弹和远程巡航导弹系统、防御较大范围(包括地面和海面)的局域中远程(50～150 km)导弹系统，以及防御/攻击高价值目标(如舰船、机场、军事地面设施)的中近程(5～50 km)战场导弹系统。

导弹可采用多种制导系统，从近程指令制导和驾束制导系统到中远程的半主动/主动寻的导弹。超远程和远程导弹系统通常只在末端采用主动寻的制导，在其余飞行过程中则通过惯性制导、卫星导航系统制导或地形数据匹配制导。

指令导弹由地面/舰载导弹武器系统的指令链路发射的指令进行制导，这些武器系统装有两种跟踪雷达：目标跟踪雷达(TTR)和导弹跟踪雷达(MTR)。导弹一般提供有信标，以便导弹跟踪雷达进行跟踪。两种跟踪雷达由一个通用指挥控制中心管理，它评估从跟踪雷达得到的数据并计算出指令发送给导弹。使用两部独立的跟踪雷达可确保为导弹选定最佳的拦截弹道。指令制导中有一个跟踪器对目标和导弹进行跟踪。这种情况叫做指令视线制导(CLOS)，导弹必须始终保持在瞄准目标的雷达波束内。

由于角目标跟踪精度 σ_θ 是雷达波束宽度 θ_B 的一部分(通常 $\sigma_\theta = 0.01\theta_B \sim 0.05\theta_B$)，假定导弹飞行对准了雷达的视线，那么导弹对目标的脱靶距离 m_d 随着目标与跟踪雷达的距离 R 增加而加大，即 $m_d = R\sigma_\theta$。因此，指令导弹通常在近程时使用。这些系统的优势在于该导弹简单并且地面/舰船上采用的跟踪雷达有效辐射功率(ERP)高，能提供良好的 ECCM 特征。

驾束导弹上有一部弹载接收机，可感知导弹是否对准了跟踪雷达的视线，向导弹制导系统提供该数据以控制导弹保持在波束内。如图 1.7 所示，该导弹在打击的末端，即使在目标没有机动的情况下，也要沿着一个需要大的加速度的弹道。这种导弹制导类型大多用于攻击慢速的非机动目标，因为这只要求较小的加速度。

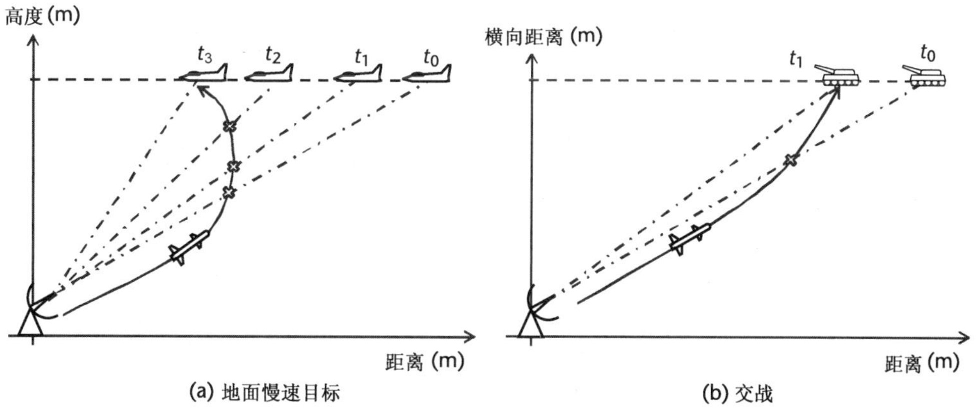

图 1.7　驾束导弹与飞行目标

半主动寻的导弹装有射频导引头。当高功率的连续波(CW)或间断的连续波(ICW)跟踪雷达照射到目标时，射频导引头的接收机能够对目标的散射信号进行角度跟踪。该类导弹的优势在于不需要费用高昂的弹载发射机。这种类型的导弹类似于有源脉冲多普勒(PD)导弹，具有通过多普勒频率信号处理区分目标和杂波物的能力。角跟踪信号在非常窄的带宽内(1 kHz 的量级，因此也可实现较高的接收机灵敏度)，其中频位于闭合速度 v_c 相关的多普勒频率 f_d[即 $f_d = 2v_c / \lambda = 2(2v_t + v_m) / \lambda$]，其中，$\lambda$ 是传输波长，v_t 和 v_m 分别是目标与导弹沿目标—导弹连线的速度投影，如图 1.8 所示。

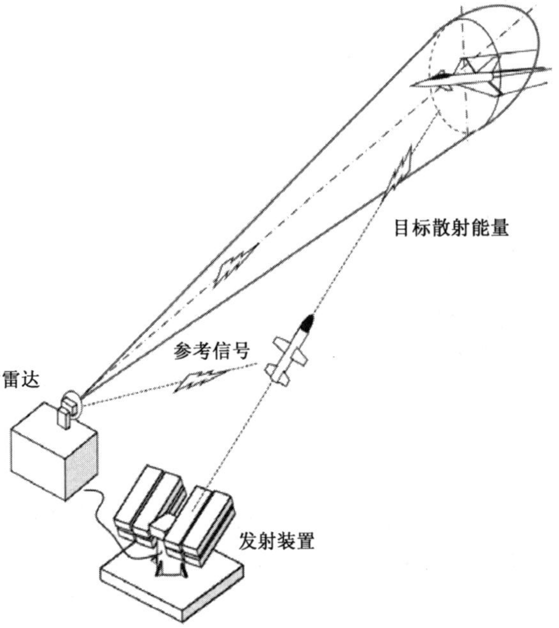

图 1.8　半主动导弹的工作原理

在打击末端，导弹角跟踪精度不再取决于与跟踪/照射雷达的距离，因为导引头已接近目标，导弹不再需要驻留在照射波束内，因此导弹可采用比例导引，如图 1.9 所示。

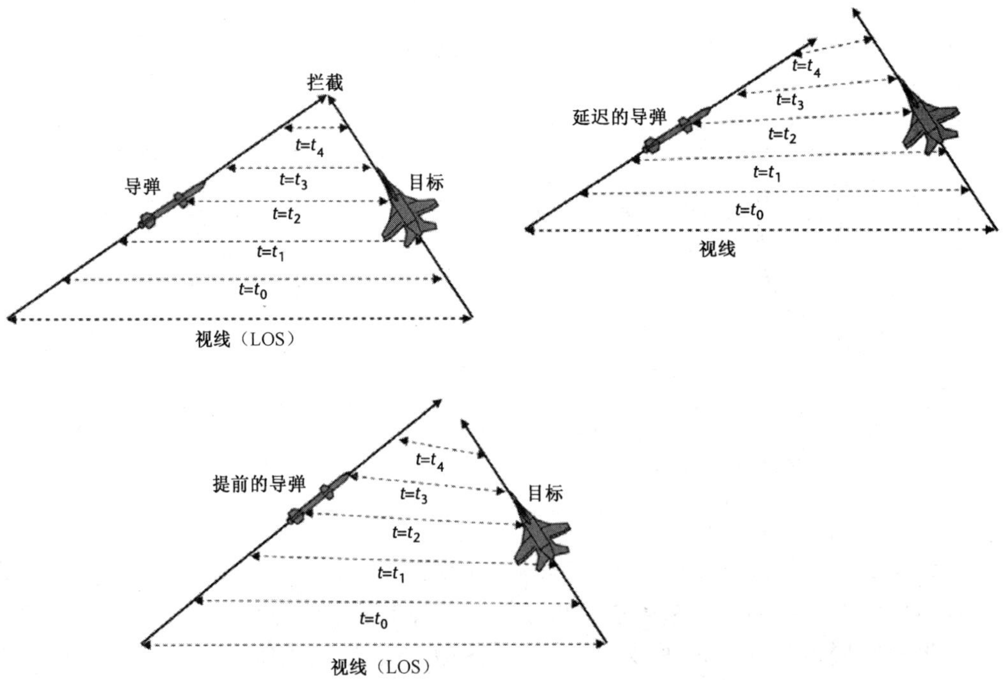

图 1.9　半主动导弹攻击战斗机时的末段比例制导原理

导弹朝预测的拦截点发射，同时导引头天线对目标进行跟踪。参见图 1.7，导弹已经确定目标，也定义了角度参数。通过该图，可证明导弹速度矢量的校准指令(因为导弹以匀速度 v_m 飞行时，只有一个横向加速度 a_{lm})只能通过其旋转率 $d\gamma / dt$ 发生作用，该旋转率与测得的导引头视线的旋转率 $d\alpha / dt$ 成正比，这个选定的导航常数(无量纲) $N = k(v_t / v_m)$。其中，v_t 为目标速度，k 为常数(通常假定在 2 和 4 之间)。

$$\dot{\gamma} = \frac{d\gamma}{dt} = N\frac{d\alpha}{dt} = N\dot{\alpha} = k\frac{v_t}{v_m}\dot{\alpha} \tag{1.1}$$

由于横向加速度可采用上述方程式表示，可得出

$$a_{lm} = v_m\dot{\gamma} = v_m k\frac{v_t}{v_m}\dot{\alpha} = kv_t\dot{\alpha} = ka_{lt} \tag{1.2}$$

这意味着施加给导弹的模向加速度与目标横向加速度 a_{lt} 成正比。采用该制导方式，在拦截匀速航行的飞行目标时，不会对导弹施加横向加速度。因此，导弹的全部加速度只在目标规避机动时施加在导弹上。该功能使导弹具有更远的拦截距离，同时在打击末端有一个合理的剩余加速度。

半主动导弹系统非常有效，是中远程地空导弹的主要构成。该制导方式的主要不足是在导弹全程飞行过程内始终要求对目标进行照射，这在空空交战中是非常危险的，因为发射平台必须保持接近目标，从而有可能被敌机攻击。

1.2.3　主动寻的导弹

主动寻的导弹的导引头是一个完整的跟踪雷达，也就是说，它具有发射机，可自主确定目标，无需发射平台的协助。因此，这种导弹被称为“发射后不管”的导弹。

中远程主动寻的导弹具有双重制导系统：目标飞行初期中使用惯性制导或指令制导，当距离目标一定位置时，转换为主动寻的比例导引。

由于需要发射机，所以该类型导弹成本较高。

导弹跟踪系统

为了以合理的成本改进中远程的性能，通过导弹跟踪(TVM)的系统[1]采用指令与半主动导弹混合制导。

这类系统需要地面照射器和安装在导弹上的半主动雷达传感器。但是，角跟踪数据不能在导弹内进行处理，需通过下行链路发送给地面发射平台上功能强大的中央处理器。目标与导弹的弹道数据在中央处理器内进行处理，然后通过上行链路将精确的制导指令发送给导弹。

现代系统采用基于相控阵技术的多功能雷达(“爱国者”“主动防空导弹系统”等)，对于半主动和 TVM(借助于 ICW 照射器)、主动寻的导引头或指令制导导弹，无论哪种类型的导弹，均可为导弹提供同时攻击多目标的能力。装有相控阵火控雷达的导弹系统可在分时模式下同时发射和跟踪多枚导弹以对抗多个不同的目标。如果是半主动和 TVM 制导，相控阵火控雷达采用间断的连续波(ICW)方式照射目标，在照射目标的同时，实现对目标和导弹的跟踪。该武器系统如图 1.10 所示。

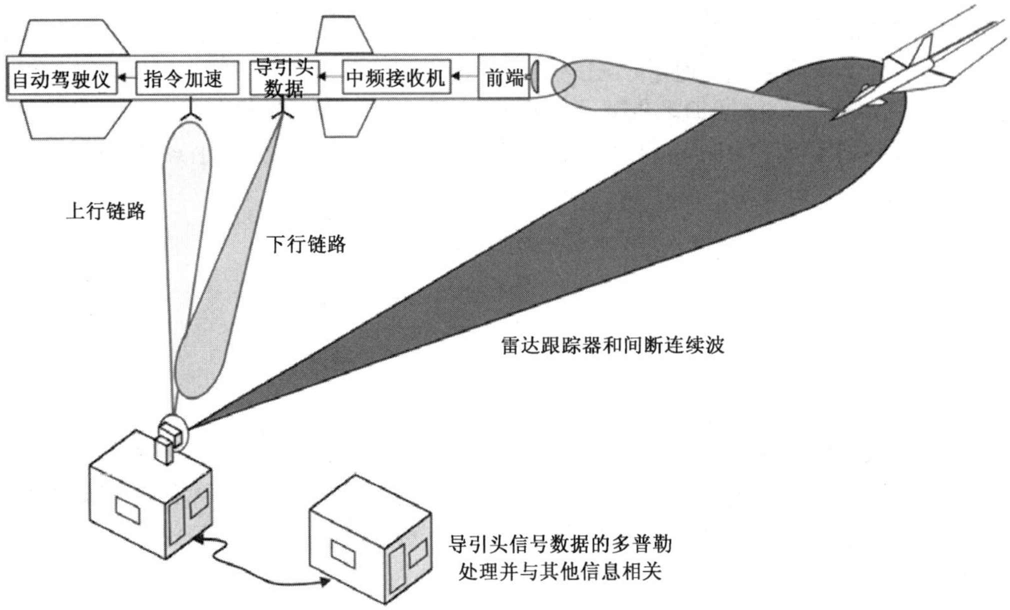

图 1.10 TVM 武器系统示意图

1.2.4 无源红外制导导弹

无源红外制导导弹含有红外导引头，可自动跟踪目标的热辐射信号，并在接近目标时向比例导引系统发送指令。它们也属于“发射后不管”导弹。

由于具备高机动性(因为质量轻)加上在高空时的传播衰减较低，该类型导弹被大量用作中程空空导弹；在低空时传播衰减较高，用作近程地空导弹使用。这些导弹通常为便携式和肩射式(一般称为单兵便携式防空导弹，MANPAD)，用于保护地面部队和装甲车辆(在当前时期，也被恐怖分子所用)。

有关各种红外导引头的内容在第 2 章 2.6 节有深入的讨论。

1.2.5 掠海导弹

掠海导弹为主动寻的导弹，在海面上低空飞行，如同掠过海面一样，专门用于攻击舰船。掠海导弹可从飞机、舰船、沿海阵地远程发射，通常装有双制导系统(巡航阶段的惯性制导和末端的主动目标寻的)，并且带有测高仪，可保持高度恒定。海上的导弹攻击示意图如图 1.11 所示。

对于掠海导弹而言，对舰船目标攻击既存在困难也有优势。面临的困难是舰船的长度将产生较大的角度闪烁波动(见第 2 章 2.3.8 节)，这要求通过鲁棒的角数据滤波进行平滑。其优势在于舰船的雷达横截面较大，提供了超过海杂波的大目标回波，导弹导引头在超杂波条件下[即在单个雷达脉冲内具备高信噪比(SMR)和信杂功率比(S/C)]作战。这些条件允许使用具有很窄脉宽的大载频脉间捷变雷达波形，这对舰载的电子对抗防御(在第 6 章的 6.2 节中讨论)提出了极大的挑战。

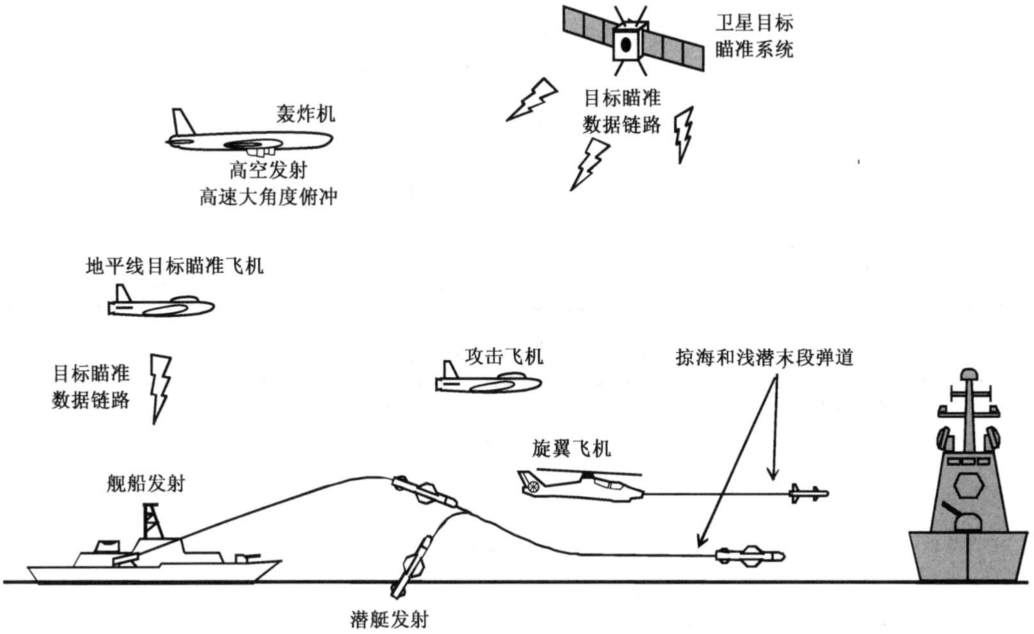

图 1.11　海上的导弹攻击示意图

1.2.6　反辐射导弹

反辐射导弹(ARM)的无源导引头与小型宽带超外差电子侦察(ESM)接收机(见第 3 章 3.4 节)类似，能够监听并跟踪选定的地面雷达或通信源辐射的信号，并以很高的精度进行反辐射攻击。反辐射导弹通常为空对地导弹，由飞机携载，专门用于对敌防空压制(SEAD)。

反辐射导弹的导引头由机载 ESM 系统引导。ESM 系统一旦监听、识别并定位了目标雷达，就为反辐射雷达提供辐射源数据并验证反辐射导弹是否锁定了辐射源。

发射后，反辐射导弹的导引头利用高精度相位测向天线(DF)，从收到的辐射源信号计算出(采用有源寻的导弹类似的方法)角度指令，发送给制导系统，从而锁定目标雷达。

反辐射导弹可以说是典型的“发射后不管”导弹。从远距离发射后，就不需要从发射平台获得任何协助。很多反辐射导弹覆盖 0.5～18 GHz 的雷达波段。目标雷达可采用的保护措施是停止辐射(但这样也不能确保雷达能生存,因为导弹会基于所存储的坐标追踪该雷达)或激活附近的诱饵发射机发射出与目标雷达类似的波形。

表 1.1 列出了多种飞机特征，表 1.2～表 1.5 列出了各种导弹特征。

表 1.1　飞机典型特征

飞机型号	翼展(m)	机翼面积(m^2)	引擎数量	作战半径(km)
F/A-18	11.43	37.16	2	1480
F-16	9.45	27.87	1	925
A-10	17.53	47.01	2	463
米格-27	14.25	27.25	1	700
萨伯 AJ-37	10.60	46.00	1	1000
幻影 2000	9.13	41.00	1	1480

表 1.2 战场空对地导弹特征

导弹	原产国	目标	发射平台	制导类型	最大射程(km)	速度(m/s)
HOT 2	法国/德国	坦克	直升机	光跟踪有线制导	4	250
AGM-114（狱火/海尔法）	美国	坦克/车辆	直升机/固定翼	半主动激光制导	7	380
AS 30	法国	硬目标	固定翼	半主动激光制导	11	510
AGM-65（小牛）	美国	坦克、桥梁、船只	固定翼	TV、半主动激光制导、成像红外	20～40	-

表 1.3 反舰空地导弹特征

导弹	原产国	目标	发射平台	制导类型	最大射程(km)	速度(m/s)
SeaSkua	英国	舰船	直升机/固定翼	半主动雷达+测高仪	25	316
AM 39	法国	舰船	直升机/固定翼	有源雷达	低空：50 高空：70	316
AGM-84A(鱼叉)	美国	舰船	固定翼	有源雷达+测高仪	100	255
AS-6（王鱼）	俄罗斯	舰船/陆地	固定翼	惯性+有源雷达或反辐射导弹	低空：250 高空：700	低空：408 高空：850

表 1.4 空对地反辐射导弹特征

导弹	原产国	目标	发射平台	制导类型	最大射程(km)	速度(m/s)
AST-1228 ALARM	英国	雷达	固定翼/直升机	反雷达制导	20	680
AGM-88A	美国	雷达	固定翼	反雷达制导	80	680
Armat(阿玛特)	法国	雷达	固定翼	反雷达制导	120	380

表 1.5 空对地战略导弹特征

导弹	原产国	目标	发射平台	制导类型	最大射程(km)	速度(m/s)
AS-14/15	俄罗斯	战略目标	固定翼	惯性+制导导弹	1200	306
AGM-86A/B（ALCM）	美国	战略目标	固定翼	惯性+制导导弹	2500	224

1.2.7 战区弹道导弹

按传统说法，战区弹道导弹(TBM)是一种具备短程和中程打击距离的导弹，其典型射程为300～3500 km。

目前，专用反舰弹道导弹(ASBM)使用数量激增。这些导弹通过采用先进的上行链路技术，在飞行中段就可以不断修正目标位置信息，而且在其再入段弹头上还装有自主末制导导引头，因而对舰船，特别是高价值的远洋海军目标构成了直接威胁。虽然反舰弹道导弹所采用的技术水平较低，如末端导引头，通过下行链路将目标瞄准/弹道信息传送至与上行链路相连接的终端制导工作站，但它却代表了一种非常有效的威胁手段，尤其是在沿海作战条件下，反舰弹道导弹可以从海岸防护区发射，而上行链路控制站可能就坐落于被打击目标的瞄准线(ELOS)范围内。

弹道导弹一旦发射出去，通常易于探测和跟踪，但是其高超声速的末段飞行速度，对于防御性武器系统来说是面临的一个实际问题。

对弹道导弹实施雷达截获可采用下面三种策略。

(1) 在导弹的助推段，利用导弹排放的移动缓慢或高度可视的羽烟实施雷达截获。

(2) 在导弹飞行中段，通过搜索弹头特性实施雷达截获，而且，如果弹头与弹体尚未分离，可通过搜索处于中段飞行轨迹最高点的末级弹头实施雷达截获。

(3) 在导弹飞行末段，当整个弹头部分俯冲飞向目标开始交战时实施雷达截获。

从探测、跟踪与运动学角度看，助推段截获是最容易实现的。导弹排出的羽烟从导弹进入预定飞行轨迹开始在距离几百千米远的地方就可以观测到。导弹以超音速度爬升，在助推段的早期飞行段，导弹级与级之间还未进行分离，呈现一个大的雷达截获目标。地基或海基传感器根据战区弹道导弹在战场中所处的环境，可对正处于助推段的战区弹道导弹进行探测。所以可将军舰任务准确定义为在弹道导弹发射的最早阶段对其进行监视和探测。

从探测和跟踪角度看，中段实施雷达截获无疑是最具挑战性的，因为导弹已飞行到弹道的最高点，与助推器完全脱离，形成一个小的已经冷却的雷达截获目标。在导弹飞行中段对雷达截获要求极苛刻，主要是因为在这个阶段导弹的飞行高度很高，即便导弹在飞越弹道弧顶时的飞行速度不是特别高。由于场景与弹道各式各样，在飞行中段对战区弹道导弹轨迹的监视要由专用预警雷达来完成。

末段截获面临的情况是，导弹进入再入段，此时由投射弹头形成的离子化尾迹非常明显，而且因烧蚀层的热量蒸发还产生出热信号。电离羽流提供了一个比弹头本身产生的热信号还要强烈得多的雷达信号，从而允许雷达跟踪系统给出弹头位置的精确信息。雷达跟踪面临的主要挑战是，要将再入段弹头与碎片，与弹头同时再入的对抗突防措施或机动变轨轨道区分开来。军舰传感器将不得不依靠自身或者利用由整个战区弹道导弹监视与预警系统提供的有用信息来探测和截获再入目标。对于军舰来说，其主要任务是引导对战区弹道导弹，同时还要具备获取、跟踪、火控、拦截导弹制导的能力。

我们需考虑军舰传感器承担的两项任务。

(1) 预警探测：传感器必须探测、跟踪和重新构建导弹初始弹道，以便评估导弹的发射点、预测导弹的弹着点，并在导弹命中目标之前的某个距离点给出一个信息提示。

(2) 360° 全仰角搜索：进行 360° 全仰角搜索，以便探测和跟踪正瞄准该舰船的任意反舰弹道导弹(或者反辐射导弹)。同时，军舰传感器的自身防护也要做好。

对战区弹道导弹威胁采取的应对措施与对典型大气中的目标不同。由于战区弹道导弹飞行速度快，而且弹道处于极高的高空，因此将战区弹道导弹探测与跟踪定义为以下三个阶段：

(1) 第一阶段探测。此阶段的目的是，当战区弹道导弹正穿越雷达覆盖区域时对其进行探测。到此极短阶段结束前(无论是哪种作战场景，时间都不会超过 30 s)，传感器必须要提供目标分类信息(战区弹道导弹的分类)并开启主动目标跟踪模式。

(2) 第二阶段主动跟踪。专用雷达将测量第一阶段已探测到的战区弹道导弹。假设战区弹道导弹目标具备了弹道特性，本阶段的任务是重新构建一个精确的弹道轨迹，并以此估算出导弹的弹着点和发射点，然后向拦截系统发出提示信息。

(3) 第三阶段为再入大气层段。接下来传感器要跟踪的是更小的目标，此阶段目标的飞行速度是不连续的，但仍沿弹道飞行。该阶段主要与截获武器相关，所以将不作为本书传感器论述中的一部分。

图 1.12 所示是对不同阶段战区弹道导弹(TBM)的探测与跟踪示意图。

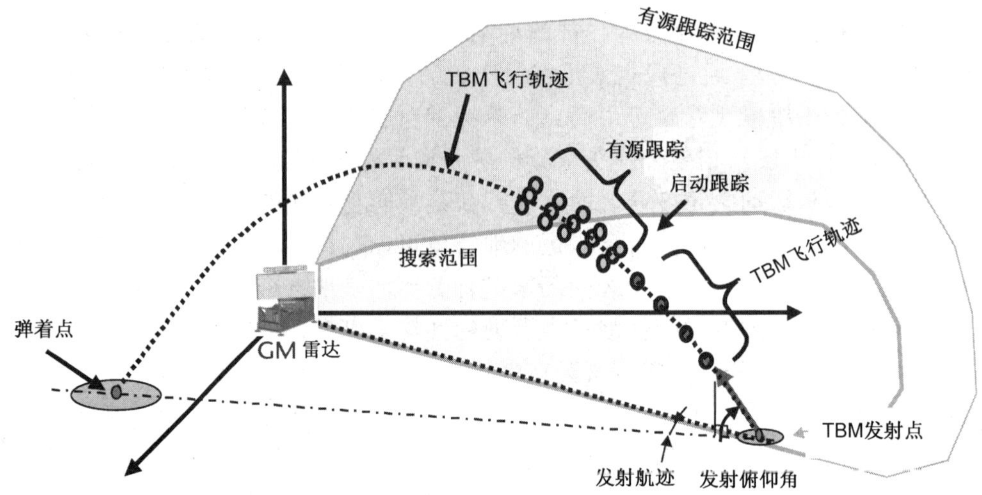

图 1.12　对不同阶段战区弹道导弹的探测与跟踪示意图

1.3　远距离机载控制系统

在作战场景中主要有三种通过远距离(RP)操控的新威胁，包括无人机(UAV)、无人驾驶水面航行器(USV)和无人驾驶水下航行器(UUV)。其中每种系统都有几个可应用的类型，目前正处于生产和在研阶段。无人驾驶系统可以单机或以机群形式参战。在下面的段落中，仅将前两类系统作为本书的阐述对象。因无人驾驶水下航行器要求作为水下声传播、声呐传感器设备和鱼雷的作用使用，所以这些设备已超出了本书的涉猎内容。

1.3.1　无人机

无人机(UAV)可在远距离自主操作，机上无一名人员；无人机可在极低至极高的高度飞行(甚至是有人平台都无法企及的高度)。根据飞行高度和续航力的不同，无人机可分为：

- 中空、长航时(MALE)无人机；
- 高空、长航时(HALE)无人机。

依据类型/载荷的情况，无人机承担的任务覆盖范围很广泛，如承担信号情报(SIGINT)、通信数据链路(DL)中继、情报/监视/侦察(ISR)、时敏目标(TST)瞄准以及执行隐蔽任务，包括用己方武器或以自杀形式完成的攻击任务。

无人机的特性为：

(1)高度/速度。依据现有各类无人机的发展现状，可以预期会出现具有任意飞行高度和速度(亚音速)的无人机。

(2)雷达截面积(RCS)。无人机雷达截面积的值可从极低到较高值。例如，新型隐身无人机(UAV)的雷达截面积为 0.01～0.1 m^2；中空、长航时无人机(MALE)和战术无人机(TUAV)的雷达截面积为 1～4 m^2；而高空、长航时无人机(HALE)的雷达截面积一直高达 10 m^2。

(3)辐射。有源射频(RF)传感器；非定向/定向数据链路[使用卫星通信(SATCOM)上行链路和下行链路的几种类型/操作模式的上行链路和下行链路瞄准线]。随着新的智能算法和新型传感器的应用，在执行隐蔽任务时可以避免无人机载设备无意间产生辐射(机上导航装置、推进器以及制导设备)。特别是战术无人机(也可能是中空、长航时无人机)，可以选择甚高频/特高频(VHF/UHF)数据链路。

- 如果是远程操控，可为无人机选择远程(100～150+ km)安全辅助链路(只有 C2 时可以)；
- 当无人机在战场上空飞行时，可从经由 X/Ku 频段数据链路(DL)主控制系统(GCS)主站(100～150+ km)远距离操控切换为经由甚高频/特高频数据链路(VUF/UHF)便携式控制站(20～30 km)近距离操控的模式，以便允许(受 ELOS 控制)无人机在较低空飞行，同时主控制系统主站又得到保护。

图 1.13～图 1.15 为不同类型、不同速度、不同链接以及不同作战半径的无人机概念任务示意图。

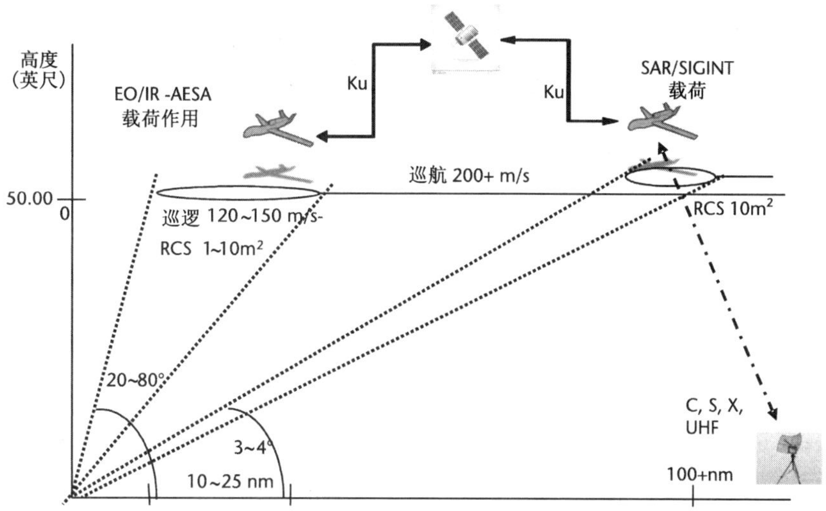

图 1.13　高空、长航时无人机(HALE UAV)概念任务示意图

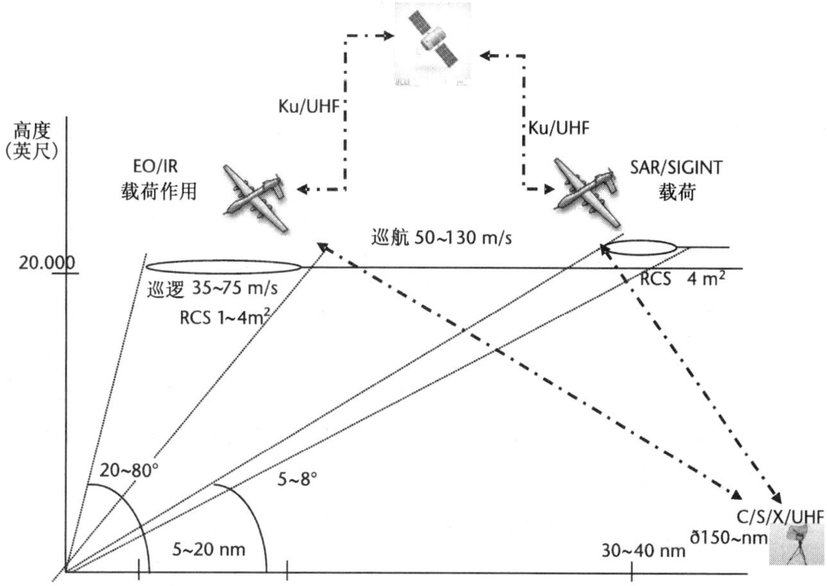

图 1.14　中空、长航时无人机(MALE UAV)概念任务示意图

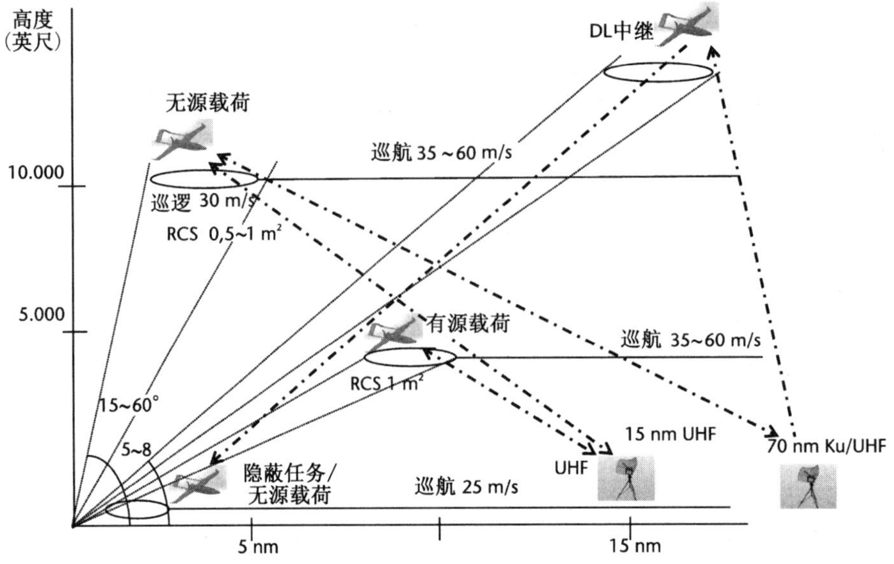

图 1.15 战术无人机(TUAV)概念任务示意图

1.3.2 无人驾驶水面航行器

无人驾驶水面航行器(在水面上或半潜式)可在远距离和/或自主进行操作，机上无一名人员。

无人驾驶水面航行器承担的优先任务是观测和收集(也是隐蔽的)信息，它还具有充当物理环境、护航、中继通信以及直接攻击(也是自杀式攻击)的特点。

在上述所有这些任务中，无人驾驶水面航行器均可有效地作为沿海作战场景中的持久性设施使用，而那些可由母舰或自主式重型设施部署的无人驾驶水面航行器还可以在远洋作战场景下使用。

无人驾驶水面航行器的特性是：

(1)速度。0～50 节(波浪速度)，无人驾驶水面航行器可做出快速机动转弯的动作，但还能够保持所处位置不变。

(2)雷达截面积(RCS)。小于 1 平方米到几平方米(依方位角而定)；半潜式无人驾驶水面航行器具有低雷达截面积特性。

(3)目标探测面临的挑战。能否区分出多普勒频谱中的海杂波和低频成分。

(4)辐射：在使用主动射频(RF)传感器时。在水面以上/以下的通信、无线电、特高频(UHF)、L/S 频段、卫星通信(SATCOM)、高带宽(水面以上)信号传输(包括视频传输)；随着新的智能算法和新型传感器的应用，在执行隐蔽任务时可以避免无人机载设备(机上导航装置、推进器以及制导设备)无意间产生辐射。

图 1.16 为如上所述的无人驾驶水面航行器的规格以及技术参数。

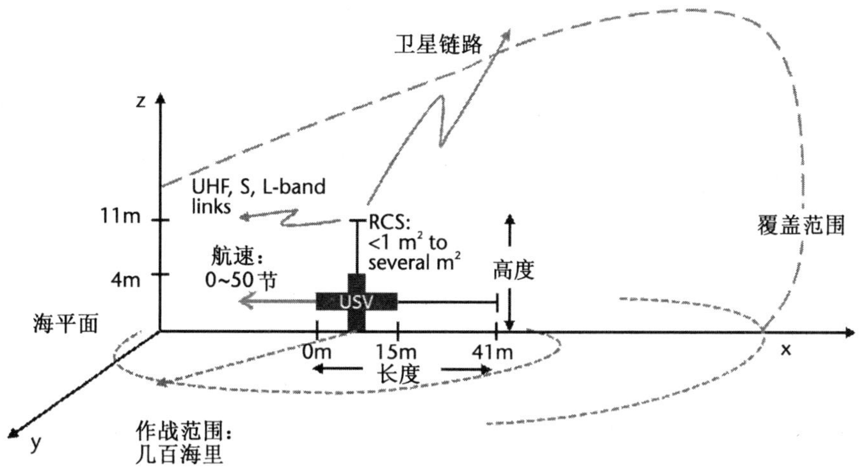

图 1.16　无人驾驶水面航行器（USV）概念型的规格以及技术参数

1.4　定向能武器

定向能武器（DEW）发射出高度聚集的辐射能，这些能量抵达将要摧毁的目标。定向能技术可应用在防御性的武器系统中。

在应对高超声速飞行导弹（如弹道导弹、高超声速巡航导弹以及高超声速滑翔弹）构成的新威胁以及使轻型装甲车或设施失能方面，定向能武器要优于传统武器，其主要优势有：

（1）定向能武器发出的光束肉眼看不到（在可见光波段范围之外），而且在射出光束时还不会产生声响。

（2）地球引力对定向能辐射能产生的影响微乎其微，它只受到大气衍射和扩散（稀释能量并降低效能）以及吸收或散射作用的限制，因而发射至目标的能量束形成的轨迹是直线的，而且用于瞄准时其瞄准精度更高，瞄准线距离加长。

（3）定向能武器比传统武器的打击速度更快，作用距离更远，因而适合在空间战中使用。

各种类型的定向能武器目前已在应用或处于研制之中。其中两种类型的定向能武器包括：

（1）微波武器（一般将微波频段定义为 300 MHz～300 GHz）。这类武器发出的高功率辐射能可通过天线或传感器窗口传送至导弹，使导弹的制导系统失灵，计算机存储器出现乱码，甚至使某些电敏件被烧毁。这些破坏性效应仅在短距离（1 km）范围内有效。这种价格低廉的对抗方式可用来对抗现有导弹。

（2）激光武器，如：

- 电子激光器，该激光器首先使目标路径电离化，然后再沿着电离等离子体导电轨道向目标射出类似“闪电”般的强电流。
- 脉冲能量弹（PEP）系统发出红外激光脉冲能量，在目标处迅速产生膨胀的等离子体，最终形成的声波、冲击波以及电磁波将目标对象击晕，同时还伴有疼痛感并出现短暂性麻痹。

- 工作在电磁频谱区域的二极管泵浦固体(DPSS)激光器。激光致眩器发出高强度定向红外或非可见光辐射能量干扰各种电子传感器，使它们暂时性致盲或被迷惑。多数二极管泵浦固体(DPSS)激光器系统采用便携式结构，工作在红色(激光二极管)或绿色(二极管泵浦固体激光器)电磁频谱区域。

激光束在能量密度约为每立方厘米1兆焦耳的情况下开始引起大气中的等离子体击穿。这种效应称为"散焦"，它使发出的激光出现散焦并扩散到周边大气中。如果在有雾、烟或灰尘的天气条件下，"散焦"效应对激光光束的影响会更加严重。人们采取许多技术手段来减少"散焦"带来的影响，如：

- 通过一个巨大曲面镜将聚集于目标上的能量分散，以使传输途径中的激光能量密度太低而无法出现"散焦"。这需要一个外形庞大而又制作精密的易碎的(fragile)镜子，镜子装好后有点像探照灯，还需要用一个大型机械装置转动这面巨大曲面镜来瞄准激光。
- 使用非常短的脉冲在"散焦"出现之前完成干扰。
- 将多个功率相对较低的激光器聚焦在一个单一目标上。

可针对激光器采取相应对抗措施。因为激光是由光形成的，所以可以通过控制材料的物理和化学特性使这种光发生偏转、反射或被吸收。人工涂层可用来对抗某些特定类型的激光器。人工涂层由几种不同的物质制成，包括低成本金属材料、稀土元素的氧化物、碳纤维、银、钻石等。这些物质材料经过加工处理后制成表面光泽度细腻的涂层，用来对抗特定类型的激光武器系统。

1.5 对称冲突中的电子战

当敌对双方均为有组织的军队，并配有前面章节所述的武器系统时，所发生的冲突就是对称冲突。在这类冲突中，适用1.1节所述的关于指挥控制战的概念。

本节将详细描述在指挥控制战中发挥重要作用的电子战(电子战支援、电子攻击和电子防护)的情况。

指挥控制战取决于各种来源：对敌方能力、目的和作战概念的及时情报。情报源指用于提供情报信息的手段。信号情报(SIGINT)作为电子战支援手段，就是情报源之一。

SIGINT 系统用于收集、分析、识别和定位在整个通信和雷达频段内的辐射源信号。SIGINT 系统一般由两个专用系统组成：通信情报(COMINT)和电子情报(ELINT)。

COMINT 系统用于对通信系统(语音通信和数字通信)、数据链、卫星通信和移动电话进行活动探测、收集、分类、识别和测向。利用多架飞机采用信号到达时差(TDOA)和差分多普勒频率(DD)技术对辐射源定位，以进行实时目标瞄准。

ELINT 系统测量雷达波形所有的特征参数，如载频、脉宽、信号宽度和脉冲重复间隔，还测量其到达方向和时间(DOA 和 TOA)。这些数据可用于更新敌方雷达及其相关的武器系统数据库，它们被称为"ELINT 参数清单"(EPL)，在和数据库中的数据比对之后提供电子战斗序列(EOB)，即敌方武器系统在其领土范围内的配置。己方 ESM 设备上均配有 ELINT 参数清单，以便在遇到这些辐射源时能加以识别。对辐射源的定位是采用第4章所述的三角测量法、三边测量法、到达时差(TDOA)和到达频差(FDOA)等方法实现的。

电子战支援在指挥控制战中主要以雷达告警接收机或机载电子支援系统(ESM)的形式存在，对存在的雷达威胁及其方向进行告警。

电子攻击一般是飞机为了压制敌防空的目的突防进入敌方空域时进行，或由舰船以及地面设施中针对空袭进行自卫或相互防护时实施。

敌方空域一般由监控、搜索和跟踪雷达组成的综合防空系统提供保护，为前面所述的武器系统(防空高炮和导弹)提供引导。对称冲突中典型的电子战场景及其与多用途飞机的相关性如图 1.17 所示。

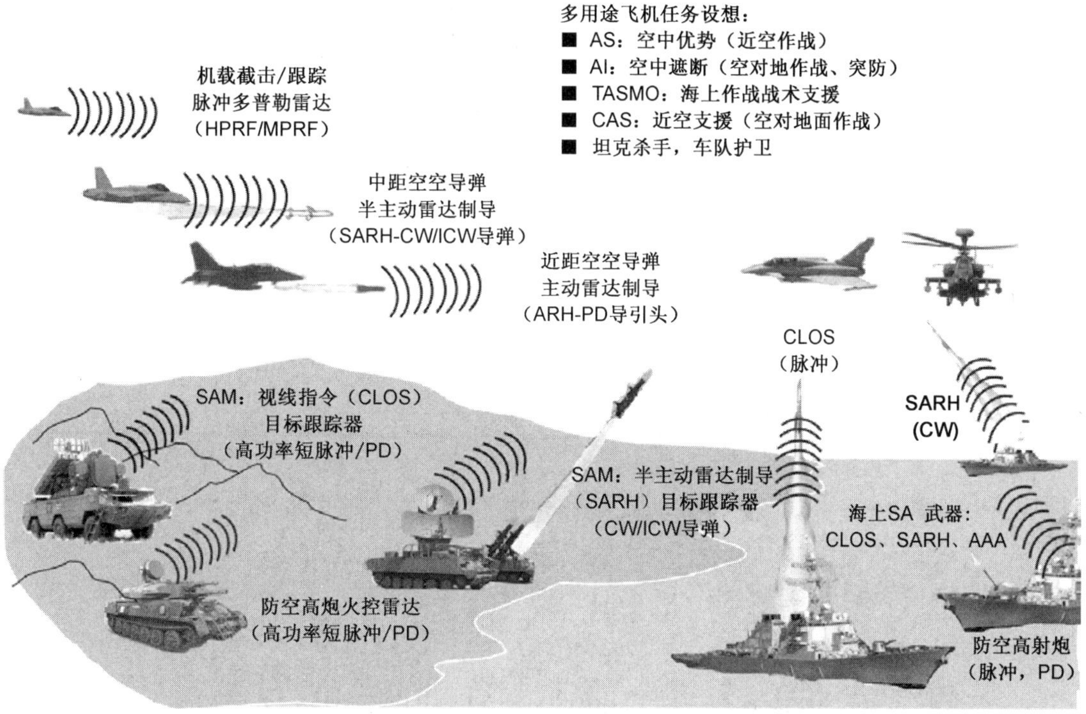

图 1.17　对称冲突中的电子战场景及其与多用途飞机的相关性

突防飞机在对付敌搜索雷达时的电子攻击可采用干扰方式实现，旨在防止或推迟雷达向关联的武器系统发送目标指示信息，或使用反辐射导弹，目的是摧毁雷达。下文将对常用的干扰模式进行讨论。

有源自卫干扰(SPJ)可通过噪声干扰实现，目的是抑制平台的距离、速度和角度信息；或通过生成大量错误的目标信息，目的是迷惑雷达操作员和自动探测跟踪处理系统。

投掷箔条也可产生干扰。箔条是由上千个雷达反射单元组成的一个极大的云团，从而产生比被保护飞机的回波大得多的回波，以防止目标被探测发现。箔条的影响能存在相对较长的时间(几十分钟)。因为箔条成本相对较低，因此它也是电子对抗中最常采用的手段。典型的自卫干扰作战如图 1.18 所示。

支援干扰(也称为“相互防护”)包括防区外干扰(SOJ)和随队干扰(EJ)，此类干扰一般在搜索雷达天线的旁瓣内完成，如图 1.19 所示，此外还包括防区内干扰(SIJ)，其作用与支援干扰相同，但适用于整个突防机群。

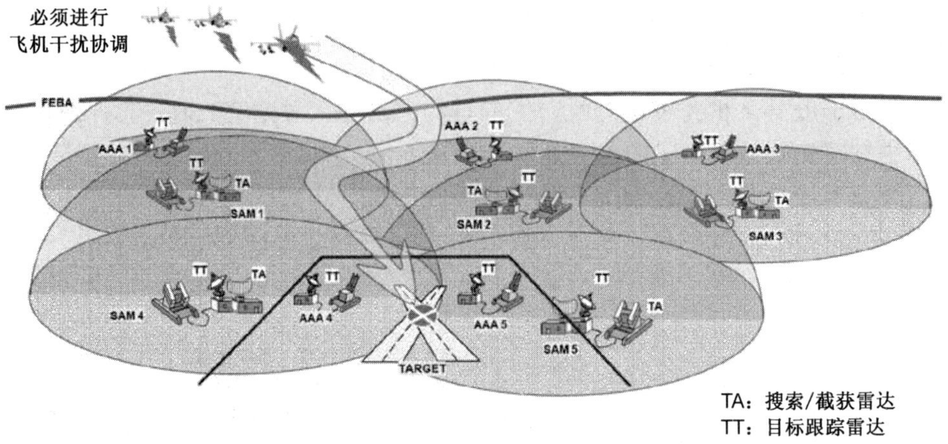

图 1.18　只有自卫干扰情况下的突防飞机进攻

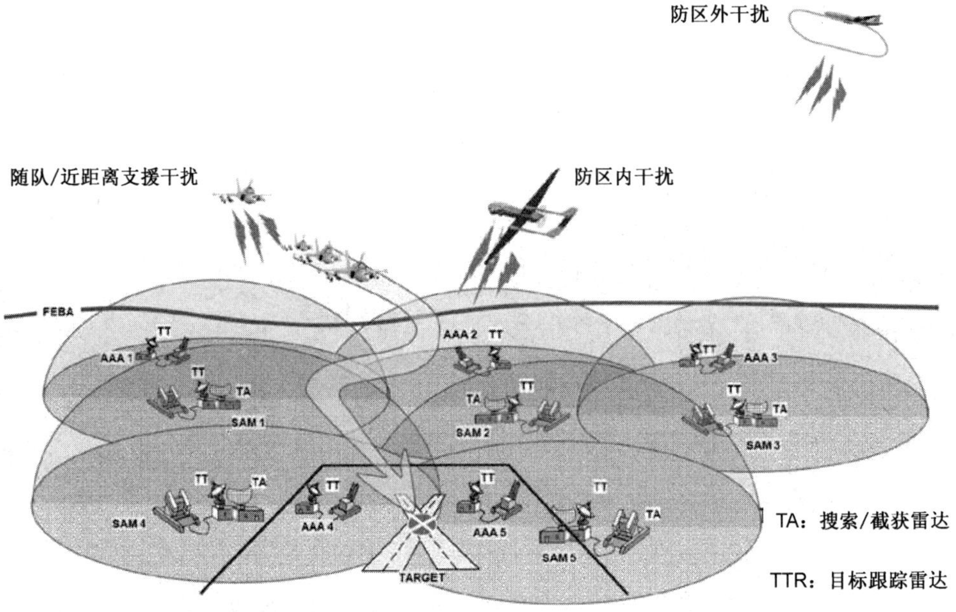

图 1.19　在防区外干扰、随队干扰或防区内干扰状况下，突防飞机的攻击

支援干扰可采用噪声干扰、欺骗性电子对抗或部署空中箔条走廊等手段。防区外干扰的任务由盘旋在敌方武器系统攻击区域外的飞机进行，以便隐蔽己方突防飞机的雷达回波，从而保护它们不暴露在敌方防空系统的搜索雷达引导的火力下。

随队干扰任务由伴随进入敌方空域的突防飞机执行。随队干扰飞机突防进入作战区后，容易受到敌方武器攻击，需要具有同突防飞机一样的自卫干扰能力。在突防飞机的有效载荷不足以自卫时，通常需要使用随队干扰飞机。

随队干扰任务一般由多架随队干扰飞机执行，它们间隔较大，以迷惑敌方防御系统，从而使敌方不能通过干扰来确定突防的方向。这种迷惑有助于延迟敌防御系统的响应时间，从而提高突防攻击的成功率。

防区内干扰任务由无人作战飞行器执行。它们离受攻击的雷达更近，可以使用较低的干扰功率来执行与随队干扰相同的任务。

突防进入敌方领域的飞机实施的电子攻击最初是针对目标跟踪雷达的，后者通过锁定目标，提供准确的方位（即方位角和俯仰角）、距离和速度信息来导引武器系统防御和攻击。速度数据用于预测目标未来的位置，为武器系统指出前进方向（如图 1.5 所示）。针对目标搜索雷达的电子对抗与采用干扰和发射反辐射导弹来攻击搜索雷达的方式相似。

自卫干扰电子对抗系统用于对抗跟踪雷达，通过采用欺骗技术（DECM）使跟踪雷达失锁。噪声干扰极少用于对付导弹，因为大多数导引头能够从角度上跟踪电子对抗辐射（干扰源跟踪），这足以使许多类型的导弹（如半主动导弹）能够锁定目标。

突防飞机对敌方重点防御地区的攻击如图 1.18 和图 1.19 所示，它们分别是在只有自卫干扰情况下的突防以及有防区外干扰、随队干扰或防区内干扰手段支援的情形。

当受到空袭或掠海飞行导弹攻击时，舰船也可实施电子攻击。对于第一种情况，可以实施噪声和欺骗干扰，以抑制距离和位置信息，从而防止敌方发射空对舰导弹或投放精确炸弹。后一种情况，噪声干扰、箔条投掷和欺骗干扰的组合与舰船近程武器系统（CIWS）共同使用，使导弹偏离舰船或对导弹实施摧毁。

地面设施在防御射频制导的空地导弹或反辐射导弹空袭时，也可采用类似舰船的方式实施电子攻击。

电子攻击同样可针对指挥控制战（C2W）中的通信网络。军事通信干扰的主要目的是扰乱网络通信链接，从而将 C2 与其设施节点分离。通信频段的电子攻击是针对作战网络无线电、战术数据链路和军事卫星通信的。

作战无线电网络提供 30～88 MHz VHF 频段内的近程和中程的语音通信，并在跳频（FH）模式下使用数字报文，会受一定程度宽带噪声干扰或频率跟踪干扰的干扰。

战术数据链路用于为分布的陆、海、空移动节点提供连接。这些链路为无节点设计，即不需要任何通信中心。因为每一个用户均可向其他方发送数据，并在极快的跳频模式下工作，这又可防止频率跟踪干扰。只有单音干扰会对其产生一些作用，在第 6 章中对此进行说明。

卫星通信系统（SATCOM）可在高数据速率情况下，为相距非常远的军队提供全球连接。以往的卫星通信系统在 UHF 频段（250～400 MHz）下工作。而最新的卫星通信系统能在 SHF 频段（7～8 GHz）或 EHF 频段（20～44 GHz）下工作。

UHF 通信具有天线简单的优势，这样的天线易于安装在飞机、小型舰船和车辆等移动平台中。但由于天线的波束比较宽，它们易受到地面干扰机的干扰。SHF 和 EHF 通信不易受到干扰，只有单音干扰能够造成一些影响。

电子防护出现在所有雷达和通信接收机及信号处理器中，具有大量非常有效的电子反对抗措施，如第 2 章和第 6 章所述，如果把电子攻击和电子防护之间的竞赛比成一场国际象棋对弈，那么一方的每一步都会遇到对手的反击。

1.6　非对称冲突中的电子战

当敌对双方的军事实力完全不对等，实力较弱一方采用诸如破坏、恐怖主义或叛乱等手段来避免与实力较强一方进行正面军事对抗的攻击方式时，就形成非对称冲突。从概念上讲，非对称冲突与游击战或特种部队作战比较相似。弱势一方在上述行动中使用的武器一般是轻型枪炮和简易爆炸装置（IED）。

在非对称冲突中，电子战仅限于通信频段。只有实力较强一方采用电子战，乡村地区和城市地区使用的电子战模式也稍有不同。

在乡村地区，电子战一般采用通信 ESM 和 COMINT 设备(与对称冲突中使用的设备一致)来探测敌方通信信号以及捕获通过敌方的消息得出的通信情报，电子战还涉及采用适当的反 RCIED 干扰机(CECM)来对抗无线电控制的 IED(RCIED)。

RCIED 由射频信号触发，以启动炸弹。RCIED 具有灵活性的优势，因为使用者和装置之间没有物理接触。RCIED 可用于对军方车队和巡逻队穿越公路时对其进行伏击。RCIED 一般放置在车队/巡逻队无法绕行的位置。RCIED 使用者藏在观察点区域内，以便能够看见车队/巡逻队靠近爆炸装置，并在适当的时机向其放置的装置发送触发信息。无线电链路一般用于近距离通信频段，但也会使用像 GSM 这样的移动电话系统的使用频段(现有的网络可以使用)。在后一种情况下，触发命令的发送距离可以远到几千米。

在防御 RCIED 时，可实施下述电子战行动：

- 在需要关注的区域内检测敌方通信信号(可通过无人机等防区外系统在车队通过之前数日巡视侦察区域，收集相关情报)；
- 使用高功率干扰机在引爆计划之前就抢先触发爆炸装置；
- 在车队/巡逻队周围实施人员保护干扰，以建立射频屏蔽。

在第 6 章的 6.3.4 节中将对反 RCIED 方法和干扰机装置进行讨论。

城市地区的电子战行动与乡村地区一样，采用 CESM 和 COMINT 设备分别为电子攻击设备定位敌方的通信链路并捕获通过这些链路交换的敌方通信情报。但是，电子战行动却因 CECM 设备的类型不同而有差异，因为这时，CECM 设备是叫做“电子隔离”的进攻性信息作战的一部分，其中抑制通过无线电链路的敌方信息交换的 CECM 行动(将噪声或一些适当的信号注入目标接收机)伴随着计算机网络攻击，并延伸到阻断敌方与平民进行各类通信，包括电视、无线电、移动电话、无线连接(Wi-Fi 或 Wi-max)，以及卫星通信。

关于在城市地区实施电子战攻击需要考虑的一点，是攻击对友方和中立方服务的附带影响。因此，此类攻击需要进行仔细严密的计划。

除上述电子隔离行动外，在城市地区作战，每辆作战车辆和徒步人员都要求使用反 RCIED 干扰机。为了使已方无线电链路能够不受影响正常工作，干扰机应采用响应式干扰机(也称为“信号启动式”干扰机)。

参考文献

[1] Carey, D., and W. Evans “The Patriot Radar in Tactical Air Defense,” Microwave Journal, Vol. 31, May 1987.

[2] Macfadzean, R., Surface-Based Air Defense System Analysis, Norwood, MA: Artech House, 1992.

[3] Neri, F., Introduction to Electronic Defense Systems, Second Edition, Raleigh, NC: SciTech Publishing, 2006.

[4] Schleher, C., Electronic Warfare in the Information Age, Norwood, MA: Artech House, 1999.

[5] Wiley, R., ELINT: The Interception of Radar Signals, Norwood, MA: Artech House, 1985.

第 2 章　信号辐射源与传感器的发展

2.1　引言

电子战系统的目标是保护军队、军用设施与平台（我们称之为目标）不受环境中存在的电磁威胁的影响。电磁威胁的实现依靠的是武器系统，它们配备可引导高炮、弹药和远距离导弹的传感器。

工作在电磁频谱中的传感器可将照射在其上的辐射能转换为电子设备随后要处理的电信号。传感器用于检测、跟踪、识别和定位目标。有些传感器拥有自己的目标照射源，如微波、毫米波和激光雷达。这些传感器被称为有源传感器。还有一些传感器依靠自然环境对目标的照射，如光电（EO）和红外（IR）系统，它们分别利用目标反射的光能或自然背景和人为的引擎与物体辐射的热能。这类传感器被称为无源传感器。有源传感器既有发射装置又有接收装置，无源传感器则只有接收装置。

本章简要介绍现代传感器的可用技术及方法，其深度只是为了理解后面几章将要论述的与接收机和信号的截获、分类和干扰有关的电子战设备。

在 2.2 节中，我们将讨论传感器的特征，它们与传感器的工作波长、尺寸和信号传播特性（尤其在大气层中）相关。本书后面的三个附录也讨论了传感器问题：附录 A 讨论接收机的信号检测能力，它会被电子设备和其他环境干扰产生的接收机噪声所削弱；附录 B 提供由估值理论得出的传感器参数测量精度；附录 D 讨论通信所用的有关模拟调制方法。

在 2.3 节中，我们将论述电子战领域的主要有源传感器：雷达。首先，我们讨论由波形产生和新型信号处理技术的巨大变革所带来的能力，它们包括最大目标探测距离、径向速度和角度测量精度，然后我们回顾一些重要的雷达类型。

电子战系统感兴趣的其他有源传感器还有通信系统（在 2.4 节中讨论）和导航系统（在 2.5 节中讨论）。由于信号处理技术的发展，这两种系统的工作能力都得到了极大的提高。

最后，在 2.6 节和 2.7 节，我们将分别讨论红外传感器和导弹导引头等最重要的无源传感器，还描述作为电磁频谱红外波段处延伸的有源激光器系统的能力。

2.2　传感器电磁频谱与大气传播

由于传感器各组成部分（如发射机、接收机、孔径和检波器）大小与波长成正比，因此传感器可以按照其波长进行分类。

表 2.1 比较了微波、毫米波和光电/红外传感器的特性。

传感器的一个重要部件是其孔径，能量由此进入（接收）和/或离开（发射）传感器。微波和毫米波传感器的孔径是天线，而光电/红外和激光传感器的孔径是光学透镜和反射镜。

天线和透镜的方向性增益 G_D 被定义为整个球面的立体角（4π 球面度）与发射或接收能

量主要集中处的立体角之比。对于矩形孔径，当立体角的−3 dB 波束宽度为 θ_B 和 φ_B 时，我们有：

$$G_D = \frac{4\pi}{\theta_B \varphi_B} \tag{2.1}$$

对圆形孔径和透镜而言，上式则变为：

$$G_D = \left(\frac{4\pi}{\theta_B^2}\right) \tag{2.2}$$

式中，θ_B 是天线的−3 dB 波束宽度(半功率波速宽度)或是透镜的衍射边限。

表 2.1　传感器特性

特　性	微　波	毫　米　波	光电/红外
波长	cm(10^{-2} m)	mm(10^{-3} m)	μm(10^{-6} m)
部件体积	大	小	小
孔径体积	大	小	小
角分辨率	°(10^{-2} rad)	mrad(10^{-3} rad)	μrad(10^{-6} rad)
常用工作模式	有源	有源	无源和有源
传感器类型	雷达	雷达	IR、热成像仪、激光雷达
不利环境条件(气候、尘埃、烟雾)中的性能	较小下降	远距离处下降	下降

根据天线理论(参见文献[20]或附录 C)，可以证明对直径为 D 的圆形孔径，其方向性增益为：

$$G_D = \frac{4\pi A}{\lambda^2} = \frac{4\pi \cdot \pi D^2/4}{\lambda^2} = \left(\frac{\pi D}{\lambda}\right)^2 \tag{2.3}$$

结合式(2.2)与式(2.3)，可以得出：

$$\theta_B = k\lambda/D \tag{2.4}$$

式中，$k = \sqrt{4/\pi} = 1.13$。

例如，对于直径 D=1 m=100 cm、工作在 λ=3 cm 的微波雷达天线来说，θ_B=1.13×3÷100=0.035 rad=35 mrad=2°，G_D=4π÷$(0.35)^2$ =10 314=40.1 dB。对工作在 λ=10.6 μm、透镜直径 D=10 cm 的 CO_2 激光器来说，θ_B=1.13×10.6÷(10×10^{-4})=1.19×10^{-4}rad=0.119 mrad=0.0069°。

从上述例子可以推出，光电/红外传感器因波长极短而拥有极高的分辨率特性，这对成像和目标识别非常有用。相反，微波和毫米波雷达则因其较宽的波束宽度而有利于空域搜索、跟踪、制导和对光电/红外传感器的引导。

由式(2.1)～式(2.4)得到的理论值总是会超过实际值，因此必须用与天线和透镜的物理结构及电磁特性有关的一个有效因子 η(0.6～0.7)进行修正。例如，微波天线的增益表示为 $G=\eta G_D$，而好的天线设计通常将其有效因子设定为 η=0.6～0.65。

表 2.2 给出了微波和毫米波雷达频段的频率划分范围，表 2.3 列出了红外频谱的划分范围。

设计任何传感器系统必须考虑的一个重要因素就是雨、雾、尘埃等大气效应，它们会使性能变差，还要考虑大气衰减与频率的关系。图 2.1、图 2.2 和图 2.3 分别描述了单程的大气衰减(dB/km)与频率的关系、雨雾造成的衰减以及高频传感器在红外波段的大气传输系数。

表 2.2　微波和毫米波雷达频段

新电子战频段名	频率范围(GHz)	旧雷达频段名	频率范围(GHz)
A	<0.25	VHF	0.03～0.3
B	0.25～0.5	UHF	0.3～1
C	0.5～1	—	—
D	1～2	L	1～2
E	2～3	S	2～4
F	3～4	—	—
G	4～6	C	4～8
H	6～8	—	—
I	8～10	X	8～12
J	10～20	Ku	12～18
K	20～40	K	18～27
L	40～60	Ka	27～40
M	60～100	V	40～75
—	—	W	75～110

表 2.3　红外频谱

区　域	波长范围(μm)
紫外	0.1～0.38
可见光	0.38～0.76
甚近红外	0.76～1.0
近红外	1～3
中红外	3～8
长波红外	8～14
远红外	14～50

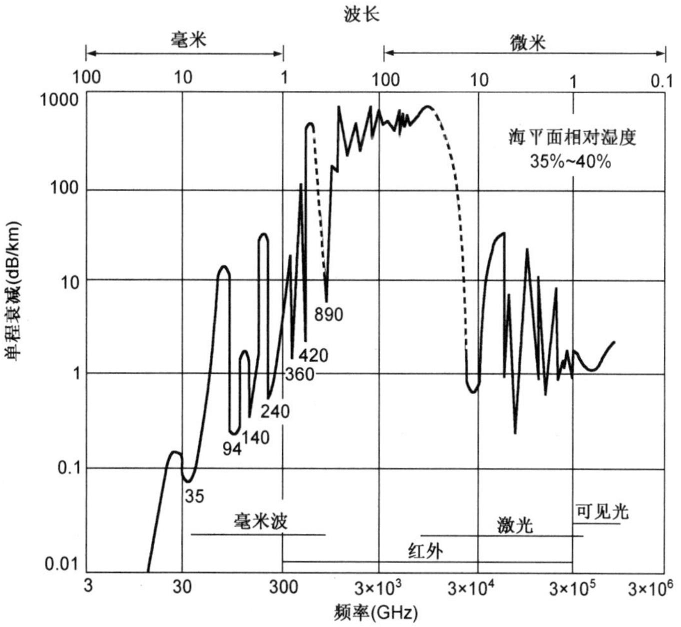

图 2.1　单程的大气衰减(dB/km)与频率的关系(引自文献[1])

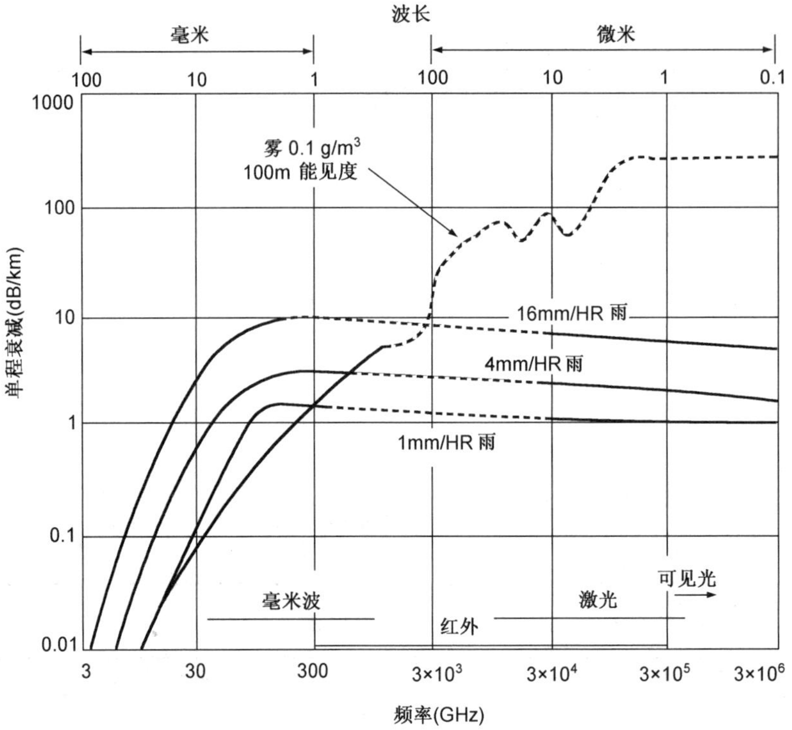

图 2.2 雨雾造成的衰减(引自文献[1])

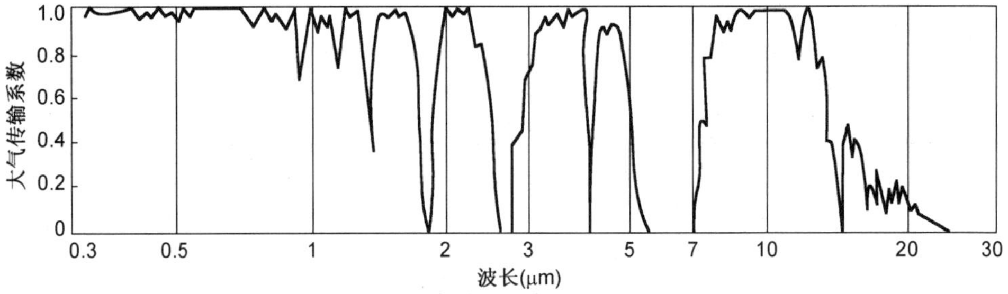

图 2.3 高频传感器在红外波段的大气传输系数(引自文献[1])

由图 2.1～图 2.3 可以看出，在不利的大气环境下，可见光和红外传感器的性能大幅下降，而毫米波雷达也会受到极大的影响。

2.3 雷达原理与类型

早在第二次世界大战前，雷达就被指定为“无线电探测与测距”的缩写。英国、美国、德国、意大利、法国和俄罗斯等国都对雷达基本原理进行了研究，初期研究频段为 25～500 MHz。雷达技术在第二次世界大战期间得以加速发展。1941 年后，英国研制的磁控管推动了微波雷达的发展，麻省理工学院辐射实验室和美国与英国的其他机构同时开展了微波雷达的研究工作。

现代雷达可以从目标中提取很多信息。除距离外，它们可以提取角度、径向速度、目标的散射点及其分布、方位变化、喷气发动机类型与螺旋桨的调制等。对目标距离(即至目标的距离)的测量依然是雷达最重要的功能。图 2.4 示出了雷达的基本原理。

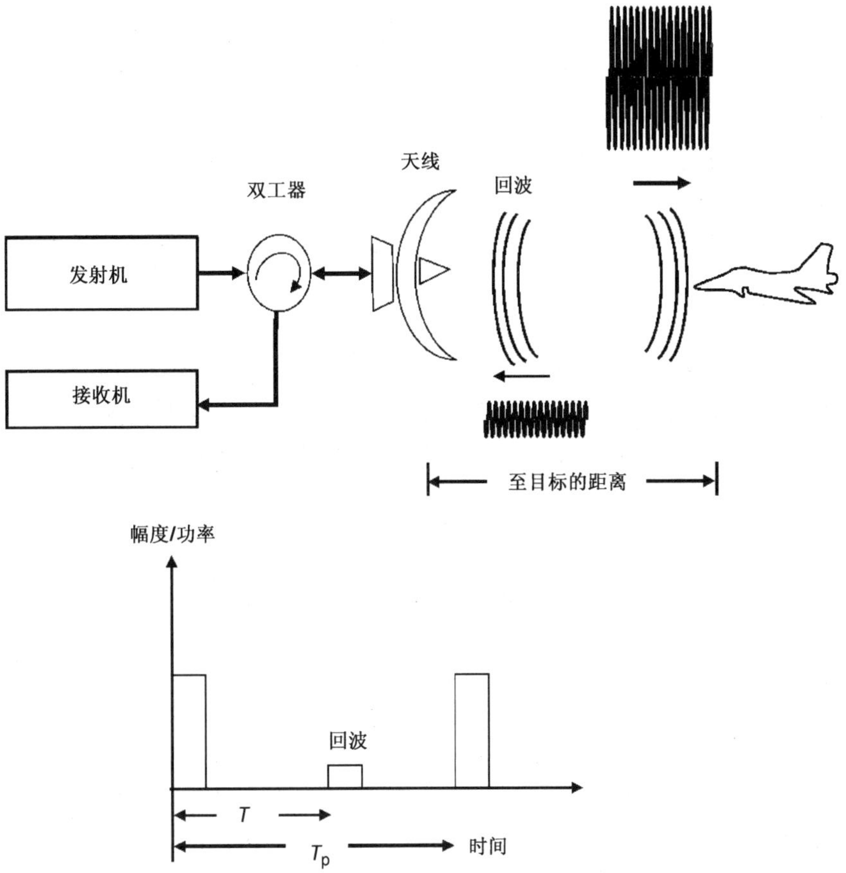

图 2.4　雷达的基本原理

发射机（Tx）产生一个射频信号，通过天线发射到空中，它通常是一串由正弦波调制的窄脉冲。部分发射能量被目标截获并散射到许多方向，包括又返回到雷达天线的后向散射方向。后向散射信号被馈送到接收机（Rx），经处理后检测目标并确定其位置，即距离与方位。方位由天线的窄波束宽度提供，距离 R 则通过测量从发射脉冲到接收目标回波的延迟时间 Δt 来确定，这个时间是雷达信号以光速（$c=3\times10^8$ m/s）传输到目标并返回雷达所耗费的时间：

$$\Delta t = \frac{2R}{c},\quad R = \frac{c\Delta t}{2} \tag{2.5}$$

雷达信号往返传输一微秒（μs）所经过的距离是 150（m）。

脉冲一旦被雷达辐射到空间，必定要经过足够的时间才能确保所有回波信号在下一个脉冲发射前返回雷达。因此，脉冲发射速率由预期的目标最大距离决定。如果脉冲之间的间隔时间 T_p 太短，那么远距离目标的回波信号可能会在下一个脉冲发射后到达，因此可能会被错误地当成后一个脉冲的回波而不是前一个脉冲的回波。这些回波被称为二次回波（若是更早发射的脉冲回波，则为多周期回波），它们会造成测距模糊，因为回波距离看起来比实际距离短得多。让目标产生二次时间的回波的临界距离被称为最大非模糊距离 R_{un}，它可表示为：

$$R_{un} = \frac{cT_p}{2} = \frac{c}{2f_p} \tag{2.6}$$

式中，T_p 为脉冲重复间隔（PRI），$f_p=1/T_p$ 为脉冲重复频率（PRF）。

图 2.4 为最简单的典型雷达脉冲波形，其特点是具有高峰值功率 P_t、窄脉冲宽度(PW) τ，脉冲占空比 d。d 的定义为平均发射功率 $P_{av}=P_t(\tau/T_p)$ 与峰值功率 P_t 之比，即 $d=P_{av}/P_t=\tau/T_p$。

窄脉冲波形发射时间短，可分配更多时间接受微弱信号，因为在接收弱回波信号时发射机不辐射信号，同时也能提供良好的测距分辨率，即能辨别两个距离较近(>$c\tau/2$)的目标。然而，窄脉冲波形需要非常高的峰值功率 P_t，以便雷达接收机能够获得足够的能量来检测远距离的小型目标。在介绍雷达方程和典型雷达结构后，将研究不同的雷达波形。

2.3.1 雷达方程

雷达方程将雷达的探测距离与其结构(即发射机、接收机、天线和波形)特性、目标特征和环境特性关联在一起。因此，雷达方程是雷达系统设计的基本工具。

如果发射机通过全向天线辐射的峰值功率为 P_t(W)，在距离雷达 R(m)处的功率密度 PD_i 为：

$$\mathrm{PD_i} = \frac{P_t}{4\pi R^2} \quad \left(\mathrm{W/m^2}\right) \tag{2.7}$$

然而，由于雷达是通过增益为 G_t 的定向天线发射信号的，则在窄天线波束宽度方向上距离 R 处的功率密度为：

$$\mathrm{PD_i} = \frac{P_t G_t}{4\pi R^2} \quad \left(\mathrm{W/m^2}\right) \tag{2.8}$$

式中，乘积 $P_t R_t$ 为有效辐射功率(ERP，单位 W)。

目标截获上述入射能量的一部分并散射到各个方向。只有雷达接收方向的后向散射功率密度对目标检测有用。再辐射到雷达处的这一功率密度 $\mathrm{PD_r}$ 取决于目标的等效反射面积 σ，σ 为雷达散射面积(RCS)，它与目标的物理尺寸略有关系，但主要取决于目标形状。因此 $\mathrm{PD_r}$ 可表示为：

$$\mathrm{PD_r} = \frac{P_t G_t}{4\pi R^2}\frac{\sigma}{4\pi R^2} \tag{2.9}$$

雷达天线用接收天线的有效面积 A_e 截获一部分 $\mathrm{PD_r}$。有效面积与实际面积 A 以及接收天线增益 G_r 有关。$A_e=\eta A$(其中 $\eta<1$，为天线孔径效率)，$G_r=4\pi A_e/\lambda^2$。通常，在单基地雷达中(即雷达发射机和接收机共置)，发射和接收采用同一天线，故 $G_t=G_r=G$。因此，雷达接收机输入端的接收功率为：

$$P_r' = \mathrm{PD_r} \cdot A_e = \frac{P_t G_t}{4\pi R^2}\frac{\sigma}{4\pi R^2}\frac{G_r\lambda^2}{4\pi} = \frac{P_t G^2\lambda^2\sigma}{(4\pi)^3 R^4} \tag{2.10}$$

实际接收的功率 P_r 比 P'_r 小 L_{atm} 倍，而 $L_{atm}>1$，这表示信号经过双程的大气衰减其功率有所损失：

$$P_r = P_r'/L_{atm} \tag{2.11}$$

式中，L_{atm} 为大于 1 的衰减系数。

目标回波功率的检测会受到接收机噪声功率 N(与雷达波形的带宽 B_r 成正比)的影响，为了有效降低噪声尖峰所引起的虚假检测发生的概率(称为虚警率 P_{fa})，门限值的设置(参见附录 A)要高于噪声功率，P_{fa} 通常要求 $<10^{-6}$。

目标回波功率必须大于上述门限以确保获得较高的检测概率 P_d(通常>0.9)。

为了达到上述检测条件(P_d，P_{fa})，目标功率与噪声功率之比(称为信号与噪声功率之比，简称信噪比 SNR）必须大于满足检测条件的最小 SNR_0 值，即 $SNR>SNR_0$。因此，目标回波功率必须使其最小功率 $S_{min}=SNP_0 \cdot N$，以便目标被可靠检测。

雷达的最大作用距离 R_{max} 是指一旦超过此距离，雷达就不能在所需检测条件（P_d，P_{fa}）下检测到目标。它出现在接收功率 P_r 等于最小可检测信号功率 S_{min} 时，如前所述，最小可检测信号取决于雷达波形带宽和接收机结构（它决定接收机噪声和信号处理损失）以及检测所需的 SNR_0。在式（2.10）和式（2.11）中，用 S_{min} 取代 P_r，可得出 R_{max} 为：

$$R_{max}=\left[\frac{P_t G^2 \lambda^2 \sigma}{(4\pi)^3 S_{min} L_{atm}}\right]^{1/4} \tag{2.12}$$

本书第 5 章和第 6 章将要讨论的一个主要的雷达电子战对抗技术就是发射类噪声信号，提高接收机端的噪声功率，从而降低雷达对目标的最大作用距离。

2.3.2　雷达结构

传统脉冲雷达的简化框图如图 2.5（a）所示。经过发展，现代雷达的结构框图如图 2.5（b）所示。下面我们将讨论雷达系统的发展。

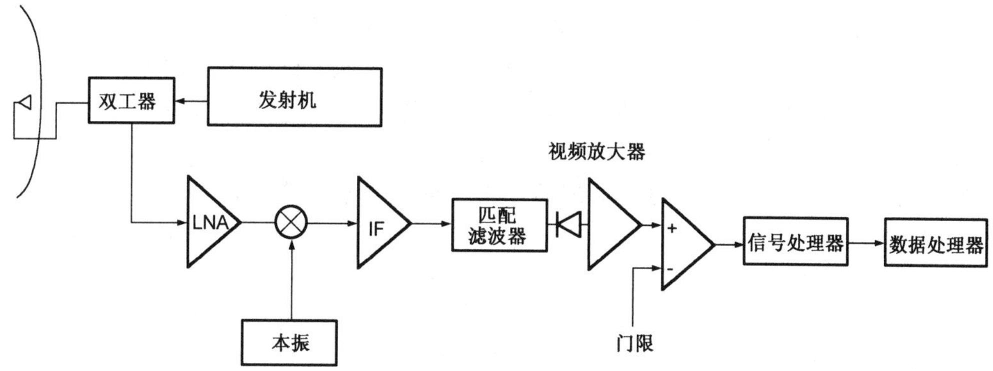

(a)传统脉冲雷达简化框图

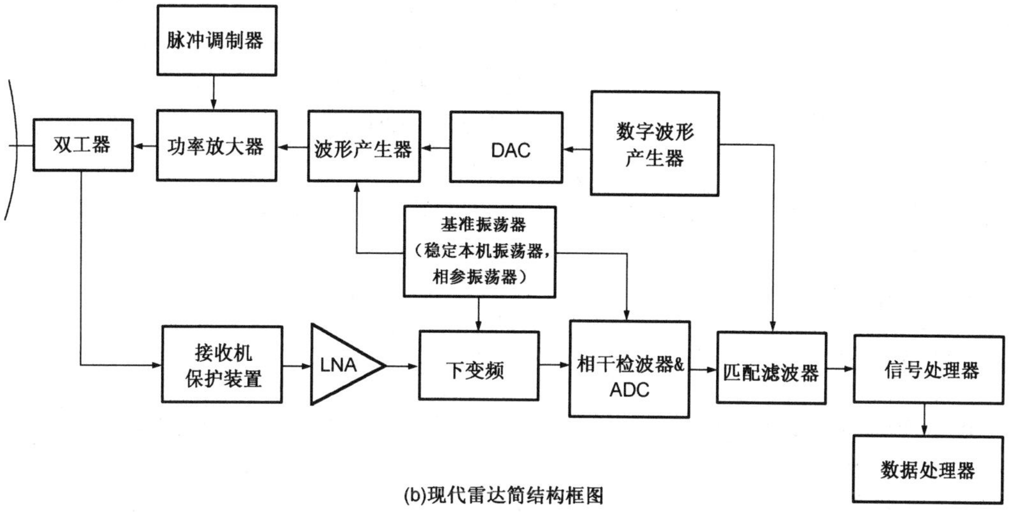

(b)现代雷达简结构框图

图 2.5　雷达结构简图

波形产生器（WFG）产生低功率雷达信号并馈送给雷达发射机的功率放大器。传统体制雷达系统中，发射机使用磁控管这样的低占空比波形功率振荡器。由于现代雷达需要较大占空比的相参波形，功率放大器就成了首选。功率放大器可以是正交场放大器、速调管、行波管（TWT）或固态（SS，即晶体管）放大器。除固态放大器外，在大部分功率放大器和功率振荡器中，调制器与来自波形产生器的输入脉冲同步地开、关发射机。

发射机（Tx）的输出通过双工器到达天线，再由天线发射到空中。双工器用作转换开关，能使发射和接收分时使用一副天线。当发射机工作时，双工器在接收机输入端产生短路（电弧放电），所以高功率信号到达天线而不进入接收机，从而保护了接收机。当接收时，双工器将回波信号引导到接收机而不到发射机。

高增益（定向）天线可以采用机扫抛物面反射器、机扫平面阵列反射器，也可以是电扫相控阵列（参见附录 C）。

以监视雷达的天线在方位上旋转 360° 为例来说明天线扫描。远程监视雷达的典型扫描速率是每分钟 5～6 转（rpm），而中程和短程监视雷达的典型扫描速率是每分钟 30～60 转。

接收机通常都采用超外差接收机（SHR）。射频输入经低噪声放大器（LNA）放大后获得高信噪比，然后降频到中频（IF），再由中频放大器进一步放大（参见 2.3.4 节）。在过去的雷达系统中，中频通常为 30 MHz 或 60 MHz。超外差接收机的信号带宽取决于其中频段的带宽，在雷达设备中就是匹配滤波器（后面会讨论），也就是使输出峰值信噪比最大的滤波器的带宽。就广泛使用的矩形脉冲波形而言，匹配滤波器类似于中频带宽为 $B_{IF}\approx 1/\tau$（即脉冲宽度的倒数）的常规接收机的滤波器。

在传统雷达中，中频放大器之后连接的是包络检波器，通常称为解调器，其任务是从载波中提取信号调制样式。由中频放大器、解调器和视频放大器组成包络检波器（见附录 A），它让脉冲调制包络通过，而去除中频载频。

在接收机（Rx）输出端，要判定目标是否存在。判定是根据接收机视频输出的幅度相对于预定门限的大小做出的，而设定门限的目的是将噪声引起的虚警率降低到可容忍的程度。在主要是外部噪声（比如无意的电磁干扰、有意的噪声干扰和杂波）而非接收机噪声导致虚警产生的情况下，门限必须能够根据外部环境自适应地改变，使信号处理器维持恒虚警率（CFAR）。

雷达通常会接收到多个目标回波信号。在检波前将这些脉冲叠加以获得更大的输出信噪比 SNR_{out}，这称为脉冲积累。积累器是信号处理器的组成部分，其作用是在检波前让需要的回波信号通过，并抑制无用信号（噪声或杂波）。

现代雷达还配有数据处理器，用以前测量的目标位置自动跟踪目标，建立目标的轨迹（即过去时刻的轨迹）并预测其在雷达下一次扫描时的位置。

现代雷达中的匹配滤波、检波、信号和数据处理都采用数字技术来实现。

2.3.3　雷达杂波信号处理

前面讨论的雷达基本原理只说明了雷达在存在噪声的情况下检测目标的能力。但这种情形只出现在目标飞行在远处高空，天线波束宽度不受自然环境回波影响时。

然而，在绝大部分情况下，雷达目标检测都会受到陆地、海洋和气象回波的严重影响，它们被称为杂波，因为它们会扰乱雷达显示器并阻止对所需目标（飞机、舰船或运动车辆）

的检测。杂波回波可能会比目标回波大好几个数量级，当两者存在于同一分辨单元时，如果不采用适当的信号处理，则无法检测目标。

对检测杂波环境中的移动目标来说，最有效的方法就是利用差分多普勒频移。一般而言，目标回波的频谱不同于杂波频谱。连续波雷达的目标检测处理主要基于差分多普勒频移滤波。采用差分多普勒频移进行检测的脉冲雷达有动目标显示（MTI）、多普勒滤波器组和动目标检测（MTD）雷达、机载动目标显示（AMTI）和脉冲多普勒（PD）雷达。这些雷达类型将在介绍相干雷达检测概念后再讨论。

多普勒频移 f_d 是运动目标相对于雷达的径向速度 v 而引起的回波频率变化。从雷达到初始位置在距离 R 处的运动目标的往返传播路径中的总相位变化 φ（随时间而变）可以推测出该值。

总相位变化 φ 可表示为：

$$\varphi = (2\pi/\lambda)\cdot 2R = 4\pi R/\lambda = 4\pi R f_t/c \tag{2.13}$$

式中，$\lambda=c/f_t$，而 f_t 为发射频率。φ 随时间的变化为：

$$\frac{d\varphi}{dt} = \frac{4\pi}{\lambda}\frac{dR}{dt} = \frac{4\pi}{\lambda}v_r = 2\pi f_d \tag{2.14}$$

式中，$v_r=v\cos\theta$ 为相对于雷达的目标速度的径向分量，如图 2.6 所示。

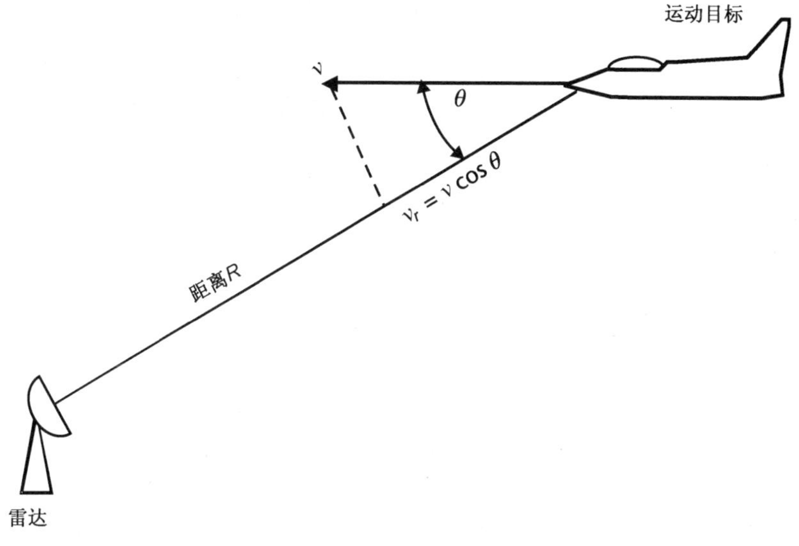

图 2.6　雷达与运动目标的几何位置

因此，多普勒频移 f_d 可表示为：

$$f_d = \frac{2v_r}{\lambda} = \frac{2f_t v_r}{c} \tag{2.15}$$

注意，式（2.15）对往返传播有效，这是单基地雷达的典型方式。在单程传播情况下（即用无源接收机接收），相对于发射频率 f_t 的多普勒频移 f_d 等于上述值的一半。

还需注意：逼近目标（即 $dR/dt<0$）产生的多普勒频移为负值，后退目标产生的多普勒频移为正值。

为了利用运动目标的多普勒频移，雷达接收机必须是相干处理模式（即它需要产生稳定的发射频率)并在中频级(被设计成匹配滤波器)之后采用相位检波器，而不是(在前文和附录 A 中讨论过)幅度检波器。因此，雷达的结构被改为图 2.7 所示。

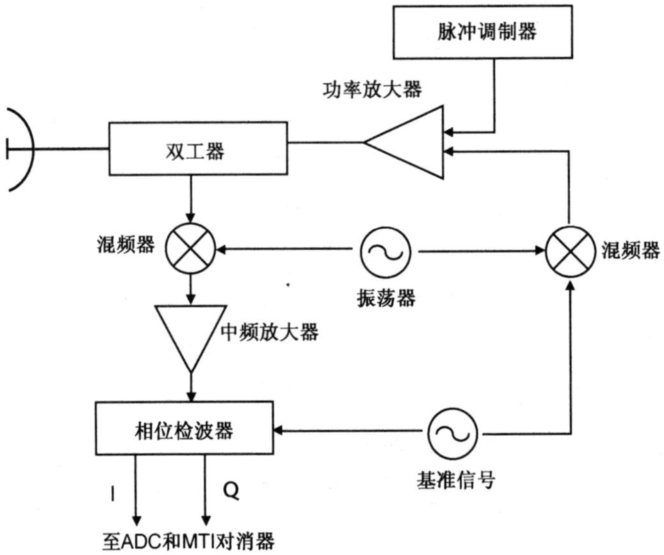

图 2.7　相干 MTI 雷达框图

显然，运动目标($f_d \neq 0$)的回波信号产生时变输出，而固定杂波($f_d \approx 0$)的回波信号产生恒定输出。这一结果应用于雷达多普勒信号处理，其中发展较早也是最简单的一种技术就是 MTI。

2.3.3.1　MTI

如果将图 2.7 所示相干接收机的输出应用于图 2.8 所示的单延迟线对消器中，那么模数转换器(ADC)模块和延时器的输出分别为：

$$y_i(t) = A\sin(2\pi f_d t - \phi_0)$$
$$y_{i-1}(t) = A\sin\left(2\pi f_d (t - T_p) - \phi_0\right)$$

其差值为：

$$x(t) = y_i(t) - y_{i-1}(t) = 2A\sin(\pi f_d T_p)\cos\left(2\pi f_d\left(\frac{t - T_p}{2}\right) - \phi_0\right) \tag{2.16}$$

即单延迟线对消器的频率响应(输出幅度与输入幅度之比)为：

$$H(f) = 2\sin(\pi f T_p) \tag{2.17}$$

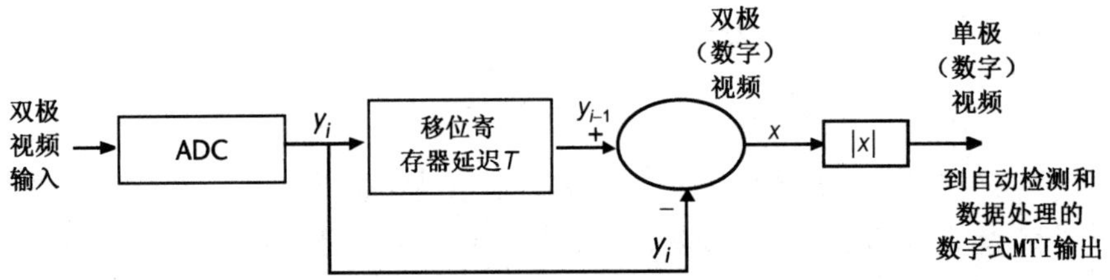

图 2.8　包含单延迟线对消器的数字式 MTI 框图

单延迟线对消器的频率响应如图 2.9 所示。

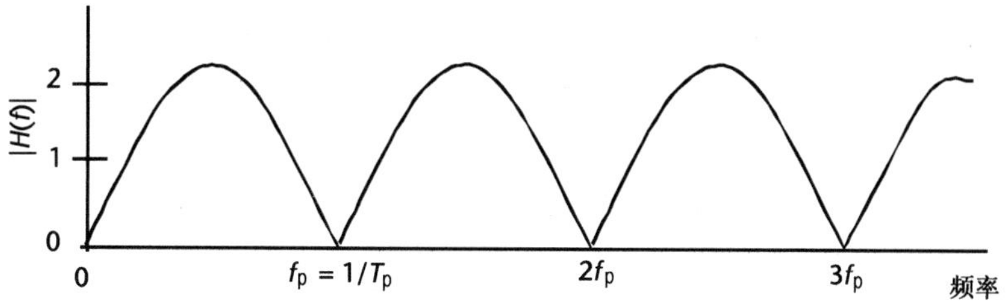

图 2.9　单延迟线对消器的频率响应

有关 MTI 处理的详细内容超出了本书的讨论范围，建议感兴趣的读者参阅文献[2]。从图 2.9 中可以看出，单延迟线对消器实际上消除了零多普勒频移处的杂波响应，但是，它也消除了多普勒频移为 $f_d=k/T_p$ 的(即 PRF=$1/T_p$ 的倍数)运动目标的回波，此时对应的速度 $v_r=k\lambda/(2T_p)$ 称为盲速。从该表达式可以发现，要提高速度范围，如果不工作在长波，那么可用的方法包括：采用高 PRF(PD 雷达就采用这种方法)或几个不同的 PRF。

第二种方法的基本原理是：一个 PRF 的盲速通常有别于另一个不同 PRF 的盲速。因此，某个 PRF 严重衰减的目标会很容易地用另一个 PRF 检测出来。一般来说，要提高第一盲速的值，就必须采用多个 PRF，它们具有很大的最小公倍数。

PRF 既可以在批脉冲间变化也可以在单个脉冲间(此时称为参差 PRF)变化，这正是航空管制雷达(ATCR)和监视雷达常用的方法。参差 PRF 可为 ESM 系统识别雷达提供重要的波形特征。

例如，通过选择参差 PRF 为 $k_1\text{PRF}_1=k_2\text{PRF}_2=\cdots=k_r\text{PRF}_r$ 来提高第一盲速，其中$\{k_i\}$是素数。例如，当 k_i 为 25、30、27、31 时，$v_1=28.25v_{av}$。

随着高速数字技术的发展，MTI 处理现在是以全数字化方式完成的，如图 2.10 所示，其优点如下：

- 可利用同相和正交支路处理补偿盲相位；
- 动态范围更大；
- 能更好地实现所需的滤波器特性。

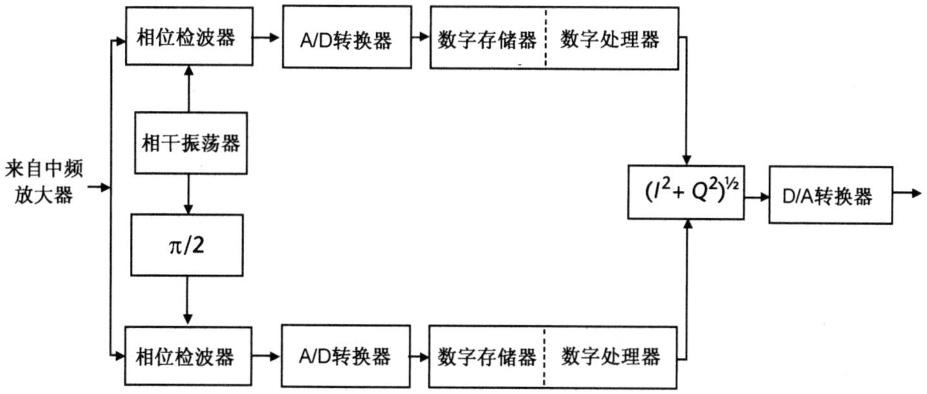

图 2.10　数字式 MTI 处理器框图

2.3.3.2　多普勒滤波器组

多普勒滤波器组是检测目标的一组窄带相邻且部分重叠滤波器，图 2.11 示出了 N=8 的情况。就 MTI 滤波器而言，其优势是：

- 可将不需要的运动杂波(暴风雨或鸟)与非零多普勒频移分开；
- 能粗测目标的径向速度，并通过改变 PRF 来分辨其模糊值；
- 可在每个滤波器的输出端进行相干积累。

随着高速数字技术的发展，滤波器组目前可通过快速傅里叶变换(FFT)来实现。

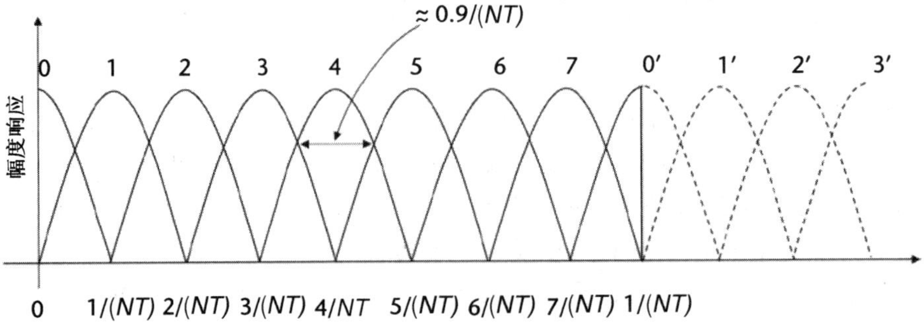

图 2.11 多普勒滤波器组

2.3.4 雷达信号处理基本原理

雷达不仅要检测环境中存在的目标，而且还要提取一系列目标信息，如位置(距离、方位，可能的话还有俯仰角)和径向速度，甚至还要识别目标的类型。

动目标检测和目标信息提取会受到噪声、自然环境(陆地、海洋和气象杂波等)中的回波以及有意和无意的干扰的影响。检测所需回波信号同时抑制噪声、杂波和其他干扰的方法被称为雷达信号处理。我们将先介绍雷达信号处理基本理论——匹配滤波器，以及重要的雷达波形设计工具——模糊函数，然后在后面的章节再讨论它。

2.3.4.1 匹配滤波器

匹配滤波器的任务是使雷达接收机的输出峰值 SNR 最大，从而实现最强的目标检测能力。

如图 2.12 所示，考虑一个能量为 E 的信号，它的复包络为 $s(t)$，其傅里叶变换为 $S(f)$，它被加到传递函数为 $H(f)$ 的滤波器的输入端。输入信号的能量和傅里叶变换分别为：

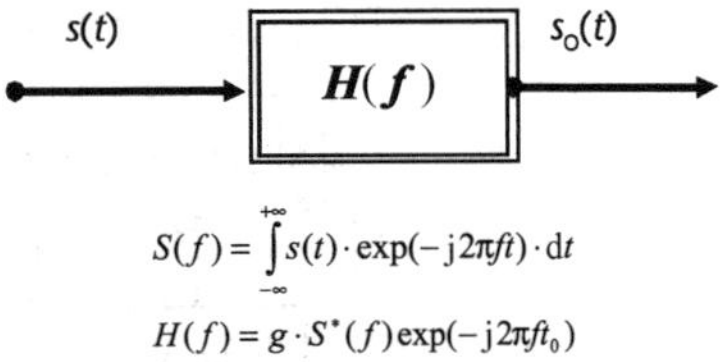

图 2.12 匹配滤波器概念

$$E = \int_{-\infty}^{+\infty} |s(t)|^2 \, dt \tag{2.18}$$

而且

$$S(f) = \int_{-\infty}^{+\infty} s(t) \cdot \exp(-j2\pi ft) \cdot dt$$

输出信号 $s_o(t)$ 的瞬时功率为：

$$|s_o(t)|^2 = \left| \int_{-\infty}^{+\infty} S(f)H(f) \cdot \exp(j2\pi ft) \cdot df \right|^2 \tag{2.19}$$

同样，可以求出单边谱功率密度为 N_0(双边谱为 $N_0/2$)时白噪声(即频谱幅度平坦)经过滤波的输出功率 N：

$$N = \frac{N_0}{2}\int_{-\infty}^{+\infty} \left|H(f)\right|^2 \mathrm{d}f \tag{2.20}$$

积分号前的系数 1/2 是考虑了在积分区间为−∞到+∞时，噪声功率密度只限定在正的频率 f 值上而设定的。

最大输出信噪比为：

$$\Gamma = \frac{\left|s_o(t)\right|^2}{N} = \frac{\left|\int_{-\infty}^{+\infty} S(f)H(f)\exp(\mathrm{j}2\pi f t_0)\cdot \mathrm{d}f\right|^2}{\frac{N_0}{2}\int_{-\infty}^{+\infty}\left|H(f)\right|^2\cdot \mathrm{d}f} \tag{2.21}$$

式中，t_0 表示$|s_o(t)|^2$出现最大值的时间。

施瓦兹不等式表明，如果 P 和 Q 是两个实变量为 x 的复函数，那么：

$$\int P^* P\cdot \mathrm{d}x\int Q^* Q\cdot \mathrm{d}x \geqslant \left|\int P^* Q\cdot \mathrm{d}x\right|^2 \tag{2.22}$$

在这里，令 $P^*=S(f)\exp(\mathrm{j}2\pi f t_0)$，且 $Q=H(f)$，则：

$$\Gamma_{\max} = \frac{\left|\int S(f)H(f)\exp(\mathrm{j}2\pi f t_0)\cdot \mathrm{d}f\right|^2}{\frac{N_0}{2}\int\left|H(f)\right|^2\cdot \mathrm{d}f} \leqslant \frac{\int\left|S(f)\right|^2 \mathrm{d}f\cdot\int\left|H(f)\right|^2 \mathrm{d}f}{\frac{N_0}{2}\int\left|H(f)\right|^2 \mathrm{d}f} = \frac{\int\left|S(f)\right|^2 \mathrm{d}f}{\frac{N_0}{2}} \tag{2.23}$$

考虑帕斯瓦尔定律，即：

$$\int\left|S(f)\right|^2 \mathrm{d}f = \int\left|s_o(t)\right|^2 \mathrm{d}t = E \tag{2.24}$$

则得出：

$$\Gamma_{\max} \leqslant \frac{2E}{N_0} \tag{2.25}$$

当 $P=gQ$ 时，其中 g 为实常数，式(2.22)成立。同理，式(2.25)取等号的条件是：

$$H(f) = g\cdot S^*(f)\exp(-\mathrm{j}2\pi f t_0) \tag{2.26}$$

式(2.26)定义了最佳滤波器在频域的传递函数。其时域表达式 $h(t)$ 可由 $H(f)$ 的傅里叶反变换得出：

$$h(t) = g\int_{-\infty}^{+\infty} S^*(f)\exp(-\mathrm{j}2\pi f(t_0 - t))\mathrm{d}f = g\left(\int_{-\infty}^{+\infty} S(f)\exp(\mathrm{j}2\pi f(t_0 - t))\mathrm{d}f^*\right) \tag{2.27}$$

考虑式(2.19)，则：

$$h(t) = g\cdot s^*(t_0 - t) \tag{2.28}$$

式(2.28)表明最佳滤波器的冲激响应(如果不考虑其幅度常数 g)等于时间翻转的输入信号 $s(t)$ 的共轭的延时版。也就是说，它与输入信号匹配。采用这种滤波器，比值 Γ 被最大化，为：

$$\Gamma_{\max} = \frac{2E}{N_0} \tag{2.29}$$

根据线性滤波理论可以得到一个重要结果，假设滤波器输出为 $y(t)$，冲激响应为 $h(t)$，输入为 $x(t)=s(t)+n(t)$，则输出 $y(t)$ 表示为输入与冲激响应的卷积，即：

$$y(t) = \int_{-\infty}^{+\infty} h(\tau) \cdot x(t-\tau) \mathrm{d}\tau = x(t) * h(t) \tag{2.30}$$

在这种情况下，假设匹配滤波器 $h_m(t) = s^*(t_0 - t)$，则：

$$y_m(t) = \int_{-\infty}^{+\infty} s^*(t_0 - \tau) \cdot x(t-\tau) \mathrm{d}\tau = \int_{+\infty}^{-\infty} s^*(\lambda) \cdot x(\lambda + t - t_0) \mathrm{d}\lambda \tag{2.31}$$

最后一个积分使用的变量$\lambda = t_0 - \tau$。

式(2.31)中最后一个积分在形式上与发射信号 $s(t)$ 和接收信号 $x(t)$ 之间的互相关相同。因此，可以推断，匹配滤波器的输出是发射信号与接收信号之间的互相关函数。

从式(2.28)和式(2.31)可以发现，对持续时间为 T 的脉冲雷达信号 $s(t)$ 来说，匹配滤波器是一种因果作用[其响应波形如图 2.13(b)所示]，它的输出是两个波形的互相关函数，如图 2.13(c)所示。

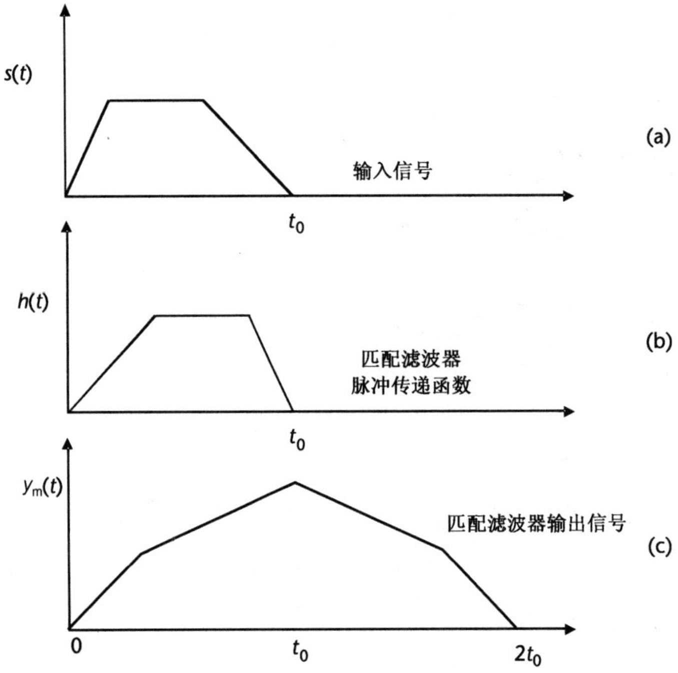

图 2.13　匹配滤波器时间响应

当 SNR 较大时，$x(t) \approx s(t)$，匹配滤波器的输出信号 $y_m(t)$ 约等于发射信号 $s(t)$ 的自相关函数。

上述讨论表明，以匹配滤波器作为相关接收机的实现是可行的，它的做法是，将输入信号 $x(t)$ 乘以延迟的发射信号 $s(t-t_0)$，其中 t_0 为目标回波信号的时间延迟。由于互相关接收机和匹配接收机在数学上是等同的，因此为特定雷达选择接收机将取决于哪种接收机最为实用。

在过去，匹配滤波器无法总是理想地实现。表 2.4 是 Skolnik[2]给出的，它列出了一些实际的近似匹配滤波器及其效率(即相对于真实匹配滤波器的 SNR 损失)。现在，随着数字技术(高采样速率和每个样本的大字节数)的发展，匹配滤波器可以通过发射信号 $s(t)$ 的自相关函数来实现。

表 2.4　实际的近似匹配滤波器的效率

输入信号形状	滤波器实现	最佳 $B\tau$	SNR 损失(dB)
矩形脉冲	单调谐	0.4	0.88
矩形脉冲	双调谐(巴特沃思)	0.81	0.46
矩形脉冲	高斯	0.74	0.51
高斯脉冲	高斯	0.44	0(匹配)

注：B 为滤波器半功率带宽，τ为脉冲持续时间。

匹配滤波器自相关接收机(对较大的 SNR 来说，近似于自相关接收机)使信号的检测能力只与接收信号的能量 E 及输入噪声谱密度 $N_0=kT_0F$ 有关。这样，雷达的最大探测距离不取决于发射信号形状或接收机带宽。因此，可以通过选择接收机带宽来优化对所需的目标相关信息的提取。我们将在后面讲述这一点。

2.3.4.2　模糊函数

2.3.4.1 节说明了在 SNR 较大的情况下，匹配滤波器输出可被看作是发射信号的自相关函数，也就是说，噪声可以忽略不计。然而，当有延迟时，接收信号有一个多普勒频移，其载频会与发射信号的载频不同，此时匹配滤波器输出的不再是发射信号的自相关函数。在这种情况下，就较大的 SNR 而言，匹配滤波器的输出可被看作是接收的具有多普勒频移的信号与发射信号的互相关函数。

匹配滤波器的输出是时间和多普勒频率的函数，根据其形状，可以了解雷达发射波形的许多特征：距离分辨率、距离模糊、径向速度、距离和速度测量精度以及杂波响应(与雷达具有同样速度的环境回波)。

从式(2.31)可知，匹配滤波器的输出(始终忽略噪声对接收信号的影响，即 $x(t)\approx s_{\mathrm{r}}(t)$ 为：

$$y_{\mathrm{m}}(t_0)=\int_{-\infty}^{+\infty} s_{\mathrm{r}}(t)s^*(t-t_0)\mathrm{d}t \tag{2.32}$$

式中，t_0 为回波的时延估值，它是一个变量。

采用复数形式，发射信号可表示为：

$$s(t)=u(t)\exp(\mathrm{j}2\pi f_0 t) \tag{2.33}$$

式中，$u(t)$ 是复调制函数，其模是实信号的包络，f_0 是载频。

因此，可以假设接收信号与发射信号相同，不过具有多普勒频移 f_{d} 和回波时延 t_1：

$$s_{\mathrm{r}}(t)=u(t-t_1)\exp[\mathrm{j}2\pi(f_0+f_{\mathrm{d}})(t-t_1)] \tag{2.34}$$

从式(2.32)可以得出：

$$y_{\mathrm{m}}(t_0)=\int_{-\infty}^{+\infty} u(t-t_1)u^*(t-t_0)\exp\left[\mathrm{j}2\pi(f_0+f_{\mathrm{d}})(t-t_1)-f_0(t-t_1)\right]\mathrm{d}t \tag{2.35}$$

为理解该方程的特性，设 t_1=0 和 f_0=0，并令 $\tau=-t_0$，因此：

$$y_{\mathrm{m}}(\tau,f_{\mathrm{d}})=\int_{-\infty}^{+\infty} u(t)u^*(t+\tau)\exp(\mathrm{j}2\pi f_{\mathrm{d}}t)\mathrm{d}t \tag{2.36}$$

正的τ表示目标的真实时延为 t_1，正的多普勒频移表示目标正在靠近。$y_{\mathrm{m}}(\tau, f_{\mathrm{d}})$ 的平方，即$|y_{\mathrm{m}}(\tau, f_{\mathrm{d}})|^2$ 称为模糊函数，通常表示为：

$$|\chi(\tau,f_d)|^2 = |y_m(\tau,f_d)|^2 = \left|\int_{-\infty}^{+\infty} u(t)u^*(t+\tau)\exp(j2\pi f_d t)\cdot dt\right|^2 \quad (2.37)$$

其与时延τ和多普勒频移f_d有关的三维图被称为模糊图。

模糊函数$|x(\tau,\ f_d)|^2$的特性如下：

(1) 最大值$|x(\tau,\ f_d)|^2_{max}=|x(0,0)|^2=1$，即最大值出现在原点，这是$f_d=0$时目标的真实位置，1 为回波信号的能量。

(2) 对称性$|x(-\tau,\ -f_d)|^2=|x(\tau,\ f_d)|^2$。

(3) 在时延轴上，$|\chi(\tau,0)|^2 = \left|\int_{-\infty}^{+\infty} u(t)u^*(t+\tau)dt\right|^2$，它是自相关函数的平方。

(4) 在多普勒频率轴上，$|\chi(0,f_d)|^2 = \left|\int_{-\infty}^{+\infty} |u(t)|^2 \exp(j2\pi f_d t)dt\right|^2$，为$|u(t)|^2$的傅里叶反变换的平方。

(5) 总体积$\int_{-\infty}^{+\infty}\int_{-\infty}^{+\infty} d\tau df_d |\chi(\tau,f_d)|^2 = 1$。

理想的模糊图应由当是一个狄拉克脉冲，它在距离和多普勒频率上都不模糊。它在原点的厚度极小，使目标时延和径向速度能达到所需的精度，从而分辨两个距离很近的目标并抑制所有的杂波(原点除外)。然而，狄拉克冲激不满足上述性质(1)和(5)，这说明模糊图的最大值和总体积都将为 1。

图 2.14 示出了一个良好模糊图近似波形。图中的波形有单个峰值，且在(τ, f_d)空间内没有模糊。但是，这个峰值在时间或多普勒频移轴或两个轴上很宽，以至于在其中一个或两个域内可能给出较差的测量精度和分辨率。

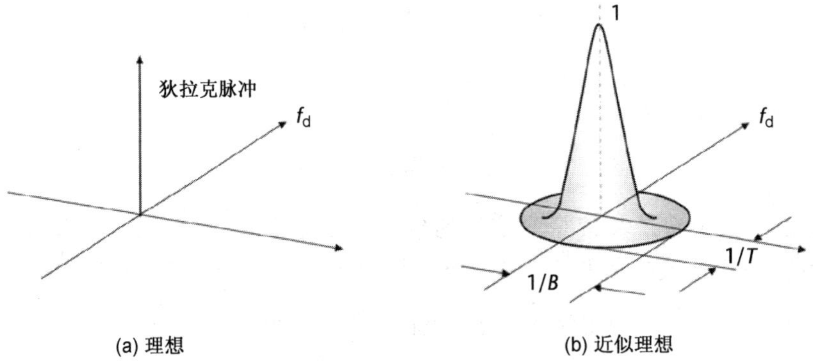

图 2.14 理想的和近似理想的模糊图

下面介绍一些实际波形的模糊图在平面(τ, f_d)上的投影。有兴趣深入了解雷达波形模糊图的读者请参阅文献[11]。

图 2.15(a)示出了宽度为 T 的单脉冲正弦波的模糊图在平面(τ, f_d)上的两维投影。图 2.15(b)和(c)分别示出了模糊函数在时间轴和多普勒频移轴上的形状。

图 2.15(a)中深色阴影区表示模糊函数较大的区域(大于−6 dB)，浅色阴影区表示模糊函数较小的区域(小于−6 dB)，无阴影区表示模糊函数为零的区域。从图 2.15(a)中可以看

出，简单脉冲有一些局限性，即若通过降低宽度 T 来提高距离分辨率，则多普勒频移精度下降。反之亦然。短脉冲波形有多普勒容限，因为匹配滤波器对适度的多普勒频移的响应相对于对零多普勒频移的响应没有改变太多，如图 2.15(b)所示。

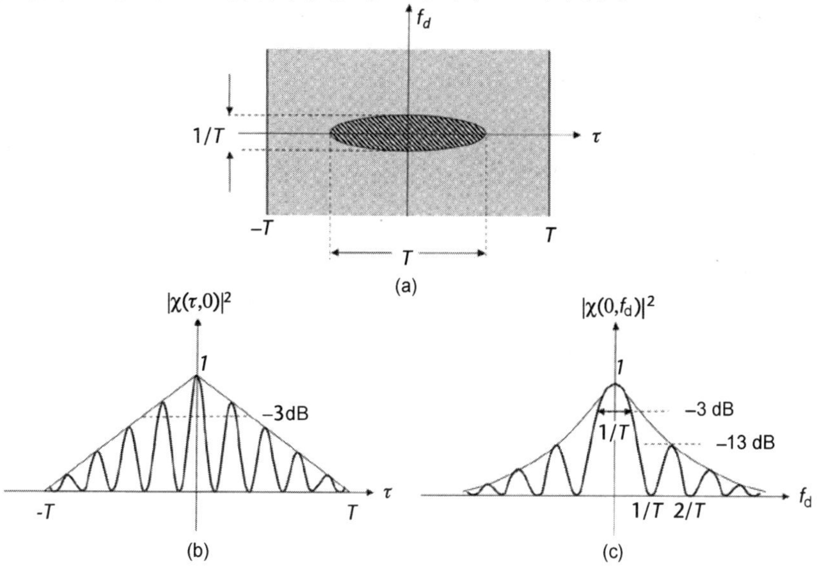

图 2.15 单脉冲模糊图在平面(τ, f_d)上的投影

图 2.16 示出了带宽为 B、宽度为 T 的线性调频(LFM)矩形脉冲模糊图在平面(τ, f_d)上的二维投影。

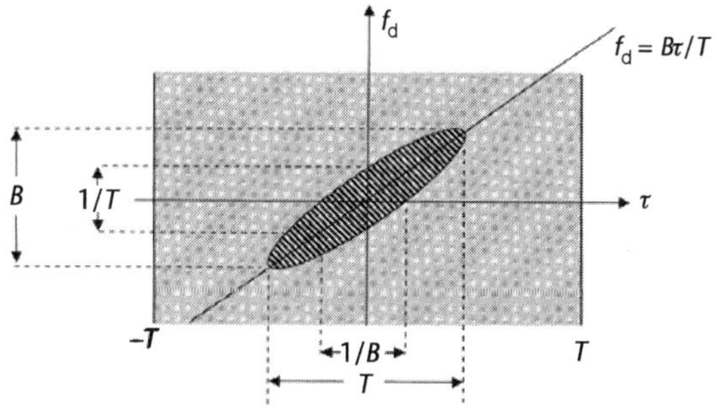

图 2.16 宽度为τ、带宽为 B 的线性调频脉冲的模糊图

带宽为 B、间隔为 T 的线性调频脉冲的模糊函数可表示为：

$$s(t)=\frac{1}{\sqrt{T}}\text{rect}\left(\frac{t}{T}\right)\exp\left(\text{j}\pi\frac{B}{T}t^2\right)$$

设 $k=B/T$，则有：

$$|\chi(\tau,f_\text{d})|^2=\left|\int_{-\infty}^{+\infty}s(t)s^*(t+\tau)\exp(-\text{j}2\pi f_\text{d}t)\text{d}t\right|^2=\left|\frac{1}{T}\int_0^{T-\tau}\exp(\text{j}\pi kt^2-\text{j}\pi k(t+\tau)^2-\text{j}2\pi f_\text{d}t)\cdot\text{d}t\right|^2$$

$$=\frac{1}{T^2}\left|\exp(-\text{j}\pi k\tau^2)\right|^2\cdot\left|\int_0^{T-\tau}\exp(-\text{j}2\pi(k\tau-f_\text{d})t)\cdot\text{d}t\right|^2=\frac{1}{T^2}\left|\frac{T-\tau}{\alpha}\right|^2\left|\int_0^{-j2\alpha}\exp(z)\text{d}z\right|^2$$

$$=\left(\frac{T-\tau}{T}\right)^2\cdot\left(\frac{\sin^2\alpha}{\alpha^2}\right)$$

式中，

$$\alpha = \pi(T-\tau)(k\tau - f_d) \tag{2.38}$$

注意，式(2.38)中沿时间轴(f_d=0)的第一个零点位于α_τ=π，即$(T-\tau)k\tau=1$。当$\tau<<T$时，$\tau=1/(kT)=1/B$；沿着多普勒频率轴(τ=0)的第一个零点位于α_f=π(即$\pi T f_d=\pi$或$f_d=1/T$)。当$\tau=\pm T/2$时，$f_d=\pm B/2$，因此总的频率偏移为$f_d=B$。

从图2.16可以看出，延时测量精度与1/*B*成正比，而多普勒频移精度与1/*T*成正比。因为可独立选择脉冲宽度*T*和带宽*B*，因此能获得上述两个精度。

由于所选的雷达波形会影响目标探测距离、多普勒频移测量精度与分辨率、模糊度和杂波抑制等，因此其模糊图可用于在雷达设计过程中定性评价上述能力的实现情况。

噪声波形，比如相位或频率伪随机变化的噪声，其模糊图为图钉形，如图2.17所示。该波形的优点是可分别通过调制带宽和脉冲宽度分别确定时延和测频精度。

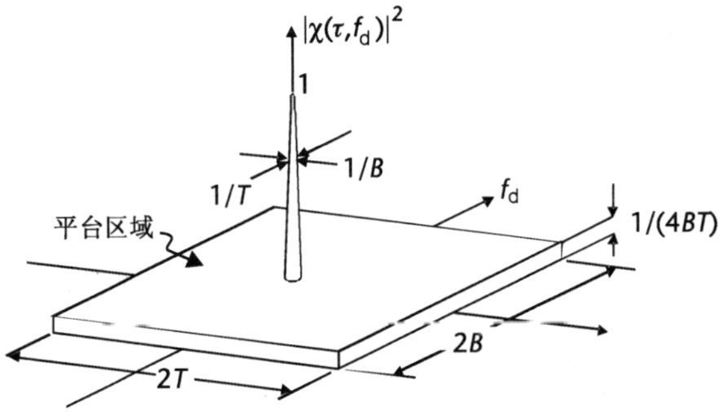

图2.17 图钉形模糊图

图钉形形状表明没有模糊值，除主响应所在的平台外，它类似于图2.14(a)的理想模糊图。该平台分别沿时间轴和频率轴延伸到2*T*和2*B*。乘积*BT*较大时，峰值下面的体积较小，所有的体积都落在平台内，因此其高度为*h*=(体积/平台面积)=1/(4*BT*)。

2.3.4.3 雷达信号的信息

仅仅知道环境中存在着目标，如果不能获取更多的目标信息是没有用的。雷达是通过比较接收回波信号与发射信号来获取目标信息的。雷达可从单一接收回波中获得目标的距离、径向速度、方位和俯仰角(有时可获得)，对于高分辨率雷达还能评估它是点目标还是分布式目标(相对于雷达分辨单元大小)。

在一段时间内几次观测运动目标后，即可获得目标轨迹，进而估计目标的两个速度分量(径向和切线方向)。测量的价值在于它的精度，也就是对参数的测量值与其真实值之间的误差估计(见附录B)。下面我们将讨论雷达的测量精度，考虑到接收机噪声会是雷达测量精度的基本制约，并且由于测量值是统计参数估值的采样，因此精度是指均方根误差值。

雷达测量(假定没有误差)精度的理论表达式对较大的SNR是有效的，因为业已证明雷达探测条件(P_d 和 P_{fa})需要大的SNR，而探测是测量的前提。

此外，进一步假定，某个特定参数的测量误差不依赖于其他参数的误差，且精度只受接收机噪声的限制。那么，雷达测量值*M*的理论均方根误差δM可表示为：

$$\delta M = \frac{kM}{\sqrt{2E/N_0}} = \frac{kM}{\sqrt{\text{SNR}}} \tag{2.39}$$

式中，k 为常数，E 为接收信号能量，N_0 为每单位带宽(双边)的噪声功率。

雷达的理论精度可用各种统计方法推出，也可由信号、噪声和待测参数之间的简单几何位置关系得出。后一种方法对矩形脉冲而言，也是 Skolnik[2]采用的。给出的结果与更严格的统计方法是类似的。表达式的推导不是本书范畴，下文中我们仅给出表达式，并对其应用加些说明，感兴趣的读者可以参阅文献[2]或文献[33]。

2.3.4.4　距离精度

距离是用往返时延 $T_R=2R/c$ 来测量的。距离精度表示为 $\delta R=c\delta T_R/2$，其中 δT_R 为时延精度。该精度可通过视频检测脉冲(梯形)前沿穿过门限的时移(受接收机噪声影响)来估计。因此，$\delta T_R=t_r/(2S/N)^{1/2}$，其中 t_r 为脉冲上升时间，S 为信号功率。由于视频脉冲的上升时间受限于矩形中频滤波器的频谱带宽 B，因此 $t_r\approx 1/B$。因为 $S=E/\tau$，其中τ为脉冲宽度，且 $N=N_0B$，故：

$$\delta T_R=\left(\tau/\left(2BE/N_0\right)\right)^{1/2}$$

如果同样的考虑应用于后沿并假设噪声对脉冲上升时间和下降时间的影响是独立的，那么上述的均方根时延精度可改善 $2^{1/2}$ 倍，从而有：

$$\delta T_R=\left(\tau/\left(4BE/N_0\right)\right)^{1/2} \tag{2.40}$$

其他更严格的统计方法给出的时延精度的表达式如下：

$$\delta T_R=\frac{1}{\beta(2E/N_0)^{1/2}} \tag{2.41}$$

式中，β为有效带宽或均方根带宽，定义为：

$$\beta^2=\frac{\int_{-\infty}^{+\infty}(2\pi f)^2\left|S(f)\right|^2\mathrm{d}f}{\int_{-\infty}^{+\infty}\left|S(f)\right|^2\mathrm{d}f}=\frac{1}{E}\int_{-\infty}^{+\infty}(2\pi f)^2\left|S(f)\right|^2\mathrm{d}f \tag{2.42}$$

有效带宽β的意思是，$(\beta/2\pi)^2$ 是$|S(f)|^2$ 关于其均值的归一化二阶距，而且假定在 f=0 时，$S(f)$是有正负频率的视频频谱。有效带宽不同于工程中遇到的其他带宽，它既不涉及噪声带宽也不涉及半功率带宽。事实上，带宽两端集中的频谱能量越大，β就越大，时延 T_R 测量就越精确。对带宽为 $B_s(\pm B_s/2$，中心频率 f=0)的梯形脉冲而言，可以证明在 $B_s\tau_r$ 较大时β为：

$$\beta^2\approx\frac{2B_s}{\tau_r}\approx\frac{2}{\tau_r\cdot t_r} \tag{2.43}$$

假设 $t_r\approx 1/B_s$(即总带宽而不是半功率带宽，为 $B\approx 1/\tau$)。将上述β值代入式(2.41)，得出：

$$\delta T_R=\left(\tau_r/\left(4B_S E/N_0\right)\right)^{1/2}=\left(\tau_r t_r/\left(4E/N_0\right)\right)^{1/2} \tag{2.44}$$

2.3.4.5　多普勒频率和径向速度的精度

采用与距离精度相似的方法，频率测量的均方根误差可表示为：

$$\delta f_d=\frac{1}{\alpha(2E/N_0)^{1/2}} \tag{2.45}$$

式中，α为信号 $s(t)$的有效持续时间，其定义方法与β类似，即：

$$\alpha^2 = \frac{\int_{-\infty}^{+\infty} (2\pi t^2) \cdot s^2(t) \mathrm{d}t}{\int_{-\infty}^{+\infty} s^2(t) \mathrm{d}t} \tag{2.46}$$

$(\alpha/2\pi)^2$ 是 $s^2(t)$ 对其平均信号出现时间的归一化二阶矩，假设这个期望是 $t=0$。对于各种简单波形，α的取值可参考文献[2]。

径向速度的均方根误差可由表达式 $v_r=cf_d/2f$ 推出：

$$\delta v_r = \frac{c}{2f}\delta f_d = \frac{c}{2\alpha f(2E/N_0)^{1/2}}$$

以上讨论的误差表达式适用于单次观测。当进行 n 次独立测量时，最后的均方根精度是单次观测的 $1/\sqrt{n}$ 。

根据所用的信号 $s(t)$ 的有效带宽β和等效时间宽度α的表达式，可以注意到，将施瓦兹不等式应用到α和β的乘积，可以得到：

$$\alpha\beta \geqslant \pi \tag{2.47}$$

这个方程是时间波形及其频谱间关系的傅里叶变换结果，它表明雷达可同时确定目标的位置及速度的精度在理论上是没有限制的。实际上，如果取两个精度的乘积 $\delta T_R \delta f_d$，那么：

$$\delta T_R \delta f_d = \frac{1}{\alpha\beta(2E/N_0)} \leqslant \frac{1}{\pi(2E/N_0)} \tag{2.48}$$

因此，通过设计使雷达的 E/N_0 比值足够大，或者对于固定的 E/N_0，选择$\alpha\beta$乘积较大的波形，这两种方法都可以获得尽可能高的精度。注意：较大的$\alpha\beta$乘积要求波形具有较长的持续时间和较大的频谱宽度。

根据式(2.48)，对于 δR 和 δv_r 有：

$$\delta R \delta v_r \leqslant \frac{c\lambda}{4\pi(2E/N_0)} \tag{2.49}$$

该方程表明：波长 λ 越短，特别是$\alpha\beta$的乘积(即压缩比)越大，距离和径向速度同时测量的精度就越高。

2.3.4.6　角精度

用与时间波形同样的方法时，天线孔径照射 $A(x,y)$ 与其复辐射图 $g(\theta,\phi)$ 之间存在着傅里叶变换关系。为简单起见，我们只给出一维的情况。下式给出了在一个平面内的一维电场强度辐射图，其中 D 为孔径尺寸，λ为波长。

$$g(\theta) = \int_{-D/2}^{+D/2} A(x)\exp\left(\mathrm{j}2\pi\frac{x}{\lambda}\sin\theta\right)\mathrm{d}x$$

因此，有效孔径宽度γ可表示为：

$$\gamma^2 = \frac{\int_{-\infty}^{+\infty}\left(2\pi\frac{x}{\lambda}\right)^2 |A(x)|^2 \mathrm{d}x}{\int_{-\infty}^{+\infty}|A(x)|^2 \mathrm{d}x} \tag{2.50}$$

角度测量的均方根误差则可表示为：

$$\delta\theta = \frac{1}{\gamma(2E/N_0)^{1/2}} \tag{2.51}$$

对均匀幅度照射的孔径来说，理论的角测量误差为：

$$\delta\theta=\frac{\sqrt{3}\lambda}{\pi D(2E/N_0)^{1/2}}=\frac{0.628\theta_B}{(2E/N_0)^{1/2}}$$

其中，$\theta_B=0.88\lambda/D$ 为均匀幅度照射孔径的半功率波束宽度。

2.3.5　自动检测

自动检测是对雷达视频信号的数字处理。雷达视频信号完成检测决策，然后呈现给操作员和后续的雷达数据处理器。自动检测包括以下步骤：

- 将雷达覆盖区量化成距离和角度分辨单元；
- 以每个距离单元采样两次的速率对雷达信号采样；
- 用足够的位数将上述采样信号作模数变换，采用选择的信号处理，尽可能多地抑制噪声、杂波和干扰，然后做检测决策；
- 积累每个分辨单元的采样数据，以改善输出信噪比 SNR_{out}，并且达到用 P_D 和 P_{FA} 表示所需的检测条件；
- 完成 CFAR 处理，目的是要在有杂波和干扰的情况下保持恒定的虚警率，且用门限检测将目标回波提交给后续的自动检测与跟踪(ADT)处理(参见 2.3.9 节)。

前三个步骤对所有的数字信号处理和数据显示都是通用的，在此不再赘述，下面主要讨论如何通过脉冲信号积累来提高 SNR，并且在有杂波和干扰的环境下实现恒虚警率，而这些杂波和干扰是采用多普勒(见下节)、电子反干扰(ECCM)(见第 5 章)处理无法消除的。

2.3.5.1　积累器

如前文所述，当雷达波束照射点目标时，不论是稳定的还是扫描的，雷达可获得速率为 PRF 的 n 个连续回波，其中 n 受限于接收机的数据处理带宽(在稳定波束情况下)或照射目标的时间(TOT，即扫描波束内的观测时间)。TOT 由波束宽度 θ_B(rad)和波束的扫描速度 ω(rad/s)决定，如图 2.18 所示。

$$\text{TOT}=\frac{\theta_B}{\omega}$$

因此：

$$n_{scan}=\text{PRF}\cdot\text{TOT}=\frac{\theta_B}{\omega\cdot\text{PRI}}$$

其中 PRI=1/PRF，为脉冲重复间隔。

例如，若扫描监视雷达天线的旋转速度为 ω=6 转/分=0.63rad/s=36° /s，波束宽度为 θ_B= 2° =35 mrad，PRF=0.5 kHz，则：

TOT=55.5 ms，n_{scan}=28 个脉冲

正如附录 A 所讨论的，可相干或非相干地积累 n 个回波信号。相干积累更有效，但要求更高的数字处理技术，属于同一距离分辨单元的最后 n 个脉冲的连续非相干积累是由滑窗积累器(MWI)完成的，其框图如图 2.19 所示。MWI 的输入值为 1 bit：1 对应超出检测门限的信号；反之为 0。

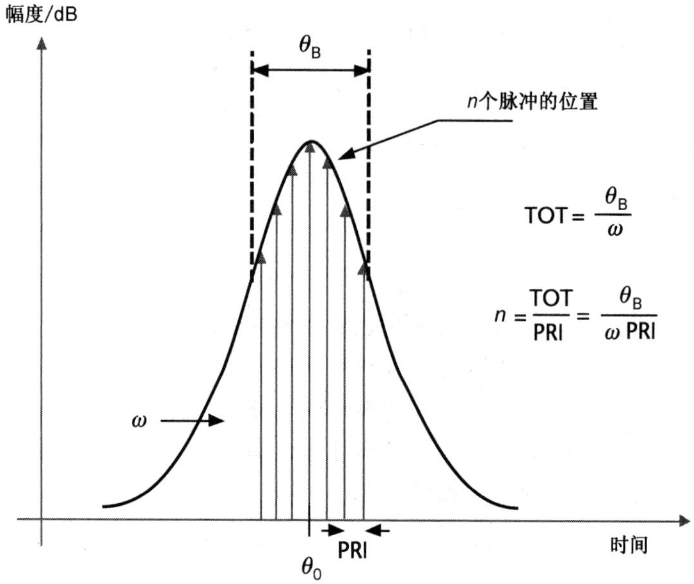

图 2.18 TOT 内的脉冲数

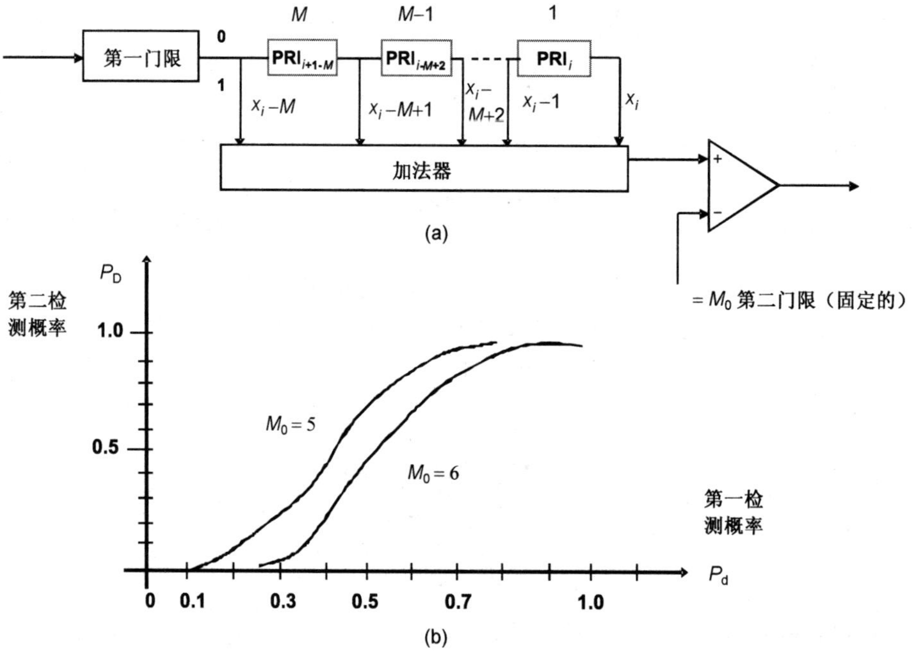

图 2.19 (a)滑窗积累器示意框图；(b)工作特性，即第二门限后的检测概率 P_D 与单脉冲检测概率 P_d 的关系

在目前的数字处理器中，可以根据天线图的双程增益加权多个输出，这将有助于提高 SNR_{out}。实际上，采用相同的加权将使 SNR_{out} 下降约 0.5dB(相对于最佳加权)[2]。

滑窗积累器依照双门限检波器逻辑或 n 个脉冲中有 m 个检测逻辑工作，这意味着，在 n 个脉冲中有 m 个第一检测的结果。

第一门限 Th_1 可设置在低虚警率(比如，$P_{fa}=10^{-2}$)处，以较低的 SNR_{in} 进行第一脉冲检测。第二门限 $Th_2=m(m\geqslant n/2)$ 检测的输出给出了在 SNR_{in}=5 dB 的情况下 $P_D\geqslant 90\%$、$P_{fa}\leqslant 10^{-6}$ 时的目标探测。(相同概率下，单脉冲需要 $SNR_{in}\geqslant 13$ dB。)

角度估计可以使用连续积累的最大角度值(用 $n/2$ 或 $\theta_B/2$ 修正偏值)或越过第一门限的第一个与最后一个点的平均角度值。这些估值的标准偏差大约比克拉美-罗界确定的最佳估值大 20%。

滑窗积累器是相对简单且鲁棒的自动检波器，相对于其他检波器，它对单个干扰或杂波脉冲的影响不敏感，因为不管这个大干扰脉冲的能量如何，第一门限对其输出结果仅是“1”。

2.3.5.2　CFAR

在许多情况下，检测门限是依据接收机噪声电平设置的，很容易被响应电平远大于接收机内部噪声的杂散回波或敌噪声干扰越过。这会在自动检测与跟踪功能中产生许多虚警。

在自动检测与跟踪功能中，虚警会极大地降低计算机识别和剔除假目标的能力，因此，在检测目标前，必须在雷达接收机的输出端增加 CFAR 处理步骤，以保持恒定的虚警率。CFAR 处理并不会改善信号信杂比(SCR)，反而会损失 SNR。

常用的 CFAR 处理形式是采用单元平均(CA)方法，如图 2.20 所示。

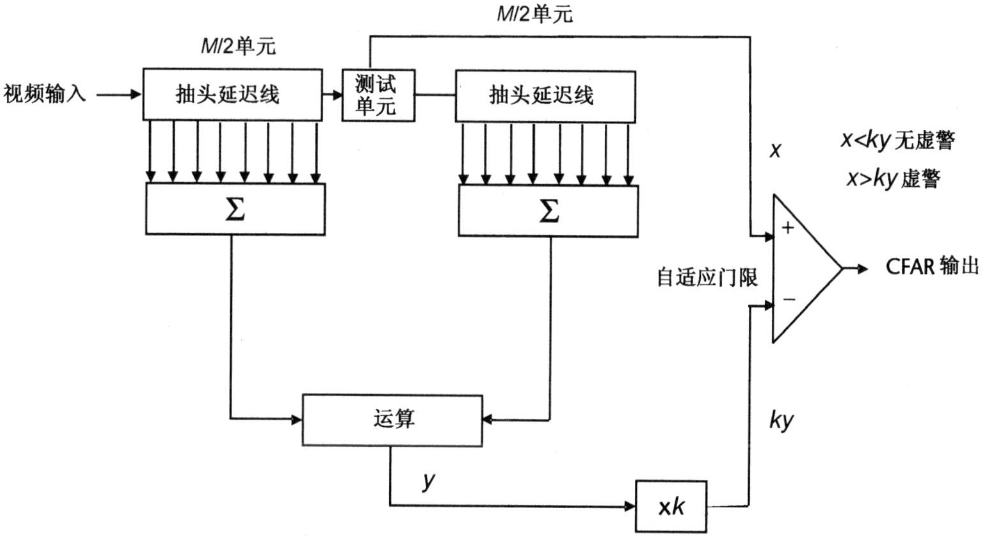

图 2.20　CFAR 处理的单元平均方法

两个抽头延迟线从回波信号中采样 M 个位于感兴趣距离单元(测试单元)两边的参考单元(它们的每一个与距离分辨单元一样大)。测试单元的输出与由参考单元输出总和(乘以系数 K)得出的自适应门限进行比较。如果用瑞利概率分布函数表述雷达输出噪声或杂波，那么系数 K 即可用经典检测理论来确定(参阅附录 A)。用其他概率密分布函数描述杂波统计特性时，系数 K 必须通过仿真来估计。

参考单元数 M 越大，背景杂波或干扰噪声的估值就越准，探测目标的能力损失(或 SNR 损失)也就越少。

假设一段杂波的边缘都超过了门限，即上述门限是在所有参考单元中都含有杂波的情况下得到的。杂波边缘跨越门限可以通过分别对前、后参考单元求和来减少，并将两者中的较大值作为 CFAR 处理门限。这种方法被称为 GO-CFAR，它会使 SNR 多损失约 0.3 dB。

另一个 CFAR 方法是杂波图(CM)，它将雷达覆盖细分为距离-方位单元，每个单元测量的杂乱回波存储在其中，并且用作该单元的检测门限。由于杂乱回波可能会随时间而变，因此每个单元中杂乱回波的值将根据前面一定量的扫描数(在 10 的量级)周期性更新。与 CA 和 GO-CFAR 相比，CM-CFAR 的优势是不受非均匀杂波和杂波边缘的影响。

CFAR 处理技术对冲击和宽带噪声干扰相当有效，是宽限窄或硬限幅器处理形式。它由宽带中频滤波器(带宽为 B_L)、硬限幅器(设为接收机噪声 1/10 的电平)和窄带匹配滤波器($B_{IF} << B_L$)组成，如图 2.21 所示。

该方法采用脉冲压缩波形，其中匹配滤波器提供目标检测所需的脉冲压缩增益。该方法用于 MTI 雷达处理时无效，因为它极大地降低了可获得的改善因子(参见 2.3.4 节)。此外，无论脉冲压缩的动态范围上限如何，其下限都等于压缩比。

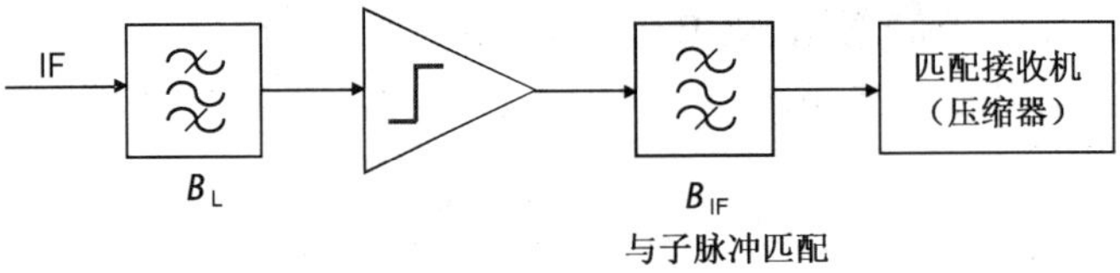

图 2.21 硬限幅器 CFAR

2.3.5.3 空时自适应处理

当移动平台上的相控阵雷达需要更大的杂波衰减时，天线方向图和多普勒处理都要采用自适应。

在阵元为 N 的相控阵天线中，可以通过控制环路来调节每个阵元的幅度和相位，以便将一个或多个天线方向图的零点对准外部噪声、干扰或杂波的方向，目的是降低或消除无用信号。这样，自适应相控阵天线就充当了空间滤波器的角色。

在自适应天线将天线副瓣接收到的杂波回波降到最小之后，自适应多普勒滤波器可以通过控制环路调节其权重对准主瓣，调整权值以便形成其频率响应，使其基于输入杂波频谱的输出信杂比最大。权重选择的过程相当于将自适应 MTI 滤波器[34]的零点对准杂波频谱占用的多普勒频域。

两种自适应技术的组合被称为空时自适应处理(STAP)，它为雷达提供以下优点：

- 通过自适应多普勒滤波抑制主波束杂波；
- 通过自适应天线减少副瓣中的杂波和干扰；
- 自适应选择天线权重以提供平台运动补偿。

当然，天线阵元数、一个相干处理间隔(CPI)内的脉冲数以及自适应多普勒滤波器的零点数目越多，抑制干扰的性能就越好。但是实际上，自适应阵元数 N 和脉冲数 K 都是有限的。完全自适应的相控阵(阵元通常有数百或数千个)是不常见的，因此阵元要分组，使子阵数 $M<<N$，且只有其组合输出才连接到自适应控制回路。脉冲的数量受到波束在一个方向的驻留时间以及用于解决距离模糊的 PRF 的限制。

图 2.22 示出了空时自适应处理的概念性原理框图。

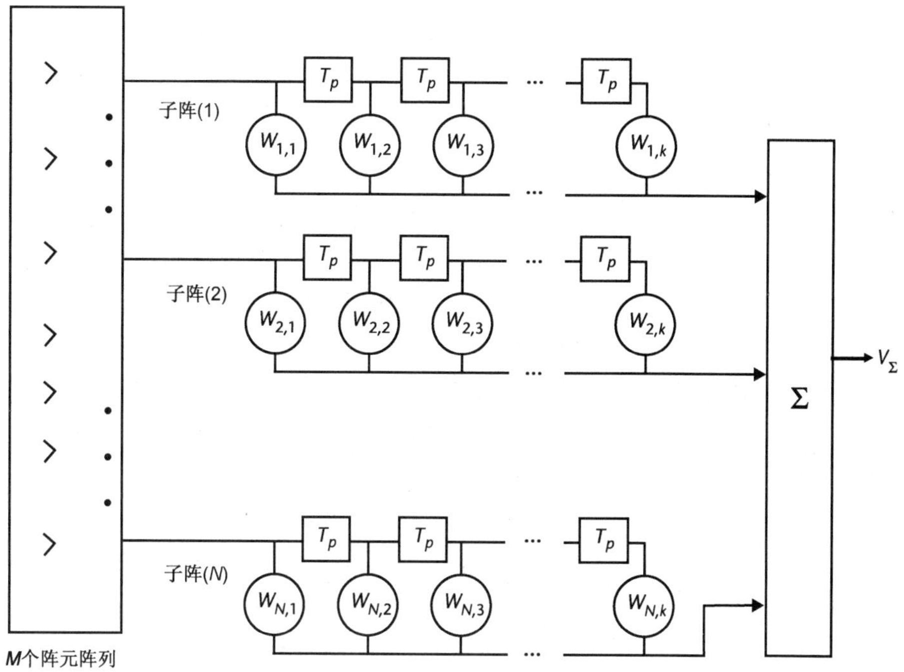

图 2.22　空时自适应处理框图

2.3.6　脉冲压缩

早期雷达采用简单的窄脉冲波形与高峰值功率发射机来完成距离精度适中的远距离目标探测。但是，高峰值功率发射机存在严重的技术局限性，因为高功率会导致电压击穿（电弧放电），尤其是在波导尺寸较小的高频率上，以及空气密度较低的高空处。

为了评估目标的威胁程度，需要将雷达从简单的目标探测系统转换为精确目标威胁评估信息源，这些信息包括目标危险性评估、径向速度、航线和高目标密度条件下目标的分离（即良好的距离分辨率）。这需要降低脉冲宽度（或增加信号带宽）以获得良好的距离分辨率。

因为探测能力取决于信号的能量（即峰值功率与信号持续时间的乘积），所以增加信号的持续时间 T（宽脉冲）可以降低峰值功率，但同样对信号进行调频或调相能增大信号带宽 B，从而提高距离分辨率。将宽调制脉冲宽度在匹配滤波器中压缩以获得窄脉冲宽度 $\tau=1/B$。这样一来，脉冲压缩使雷达能够同时获得宽脉冲的能量和窄脉冲的分辨率，而无需高峰值功率。脉冲压缩比（PCR）定义为宽脉冲宽度 T 与压缩后的脉冲宽度 τ（也称子脉冲）的比值，即 $\text{PCR}=T/\tau=TB$。

过去，采用两种脉冲压缩波形：线性调频（LFM，也被称为 chirp）和二进制相移码或二进制相移键控（BPSK）。最近，还出现了其他类型的脉冲压缩波形，例如：

- 多相码，相位量化为 $\pi/2^n$ rad，$n=1$，2…；
- Costas 码，根据规则选择每个子脉冲的频率；
- 非线性调频（NLFM）；
- 互补码；
- 多载频相位编码信号。

上述压缩波形将在附录 F 中讨论。

2.3.7 监视雷达

2.3.7.1 监视雷达的自动检测与跟踪

采用机械旋转天线的 2D 空中监视雷达是以比单目标跟踪器(STT)低得多的数据率(即重访时间的倒数)观测目标。单目标跟踪器的重访时间小于十分之一秒，而监视雷达的重访时间则为 1 秒至数秒(在测量跟踪精度上，两者恰好相反)。监视雷达的优势是能跟踪其空域覆盖范围内的上百个目标。要跟踪如此多的目标就必须采用自动化方法来完成目标检测、轨迹起始点坐标提取和跟踪(轨迹更新和滤波)，这就是自动检测与跟踪(ADT)的任务。

如果监视雷达能够消除杂波回波，采用 ADT 是可行的。因此，雷达处理乃至 MTI 处理(参见 2.3.3 节)都必须采用 CFAR 技术来完全消除杂波，即使 CFAR 会带来一些麻烦(如产生一些有限的检测损耗和抑制强信号附近的微弱信号等)。

1. 自动检测

覆盖区域(半径=最大检测距离)是用距离(距离的量化也就是脉宽的范围 $c\tau/2$，称为距离单元)和方位来量化的。在每个距离-方位量化单元，积累在天线扫描目标(TOT)期间接收的脉冲，做出检测判决。在判决处理前加入 CFAR。在某些自动积累器中积累脉冲，如采用 MWI 连续检查最近的 n 个脉冲，如果 n 个脉冲中至少有 m 个第二门限超过主门限，则认定目标存在。因此，MWI 决定了方位测量，其精度取决于可用脉冲数以及其 SNR。一个经验法则是：在高 SNR 情况下，方位测量的精度约为$\theta_B/5$(详见 2.3.5.1 节中对 MWI 的讨论)。

2. 轨迹起始

原则上，轨迹可以从雷达两次相接的扫描所获得的距离-方位信息开始(第一次检测启动处理过程，第二次则计算速度并预测第三次沿目标路线的距离-方位检测)。但实际上，面对覆盖空域内的大量回波信号，要防止虚假的轨迹起始，则需要从三次或更多的邻接的扫描中获取目标信息。对快速防御反应来说，一次检测后到开始跟踪所耗费的时间可能太长。现代军用雷达通常都有一个指向初始探测方向的复看波束。为了迅速地再次检测目标并开始跟踪，这很容易用相控阵雷达或具有额外复看波束的机械旋转雷达完成，从而可以很快地对已检测到的目标进行第二次测量，并开启跟踪。

3. 轨迹关联

当检测到新目标时，要试图将它与现有的轨迹进行关联。针对每个轨迹，创建下一次扫描时目标可能出现的预测小范围(或波门)就可以做到这一点。考虑到在扫描期间目标可能会机动，因此需要建立大的预测范围。在非机动波门内没有发现回波时，就搜索更大的波门。有时，由于信号衰减，非机动目标可能没有出现在预测位置，而更远的目标会出现在更大(机动)的波门中。为了避免目标衰减和较大波门中的虚假指示所产生的问题，可以将轨迹一分为二(称为轨迹分叉)：一个是在较小波门中没有检测到目标的老轨迹，另一个是在较大波门中检测到目标的新轨迹。在收到根据雷达的下一次扫描发现的目标后，要决定剔除哪个轨迹。

4. 轨迹平滑(滤波)

有两种可用的轨迹平滑方法：α-β跟踪器和卡尔曼滤波器。前一种方法对线性运动(速度矢量恒定)的目标非常有效，因其计算复杂性较低在过去较为常用。后一种方法尽管运算复杂，但适用于机动目标，目前借助于现代处理器巨大的运算能力而得到广泛应用。

上述两种方法不属于本书的讨论范畴，建议感兴趣的读者参阅参考文献[25]。

2.3.8 LPI 雷达

雷达的低截获概率(LPI)要求是针对现代截获接收机探测和定位雷达辐射源的能力不断增强而提出的(参见第 3 章)。雷达辐射一旦被截获即可迅速对其实施干扰或利用精确制导弹药(PGM)或反辐射导弹(ARM)进行摧毁。

传统雷达采用简单的高峰值功率脉冲波形来获得较远的探测距离和良好的距离分辨率，而现代雷达则采用：

- 低副瓣天线；
- 低峰值功率、连续波辐射；
- 功率管理(在隐身应用中)；
- 能实现良好的距离分辨率的宽带调制技术；
- 具有大压缩比的频率捷变波形；
- 采用不常扫描的天线，或使用宽的非扫描发射波束和静态高增益接收波束组相结合的天线。

上述所有特征都是为了使截获接收机难以获得探测距离优势因子(RAF)(参见第 3 章)、划分雷达类型和识别其波形参数。

波形变化最大程度地利用了雷达探测能力对接收机收集的目标 RCS 后向散射能量的依赖。能量是平均辐射功率和收集(或观测)的照射目标时间的乘积。

传统相干脉冲雷达的典型占空比(或平均发射功率与峰值发射功率之比)为 1%(或更小)～10%，现代 LPI 雷达采用的连续波调制信号的典型占空比为 100%。这样，LPI 雷达采用很低的发射功率就能维持与传统相干脉冲雷达相同的探测能力。

因此，LPI 雷达用不断变化的发射周期发射大带宽、周期调制的连续波信号。

典型的 LPI 波形有以下几种类型：

- 线性调制(LFM)和非线性调制(NLFM)；
- 相位调制(PSK)；
- 频率跳变(FSK)；
- PSK/FSK 相结合；
- 伪随机噪声(PRN)调制。

上述调制类型也用于相干脉冲雷达，请参见附录 F。下面的讨论首先根据文献[6]强调上述波形应用于 LPI 雷达时的不同之处，然后以调频连续波(FMCW)雷达为例进行说明。

2.3.8.1 相位编码 CW 雷达

图 2.23 为相位编码 CW 雷达的组成框图。

直接数字合成器(DDS)产生发射信号。在不同情况下会采用不同的相位调制。

目标回波信号经 LNA 放大、用本振(LO)下变频并用模数转换器(ADC)进行数字化。然后，数字化样本经数字压缩器处理，使发射编码与接收信号互相关。

持续时间为 T 的相位编码 CW 波形由周期为 t_b 的 N_c 个子码组成，因此互相关获得了压缩比(又称为处理增益)。$PCR=T/t_b=N_c$。数字处理器还可做 N 个编码的非相干积累以将处理增益提高>$N/2$ 倍。图 2.24 示出了相位编码的 CW 波形，其中 $P>N$ 表示周期数比非相干积累的更大。

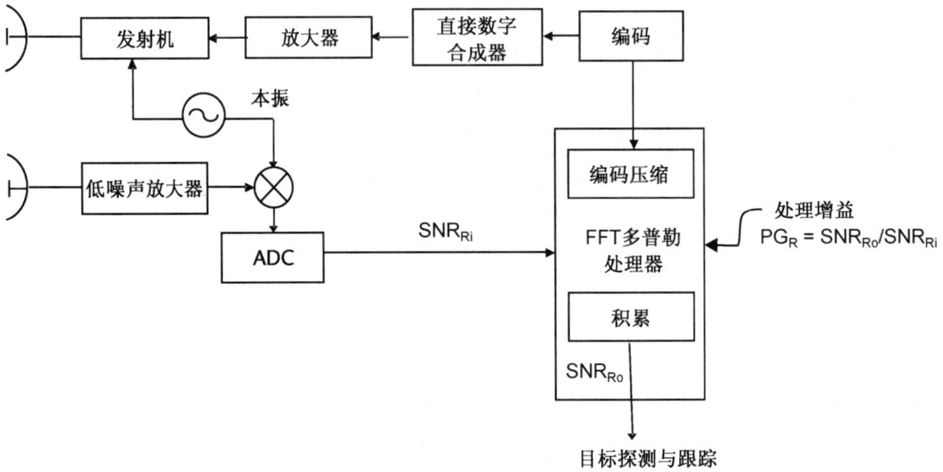

图 2.23 相位编码 CW 雷达的组成框图

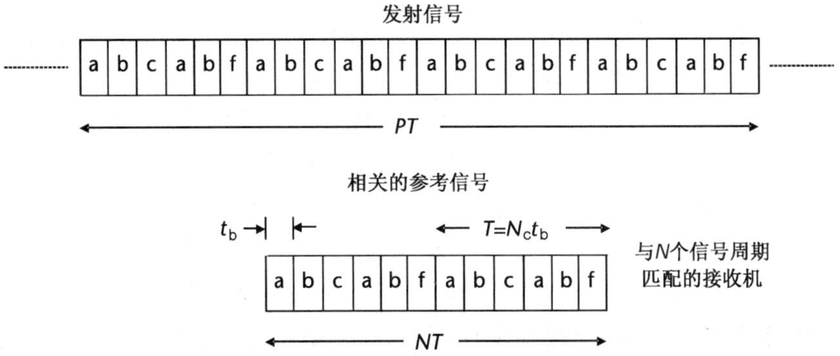

图 2.24 CW 发射波形和接收机基准信号

所有的 LPI 波形都用扩展码(称为参考信号)编码发射，以避免被非合作截获接收机探测、识别。参考信号可采用 LFM、FSK 或 PSK 的形式。

由于照射时间和接收机相关处理器大小(对于 FMCW 波形，由 FFT 变化处理器构成；对于 PSK 波形，由有限持续时间的相干相关处理器构成)等物理限制，只有一部分连续发射的 CW 波形得到处理，以提取目标信息。

LPI 接收机利用存储的持续时间为 NT 的参考信号关联(或压缩)接收信号，以便完成目标探测。因此，就对准参考信号的部分接收信号(它们具有相同的持续时间)而言，相关接收机就是匹配接收机，如图 2.25 所示。

LPI 接收机可模拟为持续时间为 NT 的相干相关处理器，如图 2.25 所示。相关接收机接收回波信号，完成接收信号与存储的参考信号间的互相关，这是 N 个周期的发射信号

($N<P$)的复共轭。在关联前，回波信号首先由匹配到宽度为 t_b 的子码的滤波器进行处理，它解调子码并提供与二进制相位编码波形有关的 0 或 1。解调的信号传送到抽头延迟线(延迟 $D = t_b$)。抽头延迟线中的信号乘以参考信号，并对 N 个码周期的每个分别进行求和，从而完成互相关。然后用系数 C_1 至 C_N 来加权求和输出。如果第一级的系数都等于 1，那么输出是自相关函数，这是接收机对零多普勒频移($f_d = 0$)的响应。

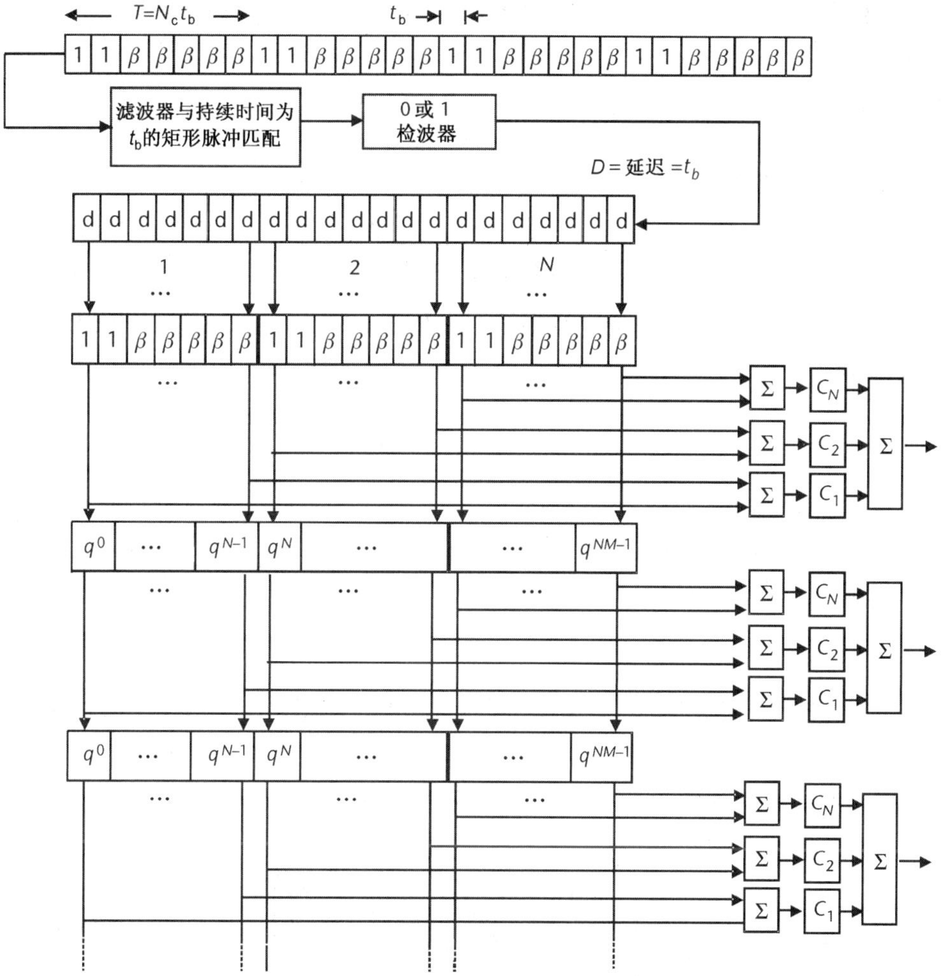

图 2.25 有限持续时间为 NT 的 LPI 接收机相干相关处理器

相干相关处理器(由多普勒滤波器组构成)相邻 $M-1$ 级的每一个响应都是接收机对多普勒频移 $k\Delta f_d$($k = 0$，1，2，…，$M-1$)的响应，回波信号的每一位都要在每一级逐步乘以权值 q^i(i=0，1，2，…，$NM-1$)，$q=\exp(j2\pi\Delta f_d t_b)$，然后再传送到相邻级的对应单元。

在相位编码 CW 雷达系统中，含多普勒频移的回波信号不能很好地进行相关，因为多普勒频移改变了在其周期内编码的相位，这一影响必须通过模糊函数加以分析。

参考文献[6]通过对周期自相关函数(PACF)和周期模糊函数(PAF)进行分析，给出了可用的 LPI 波形的模糊函数的性质。

进一步讨论这些性质不是本书的范畴，对于想深入了解这个问题的读者，我们建议参考文献[6]。

2.3.8.2 FMCW 雷达

调频连续波雷达的两个基本参数是在 RCS 给定时对目标的探测距离(在给定的统计条件 P_d 和 P_{fa} 下，通常 $P_d \geqslant 90\%$，$P_{fa} \leqslant 10^{-6}$) 以及距离分辨率。目标其余的位置参数、方位和俯仰角通过接收天线的波束宽度来提供。

CW 雷达采用与脉冲雷达相同的接收天线，若要提供与脉冲雷达相同级别的所需参数，则必须至少依次(或同时)发射两个 CW 波形，它们具有不同的载频 f_1 和 f_2，间隔 $\Delta f=f_1-f_2$。

在这两个频率处，距离为 R 的目标的回波信号相对于发射信号的相移分别为：

$$\phi_1 = \frac{4\pi R f_1}{c} + \varepsilon \quad 和 \quad \phi_2 = \frac{4\pi R f_2}{c} \tag{2.52}$$

因此，测得的距离为：

$$R = \frac{c(\phi_1 - \phi_2)}{4\pi(f_1 - f_2)} = \frac{c \cdot \Delta\phi}{4\pi \cdot \Delta f} \tag{2.53}$$

因为当 $\Delta\phi \geqslant 2\pi$ 时相位差 $\Delta\phi$ 变得模糊了，因此选择的频率差 Δf 必须能获得所需的非模糊探测距离 R_{un}：

$$R_{un} = \frac{2\pi \cdot c}{4\pi \cdot \Delta f} = \frac{c}{2\Delta f} \tag{2.54}$$

例如，若 Δf=10 kHz，则 R_{un}=15 km。

如果采用间隔为 Δf 的 n+1 个频率(称为步进频率波形)，其中 $f_i=f_0+i\Delta f$，i=0, 1, 2，…，n，则覆盖带宽 $\Delta F=f_0+n\Delta f-f_0=n\Delta f$，因此距离分辨率 ΔR 为：

$$\Delta R = \frac{c}{2n\Delta f} = \frac{c}{2\Delta F} \tag{2.55}$$

例如，选择 Δf=10 kHz 和 ΔF=5 MHz(即 n=1500)，则 R_{un}=15 km 和 ΔR=10 m。

获得大带宽、良好的距离分辨率和非模糊距离的另一种途径是采用 LFM(如锯齿波形)CW 波形(FMCW)，如图 2.26 所示，其扫描持续时间为 T_m；频移为 ΔF。

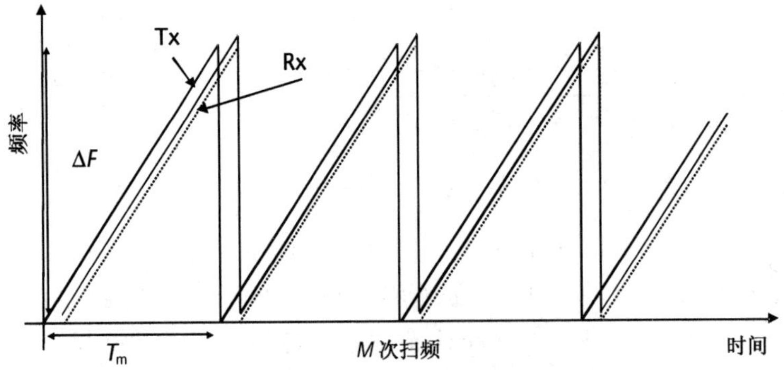

图 2.26 锯齿形 FMCW 波形

在这种情况下，回波信号的相位随时间呈线性变化：

$$\phi(t) = \frac{4\pi R f_c(t)}{c} = \frac{4\pi R(f_0 + \Delta F t/(c T_m))}{c} \tag{2.56}$$

其中 f_0 为载频，ΔF 为 LFM 扫频带宽，T_m 为锯齿波形的周期，产生的频率如下：

$$f_{\mathrm{b}}=\frac{1}{2\pi}\frac{\mathrm{d}\phi(t)}{\mathrm{d}t}=\frac{2R\Delta F}{cT_{\mathrm{m}}} \tag{2.57}$$

该频率称为差频，它与距离 R 成正比。

当然，雷达不仅关注固定目标，而且也关注移动目标。对于前者，测量回波延迟就可以了；而对于后者，还要对回波的多普勒频率进行调制。

在目标逼近雷达的径向速度为 v_r 的情况下，回波信号相对于发射信号的相移为：

$$\phi(t)=\frac{4\pi(R-v_{\mathrm{r}}t)f_{\mathrm{c}}(t)}{c} \tag{2.58}$$

因此，差频 f_{b}' 为：

$$f_{\mathrm{b}}'=\frac{1}{2\pi}\frac{\mathrm{d}\phi(t)}{\mathrm{d}t}=\left[f_{\mathrm{b}}-\frac{2v_{\mathrm{r}}f_0}{c}-\frac{4v_{\mathrm{r}}\Delta Ft}{c^2T_{\mathrm{m}}}\right]\approx f_{\mathrm{b}}-f_{\mathrm{d}} \tag{2.59}$$

即固定目标差频通常小于多普勒频移 $f_{\mathrm{d}}=2v_{\mathrm{r}}f_0/c$，这是因为括号内的第三项可以忽略不计。多普勒频移非模糊间隔为 $f_{\mathrm{dmax}}=1/T_{\mathrm{m}}$，且无距离偏移。其 M 次扫频的分辨率为 $\Delta f_{\mathrm{d}}=1/(MT_{\mathrm{m}})$。

另一个有用的 FMCW 波形是三角形，如图 2.27 所示。对移动目标而言，两个差频为：

$$f_{\mathrm{b,up}}=\frac{2R\Delta F}{cT_{\mathrm{m}}}-\frac{2v_{\mathrm{r}}f_0}{c}\ \text{和}\ f_{\mathrm{b,down}}=\frac{2R\Delta F}{cT_{\mathrm{m}}}+\frac{2v_{\mathrm{r}}f_0}{c} \tag{2.60}$$

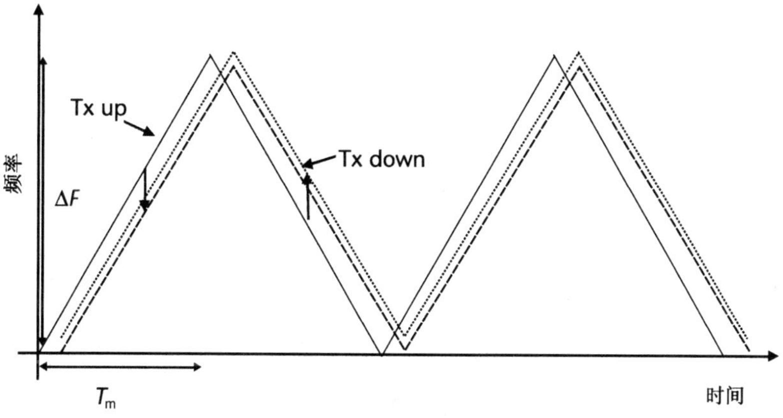

图 2.27　三角形 FMCW 波形

对两个表达式进行加减运算，可得出：

$$\frac{f_{\mathrm{b,up}}+f_{\mathrm{b,down}}}{2}=\frac{2R\Delta F}{cT_{\mathrm{m}}},\quad R=\frac{cT_{\mathrm{m}}}{\Delta F}\cdot\frac{f_{\mathrm{b,up}}+f_{\mathrm{b,down}}}{2} \tag{2.61}$$

$$\frac{f_{\mathrm{b,down}}-f_{\mathrm{b,up}}}{2}=\frac{2v_{\mathrm{r}}f_0}{c}=f_{\mathrm{d}}$$

因此，可进行不依赖于距离的径向速度测量。

要获得目标的角坐标，可采用的方法有许多，取决于是用两副分立天线进行发射和接收(以防功率耦合过高，影响接收)还是只用一副天线进行发射和接收。在第一种情况下，发射天线可以是定向的(铅笔形波束)或是泛光照射的。这时接收天线应该采用相同的类型，当在所需覆盖空域扫描时对准发射天线所指的空域。在第二种情况下，接收天线可以是定向天线（铅笔形波束）或是两副宽波束天线，以利用单脉冲技术提供基于幅度或干涉测量法（对于后者，必须考虑两副天线的相位中心之间的距离要≤$\lambda/2$）的测量角，同时接收机应是幅度和相位匹配的。

FMCW 雷达的组成框图如图 2.28 所示。

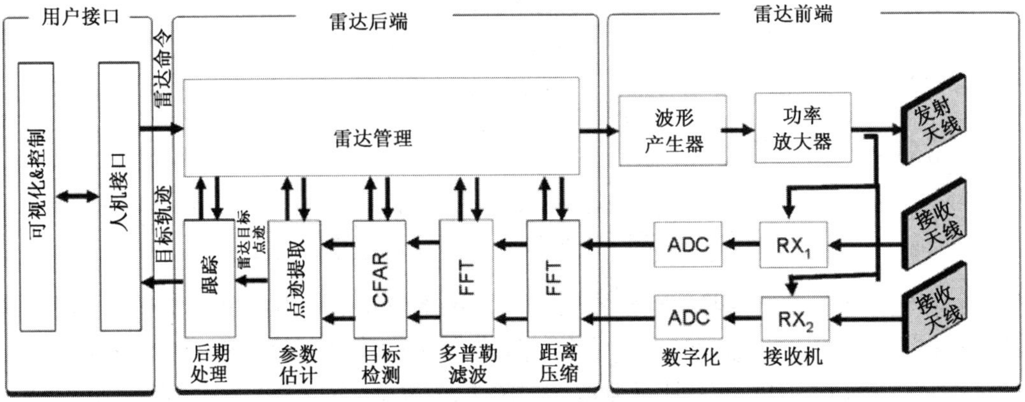

图 2.28 FMCW 雷达的组成框图

雷达的处理增益定义为 $PGR=SNR_{out}/SNR_{in}$。在 FMCW 雷达中，$PGR=\Delta FT_m$。

最简单的 FMCW 雷达接收机是同步检波接收机，其框图如图 2.29 所示，发射和接收都采用一副天线。

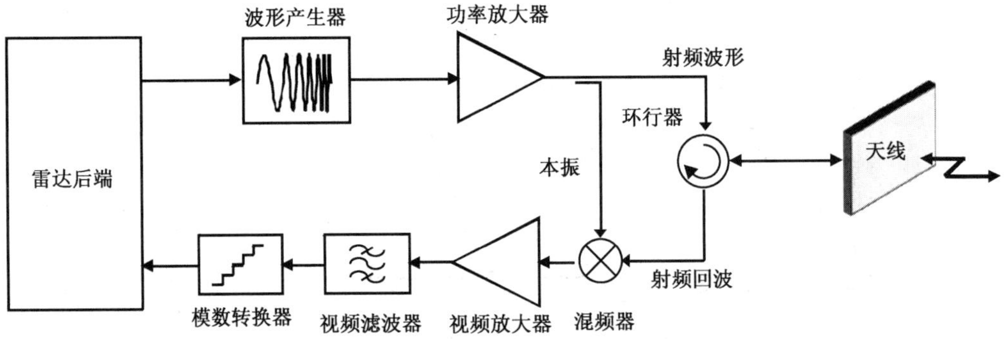

图 2.29 零拍接收机组成框图

令人欣慰的是，FMCW 雷达过去存在的许多技术问题现在已经得到解决，比如：

- 由压控振荡器（VCO）产生的频率扫描的非线性对恒定距离的目标产生非恒定的差频，因而也降低了距离分辨率。基于直接数字合成器（DDS）的开环和闭环的频率产生器这一新技术解决了这个问题。
- 采用单副天线的零拍接收机的环路器和混频器受功率泄露（也就是天线反射回来的功率）的影响，使接收机灵敏度有所降低。目前，反射功率对消器（见图 2.30）已经可以提供 30 dB 以上的对消。
- 分立的发射与接收天线间的隔离度增大（高达 60 dB），允许在接收路径中引入 LNA。

为了完善对 FMCW 雷达的讨论，让我们用两个不同的参数（探测距离和距离分辨率）来比较相干脉冲雷达和 FMCW 雷达的性能。

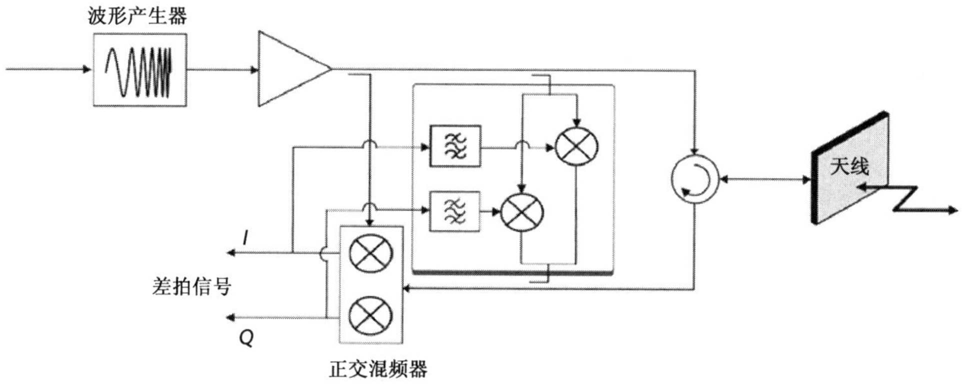

图 2.30 反射功率对消器

用单脉冲的 SNR_{out} 表示的两种雷达的探测距离方程如下：

$$SNR_{pulse} = P_p\tau \cdot \frac{G^2\lambda^2\sigma}{(4\pi)^3 LFkT_0R^4} \quad 和 \quad SNR_{FMCW} = P_{av}T_m \cdot \frac{G^2\lambda^2\sigma}{(4\pi)^3 LFkT_0R^4}$$

假设两个 SNR 值相等，既然两个表达式的第二个因子一样，那么 $SNR_{pulse}=SNR_{FMCW}$ 仅仅表示两种雷达的探测能力只依赖于其发射能量，因此：

$$P_p\tau = P_{av}T_m \tag{2.62}$$

若两个距离分辨率相等，则

$$\Delta R_{pulse} = c\tau/2, \quad \Delta R_{FMCW} = c/(2\Delta F)$$

且有：

$$\tau = 1/\Delta F$$

将 τ 代入式(2.62)，则脉冲雷达峰值功率与 FMCW 雷达平均(或连续波)功率之比为：

$$\frac{P_p}{P_{av}} = \Delta F \cdot T_m \tag{2.63}$$

由于在 FMCW 波形中可分别选择参数 ΔF 和 T_m，所以我们选择标称值 T_m=1 ms 和 ΔF=20 MHz(在 τ=0.05 μs 时获得 7.5 m 的距离分辨率)，得到乘积 $T_m\Delta F=2\times10^{-3}\times10^7=2\times10^4$(=43 dB)。这意味着如果假设脉冲雷达需要峰值功率 P_p=100 kW(=80 dBm)以达到设定的探测距离 R，则 FMCW 雷达只需要平均功率 P_{av}=5 W(=37 dBm)。

FMCW 雷达的一大优势是针对截获接收机。如果假设脉冲雷达在距离 R_0 处被截获，则 FMCW 雷达将在距离 $R'/R_0=(P_{av}/P_p)^{1/2}$=−21.5dB=$7.07\times10^{-3}$ 处被截获(即小于检测到高脉冲雷达的距离的百分之一)。

表 2.7 比较了 FMCW 雷达和脉冲/脉冲多普勒雷达的特性。

2.3.8.3 噪声波形雷达

噪声雷达利用随机波形或伪波形进行目标照射，可用于监视雷达、合成孔径雷达/逆合成孔径雷达(SAR/ISAR)和地面穿透雷达(GPR)等多种雷达应用中。

与脉冲、FMCW 和脉冲多普勒(本章后面将讨论)等传统的雷达类型相比，噪声雷达具有以下优势：

表 2.7 FMCW 雷达与脉冲/脉冲多普勒雷达特征对照

FMCW 雷达	脉冲/脉冲多普勒雷达
同时发射和接收	依次发射和接收
在第 n 个 PRI 处无盲区	第 n 个 PRI 处为盲区
发射信号稳定性对探测性能影响大	影响小
大型近距离散射体影响大	影响很小
探测距离近	探测距离远
峰值功率低	峰值功率高
截获距离近	截获距离非常远
对机载射频系统干扰小	干扰大
零拍收发机	外差收发机
尺寸小、功耗低	尺寸大、功耗高
低采样率时的距离分辨率高	高采样率时的距离分辨率高

- 发射峰值功率低；
- 没有距离和多普勒模糊；
- 与其他工作在相同带宽的传感器具有极佳的电磁兼容性；
- 低截获概率(LPI)，被列为电子战支援措施(ESM)设备(参见第 3 章)；
- 相干信号处理积累时间 T_{int} 长，因而具有良好的电子反对抗(ECCM)特性。

噪声波形雷达的缺点是信号处理非常复杂，这需要极强的计算能力，当今数字技术取得的巨大进展已经使这项能力得以实现；同时噪声波形雷达要求射频接收机具有较高的动态范围，尤其在远程监视情况下。

图 2.31 为相干噪声雷达的基本组成框图。

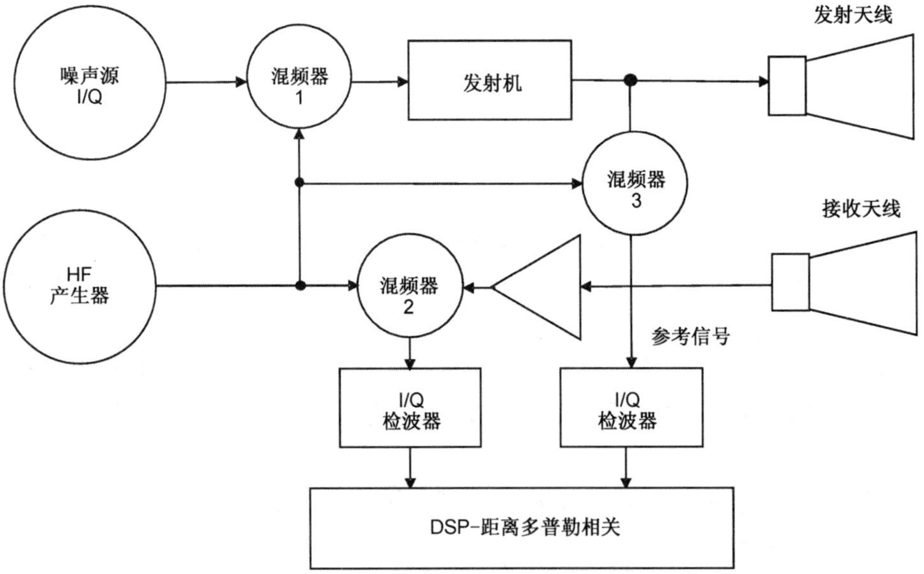

图 2.31 相干噪声雷达的基本组成框图

噪声源(产生器)通过放大两个独立电子装置的热噪声获得两个独立的真实值信号，其中一个信号代表真实分量，另一个信号代表有限带宽为 B、中心频率为 0 的复合信号的分量。高度稳定的振荡器通过混频器(图中的混频器 1)将噪声带宽上变频至中心频率 F。随后，产生的高频信号在发射机(Tx)处经放大后馈送至发射天线。回波信号到达接收天线后经放大再馈送至混频器(图中的混频器 2)。该混频器对接收的复合信号 $x_R(t)$ 进行下变频后馈送至相关器。发射信号 $x_T(t)$ 通过另一个混频器(混频器 3)转换成基带信号，然后发送到相关器。相关器将该信号用作参考信号。为了避免相关器内的两个基带信号 $x_R(t)$ 和 $x_T(t)$ 出现幅度和相位失真，两个下变频信道(混频器 2 和混频器 3)必须基本相同。

在噪声雷达中，目标检测过程是基于匹配滤波器概念的，这与相关过程相同(参见 2.3.4 节)。接收机计算接收的复合包络基带信号 $x_R(t)=Ax_T(t-\tau)+n(t)$ 与发射的复合包络基带信号 $x_T(t)$ 之间的互相关值 $y_r(t)$，即

$$y_r(t) = \int_0^{T_c} x_T(t) \cdot x_R^*(t-\tau)\,dt \tag{2.64}$$

式中，T_c 为积累时间，$\tau=2R/c$ 为与目标距离 R 相关的估计时延，A 为目标回波的幅度，$n(t)$ 为接收机噪声信号。

从理论上讲，有限带宽为 B 的白噪声(提供有限的相关时间 T_c)的近似自相关函数的波形如图 2.32 所示。从图中我们可以看到，主峰值幅度为 T_cB，主峰值宽度为 $1/T_c$，时间副瓣电平为 $(T_cB)^{1/2}$。

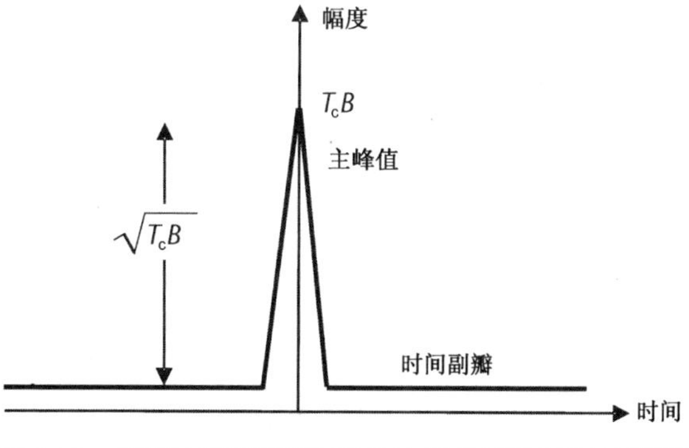

图 2.32　带宽与时间有限噪声的相关函数近似波形图

利用奈曼-皮尔逊恒定虚警检波器对相关过程输出的目标回波进行检测，检波器将相关信号与所选门限(参见附录 A)进行比较，依据是噪声信号尖峰超过该值的概率。噪声信号有一个瑞利概率密度函数，通常称为虚警概率 P_{FA}，$P_{FA}=10^{-6}$。因此，对于相关器输出噪声功率电平，门限电平的估值为 12 dB。

雷达不仅要检测静态目标，还要检测移动目标，因此相关过程还必须考虑检测过程中的多普勒频移。在这种情况下，接收信号(假设发射信号为窄带信号)的复合包络可以表示为：

$$x_R(t) = Ax_T\left(t-\frac{2R}{c}\right)\exp\left(2\pi j\left(-\frac{2v_0}{c}F\right)+n(t)\right) \tag{2.65}$$

式中，v_0 是目标速度，F 为窄带发射信号的载频。

只有当目标的位置和速度已知时，匹配滤波器概念才可以被直接利用，因此在设想的场景中，有必要利用一组与所有可能的目标距离和速度匹配的滤波器。利用这种方法可以直接得到距离多普勒互相关函数：

$$y(R,v) = \int_0^{T_c} x_R(t)\cdot x_T^*\left(t-\frac{2R}{c}\right)\exp-\left(2\pi j\left(\frac{-2vF}{c}\right)t\right) \tag{2.66}$$

由于时间延迟仅应用于发射波形，在实际应用中采用数字技术时，上述函数表达式更加方便。

然而，由于其在(R,v)平面内的表达式代表频率相对较高的时间副瓣，将窗函数 $w(t)$ 应用于通过改变发射信号幅度提供给相关器的发射信号。因此，距离多普勒互相关函数可表示为：

$$y'(R,v)=\int_0^{T_c} w(t)\cdot x_R(t)\cdot x_T^*\left(t-\frac{2R}{c}\right)\exp-\left(2\pi j\left(\frac{-2vF}{c}\right)t\right) \tag{2.67}$$

相关增益等于积累时间 T_c 和带宽 B 的乘积，如图 2.32 所示，它提高了噪声雷达接收机输出端的 SNR。在雷达距离方程中，SNR 与$(R_{max})^4$成反比(即 $SNR=k/(R_{max})^4$)，因此增大 SNR 与 $SNR_{min}=k/(R_1)^4$ 的比值(需要克服探测门限)，则意味着增大探测距离最大值 $R_{max}=R_1(SNR/SNR_{min})^{1/4}$。

相关增益或者时间与带宽的乘积 T_cB 会受到目标距离徒动的影响，也就是说，在相关时间 T_c 内，目标到相邻距离单元$(\Delta r=v_{max}T_c=c/(2B))$的距离徒动设置了以下条件：

$$T_cB\leqslant\frac{c}{(2v_{max})} \tag{2.68}$$

例如，假设最大目标速度为 3Ma(1000m/s)，最大相关增益 $c/(2v_{max})=1.5\times10^5=51.7\text{dB}$。

较长的积累时间提升了接收机灵敏度，增加了最大探测距离，因此噪声雷达信号处理必须利用参考信号的时间尺度的变化，这可以通过在数字相关处理中对参考信号重新采样来实现。

图 2.33 所示为完整的噪声雷达信号处理过程框图。有关噪声雷达处理和操作的详细介绍超出了本书范畴。感兴趣的读者可参考文献[36]。

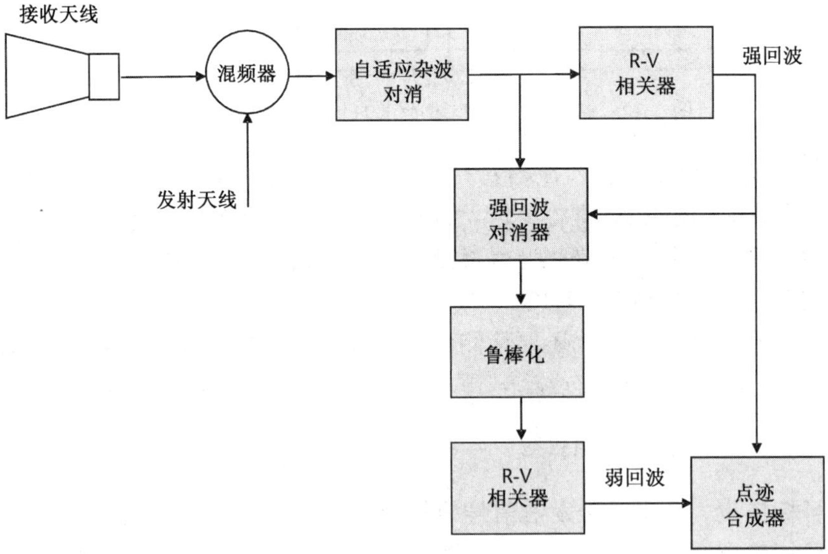

图 2.33 噪声雷达信号处理器框图

2.3.9 脉冲多普勒雷达

在 2.3 节中，我们讨论了动目标(MTI)多普勒处理过程，它被广泛用于工作频率较低的地面监视雷达中。由讨论可知，脉冲重复频率限制了多普勒频移的非模糊距离，但是选择脉冲重复频率主要是为了避免距离模糊，因此可以容忍一些盲速（稍后通过参差脉冲重复频率来消除）。在讨论 AMTI 时则指出，在平台运动过程中，天线扫描不仅需要补偿杂波（不再当多普勒频移为零时），而且还要补偿天线扫描引起的杂波频谱拓宽。

对于战斗机等高速飞机而言，它们需要使用紧凑天线，因此天线必须采用高频（约 9 GHz）。这样一来，为了防止多普勒频移范围过多地缩小，脉冲重复频率必须很高。脉冲重复频率增加则直接导致距离模糊。概括起来，采用多普勒频移处理的脉冲雷达有三种：

- 无距离模糊但有很多多普勒模糊的低脉冲重频（LPRF）动目标指示（MTI）雷达；
- 无多普勒模糊但有很多距离模糊的高脉冲重频脉冲多普勒（HPRF PD）雷达；
- 有一些距离模糊和多普勒模糊的中脉冲重频脉冲多普勒（MPRF PD）雷达。

过去，三种雷达的结构均有差异，但现在的技术已使采用相似结构成为可能，区别只是发射波形不同，且脉冲多普勒雷达的杂波功率分量更大（因为在采用距离模糊脉冲重复频率时，杂波回波的范围将产生折叠）。

2.3.9.1　高脉冲重频脉冲多普勒雷达

飞机沿水平直线飞行时（即速度 v_a 和高度 h_a 不变）机载雷达的几何示意图如图 2.34 所示。当雷达发射一串 PRF=f_p、脉宽为τ的脉冲时，其频谱是间隔为 PRF 的线状谱（以载频 f_0 为中心的 $\sin\pi f\tau/(\pi f\tau)$ 包络）。载频周围的杂波频谱如图 2.35 所示。在载频 f_0 处有一个直接从下方接收（高度回波）的较大回波信号，与飞机的相对速度为零。由于存在模糊，所以高度线（以及其他频率处的谱）发生重叠，$f_0 \pm nf_p$，n 为整数。

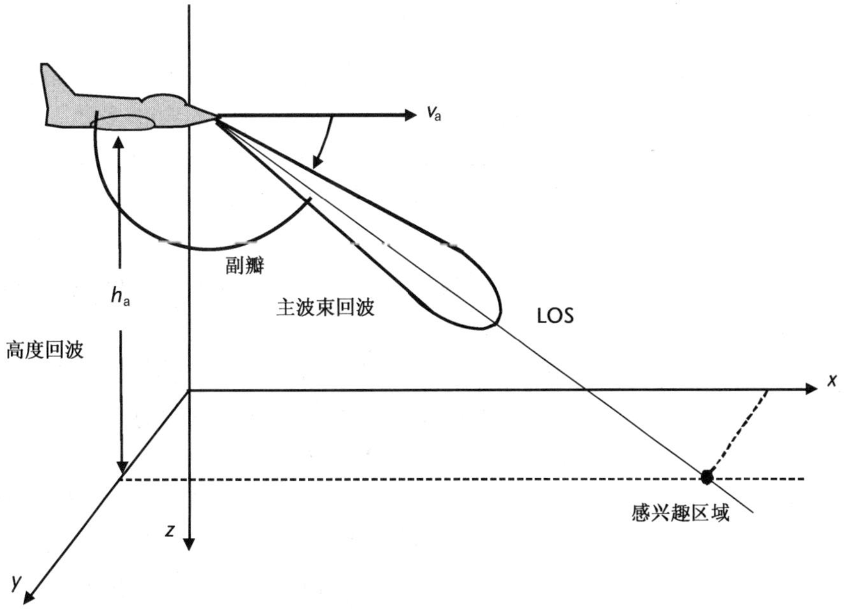

图 2.34　机载雷达的几何示意图

天线副瓣从很多角度（0°～90°）照射杂波背景，因此杂波回波在载频附近可能延伸约$\pm 2v_r/\lambda$。为方便起见，副瓣杂波的形状表示为近似均匀的分布，但实际情况下是不均匀的。

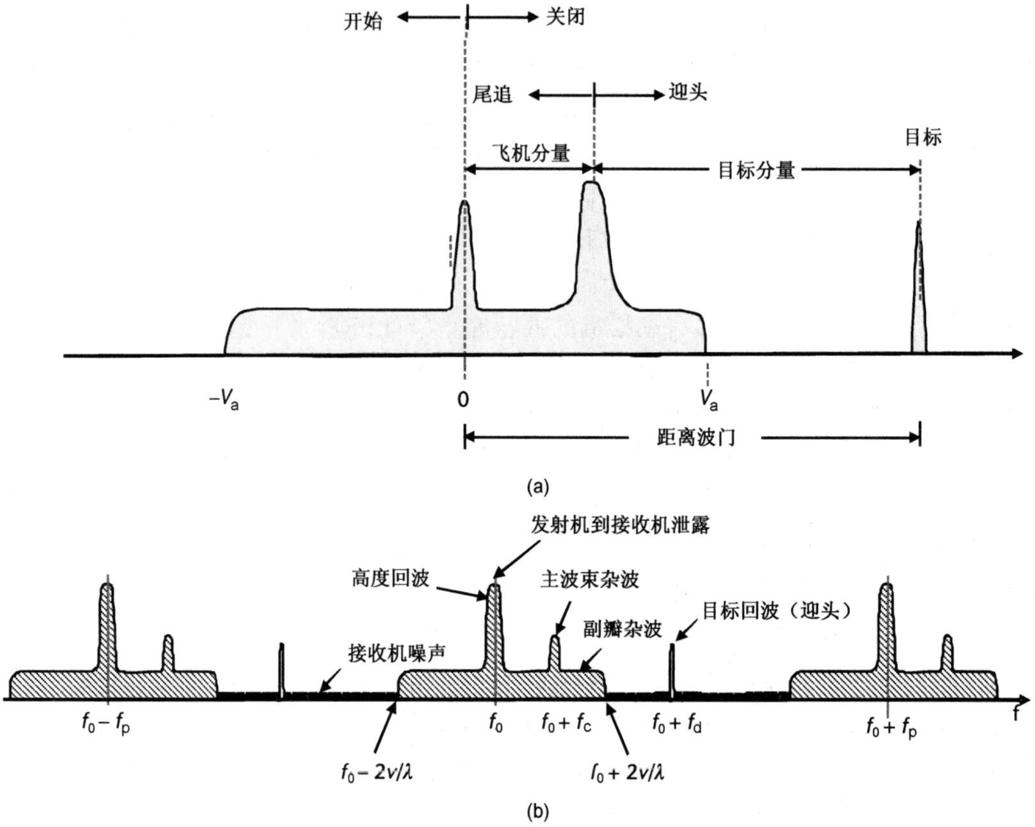

图 2.35　(a)连续波雷达的杂波频谱；(b)高脉冲重频机载雷达载频周围的杂波频谱放大图(引自文献[7])

高重频多普勒雷达的副瓣杂波很大，这是因为同时照射杂波的距离模糊脉冲有很多。为了检测出副瓣杂波中的飞机目标，可采用一组含自适应门限的窄带多普勒滤波器。为了大大抑制副瓣杂波，机载雷达天线的副瓣就必须极其低(优于−40 dB)。通过天线主波束观测到的杂波幅度很大，并且位于副瓣杂波区域内。由于天线在角度上进行扫描，所以主波束中心频率有所变化。

高脉冲重频脉冲多普勒雷达的主要优势是存在着无杂波区域，该区域适合观测迎头逼近的目标(尤其是检测远距离高速逼近的目标)。

如果目标的相对速度较低(例如尾追观测目标时或目标位于交叉轨迹时)，回波会落入副瓣杂波区内，目标被探测的可能性大大低于无杂波区内的高速目标。

军用 X 波段的高脉冲重频脉冲多普勒雷达的 PRF 为 150～300 kHz。采用这样的脉冲重复频率，脉冲宽度(PW)通常较小，约 0.3～0.5 μs。假设 PRF=200 kHz(即 T_p=1/PRF=5 μs)，则占空比 d=PW/T_p=10%。根据目标和雷达平台的最大地面速度选择 PRF。实际上，从图 2.35 可以看出，如果希望目标位于无杂波区域，则目标的多普勒频移应该至少与 f_0 相距 $2(v_A+v_T)/\lambda$、与 f_0+f_p 相距 $2v_A/\lambda$；因此 $f_p>4v_A/\lambda+2v_T/\lambda$，其中 v_A 为雷达平台速度、v_T 为目标速度。

重叠损失

由于脉冲多普勒雷达在发射时无法接收信号，如果在正发射脉冲且接收机关闭时回波信号到达，则高占空比可能导致重叠损失。这一影响会导致距离覆盖出现漏洞，但这是暂时的，因为目标与平台的相对运动会使目标在短时间后（几百毫秒量级）出现在更短的距离上。在跟踪目标期间，大于 1s 的重叠损失是不能接受的，因此要采用多个脉冲重复频率以减小重叠的影响。

2.3.9.2　中脉冲重频脉冲多普勒雷达

中脉冲重频模式已经成为现代机载多普勒雷达中最重要的模式之一，主要原因是这种雷达能够在高速平台上探测慢速逼近的目标。非模糊速率方程（$v_{un}=\lambda PRF/2$）与非模糊距离方程（$R_{un}=c/2PRF$）都是脉冲重复频率的函数，因此这两个参数不能单独选用。但在 X 波段（λ=3.3 cm），两者的关系式为 $v_{un}R_{un}=\lambda c/4=2.5\ km^2/s$，即表示为 v_{un}、R_{un} 平面内的一条双曲线，如图 2.36 所示。

图 2.36 定义了两个工作点，分别是允许低脉冲重频工作的最大脉冲重复频率值（$PRF_L\leqslant$ 2 kHz）和允许高脉冲重频工作的最小脉冲重复频率值（$PRF_H\geqslant$150 kHz）。两个工作点之间为中脉冲重频工作区域，其特点是距离和速度都存在模糊。

去除这两种模糊的办法是采用与脉冲重复频率有关的距离-多普勒空间，并在一个驻留时间中采用多个脉冲重复频率。对此，感兴趣的读者可以参阅文献[7]深入了解。

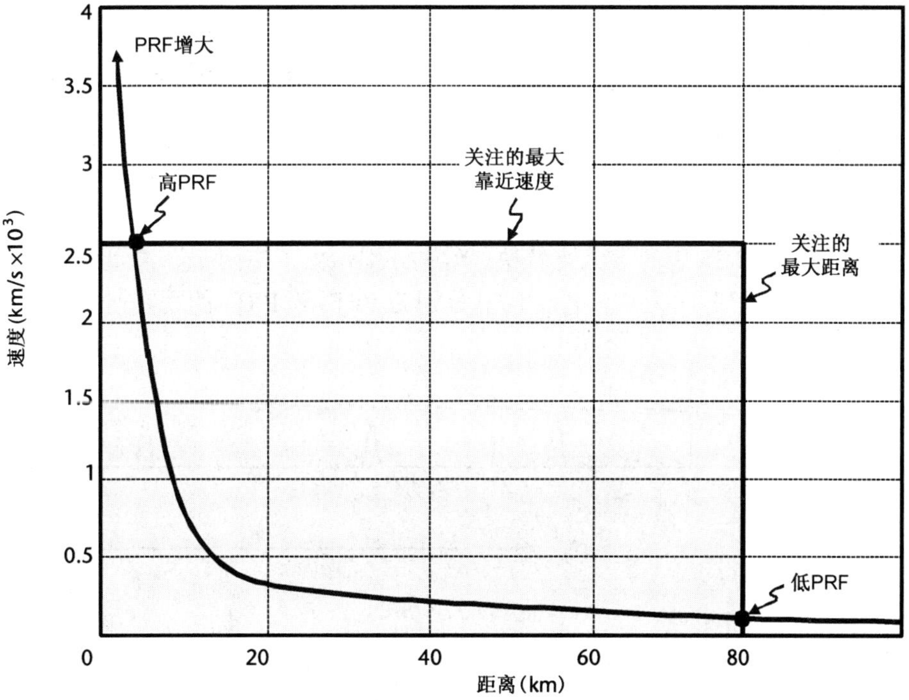

图 2.36　空对空雷达非模糊距离与非模糊速度的关系（引自文献[7]）

为了去除在距离-多普勒空间的清晰区探测到的目标的距离和多普勒模糊，其准则是必须至少在两个脉冲重复频率上探测目标以确保去除距离模糊。通常，雷达被设计为用三个脉冲重复频率进行探测以确保（后面会证明）在不同距离的两个目标可能产生幻影情况下可以获得适当的距离模糊分辨率。在少于三个脉冲重复频率情况下探测到的目标则全部丢弃。

图 2.37 描述了两个脉冲重复频率的盲区。非模糊距离与脉冲重复频率成反比，即 $R_{un}=c/(2PRF)$。接收机关闭时，距离维的盲区对应于发射脉冲宽度($R_{blind}=cPW/2$)。非模糊多普勒频率 f_{un} 等于 PRF。图中所示盲区为预期主波束杂波区，这是因为在早期设计中，假设载频锁定在主波束杂波频率上，而且宽度等于主波束杂波最大宽度的陷波滤波器被集中在锁定频率处。现在的中脉冲重频信号处理器将主波束杂波中心变换到零频。

落入第一个阴影区的目标回波能够被无模糊地探测到，而所有在距离-多普勒域阴影区内探测的目标都存在着距离或多普勒模糊或两者都模糊。

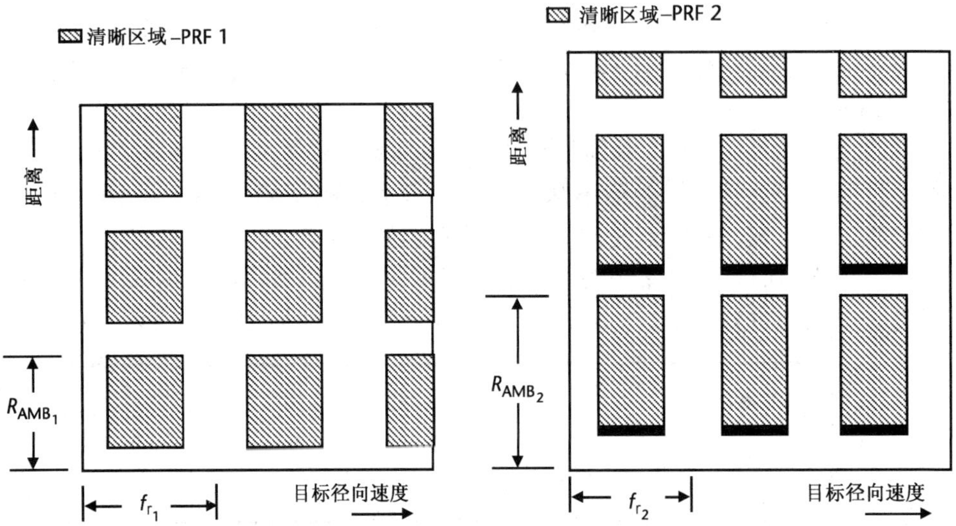

图 2.37 两个 PRF 时的距离-多普勒域(引自文献[7])

距离模糊可用图 2.38 中的方法来解决，图中分别示出了在两个脉冲重复频率下的目标回波。目标的真实延迟时间为 T_t，T_{a1} 和 T_{a2} 分别为 PRF_1 和 PRF_2 的视在时延。

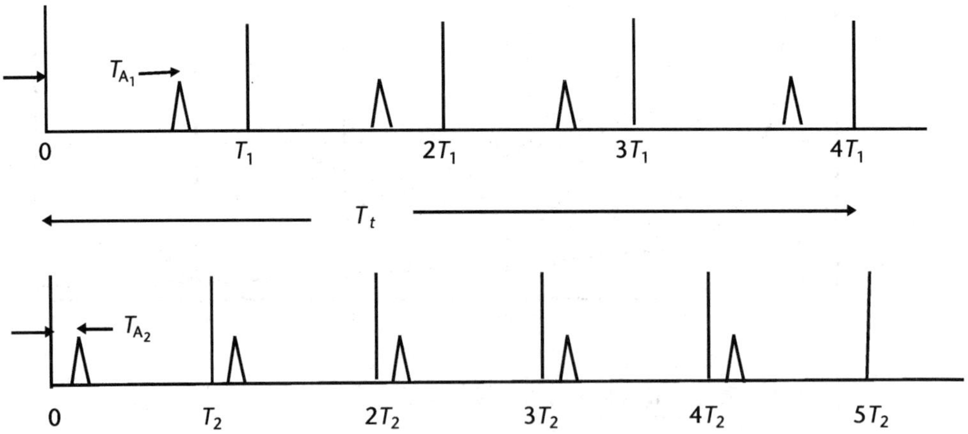

图 2.38 距离-模糊分辨率(引自文献[7])

真实时延 T_t 可作为 $T_1=1/PRF_1$ 和 $T_2=1/PRF_2$ 的函数计算得到：

$$T_t=nT_1+T_{a1}=mT_2+T_{a2} \tag{2.69}$$

在理想情况下，确定合适的 m 和 n 值，即可解出该方程。实际上，延迟测量会受到干扰、量化误差和噪声的影响，不能获得精确的 m 和 n 值。所以我们选择使误差值最小的 T_t。

确定 T_t 值的简单算法如下：

(1) 增大 m 和 n 的取值，利用式(2.69)计算对应的 T_t 值。

(2) T_t 的真实值是通过两个方程的解集中产生最小误差的值。

这一简单算法可通过图 2.39 的数字电路来实现。

通常，依照以下准则选择脉冲重复频率：

(1) 选择 R_{us}，即经距离分辨后所期望的系统非模糊距离。

(2) 确定 p 个 PRF，它们是 $PRF_0=1/(2R_{us})$ 的倍数；即 $PRF_1=KPRF_0$，$PRF_2=(K+1)PRF_0$，以及 $PRF_p=(K+p)PRF_0$，等等。

如上所述，由于采用两个脉冲重复频率的方案在探测两个目标时可能产生幻影目标，因此需要采用三个脉冲重复频率来解决距离模糊的问题。

采用同样的方法来解决多普勒模糊问题。

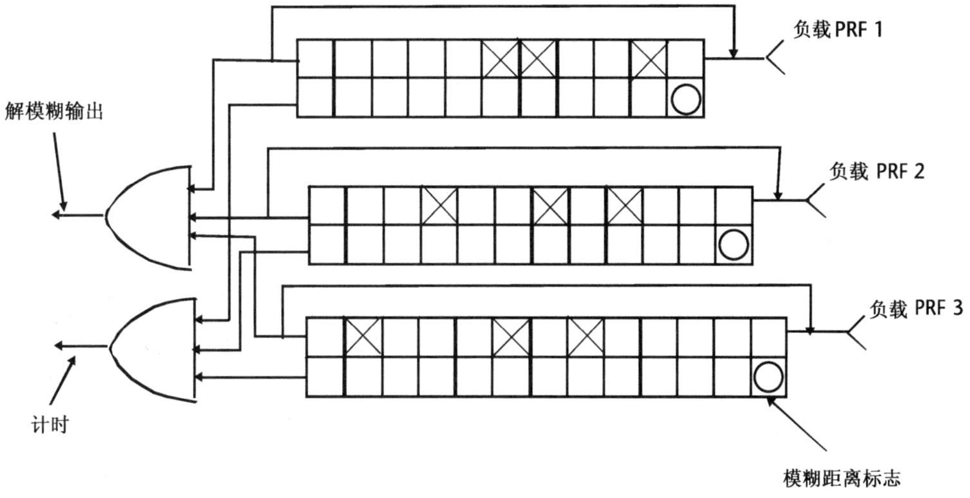

图 2.39　距离分辨电路(引自文献[7])

2.3.9.3　中脉冲重频脉冲多普勒的搜索模式

因为在任何一个脉冲重复频率上，目标的距离和多普勒通常都是模糊的，因此天线波束在目标上驻留时需要发射多个脉冲重复频率(通常为 7～9 个)。利用 CFAR 电路在每个脉冲重复频率驻留时完成对目标的探测。在利用前文所述的方法去除距离模糊和多普勒模糊后，仅将确定了非模糊距离的目标(在三个或多个脉冲重复频率上都探测到的目标)作为检测目标并显示出来。图 2.40 所示为典型的显示画面，纵坐标为非模糊距离 R_{us}。接下来给出一个典型的中脉冲重频雷达的搜索模式[7]。为了尽可能减小距离-多普勒域的盲区并且获得非模糊系统距离 R_{us}，发射机需要发射一组 N 个脉冲重复频率。为了满足多普勒分析需要，每个脉冲重复频率上包含大于 2^n 个有效脉冲。往返传播时间 $T_p=2R_{us}/c$(ms)，$PRF_0=1/T_p$(kHz)。因此，为了以 $1/T_p$ kHz 的步进跨越从 PRF_1 到 PRF_N 的带宽范围，可以选择 N 个 PRF。图 2.41 示出了 N=8、波束驻留时间 T_D=40 ms 时波束驻留在某一方向期间总的波形时序图。

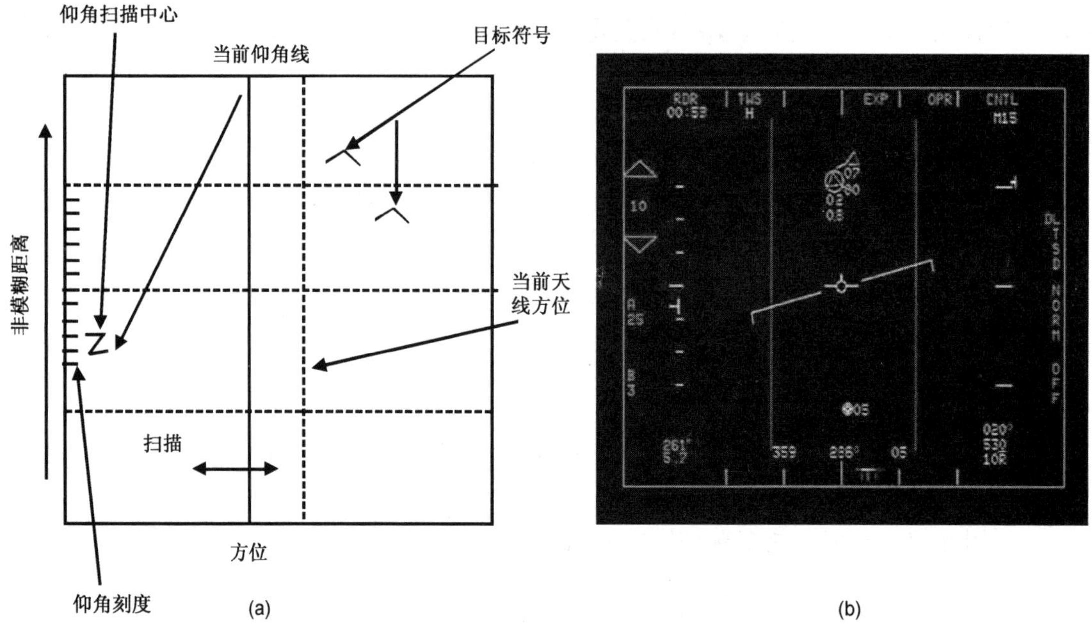

图 2.40 (a)典型的 MPRF PD B 型扫描显示器；(b)GRIFO 雷达 B 型扫描显示器(由莱昂纳多公司提供)

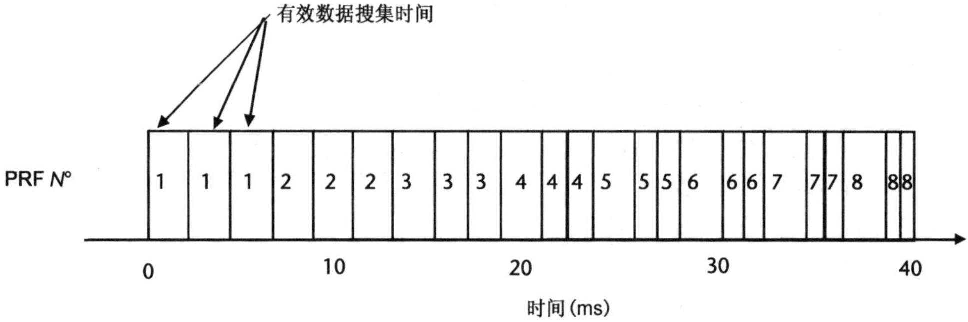

图 2.41 MPRF PD 典型搜索模式下单副天线驻留时间内 PRF 运行程序

为了覆盖 $T_{p,max}$，典型的中脉冲重频多普勒雷达接收机处理由一组距离单元组成，每个距离单元有一组多普勒滤波器。中脉冲重频多普勒雷达接收机处理框图如图 2.42 所示。图 2.43 给出了 GRIFO MPRF PD 雷达的照片。

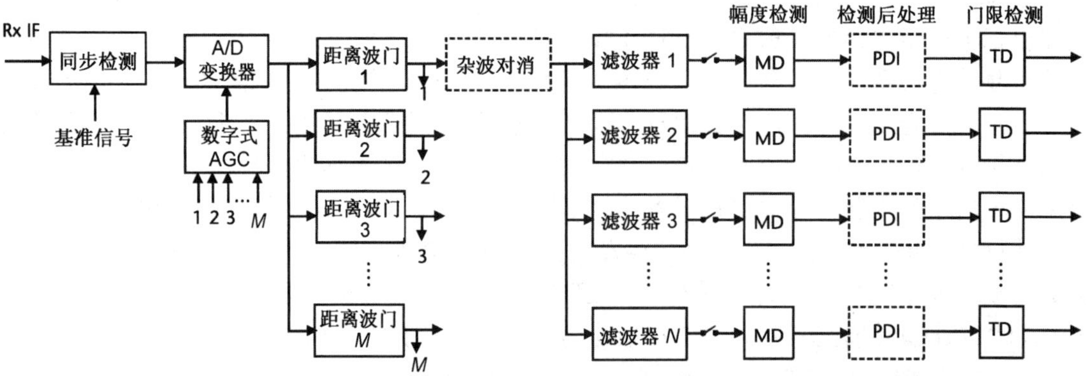

图 2.42 MPRF PD 雷达接收机处理的结构框图(引自文献[7])

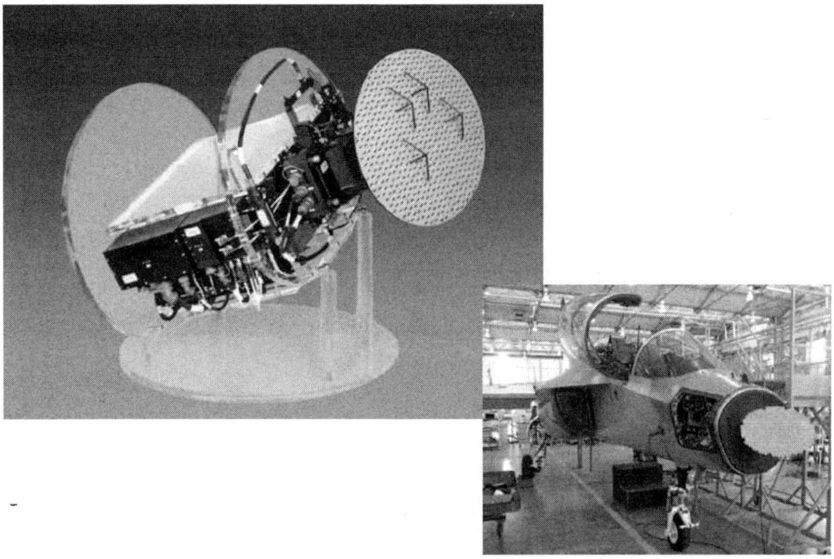

图 2.43　GRIFO MPRF PD 雷达的两种配置(由莱昂纳多公司提供)

综上所述，表 2.8 列出了机载多普勒雷达在三种 PRF 模式下的主要特性，这些特性都可以利用多模雷达来实现。

表 2.8　机载 PD 雷达的主要特性

模式类型	典型系统功能	优　点	缺　点
高 PRF 雷达模式			
相干	速度搜索(VS) 边搜索边测距(RWS) 距离选通 HPRF	峰值功率低 多普勒不模糊 下视功能良好 半主动导弹照射	距离模糊大 重叠损失 测距精度低 副瓣杂波降低了尾部方向的检测
中 PRF 雷达模式			
相干	低空尾追 许多 HPRF 和 LPRF 功能	优于 HPRF 精确测距	多个 PRF 和 PW 去除距离和多普勒模糊的处理过程复杂
低 PRF 雷达模式			
相干多普勒	机载/地面动目标测	精确测距	下视时 P_{det} 低、P_{fa} 高
多普勒波束锐化	改善分辨率	地图测绘	高峰值功率或 PCR
合成孔径	导航地图测绘	非模糊距离大	多普勒模糊很大
非相干地图测绘	固定目标检测导航	距离选通抑制副瓣杂波	—
地形规避	隐蔽导航	数据处理简单	—
空空测距	近程高炮与导弹攻击	—	—
空地测距	投弹	—	—
地形跟随	隐蔽导航	—	—

2.3.10　跟踪雷达

跟踪雷达是武器系统的主要组成部分，它能提供精确的目标距离、方位和俯仰等位置信息。在对目标进行持续观测后，该型雷达能提供目标的轨迹或航迹并预测其下一个位置。武器系统可以利用这些信息精确地瞄准高炮以及进行导弹制导。

至少有四种雷达可以提供目标轨迹：

- 单目标跟踪(STT)；
- 自动检测与跟踪(ADT)；
- 边扫描边跟踪(TWS)；
- 相控阵跟踪。

STT 雷达受到搜索雷达的引导，获得搜索雷达检测到的威胁目标和大致坐标(至少包括距离和方位)信息。根据目标指示，STT 迅速搜索指定目标位置周围，在窄波束宽度内捕获目标。若目标是 3D 的，STT 几乎能立刻捕获目标；否则需要在俯仰和窄的方位扇区上进行搜索。图 2.44 示出了典型的 STT 捕获扫描情况。

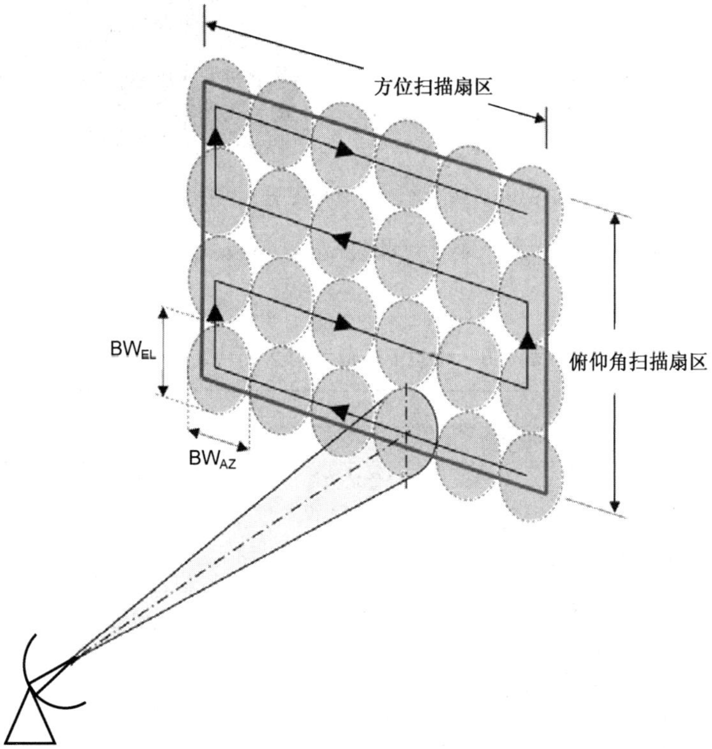

图 2.44 典型的 STT 捕获扫描

一旦截获到目标，STT 就进入跟踪模式，为相关武器系统提供目标的精确位置坐标。STT 需要达到的角精度为 0.2～0.5 mr(rms)、距离精度为 1～5 m。较高的精度适用于高炮的火控系统。

不同类型的 STT 在角精度、复杂性和成本等方面有所不同，下面以增序方式列出这些类型：

① 圆锥扫描；
② 波瓣转换；
③ 隐蔽锥扫(COSRO)；
④ 隐蔽接收(LORO)；
⑤ 单脉冲。

为了获得两个坐标的角度测量值，STT 类型①至类型④至少在四个位置(类型 1 和类型③更多)顺序地使用了同一个时分波束。类型⑤则采用④个等效的同时波束进行二维角度跟踪。

2.3.10.1　圆锥扫描

圆锥扫描雷达的波束轴与天线视轴不在一条直线上，但围绕视轴旋转，呈现为图 2.45 所示宽 $2\theta_q$(θ_q 称为偏斜角)的锥角。

位于圆锥轴线上的目标将获得恒定增益照射(即使它不是最大值)，而偏离轴线的目标则获得一个以圆锥扫描频率 $f_s=\omega/(2\pi)$ 调制的照射增益，如图 2.46 所示。

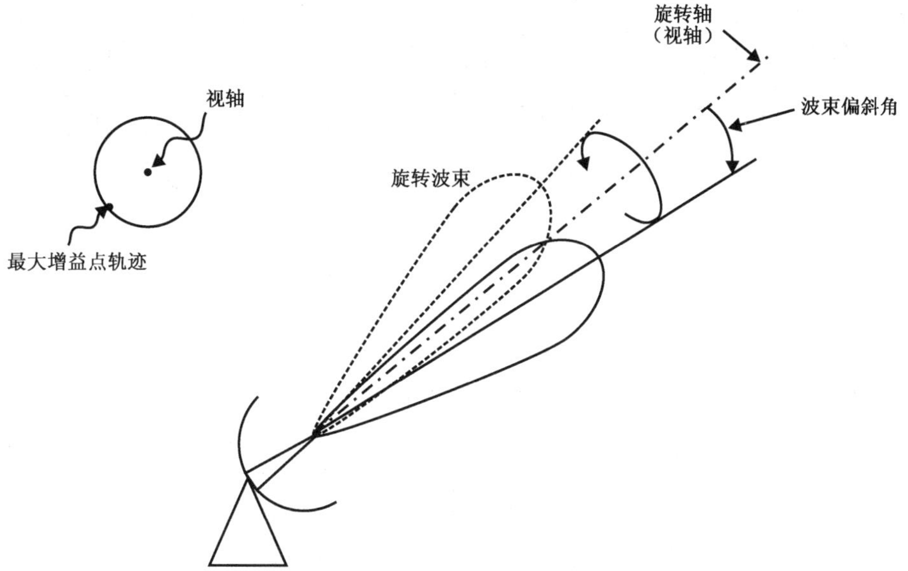

图 2.45　圆锥扫描天线

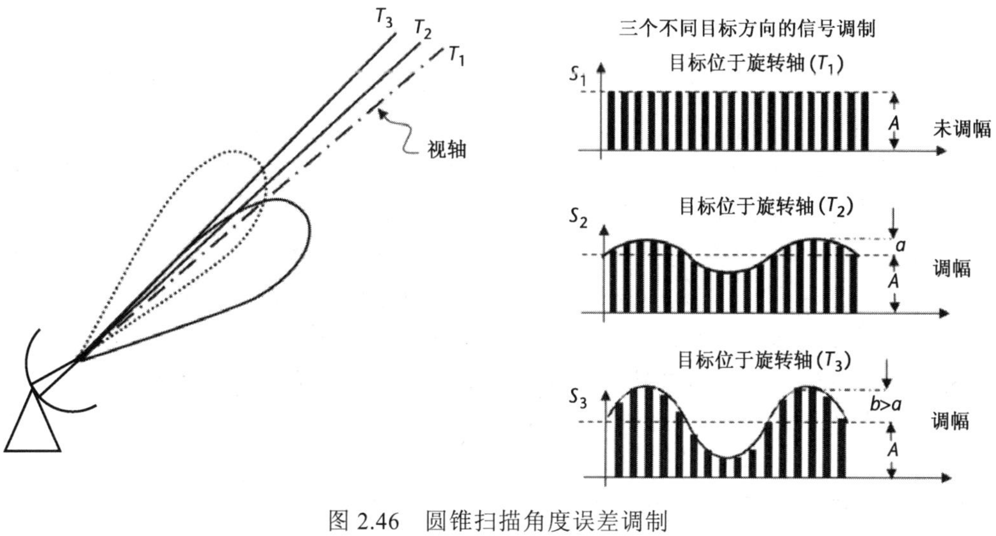

图 2.46　圆锥扫描角度误差调制

角误差 $\varepsilon(t)$ 的幅度和方向(方位和俯仰)由两个参考方向(方位和俯仰)上的调制深度以及最大调制相位给出，其表达式为：

$$\varepsilon(t) = k_s \Delta\theta_t \sin\left(2\pi f_s t + \phi\right) \tag{2.70}$$

调制深度 $k_s\Delta\theta_t$ 取决于比值 θ_q/θ_B，其中 θ_q 为偏斜角，θ_B 为 3 dB 的天线波束宽度，如图 2.47 所示。偏斜角 θ_q 的选择要在提高角度敏感度 k_s 和增益损失之间折中考虑，这会降低 SNR，从而降低检测能力。通常，θ_q 选在 0.3～0.4θ_B 之间。

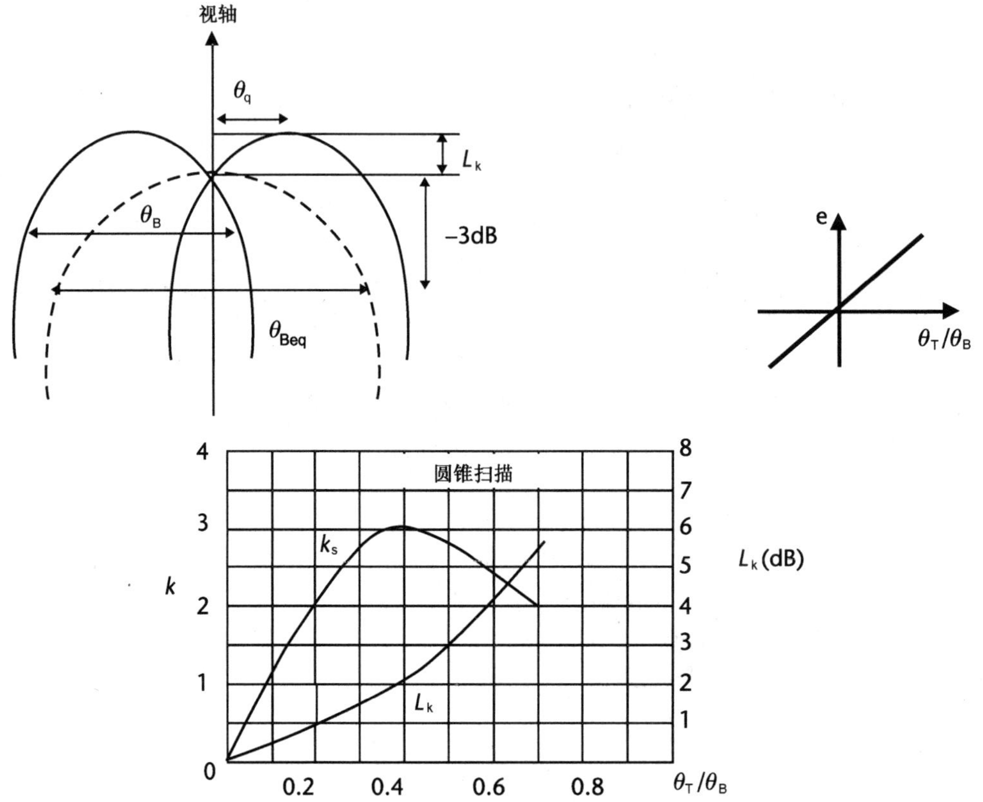

图 2.47　圆锥扫描角斜率和交迭损耗(引自文献[8])

在跟踪模式下，STT 雷达在接收机的距离轴上设置一个波门，波门的宽度约等于脉冲宽度，只允许波门宽度内的信号输出。波门内的信号幅度由自动增益控制(AGC)环路控制。然后，利用一个自动距离跟踪环路将该波门自动设于目标距离处，跟踪环路的输入由工作在输出视频信号的分离波门鉴别器提供。

鉴别器将视频信号分到两个波门：前波门和后波门，将两个波门信号积累后相减产生误差信号，如图 2.48 所示。误差的符号指出两个波门为获得回波必须移动的方向。差值的幅度决定了两个波门到脉冲中心(有时称作质心)的距离。当误差信号等于零时，两个距离波门对准脉冲，且波门位置给出目标距离。自动距离跟踪环通常是秒量级的环(或更高)，能对在加速度为几个重力加速度 g(g=9.8 m/s^2) 范围内的机动目标进行距离跟踪。典型的秒量级距离跟踪环如图 2.49 所示。

STT 型导弹导引头，尤其是掠海导弹导引头，普遍使用的 ECCM 方法是采用脉间频率捷变，并对距离跟踪前/后波门采用不同的加权值。指定前波门的权值为 α、后波门的权值为 β，且 $\alpha>\beta$，距离跟踪位于接收脉冲之前，这样就降低了干扰机的距离欺骗效果(因为要跟上频率捷变，需要频率设置时间，相对于回波信号，干扰脉冲始终是延迟了的)。这种

ECCM 方法称为前沿跟踪或反距离门拖引，与对数接收机一同应用时非常有效。第 6 章将进一步讨论这种 ECCM 方法。

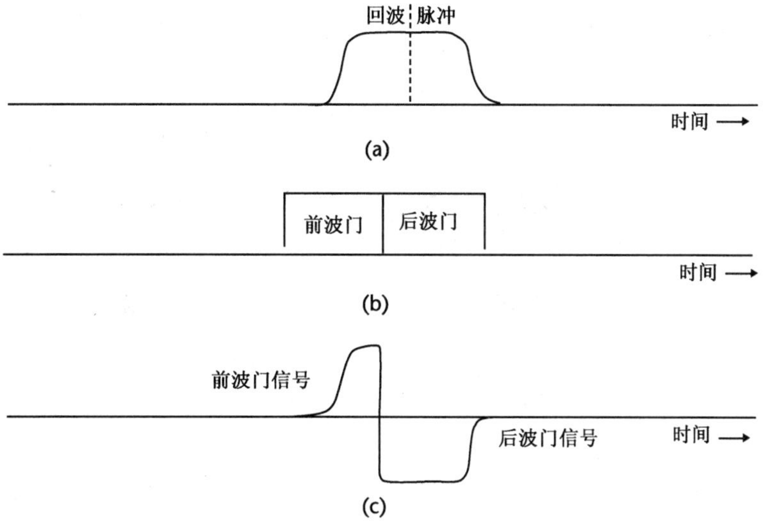

图 2.48　分离波门鉴别器

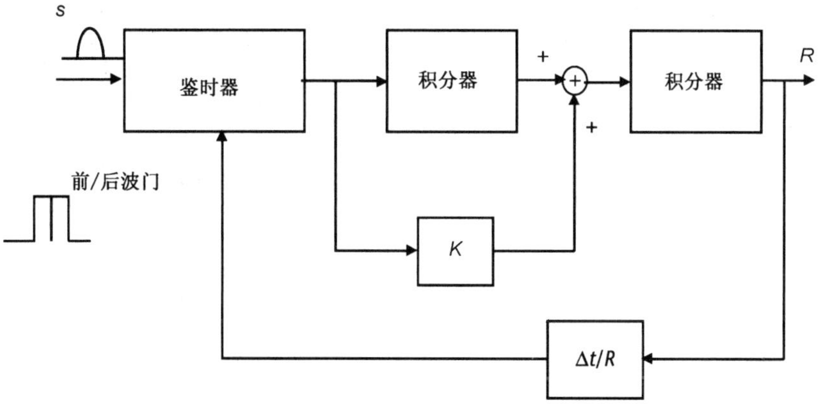

图 2.49　距离跟踪环路

在接收机输出端跟踪波门中的视频信号还要发送到相参检波器，在处理了接收到的各个脉冲的幅度后，它将决定调制信号的调制度和相对于两个基准(方位和俯仰)正弦信号的相位，这两个信号的频率就是扫描频率，但彼此相位差 90°。最大接收幅度代表角度误差幅度，而最大接收幅度的相对于两个基准信号的相位代表误差方向(方位和俯仰)。这一信息被馈送到控制天线视轴方位和俯仰的自动伺服环路，以将目标的角度误差降低为零。图 2.50 示出了圆锥扫描 STT 的组成框图。

当发射端进行幅度调制时，干扰机可能对 STT 雷达产生角度误差信号，因此为了避免在反射时进行幅度调制，利用中心固定馈源进行发射，仅仅让接收的馈源旋转，就可避免发射信号的幅度调制，而这种调制可被干扰机用于对 STT 生成角误差。这种方法就是 COSRO STT 的特性。

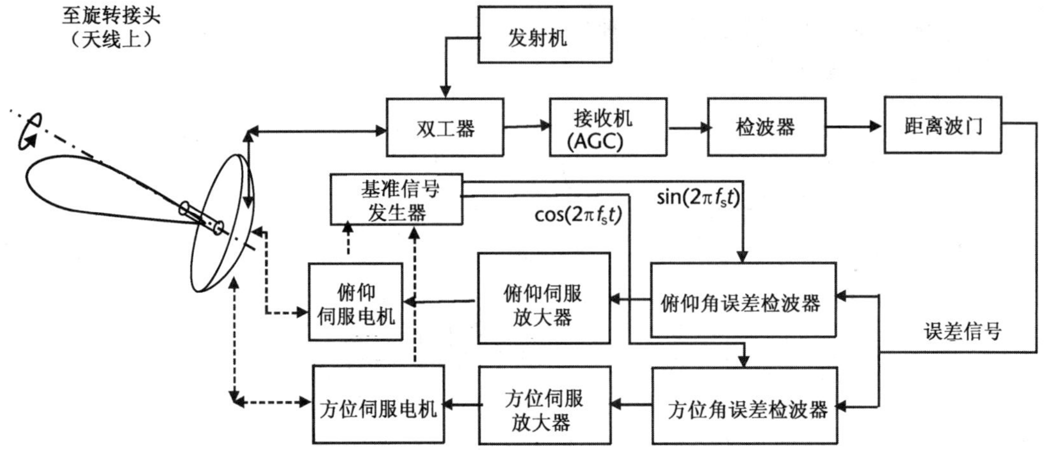

图 2.50 圆锥扫描 STT 组成框图

2.3.10.2 波束转换

通过在四个位置上(两个方位、两个俯仰)顺序转换波束，不处于转换轴(视轴)上的目标的误差信号可由在每个角坐标的两个转换位置上接收的幅度差来确定，如图 2.51 所示。

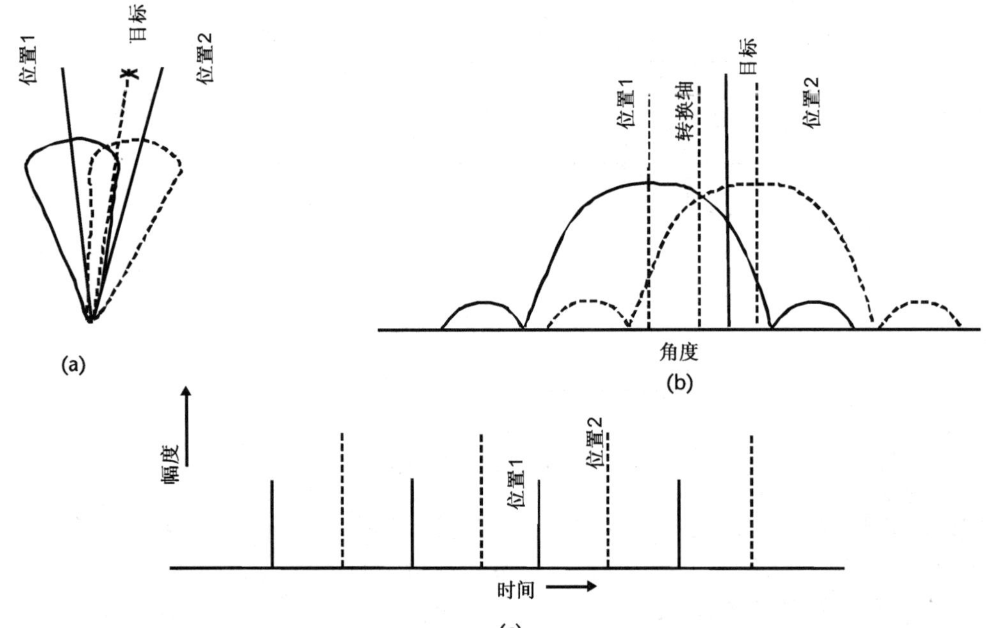

图 2.51 波束转换天线图和误差信号(一个角坐标)

为使目标位于视轴，波束移动的方向由幅度较大的波束位置提供。当两个波束位置的回波信号相等时，目标位于视轴方向。因此，波瓣转换雷达是由四个一组的方形馈电喇叭天线组成一个单反射器天线。每个馈源依次照射反射器，从而提供相对于天线视轴的偏斜波束。

也可采用五个一组的馈电喇叭，中心馈源用于发射，四个外围馈源用于顺序接收。这种方法描述了 LORO STT 的特性，这就避免了发射信号的幅度调制，这种调制是会被干扰机用于对 STT 制造角误差的。

这些 STT 中的距离跟踪和角度跟踪方法与圆锥扫描 STT 中的相同。

2.3.10.3　单脉冲跟踪

单脉冲跟踪器通过比较两个或四个同时波束接收的信号来获取有关目标角度位置的信息。利用同时出现在多个波束中的回波信号进行角度测量提高了测量精度，因为它消除了因信号幅度随时间变化（起伏）而导致的性能下降。STT 采用单脉冲角度方法提供一含两个正交坐标的角度误差信号，馈送给闭环伺服系统以使视轴保持在动目标方向。

常用的单脉冲测角方法有两种：比幅单脉冲和比相单脉冲。

2.3.10.4　比幅单脉冲

比幅单脉冲（ACM）方法的概念在只有一个角坐标时是很容易解释的，假设两个交叠天线方向图的主瓣对准稍微不同的方向（偏斜波束），如图 2.52（a）所示。波束由向相反方向稍微偏离抛物面反射器的焦点的两个馈源产生。ACM 方法利用图 2.52（a）和（b）所示的两个偏斜波束的和、差结果。和方向图用于发射，和、差方向图用于接收。用差方向图接收的信号提供角误差幅度。角误差的方向通过比较差信号与和信号的相位得出角偏离的方向，如图 2.52（c）所示。

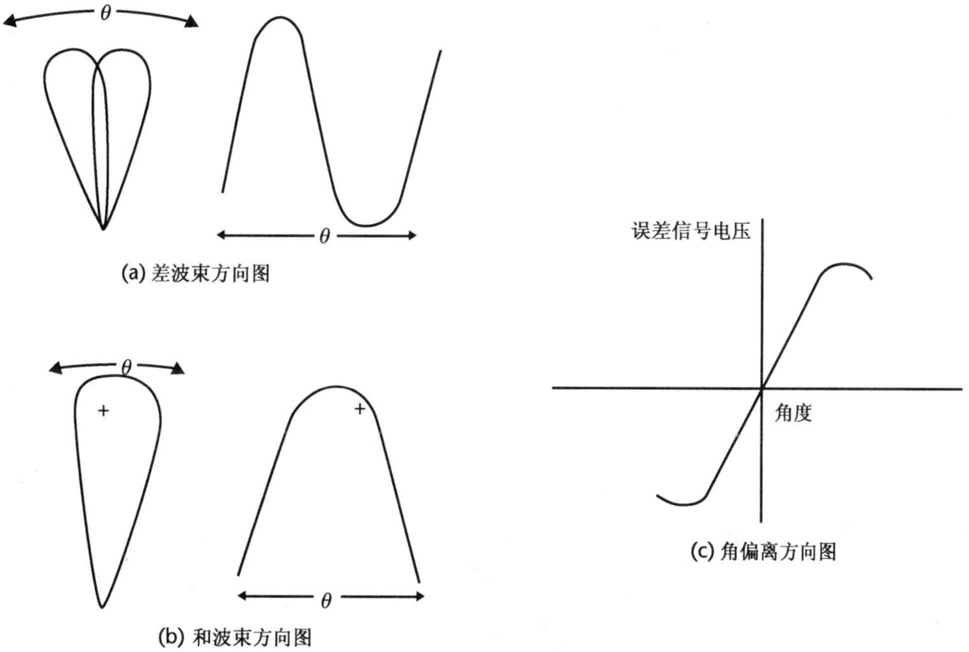

图 2.52　单脉冲天线方向图及误差信号

通过将两个以上的馈源相加来构成四个偏斜馈源（一个角坐标两个馈源）的方阵，和方向图可由四个偏斜方向图之和产生，同时构成两个差方向图：一个与方位有关，另一个与仰角有关，如图 2.53 所示。图 2.53 中的比较器电路由混合 T 型波导部件组成，它能完成馈电喇叭输出的加、减以获得单脉冲的和、差信号。

几乎所有高级单脉冲 STT 都采用卡塞格伦反射面天线，图 2.54 示出了其原理。图 2.55 示出了莱昂纳多公司研制的实际系统 RTN 30X。在副反射器引入这类采用极化扭转技术的天线可使微波电路放置在抛物面反射器之后，同时没有天线遮挡问题。

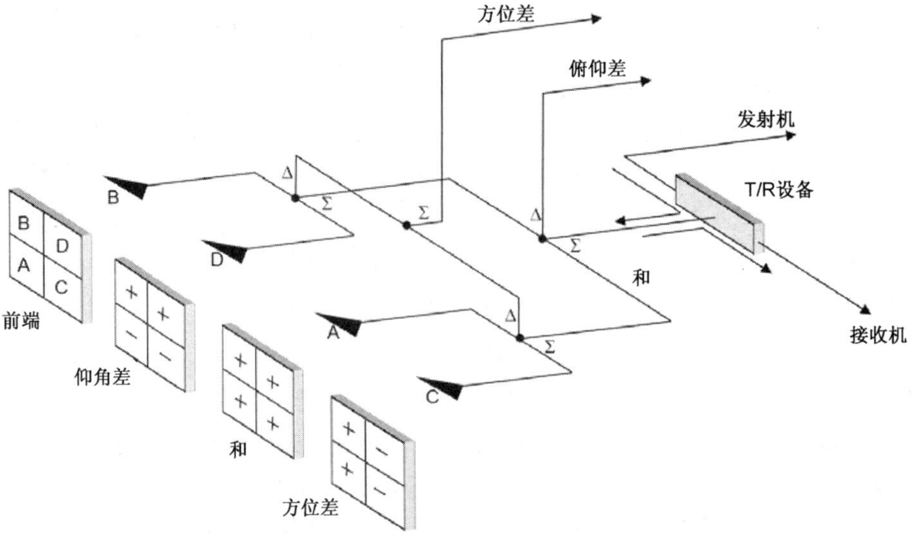

图 2.53 四个偏斜馈源的单脉冲方阵(引自文献[9])

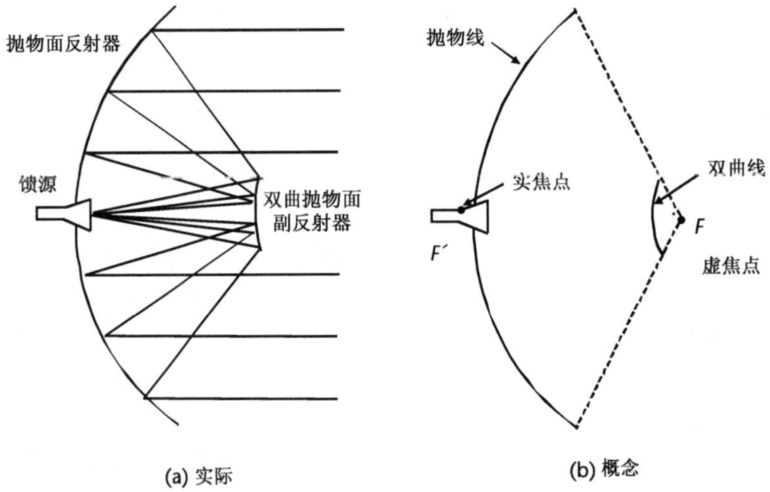

图 2.54 卡塞格伦天线

图 2.55 RTN 30X(来源：莱昂纳多公司)

将和、差方向图所接收的信号分别放大并在相敏检波器中合并以产生角误差信号。和信号也提供目标检测和距离测量。

图 2.56 示出了常规单脉冲 STT 的组成框图。在图中，AGC 环路、距离跟踪器与圆锥扫描 STT 的相似。其主要差别是图中和通道的 AGC 被反馈用以控制三个通道的增益(Σ，Δ_{az}，Δ_{el})，以便为 STT 提供一恒定的角灵敏度，与目标截面积或距离的变化无关，最重要的是，它不受振幅干扰的影响，从而避免引入角误差。

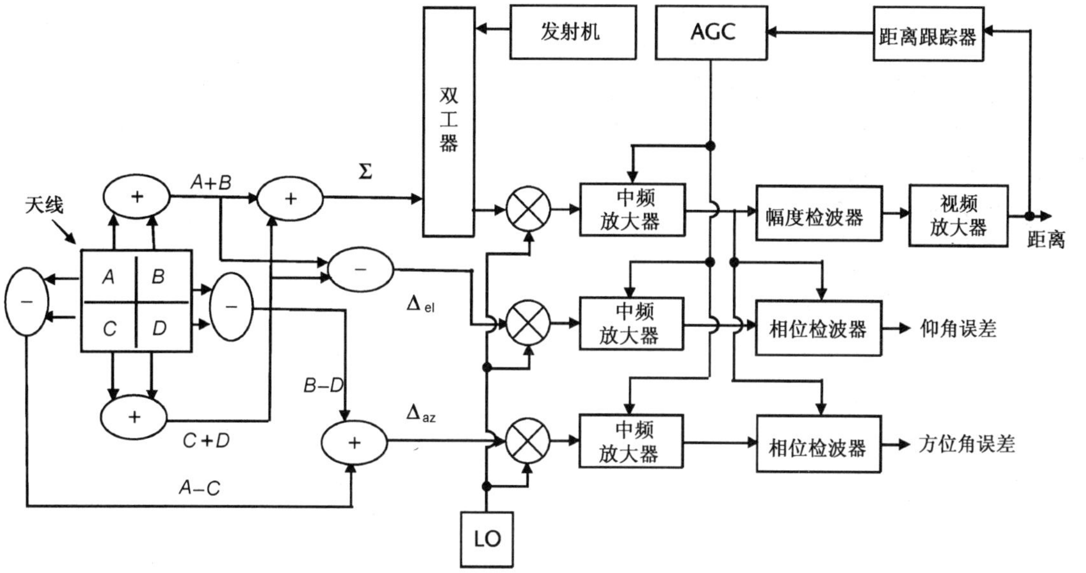

图 2.56　常规单脉冲 STT 的组成框图

从单脉冲 STT 组成框图可以看出，和信号Σ用于相干解调两个 Δ 信号并提供符合下列关系式的角误差信号斜率信号：

$$\Delta_{az} = \frac{\underline{\Sigma} \cdot \underline{\Delta}_{az}}{\Sigma^2}, \qquad \Delta_{el} = \frac{\underline{\Sigma} \cdot \underline{\Delta}_{el}}{\Sigma^2}$$

其中，Σ和 Δ 代表各自信号的相量，点积用于确定归一的幅度以及两个相量间的相位关系，从而确定 Δ 信号的符号。如前所述，除以Σ^2可借助 AGC 来实现。

ACM 角误差灵敏度取决于偏斜角 θ_q 与每个偏斜方向图的波束宽度 θ_B 之比(类似于圆周扫描)，偏斜角越大，误差的斜率就越大。然而，随着偏斜角增大，和方向图的轴向增益下降，因此必须折中考虑这两个不同的需求。偏斜角 θ_q 的最佳值用参考文献[2]中的图 4.7 求出，假定偏斜波束的形状可用高斯函数模拟。求出的最佳偏斜角为 $\theta_q=0.31\theta_B$。这对应于Σ波束峰值下 1.2 dB 的交叠处。

根据参考文献[2]中的图 4.7，比较 ACM 和圆锥扫描 STT 的斜率可以发现，ACM 的角误差灵敏度较高，能实现量级为 0.1～0.2 mrad(rms)的角精度。

2.3.10.5　比相单脉冲

同比幅单脉冲方法一样，比相单脉冲(PCM)方法采用两副天线波束来获得一个坐标的测角。两个波束平行并覆盖同样的空间区域。接收信号的幅度相同，但相位相差 $\Delta\varphi=2\pi d\sin\theta/\lambda$，其中 d 为两副天线的间距、θ 为相对于两副天线基线法向的到达方向。测量两个接收信号的相位差即可获得至目标的夹角 θ。

因此，用于获得两个角度坐标的天线是排列为两行两列的四元天线阵。

利用和、差方向图和类似于 ACM 方法的信号处理可以提取角信息。为了得到相位检波器的输出，幅度为 $\sin\theta$ 的函数的误差信号必须叠加一个 90° 的相移，如图 2.57 所示，图中还示出了常规 PCM STT(在一个角坐标上)的组成框图。

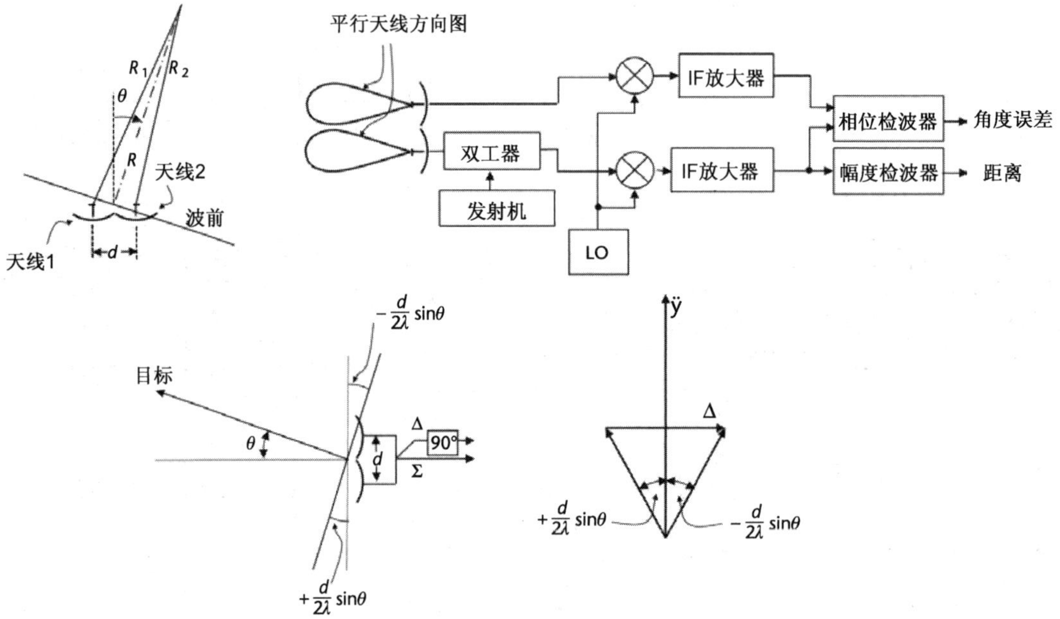

图 2.57　常规 PCM STT 的组成框图(在一个角坐标上)

PCM 方法可能受两个阵元天线阵栅瓣($\theta_{grating}=\arcsin(\lambda/d)$)的影响(见附录 C)，其中 d 为两个天线的间距(这也是每个天线的直径)。因此，间隔 d 应小于 λ，但这意味着天线增益较低。由于这一限制，与 ACM STT 相比，PCM STT 的应用极少。

2.3.10.6　跟踪精度的限制

三种误差源影响 STT 的角度与距离精度：

① 目标引起的误差，如目标的幅度波动(不影响单脉冲 STT)，闪烁(影响距离和角度精度)，多普勒闪烁与谱线；

② 外部误差源，如低角度跟踪时的多径效应；

③ 内部误差源，如接收机热噪声。

在这些误差源中，本节只讨论目标闪烁和低角度跟踪时的多径效应，因为有些 ECM 技术(在第 6 章中讨论)试图利用上述限制来增大单脉冲跟踪误差中断 STT 的角度锁定。

2.3.10.7　闪烁

闪烁通常用来描述复杂目标 RCS 的波动，这样的目标是由雷达分辨单元中的许多散射中心组成的。每个散射体响应都以稍微不同的波前倾斜抵达天线，这些倾斜的波前在孔径上矢量叠加，从而给出了相对于来自单散射体目标的理想平面波前的失真的复合波前。这就产生了到达角测量误差。而且，测得的到达角有时会使跟踪天线的视轴指向目标的角度范围以外，从而导致雷达中断跟踪。雷达看到的目标角度跨度越大，角度测量就越差，这是近距离测角误差的主要来源。闪烁对所有类型的 STT 雷达都有影响。

角度闪烁的定性影响可由“哑铃形”目标模型得出，该模型由两个独立各向同性散射体构成，它们的间隔从雷达看是一个角间距 α。在本讨论中，我们采用与第 6 章第 6.3 节同样的符号，以方便读者评价交叉眼 ECM 技术。

两个散射体相对于天线视轴对称分布(位于 $\alpha/2$ 处)，如图 2.58 所示。假设回波信号的相对幅度为 $a\leqslant 1$，相对相位为 $\phi\leqslant\pi$。两个散射体的相位差由两个散射体间的距离差异引起。从两个各向同性散射体中较大的一个散射体测得的角度误差 $\Delta\theta$ 为(也在第 6 章中推导)：

$$\frac{\varepsilon}{\alpha}=\frac{a^2+a}{1+a^2+2a\cos\phi} \tag{2.71}$$

该方程标示在图 2.58 中。较大的一个散射体位于 $\varepsilon/\alpha=0$，较小的一个散射体位于 $\varepsilon/\alpha=+1$。ε 的正值对应于较大散射体左边的角度空间，负值对应于其右边的角度空间。当来自两个散射体的回波信号同相时($\phi=0$)，则 $\varepsilon/\alpha=a(a+1)$，有时称为两个散射体的重心。当两个回波信号的幅度相同时($a=1$)，而相位差为 $\phi=\pi$，式(2.71)表明：$\varepsilon/\alpha\to-\infty$ 时，天线则被迫位于哑铃形目标的边界之外。式(2.71)是针对小角度误差推出的，因此不适合角度误差大如 $\varepsilon/\alpha\to-\infty$ 的情况。然而，简单的哑铃形目标模型描述了受复合目标闪烁的 STT 雷达的预期性能。

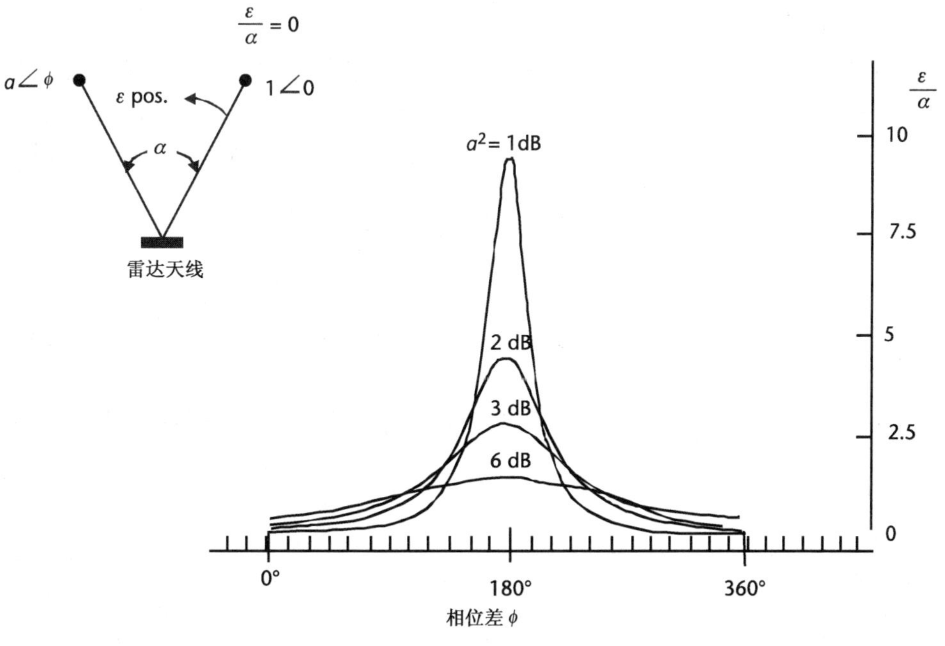

图 2.58　哑铃形目标模型产生的闪烁

式(2.71)说明了跟踪误差 ε 与雷达看到的目标 α 的角度范围成正比，这意味着误差随着距离缩小而变大。

比双散射体目标模型稍复杂一点的模型由多个等 RCS 的散射点组成，这些散射点均匀分布在垂直于雷达视线、长度为 L 的一条线上。假设这种目标的合成 RCS 符合瑞利分布，则雷达测得的目标的视在方向位于目标区外的概率为 13.4%。通用的设计方程要考虑均方根角度误差，由于有闪烁，$\sigma_g=0.3L/R$，其中 L 为目标的范围，R 为雷达到目标距离。

闪烁还影响距离跟踪。假设双散射体目标模型由间距为 $c\Delta T/2$ 的双散射点组成，该目标模型与用于角度闪烁分析的目标模型相似，则相对于两个散射体中心的距离闪烁所产生的误差 ΔT_{R} 为：

$$\Delta T_{\mathrm{R}}=\frac{\Delta T}{2}\frac{1-a^2}{1+a^2+2a\cos(2\pi f_0\Delta T)} \tag{2.72}$$

在这种情况下，闪烁产生的均方根距离误差 σ_{gR} 可假设为 $\sigma_{\mathrm{gR}}=0.15L_{\mathrm{R}}$，其中 L_{R} 为目标的距离跨度。

减小闪烁最常用的方法是频率捷变和脉冲压缩。

频率变化导致散射体的相对相位发生变化，因此导致 ε 和 ΔT_{R} 的变化。频率变化必须足以去相关相位测量(相位变化必须大于 2π)，因此必须在 $\Delta f>c/D$(其中 c 为光速，D 为目标在相应轴上的大小)的量级上。顺序发射 $n<4$ 的频率。那么，相应的角度和距离测量依照其 SNR 加权平均，从而将闪烁误差至少降低 $n^{1/2}$。通过只在产生最大 SNR 的频率处进行测量能获得更好的结果，因为这会将单频闪烁降低 n 倍。这种方法的缺点是无法采用 MTI 或脉冲多普勒处理。

采用脉冲压缩会缩小距离分辨单元，从而减少其中散射体的数量，因此可大大提高距离与角度精度。高距离分辨率可与 MTI 或脉冲多普勒处理配合使用。

2.3.10.8 接收机噪声

雷达测量参数均方根误差值的所有埋论表达式均与信噪比的平方根成反比。雷达最大探测距离与 $\mathrm{SNR}^{1/4}$ 成反比，因此均方根误差值与 R^2 成正比。距离远时，信噪比较小，接收机噪声是限制雷达精度的一个主要因素。文献[4]给出了角度测量时的均方根误差，为：

$$\sigma_{\mathrm{n}}=\frac{k\theta_{\mathrm{B}}}{k_{\mathrm{s}}\sqrt{B\tau(S/N)\left(f_{\mathrm{p}}/\beta_{\mathrm{n}}\right)}} \tag{2.73}$$

式中，

k 是与带宽相关的因素，由测量方法决定(对于单脉冲，k=1，对于圆锥扫描 k=1.4)；

θ_{B} 为−3 dB 波束宽度；

k_{s} 为视轴上的角误差信号的斜率，由测量方法决定(对于较好的四喇叭馈电器 k_{s}=1.57，对于优化的圆锥扫描 k_{s}=1.5)；

B 为信号带宽；

τ 为脉冲宽度($B\tau\approx1$)；

S/N 为各脉冲的信噪比；

f_{p} 为脉冲重复频率；

β_{n} 为伺服带宽($f_{\mathrm{p}}/2\beta_{\mathrm{n}}$ 为积累的脉冲的数量)。

对 STT 雷达的两种角跟踪方法，文献[4]将闪烁和接收机噪声对跟踪精度的影响作为一个距离函数进行了评估，结果表明跟踪精度在远距离和近距离上会降低，而中等距离时的精度为最佳。

在近距离时，主要误差由闪烁引起，因闪烁具有与距离成反比的误差；在远距离时，主要误差由接收机噪声引起，接收机噪声会使误差随着距离的平方而变化。圆锥扫描技术会受幅度波动的影响，而单脉冲法则不会。

2.3.10.9　低仰角跟踪

低仰角跟踪的雷达会通过两条路径对目标进行照明，如图 2.59 所示。其中一条路径为雷达与目标之间的直接路径，另外一条则是地球表面的反射路径。这好像雷达同时照射了两个目标：真正的目标是位于地球表面之上的目标，其镜像位于地球表面之下。这种情形与讨论闪烁时的两散射点目标模型相似，在这种情况下将发生仰角误差，且误差很大。此外，在低入射余角时，当通过极其光滑的反射表面(可通过平静的海面发生)时，复反射系数 $r=\rho\exp(j\psi)$ 的幅度几乎为 $\rho=1$，相位为 $\psi=\pi$，因此，从表面(并延伸至目标镜像)反射的信号和直达目标路径上的信号，在幅度上几乎相等，且在相位上反相。这种情形与因闪烁引起角误差的情况相当。由于这个原因，低仰角时的目标跟踪在仰角方面存在重大误差，甚至会引发目标轨迹的丢失。

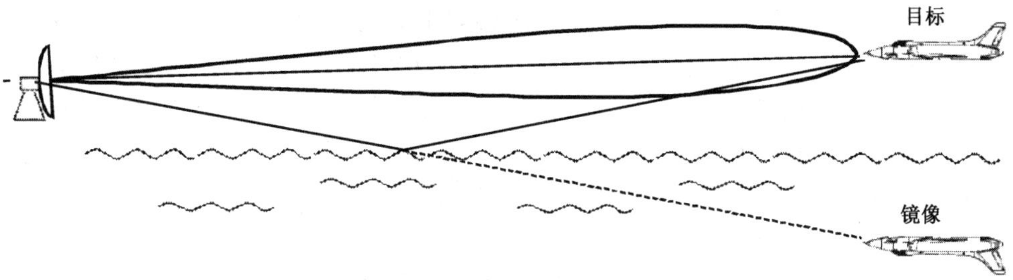

图 2.59　直接信号路径和表面反射信号路径的低角跟踪几何图形

表面反射信号也称为多径信号，因低入射余角跟踪引起的闪烁误差称为多径误差。多径误差不仅影响导弹对海面上低角度目标的雷达制导，还影响用于对低空巡航导弹或掠海导弹的攻击进行防卫的对地面或舰载 STT 的跟踪。

遵循哑铃形目标分析法，文献[9]把目标闪烁误差表示为(与式(2.71)相似)：

$$e = 2h\frac{\rho^2 + \rho\cos\phi}{1 + \rho^2 + 2\rho\cos\phi} \tag{2.74}$$

式中，e 为误差(m)，h 为目标高度(m)，ρ 为反射系数的幅度，ϕ为直接信号路径和表面反射信号路径所构成的几何图形所决定的相对相位。

多径信号效应取决于天线方向图的哪个部分照射到地球表面。文献[9]提示了与仰角 γ 相关的三个区域。

(1)旁瓣区域。在这一区域，只有仰角方向附近的几个旁瓣可以照射到地面。当在近距离跟踪时，会发生这种情况。当高于地平线上的仰角 $\gamma<6\theta_B$ 时，测角精度开始降低。文献[9]给出了均方根多径误差在这一区域内的表达式，它具有一定的周期性：

$$\sigma_\varepsilon = \frac{\rho\theta_B}{\sqrt{8G_{se}(\textbf{峰值})}} \tag{2.75}$$

式中，

σ_ε=均方根仰角多径误差(mrad)；

θ_B=单向−3 dB 波束宽度；

ρ=反射系数的幅度；

G_{se}(峰值)−跟踪天线和方向图与位于镜像信号到达角位置的误差方向图的旁瓣峰值电平之间的功率比。

误差的周期性是由直达信号路径与表面反射信号路径的几何关系所确定的极大值和极小值引起。

(2)主瓣区域。在这一区域内，因为仰角约为 $\gamma \approx 0.8\theta_B$，因此多径效应开始变得严重起来。

(3)地平线区域。在这一区域仰角 $\gamma \approx 0$，多径误差变得非常严重。

人们发现了很多方法可以降低由低角度上的多径信号所引起的大仰角误差，但仍没有一种方法可适用于低角跟踪所需的所有应用情况，因为每种方法都有自身的局限性。下面所讨论的方法主要用于消除主瓣照射地面时所发生的大误差，并已得到应用。

- 窄波束宽度。降低波束宽度 θ_B 可以减少天线波束照射地面的情形，但这需要更大的天线或更高的频率。这两种解决方法并不总是切实可行。已经成功采用的方法是同时采用两个雷达，一个位于 X 频段(9 GHz)，另一个位于 *Ka* 频段(35 GHz)，利用一个天线系统提供两种频率下的运作。因为较低频率的雷达具有更长的探测距离，因此将其用于目标截获。较高频率的雷达则实施精确的低角跟踪。类似的方法已用于近距离的 STT，那就是通过在相同的雷达天线座上加设部分具有更高角分辨率的光学传感器或红外传感器。在这些解决方案中，低角跟踪由光电传感器/红外传感器执行，而距离跟踪则由雷达执行。
- 不合逻辑的目标轨迹。因为飞机或导弹目标不可能低于地球表面，且在俯仰方向上(无论是向上还是向下)加速能力有限，因此，显示有不合理目标行为的雷达跟踪数据需要重新组织或舍弃。在某些情况下，目标可能飞得很快而且天线的惯性很大，致使多径信号引起的角误差偏移(通常发生在近距离)都被阻尼掉了。
- 离轴单脉冲跟踪。通过感知到大的仰角误差，我们可以确定目标何时处于低角区域。因此，可以将天线锁定在一个较小的正仰角范围内(通常为 $0.7\theta_B \sim 0.8\theta_B$)而继续闭环方位跟踪。将波束固定在正仰角后，均方根跟踪精度通常会降低至典型值为 $0.3\theta_B$，但避免了天线的大范围摆动和跟踪丢失。

2.3.10.10 在有限的扇形扫描区域内边扫描边跟踪

这种雷达能够快速扫描一个相对较窄的角形扇区，通常在方位和俯仰两个方向上，执行搜索和跟踪功能。关于扫描，可以利用能够覆盖矩形扇区且波束宽度较窄的笔形波束通过光栅形式实现，或者利用两个正交的扇形波束分别在方位和俯仰作扇扫实现。边扫描边跟踪雷达已被应用于机场着陆雷达、机载拦截机和防空系统。

对于单目标跟踪器，没有天线的闭环定位，角度输出直接提供给数据处理器，如同监视雷达那样。因此，边扫描边跟踪雷达能够在其覆盖的扇区内同时跟踪多个目标，尽管精度不如单目标跟踪器。

在机载拦截机应用中，当以足以发射自主导引飞弹的精度对多个目标进行跟踪时，最好选择边扫描边跟踪器。因为这些被引导者具有自己的制导系统，能够对目标进行寻的。

边扫描边跟踪雷达已应用于精密进场雷达或地面指挥进场系统中，指导飞机着陆。在过去的飞机着陆控制中，使用的是配备机电扫描装置的边扫描边跟踪雷达，它可在方位为 20°、俯仰为 7° 的窄扇区内用扇形波束以每秒两次的速率扫描。而当前的边扫描边跟踪雷达具有能使用单脉冲测角的相控阵天线。

各国已将边扫描边跟踪雷达应用于防空系统，尤其是(前)苏联将其用于地空导弹系统(包括路基系统和舰载系统)中的武器控制。对一个扇区进行连续定期扫描的边扫描边跟踪雷达很容易受到角度干扰。

2.3.10.11　相控阵雷达跟踪

用相控阵雷达进行跟踪更接近于边扫描边跟踪雷达或利用监视雷达的自动跟踪而不是 STT 的持续跟踪。与机械扫描天线的雷达相比，相控阵雷达的优势在于：相控阵雷达具有更高的数据率，并且能够通过分时使用一个天线波束在一个较大的扇区内同时跟踪多个目标。这是有可能的，因为可以在几微秒的时间内切换波束方向，快速实现无惯性(电子扫描)波束定位。角度测量是单脉冲的。

2.3.11　合成孔径雷达

机载雷达和航天雷达广泛应用合成孔径雷达(SAR)，它能提供高分辨率的地面测绘，从而可识别地形特征以及地面或海上感兴趣的(几乎固定的)物体(如建筑物、坦克、装甲车和船舶)。

雷达所生成地图的质量由分辨单元的大小决定。就合成孔径雷达(一种机载雷达)而言，其分辨单元由两部分组成：距离分辨率和横向距离分辨率。因为地形特征的取向可能是任意的，理想的情况是这两种分辨率的大小应相等，从而使分辨单元成为一个方形像素。

尽管通过脉冲压缩技术(第 2.3.6 节已讨论)可以获得很高的距离分辨率，但是要获得很高的横向距离分辨率则需要一个大型天线，大约几十至上百米，这在飞机上是不可行的。机载雷达向前移动可以获得一个合成孔径(或具有与所需宽度相等的阵列)，用这个合成孔径或阵列而不是真实的天线来获得所需分辨率。

合成孔径雷达概念的说明见图 2.60，图中有一部机载雷达，其天线的直径为 D，因此其波束宽度 $\theta_B=k\lambda/D$(rad)，它发射周期为 T_p 的脉冲。每次发射脉冲后，雷达都会沿着飞行路径(x 轴)向前移一点位置($\Delta x=vT_p$)。相干地累加一系列脉冲，有可能合成一个很大孔径的线性阵列。

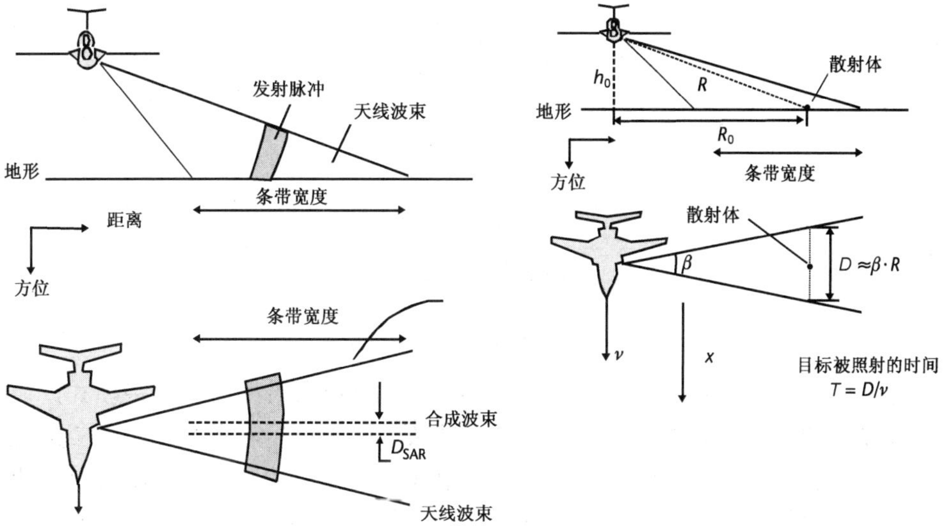

图 2.60　合成孔径雷达原理与扫描示意图

真实阵列与合成阵列之间的根本差异是：在前者中，来自各散射点的回波将立即被阵列中的各个阵元接收；而在后者中，在雷达经过该阵列所用时间内，由真正的机载天线顺序接收回波。

在 $T=R\theta_B/v$ 期间，即天线波束可以照射到与雷达之间距离为 R 的散射点的时间内，可以收集来自该散射点的回波。因此，合成阵列的尺寸为 $L_{SAR}=vT=R\theta_B$。在具备了这样的尺寸后，等效的波束宽度为 $\beta=k\lambda/(2L_{SAR})$，式中，系数 2 考虑了相位对相干求和(积累)的影响，是对应雷达至散射体之间的双程路径的。因此，合成孔径雷达的横向距离分辨率为：

$$\delta_{Rcross}=R\beta=R\frac{k\lambda}{2L_{SAR}}=R\frac{k\lambda}{2R\theta_B}=\frac{k\lambda}{2\theta_B}=\frac{D}{2} \tag{2.76}$$

合成孔径雷达的横向距离分辨率与距离和波长无关，仅与真实雷达天线的尺寸 $D=kL/\lambda$ 的一半成正比(即 1～2 m 量级)。

但是，为了实现前述结果，也称为聚焦分辨率，还必须对回波相位做一些校正，因为在积累时间 T 内，点散射体的距离会发生几何变化，如图 2.61 所示。从图中可以推导出以下校正措施。为了获得聚焦的分辨率，回波的累积过程必须使用这些校正。

$$\text{距离：}R=\sqrt{R_0^2+x^2}\approx R_0+\frac{x^2}{2R_0} \tag{2.77}$$

式中，利用泰勒级数展开对 R 进行表述。项目 $x^2/\lambda R_0$ 称为距离弯曲。

$$\text{相位：}\phi=\frac{4\pi}{\lambda}R=\phi_0+\frac{2\pi x^2}{\lambda R_0}$$

$$\text{多普勒频移：}f_d=\frac{1}{2\pi}\frac{d\varphi}{dt}=\frac{2vx}{\lambda R_0}=\frac{2v^2t}{\lambda R_0} \tag{2.78}$$

因此，我们可以发现，横向距离(方位)多普勒频移历史具有与线性调频脉冲相同的性质(但有不同的时间和频率尺度)，合成孔径雷达的方位压缩与脉冲压缩技术相似。从图 2.61 可以看出，该聚焦算法适用于多普勒频移历史的线性区域。

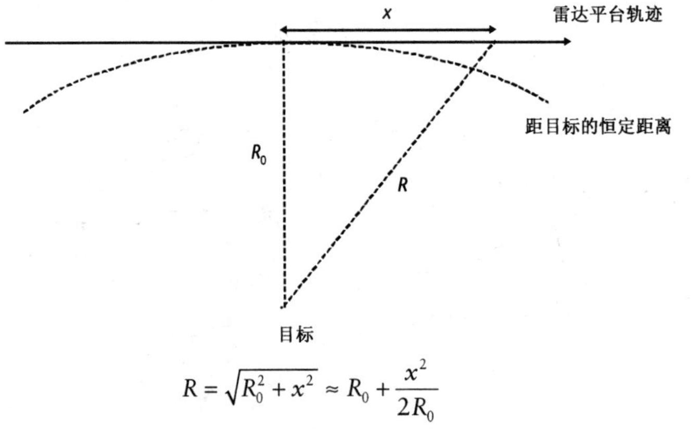

图 2.61 合成孔径雷达的聚焦校正

合成孔径雷达具有两种主要的工作模式(见图 2.62)：条带模式和聚束模式。前者的天线被固定在飞机的一侧，并提供飞行路径沿线的条带图像；后者在整个飞行期间天线将始终指向某一特定区域。与条带模式相比，聚束模式可以提供被照射区域的更精确的图像。

合成孔径雷达的处理是一项非常繁重的计算任务。实时成像需要具有快速计算能力的硬件，而这在飞机上并非始终可用，因此可以选择通过下行链路将原始数据发送给地面的处理中心。在实际应用中，实时处理通常都是“近实时”的，因为数据收集与图像显示之间存在一段较短时间的延时(秒级)。

现在的合成孔径雷达系统更多地应用于小型飞机或无人机，而这类小型飞机或无人机表现出不稳定的平台移动，因此，有必要去修补合成孔径雷达图像的聚焦和几何精度。通过使用惯性导航系统(即陀螺仪和加速计)和全球定位系统进行运动测量可实现校正，或者利用自聚焦算法(即根据合成孔径雷达数据估算误差)实现校正。

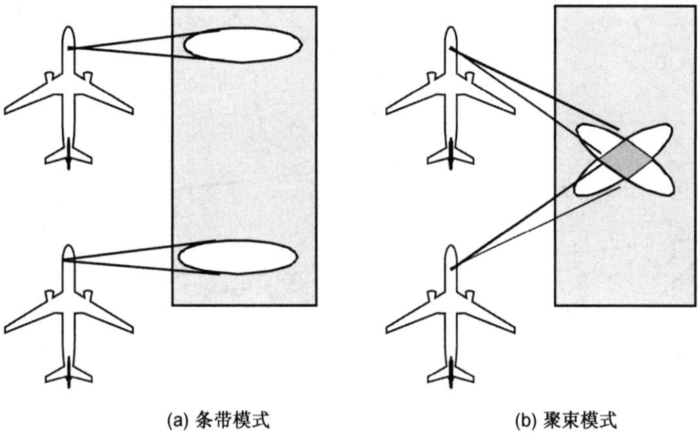

图 2.62　合成孔径雷达的工作模式

其他合成孔径雷达系统有极化合成孔径雷达和干涉仪合成孔径雷达。极化合成孔径雷达以水平极化(H)和垂直极化(V)的方式交替发射。通过两路接收通道以水平极化和垂直极化的方式收集并记录回波，然后分别在四路通道(HH、HV、VH 和 VV)中以幅度和相位差对回波进行处理。从散射极化矩阵中获得的数据可以提供更为全面的目标描述：更好地对比和区别地形的奇数行和偶数行回波，因此能够强化对地形的识别。

干涉仪合成孔径雷达使用了两部天线，彼此之间的距离为 Δx，并置于飞机的机腹。通过这两副天线测量散射体回波的差分相位，就有可能测量出目标(相对于地形)的相对高度，如图 2.63 所示。为了得到有高度的地图，需要对飞机位置和运动进行精确测量。

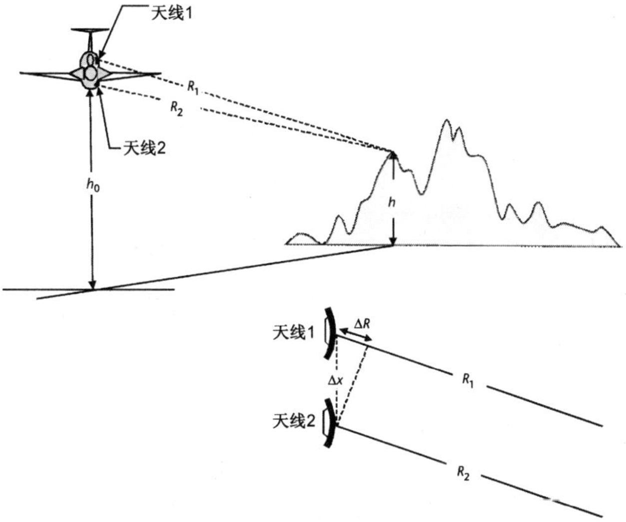

图 2.63　干涉合成孔径雷达原理

固定雷达可以利用合成孔径雷达技术，进一步开发出对非合作目标的识别技术。实际上，利用合成孔径雷达算法处理目标沿航迹运动时不同位置处的回波(每次回波，目标朝向雷达的方位都不同，也就是围绕垂直轴做旋转运动，见图 2.64)能够提供很好的目标镜像。这种技术称为逆合成孔径雷达技术。

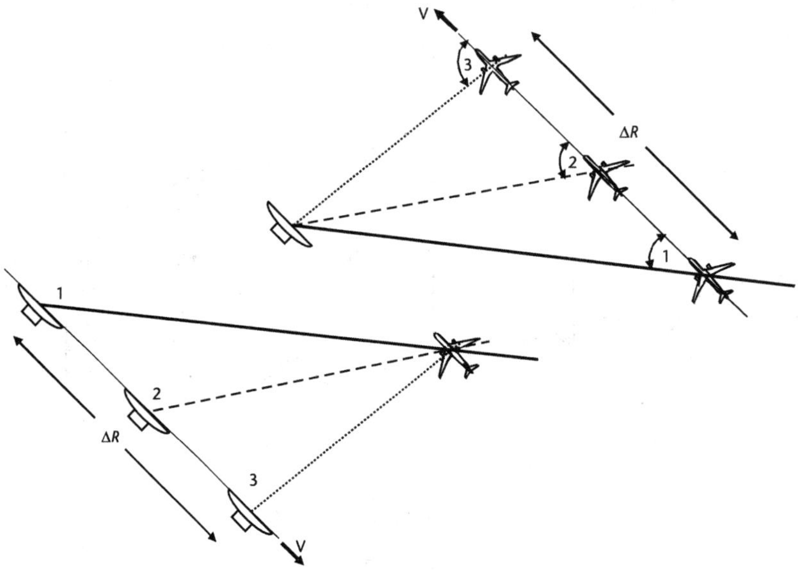

图 2.64　逆合成孔径雷达概念

2.3.12　双基地无源隐蔽雷达

根据定义，双基地雷达是发射机和接收机部署在两个相距很远地方的雷达，而且这两个位置可随时间发生变化。两个基地之间的基线长度通常可与到关注目标的距离比拟。鉴于此，我们仍可认为发射机和接收机之间有几百千米距离的超视距(OTH)雷达为单基地雷达，因为它的作用距离为几千千米。人们已经设计、研发、配备了军用、民用、科学应用的双基地雷达，典型的军用包括空中和天基的监视雷达和航管监视雷达，不过，它们需要配置到合适的位置上。

双基地雷达可采用专门的发射机工作，它们是专为双基地操作设计且受双基地雷达控制的；也可借用机会发射机工作，它们是为其他用途而设计的，虽然不受双基地雷达控制但还是被认为适合双基地操作。

当机会发射机来自单基地雷达时，则称该双基地雷达为搭载者。

当借用的机会发射机来自于广播电台或通信链路时，则称该双基地雷达为无源雷达、无源双基地雷达(PBR)、无源相干定位雷达(PCL)或寄生雷达。在军事场景中，如果借用的发射机为盟军或友军发射机，则称其为合作发射机，如果为敌方或中立方的发射机，则称其为非合作发射机。

多基地雷达由多个双基地雷达组成，或者能够从多个接收机基地截获的一个发射机照射下的散射能量，如同 SPASUR(非合作卫星的空间监视)系统。

双基地雷达概念的最大优势在于其对电子对抗的抗干扰能力。

在涉及敌方飞机入侵的对抗中，单基地的监视和跟踪雷达会受到各种不同的对抗措施的攻击，如阻塞和欺骗干扰、箔条、反辐射导弹、隐身（即减少雷达截面积）飞机。

尽管发射机容易受到直接的物理攻击，但是双基地接收机能使用多个机会发射机中的任何一个工作，不受反辐射导弹的影响。

实际上，当利用专用发射机工作时，双基地中的接收机也不容易受干扰信号影响，它们是指向发射机而不是指向接收机的。使用天线的自适应置零可以进一步降低入射干扰。还有，专用发射机可以使用比普通监视雷达更高的脉冲重复频率，以允许进行多普勒处理，从而辨别出隐藏在箔条云和箔条走廊内的目标。

双基地和多基地雷达对隐形飞机具有良好的探测性能，因其部署方式可以获取静默锥区反射的能量而获益。有源隐身对它也是无效的，因为在未知的接收点不可能获得正确的信号零点。

双基地雷达目标位置由信号延迟和接收天线的方位、俯仰角决定，信号延迟指信号沿发射-目标-接收路径 R_T+R_R 传输的时间相对于其沿发射-接收直达路径 L 的到达时间的延时量，接收天线的方位角是相对于发射-接收基线的角度，俯仰角是相对于垂直轴的角度。

三维延时轨迹是以发射机和接收机为焦点的椭球（其水平切面为椭圆形的）（如图 2.65 所示）。假定基线长度为 L，沿发射-目标-接收的时延为 $T=(R_T+R_R)/c$，则可确定恒定时延的椭圆方程，为：

$$\frac{x^2}{(cT/2)^2}+\frac{y^2}{((cT/2)^2-(L/2)^2}=1 \tag{2.79}$$

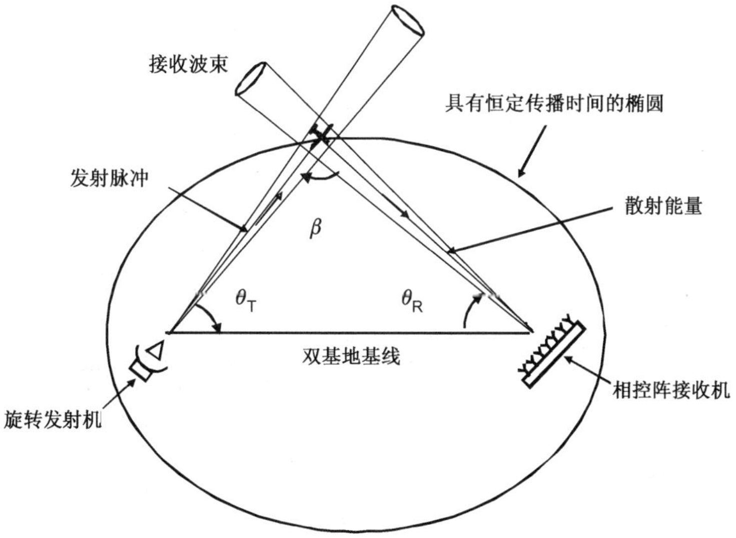

图 2.65　双基地雷达原理和几何结构

角 θ_T 和 θ_R 分别为与目标所形成的视角或视线，当关于 x 轴（基线）进行顺时针测量时，认为目标视角为正角。双基地角 $\beta=\pi-(\theta_R+\theta_T)$ 是对目标的两条视线形成的夹角。双基地角的平分线在目标所在位置与椭圆的切线正交，这是一个非常有用的关系。通常，该切线是等延时曲线一个不错的近似。

自由空间双基地雷达探测范围的方程可以直接从相应的单基地雷达方程中推导出来：

$$P_r = \frac{P_t G_t}{4\pi R_T^2} \frac{\sigma}{4\pi R_r^2} \frac{G_r \lambda^2}{4\pi} \frac{1}{L_s} = \frac{C\sigma}{R_M^2} \tag{2.80}$$

式中，

P_t 和 P_r 分别为发射功率和接收功率；

G_t 和 G_r 分别为发射和接收的天线增益；

λ 为发射信号波长；

σ 为目标的雷达散射面积(RCS)；

L_s 为整个系统和传播路径损失；

$R_M=(R_T R_R)^{1/2}$ 为基准距离或等效的单基地距离；

C 为包含其他所有参数的常数。

自由空间双基地雷达基准距离是半径为 R_M 的一个圆，同单基地雷达(即基准长度 $L=0$)是一样的。对于一般的双基地，$L>0$ 时，自由空间最大的探测曲线则变为熟悉的卡西尼卵形线。该卵形线提供了一个有用的双基地距范围覆盖视图，根据基线长度与基准范围之间的比例 L/R_M，可将其分为四类，如图 2.66 所示。

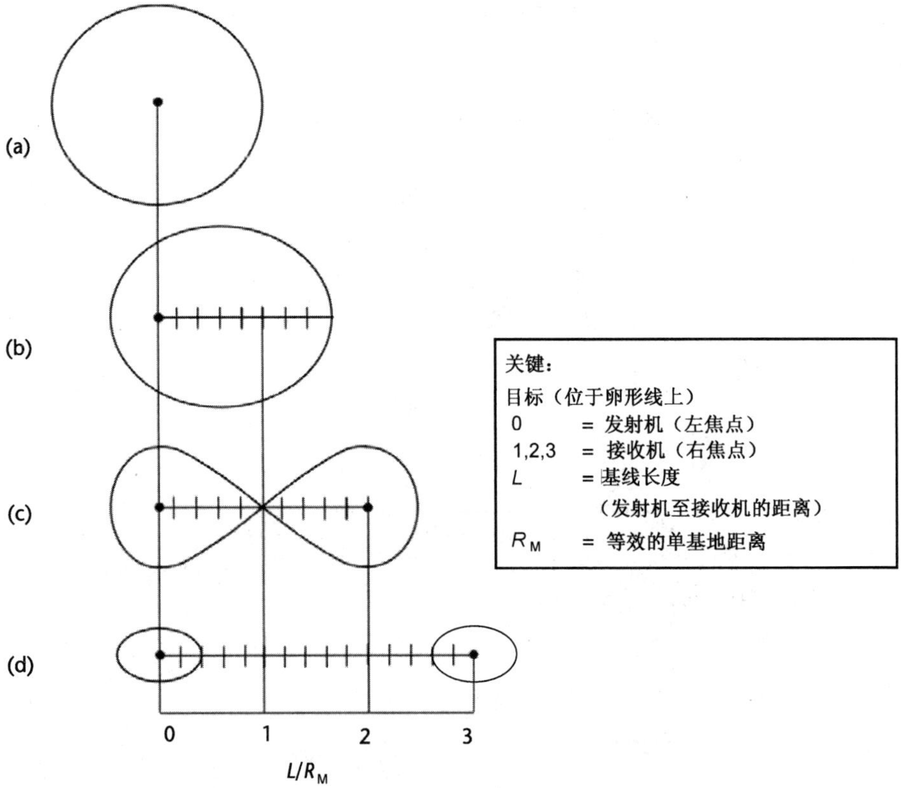

图 2.66 位于双基地平面(即包含发射机、接收机和目标的平面)内的归一化(L/R_M)卡西尼卵形线(引自文献[29])

(1)基准型[见图 2.66(a)]：$L=0$，单基地。面积=πR^2_M。

(2)单卵形[见图 2.66(b)]：$L<2R_M$。面积=$\pi(R^2_M-(L^2/8R_M)^2)$。最大(最小)距离=$(R^2_M+L^2/4)^{1/2}\pm L/2$。

(3)双纽线[见图 2.66(c)]：$L=2R_M$。面积=$3\pi L^2/16$。最大(最小)距离=$(\sqrt{2}\pm1)L/2$

(4) 双卵形[见图 2.66(d)]：$L>2R_M$。面积=$\pi R^2_M(R^2_M/L^2)$。在卵形上，最大距离=R^2_M/L；在接收区上，当 $L>3R_M$ 时，卵形近似等于一个半径为 $R_{Rav}=R^2_M/L$ 的圆。

对于在卵形线反向的接收机(和发射机)距离表达式可以很容易地通过镜像对称计算得到。

同时应注意，双基地卵形线的面积总是比单基地的圆形面积小。此外，双基地雷达能够同时满足发射机和接收机到目标均在视距内的区域是受到地球曲面上波传播的严重影响的。

在单基地雷达中，假定采用简单的 4/3 地球半径传播模型，估算最大视距为：

$$R_M = 130\left(\sqrt{H_t} + \sqrt{H_R}\right) \tag{2.81}$$

式中，所有尺寸的单位均为千米，H_t 为目标的高度，H_R 为收发天线的高度，覆盖面积为 $A_M=\pi R^2_M$。

对于双基地区域，高度为 H_t 的同一目标在所对应的表面区域由两个重叠的圆表示(如图 2.67 所示)，其中一个圆以发射机为圆心，以 R_T 为半径，R_T 为：

$$R_T = 130\left(\sqrt{H_t} + \sqrt{H_T}\right)$$

另一个圆则以接收机为圆心，以 R_R 为半径，R_R 为：

$$R_R = 130\left(\sqrt{H_t} + \sqrt{H_R}\right)$$

文献[30]给出了这样的重叠区域的面积，其形状如图 2.67 所示。

文献[30]还给出了双基地和单基地的目标可见区域之比 A_B/A_M，作为基线长度 L 和目标高度(假定 $H_T=H_R$)的一个函数。

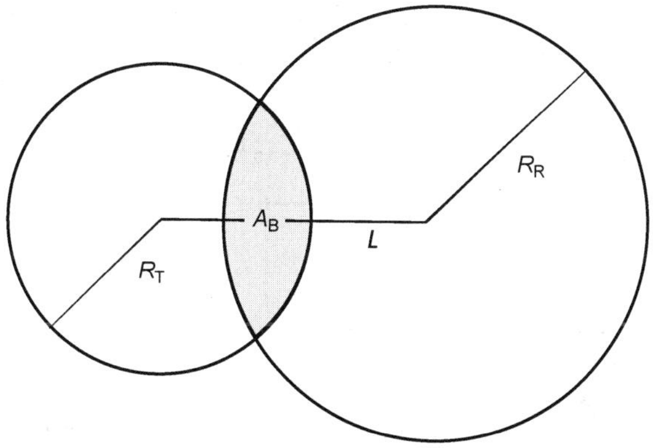

图 2.67　双基地雷达的重叠区域面积

2.3.12.1　双基地雷达应用

卡西尼卵形线可用于定义双基地雷达的三个工作区域：即共基区域($L>2R_M$)时以接收机为中心的区域和以发射机为中心的区域(分别是 $L>3R_M$ 时的两个卵形区)。通过在上述分类中加入发射机类型(专用的、合作的、非合作的)，我们得出了表 2.9 中的数据。

“搭载者”双基地雷达(即采用单基地雷达的合作发射机)遇到了诸多问题，如波束扫描和时间同步问题。实际上，“搭载者”双基地雷达接收机必须能够复制发射机波形的时间和频率基准，才能准确测量目标回波的时延和多普勒频移，这可以通过在接收点重建发射机信号的频率及其调制作为参考来实现。

表 2.9 双基地雷达应用和示例

接收机工作区域	距离与基线长度的关系	专用发射机	合作发射机	非合作发射机
共基(示例)	$L<2R_M$	● 空中监视(Sanctuary，Struna-1(URSS)) ● 测距测量 ● 卫星跟踪(美国 SPASUR 空间监视系统、法国 Graves 空间监视网) ● 入侵检测，用于武器定位的双基地雷达(BWRL)	● 空中监视(Manastash ridge 雷达、“寂静哨兵”雷达、高清电视无源双基地雷达) ● 距离测量(多基地测量系统) ● 电离层测量 ● 风测量	● 空中监视(Klein Heidelberg 半主动双基地雷达(德国，二战))
以接收机为中心(示例)	$L>2R_M$ $R_T>>R_R$		● 近距空中监视(BAC) ● 寂静式空-地攻击(TBIRD) ● 行星探测 ● (Covin Rest)	● 近距空中监视
以发射机为中心(示例)	$L>2R_M$ $R_T<<R_R$		● 行星探测	● 空中威胁监视 ● 导弹发射告警

(源自文献[29])

要获得重建参考信号的频率精度和稳定度，从而进行多普勒相干处理，需要把频率合成器锁定在铷原子基准(每月稳定到 $1/10^{11}$)上。典型的“搭载者”双基地雷达接收机的结构框图如图 2.68 所示。

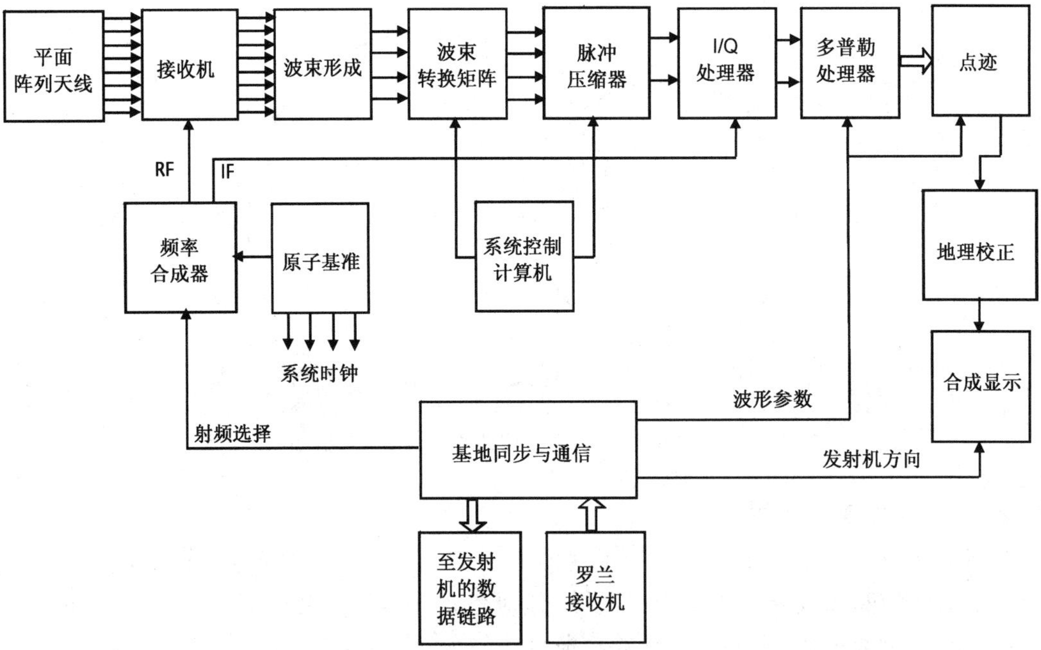

图 2.68 典型的双基地雷达接收机结构框图

在扫描对扫描的波束中，当高增益时，发射机和接收机基地可同时使用窄波束扫描天线，但雷达能量利用率低，因为在任何给定时间，接收机能观测到的只是两个波束的空域(见图 2.69)。

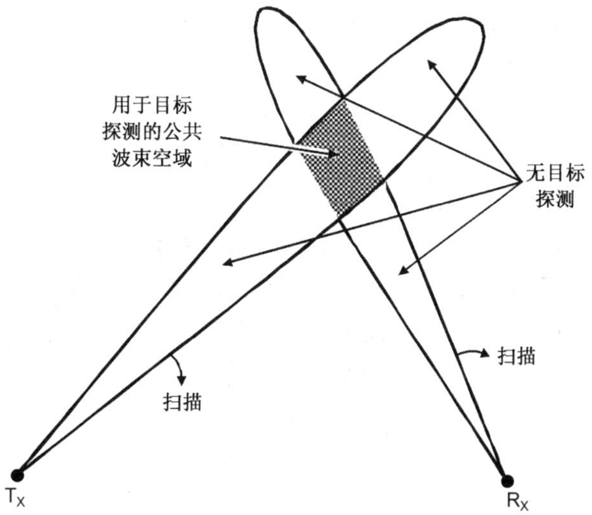

图 2.69 接收机在任何时候都能观测到的发射波束和接收波束的公共区域回波

解决这个问题的补救措施如下：

(1) 步进扫描：步进扫描需要固定接收机波束，并等待发射机波束扫描监视扇区。然后，接收机天线将为发射机天线的下一次扫描步进一个相邻波束，以此类推，直至接收机波束步进通过整个监视扇区。这种补救措施会增加监视帧周期，对于大面积的监视扇区，一般不可取。当基地距离较短且发射机和接收机形成一个近似单基地几何图形时(如 BRWL)，可采用这种补救措施。

(2) 泛光波束：发射机或接收机之一可使用泛光波束。泛光发射机补救措施明显需要一专用的发射天线，持续地照亮监视扇区，而接收机通过高增益天线扫描扇区。这种补救措施的监视时间帧比较合适。“搭载者”双基地雷达可以采用泛光接收机的补救措施，对被高增益发射机波束扫描的扇区进行泛光式的接收，以获取上述合适的监视时间帧。

(3) 多波束：双基地接收机能利用多个同时固定的接收波束来覆盖监视扇区，它具有监视时间帧的功能。如果所有天线波束具有相同增益，它还可具有测距功能。这种补救措施会增加接收机的成本和复杂程度，因为每一个波束都需要一个波束形成网络和一个信号处理器。多波束接收机可与任何类型的发射机一起使用，包括泛光发射机。此时，它可补偿发射机增益的减小，通过增加从多波束接收机天线至目标的驻留时间而增加探测距离。

2.3.12.2 非合作空中监视

近来，无源双基地雷达(PBR)作为监视雷达重新引起各方关注，PBR 执行监视任务具有以下优势：

- 低成本(无需与有源雷达相关的发射机)；
- 可转换操作[仅作为无源接收时具有无法探测的特性，可以避免成为反辐射导弹(ARM)和定向干扰目标(敌方位置未知)]；
- 减少电磁污染，这在城市和人口密集环境中非常重要；
- 无源双基地雷达潜在地采用了前向散射 RCS，并且使用 VHF/UHF 频段，在该频段目标 RCS 降低技术几乎无效(因为雷达波长和目标尺寸的数量级相同)，因此无源双基地雷达可以部分避免飞机隐身外形的单站 RCS 的影响。

无源双基地雷达采用现有的VHF/UHF发射机(具有多种带宽和波形)作为机会照射源，例如：

- 频率调制(FM：88～108MHz，FM无线电广播，带宽为50kHz)；
- 利用OFDM调制进行数字视频广播-陆地(DVB-T：750MHz，带宽为6MHz)和数字音频广播(DAB：1460MHz，带宽为1.5MHz)；
- GSM(940MHz，带宽为268.6kHz，CPFSK/CPM)，UMTS(2130MHz，带宽为4.5MHz，CDMA)，WiMAX通信(2.4GHz，带宽为20MHz，QAM)；
- SATCOM(5.3GHz，带宽为15MHz，啁啾脉冲)。

无源双基地雷达不对其发射和波形特性进行控制，例如，有效辐射功率、发射时间表、调制类型和内容。

图2.70为基本的无源双基地雷达处理过程示意图。

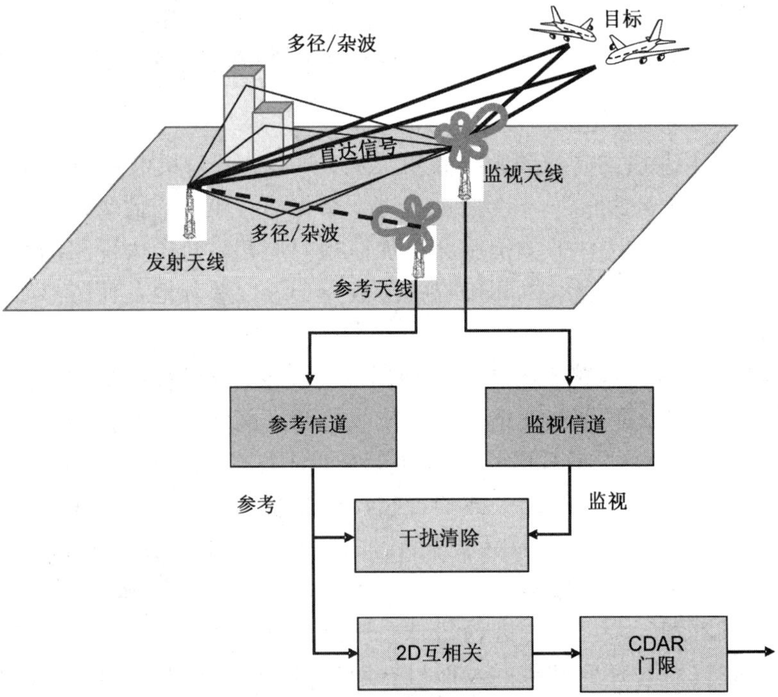

图2.70 无源双基地雷达处理过程示意图

无源双基地雷达接收机通过将监视信道接收的返回波信号与来自发射机由参考信道接收的直接信号进行互相关来实现目标探测。监视信道定向天线的方向朝向监视区域，参考信道天线的方向朝向发射机。互相关过程在期望的目标回波时间延迟和多普勒频移范围内进行。

监视信道接收的信号必须经过滤波(在参考信道信号的辅助下)，去除掉大量无用的成分，例如定向发射信号的折射(由监视天线的副瓣和后瓣接收)以及强烈的杂波/多径回波。完成对消后，检测过程基于对监视和参考信道信号之间的双基地双向(距离和多普勒)互相关函数(2D-CCF)的评估。在获得的监视区域图上应用CFAR门限，以便自动检测潜在目标。

探测过程需要2D-CCF具有较长的积累时间(以秒为量级)，以便从上述干扰中提取低电平目标信号，这意味着需要进行大量复乘运算并且需要多个多普勒滤波器。而且，由于带宽设置了所需采样频率的最小值，运算量也与所选的机会波形带宽成正比。因此，选择宽带宽波形（如 Wi-Fi 和 WiMAx）将耗费极高的计算成本。

由于副瓣/后瓣接收的定向信号与目标信号之间的功率比可接近 100 dB，在远程监视情况下，干扰消除技术就变得相当复杂。尤其在低频（FM 情况）时更是如此，这是因为将天线副瓣电平降至极低水平具有很高的难度。

上述对干扰消除和积累技术的考虑推动了高级无源双基地雷达处理技术的诞生[39]，如图 2.71 所示。这种方法需要许多信号处理技术进行干扰消除，从而获得令人满意的无源双基地雷达性能。详情请参见文献[38]。

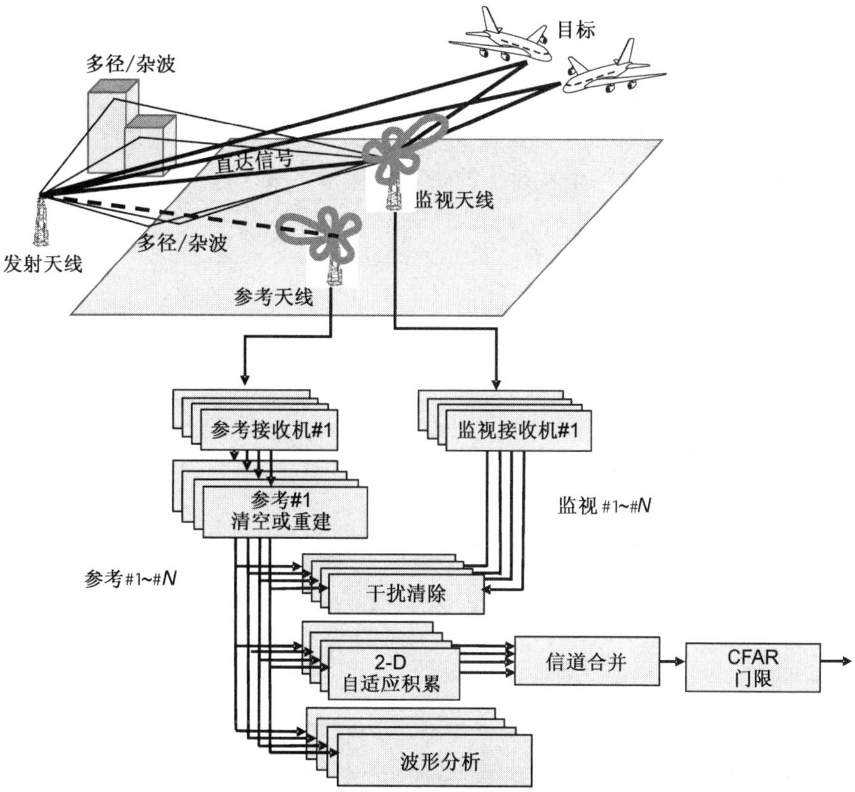

图 2.71　PBR 高级处理示意图

图 2.72 为 Fraunhofer 研究院（前身为 FGAN）研发的实验型双波段（DAB 和 DVB-T）现代空中监视 PBR，称为隐蔽雷达（CORA），其每个波段有 16 个工作天线。

图 2.72　软件定义的无源雷达：隐蔽雷达（CORA）

2.3.13　多输入-多输出雷达

有源电扫阵列（AESA）雷达采用多副天线接收信号来提升性能（例如，利用自适应波束形成以实现多副瓣对消器（MSLC）技术）。近年来兴起并得以研究应用的雷达技术采用了多副能够发射独立波形的天线。这种雷达称为多输入(在环境中传输)多输出(传输回波接收)(MIMO)雷达。

从某种意义上说，MIMO 雷达是相控阵雷达的自然发展或广义化。对于后者而言，每个发射单元按照关于相邻单元的固定移相发射相同的波形，以便向特定方向发射窄波束。在 MIMO 雷达中，发射单元(或一组发射单元)发射独立波形，多个空间分集接收单元(或一组接收单元)观测来自被照射场景的所有或部分回波。MIMO 雷达的特性可以通过发射信号之间的相关性来描述。

MIMO 雷达理论包含了复杂的矩阵表达式，本书将不对其进行详细论述，下面将通过一组图片介绍发射正交波形的 MIMO 雷达的主要优点(想要深入了解的读者可参阅文献([39, 40])。

MIMO 雷达有两种类型：

(1) MIMO 雷达采用窄间距天线，这种雷达是传统相控阵雷达的发展。假设发射波形为采用空间分集(也称为自由度，参见图 2.73、图 2.74 和图 2.75)的正交波形。整个波束照射的空间经放大后由角分辨率更高的接收单元进行处理，如图 2.75 所示，该图为采用两个发射机和接收机的情况。由图 2.73 可知，每个发射机的带宽被保留下来，因此距离多普勒的分辨率没有下降。

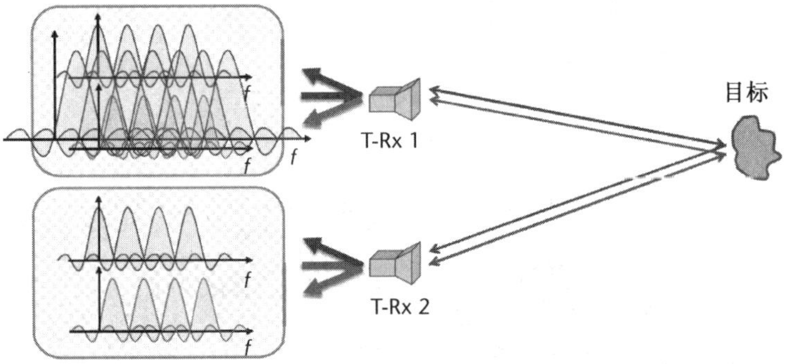

图 2.73 OFDMA 波形的发射/接收(样例为两个发射机和接收机)

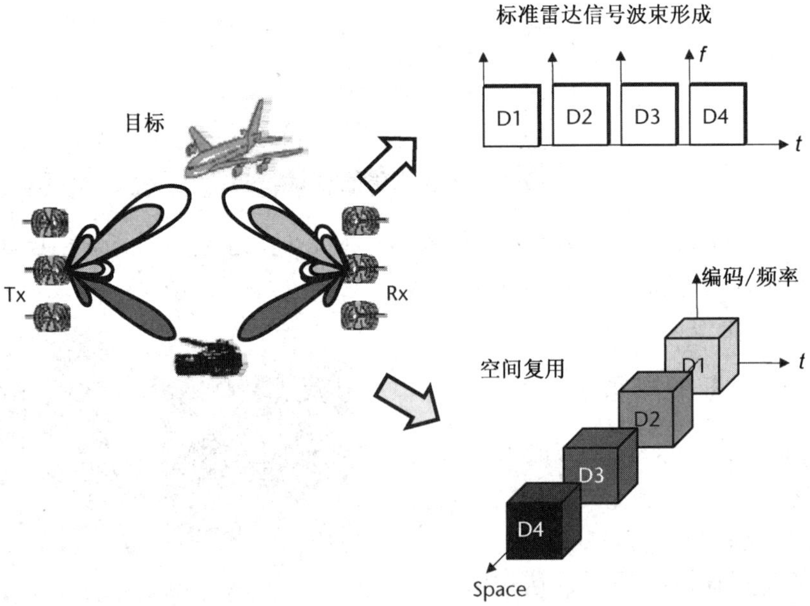

图 2.74 空间分集(也称为空间复用)可视图(与 OFDMA 波形提供的相同)

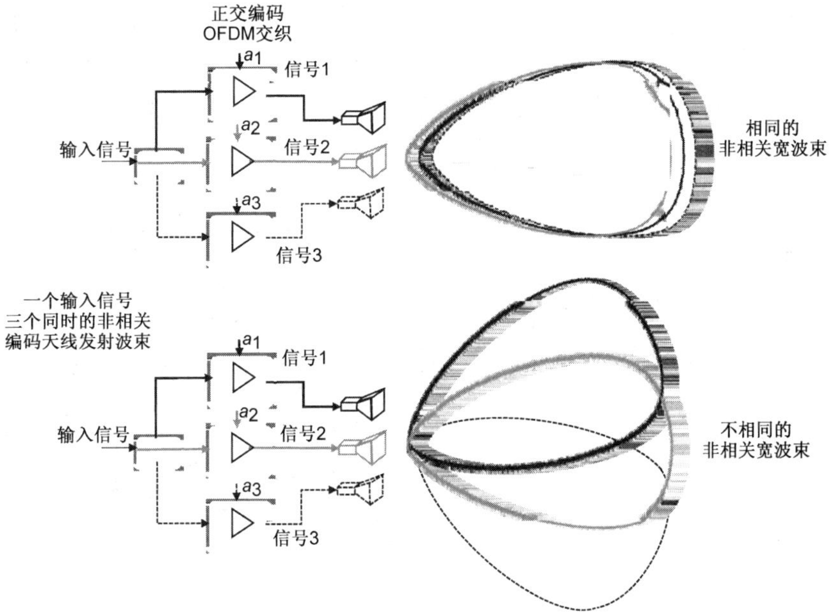

图 2.75　MIMO 发射机：正交波形同时传输（采用或不采用空间分集技术）

（2）MIMO 雷达采用宽间距天线，这种雷达是双基地雷达概念的发展。假设每对双基地雷达观测相同目标的一个独立回波。这种雷达体制利用回波的反射率变化改善检测和评估性能。图 2.76 为采用两个宽间距天线的相干 MIMO 雷达提供的目标的两个近距散射体的分辨率。

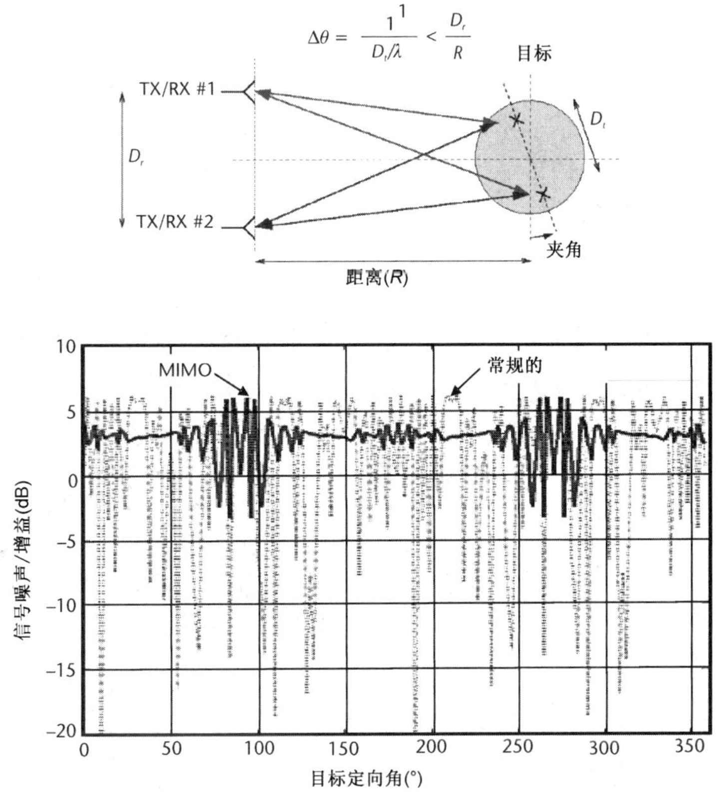

图 2.76　MIMO 雷达采用宽间距天线：两个近距散射体对于常规雷达回波的分辨率

采用 N 个发射单元的 MIMO 雷达(发射 N 个正交波形)能够合成一个虚拟阵列，该阵列大小为采用单个发射相位中心时的 N 倍(与相控阵的情况相同)。这一特性的数学演示请参阅文献[39]。合成的、更大的虚拟天线可以提供更窄的波束和更高的分辨率，图 2.77 表现了该特性的理论情况。

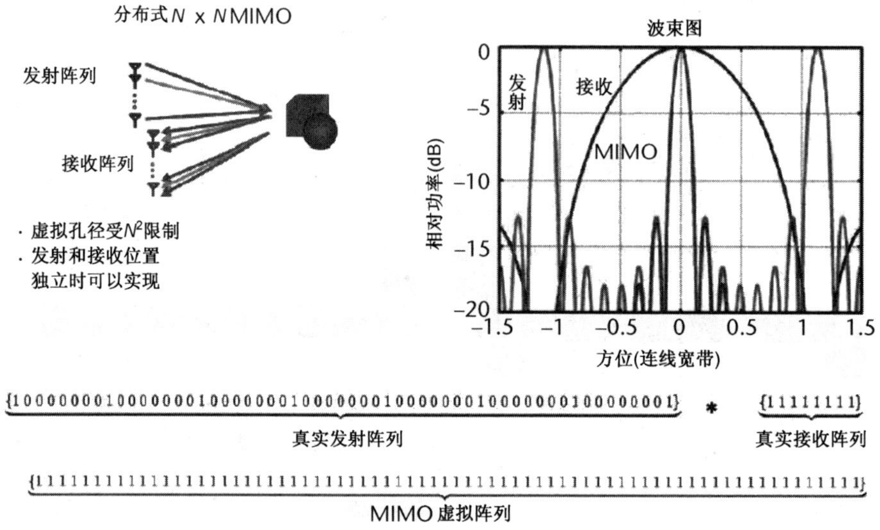

图 2.77　分布式 MIMO 虚拟连续孔径(引自文献[41])

2.4　通信

射频通信能够在两个分离的实体之间进行信息交换。所以，射频通信在军事领域中扮演着重要角色。通过射频通信技术，可以在总部实时接收来自战场的信息，也可以将总部的命令发送给部署在战场上的部队/设施。

本节将介绍现有的现代通信技术，目的是对后续章节中描述的与拦截、识别和干扰敌方信号和接收机有关的电子战设备的要求有个基本了解。

军用通信系统可以是广播的，也可以是组网的。在广播通信中，信息在一个地方(源节点)生成，然后发送到多个接收机(汇聚节点)。在网络通信中，信息在网络各个节点之间进行交换：每个节点既可以是源节点，也可以是汇聚节点(见图 2.78)。

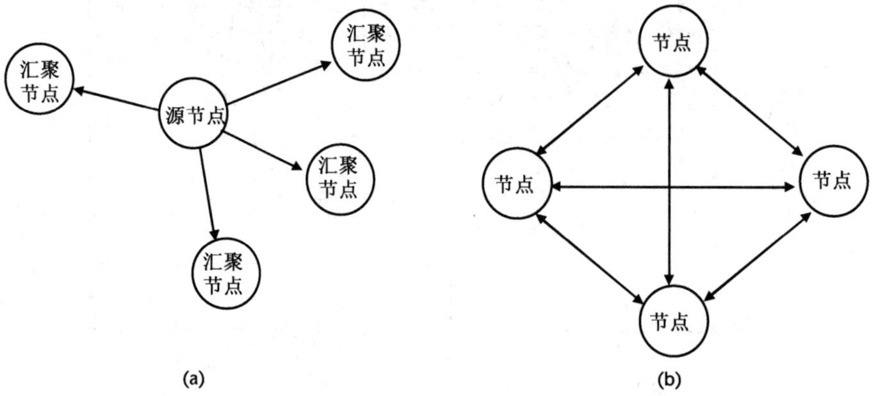

图 2.78　(a)广播通信；(b)网络通信

在战术移动网络中，通常汇聚节点有一个叫作网络控制站(NCS)的节点。一般情况下，该节点由网络负责人负责，因此与其他节点相比，其通信量更多。通信截获设备则利用这一特征来识别网络控制站。

信息在无线电设备之间的传输是通过调制(即改变)载波信号而实现的。有两类调制方法：模拟调制和数字调制。无论哪种调制技术，其目的都是为了提高频谱效率，即在特定数量的带宽中传输大量信息，以便在部队专用带宽中给出尽可能多的信道。

目前有三种用于调制载波信号的基本模拟技术，每一种技术用于正弦信号的一个基本参数，即 $s(t)=A(t)\cos(2\pi f_c t+\varphi(t))=A(t)\cos(\phi(t))$，其中：

- 幅度 $A(t)$(幅度调制，AM)；
- 频率 f_c(频率调制，FM)；
- 瞬时相位 $\phi(t)$(相位调制，PM)。

因频率和相位均为余弦的变量，所以相关调制也称为角度调制。被调制改变的信号称为载波信号，而执行该修改的信息信号称为调制信号，以 $m(t)$表示。

模拟幅度调制和频率调制通信技术的频谱效率均不是很高；但相位调制技术，特别是数字相位调制，则具有较高的频谱效率，因而被用于现代通信系统中。

在军事和民用领域，老旧的模拟技术正迅速地被数字调制技术取代。数字技术的频谱效率更高，因此可以用珍贵的甚高频/特高频频谱支持更多的通信信道。由于数字通信在较高的频率范围内运行且能够满足下面两个当前日益增长的需求，因而可以进一步满足以上要求。

① 数据量随数据率提高，占用的带宽增大；

② 保密通信需要采用现代加密技术。

现代军用通信系统采用数字调制技术。然而，在不对称冲突中，仍有可能遇到采用传统模拟调制技术的通信系统，因此本书中对传统模拟调制技术作一个简要介绍是有好处的。

在接收机处，需对已调制的载波信号进行解调，以提取通常以符号表示的信息内容。有两种解调方法：非相干解调(未使用载波相位)和相干解调(使用载波相位信息)。

在识别发射出来的数字信号形式的符号时，相干解调比非相干解调效率更高，但需要更复杂的硬件实现。

任何解调技术都需要恢复符号时钟。相干调相解调技术还需要明确参考载波相位的位置，以实现接收机与输入信号同步。

通信服务几乎遍布整个射频频谱，射频频谱的频段见表 2.10。

表 2.10　频段命名和服务

波长	频段	名称	符号	一般服务类型
100～10 km	3～30 kHz	甚低频	VLF	无线电导航
10～1 km	30～300 kHz	低频	LF	海上移动通信
1～0.1 km	300～3000 kHz	中频	MF	调幅广播
100～10 m	3～30 MHz	高频	HF	海上移动通信
10～1 m	30～300 MHz	甚高频	VHF	调频广播、电视信道，航空移动通信
1～0.1 m	300～3000 MHz	超高频	UHF	电视频道，航空无线电导航 卫星导航
4.2～3.75 cm	7～8 GHz	特高频	SHF	卫星通信
1.5～0.68 cm	20～44 GHz	极高频	EHF	卫星通信

在下一节和附录 D(在该附录中对模拟信号调制技术作了描述)中，首先介绍将信号数字化与编码的主要方法，接着讨论采用扩频与跳频技术的保密通信系统，然后再简短地介绍军事信息分发系统(MIDS)。

2.4.1　接入方式

通信信道的使用受限于通信系统的接入方式。共有三种主要接入方式，每种方式均以通信波形的某个特征而命名。

(1) 频分多址(FDMA)：多个用户分割可用的频率信道。通常每个用户保持分配给它的信道，直到它不需要发送消息了才把该信道让给后续用户。图 2.79(a) 为频分多址的实施方案。

(2) 时分多址(TDMA)：多个用户在不同时间片使用同一个信道。用户之间的切换相当快，所以用户感觉不到是在与他人共用同一个信道。图 2.79(b) 为时分多址的实施方案。时分多址有多个实施方案，例如 ALOHA、时隙 ALOHA、CSMA 和 DAMA[14]。

(3) 码分多址(CDMA)：利用直序扩频(DSSS)和跳频扩频(FHSS)技术，实现多个用户共享通信系统频带的所有频率。每个用户分配一个不同的扩频码。

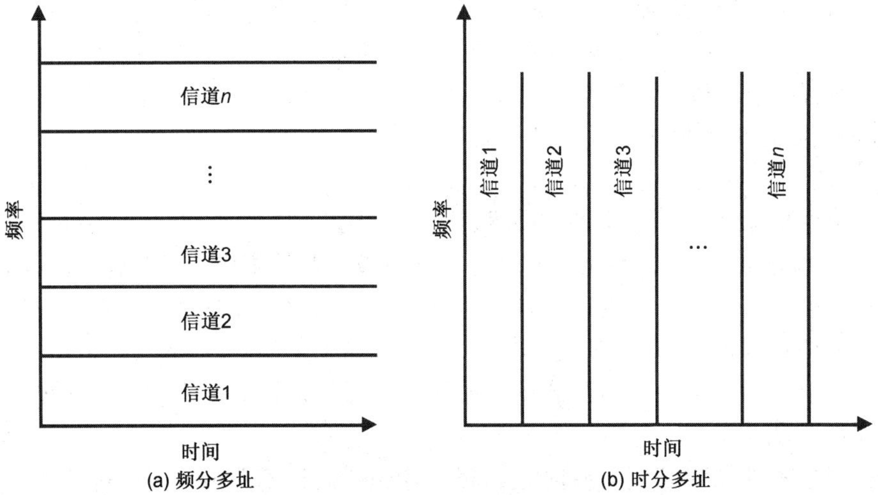

图 2.79　通信信道接入方式

码分多址的举例将在 2.4 节末尾部分讨论典型军用系统时给出。

2.4.2　数字信号传输

近年来，数字信号传输因比模拟信号传输具有更高的频谱效率而成为了首选的信号调制通信技术。由通信系统传输的含有信息的模拟信号被按照某个速率采样，然后用模拟数字转换器将采样信号的幅度变换为数字形式。信号的数字表示称为脉冲编码或脉冲字。脉冲编码调制(PCM)是将各个脉冲编码调制到载波上，其实现方式多种多样，其中最常用的是差分脉冲编码调制(DPCM)和自适应差分脉冲编码调制(ADPCM)。

脉冲编码调制给模拟信号的每个数字化了的样本的幅度分配一定量的数字。如果两个样本间的信号变化速度不够快，样本的数字化幅度就会出现冗余位。为避免这类冗余，差分脉冲编码调制仅仅对两个样本之间的幅差进行编码。两个样本之间一般只存在 1 位的差别：如果下一个样本的幅度比当前样本幅度大，则为“+1”；如果下一个样本的幅度比当前样本幅度小，则为“−1”。

若出现两个样本间的信号幅度突然变化的情况，自适应差分脉冲编码调制可以通过数量有限的连续采样感知这种变化，并作出反应：增加大量的位，以补偿或追赶信号幅度，直至恢复两个样本之间的幅差(即完成幅度跟踪，使得普通差分脉码调制适用)。

最常用的数字调制为：

(1) 幅移键控(ASK)：信号幅度在两个(或多个)幅度之间变化(见图 2.80(a))。

(2) 频移键控(FSK)：载波信号在两个(或多个)频率之间变化(见图 2.80(b))。

(3) 相移键控(PSK)：有多种方法，其中包括：

- 二进制相移键控(BPSK)：使用分别对应符号 1 和−1(或 0)的两种相态(0 和 π rad)；调制的实现就像载波乘以+1(载波相位未发生变化)和−1(相位位移 π rad)一样简单(见图 2.80(c))；
- 正交相移键控(QPSK)：两个数据位相结合而形成一个符号，如四种相态的相关星座图所示(见图 2.80(d))；
- 偏移正交相移键控(OQPSK)：采用四种相态的星座图，但与正交相移键控相比较，这四种相态均偏移了 π/4 rad。

注意：如图 2.80(c)和(d)所示，二进制相移键控和正交相移键控调制(相位不连续)中存在幅度变化，最大幅度变化发生在 π rad 相位位移位置。这个特点对于放大器处于饱和状态(如卫星和手机通信)工作的实现，并不适用，因为输入幅度变化会产生互调信号。采用其允许使用 π/4 和 3π/4 相移的 π/4 偏移正交相移键控克服了这个缺陷，避免了在 I 轴上的信号的状态，而那是信号幅度越过 0 的地方。

一旦符号转移，星座图将逆时针偏移 π/4 rad(故在此调制前面加了前缀“偏移”)。所以，符号在时钟周期 iT_c 时为 π/4 rad，可能对应数据位 00；在时钟周期$(i+1)T_c$时为 π/2 rad，仍然对应数据位 00。偏移正交相位键控调制一般应用于某些第二代蜂窝电话系统，如欧洲泛欧集群无线电(European Tetra)。

最小频移键控(MSK)是频移键控调制的一种，其实现要求频移$(f_2-f_1)=1/(2T_c)$(即调制信号比特率的一半)。该频移是保持相位连续性的最小频移。最小频移键控技术采用高斯滤波器(高斯传递函数类型为 $H(F)=\exp(-\mu f^2)$，应用于调制信号，因而这一技术又称为高斯最小频移键控(GMSK)。目前，最小频移键控技术被应用于欧洲第二代蜂窝电话系统，即全球移动通信系统(GSM)。

其他相移键控技术，即所谓的 2^nPSK，是结合了 n 比特而构成的高级传输星座图。目前可用的技术最高达到 n=8。

正交幅度调制(QAM)是一项允许每个符号传输 n 比特的调制技术。这种技术除相位调制外，还可以调制 I 和 Q 幅度。I 和 Q 值作为两个同步数据传输，利用上文所示的正交调制实施方案连续发射。图 2.81 为正交幅度调制(3 位)的星座图(2^3=8 个符号)。正交幅度调制的带宽效率较高(即单位带宽的数据率更高)，广泛应用于地面无线链路。但正交幅度调制技术使用的幅度级较多，要求在传输时线性放大，而这一点并不适合卫星通信。

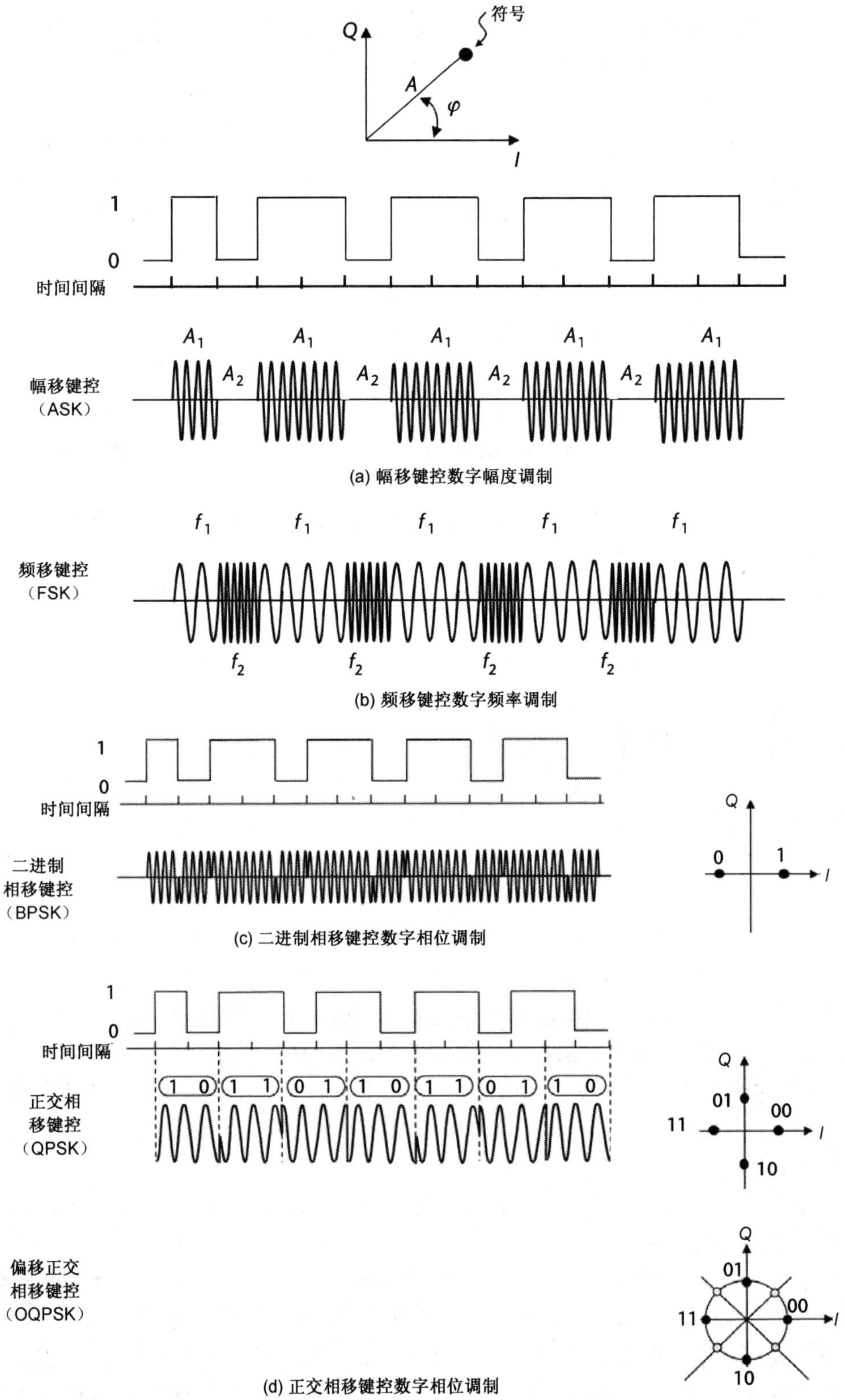

(a) 幅移键控数字幅度调制

(b) 频移键控数字频率调制

(c) 二进制相移键控数字相位调制

(d) 正交相移键控数字相位调制

图 2.80 常用的数字调制

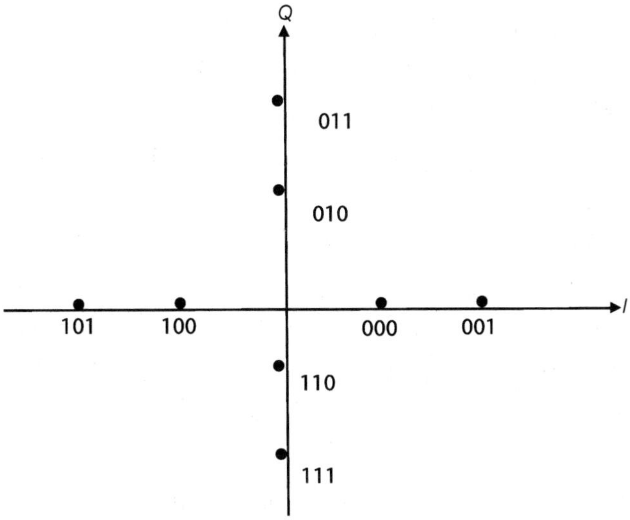

图 2.81 8QAM 星座图

正交频分复用技术(OFDM)，又称为离数多音调制技术(DMT)，是一种高速调制技术(每秒几兆比特)，用于减轻移动通信信道中常见的负面影响，如多路径、干扰、冲击噪声等。在这种频分复用技术中，相邻信道相互正交，但相邻信道上重叠的边带不会影响各信道的有效信号。因此，虽然各个信道的比特率都可能相对较低，但如果将信道聚在一起，则可能实现较高的比特率。

对于任何通信，无论是外部还是内部引起的信号噪声都可能导致接收到的符号出现错误。数字信号的误码率(BER)是检波后或解调信噪比的一个函数。为确保误码率低于 10^{-2}，大多数常用数字调制要求的信噪比为 8 dB(二进制相移键控)～12 dB(频移键控)[14]。

2.4.3 保密通信

保密通信必须能够防止无意或故意的通信干扰，防止被敌方侦测，被未授权者从发射波形窃取信息。扩谱技术可用于实施保密通信。

扩谱技术有两种基本方法：跳频(FH)和直接序列(DSSS)扩频。对于前者而言，信号的发射载频会定期发生变化，或以高速率产生“频率跳动”，但由于只有关联的接收机才知道会跳到什么频率上去，从而转换信号。但相对窄带的信号，其能量在一个较大的带宽范围内分布，所在以信号所占用的窄频谱的能量就非常之小(一般低于所存在的热噪声电平)，从而无法检测到信号。不仅如此，只有相关的接收机才知道恢复窄带信号所需的解扩密钥。

扩频(SS)技术的原理和应用方式也可用于现代 LPI 雷达，我们在前面的章节中已对相关内容进行了论述，这里不再赘述。在下面的章节中，我们主要讨论 SS 通信系统的一些具体实例，即第 2.5 节所述的 DSSS 通信系统(全球导航卫星系统)和第 2.4.5 节所述的 FHSS 通信系统(联合战术信息系统)。

2.4.4 通信信号编码

编码被用于剔除源数据中的冗余信息(如语音或图片)，或提高通信的可靠性(即接收到正确消息的概率)，前者称为数据压缩技术，后者称为误差控制技术。

数据压缩技术用于将任何信息内容压缩至要发送的最低总比特数。举个例子，在文本或语音应用中，霍夫曼编码技术用于分配表示符号的比特数，因为它分配给较常用的符号较少数量的比特。此外，对于经常重复出现的短语，采用指针指向先前已发送的短语。因为所发送的消息没有任何信息丢失，这类方法也称为无损技术，一般能达到 10∶1 的压缩比[14]。

在图片传输和存储技术中，还能实现更高的压缩比，它们广泛应用于民用和军用领域。视频信号中的冗余来自单张图片中的空间冗余和两张图片之间的时间冗余。联合图像专家组(JPEG)的标准阐述了静止图像中的空间冗余，此项标准不仅适用于转换 64 像素图像片段(每像素一般用 10 位字表示)的离散余弦变换法(DCT)，也适用于各种片段的霍夫曼编码技术，用以减少表示图像的比特数。结果是对单张图片非常有效的编码(称为帧内编码)。

根据运动图像的速率，相邻图片中的物体一般不会移动太多，所以会产生时间冗余。根据运动图像专家组(MPEG)的标准，帧间编码技术用于处理时间冗余，称为 MPEG1、MPEG2 和 MPEG4。更多相关详细信息请参阅文献[14]。

图片传输代码的数据速率(MPEG4 标准除外)所需的带宽(通常只有在很高的载频上才能提供)大于战场上军用战术无线电所用的带宽。但是，可采用更高频的设备用频分满足或直接超过图像通信所需要的带宽。

2.4.4.1 信道编码

因为电子系统不会不受系统内部或外部产生的噪声影响，不可避免地会出现噪声误码，因此一般会在通信和数据存储系统中进行信道编码以控制误差。诸如数字语音等类的通信，在让语言变得无法理解之前，能容许大量的误码；但对于其他类型的通信，如计算机对计算机交换通信，则必须在几乎零误码的情况下实施通信。在某些情况下，为了删除含误码信息的数据并请求重新发送该数据，只要能够检测出有误码就可以了；但在其他情况下，数据的编码一定要能在接收端校正最多到某个程度的误码。

误码检测方法有以下几种：

(1)增加奇偶校验位。在数据字中增加 1 位，以使字中的“1”的数目为偶数(或奇数)。接收机的奇偶检验将立即检查一个数据字是否含有 1 比特的误码。当数据字组成一个矩阵时，元素由一个字的一位组成，增加位数的方法同样适用。在此情况下，则在矩阵的每一行和每一列增加奇偶检验位，所以如果出现单一误差时，该误差中的位不仅能被立即检测(因为误差中的每一行和每一列都能在其交点识别单一误差)，还能被校正。

(2)循环冗余校验。误码检测的循环冗余校验(CRC)编码技术广泛应用于自动重发请求(ARQ)机制，因为此编码技术易于在硬件中实现(事实上有计算 CRC 的集成电路)。这种技术基于一个概念：二进制数据流可以被看成是一个二进多项式，其中有序的数据位 c_i 是多项式 $d(x)$ 的系数，也称为帧：

$$d(x) = \sum_{0}^{n} c_i x^i$$

针对每一帧 $d(x)$，发送时增加帧校对序列(FCS)。FCS 等于多项式余数 $r(x)$ 和特定多项式 $g(x)$ 之积，$r(x)$ 为帧多项式 $d(x)$ 除以特定多项式 $g(x)$ 得出的余数：

$$\frac{d(x)}{g(x)} = q(x) + r(x)$$

也就是说，发送的数据字为：

$$T(x) = d(x) - r(x)g(x)$$

接收的时候 $T(x)$ 被 $g(x)$ 除，如果传输过程中没有出现任何误差，则余数为 0。

此编码能够有效地检测误码，若使用 17 位的多项式，则不可检测 1 位误码的概率估算为 10^{-14}[14]。

(3) 和校验。和校验这个办法是计算一组数据字(每个数据字对应的值<2^n，n 为该数据字中的位数)的总和，不考虑数据是否溢出，从而得出和校验(模 2^n 的结果)。把和校验随附于数据，成为数据集的一部分。当在接收数据时计算一组发送数据的总和时，结果应为 0(模 2^n)，否则就是出现了误差。

这个方法给出了很好的检测误码的概率。事实上，在计算一组 16 位数据字的总和时，有误码而通过校验没有发现误码的概率估计为 $(1/64)\times10^{-3}\leqslant2^{-16}$。

误码校正有两种方法：ARQ 和前向纠错(FEC)。

(1) 如前对 CRC 误码检测法的陈述，ARQ 法的原理是对发送的数据增加额外的比特，因此在接收端检查时可检测到数据流中的误差。若发现误差，则会发出重新发送数据请求(NACK=未收到数据)。如果所接收数据的 SNR 值很低，该检测方法会非常低效；一旦发送 NACK 应答消息，则很有可能会收到含有误差的数据流，很快信道就会被阻塞，不断重发接收有误的信息。

(2) FEC 法的原理是：为了校正接收机的误差，在数据字转换为发送符号之前就向每个数据字加入几比特。比特位的增加降低了带宽效率，从而实现以预期的数据速率发送数据，带宽需要有所增加。反过来，此方法则意味着噪声功率谱密度增加，SNR 值降低，从而增加 BER 值。因此，FEC 法设计的目是在待加入的位数和发送编码字所需的带宽之间获得一个最佳平衡。

FEC 主要有三种类型。

(1) 分组码：即在一定时间内对一大块数据块进行编码，编码仅由当前的数据分组确定。

(2) 卷积码：它也是用于对数据块进行编码，但是编码不仅由当前数据块而定，还取决于先前的数据块。

(3) 循环码：其中所有编码字均是一个原码字的排列组合，BCH 码(Bose、Chaudhuri、Hocquenghem)和 RS 码(Reed-Solomon)就是其中的两例。对上述几种编码的性能讨论超出了本书的范畴。建议有兴趣的读者参阅参考文献[14, 15]，获取更多相关的信息。

图 2.82(引自文献[14])给出了不同编码方法下的 BER 与 SNR 关系，并且给出了未编码数据流在较低的 SNR 值时，也可能具有非常好的性能。

2.4.5　典型的军事通信系统

在分配的频段中工作的军事通信系统有三种类型[19]：

(1) 作战网无线电台，提供近程和中程语音通信(数字调制)，工作频段为甚高频(28～88 MHz)。

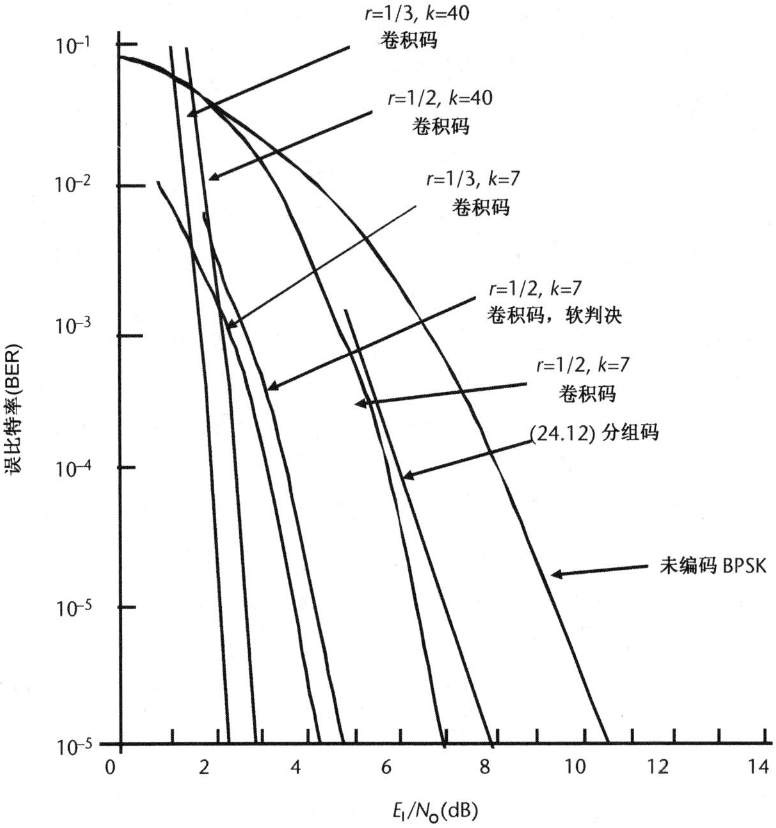

图 2.82 不同编码方法下的 BER 与 SNR 关系(引自文献[14])

(2) 战术数据链，用于将 C2 系统中的数据由一个节点传递至另一个节点。此等数据链的工作频段不尽相同，或为特高频(225～400 MHz)或为 D 频段(以前是雷达的 L 频段，960～1215 MHz，中间有一些断点)。

(3) 卫星通信，使用户得以在极远程距离内交换数据。

这些系统的工作频段不尽相同，有超高频(225～400 MHz)、特高频(7～8 GHz)以及极高频(20～44 GHz)，它们的上行和下行链路的频率也并非一致。

大部分作战网无线电台(CNR)采用跳频技术，该技术有两种类型：慢跳频和快跳频，根据每频跳传输的比特数来划分。慢跳频技术的特点为同一频跳内传输一个或多个比特，而快跳频技术是在传输一个比特时包含一个或多个频跳。两种技术都覆盖了分配给整个带宽的多个带宽为 B_{ch} 的信道，每个信道在甚高频频段和超高频频段的频率分别为 25 kHz 和 50 kHz。

跳频系统在发射和接收站中均使用了一系列稳定的频率合成器或或直接数字合成器。传输的频率序列基于双方用户均知晓的 PN 码生成。在接收机完成对传输码的捕获和相位同步后，传输消息的解调工作才能完成。

当前的 SINCGARS-V、Jaguar-V 及后继 Panther 2000 V 等作战网无线电台系统均采用慢跳频模式，跳频变化范围为每秒 100 跳到每秒 1000 多跳。

北约联盟的主要战术数据链为军事信息分发系统，在美国也称为联合战术信息分发系统或 Link 16。这种系统开发于 20 世纪 80 年代末，为在整个联盟军事网络范围内用作安全并可互操作的数字通信系统。多功能信息分发系统的工作带宽为 960～1215 MHz，其间有若干空洞留给其他设施(如敌我识别系统和 GPS)。该带宽范围内的可用跳频数为 51，跳频间距为 3 MHz。跳频的选择根据 PN 码进行，且相邻的跳频间距应至少为 30 MHz。

战术数据链使用时分多址方法工作，因此每位用户分配到一个或多个相邻时隙以便其向网络传输信息。时分多址的时统是周期性的。一个周期称为一个时元，持续时间为 12.8 min。每个时元可划分为 64 个时帧，每个时帧持续 12 s。一个时帧又由 1536 个时隙构成，每个时隙持续 7.8125 ms。因此一个时元含有 98304 个时隙。

每个时隙的组成为：

- 抖动，它是用于阻碍截获的可变静默时间。
- 附加在识别频段后的同步码，接收机可根据它确定是否对信息的内容感兴趣。附加的同步码的持续时间为 0.936 ms。
- 分布在 109 个信息包内的消息。每个信息包含有 5 比特。根据 2-CPFSK 数字调制，它对应 32 个码片上(因此可在内部对消息采用 DSS 法)。每个码片的持续时间为 200 ns，总持续时间为 6.4 μs。在各个信息包传输之后，会出现 6.6 μs 的静默时间。因此每个消息的持续时间为 13 μs，占用的瞬时带宽为 10 MHz。总传输时间为 109×13=1.417 ms。
- 传播保护时间(根据选择的正常的(300 海里)或延伸的(700 海里)网络范围，该时间的范围为 2ms 或 4 ms 量级)。

多功能信息分发系统时统如图 2.83 所示。

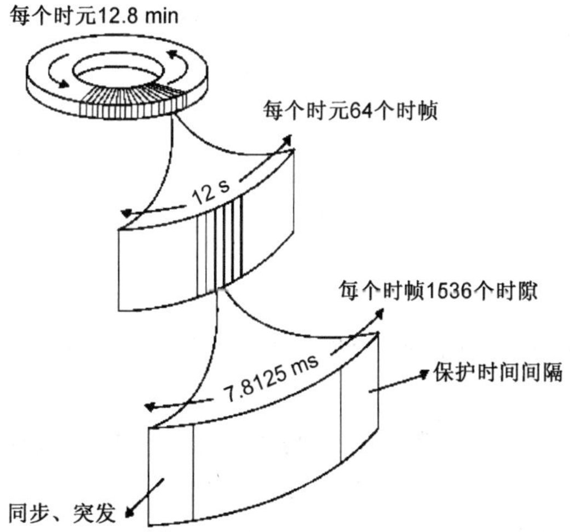

模式	保护时间间隔(ms)	保护时间间隔范围限制(nm)	纠错后的处理能力(kbps)	跳/秒
标准全景	4.4585	700	30	33000
压缩-2 全景	4.4585	700	59	33000
压缩-4 全景	2.0405	300	119	57000

图 2.83　多功能信息分发系统时统

使用总保护时间在另一个“叠层网”上发送，多功能信息分发系统可能达到的跳频速率为每秒 $109\times1/(1.417\times10^{-3})\approx77000$ 跳。图 2.83 为报导的实际跳频速率。

军事卫星通信的工作频段有：超高频(250～400 MHz)、特高频(7～8 GHz)以及极高频

(20～44 GHz)。过去，军事卫星通信需要使用到一系列通信卫星的星座，然而当今更流行的是采用低地球轨道的商用卫星,用特殊的时隙或服务专门作军用(如使用国际海事卫星组织商用卫星提供的语音通信)。

近来出现的军事卫星系统“军事星”使用地球同步轨道卫星，上行链路在极高频(44 GHz)和超高频(300 MHz)、下行链路在特高频(20 GHz)和超高频(250 MHz)。卫星间的交叉链路在 60 GHz 处提供。这些卫星实际在低截获概率模式下工作，原因为在极高频其波束宽度狭窄，且使用了 FFH SS 技术。

2.5 卫星导航系统

导航是指确定移动平台或物体相对于已知基准的位置和速度的能力。在本节中，我们先简单回顾军事领域普遍关注的无线电导航系统的工作原理，而后我们将重点讨论卫星导航系统。卫星导航系统凭借其精确的三维测绘能力，已成为无人武器系统和弹药的有力制导系统。

五种基本无线电导航技术如下。

(1)信标标识：接收到信标信号就表明平台处于发射机附近。

(2)定位和标高技术，如甚高频全向信标(VOR)或仪表着陆系统(ILS)。使用时，基准站发出随传输方向变化的信号，因而能够使接收平台无需定向天线就可以获取相对于基准站的方位角和俯仰角。

(3)无源测距或到达时间(TOA)系统，如各种全球导航卫星系统(GNSS)。使用时，平台在接收到基准站发出的时基信号后，可推断出其与发射机的距离。这需要对发射机和接收机时钟进行同步。

(4)双程测距系统，如测距设备(DME)。使用时，平台向基准站发送呼叫，然后由基站在预先确定的时间间隔后返回该信号。这样就无需时钟同步，但是限制了用户数量和重复率。

(5)双曲线测距系统，如远程导航(LORAN)系统。使用时，平台接收机测量自两个基准站接收信号的时差，而不需要同步接收机的时钟。时差测量得到的平台位置轨迹为双曲线。

GNSS 是利用在轨卫星发射的无线电信号进行无源测距，为用户提供三维定位解决方案的导航系统的总称。当前此类系统中有些还在使用，但仅有三种能够覆盖全球(译者注：实际上应为四种，包括中国的北斗)：GPS、GLONASS 以及 Galileo。其中最有名的是由美国政府所有并运作的导航卫星计时测距系统 GPS。

架构、业务以及通过测距来确定用户的位置和速度超出了本书范畴，我们建议有兴趣的读者参阅文献[13]以深入了解相关内容。本书仅描述 GNSS 信号的结构，因为它们是现代扩频通信系统的一个良好实例。接近地面的接收机使用扩频调制从接收到的弱信号获取精确的距离测量结果[2～6 m(rms)量级]；由于该信号是距离地球几万千米的卫星发送的，因此容易受到干扰。

GNSS 信号在 1.1～1.6 GHz 范围内的若干频段上发射，发送时常采用正交调制(见附录 D)。所有的 GNSS 信号均采用右(旋)圆极化。

GNSS 信号将一个包含导航数据消息 $D(t)$ 的载波和一个扩频码或测距码 $C(t)$ 结合起来，两者均采用 BPSK 调制。总发射信号表示为：

$$s(t) = \sqrt{2P}C(t)D(t)\cos\left(2\pi f_c t + \varphi_c\right) \tag{2.82}$$

式中，P=信号功率；f_c=载波频率，φ_c=相位偏移，C 和 D 的幅值均为±1，并随时间改变。

数据速率 f_d 一般在 50～500 码片/秒的范围内变动(消息位的持续时间 $T_d=1/f_d$)，而扩频码率 v 的变化范围为 0.511～10.23 兆码片/秒(持续时间 $T_c=1/v$)。因此每位能量为 $E=PT_d$。

图 2.84 为扩频通信的示意图，图中 $j(t)$ 表示一个干扰信号(包括无意或有意的干扰信号)。扩频码 $C(t)$ 由一个接收机已知的 PRN 序列组成。扩频码用于增加导航消息的双面带宽，以使扩频码码片率翻倍，同时成比例地减小功率谱密度。相关信号 $D(t)$、$C(t)$ 和 $x(t)$ 的表示如图 2.85 所示。图中假设干扰的载波频率与信号的载波频率相同。

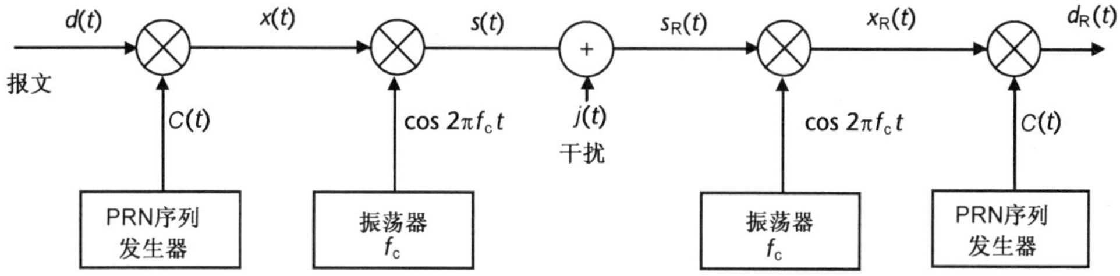

图 2.84　编码信号通信示意图

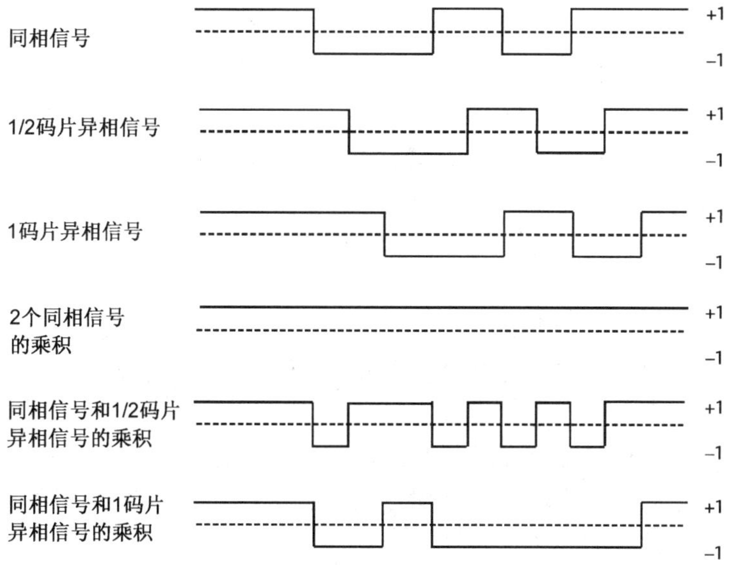

图 2.85　编码通信涉及的信号

在接收机中，输入的扩频信号首先乘以发射机振荡器信号 $\cos(2\pi f_c t+\varphi_c)$ 的副本，也就是一个同步的副本

$$r(t) = s(t) + j(t) = \sqrt{2P}C(t)D(t)\cos\left(2\pi f_c t + \varphi_c\right) + j(t)\cos\left(2\pi f_c t\right)$$

然后再乘以扩频码 $C(t)$ 的复本，最后得到 $D_R(t)$(为了简化，假设φ_c=0)：

$$D_{\mathrm{R}}(t)=\sqrt{2P}C^2(t)D(t)\cdot\cos^2(2\pi f_{\mathrm{c}}t)+j(t)C(t)\cos^2(2\pi f_{\mathrm{c}}t)$$
$$=\frac{1}{2}\sqrt{2P}C^2(t)D(t)\left[1+\cos(4\pi f_{\mathrm{c}}t)\right]+\frac{1}{2}j(t)C(t)\left[1+\cos(4\pi f_{\mathrm{c}}t)\right]$$

通过滤除高频项，得到：

$$D_{\mathrm{R}}(t)=\frac{1}{2}\sqrt{2P}C^2(t)D(t)+\frac{1}{2}j(t)C(t)$$

第一项就是扩频信号的相关，由于两个 PRN 产生器是同步的，对所有 $C^2(t)=1$，它等于消息信号乘以一个常数；第二项为干扰信号 $j(t)$ 被扩谱到比频谱信号更宽的频带上的结果。因此在消息带宽 $B_{\mathrm{d}}=1/T_{\mathrm{d}}$ 中的能量非常低（如果 P_{j} 是干扰在带宽 B_{j} 中的功率，则在接收机输出端，其为 P_{j}/v）。

完整调制和解调过程中信号频谱的变化如图 2.86 所示。

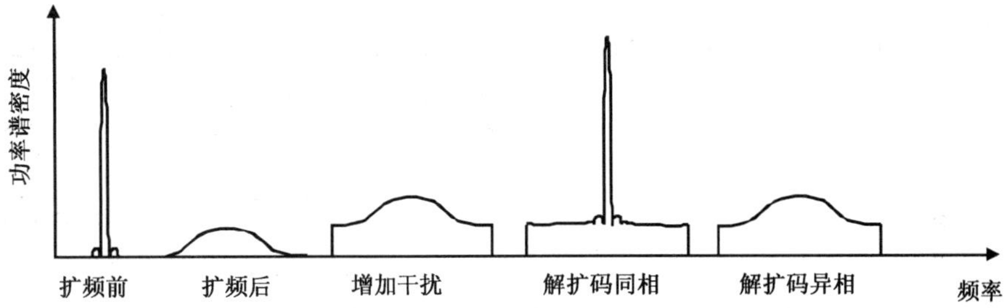

图 2.86　调制和解调过程中信号频谱的变化

如果信号和接收机产生的扩频码不同，两者之间的相关将远低于两者相同且对齐时的情况。因此可在同一载波频率采用信道码分多址技术同时发射扩频码不相同的不同信号。

接收机按需要的卫星信号选择 PRN 扩频码。如果接收机产生的 PRN 码相位与传输信号未对齐，接收机将调整该相位，以便对其 PRN 码的所有相位进行搜索，直至找到相关峰值。该过程称为发射信号的捕获。捕获完成后，接收机即能以低于捕获的信噪比工作，因为它可能稍微改变接收机产生的码相位来重获相关峰值。该过程称为发射信号跟踪。同样，跟踪 GNSS 信号的载波分量以强化对 PRN 码的捕获和跟踪。

许多较新的 GNSS 信号对数据消息 $D(t)$ 使用 FEC 技术。这就在数据中引入了冗余，虽然必须使用较高的符号率才能确保消息传输的时间不变，但在较差的信噪比环境中能够成功地解码数据消息。

大多数新的 GNSS 信号使用二进制偏移载波（BOC）调制代替 BPSK 调制。这就为信号增加了额外成分：子载波 $G(t)$，一种频率为 f_{g} 的方波信号，它将信号扩展为两个以 $f_{\mathrm{c}}\pm f_{\mathrm{g}}$ 为中心的子载波。该信号的表达式为：

$$s(t)=\sqrt{2P}\cdot G(t)C(t)D(t)\cos(2\pi f_{\mathrm{c}}t+\varphi_{\mathrm{c}})$$

BOC 调制可以与 BPSK 信号共享同一载波频率而将干扰减到最小。

为分离这些边带的主瓣，f_{g} 必须至少等于扩频码码片率，即为 $f_{\mathrm{g}}\geqslant v$。通常的选择为 $f_{\mathrm{g}}=2v$。二进制偏移载波调制有两种类型：正弦相位，该类型中，子载波传输与扩频码传输同相；或为余弦相位，该类型中，子载波传输与扩频码传输异相，错开四分之一子载波周期。当其类型为正弦相位调制时，二进制偏移载波调制表示为 BOC（f_{g}，v），或当其类型为余弦相位调制子载波功能时，则表示为 BOC(f_g, v)，f_g和 v 通常为 1.023MHz 的倍数。BOC(f_g, v)和 BOC(f_g, v)，如图 2.87 所示。

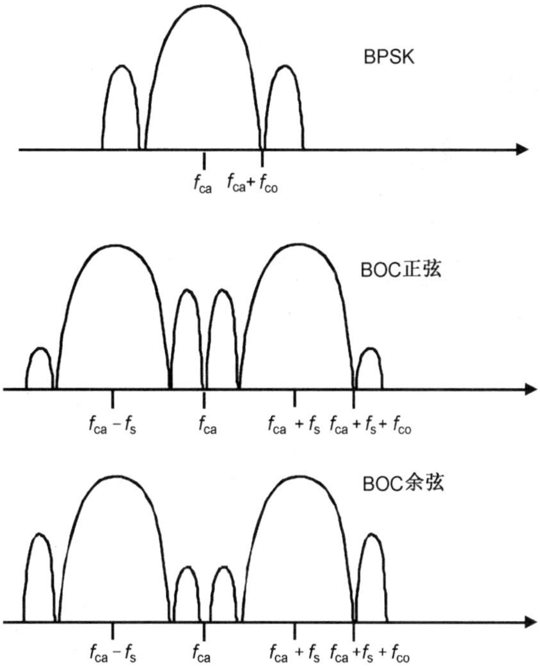

图 2.87　BOC 调制

2.6　光电热像仪

光电热像仪属于被动探测系统，工作波长为 3～5 μm 和 8～12 μm，它可以在夜晚和白昼，利用目标场景的温度变化或梯度，生成类似电视画面的图像。因此，光电热像仪也被称为夜视装置。

光电热像仪有两种类型：前视红外系统(FLIR)和红外搜索跟踪系统(IRST)。前视红外系统(或光电成像仪)是在地面反射条件下用于监视、探测和识别目标。红外搜索跟踪系统主要用于地-空或空-空作战，能在天空背景下对指定的航空航天之类“热点源”目标进行大搜索范围高角精度的探测，并随后采用锁定跟踪或边扫边跟踪方式对目标进行角跟踪。红外制导导弹和红外制导武器的导引头可以看作特殊类型的红外搜索跟踪系统。

基本的前视红外系统和夜视系统主要由光学透镜、扫描仪/探测器、信号处理器和显示器等部分组成，如图 2.88 所示。

光学透镜收集源产生的电磁辐射，然后将电磁辐射转移到探测器，探测器又将电磁辐射转换成电信号。光电探测器一般通过改变电阻率(光电导检波器)或产生电流(光伏检波器)来转换电磁辐射。之后对电信号进行处理，以提高信噪比和确定目标在参考坐标系内的位置。

探测器部分可以是一个单独探测器、一个由探测器构成的线阵或二维阵列。探测器部分为一个单独探测器时，需采用两个扫描仪对目标空间进行扫描，一个水平旋转，另一个垂直旋转。扫描仪在两个维度上扫描场景，然后在显示器平面顺序生成物体的图像。常用的扫描方式包括光栅扫描和玫瑰型扫描，如图 2.89 所示。

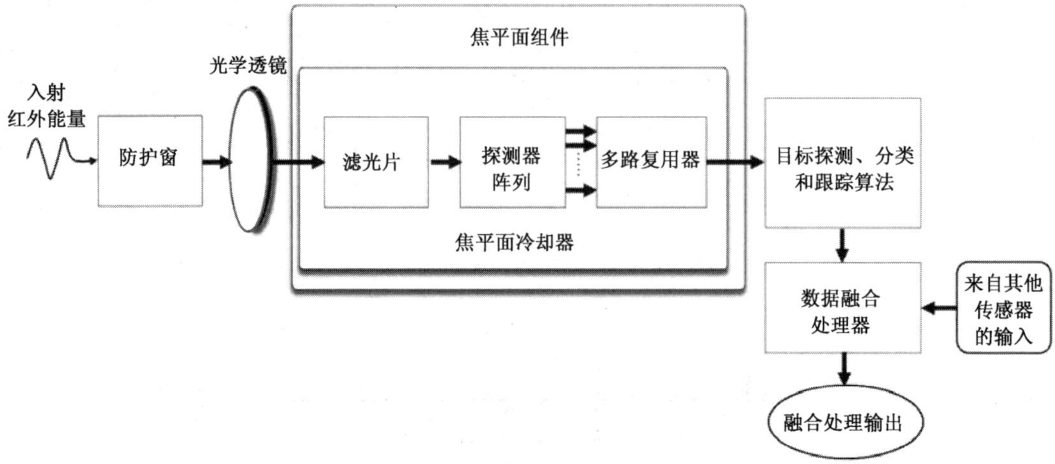

图 2.88 基本前视红外系统框图

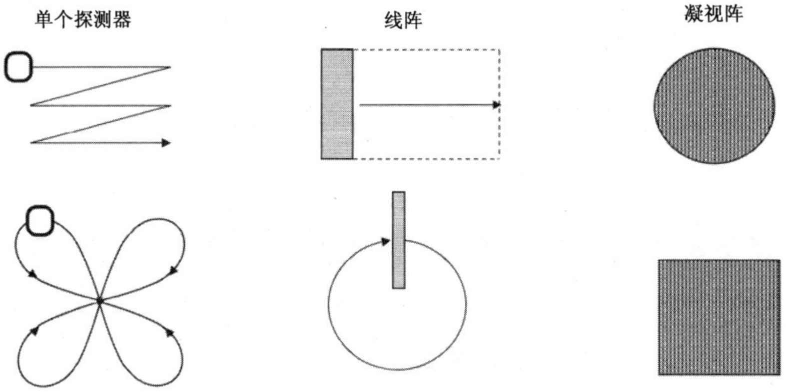

图 2.89 前视红外系统的典型扫描方式

探测器部分为一个线阵时，可采用推扫或圆周扫描的方式扫描物体空间。对于二维探测器阵列，会有更多分辨单元并行地映射到称为焦平面阵(FPA)的探测器感光面上，利用此阵列可凝视整个场景。

凝视焦平面阵列适用于需要高分辨率的监视和跟踪应用，如空-地或空-空作战。

红外系统的探测性能(及相关信噪比)可通过下列公式计算得出。在下列公式中，为简单起见，暂将大气与设备损耗忽略不计，但在后文中会再次引入。

用 J_t(W/sr)表示距离红外系统光学透镜为 R 的点源的辐射强度。光学入口孔径处的辐照度 H_t(W/cm^2)为：

$$H_t = J_r/R^2 \quad (\mathrm{W/cm^2}) \tag{2.83}$$

因此，光学孔径 A_e 处的输入信号功率 S 为：

$$S = A_e \frac{J_t}{R^2} = \frac{\pi d^2}{4}\frac{J_t}{R^2} \quad (\mathrm{W}) \tag{2.84}$$

式中，d(cm)为透镜直径。

探测器噪声计算公式如下[1]：

$$N = \frac{(A_d \Delta f)^{1/2}}{D^*} \tag{2.85}$$

式中，

N=噪声功率电平（W）；

A_d=探测器面积（cm^2）；

D^*=探测器探测能力（$cm·Hz^{1/2}/W$）；

Δf=接收信号的频率带宽（Hz）。

对于方形探测器，面积 A_d 与瞬时视场（IFOV）α_d 和焦距 f_1 的关系如下：

$$A_d = (\alpha_d^{1/2} f_1)(\alpha_d^{1/2} f_1) = \alpha_d f_1^2 \tag{2.86}$$

而焦距又与焦比 $f/\#$和透镜孔径直径 d 有关为：

$$f_1 = (f/\#)d \tag{2.87}$$

所以

$$A_d = \alpha_d \left((f/\#)d\right)^2 \tag{2.88}$$

探测率是表现探测器材料特性的主要参数之一，它被定义为探测器等效噪声功率（NEP）的倒数，其中等效噪声功率为在某特定频率带宽上可在探测器输出端产生一个 $SNR_{rms}=1$ 时折合到探测器端的入射功率。

材料的探测率随焦平面温度的变化而变化（一般在低温时有所提高），并且对检测能量的波长带宽是有选择性的。探测器的探测率与探测器面积 A_d 的平方根和探测器输出端滤波器带宽 Δf 的平方根均成正比。为了消除对探测器面积和滤波器带宽的依赖和推导出一个仅依赖于探测器材料特性的性能参数，探测器的探测率 D^*是对 A_d 和 Δf 进行归一化（故也称为特定探测器的探测率），即假定 A_d 和 Δf 都是一个单位的大小（分别为 $1cm^2$ 和 1Hz）。由此得出：

$$D^*(\lambda, T) = (A_d \Delta f)^{1/2}/\mathrm{NEP}\ \ (\mathrm{cm \cdot Hz^{1/2}/W})$$

表 2.11（引自文献[16]）列出了所选定红外探测器的工作参数。

表 2.11　红外探测器的工作参数

探测器材料	工作模式	焦平面常用工作温度（K）	峰值波长（μm）	波段（μm）	探测率 D^*（cm $Hz^{1/2}$/W @500K）
PbS	PC	300	2.4	1.1～3.5	10^{11}
PbSe	PC	300	3.9	1～5.0	10^{10}
InSb	PV	77	4.9	2～5.5	7×10^{10}
HgCdTe	PV	195	4.5	1～5.5	4×10^{10}
HgCdTe	PC	77	10.5	8～14	2.5×10^{10}

PV=光伏；PC=光电导。

信号带宽 Δf 近似于探测器接收到目标能量的持续时间 τ_d 的倒数。当传感器总覆盖立体角范围 Ω（单位：sterad）由各探测器瞬时视场 α_d 等分时，该持续时间等于帧周期 T_F。所以 $\Omega=n\alpha_d$，或在仅使用到瞬时视场 α_d 中的一个探测器时，$\tau_d=T_F/n=T_F\alpha_d/\Omega$。

因此，当 $\Delta f=1/\tau_d$ 时，单个探测器的信噪比计算公式可根据式(2.84)和式(2.85)推导如下：

$$\frac{S}{N}=\frac{\left(\frac{\pi d^2}{4}\right)\frac{J_t}{R^2}D^*}{(f/\#d)\sqrt{1/\tau_d}\sqrt{\alpha_d}}=\frac{\pi\cdot d\cdot J_t\cdot D^*}{4R^2(f/\#)\sqrt{\Omega/T_F}}\mathfrak{M} \tag{2.89}$$

关于上式，除暂时排除了大气衰减 L_a(取决于距离)外，在考虑与系统相关的(即光学、电子学、探测器、监控器、扫描和带宽引起的)各种系统损耗时还应加上损耗系数 L_s，损耗系数 L_s 又被称为调制传递函数(MTF)。上述每一个原因均会产生一个损耗系数 $0.5<k_i<1$，所以 $L_s=\prod_i k_i=0.25$。

大气衰减 L_a 在此部分光谱中相当严重，会大幅缩短探测距离。在 8～12 μm 带宽[1]中，衰减损耗随距离一般为 0.2～0.9 dB/km(晴朗天气情况下，能见距离大于 4 km)和 3～4 dB/km(有雾天气情况下，能见距离约 1 km)。

式(2.89)可以计算出红外跟踪搜索系统在清晰背景下对“热点”目标的探测性能，还用于确定热成像系统中的最低可分辨温度；也就是说，根据上述信噪比值和附录 B 中的探测曲线，一旦选定了 P_d(检测概率)和 P_{fa}(虚警率)这两个检测条件中的一个，就可以计算出它的值。

物体的辐射特征遵循普朗克辐射定律 $W_b(\lambda,T)$，它认为黑体(辐射率 $\varepsilon=1$ 的理想辐射体)在各种波长条件下辐射的能量是物体温度的函数：

$$W_b(\lambda,T)=\frac{2\pi c^2}{\lambda^5\left(\exp\left(\frac{hc}{\lambda kT}\right)-1\right)}\ \left[\mathrm{W/(cm^2 sr\ \mu m)}\right] \tag{2.90}$$

式中，

λ=波长(μm)；

T=物体温度(K)；

h=普朗克常数=6.625×10^{-34}($\mathrm{Ws^2}$ 或 Js)；

c=光速=3×10^8(m/s)；

k=玻尔兹曼常数=1.38×10^{-23}(J/K)。

对于某给定的黑体温度，辐射出最大功率的波长可通过令式(2.90)波长 λ 的偏导数等于 0，然后解该方程而求得。这就给出了确定最大功率密度的波长 λ_M 的维恩位移定律：

$$\lambda_M T=2897.8\ (\mu\mathrm{m\,K}) \tag{2.91}$$

黑体辐射和 λ_M 作为温度的函数见图 2.90(a)。

目标的辐射强度 J_t 可通过波尔兹曼定律计算出，根据该定律，单位面积的辐射功率密度 W($\mathrm{W/cm^2}$)与其表面温度 T 的四次方成正比。

$$W=\varepsilon\sigma T^4\ \ (\mathrm{W/cm^2}) \tag{2.92}$$

式中，

ε=目标发射率；

σ=史蒂芬・玻尔兹曼常数=5.67×10^{-12}($\mathrm{W/cm^2\cdot K^4}$)；

T=温度(K)。

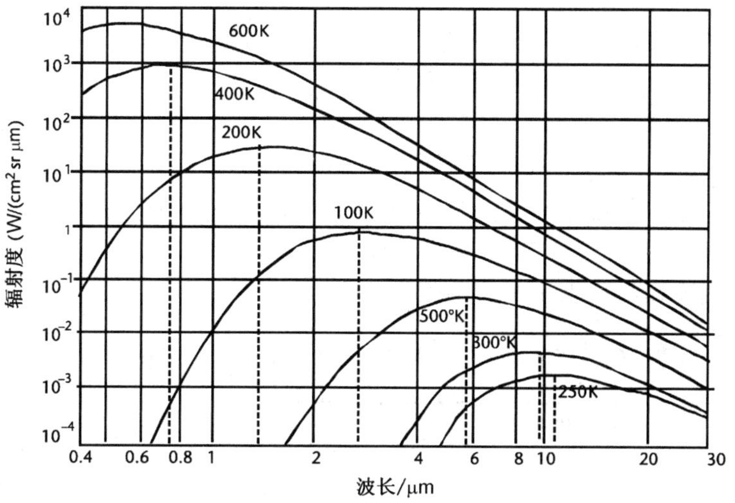

(a)

(b)

图 2.90(a)　黑体辐射度和 λ_M 与温度的关系，黑体辐射度可根据普朗克辐射定律得出，图中垂直虚线标出了在所示黑体温度处最大能量辐射要求的波长；(b)“海盗”红外搜索跟踪系统

假设面积为 A(cm^2) 的目标是一个朗伯辐射体，则

$$J_t = W A/\pi = \varepsilon\sigma T^3 A/\pi \quad (\text{W/sterad}) \tag{2.93}$$

对地面发热目标的探测一般是在更冷的背景下进行的，在这种情况下，系统噪声加上了功率 C。背景功率可通过发热目标的光谱辐射度计算得出，公式如下：

$$W(\lambda, T) = \varepsilon_c(\lambda) W_b(\lambda, T) \tag{2.94}$$

式中，

$W(\lambda,T)$=背景光谱辐射度(W/(cm^{2}sr μm))；

$\varepsilon_c(\lambda)$=背景发射率；

$W_b(\lambda,T)$=黑体的相对光谱辐射度(普朗克辐射定律)。

分布式发热目标(背景)(例如两种温度下的草地)的光谱辐射度 $W(\lambda,T)$ 可以通过表 2.12 中的测量值计算得出。

背景功率（其中积分限表示探测器的响应带宽（$\lambda_2-\lambda_1$））为：

$$C=\frac{\pi d^2}{4}\alpha_d\int_{\lambda_1}^{\lambda_2}\varepsilon_c(\lambda)W_b(\lambda,T)D^*(\lambda)\cdot d\lambda$$

所以，考虑到式(2.89)，杂波与噪声功率之比 C/N 为：

$$\frac{C}{N}=\frac{\pi\cdot d\cdot\alpha_d L_s L_a}{4(f/\#)}\sqrt{\frac{nT_F}{\Omega}}\int_{\lambda_1}^{\lambda_2}\varepsilon_c(\lambda)W_b(\lambda,T)D^*(\lambda)\cdot d\lambda \tag{2.95}$$

式中，L_s 表示系统损耗，L_a 表示光传输效率。

表 2.12 几种背景温度下草地的微分热发射率 $\partial W_b/\partial T=\int_{\lambda_1}^{\lambda_2}\partial W_b(\lambda,T)/\partial T d\lambda$ [W/(cm^2 K)]

λ_1 (μm)	λ_2 (μm)	T_1 = 290 K	T_2 = 310 K
3	5.5	2.73×10^{-5}	4.72×10^{-5}
4	5	1.26×10^{-5}	2.23×10^{-5}
8	12	1.77×10^{-4}	2.17×10^{-4}
10	14	1.42×10^{-4}	1.65×10^{-4}

引自文献[16]

对于在背景下进行工作的光学系统，等效噪声温度是其重要探测性能参数之一。等效噪声温度是指引起背景噪声比值发生变化（即 $\Delta(C/N)=1$）时的背景温度差。

当在设备显示器上再现目标场景时，背景噪声比在周围背景下发生的局部变化对于检测是否存在发热目标来说非常重要。

根据上文所述，利用表2.12的数据估计不同背景的谱辐射度 $\Delta W(\lambda,T)$，然后根据式(2.94)就可推导出等效噪声温度：

$$\Delta W(\lambda,T)=\frac{\partial W(\lambda,T)}{\partial\varepsilon}d\varepsilon+\frac{\partial W(\lambda,T)}{\partial T}dT\cong\frac{\partial W(\lambda,T)}{\partial T}dT \tag{2.96}$$

上述等式考虑到了背景辐射率 $\varepsilon_c(\lambda)$ 和探测率 $D^*(\lambda)$ 均为常数，不随温度而变化。所以，因温度升高而引起的背景噪声比的变化为：

$$\Delta\left(\frac{C}{N}\right)=\frac{\pi d\alpha_d L_s L_a}{4(f/\#)}\sqrt{\frac{nT_F}{\Omega}}\Delta T\cdot\int_{\lambda_1}^{\lambda_2}\frac{\partial W(\lambda,T)}{\partial T}D^*(\lambda)\varepsilon(\lambda)\cdot d\lambda$$

要求的等效噪声温度为：

$$\text{NET}=\Delta T\big|_{\Delta(C/N)=1}=\frac{4(f/\#)}{\pi d\alpha_d L_s L_a}\sqrt{\frac{\Omega}{nT_F}}\frac{1}{\int_{\lambda_1}^{\lambda_2}\frac{\partial W(\lambda,T)}{\partial T}D^*(\lambda)\varepsilon_c(\lambda)\cdot d\lambda} \tag{2.97}$$

等效噪声温度是设计和评价红外搜索跟踪系统性能的一个重要参数。对于再现目标场景的前视红外系统，最低分辨温度是评价其性能的一个较好参数，这将在下一节中进行讨论。

图 2.90(b)所示为欧洲“台风”战斗机上安装的典型机载红外搜索跟踪系统“海盗”(PIRATE)。

2.6.1 最低可分辨温度

如果想从距离为 R 的观测点获得目标的分辨距离 T_x，则需要一个瞬时视场（单位：mrad）（见图 2.91）：

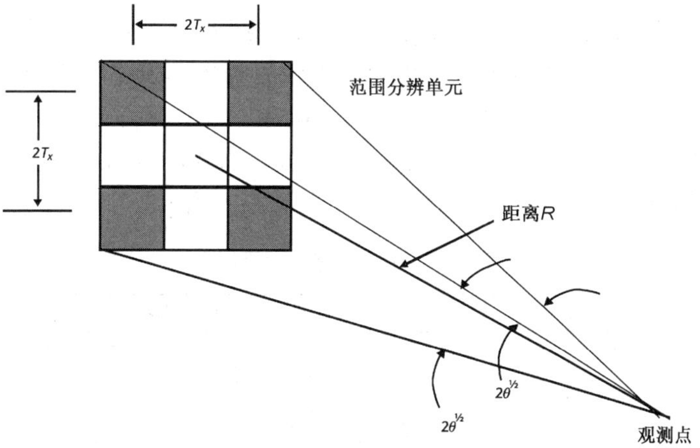

图 2.91　最低可分辨温度

$$\sqrt{\theta_{\mathrm{d}}}=10^{3}\frac{T_x}{R}\ \ (\mathrm{mr}) \tag{2.98}$$

根据式(2.98)中的角分辨率，可确定空间频率 f_{s} 为：

$$f_{\mathrm{s}}=\frac{1}{2\sqrt{\theta_{\mathrm{d}}}}\ \ [\mathrm{cycle/mr}]=\frac{1}{2}\frac{R}{T_x}\cdot 10^{-3} \tag{2.99}$$

根据图 2.91，可将空间频率 f_{s} 看作是距离 R 处明暗特性的变化率。

由于目标的等效噪声温度(NET)是根据探测器分辨单元 $\sqrt{\alpha_{\mathrm{d}}}$ 计算得出的，显示的等效噪声温度(即最低可分辨温度(MRT))须根据比值 $\sqrt{\alpha_{\mathrm{d}}/\theta_{\mathrm{d}}}$ 进行修改，即：

$$\mathrm{MRT}=\mathrm{NET}\sqrt{\alpha_{\mathrm{d}}/\theta_{\mathrm{d}}} \tag{2.100}$$

如果观测器在观测时间 T_{obs} 内，以帧速率 f_{F} 累积若干连续帧 n_{i}，则 $n_{\mathrm{i}}=f_{\mathrm{F}}T_{\mathrm{obs}}$，且积累后的最低可分辨温度变为：

$$\mathrm{MRT_i}=\mathrm{MRT}/\sqrt{n_{\mathrm{i}}}=\mathrm{NET}\sqrt{\frac{\alpha_{\mathrm{d}}}{f_{\mathrm{F}}T_{\mathrm{obs}}\theta_{\mathrm{d}}}}$$

在上式中，用表达式(2.97)代替 NET 且令 $\theta_{\mathrm{d}}=1/f_{\mathrm{s}}^2$，同时考虑到要确保显示范围内的目标探测概率至少达到 50%，则 NET 需要乘一个因子 3，因此，作为空间频率 f_{s} 的一个函数，最低可分辨温度(MRT)可表示为：

$$\mathrm{MRT}=\frac{6\mathrm{NET}\cdot f_{\mathrm{s}}\sqrt{\alpha_{\mathrm{d}}}}{f_{\mathrm{F}}T_{\mathrm{obs}}}=\frac{24(f/\#)}{\pi L_{\mathrm{a}}d}\left(\frac{f_{\mathrm{s}}}{L_{\mathrm{s}}}\right)\sqrt{\frac{\Omega}{\alpha_{\mathrm{d}}nT_{\mathrm{F}}T_{\mathrm{obs}}f_{\mathrm{F}}}}\cdot\frac{1}{\int_{\lambda_1}^{\lambda_2}\frac{\partial W(\lambda,T)}{\partial T}D^{*}(\lambda)\cdot\mathrm{d}\lambda} \tag{2.101}$$

上述最低可分辨温度表达式包含了系统的所有损耗 L_{s}，被称为是系统的调制传递函数(MTF)(也可表示为空间频率 f_{s}[1]的函数)。最低可分辨温度是设计和评价前视红外系统(FLIR)性能的一个重要参数。事实上，一般将最低可分辨温度定义为方形目标与背景之间的温差门限，以便观测器通过光电传感器感知目标。

因此，最低可分辨温度作为空间频率 f_{s} 的一个函数，包括了清晰度、对比度和信噪比(SNR)的效果。

利用观测器进行多次试验后，文献[32]确定了观测器对战术目标进行探测、判断其对称性及方向、对它们作出识别、分类所需的像素线的对数。表 2.13(a)和 2.13(b)给出了这类识别等级。

从这些表可以看出，探测时，对于最小目标仅需一个线对，而识别目标(最常用的观察方法)时，则需要 4 个线对，如图 2.92 所示。

表 2.13(a) 目标判别等级

判别等级	说明
探测	是否存在目标
测向	目标对称或不对称，并识别目标方向
分类或辨认	分辨目标类别(例如卡车、坦克、建筑等)
识别	观测器尽可能对目标进行详细描述(如卡车、坦克或建筑的类型)

表 2.13(b) 一维阵列约翰逊物体识别准则

目标侧视图	线对中最小维数的分辨率			
	探测	测向	分类	识别
卡车	0.9	1.25	4.5	8.0
“斯大林”坦克	0.75	1.2	3.3	6.0
“百夫长”坦克	0.75	1.2	3.5	6.0
吉普车	1.2	1.5	4.5	5.5
士兵(站立)	1.5	1.8	3.8	8.0
平均值	1.0±0.25	1.4±0.35	4.0±0.8	6.4±1.5

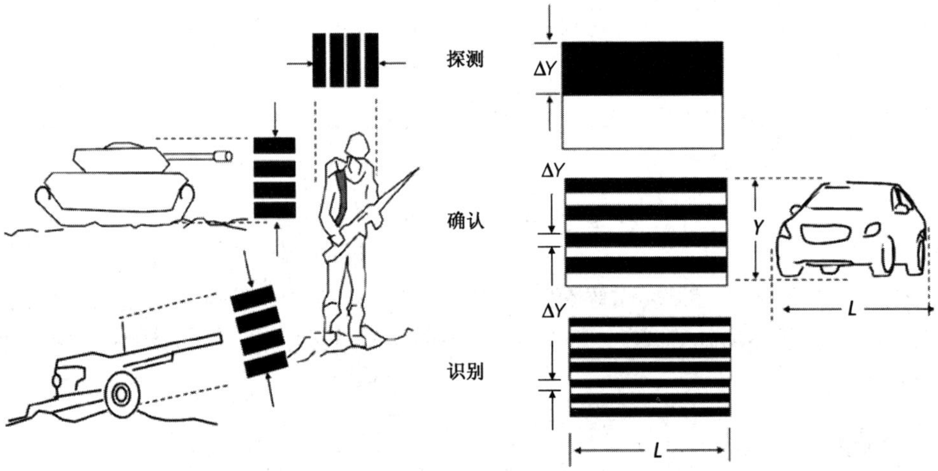

图 2.92 探测时最小目标要求的线对

2.6.2 红外导弹导引头

红外导弹导引头为被动的，利用红外光谱中目标发射出的热能来跟踪目标。正如前节讨论黑体谱辐射的普朗克定律时所述，目标越热，其辐射的能量越大，波长越短。

飞机发动机的热部件的温度一般为 1300～2000 K，峰值能量辐射波长为 2～4 μm。第一代红外导弹使用的是非制冷硫化铅(PbS)探测器，其最大分辨率为 2 μm。由于这类导弹导引头必须追踪目标飞机发动机排气管中的热轮机，因而仅限于尾追情况。

后来又引进更敏感的制冷探测器，采用锑化铟(InSb)材料，最大分辨率可达 3～5 μm，或后来引入的汞镉(HgCd)材料，最大探测率可达 8～12 μm，这就允许之后的红外导弹全面跟踪目标飞机(从飞机发动机废气到飞机热外壳)。

因探测器的光谱多样性，后几代红外导引头采用各种技术实现在红外弹干扰条件下探测和跟踪目标。表 2.14 列出了四代红外导引头的演变。

表 2.14　红外导引头的演变

代	年代	调制盘类型	抗干扰措施	导弹
第一代	1960—1970 年代	斩波	无	SA-7，AA-2
第二代	1970—1980 年代	斩波	有	SA-13，AA-7
第三代	1990 年代	伪成像器及多色	有	SA-18，AA-11
第四代	2000 年代	全景成像器及多模	有	Keiko SAM

早期的导引头(第一代和第二代)在探测器前面使用各种形态的旋转调制盘，用于抑制背景辐射，对目标位置编码。在后几代导引头中，调制盘逐渐被取代，而采用小型瞬时视场探测器连续扫描目标或利用焦平面阵列探测器的感光面(充当成像器)凝视目标等技术。

此外还有双色识别技术，同时采用两个探测器，每个探测器响应不同的光谱带。这种技术通过导引头中两种响应之比，分辨诱饵(红外弹)和真正的目标飞机(见图 2.93)。

表 2.15 列出了部分红外导弹的特征。

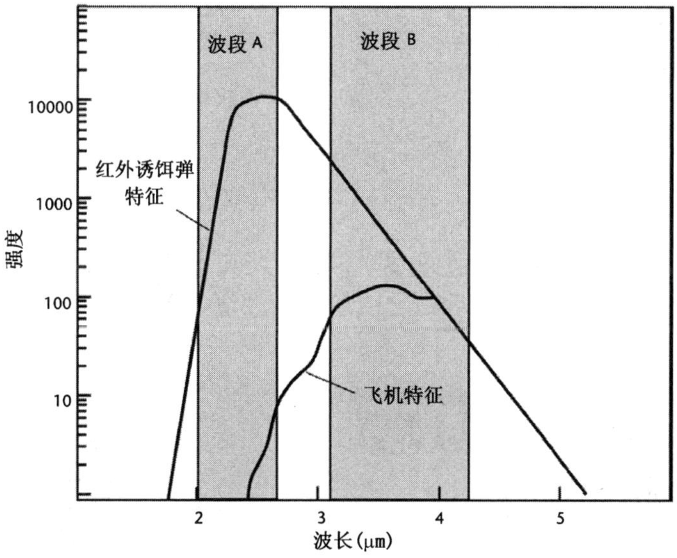

图 2.93　双色识别技术原理

导引头调制盘有多种类型，下面仅介绍五种导引头的工作原理。

1. 采用旋转调制盘的导引头，如车轮式调制盘

图 2.94 为一个带车轮式旋转调制盘的导引头。探测器前面的旋转调制盘将探测到的长连续信号切割成一系列脉冲。切割信号中的相位信息指示点目标离导引头轴的方向角，而其幅度指示误差大小。

表 2.15 红外导弹特征

名称	类型	目标截获	导引头类型	射程(m)	目标高度(m)	速度(m/s)	导弹抗干扰措施
SA-7	SAM	可见光	非制冷红外	4200	2300	385	无
SA-18	SAM	可见光	—	5200	3500	—	双色
SA-16	SAM	可见光	制冷红外	5200	3500	570	双色
红眼	SAM	可见光	非制冷红外	5500	2700	522	无
毒刺	SAM	可见光	—	4500	3800	718	圆锥扫描
西北风	S/AAM	FLIR，飞机雷达	制冷红外	6000	4500	852	双色
响尾蛇	AAM	FLIR，飞机雷达	—	8000	—	—	红外弹抑制
白杨	AAM	FLIR，飞机雷达	—	40000	—	—	—

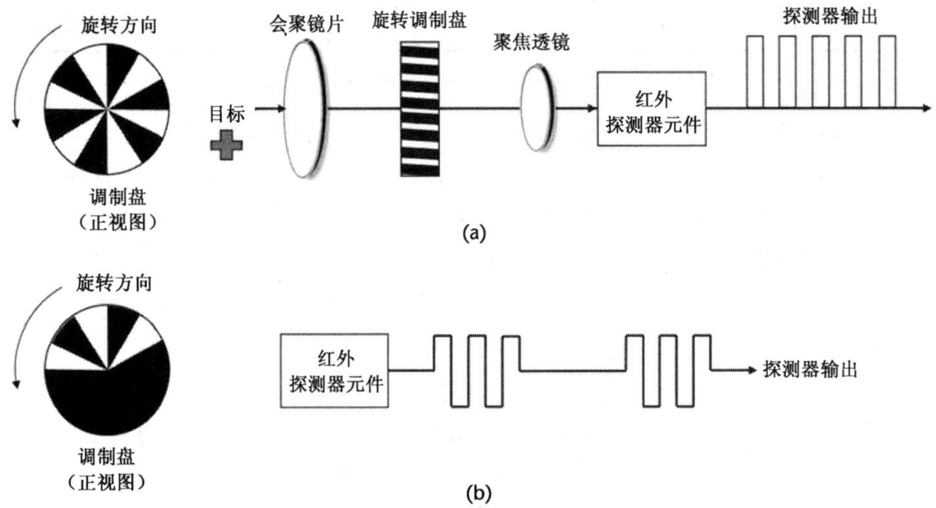

图 2.94 红外导引头的车轮式调制盘

旋转调制盘只有半个圆盘是透明的(见图 2.95)，在保留目标点源产生的脉冲信号时，会对云层等扩展辐射源产生一种接近稳定的信号。可使用已调谐到调制盘扫描速率的简单滤波器来提取目标信号。

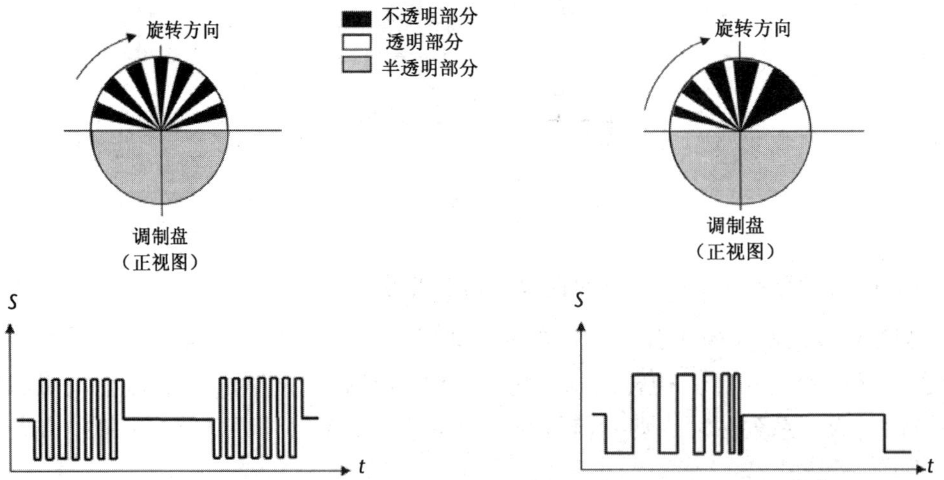

图 2.95 半个圆盘透明的红外导引头旋转调制盘

2. 采用静止调制盘和旋转透镜的导引头

另一种类型的导引头使用固定调制盘，而镜头相对于导引头做偏心旋转，如图 2.96 所示。

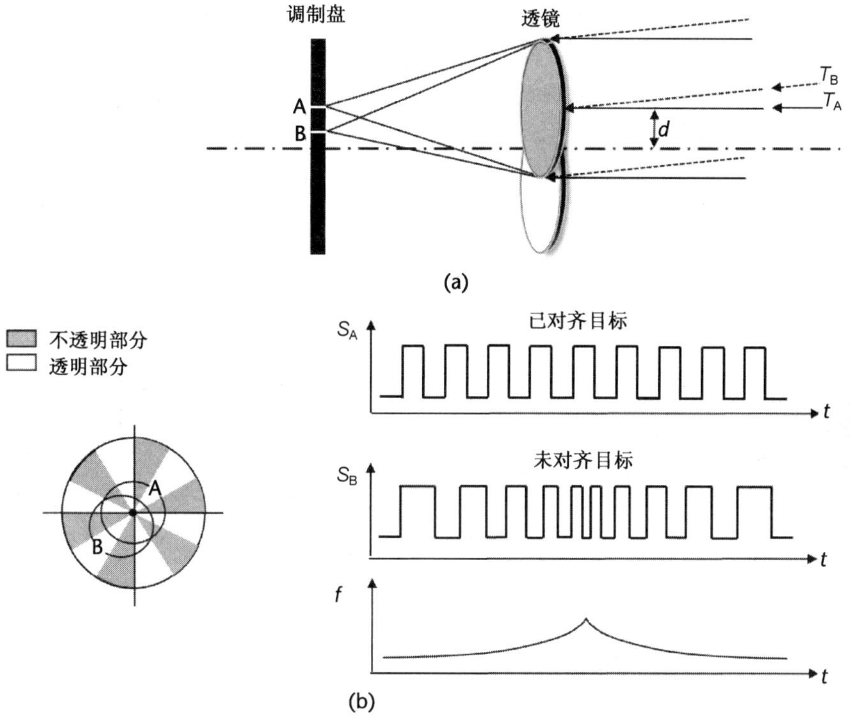

图 2.96　采用静止调制盘且透镜相对于导引头做偏心旋转的导引头

3. 圆锥扫描导引头

图 2.97 为圆锥扫描导引头。这种导引头的调制盘是固定的，同时有一个倾斜的旋转副镜。目标图像会沿调制盘外缘生成一个环形轨迹。如果导引头在扫描时锁定了目标，探测器会产生一频率恒定的方波。如果未锁定目标，上述环形轨迹将发生偏移，探测器会产生一调频方波。该调频方波有一个与偏离导引头中心的角误差成正比的调制深度。误差信号会被解调，以便为目标跟踪伺服系统提供输入。

圆锥扫描导引头镜片一般用于旋转非常靠近调制盘边缘的目标。这样可以产生某特定角误差的最大调频深度，从而获得更加准确的跟踪回路。同时也可实现反红外弹，因为红外弹离开调制盘的速度比旋转扫描周期更快。

4. 玫瑰型扫描导引头

这类导引头属于伪成像类型，它并不会真正生成图像，但可利用扫描获得的空间信息区分背景和红外弹。这类导引头的探测器为固定的，且对准镜片瞄准线，而导引头视场（FOV）由一个较小的瞬时视场进行扫描。该小型瞬时视场由两个旋转速度分别 ω_1 和 ω_2 的棱镜控制，在导引头视场内，其路径形状类似于花瓣，因而此类导引头被称为玫瑰型扫描导引头，如图 2.98 所示。

当导引头视轴对准目标时，两个旋转棱镜在探测时间 t_0 时所在的位置分别指示目标角误差 θ 和 φ（方位角和俯仰角），如下式所示：

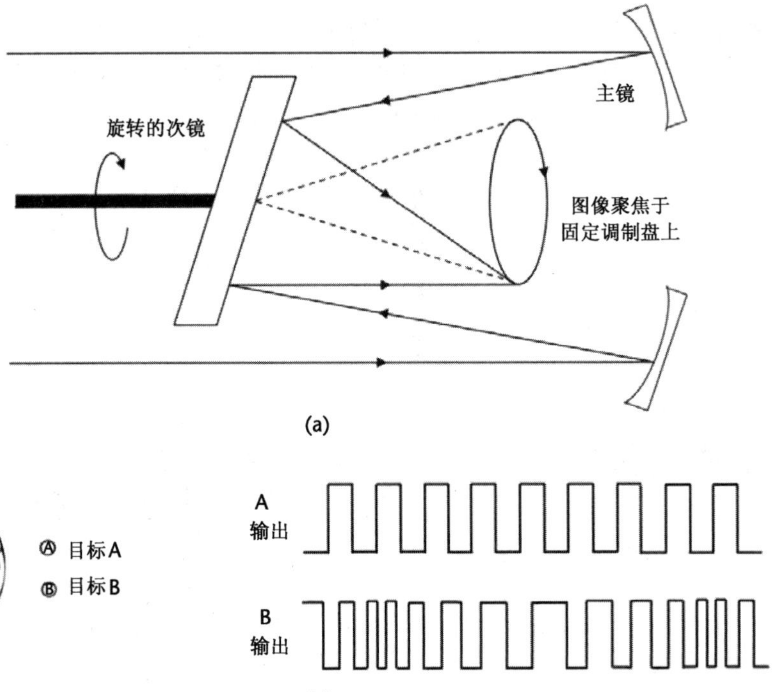

图 2.97 圆锥扫描导引头

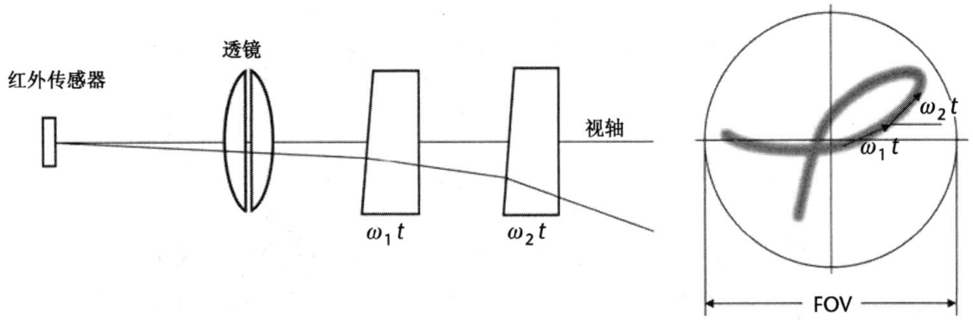

图 2.98 玫瑰型扫描导引头

$$
\begin{aligned}
\theta &= \frac{\mathrm{FOV}}{2}\left(\cos\omega_1 t_0 + \cos\omega_2 t_0\right) \\
\varphi &= \frac{\mathrm{FOV}}{2}\left(\sin\omega_1 t_0 + \sin\omega_2 t_0\right)
\end{aligned}
\tag{2.102}
$$

这类导引头不受 AM 红外线灯或激光的干扰，且可以确定视场内不同目标的位置，因而通过动态滤波，可以将目标与红外诱饵区分开来。

5. 成像导引头

这类导引头利用的是探测器的焦平面阵列紧盯着场景，并生成一个类似电视的空间图。成像导引头能对抗红外弹，因为红外弹与拖长的飞机尾焰根本就不像。

图像处理是成像导引头的最难之处，因为一个典型焦点平面阵列只有 128×128 像素，每个 10 位，采样速率为 100 Hz，它的数据吞吐量约为 16 Mbit/s。

2.6.3　红外导弹探测距离

红外导弹导引头与红外搜索跟踪系统（IRST）在探测性能方面具有相同的表现，因为后者也与目标温度、大气透射比、系统光学、探测器敏感度等几个因素相关。

IR SAM 或 AAM 的主要目标是飞机喷射发动机的排气喷嘴和尾焰。目前，红外导引头也应用于掠海飞行的反舰导弹，以辅助微波导引头，提供更高的跟踪精度和更好的抗干扰性能。这种情况下，船舰的发动机喷嘴成为主要探测目标。飞机排气管温度约为 1000～2000 K，尾焰温度为 700～1000 K。当飞机后燃器处于运行状态时，尾焰温度可达到热排气管的温度。

次要目标为气动加热的飞机外壳。根据下列表达式可以看出，飞机外壳的温度取决于飞行速度。

$$T = T_0(1 + 0.164M^2)\quad \text{(K)}$$

式中，M 为马赫数，即飞机速度除以空气中声音传播的速度；T_0 为标准温度，取值为 250 K。一般情况下，超音速飞机外壳的温度为 250 K（$M\approx1$）～500 K（M=2.5）。

目标的温度影响辐射波长，根据式（2.90），探测排气管时，峰值为 2～5 μm，探测飞机外壳时，峰值为 8～12 μm。

根据式（2.90）和式（2.91），假设排气管温度 T_{tp}=700 K，喷嘴面积=1600 cm^2，辐射率 ε=0.9，则得出辐射强度 J_t=693 W/sr；假设飞机外壳温度 T_{sk}=414 K（飞机速度 M=2），飞机面积 A=10 m^2=105 cm^2，辐射率 ε=0.05（铝），则 J_t=255 W/str。

表 2.16 给出了在 3.5μm 和 10μm 波长、能见度为 23 km 时的大气衰减（dB/km）。

根据式（2.89），重写距离 R 的表达式，即：

$$R = \left[J_t \cdot L_a(R) \cdot \left(\frac{\pi d}{4(f/\#)} \right) \cdot D^* \cdot \left(\frac{L_s}{S/N} \sqrt{\frac{T_F}{\Omega}} \right) \right]^{1/2} \tag{2.103}$$

式中所有参数都已经讨论过了，仅需代入具体值即可得出高速战斗机的红外导弹探测距离。该等式是五个代数项的乘积：

① 第一个代数项与目标相关，对于探测距离最大的两个带宽，其值已在上文中确定。

② 第二个代数项为大气损耗，取决于距离，因而上述等式需采用迭代法求解。如表 2.16 所示，大气衰减随高度的增加而减弱，所以空对空战斗中的探测距离比地对空战斗中的探测距离远。

③ 第三个代数项与导引头光学器件相关，其参数决定导引头的瞬时视场。

表 2.16　能见度为 23 km 时的红外大气衰减（dB/km）

高度（km）	波长	
	3.5μm	10μm
0.2	0.88	0.57
2	0.37	0.17
5	0.16	0.05
10	0.05	0.04

④ 第四个代数项为 D^*（cm·Hz$^{1/2}$/W），表示探测器（方形孔径，1 cm^2），在 1 Hz 带宽条件下测得的探测率。其值取决于探测器材料和选择的冷却方式。例如，当前红外导弹的首选材料 InSb 需冷却至液氮温度（77 K）后，才会在 3～5 μm 带宽中敏感，其 $D^*\approx9\times10^{10}$（cm·Hz$^{1/2}$/W）。

⑤ 第五个代数项与系统参数相关，如系统损耗 L_s、整个视场 Ω、帧周期 T_F 及探测条件（P_d,P_{fa}）下要求的 SNR。

现代红外导弹的探测距离一般为 6～12 km(探测飞机尾焰)或 4～6 km(探测飞机外壳)，视具体高度而定。

2.6.4 红外导弹导引头抗干扰

除第一代红外导引头外，接下来几代导引头均采用了反干扰技术，以对抗红外弹这种最常用的干扰技术。红外弹的原理将在第 6 章中进行说明。

通常情况下，红外反干扰技术的工作可分为两个阶段：第一阶段是探测导引头视场范围内的红外弹；第二阶段是采取措施对抗红外弹的干扰。

探测红外弹的技术多种多样，其中包括：

- 上升时间测量：若接收到的能量中发现突然急剧增加的上升时间，则表明在导引头视场中存在红外弹；
- 双色探测：若两个带宽接收到的能量之比突然发生变化，则表明在导引头视场中存在红外弹；
- 动态滤波器：对于波束方向的控制，在试图跟踪红外弹时，一旦红外弹脱离飞机，由于它的急剧减速(因气动阻力较大)，该滤波器能够检测到视线角速率突然发生的变化。

一旦在导引头视场范围内探测到红外弹，剔除红外弹信号还要等看到它与飞机尾焰分开的效果，并且能够区分视场对边出现的两个热点以后。可采用以下剔除方法：

- 利用记忆技术：导引头剔除其最新探测的轨迹并跟踪目标，等待红外弹离开视场；
- 偏置万向支架：偏置导引头万向支架会使导引头偏向目标运动的方向。这样会使红外弹早一点离开视场；
- 利用衰减器：在视场象限内放置一个衰减器，位于目标下方并靠近目标尾部，以减少从弹接收到的能量。如果衰减量足够，导引头则会继续跟踪目标；
- 利用视场选通：对于玫瑰型扫描导引头，在红外弹脱离目标后一段时间后，目标与红外弹将不再处于同一扫描波瓣内。通过计算目标的相对运动，导弹能够判断目标将出现在哪一个波瓣。因此，可忽略来自其他波瓣的信息，让导弹继续跟踪目标。

2.6.5 导弹逼近告警器

导弹逼近告警器(MAW)是战术飞机电子对抗系统中雷达告警接收机(RWR)的一个补充，因为在有导弹逼近的情况下，两者都必须向飞机发出警报，并提供导弹的抵达方向和可能被打击到的时间。雷达告警接收机提醒飞机有雷达制导导弹靠近，而导弹逼近告警器提醒飞机有一个近程红外/光电制导导弹正在逼近攻击。为了反击导弹袭击，无论是投放红外弹或采取有源对抗措施，战术飞机都必须获得角度及原始距离等信息(见第 6 章)。

导弹逼近告警器可以是无源的，也可以是有源的。前者可用于在红外或紫外波段探测导弹火箭发动机产生的尾焰特征并提供导弹的抵达方向。后者一般是多普勒雷达，通过导弹蒙皮回波探测和跟踪导弹。

雷达的优点是能够提供全天候的距离和距离变化率数据，以估算导弹的打击时间；缺点是难以从强杂波中鉴别雷达反射截面积较小的目标，且在连续波模式下工作时，还可能会成为反辐射导弹的信标。对于第二个缺点，可利用被动导弹逼近告警器，引导雷达工作来弥补。因此，在某些情况下，综合导弹逼近告警器可以同时结合这两种传感器的优点。

红外或紫外的被动导弹逼近告警传感器都可以在熄火前的某个时刻探测到导弹排出的尾焰。这类传感器通常为凝视系统，利用探测器感光阵面生成目标场景图像，提供准确的角度数据(约为 1°)，并根据收到的信号能量，估计出大概距离。

红外导弹逼近告警器易受背景(杂波)虚警的影响，因此，当代系统已经采用双色焦平面阵列探测器，以采用频谱-空域-时域杂波抑制技术。

紫外探测器专用于探测燃烧的固体火箭推进器。探测时，由于地球臭氧层(通常距地球表面 30～50 km)吸收了日盲区(0.22～0.28 μm 之间)内绝大部分的太阳辐射，因此在这个频段内可能以较低的虚警工作。所以，在臭氧层以下的高度(比如 20 km)，可以在极低的背景下探测到固体火箭助推剂的燃烧特征。

关于主动导弹逼近告警传感器(即脉冲多普勒雷达)的讨论见第 2.3.9 节。

2.7　激光雷达系统

激光雷达类似于微波雷达，但其工作频率要高一些(在 20～200 倍的量级上)。采用更高频率的好处是使用的部件更小、测角精度更高。然而，在高频条件下大气衰减比较明显，因此地面激光雷达的探测距离有限(约 10 km)。而航天激光雷达不受大气衰减影响，其探测距离可达到几千千米。

由于激光雷达波束宽度较窄(1 mrad 量级)，因而不适用于空域搜索，这个任务最好由被动红外系统完成。后者提供的目标粗方位角可以引导激光雷达，由激光雷达给出目标的距离和径向速度。

主要考虑到大气透射窗口(见图 2.3)以及探测器和激光源的可用性，激光雷达一般只在两个波长的频段上工作：固态半导体激光器使用的 1 μm(1 μm=10^{-6} m)和气体(CO_2)激光器使用的 9.2～10.8 μm。

激光系统的军事应用如下。

- 指示器：利用激光束照射目标，引导武器攻击目标；
- 测距机：准确测量出目标与观测点之间的距离；
- 雷达导引头：集成在武器(或导弹)上，用于识别目标并自主地引导武器攻击指定目标；
- 目标速度测量：在外差接收机构架中使用，用于确定目标的多普勒频移；
- 在核、生物及化学(NBC)作战中测量差分吸收(差分吸收激光，DIAL)：根据辐射信号两种波长的衰减差，测量大气中特殊气体的浓度。把第一个波长调谐到所选择气体的吸收线，而第二个波长远离它。衰减量与大气中的气体浓度成正比。

最后两种应用需使用二氧化碳气体激光器，它可以在上述的大带宽上调谐。

2.7.1　激光目标指示和测距

目标指示器用于地面战场场景，可以用于 LANTIRN(夜间低空导航和目标瞄准红外系统)这样的机载场合，也可以用于地面设备，为针对目标的武器提供距离和方位等信息。激光目标指示器是一种相对较大较重(达 20 kg)的系统，作用距离约为 10 km。一些像“小牛”

(Maverick)激光制导炸弹和“海尔法”导弹等这样的空射武器配有激光导引头，可定位目标并将武器导向目标。

激光测距仪体积较小，重量比指示器轻(约 3～4 lb)，它们装有一对望远镜，有效距离约 1 km。目前使用的大多数激光目标指示器和测距仪均工作在 1.064μm 波长下(Nd:YAG)，但这并不是一个对视力无害的波长[14]，因为人眼的敏感范围为 0.4～1.2 μm。

最近出现的一种小巧而坚硬的非制冷中红外半导体激光二极管把可用频带移出了 1.4 μm，这超出了对人眼不安全的极限波长。

典型的半导体激光材料有：

- Ho:YAG，发射的激光波长为 2.09～2.10 μm；
- Tm:YAG，发射的激光波长为 2.32 μm；
- Er:YAG，发射的激光波长为 2.94 μm；
- Dy:YLF，发射的激光波长为 4.34 μm。

其中，Ho 表示钬，Tm 表示铥，Er 表示铒，Dy 表示镝，YAG 表示钇铝石榴石，YLF 表示氟化钇锂。

在军事应用上，激光雷达用于对目标进行定位、识别，并将武器引向目标。通常情况下，激光雷达通过下列三种图完成其使命：

- 距离图像：通过处理来自目标散射体的后向散射信号获得；
- 俯仰图像：勾画出视场场景内的高度轮廓；
- 强度图像：根据视场内物体的不同反射率而生成。

2.7.2 激光雷达接收机

有两种接收机：直接接收机和外差接收机。直接接收机与光电探测器类似，不同的是直接接收机是测量来自目标的后向散射能量。图 2.99 为直接激光雷达接收机的示意图，说明了成像功能以及捕捉视场内目标的扫描光学镜的伺服机构。

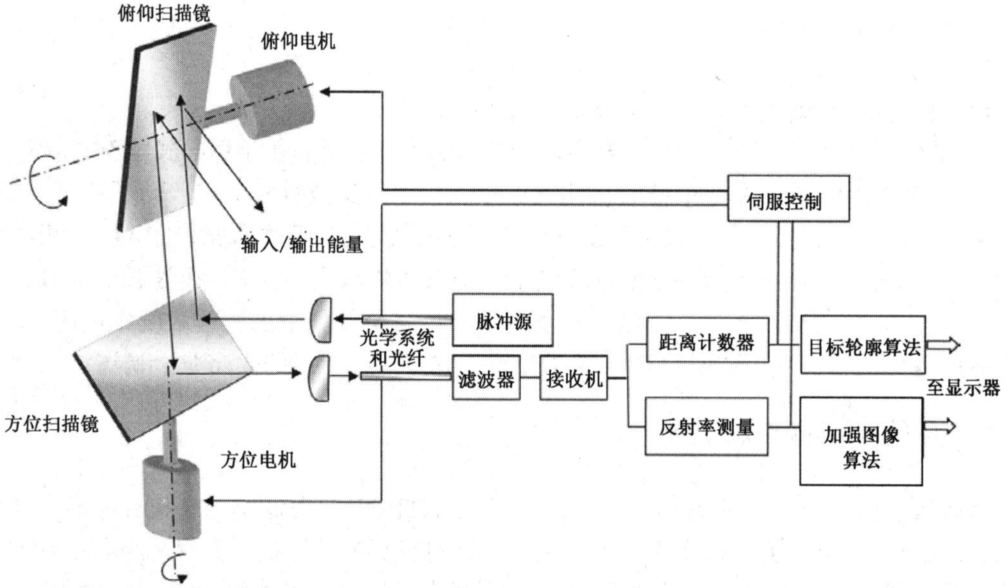

图 2.99 直接激光雷达接收机

在外差接收机中，激光器发射的部分波束被分配到了移频器。移频器会产生本振频率并与接收到的激光信号混频，这样就把信号转换为低频进行放大以增强接收机的灵敏度。图 2.100 为外差激光雷达接收机的示意图。这个框图可以对激光雷达作相干处理，不仅提供了强度和距离信息，还提供了与目标径向速度成正比的多普勒频移。相干激光处理是基于波长为 10.6 μm 的二氧化碳激光器，它可产生一个非常高的长期稳定频率。

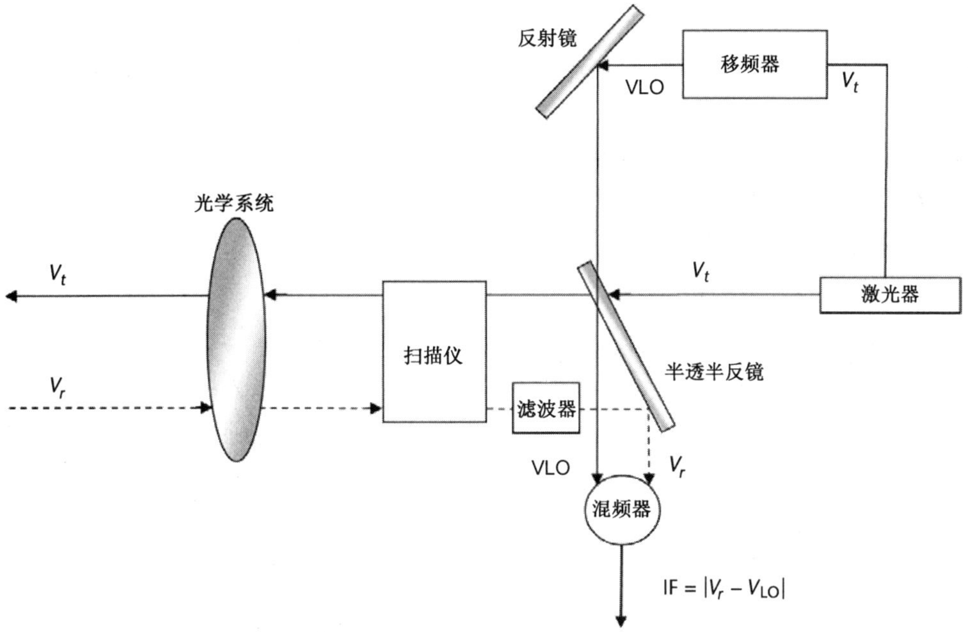

图 2.100　外差激光雷达接收机

2.7.3　激光雷达距离方程

对于激光雷达接收的来自相距 R 的目标的信号功率，其公式推导与微波雷达非常类似（见第 2.2 节）。我们仍将使用微波推导公式中的符号，但在红外领域，将用透镜和光学器件代替天线。

接收到的信号功率 P_r 可表示为下列五项之积：

$$P_r = \frac{P_t}{4\pi R^2} \cdot G_{lens} \cdot \frac{\sigma}{4\pi R^2} \cdot \frac{\pi D_0^2}{4} \cdot \frac{1}{L} \tag{2.104}$$

第一项表示点状源激光功率 P_t 在球面 $4\pi R^2$ 上的分布；第二项以增益 G_{lens} 表示透镜的聚焦效果，将激光功率引向目标方向，且在整个 4π 的立体角上是非均匀的。透镜的增益还可表示为 $G_{lens}=4\pi/(\pi\theta_B^2/4)$，其中透镜产生的波束宽度 θ_B 乘以因子（$\sqrt{\pi/4}$），以考虑孔径照射均匀的情况（会使波束变窄）；第三项表示点目标拦截并向所有方向重新辐射（即所谓的雷达散射面积）的部分入射功率；第四项为接收孔径的有效面积（通常是一个直径为 D_0 的圆）；第五个因子表示双向大气路径损耗和系统损耗。

与微波雷达方程式的主要不同之处在于目标的雷达反射截面积。首先要考虑的是，在微波域中，雷达距离方程式适用于天线远场，其定义为：

$$R_{FF} = 2D^2/\lambda \tag{2.105}$$

式中，R_{FF}(m)为远场距离，D(m)为较大的天线尺寸，λ(m)是发射波长。在激光域中，如果 λ=1 μm=10^{-6} m，透镜直径 D_0=0.05 m，那么 R_{FF}=5161 m。因此，考虑到透镜的实际直径可能会高出两至三倍，我们认为：激光雷达总是工作在透镜近场的。

其次要考虑的是，对于波束极窄的激光雷达，其波束宽度正比于波长与透镜直径的比值：

$$\theta_B = \left(\sqrt{\pi/4}\right)\lambda/D_0 \tag{2.106}$$

这说明，如果 D_0=0.05 m，λ=1 μm，那么波束宽度 θ_B=0.0176 mrad。

在距离为 10 km 的位置，具有上述波束宽度的波束会产生一个直径 $d=R\theta_B$=0.176 m 的点，且通常比任何有效目标的尺寸小得多。

这后一个考虑也就是说，实际目标从未被激光束完全照射过，因此，后向散射不会均匀散布在整个球面上，而仅照射目标的前半个球面上，即不再是 $\sigma/(4\pi R^2)$，而是 $\sigma/(2\pi R^2)$。所以，它的雷达反射截面积为：

$$\sigma = \frac{\pi\rho}{4}(R\theta_B)^2 \tag{2.107}$$

式中，ρ 为目标反射率（即辐射率 ε 相对于 1 的补数：$\rho=1-\varepsilon$）。例如，未上漆的金属在中红外频段的反射能力比在反射背景的要强得多。

另一个关于目标后向散射功率分布的常用假设是朗伯散射假设，即每单位立体角的反射通量正比于关注方向与曲面法线之间夹角的余弦。所以，总的后向散射功率并未分布在 2π 球面度上，而仅分布在 π 球面度上，这可以从图 2.101 推导出来，计算公式如下：

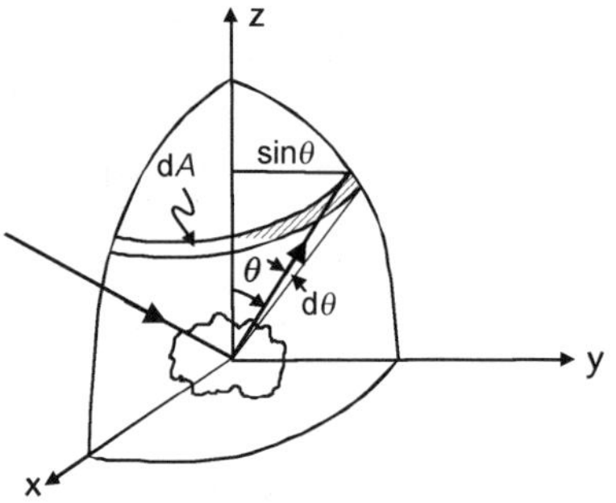

图 2.101　朗伯后向散射

$$\int_0^{\pi/2} \cos\theta \cdot \mathrm{d}A = \int_0^{\pi/2} \cos\theta \cdot 2\pi\sin\theta \cdot \mathrm{d}\theta = \pi \tag{2.108}$$

所以，激光雷达距离方程式中后向散射项为：

$$\frac{(\pi/4)(R\theta_B)^2\rho}{\pi R^2} = \frac{\theta_B^2}{4}\rho \tag{2.109}$$

考虑到式(2.106)至式(2.108)，式(2.104)变为：

$$P_r = \frac{P_t D_0^2 \theta_B^2 \rho}{\pi R^2 L} \tag{2.110}$$

上述等式说明，实际目标反射的信号功率与其距雷达的距离平方成反比。

如果目标非常小（尺寸 $d<R\theta_B$），除考虑朗伯散射（可减小 σ 至 $\sigma/2$）外，式(2.104)仍然保持不变；因此，等式变为：

$$P_r = \frac{P_t \sigma D_0^2}{2\pi R^4 \theta_B^2 L} \tag{2.111}$$

对于激光目标指示器，距离 R_1 处的目标上的激光束通常比目标的尺寸大（目的是为避免搜索目标），激光接收机放置在距离 R_2($R_2 \neq R_1$)处。

因此，激光目标指示器等式与微波双基地或半主动雷达公式非常相似，具体如下：

$$P_r = \frac{P_t}{4\pi R_1^2}\frac{4\pi}{(\pi/4)\theta_B^2}\frac{\sigma'}{2\pi R_2^2}\frac{\pi D_0^2}{4}\frac{1}{L} \tag{2.112}$$

注意，在上述等式中，目标的雷达反射截面积以 σ'表示，表示其不同于发射机和接收机在同一方向上时测得的值。

2.7.4　目标探测

如微波雷达情况那样，接收机中若存在噪声，会影响目标的探测。接下来讨论前面所述两种激光接收机的噪声电平。

对于直接接收机，激光后向散射能量直接到达探测器，探测器的噪声电平为(参见第 2.6 节)：

$$N = (A_d \Delta f)^{1/2} D^* \tag{2.113}$$

式中，A_d为探测器面积，Δf为信号带宽，D^*表示探测器材料的探测率。

外差接收机的噪声电平可通过量子力学方法计算得出，这表明理想放大器的功率谱密度可表示为：

$$\Phi(f) = \frac{hf}{\exp(hf/kT)-1} + hf \quad [\mathrm{W/Hz}] \tag{2.114}$$

式中，

h=普朗克常数=6.6256×10^{-34}（$\mathrm{W/s^2}$）；

f=频率(Hz)；

k=玻尔兹曼常数=1.38×10^{-23}[W/(s·K)]；

T=绝对温度(K)。

式(2.114)曲线图为图 2.102 所示。根据该曲线图，外差接收机的噪声电平可表示为：

$$N_b = \frac{hf}{\eta}B \tag{2.115}$$

式中，B 表示接收机的带宽，η 为量子效率(0.3～0.5)。

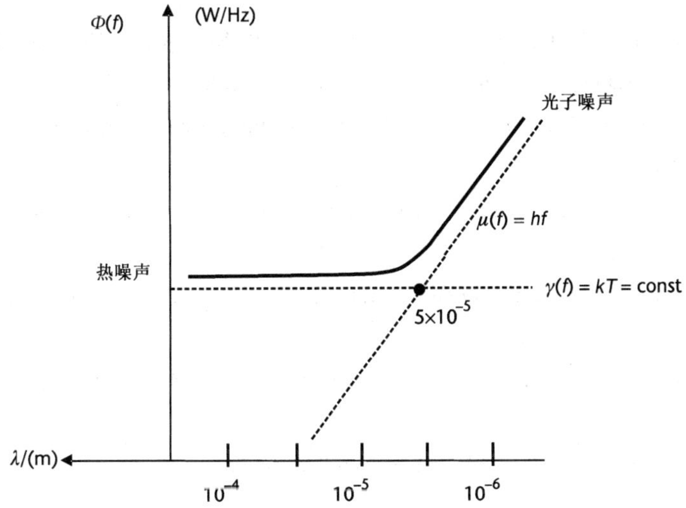

图 2.102　理想放大器的噪声功率谱密度(根据量子力学方程)

激光雷达的目标可分为两大类：①斑点状目标，由若干类似的反射体组成；②闪烁目标，有一个主要反射体。这两种目标分别对应微波雷达探测理论研究的闪烁目标和起伏目标(见斯威林模型 1 和 3)，二者遵循与其反射波值相同的概率密度分布：斑点状目标为瑞利分布，闪烁目标为高斯分布。

一旦确定了 P_r/N=SNR 和目标类别，在噪声功率电平上设置一个固定阈值之后，就可以通过通常的检测曲线(微波雷达的斯威林模型)对检测概率做出评估，而噪声阈值设置是为了在只有噪声时获得选定的虚警率。

关于目标运动参数的测量，激光雷达的工作方式与微波雷达一样，且本章节中关于雷达波形与信号处理的所有讨论均适用于激光雷达。

参考文献

[1] Hovanessian, S., Introduction to Sensor Systems, Dedham, MA: Artech House, 1988.

[2] Skolnik, M., Introduction to Radar systems, 3rd Edition, New York: McGraw Hill, 2001.

[3] Nathanson, F., Radar Design Principles, Sec. 8.8, 2nd Edition, New York: McGraw Hill,1991.

[4] Barton, D., Modern Radar System Analysis, Dedham, MA: Artech House, 1988,Chapter 11.

[5] Lynch, Jr., D., Introduction to RF Stealth, Raleigh, NC: SciTech Publishing, 2004, Chapters 1 and 5.

[6] Pace, P., Detecting and Classifying Low Probability of Intercept Radars, Norwood, MA: Artech House, 2004.

[7] Morris, G., Airborne Pulsed Doppler Radar, Dedham, MA: Artech House, 1988.

[8] Neri, F., Introduction to Electronic Defense Systems, 2nd Edition, Raleigh, NC: SciTech Publishing, 2006.

[9] Howard, D., “Tracking Radars.” In Radar Handbook, 3rd Edition, Chapter 9, M. Skolnik (ed.), New York: McGraw Hill, 2008.

[10] Bath and Trunk. In Radar Handbook, 3rd Edition, Chapter 7, M. Skolnik (ed.), New York: McGraw Hill, 2008.

[11] Rihaczek, A., Principles of High Resolution Radar, Norwood, MA: Artech House, 1996.

[12] Guerci, J., Cognitive Radar, Norwood, MA: Artech House, 2010.

[13] Groves, P., Principles of GNSS, Inertial, and Multisensor Integrated Navigation Systems, Norwood, MA: Artech House, 2008.

[14] Poisel, R., Introduction to Communication Electronic Warfare Systems, Norwood, MA: Artech House, 2004.

[15] Torrieri, D., Principles of Secure Communication Systems, 2nd Edition, Norwood, MA: Artech House, 1992.

[16] Klein, L., Millimiter-wave and Infrared Multisensor Design and Signal Processing, Norwood, MA: Artech House, 1997.

[17] Leachtenauer, J., and R. Driggers, Surveillance and Reconnaissance Imaging Systems, Norwood, MA: Artech House, 2001.

[18] Hovanessian, S.A., and K. Seyrafi, Introduction to EO Imaging and Tracking Systems, Norwood, MA:

Artech House, 1992.

[19] Schleher, D., Electronic Warfare in the Information Age, Norwood, MA: Artech House, 1999.

[20] Vaccaro, D., EW Receiving Systems, Norwood, MA: Artech House, 1993.

[21] Tsui, J., Digital Microwave Receivers, Dedham, MA: Artech House, 1989.

[22] Tsui, J., Fundamentals of GPS Receivers, a SW Approach, NYC: John Wiley & Sons, 2000. © 2018 Artech House—Copyrighted Material: Do Not Distribute 164 Evolution of Signal Emitters and Sensors

[23] Tsui, J., Microwave Receivers with EW Applications, NYC: John Wiley & Sons, 1986.

[24] Di Franco - Rubin, Radar Detection, Dedham, MA: Artech House, 1980.

[25] Bar-Shalom, Y., and Xiao-Rong Li, Estimation and Tracking: Principles, Techniques and Software, Norwood, MA: Artech House, 1993.

[26] Lewis, B., F. Kretschmer, and W. Shelton, Aspects of Radar Signal Processing, Dedham,

[27] Lewis, B., "Range-Time Sidelobe Reduction Technique for FM-Derived PC codes," IEEE Trans. on Aerospace and Electronic Systems, Vol. AES-29, July 1993, pp. 834–840.

[28] Golay, M., "Complementary Series," IRE Trans. on Information Theory, Vol. IT-7, April 1961, pp. 82–87.

[29] Willis, N., "Bistatic Radar." In Radar Handbook, 3rd Edition, Chapter 23, M. Skolnik (ed.), New York: McGraw Hill, 2008.

[30] Dunsmore, M., "Bistatic Radars." In Advanced Radar Techniques and Systems, Chapter 11, G. Galati (ed.), London: Peter Peregrinus Ltd., 1993.

[31] Kuschel, H., "Software Defined Passive Radar," Advanced Radar Techniques Workshop at the European Microwave Week 2009, 28 Sept.–2 Oct. 2009, Rome, Italy.

[32] Johnson, J., "Analysis of Image Forming Systems," Image Intensifier Symposium, Fort Belvoir, VA. Report AD-220160, Oct. 1958, pp. 249–273.

[33] Galati, G., and R. Crescimbeni, "Basic Concepts on Detection, Estimation and Optimum Filtering." In Advanced Radar Techniques and Systems, Chapter 1, G. Galati (ed.), London: Peter Peregrinus Ltd., 1993.

[34] Richards, M. A., J. A. Scheer, and W. A. Holm (eds.), Principles of Modern Radars—Basic Principles, Vol I, Raleigh, NC: Scitech Publishing, 2010.

[35] Melvin, W. L., and J. A. Scheer (eds.), Principles of Modern Radars—Advanced Techniques, Vol. II, Raleigh, NC: Scitech Publishing, 2013.

[36] Kulpa, K., Signal Processing in Noise Radars, Norwood, MA: Artech House, 2013.

[37] Franceschetti, G. and R. Lanari, Synthetic Aperture Radar Processing, CRC Press LCC, 1999.

[38] Lombardo, P., and F. Colone, "Advanced Processing Methods for Passive Bistatic Radar Systems," In Principles of Modern Radars, Vol. II, Advanced Techniques in Modern Radars, Chapter 17, W. L. Melvin and J. A. Scheer (eds.), Raleigh, NC: Scitech Publishing, 2013.

[39] Davis, M. S., "MIMO Radar." In Principles of Modern Radars, Vol. II, Advanced Techniques in Modern Radars, Chapter 17, W. L. Melvin and J. A. Scheer (eds.), Raleigh,NC: Scitech Publishing, 2013.

[40] Li, J., and P. Stoica, MIMO Radar Signal Processing, Wiley-IEE Press, 2008.

第 3 章　电子战射频传感器系统

3.1　引言

电子战射频波段的传感器是能够对环境中射频波段的辐射源进行探测、分类、识别并定位军用监视系统、武器系统和通信链路中射频辐射源的系统。

监视系统和武器系统的雷达辐射源一般工作在高频段（通常大于 1 GHz），利用定向天线进行目标测向。在接收端，它们使用周期脉冲类型或连续波类型的调相或调频波形，利用脉冲压缩技术实现对目标距离的精确测量。信号波形的载频能够在一个大带宽（称为频谱捷变带宽）中逐个脉冲或逐组脉冲（满足雷达接收机完成脉冲相干积累的需要）进行改变，从而提供 ECCM 技术。

当前，西方国家又开始重新使用较低频段的雷达辐射源（通常小于 1 GHz），利用其反隐身和无源隐蔽雷达的功能。

通信链路的通信类辐射源一般工作在较低频段上（通常小于 1 GHz），目前也向更高频段扩展，以便利用更大的信号带宽和更多的信道。相对于雷达辐射源，它们通常发射很长的调幅、调相、调频连续波波形，很少采用脉冲猝发信号，利用扩频和跳频技术（在通信中，这两个术语等同于雷达中的脉冲压缩和频率捷变技术，它们都被用作反干扰或 ECCM 技术）。

目前（在地基系统中现在仍是），根据其辐射源波形特征（在第 2 章中已讨论），专用于雷达辐射源和专用于通信辐射的传感器之间存在很大差别，包括传感器架构、所使用的技术和操作方式。在机载和舰载应用上，新技术的应用可以让我们把通用的架构应用于针对两种类型的辐射源的电子战传感器，从而提供所谓的电子战频谱传感器。

本章将分为三部分，分别讲述雷达电子战传感器、通信电子战传感器以及电子战频谱传感器。

3.2　雷达电子战传感器

雷达电子战传感器的架构不同于通信电子战传感器的架构，它是依据雷达信号波形（通常是周期的窄脉冲）以及传感器完成的主要功能，由于与之相关的武器系统在极短的时间内将成为威胁，因此所执行时间必须很短。相关传感器的功能和分类如下：

① 雷达告警接收机（RWR），在传感器空间和频率覆盖范围内对威胁辐射源的存在发出告警，并指示到达方向，给出其到达方位（DOA）的指示。

② 电子支援措施（ESM）接收机，对传感器空间和频率覆盖范围内的所有雷达辐射源进行测向和分选。

③ 电子情报（ELINT）接收机，对雷达辐射源所有特征（波形和天线方向图）进行持续精

确测量，以提供对相关武器的分析和建模，以及用于前两种传感器的辐射源数据库中，对辐射源进行识别。

接下来将在 3.2.1 节～3.2.3 节对这些上一代的传感器类型的典型架构进行讨论，为读者提供关于传感器结构的信息，然后再介绍电子战传感器所面临的主要挑战，它们包括：

① 接收机灵敏度：即传感器能进行信号探测和参数测量的最小信号功率电平。

② 截获概率(POI)：在一个预先确定的时间周期(截获时间，TOI)内，对在传感器空间和频率覆盖范围内出现所有辐射源(或只是威胁辐射源)的截获概率。

③ 鉴别辐射源的能力：在空间和频率覆盖范围内，分辨不同辐射源的能力，从而对雷达辐射源模式(比如，波形的特征参数和天线扫描类型等)进行分类，以便识别辐射源以及与之相关联的武器系统。

3.5.1 节将讨论上一代雷达波段电子战传感器的体系结构，然后，本章将详细描述新一代的雷达波段电子战传感器的体系结构。

3.2.1　RWR 体系结构

RWR 是用于不需要高灵敏度应用的基本电子战无源监视设备的一个代表，其任务是向飞行员或平台指挥员提供周围环境中与辐射源的主瓣照射关联的威胁告警。RWR 完成的功能如下：

- 探测威胁辐射源；
- 对辐射源相对于平台纵轴向的到达方向进行粗测(在单脉冲制式中需要多个定向天线以及相关的单脉冲形式的接收机信道)；
- 测量威胁信号的瞬时参数；
- 在信号密度不是很密集的环境中，对威胁信号进行去交错和分类；
- 通过与预置数据库进行比较，识别威胁信号。

图 3.1 示出了一种宽开(WO，完全覆盖所需的威胁辐射源频谱)的 RWR 典型框图，这是一种应用最广泛的 RWR 体系结构(更多细节见 3.4 节)。在这种体系结构中，晶体检波器(通常作为平方律检波器)信道能够在整个射频带宽上进行探测，输入射频滤波器对带宽进行了限制，去除与辐射源波形相关的所有频率和相位信息。视频滤波器给出了能够探测从给定(最小)脉宽到较大脉宽脉冲的平滑滤波。晶体检波器通道与设备的每个定向天线相关，对测得的脉冲幅度进行处理，提供下列的瞬时辐射源脉冲参数：

- 脉冲幅度(A)；
- 脉宽(PW)；
- 到达方向(DOA)；
- 到达时间(TOA)。

检波前的射频信号也被送到瞬时测频(IFM)设备(参见 3.4 节)，给出对信号频率的估计(频率 F)。由于 IFM 带宽非常大并采用了微波电路，因此通常比较昂贵。大多数早期宽开 RWR 中没有采用 IFM。

所有对瞬时辐射源脉冲参数的测量都集中在一个脉冲描述字(PDW)中，脉冲描述字用于脉冲去交错处理(将所有接收到的环境中属于不同辐射源的 PDW 进行聚类)和辐射源分选处理，以提供对诸如脉冲重复间隔(PRI)、天线扫描类型(AST)以及相关的天线扫描周期

(ASP)等长时间的辐射源信号参数的估计。这两种处理是由处理设备(在图 3.1 中没有示出)完成的，通过将分选的辐射源数据与任务威胁数据库中得到的威胁辐射源数据进行对比，也能够进行威胁识别。

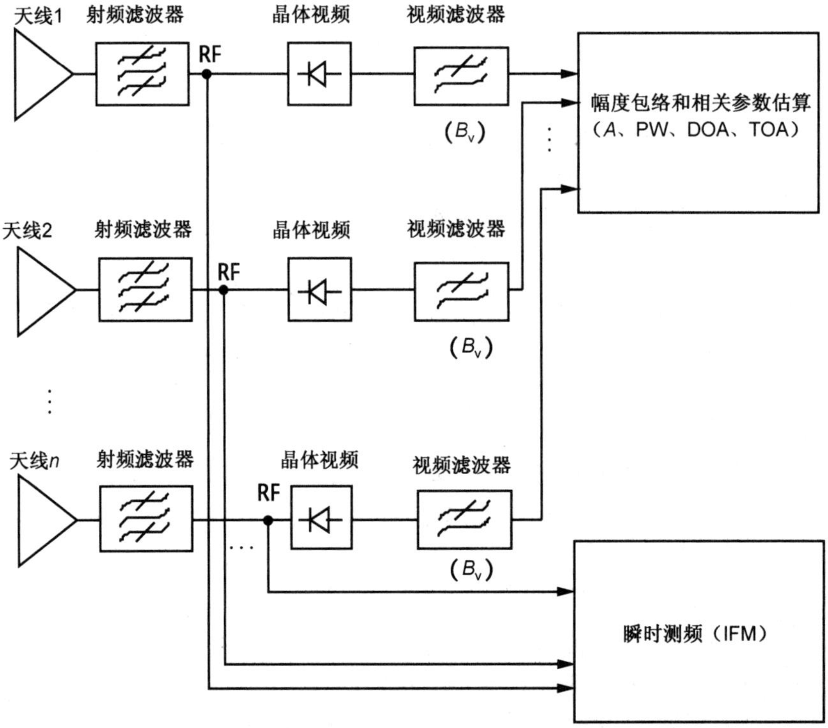

图 3.1　电子战应用中典型的宽开接收机

3.2.2　ESM 体系结构

ESM 设备的应用，除了提供威胁告警，还需要具有高的灵敏度，检测环境中(有可能是非常密集的信号环境)存在的所有类型辐射源的主瓣和旁瓣,这可以采用超外差接收机或者综合使用超外差加宽开接收机的体系结构。

图 3.2 所示为采用超外差的 ESM 体系结构。在这种结构中，整个射频带宽被分为数个子频段，每个子频段被一个本振频率转换为一个固定中频带宽，本振频率由能扫描整个射频带宽的合成器或梳状波发生器产生。由这种架构提供的所需的选择性需要与对环境中所有类型辐射源的非常高的截获概率进行折中,折中的结果通常是采用大的中频带宽(比雷达频率捷变带宽更大)同时采用快速本振开关。这种类型的接收机一般是非常贵的，所以为了降低整个超外差结构的成本，也应用许多基于宽开结构的单脉冲 DOA 测量通道。

3.2.3　ELINT 体系结构

第三种类型的电子战无源监视设备是 ELINT 接收机。这种设备的任务就是有选择地获取并分析辐射源信号瞬时和长时间的特征，以搜集足够多的数据提供给 RWR 和 ESM 设备的数据库，用于目标识别。

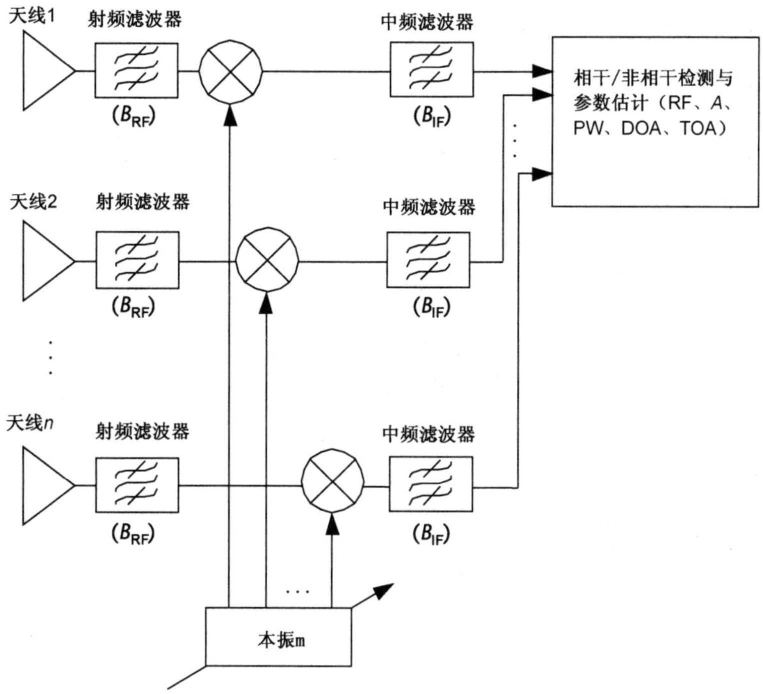

图 3.2　典型的超外差接收机

ELINT 设备是基于超外差接收机结构的，但具有大量可选择的中频带宽，如图 3.3 所示。中频滤波器，经与高增益的定向天线耦合，能够获得非常高的灵敏度，足以分析雷达天线所有旁瓣发射的信号。还可能通过选择中频带宽去分析特定的脉内和脉间信号调制，提供个体辐射源识别(辐射源指纹识别)。

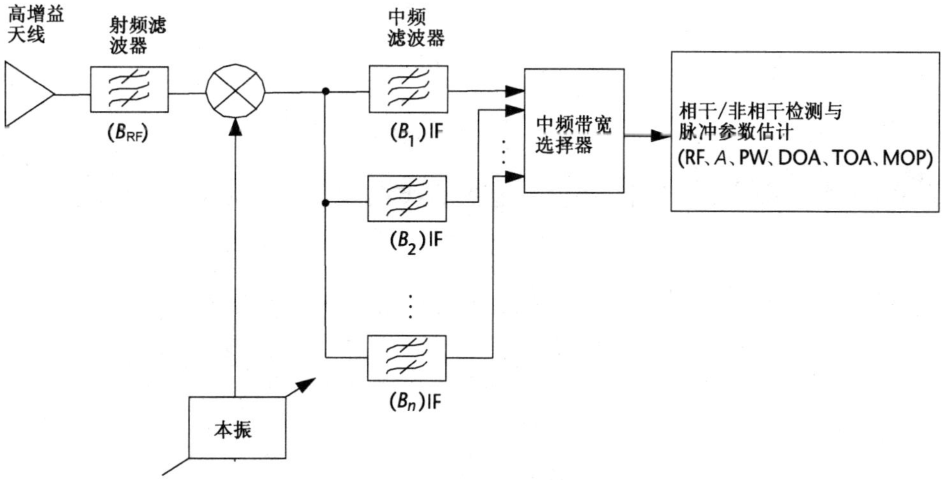

图 3.3　ELINT 接收机

3.3　电子战传感器的灵敏度

传感器的灵敏度定义为信号被探测及其瞬时参数被测量时接收到的最小信号功率。

雷达电子战的传感器用于在雷达辐射源(机载、舰载或地基)能够探测到电子战传感器平台(飞机或舰船)或阵地(及其相关的武器系统)之前，发现雷达辐射源。这是用距离优势因子(RAF)衡量的，在以前所谓低截获概率雷达[4]出现之前，这种需求是很容易满足的。但是现在则需要对雷达电子战传感器体系结构进行大量技术创新。

距离优势因子(RAF)定义为，传感器探测到雷达辐射源的距离 R_e 与雷达探测到具有某个等效雷达散射面积(RCS)的电子战传感器平台的距离 R_r 之比：

$$\mathrm{RAF} = R_e/R_r = 1 + a \ (a > 0) \tag{3.1}$$

为保护平台，所需的超出的传感器距离 $aR_r = (R_e - R_r)$ 取决于逼近速度 v_c 和告警时间 T_w 之积。v_c 是传感器和雷达两个平台相对速度的和，$v_c = v_e + v_r$；T_w 则是分配给电子战传感器平台指挥员用于对雷达威胁做出反应的时间，即：

$$R_e = R_r + v_c T_w \tag{3.2}$$

目前，普遍要求的告警时间范围为 2～10 s。

在上述条件下，所需的雷达类电子战传感器灵敏度能够通过雷达和传感器的距离方程进行估算。图 3.4 中描绘了一种交战场景，其中电子战传感器置于一艘舰船上(具有较大的 RCS)，雷达辐射源则置于向舰船运动的飞机上，其速度等于 v_c。

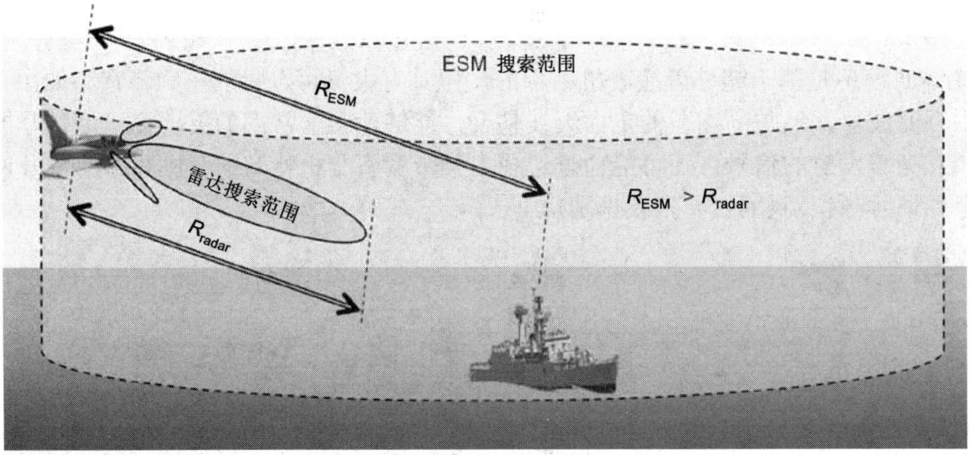

图 3.4 雷达和电子战传感器之间典型的交战位置图

雷达探测方程表示在雷达处接收到的信号功率 S_r 是 3 个项的乘积[1]：

- 第一项代表雷达发射的功率以球面波的形式传播到了距离 R 处；
- 第二项是从目标 RCS 处的后向散射功率，以球面波的形式返回到距离为 R 的雷达处；
- 第三项代表雷达的接收孔径 $A_r = G_r\lambda^2/(4\pi)$。

$$S_r = \frac{P_t G_t / L_t}{4\pi R^2} \frac{RCS}{4\pi R^2} \frac{G_r \lambda^2 / L_r}{4\pi} \tag{3.3}$$

式中，

S_r 是雷达接收机的功率(W)；

R 是雷达和电子战传感器平台之间的距离(m)；

G_t 是雷达发射天线的增益；

G_r 是雷达接收天线的增益；

λ 是波长（m）；

RCS 是电子战传感器平台的雷达散射面积(m^2)；

L_t 是从发射机到发射天线的雷达损耗因子；

L_r 是从接收天线到接收机的雷达损耗因子。

从 2.1 节可知，雷达探测发生在 S_r 超过门限的时候，超过的量取决于需要的探测概率 P_D(通常≥90%)，而这个门限又设置在视频探测到的雷达噪声功率电平之上，以便达到一定的虚警(由噪声采样产生的探测)概率 P_{FA}(通常<10^{-6})。我们定义这么大的功率值为 S_{r0}。

雷达传感器探测距离方程以类似的方式表示，在雷达传感器处接收到的信号功率 S_e 是两个项的乘积。第一个是雷达以球面波的形式传播了距离 R 处的发射功率，第二项代表电子战传感器的接收孔径 $A_e = G_e\lambda^2/(4\pi)$：

$$S_e = \left[(P_t G_t/L_t)/(4\pi R^2)\right]\left[(G_e\lambda^2/L_e)/(4\pi)\right] \tag{3.4}$$

式中，

S_e 是电子战传感器接收机处的功率(W)；

R 是雷达和电子战传感器平台之间的距离(m)；

G_t 是雷达发射天线的增益；

G_e 是电子战传感器接收天线的增益；

λ 是波长(m)；

L_e 表示从接收天线到接收机的电子战传感器损耗的因子。

传感器中对信号的探测是通过在接收机探测器的输出设置一个门限来完成的，这个门限要高于接收机噪声功率电平 N，以获得一定的虚警概率 P_{FA}(通常<10^{-6})，而信号强度 S 要足够达到一定的探测概率 P_D(通常≥90%)。定义这个功率值为 S_{e0}。

为了评估距离优势因子(RAF)以及所涉及的两种类型设备的灵敏度，根据探测原理(参见附录 A)，对于所假设的两种概率的估计值(P_D=90%，P_{FA}=10^{-6})，对于平稳信号功率，对应的 SNR 是：

$$\mathrm{SNR}_0(P_D = 90\%, P_{FA} = 10^{-6}) = 13\ \mathrm{dB} = 20 \tag{3.5}$$

对于一个电子战传感器要获得一个能够实施瞬时参数测量的完全可靠的信号，需要较大的 SNR(比如，对于一个中等的 DOA 估计所需的 SNR>18 dB)。然后，对于我们的推导，我们认为 SNR_0 适用于两种设备。

对于雷达，我们现在可以将式(3.3)中的 S_{r0} 为由探测原理给出的所需要的探测量值：

$$S_{r0}=(\text{雷达接收机噪声功})\times \mathrm{SNR}_0 = (kTB_rF_r)\mathrm{SNR}_0 \tag{3.6}$$

式中，

F_r 为雷达射频接收机链中的噪声系数；

k 为波尔兹曼常数，$k = 1.38\times10^{-23}\ \mathrm{W/(Hz\cdot K)}$；

T 为标准温度 290 K；

B_r 是雷达处理链末端的等效噪声带宽，是发射信号的带宽被多种信号积累(包括检波前的信号相关积累和检波后的信号时间积累，后者也叫目标被照射的时间)缩减了的结果。

可以将带宽表示为：

$$B_r = B_t/G_p \tag{3.7}$$

式中，

B_t 是发射的雷达信号带宽；

G_p 是前述的雷达取得的信号处理增益。

目前可达到的处理增益范围从 10～1000（10～30 dB），因此，实际的 B_r 是 0.1～0.001 B_t[15]。

可以用类似的方式处理电子战传感器：

$$S_{eo}=(\text{电子战传感器噪声功率})\times SNR_0 = (kTB_eF_e)SNR_0/G_{pe} \tag{3.8}$$

式中，

F_e 是电子战传感器射频接收机链的噪声系数；

B_e 是电子战传感器射频接收机链的等效噪声带宽，它通常不与任何特定的雷达波形相匹配，而是取决于传感器的架构；

G_{pe} 是电子战传感器的处理增益。

通过式（3.3）和式（3.6）［类似的式（3.4）和（3.8）］，并把结果用雷达作用距离 R_r 和电子战传感器作用距离 R_e 来表示，可以得到：

$$R_r = \left[\frac{P_tG_tG_r\lambda^2 \cdot RCS \cdot G_p}{(4\pi)^3 L_tL_r(kTB_tF_r)\cdot \mathrm{SNR}_0}\right]^{1/4} \tag{3.9}$$

$$R_e = \left[\frac{P_tG_tG_e\lambda^2 G_{pe}}{(4\pi)^2 L_tL_e(kTB_eF_e)\cdot \mathrm{SNR}_0}\right]^{1/2} \tag{3.10}$$

在考虑 RAF 之前，要注意雷达天线的主瓣并不总是指向电子战传感器的，因此，电子战传感器的最大增益 G_t，可以用天线的旁瓣增益来表示，其增益如下：

$$G_{te} = G_t/\mathrm{SLL} < G_t \tag{3.11a}$$

其中，旁瓣电平（SLL）表示在天线旁瓣处减少的增益，在现代雷达中通常是非常高的。

用 G_{te} 替代式（3.10）中的 G_t，从而扩大我们的思考范围。这样，式（3.10）就变成了

$$R_e = \left[\frac{P_tG_{te}G_e\lambda^2 G_{pe}}{(4\pi)^2 L_tL_e(kTB_eF_e)\cdot \mathrm{SNR}_0}\right]^{1/2} \tag{3.11b}$$

取式（3.11b）与式（3.9）之比，就可以得到 RAF：

$$\frac{R_e}{R_r} = \left[\frac{P_tG_{te}^2G_e^2G_{pe}^2\lambda^2 B_tF_rL_r}{4\pi \cdot RCS \cdot kTB_e^2F_e^2L_e^2 \cdot \mathrm{SNR}_0 \cdot G_tG_rL_tG_p}\right]^{1/4} \tag{3.12}$$

为进一步研究这个公式，让我们作一些假设，这些假设在很多情况下是正确的。

$G_t=G_r$（即雷达的接收天线增益与雷达的发射天线增益是相等的，对于单波束 R_x 天线是如此）；

$L_t=L_r$（即雷达接收机的损耗同雷达发射机的损耗大致相同）；

F_e～$5F_r$（即由于接收带宽更宽，电子战传感器接收机噪声系数要比雷达的大得多）；

L_e～1 dB=1.2；

SNR_0=13 dB=20。

借助上面的假设，重排式(3.12)，可以得到：

$$\frac{R_e}{R_r}=\left[\frac{K}{4\pi}\frac{P_t\lambda^2 G_{te}^2 G_e^2 G_{pe}^2 B_t}{G_t^2 G_p B_e^2\cdot RCS}\right]^{1/4} \tag{3.13}$$

式中，$K=[(F_r/F_e^2L_e^2)(1/(kT\mathrm{SNR}_0))]=83\ \mathrm{dBm/MHz}$。

让我们在一些典型场景中来评估 RAF。

例 3.1 上一代地面监视雷达和上一代机载电子战传感器(灵敏度为–60 dBm 的宽开前置放大器晶体检波器)，雷达参数为：

$P_t=100\ \mathrm{kW}=80\ \mathrm{dB_m}$; $G_t=G_r=35\ \mathrm{dB}$; $B_t=1\ \mathrm{MHz}=0\ \mathrm{dB_{MHz}}$;
$\lambda=0.1\mathrm{m}=-10\ \mathrm{dB_{mt}}$; $G_p=13\ \mathrm{dB}$; $F_r=3\ \mathrm{dB}$; $L_t=L_r=2\ \mathrm{dB}$; $\mathrm{RCS}=5\ \mathrm{m^2}=7\ \mathrm{dB_{m2}}$

采用上面的参数，用式(3.9)算出的雷达探测距离为：

$$R_r=20.25\ \mathrm{dB_{km}}=105.92\ \mathrm{km}=57.19\ \mathrm{Nm}\ (\mathrm{Nm}：海里)$$

电子战传感器的参数为：

$G_e=G_{pe}=0\ \mathrm{dB}$; $B_V=20\ \mathrm{MHz}$; $B_{RF}=16000\ \mathrm{MHz}$; $F_e=10\ \mathrm{dB}$; $L_e=2\ \mathrm{dB}$
$B_e=(2\,B_V\,B_{RF})^{1/2}=800\ \mathrm{MHz}=29\ \mathrm{dB_{MHz}}$

采用这些参数，用式(3.10)算出电子战传感器的探测距离为：

$$R_e=35.5\ \mathrm{dB_{km}}=3548\ \mathrm{km}=1916\ \mathrm{Nm}$$

在 $G_{te}=G_t/\mathrm{SLL}=0\ \mathrm{dB}$ 时，用式(3.11b)算出电子战传感器的探测距离为：

$$R'_e=18\ \mathrm{dB_{km}}=63\ \mathrm{km}=34\ \mathrm{Nm}$$

这样，雷达主瓣和旁瓣的 RAF 分别是 $\mathrm{RAF_{ML}}$=33.47 和 $\mathrm{RAF_{SL}}$=0.59，这表示不管怎样，电子战传感器平台只能在主瓣条件下比雷达辐射源先告警。

同样的计算表明，即使上一代更简单的电子战传感器(灵敏度为–45 dBm 的无前置放大器的宽开晶体检波器)对同样的雷达辐射源，能够给出的是 $\mathrm{RAF_{ML}}$=5.95 和 $\mathrm{RAF_{SL}}$=0.106。

例 3.2 护卫舰上新一代的低截获概率雷达和上一代电子战传感器(灵敏度为–60 dBm 的宽开前置放大晶体检波器)。雷达参数为：

$P_t=100\mathrm{W}=50\ \mathrm{dB_m}$; $G_t=G_r=35\ \mathrm{dB}$; $B_t=500\ \mathrm{MHz}=27\ \mathrm{dB_{MHz}}$; $\lambda=0.03\mathrm{m}=-15\ \mathrm{dB_{mt}}$;
$G_p=30\ \mathrm{dB}$; $F_r=3\ \mathrm{dB}$; $L_t=L_r=2\ \mathrm{dB}$; $\mathrm{RCS}=1000\ \mathrm{m^2}=30\ \mathrm{dB_{m^2}}$

将这些参数代入到式(3.9)，得出雷达探测距离：

$$R_r=16.0\ \mathrm{dB_{km}}=40\ \mathrm{km}=21.6\ \mathrm{Nm}$$

电子战传感器的参数同例 3.1 中的相同。

$G_e=G_{pe}=0\ \mathrm{dB}$; $B_v=20\ \mathrm{MHz}$; $B_{RF}=16000\ \mathrm{MHz}$; $F_e=10\ \mathrm{dB}$; $L_e=2\ \mathrm{dB}$
$B_e=(2\,B_v\,B_{RF})^{1/2}=800\ \mathrm{MHz}=29\ \mathrm{dB_{MHz}}$

将这些参数代入到式(3.10)中，得到电子战传感器的探测距离：

$$R_e=15.5\ \mathrm{dB_{km}}=35.5\ \mathrm{km}=19.2\ \mathrm{Nm}$$

从式(3.11b)可知，在 $G_{te}=G_t/SLL=0$ dB 的情况下，电子战传感器的探测距离为：

$$R'_e = -2\ dB_{km} = 0.63\ km = 0.34\ Nm$$

这样，对雷达主瓣和旁瓣的 RAF 分别为 $RAF_{ML}=0.88$ 和 $RAF_{SL}\approx 0$，这表明电子战传感器平台不会比雷达辐射源提前告警。

如果是针对极低截获概率雷达(VPLIR)[4]，它在逼近目标时(即 $R_e\approx 0$ km)会降低发射功率并改变了其波形，保持接收到的回波功率恒定，那么电子战平台的情况会更糟。

例 3.3 护卫舰上新型的 LPIR 雷达和新型电子战传感器(具有大量宽带数字接收机连接到一个宽带高增益相控阵天线，灵敏度为–90 dBm)。雷达参数与例 3.2 中的相同。

$P_t = 100W = 50\ dB_m;\ G_t = G_r = 35\ dB;\ B_t = 500\ MHz = 27\ dB_{MHz};\ \lambda = 0.03m = -15\ dB_{mt};$
$G_p = 30\ dB;\ F_r = 3\ dB;\ L_t = L_r = 2\ dB;\ RCS = 1000\ m^2 = 30dB_{m^2}$

将上述参数代入到式(3.9)，算出雷达探测距离为：

$$R_r = 16.0\ dB_{km} = 40\ km = 21.6\ Nm$$

电子战传感器参数如下：

$$G_e = 15\ dB;\ G_{pe} = 5\ dB;\ B_e = 20\ MHz = 13\ dB_{MHz};\ F_e = 10\ dB;\ L_e = 2\ dB$$

将这些参数代入到式(3.10)，算出电子战传感器的探测距离为：

$$R_e = 33.5\ dB_{km} = 2239\ km = 1209\ Nm$$

如果 $G_{te} = G_t/SLL = 0\ dB$，从式(3.11b)可知，电子战传感器的探测距离为：

$$R'_e = 16\ dB_{km} = 40\ km = 21.6\ Nm$$

这样，对雷达主瓣和旁瓣的 RAF 分别是 $RAF_{ML}=30.2$ 和 $RAF_{SL}=1$，这表明，电子战传感器平台能够在雷达辐射源平台实施攻击之前发出告警，但不足以对环境中出现雷达辐射源发出告警。

3.3.1 结论

从式(3.13)中我们注意到通过采用具有小 RCS 的平台来对付上一代雷达(高 P_t 和低 G_p)，即使电子战采用具有非常宽的噪声等效带宽的宽开接收机(见例 3.1)，也很容易获得好的 RAF，但是对于例 3.2 中的情况，RAF 是很难获得的，这些情况包括：

- 必须对雷达的旁瓣进行探测 $(G_{te}/G_t) < -30$ dB；
- 雷达发射机功率 P_t 大幅下降(对新一代的隐身雷达或 VLPI 雷达，为 1 W 级或更少)，因此雷达处理增益 G_P 大幅提升；
- 雷达频率提高(λ 减少)；
- 电子战传感器平台 RCS 很大。

而例 3.3 的情况又表明，为了获得 RAF，新型电子战传感器发展的方向包括：

- 通过采用相控阵天线提高天线增益 G_e；
- 通过使用基于大带宽的信道化数字接收机的架构，减少等效噪声带宽 B_e；
- 采用新的算法，对 LPI 雷达波形提供适中的探测处理增益 G_{Pe}。

3.4 截获概率

在平台进入一个新区域时，平台上的电子战设备需要完成的首要任务就是截获周围的威胁辐射源信号。截获是电子战设备告警功能的基础，它包括信号检测以及对信号参数和威胁辐射源信号到达方位的测量，然后是识别辐射源（以及相关联的武器系统）并初步估计与防御平台的距离，以确定其危险程度。特定的或非预期出现的威胁辐射源及其到达方位可以引导平台指挥员改变平台的航线，从而避免与威胁交战，或者在平台有足够的 ECM 能力应对该威胁时，仍然保持原航线。

让我们通过三种基本的电子战设备架构来介绍如何计算传感器的截获概率：

(1) 一个覆盖完整方位角（以及某种程度的俯仰面）的全向宽带天线以及相关的覆盖整个所需射频带宽的宽带接收机。采用简单改进的架构，用四副或更多副宽带定向天线替代了全向天线，覆盖完整的方位角平面，从而给出天线接收到的信号的不同幅度，进行粗略的 DOA 估算。

(2) 一副上述类型的宽带天线以及一个快速扫描整个宽带的超外差窄带接收机。

(3) 一副旋转的高增益宽带天线以及一个宽带接收机或一个超外差窄带接收机。这种解决方案提供了高灵敏度，通常用于 ELINT 设备进行辐射源探测和来自辐射源天线旁瓣的连续参数测量。

截获初看起来是一件容易完成的任务，似乎只要给电子战平台提供一个能够瞬时监视整个方位角和威胁频段的宽开接收机就能完成。事实上，这是电子战发展初期（如 20 世纪 50～70 年代）RWR 的方案，当时环境中雷达威胁很少，而且大多数都采用低占空比和高等效辐射功率（ERP）。（占空比 d 是指脉冲持续时间或 PW 与 PRI 之比，即 $d = \mathrm{PW/PRI}$，ERP 是发射功率 P_t 和发射天线增益 G_t 之积，即 $\mathrm{ERP} = P_t G_t$）。

新的威胁具有较高的占空比，因此，对于给定的探测性能水平（它取决于平均功率），峰值功率和 ERP 会较低。另外，当前的环境，雷达威胁数量大幅增加。现代先进雷达越来越多，导致脉冲密度很高，脉冲密度用单位时间内有 M 个脉冲来度量。

$$M = N_r PRF_{av} \tag{3.14}$$

式中，N_r 是雷达数量，$\mathrm{PRF_{av}}$ 是平均 PRF，当出现高 PRF 雷达时，可以达到 100 kHz。这样，M 就可以达到每秒百万脉冲。此外，使用长脉冲造成威胁脉冲的重叠，因此低电平的脉冲可能被遮蔽，对持续时间长的波形的接收可能被来自其他雷达的高电平脉冲中断。脉冲屏蔽反过来也对宽带接收机计算 PRI 以及确定 PRI 规律（即 PRI 的时间习性）提出了很大的挑战，而 PRI 规律确定了雷达辐射源的特征，可用来对其进行识别。

解决这个问题的一个方法就是采用一个超外差窄带接收机，其中 B_s 用扫描步进 T_d（驻留时间，单位毫秒）在扫描周期 T_{scan}（几分之一秒）内扫过整个所需的射频覆盖范围。该解决方案具有大幅缩减瞬时接收到的脉冲密度、脉冲重叠、提供相对于宽带开接收机较高的灵敏度的优势，其缺点（除了某些很大的带外虚假信号的接收，要用宽带大信号探测器解决）就是对扫描辐射源的探测，这种辐射源没有用其主瓣连续照射电子战传感器，而只是根据其扫描规律（AST）周期性（ASP）地照射。大多数监视和目标截获雷达都是这种类型，因此

ASP 和 AST 是识别这些雷达辐射源的重要参数。

为了评估这两种类型的周期性扫描的电子战传感器(无论是带通滤波器的中心频率步进扫描，还是天线 3 dB 波束宽度的连续旋转)对扫描雷达的截获概率，我们遵循文献[1]的方法，把它看成为两个周期脉冲串之间时间重合度(窗口重叠)的评估，如图 3.5 所示。

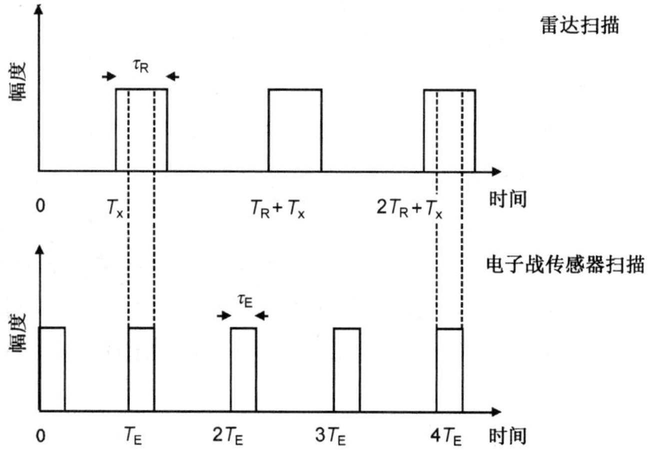

图 3.5 电子战传感器和雷达扫描窗口之间的窗口重叠

(1) 雷达信号窗口宽度，有时称为对准目标的时间，是由 $\tau_R = T_R\theta_{R3dB}/(2\pi)$ 给出的，T_R 是雷达天线扫描周期，θ_{R3dB} 是雷达波束宽度。

(2) 电子战传感器窗口宽度是传感器带通的驻留时间，由 $\tau_E = T_E B_E/B_s$ 或 $\tau_E = T_E\theta_{R3dB}$ 给出，其中 T_E 是传感器扫描周期，B_E 是在扫描带宽 B_s 内每个频率步长的宽度，θ_{E3dB} 是传感器波束带宽。

在解决不同窗口持续时间 $\tau_E \neq \tau_R$ 的一般情况之前，假设 $\tau_E = \tau_R = T$，并且假设该持续时间为单位时间，这样 $T_E = kT$ 而且 $T_R = kT$ 分别是电子战传感器和雷达传感器的周期。$T_x = pT$ 是两个波形相对于任意时间参考的相对相位。

从图 3.5 可知，如果可以找到两个整数 m 和 n，使得下式成立时即发生重合：

$$mT_E + T_x = nT_R \tag{3.15a}$$

也即

$$mk + p = nb \tag{3.15b}$$

式(3.15b)可以采用线性整除原理求解，这个原理说明：如果给定三个整数 a、b、c，两个整数(a,b)的最大公约数(gcd)[即 gcd(a,b)]是第三个整数的因子，也就是它可以整除第三个数。另外，如果有解，就可以把它加上(a,b)的最小公倍数(lcm)[即 lcm(k,b)的倍数]得到更多的解。让我们通过考虑下面的三个整数，来弄清楚这种关系：

$$k = 12, b = 15 \text{ 以及 } p = 6$$

gcd(12,15)=3，是 P=6 的因子，lcm(12,15)=60。对于式(3.15b)，第一个解给出 m=n=2，后面的是 $m_i = n_i = 2 + 60i$。

返回到式(3.15b)，因此我们可以说只有当 gcd(k,b)是 P 的因子，倍数重合才会出现。如果存在重合，重合将以周期 lcm(k,b)反复出现。两个脉冲串重合的时间 C 叫做重合系数，为：

$$C = \tau / T_p \tag{3.16}$$

式中，$T_p = \text{lcm}(T_E, T_R)$ 是两个窗口的重合周期。

就评估截获概率而言，我们的兴趣在于求得在长的时间周期内的重合时间比 C。所以，不失精确性，我们可以考虑两个脉冲序列间相位 T_x=0(比如，可以选第一个重合时间为参考时间)。

对于不同窗口持续时间 $\tau_E \neq \tau_R$ 的情况，可以通过定义一个单位窗口持续时间，从先前简单的例子中推导得出，即：

$$\tau_R = \alpha T, \quad \tau_E = \beta T \tag{3.17}$$

将两个原始的窗口分别分解为先前例子中 α 和 β 个相邻的简单窗口，如图 3.6 所示。因此，我们现在必须通过穷尽基本脉冲串的 α、β 对，并计算在周期 T_p 内重合的对数，由此得出重合系数 C。

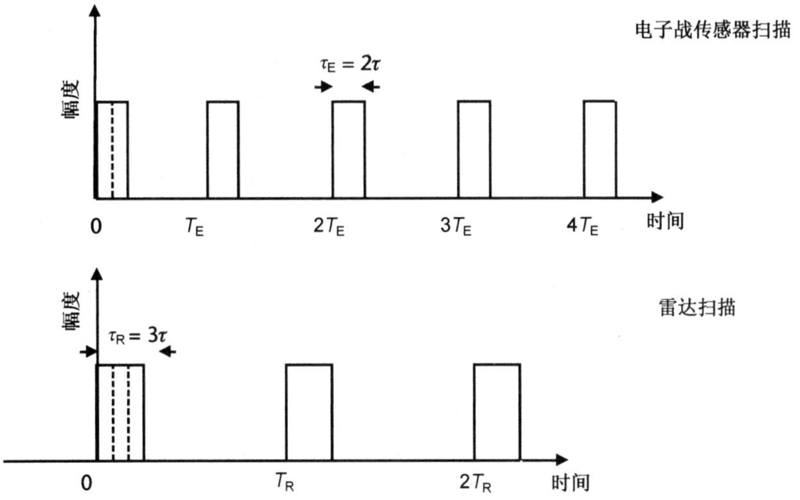

图 3.6　一般的雷达和电子战传感器窗口 ($T_E \neq T_R$，$\tau_R \neq \tau_E$，$\alpha = 2$，$\beta = 3$)

可以证明，重合系数为，

$$C(T_E, T_R) = \alpha\beta / (hk) = \tau_E \tau_E / (T_E T_R) \tag{3.18}$$

重合之间的平均周期为

$$T_p = T_E T_R / (\tau_R + \tau_E) \tag{3.19}$$

重合的平均持续时间为

$$\tau_P = \tau_R \tau_E / (\tau_R + \tau_E) \tag{3.20}$$

参考文献[1]同样处理了三个脉冲序列重合的情况，一个电子战传感器(ELINT)用一个步进扫频接收机连到高速旋转的高增益天线上搜索一部扫描雷达即是这样的情况。

为了对具有小的重合系数的脉冲串取得一个可靠的截获概率，显然必须采用持续几个 T_p 的观察周期。利用下面的假设，可以根据文献[1]推导得出截获概率与观察时间的一个好的近似(虽然对前面介绍的周期脉冲串并不严格有效)：

- 重合的概率 $p(t)$ 每次是不相关的;
- 在时间 $t+\Delta t$ [即 $p(t+\Delta t)$]的重合概率随着 $p(t)$ 增加而增加,其比值为时间增量 Δt 与重合之间的平均周期 T_p 之比,即

$$p(t+\Delta t)-p(t)=(1-p(t))\Delta t/T_p \tag{3.21a}$$

考虑到 $\Delta t \to 0$,式(3.21a)就变成为微分方程:

$$\mathrm{d}\,p(t)/\mathrm{d}t=\lim_{\Delta t\to 0}[p(t+\Delta t)-p(t)]/\Delta t=[(1-p(t)\Delta t/T_p] \tag{3.21b}$$

它具有类型为 $p(t)=A+B\mathrm{e}^{-\alpha}t$ 的解,其中常数 A,B 和 α 可以从如下的边界条件中获得:

- $p(0)=A+B=C$,这是对任意时间都成立的,因此在 t=0 时,重合的概率就等于 C;
- $p(\infty)=1=A$,即经过长时间后,重合的概率应该趋近于 1,结果是 B=C–1;
- 将式(3.21b)再代入到式(3.21a),就得到 $\alpha=1/T_p$。

因此,式(3.21a)就变成

$$p(t)=1-(1-C)\mathrm{e}^{-t/T_p} \tag{3.22}$$

如前所述,这个等式对于周期性好的脉冲串的情况只是大致正确的,因为重合要么周期性地发生在 T_p 的倍数上,要么不发生,特别是对于 $p(T_p)=1$,对于小的 C,式(3.22)给出了的结果是大约 0.63。

式(3.22)让我们在很多实际情况下(没有完美的周期脉冲串)确定取得一特定截获概率值所需的时间,它是重合系数 C 的函数。比如,当确定 POI=90%时,得到的时间也称为截获时间(TOI)。事实上,用对数形式来表示式(3.22),求解时间 t/T_p,就得到

$$t/T_P=\ln(1-C)-\ln(1-\mathrm{POI}) \tag{3.23}$$

文献[2]中给出了式(3.23)作为 C 的函数的图形。

为了深入理解所讨论的理论,我们计算两个 POI 的值。

例 3.4 使用一个宽波束的天线(因此无需在方位上搜索)和一个快速步进扫频接收机组成的电子战传感器对一部监视雷达进行截获,接收机带宽 100 HMz,10 ms 步进一次,扫描总共 1000 MHz 频率范围,雷达天线的水平波束宽度是 2°,以每分钟 10 转的速度旋转。电子战传感器的脉冲串特征为

$$\tau_E=10\ \mathrm{ms},\quad T_E=(1000\ \mathrm{MHz}/100\ \mathrm{MHz})\ 10\ \mathrm{ms}=0.1\ \mathrm{s}$$

监视雷达的特征为

$$T_R=6\ \mathrm{s},\quad \tau_R=(2°/360°)\ 6\ \mathrm{s}=0.033\ \mathrm{s}=33.3\ \mathrm{ms}$$

- 根据式(3.18)和式(3.20),可以得出重合系数为

$$C(T_E,T_R)=\tau_R\tau_E/(T_ET_R)=(0.0333\times 0.01)/(0.1\times 6)=0.55\times 10^{-3}$$

- 重合的平均周期为

$$T_P=T_ET_R/(\tau_R+\tau_E)=(0.1\times 6)/(0.0333+0.01)=13.86\ \mathrm{s}$$

- 重合的平均持续时间为

$$\tau_P=\tau_R\tau_E/(\tau_R+\tau_E)=(33.3\times 10\times 10^{-3})/(33.3+10)=7.7\ \mathrm{ms}$$

从式(3.23)可以得出 $\mathrm{TOI}=2.3T_p=31.9\ \mathrm{s}$。

如果上述的电子战传感器接收机具有较小的频率步进（也就是带宽），比如 10 MHz，其脉冲串的特征是 $\tau_{E}=10\text{ ms}$ 和 $T'_{E}=(1000\text{ MHz}/10\text{ MHz})10\text{ ms}=1\text{ s}$，那么，$C'=0.55\times10^{-4}$；$T'_{p}=138.6\text{ s}$；$\tau_{p}=7.7\text{ ms}$，$\text{TOI}'=2.3T'_{p}=319\text{ s}$。

例 3.5　使用一个窄波束天线和宽带接收机（因此无需搜索频率）组成的电子战传感器，对一部监视雷达进行截获，接收机天线的波束宽度为 1°，转速为 60 转每分，雷达天线的水平波束宽度是 2°，以每分钟 10 转的速度旋转。电子战传感器的脉冲串特征为

$$T_{E}=1\text{ s},\quad \tau_{E}=(1°/360°)\,T_{E}=2.8\text{ ms}$$

监视雷达的特征是：

$$T_{R}=6\text{ s},\quad \tau_{R}=(2°/360°)\,6\text{ s}=0.033\text{ s}=33.3\text{ ms}$$

- 根据式（3.18）和式（3.20），得出重合系数为

$$C(T_{E},T_{R})=\tau_{R}\tau_{E}/(T_{E}T_{R})=(0.0333\times0.0028)/(1\times6)=9.2\times10^{-5}$$

- 重合的平均周期

$$T_{P}=T_{E}T_{R}/(\tau_{R}+\tau_{E})=(1\times6)/(0.0333+0.0028)=167.6\text{ s}$$

- 重合的平均持续时间

$$\tau_{P}=\tau_{R}\tau_{E}/(\tau_{R}+\tau_{E})=(33.3\times2.8\times10^{-3})/(33.3+2.8)=2.6\text{ ms}$$

从式（3.23）可以得出 $\text{TOI}=2.3T_{p}=385.5\text{ s}$。

从例 3.4 可以推导出一个步进扫描接收机的参数对电子战传感器的反应时间（即传感器探测到一个扫描威胁所应用的时间）有很大影响。为了把作用时间减少到军方需要的反应时间（TOI 在 2～5ARP 量级）内，需要设计开发覆盖范围更大、搜索步进带宽更大、速度更快的接收机。

在实际装备中，可以采用很多频率扫描策略将 TOI 减少到所要求的值，它们会影响接收机的架构。

在整个射频带宽中利用固定频带宽度步进扫描时，采用的一种策略为：先在整个所需射频带宽中进行一些快速步进频率扫描，在截获到所有稳定（非扫描）的辐射源后，再进行较慢的步进频率扫描，但是在每个驻留时间内，根据预先获得的信息，分配小部分驻留时间，用更小的频率去观察存在扫描雷达辐射的地方。所需的这一小部分驻留时间局限于辐射源的几个 PRI，足以评定辐射源主瓣的存在即可。

基于这样的探测，接收机对其步进频率扫描策略进行重新编程，从而在辐射源的频率上分配更长的驻留时间，相隔时间大约为 T_{R}，从而完整并可靠地获得辐射源所有波形参数。一旦达到这个目的，步进频率扫描策略就不再改变，直到探测到新的扫描辐射源，才需要进一步的重新编程。

当然，任何步进频率扫描策略，如果它的基本假设是有根据的，并且通过许多模拟场景验证，这些场景又类似于真实的预期场景，它们就都是有效的。建议采用能够支持自适应扫频策略的传感器架构，应对场景的动态变化，对环境中的所有辐射源提供高的截获概率。

3.5 雷达波段电子战传感器体系结构

3.5.1 上一代截获接收机的体系结构

在电子战领域，过去采用了五种基本的截获接收机架构(体系结构)来覆盖所需的雷达威胁宽频带。按照使用多少排序，这些架构包括：

① 晶体视频接收机(CVR)，包括宽开接收机以及宽带信道化接收机；

② 超外差接收机(SHR)，包括用窄频带扫描的和用宽频带扫描的接收机；

③ 信道化接收机(CHR)，其中所需的宽频率覆盖范围被分为大量具有高动态范围的窄带接收信道；

④ 变换接收机(TR)，例如微扫接收机、布拉格小盒接收机或压缩接收机；

⑤ 引导接收机，是以上几种架构的组合。

在所有宽带接收机架构中，IFM 接收机(见下节)用于为电子战传感器提供信号载频数据。

在本节中，从以下几个方面对上述的几种频率接收机架构进行讲述：

- 瞬时频带覆盖；
- 灵敏度；
- 对同时达到信号的处理；
- 动态范围；
- 瞬时信号参数测量以及相关的精度；
- 架构的复杂度。

表 3.1 中列出了以上架构的对比。

表 3.1 电子战频率接收机的对比

参数	接收机类型				
	晶体视频接收机	超外差接收机	信道化接收机	变换接收机	引导接收机
瞬时高频带宽	优	差～中	好～优	好	优
灵敏度	差～中	优～好	优	好	优
同时信号处理	差	差～中	好	好	好
动态范围	差～好	优	好	好	优
信号参数测量精度	中	好	好	好	优
配置复杂度和成本	低～中	中～高	高～非常高	中～高	高

3.5.1.1 瞬时测频接收机

瞬时测频(IFM)接收机在上一代电子战设备中发挥了重要作用，并继续应用于当前的装备，不过未来的趋势是用数字接收机(DRX)替代它。可以用图 3.7 来理解 IFM 接收机的概念。

射频输入 $s_i(t) = A\cos(\omega t)$ (其中 $\omega = 2\pi f$ ，f 是瞬时频率载波)被硬限幅放大，然后分成两个幅度相等的信号，其中一个通过长度为 l 的延迟线进行延迟，提供的时延 $\tau = \ell / c_p$ (c_p 是电磁波在延迟线媒介中的传播速度)。这两个信号然后被加到一个相位检测网络(由一个相位相关器、四个二极管检波器和两个差分放大器组成[13])中。

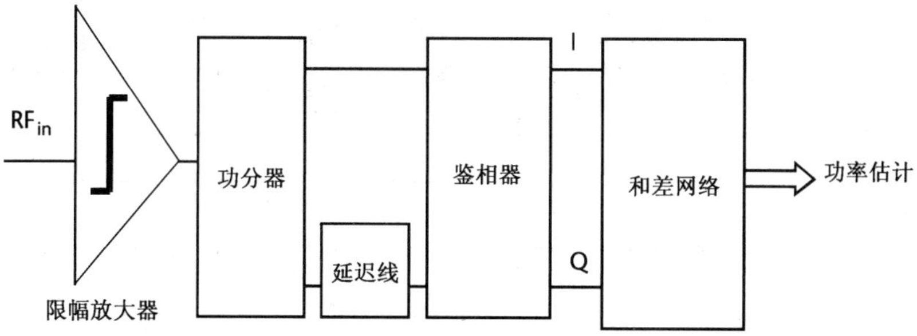

图 3.7　瞬时测频接收机功能框图

网络的输出的信号幅度可以表示为：

$$s_{o1} = B\cos(\omega\tau)$$
$$s_{o2} = B\sin(\omega\tau)$$

它们可以在 xy 平面内表示为幅度为 B 和相对于 X 轴角度为 $\varphi = \omega\tau$ 的矢量。因为 τ 是常量，角度 φ 就成为对信号载频 f 的度量。

$$\varphi = 2\pi f\tau \tag{3.24}$$

IFM 设备的带宽 BW 取决于延迟线的长度 ℓ，事实上，带宽是由下式决定的：

$$(\omega_{\max} - \omega_{\min})\,\tau = 2\pi\text{ ，}\quad \mathrm{BW} = f_{\max} - f_{\min} = 1/\tau = c_{\mathrm{p}}/\ell$$

测频精度取决于时间延迟 τ，可以通过对式(3.24)求导得到：

$$\delta f = \delta\varphi/(2\pi\tau) \tag{3.25}$$

其中，$\delta\varphi$ 是相位测量精度，取决于相位相关器的设计，通常在 10° 左右。不过，因为 τ 选得小才能获取大的 BW，所以频率误差 δf 很大。

好的测频精度是通过使用并行的几个相位相关器获得的，每个的时间延迟 τ_n 要比用于取得大 BW 的时间延迟 τ_1 大若干倍。最常用的配置是整数倍，其中时间延迟 τ_n 是时间延迟 τ_1 的 2^{n-1} 倍。通常最多选择 4 个时间延迟，其中较短的时间延迟用于解决测频模糊度的问题，最大的时间延迟 $\tau_4 = 8\tau_1$ 提供了精细的测频精度 $\delta f_4 = \delta f_1 / 8$。

当然，可用的最大时间延迟必须要小于设备需要测量的最小脉宽，否则，对于最大的延迟，最小脉宽信号的延迟部分和非延迟部分不会在相位相关器内重叠。

图 3.8 和图 3.9 分别给出了谐波瞬时测频(IFM)的功能框图以及其工作特性。

在前面提到的架构中，相关器在测频中产生的比特数越高，所需的 SNR 就越高，因为对信号 $\cos(\omega\tau)$ 和 $\sin(\omega\tau)$ 做出更细的量化对应小的幅度步进，会被噪声所影响。

倍频程带宽内多相关器的 IFM 接收机通常的测频精度是 2～10 MHz 的量级(与频段有关)。

在低密度信号环境中，IFM 接收机提供了很好的信号分选，如果对输出信号采用高速采样就能够处理宽带调制。其主要不足在于其动态范围有限，在不同幅度和频率的脉冲重叠的情况下，会造成测频混乱，如图 3.10 所示。

在重叠信号情况下，考虑到限幅并不影响两个输入信号矢量的相位，对 IFM 测频误差的评估可以直接从式(3.24)获得，这时两个信号的相位分别为：

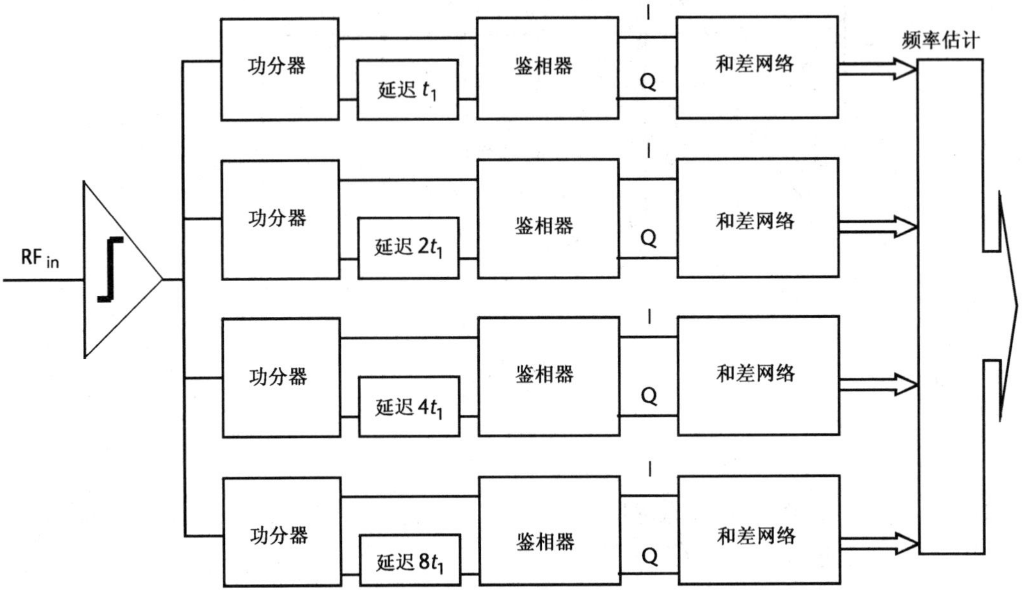

图 3.8 一个四谐波 IFM 接收机的功能框图

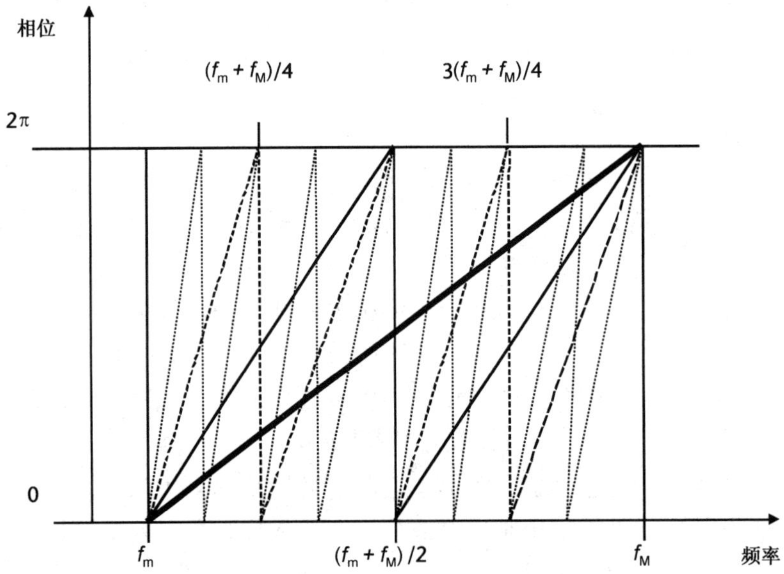

图 3.9 四谐波 IFM 接收机的工作特性

$$\alpha_1 = 2\pi f_1 \tau$$

以及

$$\alpha_2 = 2\pi f_2 \tau$$

合成的相位矢量是两个输入相位矢量之和，具有一个相位 $\alpha = 2\pi f \tau$，它可以从图 3.10 中得出。合成的相位矢量在 xy 平面具有以下坐标：

$$\cos\alpha = (A_1/A_2)\cos\alpha_1 + \cos\alpha_2$$
$$\sin\alpha = (A_1/A_2)\sin\alpha_1 + \sin\alpha_2$$

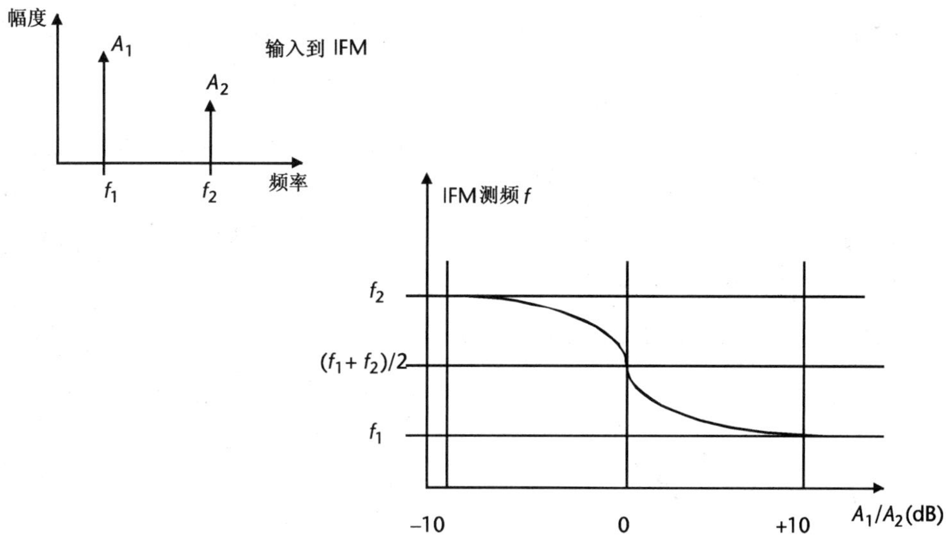

图 3.10　对于重叠的脉冲信号，IFM 测频与幅度之比 A_1/A_2(dB)的关系

因此，

$$\alpha = \arctan(((A_1/A_2)\sin\alpha_1 + \sin\alpha_2)/((A_1/A_2)\cos\alpha_1 + \cos\alpha_2))$$

于是

$$f = (\arctan\alpha)/(2\pi\tau)$$

3.5.1.2　晶体视频接收机

晶体视频接收机(CVR)是上一代应用最为广泛的电子战接收机。它们主要用于雷达告警接收机(RWR)设备中，因为它们要么覆盖一个宽带，比如 I 或 J 波段或两个波段，要么覆盖整个射频雷达威胁波段，从 D 到 J 或 Ka 波段。在后一种情况中，它们被定义为宽开接收机。

老式的 CVR 的特点是灵敏度低，适合于为高 ERP 威胁辐射源的主瓣提供 RAF。在电子战的早期，环境的特点是只有少数低占空比的威胁辐射源，它们所发射的脉冲具有音频波段的 PRF，所以辐射源可以通过其脉冲串的 PRF 识别或确认。威胁辐射源的 PRF 被送往飞行员耳机作为一种音响告警。随着近来威胁的数量不断增加，技术不断发展，威胁的载频是进行威胁识别所必不可少的。目前的 CVR 由于在探波器前增加了一个放大器具有较高的灵敏度，也由于增加了 IFM 接收机而具备了测频能力。

图 3.11 示出了现代用作 RWR 设备的宽开 CRV 的框图以及用作一个中等量级的 ESM 设备的一个宽开 CVR 的框图。

CVR 可以测量以下的信号(脉冲)瞬时参数：

- 脉冲幅度(A)；
- 脉冲宽度(PW)；
- 到达方向(DOA)；
- 达到时间(TOA)；
- 频率(F)。

由于 CVR 体积较小，所以通常在 DOA 信道中安装得非常靠近天线。

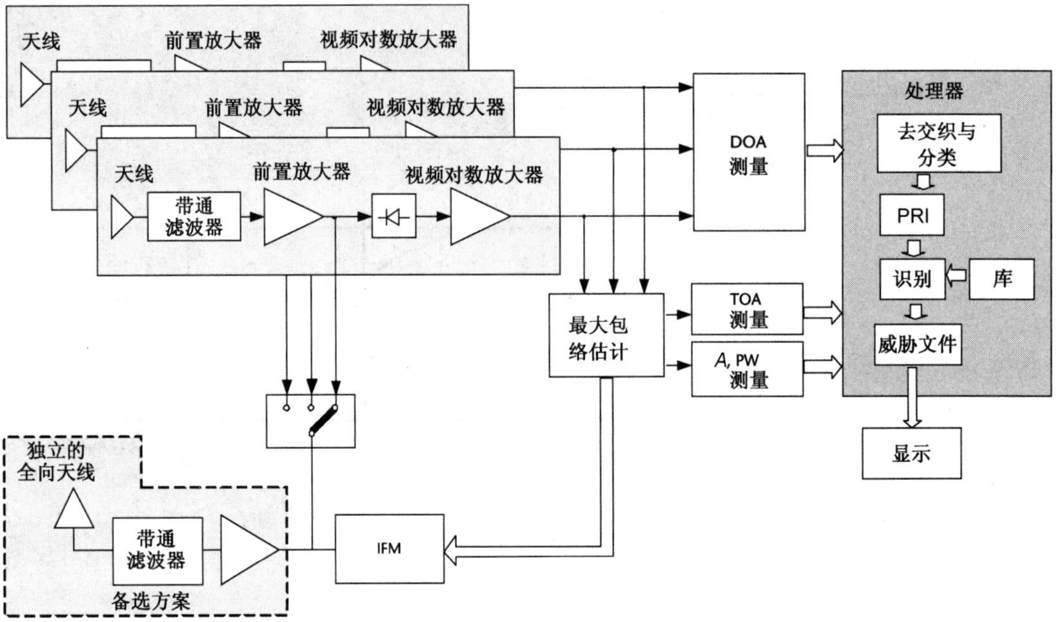

图 3.11　宽开前置放大器和 IFM 信道化的 RWR 设备的功能框图

由于检波器后的视频放大器通常是交流(隔离偏置电平)耦合的。检波后的连续波信号将产生一个直流电压，无法通过那些放大器。探测连续波信号的一个常用解决方案是在检波器之前增加一个幅度开/关的射频调制器，当这个调制器被激活时，将产生大脉宽的脉冲视频信号，通过交流耦合的放大器。

相关的处理器提供了辐射源去交错和分类，通过对辐射源脉冲串的收集，进一步计算辐射源以下的参数：

- 脉冲重复间隔及其随时间的变化规律(PRI 规律)；
- ASP 及其随时间的变化规律(AST)；
- 频率随时间变化的特性(频率类型)。

宽开晶体视频接收机和宽带晶体视频加瞬时测频接收机的典型性能如表 3.2 所示。

表 3.2　宽开晶体视频接收机和宽带晶体视频加瞬时测频接收机的典型性能

性　能	
射频覆盖范围	2～18 GHz (有瞬时测频)，28～40 GHz (无测频功能)
视频带宽	20 MHz
灵敏度	–45 dBm，典型值(宽开)，　–60 dBm　典型值　(有前置放大器)
瞬时动态范围	40 dB
总动态范围	70 dB(有前置放大器)
测频精度	2～10 MHz，有谐波 IFM

3.5.1.3　扫描超外差接收机

由于具备高灵敏度和频率选择性，超外差接收机是通信与雷达设备中最常用的一种接收机。在电子战应用中，窄带超外差接收机主要用于电子情报侦察设备，将辐射源信号与环境隔离开来，并测量其详细信息，免受干扰信号影响。而大带宽扫描的超外差接收机则用其选择性极大地缩小接收到的脉冲的密度，可在大密度的场景中用于搜索和探测威胁辐射源。

目前的超外差接收机对射频覆盖范围的多个频段(它们可能相邻，以便覆盖要求的射频覆盖范围)采用数控预编程(根据任务数据)扫描策略。一般而言，在威胁密集的频带内，在一个带宽内的驻留时间要比在威胁较少的频带内长一些。

超外差接收机具备高灵敏度特征(相对于视频接收机而言，超外差接收机降低了瞬时射频带宽)，但是由于它的分时多工性，除非采用了恰当的动态扫描程序，会限制对扫描辐射源的截获概率的。

窄带和宽带的超外差接收机的示意图如图 3.12 和图 3.13 所示。

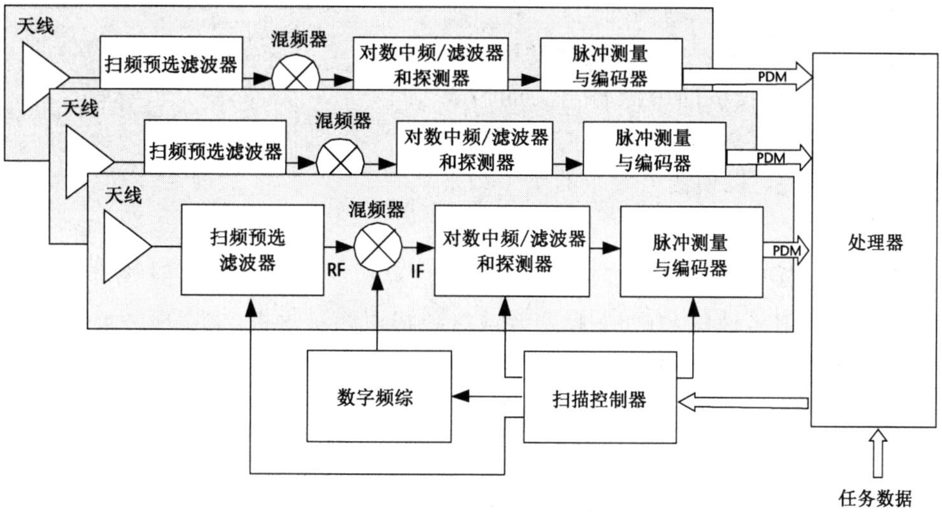

图 3.12 窄带超外差接收机示意框图

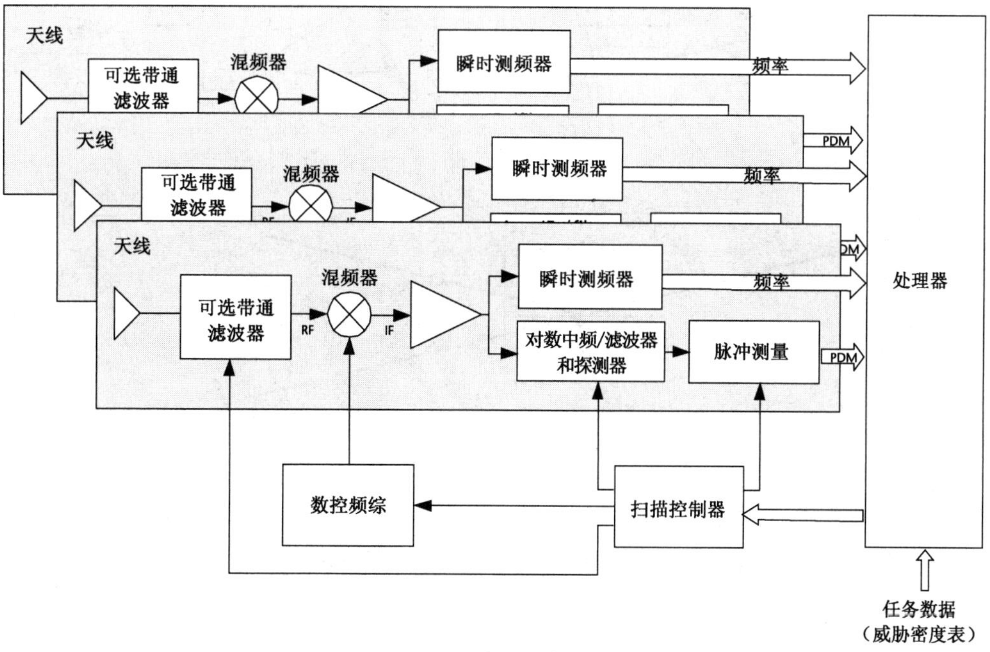

图 3.13 宽带超外差接收机示意框图

3.5.1.4 信道化接收机

该类接收机用多个并行连续信道覆盖要求的射频带宽，这些信道的带宽大体与预计威胁辐射源频谱匹配(在 50～200 MHz 左右)。每个信道均配备了测量所有瞬时脉冲信号参数的设备。

该架构非常庞大、复杂，因此仅用于地面的和大型运输机的电子情报侦察设备[4]。该架构最明显的优点是能够同时处理多个在时间上重叠(在高密度射频频段内)的威胁信号，而这样的重叠会使瞬时测频接收机的性能很差。如图 3.14 所示，两个同步信号分别落在不同的大动态通道内被精确处理。

由于每个信道的边带急剧下降，即使信号在两个相邻通道内，也可完成精确处理。

实际的信道化架构(为了降低复杂度和体积)可以用宽带超外差接收机的中频输出上的声表面波滤波器信道化来实现，频率扫描时在拥挤的射频频段上驻留使用，以便覆盖要求的整个频率范围。

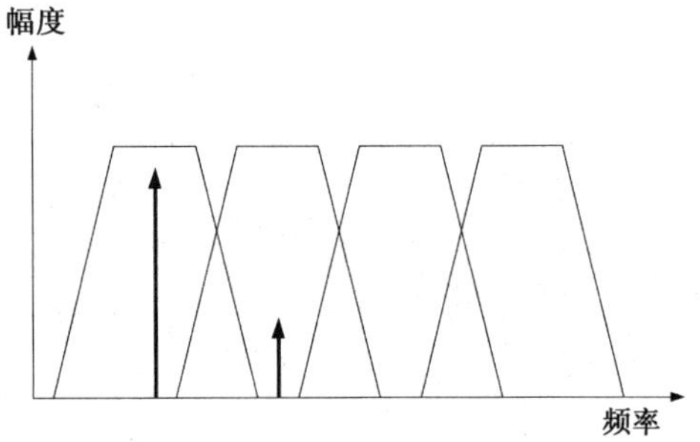

图 3.14 信道化接收机给出时间上重叠的两个同步信号的鉴别

3.5.1.5 变换截获接收机

这种接收机采用多种技术(如布拉格盒或微扫描压缩接收机)来实现，近似于傅里叶变换运算。布拉格盒接收机(见图 3.15)利用某些材料的声光特征，如铌酸锂晶体。在这些晶体中，由激光源产生相干光入射波束，入射波束在横穿被输入中频信号激励的压电式转换器产生光束，与声波交互会偏转一个与输入中频成正比的角度。

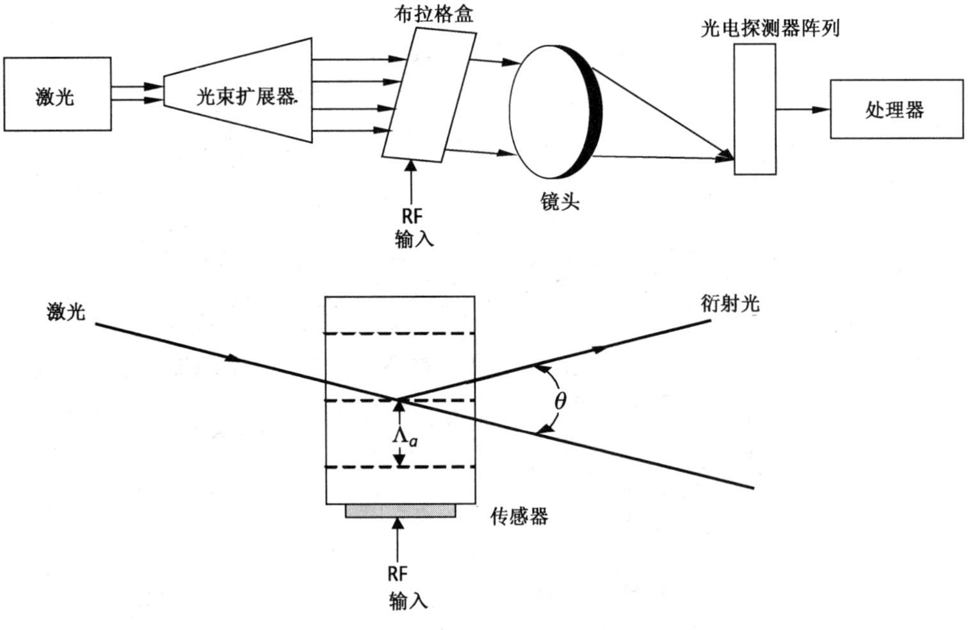

图 3.15 布拉格盒接收机运行的示意框图与原理

其基本物理原理如下：声波在铌酸锂晶体中以非常短的波长 $\lambda_B = v_B/f_{IF}$ 传播(由于声波在介质中的传播速度 v_B 比在空气中的传播速度小得多)，以步进 λ_B 产生压缩和稀疏介质(光的折射系数也降低了)。当激光波束相对于晶体的法线倾斜时，构成了所谓的“布拉格角”，以波长 λ_B 调制的折射率产生的衍射光仅由两个分波束组成：无偏移的(因此无用)波束(称为零阶)和偏移波束(称为一阶)，这个偏移角相对于入射激光波束为 β(与 f_{IF} 成正比)。

通过恰当的光学透镜阵列，偏移光束聚焦在焦平面上，在该平面上布置了大量的邻接的 CCD 光电检波器，其输出幅度与输入中频信号的功率频谱成正比。

从这个意义说，布拉格盒的运行与瞬时频谱仪相同，它复制了(按照某个比例因子)输入中频信号的频谱，这就可以鉴别接收机入口处的多个同时的辐射源信号。

布拉格盒接收机在 20 世纪 80 年代被广泛使用，尤其是在地面应用方面。但是，由于其性能受到移动平台振动环境的影响，随后被迅速淘汰。布拉格盒接收机的典型性能见表 3.3。

表 3.3 布拉格盒接收机的典型性能

中频(GHz)	1.5～2.5
带宽(GHz) B_{IF}	0.5～1
传导时间(μs)	0.1～0.3
信道宽(MHz) B_{ch}(B_{ch}～1/PWmin)	20
信道数($m = B_{IF}/B_{ch}$)	25～50
瞬时动态范围(dB)	40
CCD 读出时间(μs)	0.05～0.5

3.5.2 新型的雷达波段电子战传感器的体系结构

高速数字电子技术在采样和保持(S/H)电路、模数变换(ADC)以及数字信号处理器件方面的巨大进展，引起了各种传感器和激励器，尤其在电子战装备中的架构的巨大变化。

这些变化使设备性能更好、更有效，并且体积与功耗更小[2]。

对于电子战传感器而言，基于新架构的新部件就是数字化接收机(DRX)。典型数字化接收机的框图如图 3.16 所示。数字化接收机的基本组成如下：

- ADC，在离散“时间点”上提供离散振幅电平；
- 在专用集成电路或现场可编程门阵列上实现的“处理引擎”，现场可编程门阵列具有可根据应用需求和任务需求重新编程的优点；
- 可记录信号样本的“存储器”，这一选项可让未挂在数字化接收机上的处理器对信号样本进行离线软件处理。

为了实现多通道工作，需要具备下列功能的单元来执行相位、幅度和到达时间的差分测量：

- 将不同数字化接收机通道之间的样本和处理进行校准的对准的同步器；
- 交换数据的输入/输出设备。

图 3.17 给出了一个数字化接收机的电路板。

在数字化接收机内进行的 DSP 运算取决于实际应用要求，但是仍可列举出部分基本技术。首先，考虑中频采样概念[5]，也就是信号不是在基带上采样，而是在适当的中频上采样。例如，假定一个 1 GHz 的采样频率(R_{SAMP})，可选择 500～1000 MHz 的频率范围而不是 0～500 MHz 的频率范围。该技术是奈奎斯特定理的扩展。实际上，实际采样带宽始终为 500 MHz，即使把它分配到比一半的采样频率更高的位置。为了选择关注的频率范围，需要添加一个抗混叠滤波器。

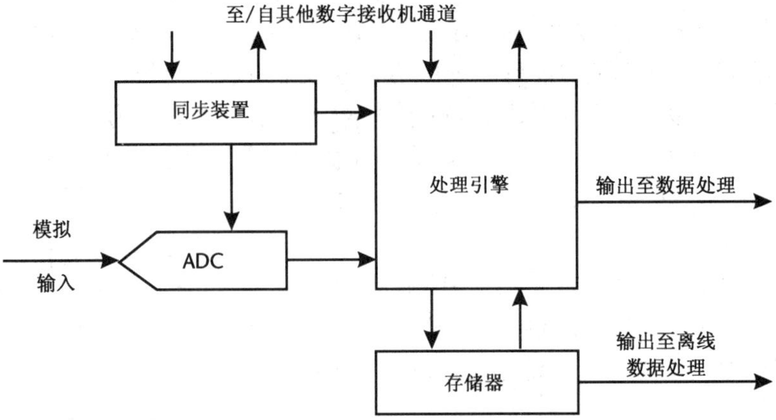

图 3.16　典型数字化接收机的框架

图 3.17　1 GHz 瞬时带宽双倍多位数字化接收机电路板（Elettreonica 提供）

中频采样的概念如图 3.18 所示。输入信号在中频带宽(范围在 $R_{SAMP}/2$～R_{SAMP} 之间)内滤波。采样获得在 0～$R_{SAMP}/2$ 带宽内的复制信号，最后通过数字处理提供合成基带的复信号，如由同相(I)分量和正交(Q)分量组成的信号。

IF 采样的主要优点如下：

- 由于 IF 采样在中频内进行，可以省去模拟转换阶段；
- 采用数字技术执行的下变频，可避免传统的模拟 I/Q 混合，模拟 I/Q 混合会在相位/幅度一致性上存在严重的制约；
- 在 $R_{SAMP}/2$～R_{SAMP} 带宽内的运算可避免在有用带宽外产生二阶和更高的谐波。

为了简化中频电路，中频采样中使用的 ADC 不仅要有高的采样频率，还要有宽的模拟带宽(导致较小的时间窗抖动)。

现代数字化接收机架构常用的重要技术之一，是基于离散傅里叶变换(DFT)的均匀滤波器组，通常采用快速傅里叶变换(FFT)算法实现。均匀滤波器组在电子战应用中发挥着非常重要的作用。采用模拟设备时，其实现成本相当高，但采用数字处理技术则可降低成本。均匀滤波器组的实现如图 3.19 所示，它是将输入宽带数字信号下采样(因子 M)，然后由多路复用来完成的。经适当加权后，采样点被送往 M 点的快速傅里叶变换。这样，可获得 M 个复信号，但只需保留其中的 $M/2$ 个，因为前 $M/2$ 个快速傅里叶变换的输出是实输入信号，后 $M/2$ 个是它的复共轭。

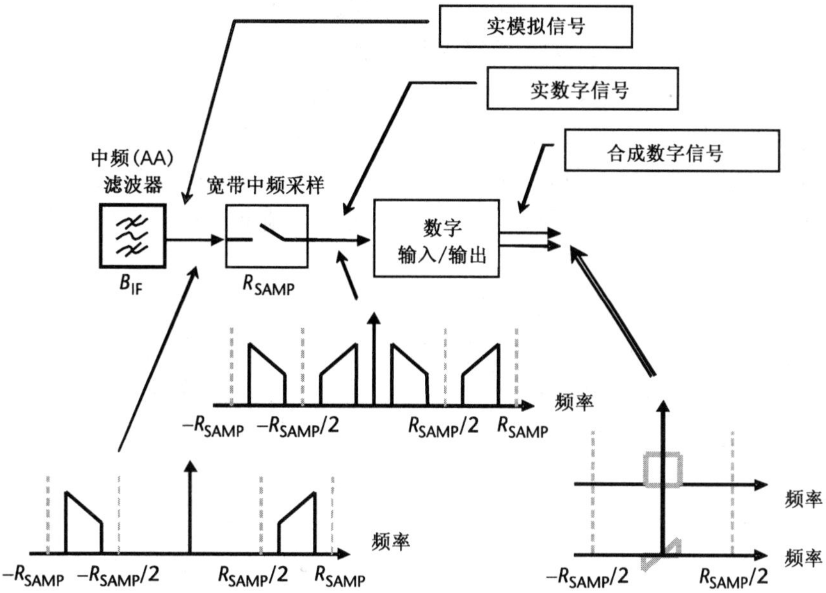

图 3.18　中频采样与数字 I/Q 提取概念

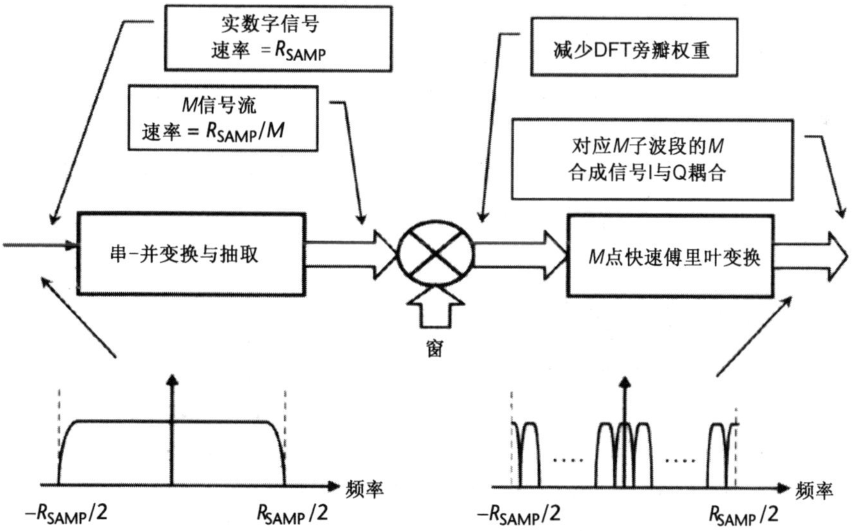

图 3.19　均匀滤波器组的实现($R_{SAMP}=f_s$)

第 k 个这样产生的复信号是带宽等于 R_{SAMP}/M、且中心频率为 $k\times R_{SAMP}/M$ 的信号的复包络。

数字电路实现均匀滤波器组的细节见文献[2]。本项基于傅里叶变换的技术的优点在于模块化和简单化。此外，如果采用更高的 M 值，计算傅里叶变换的速率可以下降(等于 R_{SAMP}/M)，这表示可保持时钟速率，而整体复杂度将只是稍微增高了一点，因为评估较长的 DFT 要求额外增加级数。在要求监测大的带宽时该类型处理最为有用。

当数字信号载频(连同其带宽的粗略指数)已知时，可采用数字下变频器(DDC)解调。它像模拟下变频器一样，但显然具有在频率和带宽方面可编程的优势。而为此，需要数控本振和可变带宽滤波器。

数字滤波器的缺点在于其成本方面。因为即使数字滤波器采用有限冲激响应或无限冲激响应设计，它仍然需要大量乘法器进行大量运算。

相反，使用级联积分梳状(CIC)滤波器将避免所有的乘法运算，它们仅进行下采样和加减运算。读者可参考文献[2]了解相关处理。级联积分梳状滤波器在需要把计算资源的使用降低至最小程度的宽带数字处理技术中非常有用。级联积分梳状滤波器可与有限冲激响应滤波器同时使用，从而随滤波器带宽降低而降低采样频率。基于级联积分梳状滤波器的数字下变频器如图 3.20 所示。

数字下变频器的输出始终是按给定速率采样的复基带信号。直到目前，无论是在“监测”(如信号频率未知，必须利用全带宽时)或“引导”(如已经探测到信号，为实现“精”解调需要进行恰当的下变频与滤波时)情况下，信号过滤都需要进行上述处理。

信号处理中采用的算法可分为检波算法与参数估计算法。这两种算法可应用于信号幅度或其相位。基于幅度的处理一直被电子战接收机所采用，而基于相位的处理则是相干数字接收机的选择方案。

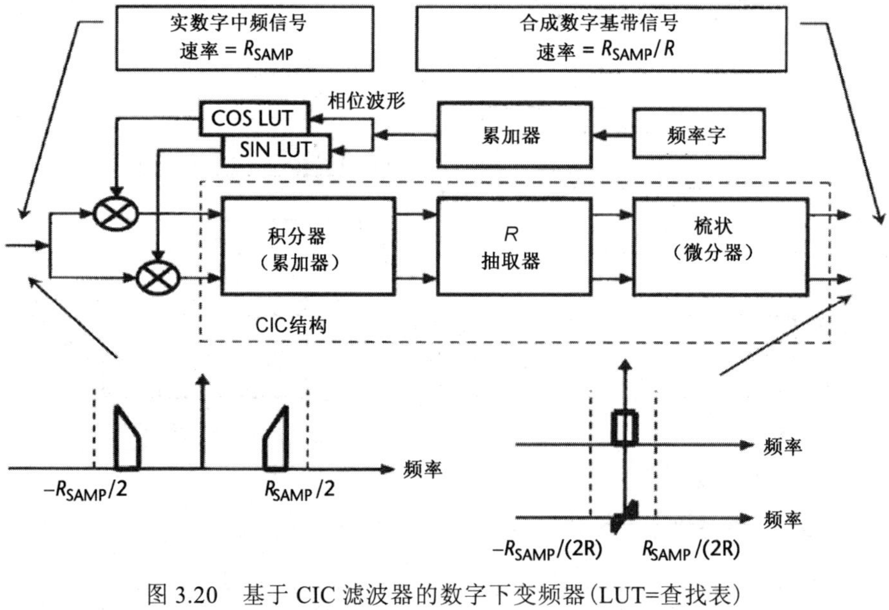

图 3.20 基于 CIC 滤波器的数字下变频器(LUT=查找表)

由于在数字接收机内使用复基带信号，因此检波/估计问题非常容易解决。在处理复数字信号时最常用的算法之一是坐标旋转数字计算机(CORDIC)算法。这个算法[2]对于复数的旋转非常巧妙。它主要用于直角坐标转换为极坐标的运算，但它也可用于实现其他非线性运算。

检波算法的实现由于 DSP 而变得很容易。最佳检波策略非常容易实现，例如，图 3.21 所示的检波方案是基于似然函数[2]的，可归纳为阈值设备后的一个非线性运算(对似然函数的估计)。在数字系统中，非线性变换用查找表进行，这个方法就很容易实现了。

估计算法与检波算法同样易于实现。平均、滤波和非线性运算可通过数字技术轻松实现，因此，估计问题在数字化中被处理得很好。此外，信号参数的理论克劳美(Cramer-Rao)界可从离散时间的观察中取得，这可参考文献[2]。数字化接收机在各种类型的电子战接收机中都得到了应用。

基于“单比特”数字接收机的宽开接收机体系结构如图 3.22 所示。单比特数字接收机采用 1 bit 的 ADC，可实现超宽带采样(几十 GHz 量级)。在中频信号上实施的 1 bit 模数变换等同于带通硬限幅，这种处理[4]不会影响信号相位。因此，在数字信道化(采用上文第 3.5.3 节描述的技术)后，我们可提取出载波频率和相位信息。相对于传统瞬时测频接收机而言，单比特数字接收机有以下两个主要优势：

① 设备成本远低于采用最新的射频技术的模拟 IFM 接收机，通常可覆盖 0.5～18 GHz 带宽；

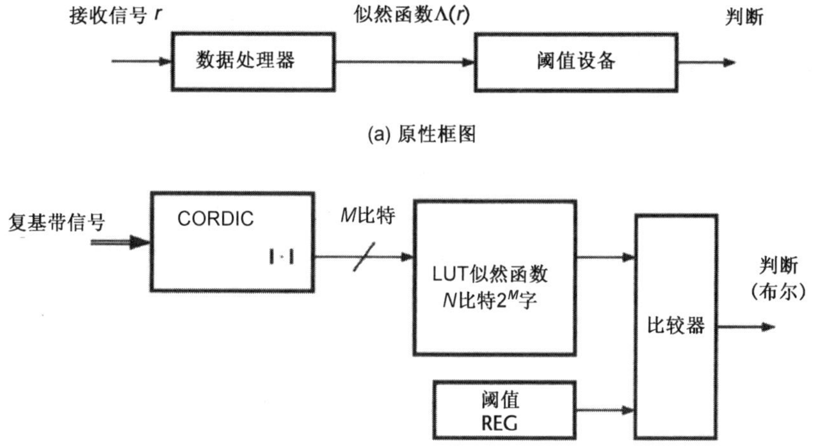

(a) 原性框图

(b) 实际数字实现

图 3.21　基于似然的检波示例

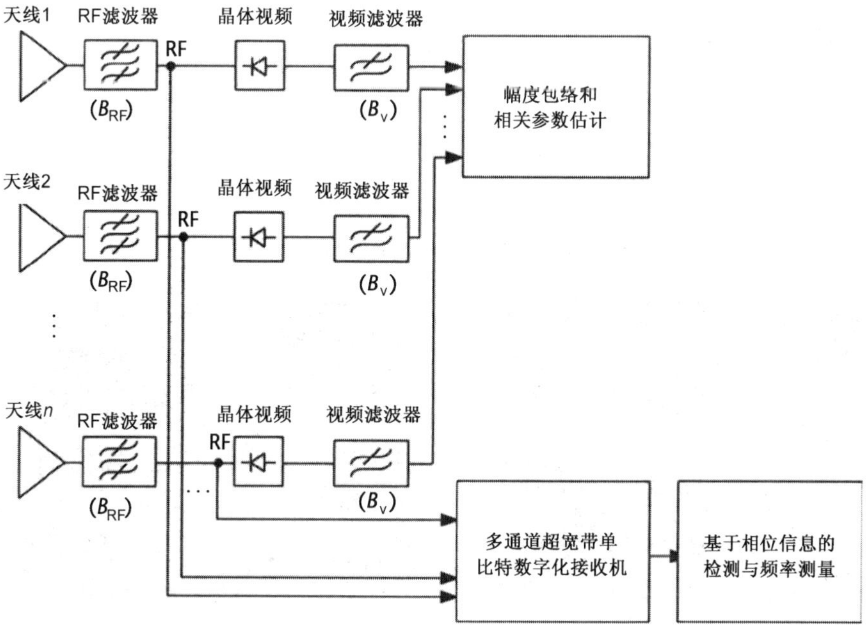

图 3.22　基于单比特数字接收机的宽开接收机

② 相位分辨率优于模拟的 IFM，因此相位处理可轻易地检测到脉内调制是巴克码、弗兰克码或一般的移相键控。

采用数字技术的 ESM 超外差接收机的体系结构如图 3.23 所示。可变本振对整个射频带宽进行扫描。采用数字技术对中频带宽进行信道化，以实现多辐射源处理。为了说明基于数字化接收机的 ESM 能力，带有三个同时脉冲辐射源的场景如图 3.24 所示。示波器或频谱分析仪分别提供时域或频域显示。

由于数字信道化技术，超外差数字化接收机提供了如图 3.25 所示的时频表示方法：

① 数字化信道给出的复数是同一时间上的，也给出了对频率的描述；

② 每个信道输出，加上顺序的时延，给出了信号对应部分频谱的时间进程。

ELINT 接收机的完整数字实现如图 3.26 所示。

检波是为了之后对被选信号进行精确分析。为此，在检波功能中必须实现信号识别。检波可在信道化之前或之后进行，这取决于传输电平的和/或所要求的灵敏度(考虑到 ELINT 接收机具有非常高的灵敏度)。

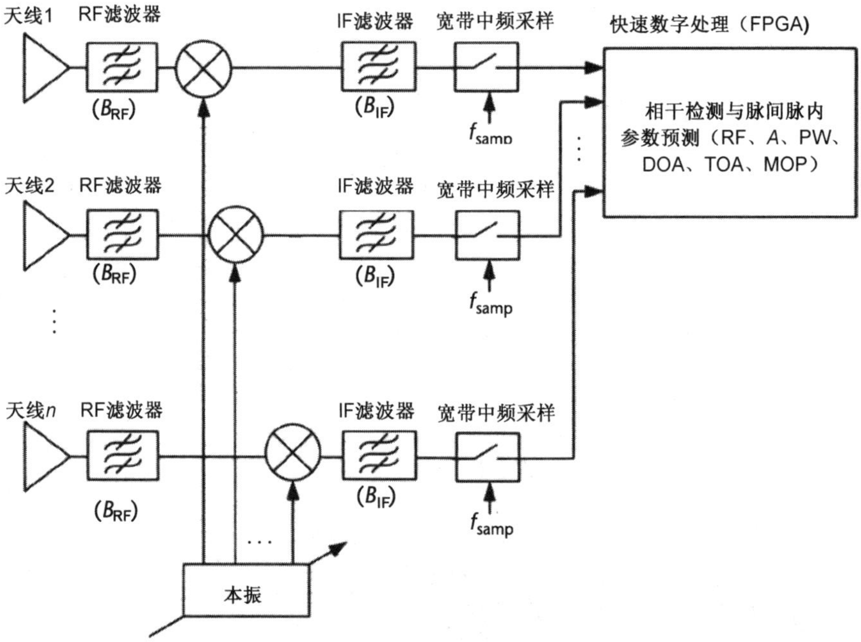

图 3.23　超外差接收机

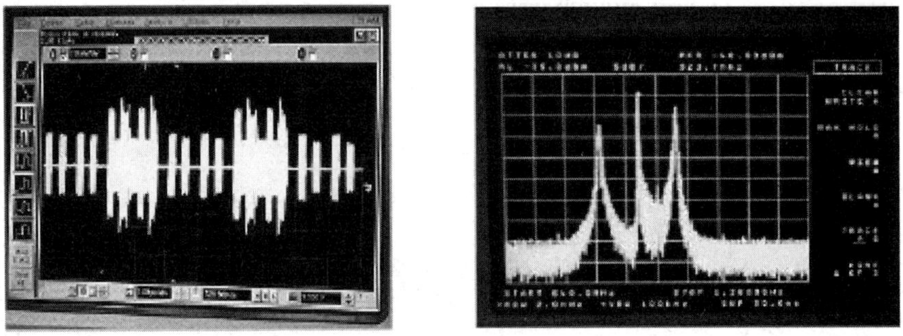

图 3.24　三个辐射源场景：(左)本振视图和(右)频谱仪视图 (Elettronica 公司提供)

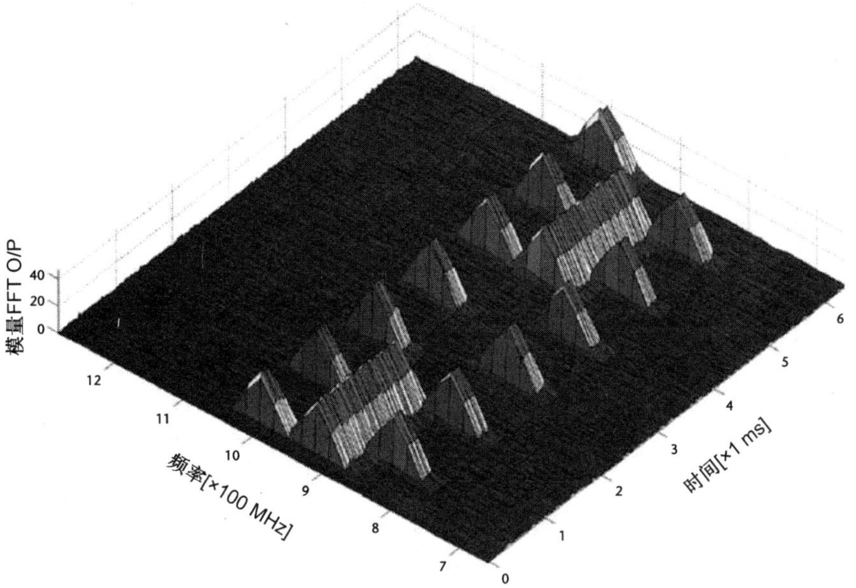

图 3.25　三个辐射源场景：数字化接收机执行的时间频率表示(仅描述包络)

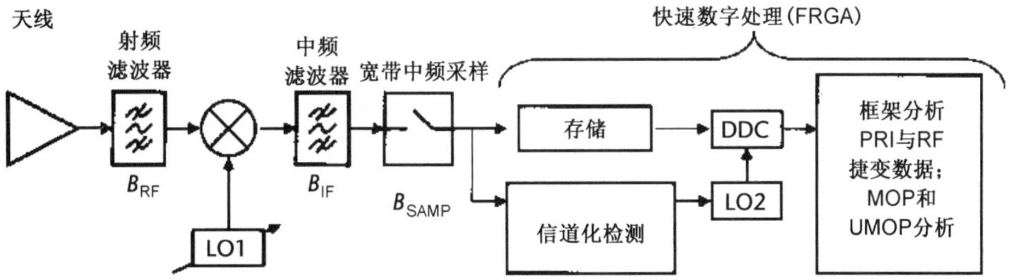

图 3.26　数字化 ELINT 接收机

一旦进行检波，应当向本振 2(数控)提供粗频以提取被选信号。在图 3.27 中最后一个框中执行的分析提供了以下数据：

- 接收到的脉冲在时间上的分布；
- PRI 和 PRF 捷变数据；
- 脉内调制(MOP)分析；
- 无意脉内调制(UMOP)分析。

所有这些数据被保存下来，以便识别雷达，甚至具体到某个雷达(UMOP 分析)。双通道超外差接收机框图如图 3.27 所示。

双通道架构是差分测量的基础：差分测量可以是幅度、相位或时间，这取决于其具体应用，与测向技术相关的信息将在第 4 章内探讨。

3.5.3　DSP 技术

数字接收机的发展与半导体技术紧密相关。实际上，数字接收机和布拉格盒接收机(见附件 A)之间的选择是受到半导体技术发展的推动。技术发展造就了关键部件的某些特征，主要是 ADC 和 FPGA，让我们可以构造高性能的数字接收机。这些特征包括：

- 高速采样；
- 大带宽与频谱纯度好的 ADC；
- 大计算能力的高速脉动处理(FPGA)；
- 高速互连。

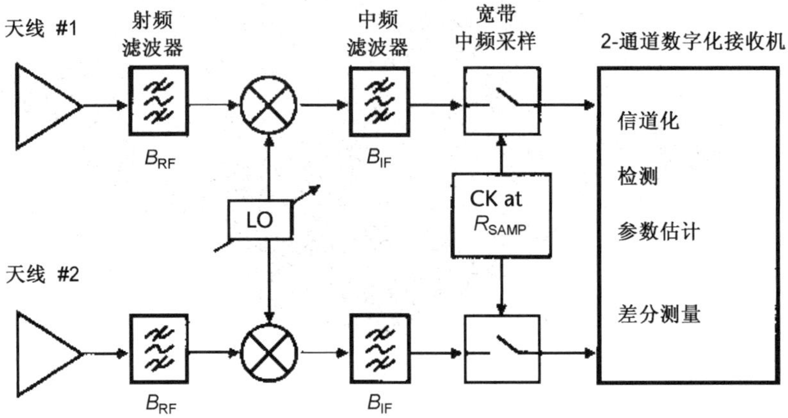

图 3.27 双通道超外差接收机框图

下面我们主要讨论信道化的超外差接收机，因为对它的需求最高。

最大采样频率是 ADC 的主要特征。它与数字接收机的理论带宽(采样频率的一半)直接相关。如前文所述，采样频率为 R_{SAMP} 的数字接收机的带宽为 $R_{SAMP}/2$。这个带宽不仅可设置在从 0～$R_{SAMP}/2$(基带)之间，而且可设置在从 R_{SAMP}～1.5 R_{SAMP} 之间等。

为选择波段，需要采用滤波器。该滤波器(抗混叠滤波器)缩小了数字接收机的带宽，实际上，其过渡的带宽也要从 $R_{SAMP}/2$ 中扣除。通常这个带宽为截断频率的 10%，这表示如果数字接收机按最大输入频率 f_s 工作，其带宽将为 f_s 的 40%；不过，如果数字接收机工作频率达到 $2R_{SAMP}$，其带宽将仅为 30%，高频工作的其他限制来自于 ADC 的输入段。它放大输入信号并在转换过程中保持该信号。对于它的要求有：

- 模拟带宽大；
- 平坦；
- 频谱纯。

前两项影响数字接收机的最大输入频率，而第三项限制动态范围。

由于以下两个方面更倾向于使用高输入频率：

① 增加数字接收机的带宽；

② 直接在中频甚至射频内对信号采样，从而简化微波段处理。

目前 ADC 的性能使数字接收机带宽几乎可达到 1 GHz，动态范围为 40～50 dB，输入带宽可在 $R_{SAMP}/2$～R_{SAMP} 之间。

图 3.28 典型 ADC 设备(E2V 公司提供)

下文将给出一个 ADC 的实例。图 3.28 为 E2V AT84AS004 设备的外形图。该设备不只包含一个最大采样频率为 2 GHz 的 10 位闪存转换器，而且还包括一个多路分离器(DEMUX)，它降低了样本速度，使其可与通常用于执行信号处理的 FPGA 连接。

图 3.29 显示了一个典型的 ADC 的性能。图 3.29(a)显示该设备的平坦度。请注意模拟带宽为 3 GHz，1～2 GHz 之间平坦度几乎为 1 dB。有效比特位(ENOB)与输入频率的关系如图 3.29(b)所示。在 $R_{SAMP}/2$～R_{SAMP} 频率内的有效比特位优于 7 bit。图 3.29(c)为无杂散动态范围(SFDR)对输入频率的关系。该参数用于估计部件的频谱纯度，为 ADC 输出端信号功率与最高虚假之间的比率。无杂散动态范围给出数字接收机动态范围的上限。实际上，最小可探测信号应高于虚假的水平，以避免虚警发生。该图表示杂散动态范围始终处于 55 dB 左右的情形，考虑 5～10 dB 的安全裕度，可达到的动态范围为 45～50 dB。

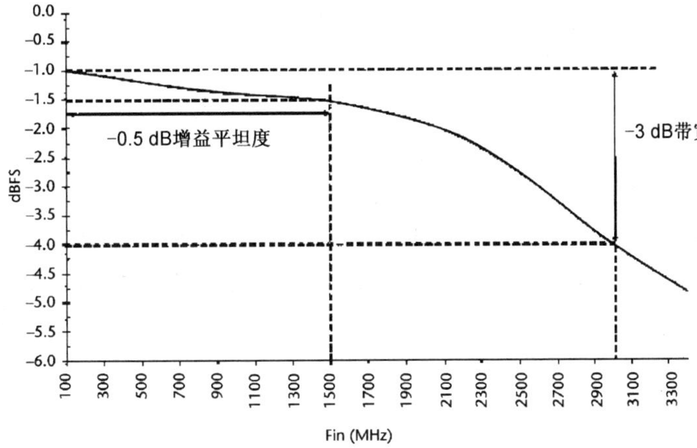

(a) 增益平坦度

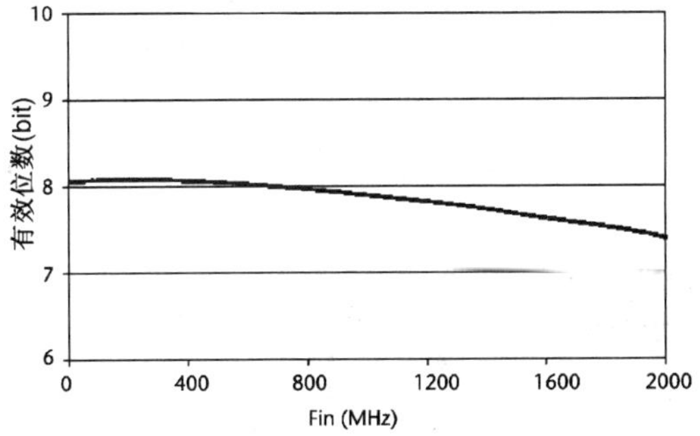

(b) 有效位数

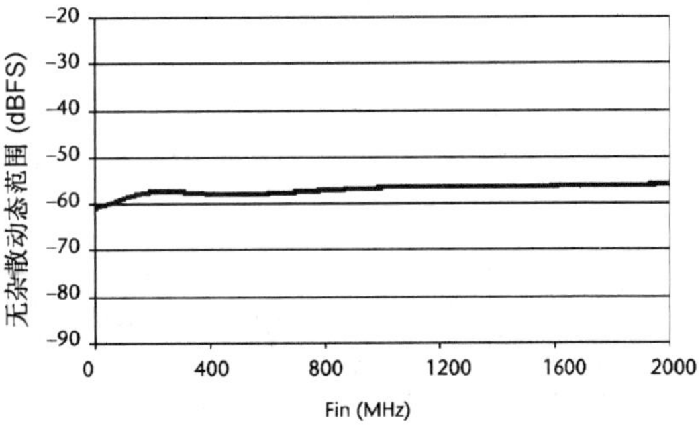

(c) 宽带的无杂散动态范围

图 3.29　宽带 ADC 性能

单比特 ADC 的特征还包括其模拟带宽与采样频率。目前这些部件最大可以 10～12 GHz 的速率采样。因此，它们的最大带宽<6 GHz。许多单比特数字接收机并行使用，它们的时钟适当偏移，可以覆盖所需要的 2～18 GHz 的频段。

数字接收机取得的巨大成功归功于其架构中处理设备的完善。的确，ADC 产生的数据速率无法用通用 DSP 处理，因此已经研发了专门的处理器。这些处理器有两种硬件平台。ASIC 和 FPGA。它们之间的主要差异在于速度和可编程性。ASIC 的处理速度高于 FPGA，但 FPGA 具备可重复编程性。在成本方面，ASIC 会产生较大的单次成本，而 FPGA 会产生较高的复用成本(每台成本)。这两种硬件平台的选用取决于以下几个因素：

● 待搭设的接收机数量；
● 设备重复编程的需求；
● 要求的处理速度。

在下文中，将主要讨论 FPGA 的发展，但预计 ASIC 和 FPGA 将会有着类似的性能发展趋势。

区分处理设备的三项能力为：

● 计算能力；
● 内存；
● 连接性。

FPGA 实质上属于脉动设备，这意味它由大量可配置和连接的简单元件(单元)构成，以此形成一个复杂的网络。它的特征包括：

● 单元数目；
● 复杂度和处理速度；
● 它们之间的相互连接。

此外，最新系列的 FPGA 包括了内嵌式特殊功能元件(称为 DSP 或 MAC)，它主要由乘法器和加法器构成。这些功能元件支持构造 FIR 滤波器、相关器等部件。在 FPGA 内引入这些功能元件使它们成为信号处理方面的专门部件。单元和内嵌的功能元件均有助于 FPGAR 的计算能力。

数字接收机存储器可用作为计算元件(查找表)或作为存储器用于储存数据与参数。不同设备(即使在不同的控制板上)之间的连接可通过高速串联收发器实现。新的硅技术增加了 FPGA 的密度，因此提高了存储与计算的能力。连接性通过提高串联收发器的速度(高达 6.5 Gbps)完善了上述特性。

目前 FPGA Xilinx Virtex5 可包含一个完整的带宽为 1 GHz 的信道化接收机。新的 FPGA Xilinx Virtex 6 系列将其性能提高了三倍(基于 V5 SX95 与 V6 SX315 之间的比较，见图 3.30)。

	Virtex 5			Virtex 6	
件号	XC5VSX35T	XC5VSX50T	XC5VSX95T	SX315T	SX475T
CLB 触发器	21,760	32,640	58,880	394K	595K
Block RAM/FIFO w/ECC (每个36Kbits)	84	132	244	704	1,064
DSP48E 片	192	288	640	1,344	2,016
低功率收发器	8	12	16	24	36

图 3.30 Xilinx Virtex 5 与 Virtex 6 FPGA 之间的性能比较

提高后的计算能力、存储能力与连接性可用于多个方面：

● 改进信号处理算法以提高数字化接收机在灵敏度、数量和测量精度(如频率分辨率)方面的性能；
● 提高存储容量，以记录后续分析用的信号；
● 通过连接性改善多个数字接收通道之间的通信，以增强测向(角度估计)技术。

总之，硅器件在不断地改进中，这又转而提高了数字接收机的带宽、灵敏度和信号参数测量精度，极大地改善了新一代的电子战设备的性能。

3.5.4 新一代电子战雷达波段传感器的体系结构

电子战射频监视系统的频谱正不断地扩大，目前有些威胁辐射源的频段已经达到≥95 GHz。而当前基于非常大带宽射频前端(即天线和第一个放大器)的技术以及许多射频合成器[能把射频信号下变频为中频(IF)信号，以馈送到数字信号处理设备(其处理带宽仍在不断地增加)]都不能覆盖如此大的射频带宽。

目前，正在开发一种称为“射频光子学”的新技术[19]。它通过装有激光源的铌酸锂调制器，可将接收到的射频放大信号的频率(从千兆赫～数百太赫兹)上变频为光电信号。然后，该信号通过光纤传输到光可调谐滤波器，该滤波器选择要馈送到光电二极管的信号带宽，最后从光电二极管输出的中频信号被馈送到 ESM 设备的 DSP(ADC 和 FPGA)里。

基于光子学的射频频谱扫描仪的框图如图 3.31(a)所示。

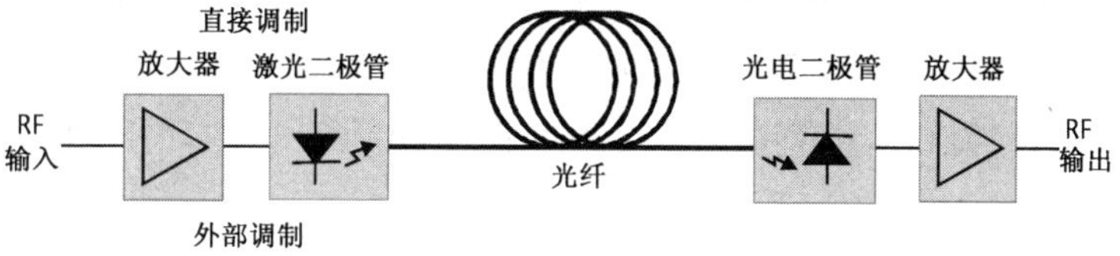

(a)

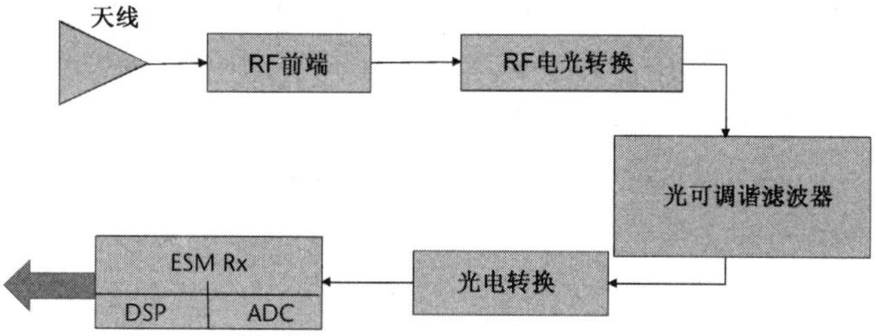

(b)

图 3.31　基于光子学的射频频谱扫描仪的框图

在电子 DSP 处理信号之前，光子子系统在射频信号预处理过程中提供的滤波和信道化具有以下优点[20]：

- 减少了滤波器的尺寸；
- 光学射频滤波器里的最大有效 RF Q 比直接射频滤波器里的要高很多，光学滤波器在 DC～40 GHz 频率范围内有可变带宽(即使带宽小于 1 MHz)，没有射频重复波段；
- 40 dB 的光抑制比将产生 80 dB 的射频抑制(二极管特性)；
- 光学滤波器在所有射频频率上都是阻抗匹配的；
- 在系列射频滤波器之间不存在由带外失配造成的射频反射。

3.6 低截获概率雷达的探测和分类

低截获概率雷达具有以下特性[10]：

- 很低的辐射功率；
- 低的天线副瓣；
- 辐射的波形分布在宽频带上和长时间内(宽脉冲或连续波类型的辐射)；
- 接收时对大量脉冲或长时间间隔进行相干积累处理。

目前有多种能够提供低截获概率波形的宽带调制技术，比如：

- 线性与非线性频率调制(LFM-NLFM)；
- 离散相位编码调制(相移键控)，比如广义巴克码、弗兰克码(给出线性调频的好的分段近似)、多相码以及多时码；
- 跳频调制，比如科斯塔斯码；
- 伪随机噪声波形。

建议有兴趣的读者参阅文献[10]，以获取更多关于此类调制技术的信息。

当前ESM数字接收机广泛应用的经典滤波方法以快速傅里叶变换处理为基础(见3.5节)。此方法在非调制或小带宽(即频带宽度窄于快速傅里叶变换频率区间大小 B_n)调制脉冲情况下拥有极好的探测性能，但在大带宽调制脉冲情况下不再有效，因此需要使用更加复杂的滤波处理。

对于需要探测环境中是否存在低截获概率雷达信号和还需要通过测量辐射源参数而将辐射源进行分类(以用于ELINT或分析选择针对该辐射源的最佳干扰)，有两种截然不同的信号处理方法。显然，这两种方法可以在很复杂的ESM设备中顺序使用。

如果仅为探测低截获概率雷达信号，可使用互相关技术[11]，它在接收机的输出端提供的处理增益为 $G_P = \text{SNR}_{出}/\text{SNR}_{入}$，如图3.32所示。

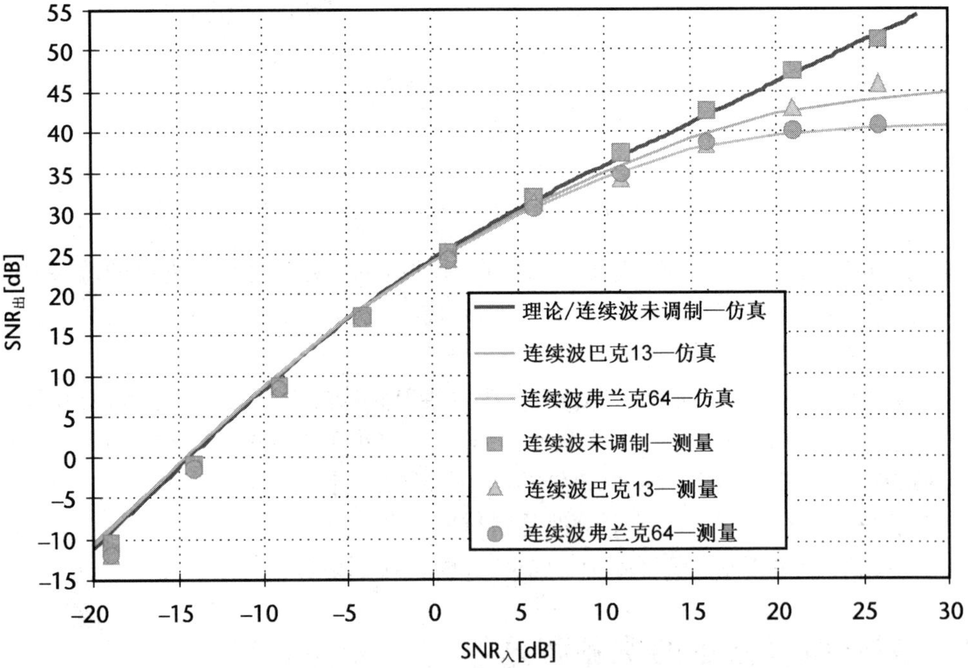

图3.32 低截获概率相移键控调制连续波信号的互相关处理增益

在上述方案中，普通的快速傅里叶变换单元 M 的输出的可表示为：

$$r_M(k) = s(k) + n_c(k) + \mathrm{j}n_s(k) \tag{3.26}$$

式中，$n_c(k)$ 和 $n_s(k)$ 为独立的加性高斯白噪声(AWGN)的离散时间过程，其采样满足下面的表达式：

$$\begin{aligned} &E\{n_c[k]\cdot n_c[h+k]\} = (N_0/2)\cdot\delta[h] \\ &E\{n_s[k]\cdot n_s[h+k]\} = (N_0/2)\cdot\delta[h] \\ &E\{n_c[k]\cdot n_c[h]\} = 0 \quad \forall k,h \end{aligned} \tag{3.27}$$

信号的表达式为：

$$s[k] = \sqrt{E\cdot T_c/\mathrm{PW}}\cdot\exp[\mathrm{j}\cdot 2\pi\cdot f_R\cdot kT_c + \mathrm{j}\cdot\Phi(kT_c)] \tag{3.28}$$

式中，相位调制码的长度 T_{chip} 等于脉冲宽度除以 N_{chip}，这是一个子脉冲的宽度，可假设为：

$$\Phi(t) = \sum_{k=0}^{N_{\mathrm{chip}}-1}\varphi[k]\cdot\mathrm{rect}_{\mathrm{Tchip}}(t-k\cdot T_{\mathrm{chip}}) \tag{3.29}$$

式中，$\mathrm{rect}_{\mathrm{tchip}}(t-kT_{\mathrm{chip}})$ 是个单位振幅的脉冲，中心位于 $(t-kT_{\mathrm{chip}})$，脉冲宽度为 T_{chip}。

假设该序列 $\varphi[k]$ 为离散的随机变量序列：假设 $\varphi[k]$ 是独立、同分布的，且均匀分布于 2π。信号功率密度的表达式为：

$$E\left\{|S(f)|^2\right\} \cong E\cdot T_{\mathrm{chip}}\cdot\mathrm{sinc}\left[\pi\cdot(f-f_0)\cdot T_{\mathrm{chip}}\right]^2 \tag{3.30}$$

当信号存在时，互相关器输出端的 SNR 出可定义为：

$$\mathrm{SNR_{out}} \equiv \frac{E\left\{\mathrm{Re}\left[XC_{[\mathrm{M}]}\right]\right\}^2 + E\left\{\mathrm{Im}\left[XC_{[\mathrm{M}]}\right]\right\}^2}{\mathrm{Var}\left(\mathrm{Re}\left[XC_{[\mathrm{M}]}\right]\right) + \mathrm{Var}\left(\mathrm{Im}\left[XC_{[\mathrm{M}]}\right]\right)} \tag{3.31}$$

式中，$E\{.\}$ 是在时间间隔 T_{CORR} 内的信号加上噪声的相关样本的期望值或平均值；Re [.]和 Im [.]分别是互相关的实部和虚部。

前述定义不仅可以从理论的观点，还可以用仿真和测量对 SNR 作出估值；实际上一旦确定了互相关输出的几个(复数)值，即可通过简单的统计分析算出信噪比的估值。

结合式(3.30)和式(3.31)，$\mathrm{SNR_{out}}$ 可写成：

$$\mathrm{SNR_{out}} = \begin{cases} \dfrac{B_N\cdot \mathrm{PW}\cdot \mathrm{SNR_{IN}}^2}{(T_{\mathrm{CORR}}/\mathrm{PW}) + 2\cdot\mathrm{SNR_{IN}}} & T_{\mathrm{CORR}} > \mathrm{PW} \\ \\ \dfrac{B_N\cdot T_{\mathrm{CORR}}\cdot \mathrm{SNR_{IN}}^2}{1 + 2\cdot\mathrm{SNR_{IN}}} & T_{\mathrm{CORR}} \leqslant \mathrm{PW} \end{cases} \tag{3.32}$$

就低截获概率脉冲信号而言，当 T_{CORR} 超过脉宽时，对于 T_{CORR} 超过脉宽的 LPI 脉冲信号值，一旦出现信号，互相关接收机只对噪声样本的乘积进行积累。

针对以下低截获概率相移键控信号，图 3.32 中显示了 SNR 出随 SNR 入变化的曲线[11]：

- 连续波未调制信号(如单音)，并被用作为基准；

- 重复 13 位巴克码(用 BPSK 调制实施)构成的连续波信号 T_{chip} = 100 ns，重复周期为 1.3 μs；
- 重复 64 位弗兰克码(用八相移键控调制实施)构成的连续波信号 T_{chip} = 100 ns，重复周期为 6.4μs。

互相关处理使用下列参数：

- $B_n = 80$ MHz $\rightarrow T_C = 12.5$ ns；
- $N_{CORR} = 800 \rightarrow T_{CORR} = 10$ μs；
- SNR_{in}(表示信道器输出端信噪比，例如 $B_n = 80$ MHz)，由–20 dB 升至 30 dB。

文献[10]和文献[12]给出了几种用于分类低截获概率雷达信号的滤波方法，并对它们进行了分析，这些方法包括：

- 基于循环平稳信号特征的滤波方法，例如快速傅里叶变换累积法(FAM)，其处理框图见图 3.33；
- 分段谱相关分析处理(SSCA)，其框图见图 3.34；
- 基于维格纳-瑞利分布(WVD)和正交镜像滤波器(QMF)的时频分析，其处理框图见图 3.35。

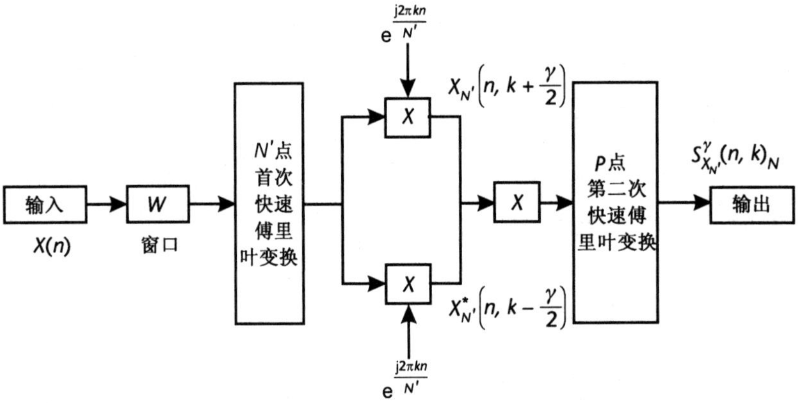

图 3.33 快速傅里叶变换累积法处理框图

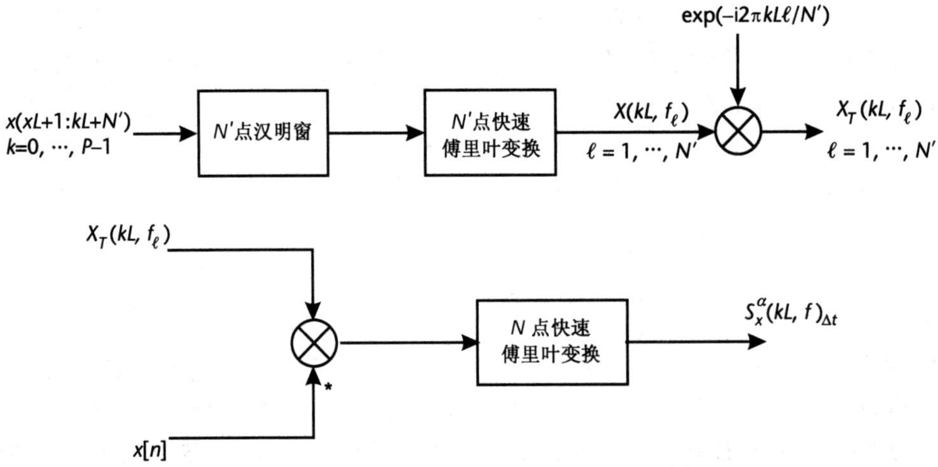

图 3.34 分段谱相关分析两级处理框图

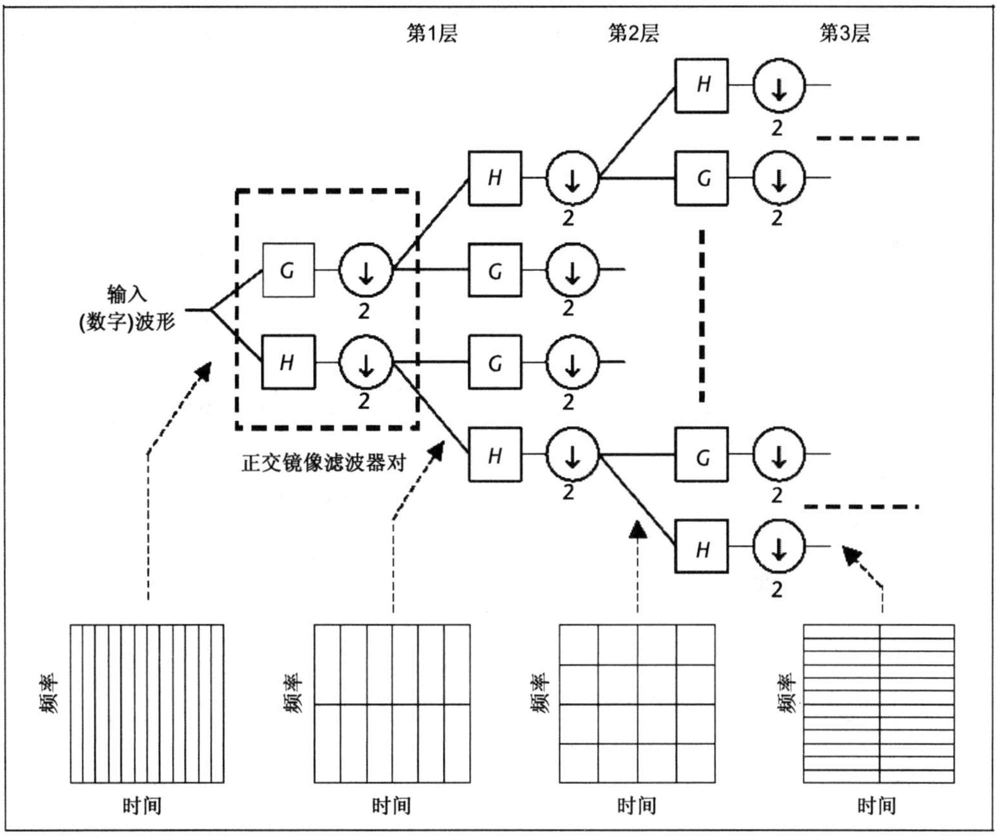

图 3.35　正交镜像滤波器处理框图

上述方法的输出为矩阵，不同的方法对不同的低截获概率波形特别有效。文献[12]对上述处理方法针对三种不同的低截获概率波形(线性调频、弗兰克码及科斯塔斯码)的有效性进行了对比。对比时对各滤波方法使用了 N 最大值探测输出的非相干积累(NIMD)，以进一步提高探测概率。对应的结果(经过作者同意)示于图 3.36～图 3.39。对比表明：正交镜像滤波器法(至少 4 层)对受测的三种波形更有效。

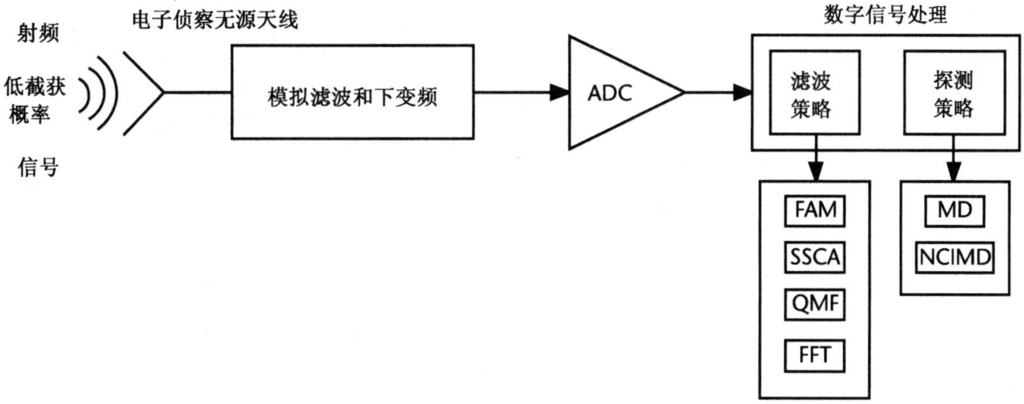

图 3.36　具备不同滤波方法与 NIMD 的仿真接收机链路框图

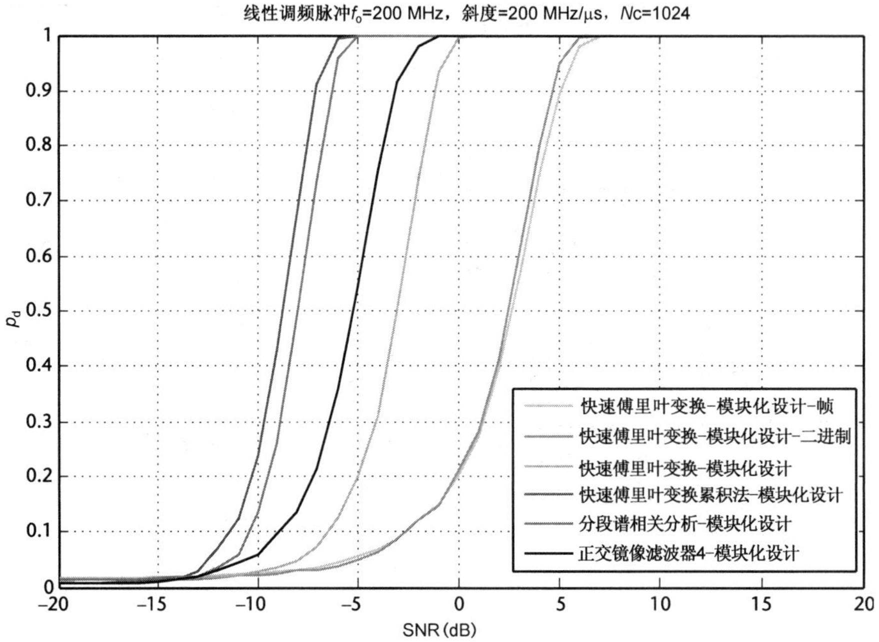

图 3.37　不同滤波方法在用于探测线性调频信号时的性能

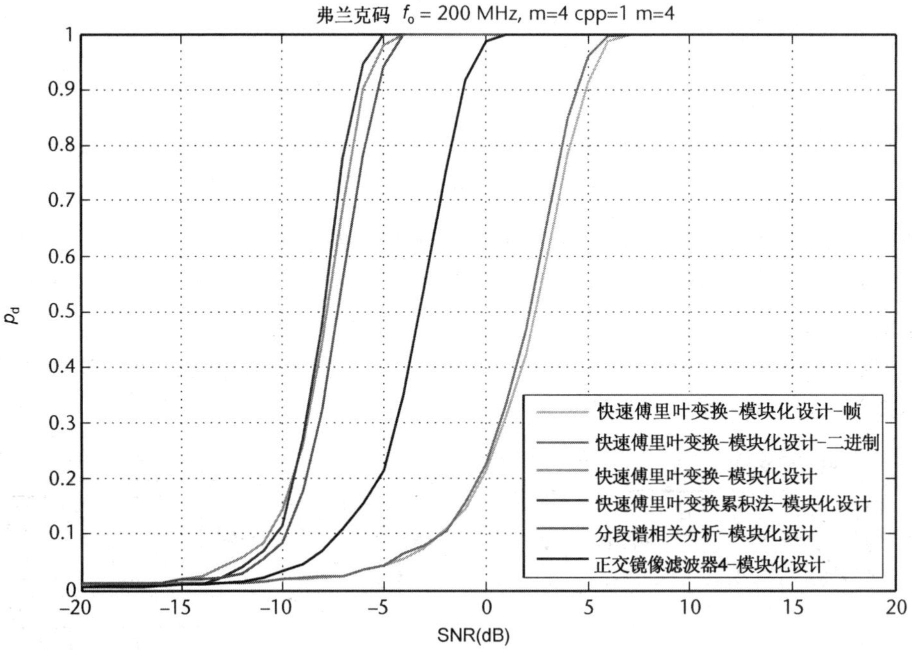

图 3.38　不同滤波方法在用于探测弗兰克编码信号时的性能

请注意：上述引用的结果是在不考虑干扰信号的情况下估计的，现实中不存在这样的情况。因此，上述方法必须伴随抗干扰方法使用(例如窄波束空间选择性或自适应波束方向图调零)。

最后，值得提一下文献[10]中第 12.2 节的建议：就低截获概率波形的分类而言，进行分类时应并行使用多种带有自身神经网络(NN)的方法，这些网络经过学习，用时频或双频图像在众多低截获概率调制中识别信号调制。

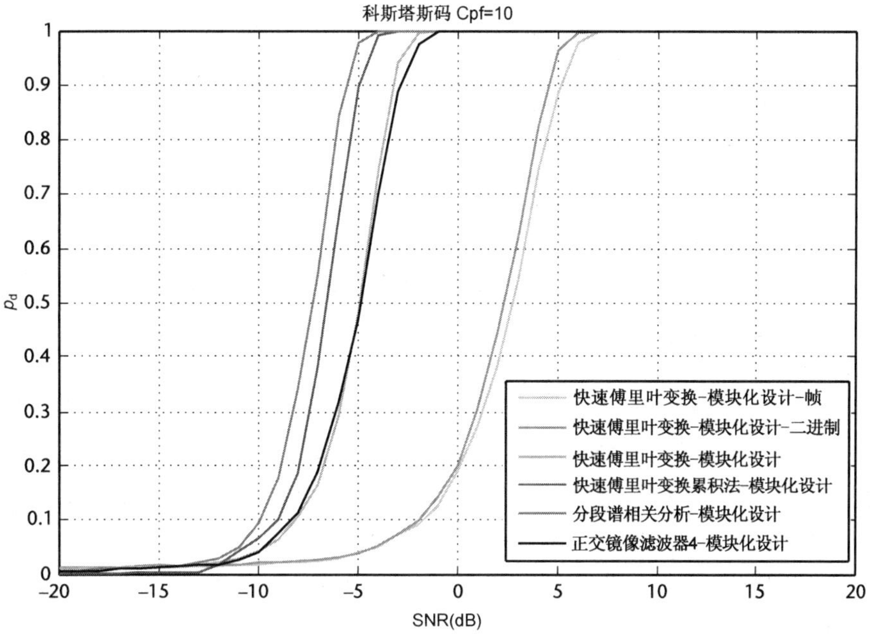

图 3.39　不同滤波方法在用于探测科斯塔斯编码信号时的性能

3.7　辐射源去交错和分选

当前的电磁场景是由不同类型的同时信号构成的密集且复杂的混合体，其中幅度和频率的分布非常宽泛，如图 3.40 所示。

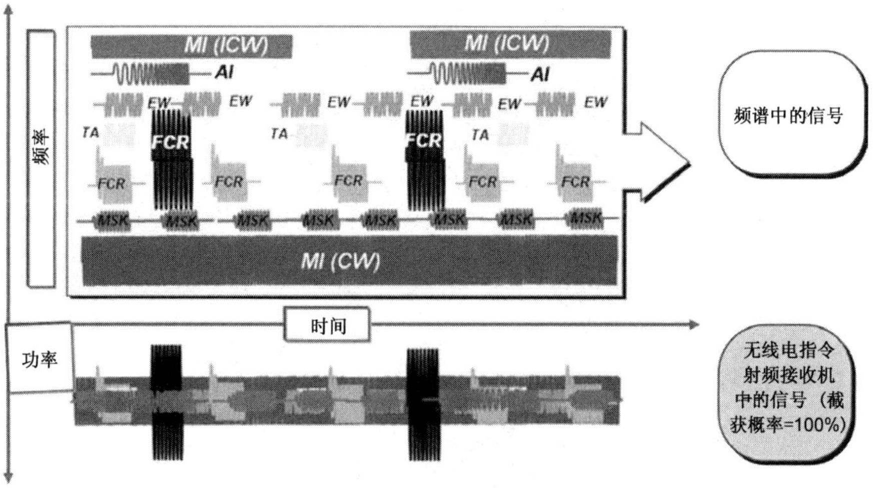

MI：导弹照射器　MSK：有源导弹导引头　ICW：中断连续波　CW：连续波
EW：预警雷达　AI：机载截获雷达　FCR：火控雷达　TA：目标搜索雷达

图 3.40　由信道化接收机和宽开接收机处理的典型对称冲突电磁场景

探测到某个辐射源信号(通常为脉冲)时，该信号的多个瞬时参数立即得到测量并转化为数字字，组成脉冲描述符消息(PDM)。该消息将用于传感器处理器，进行去交错处理，这种处理在高速数字硬件中运行基于知识的算法。通过这种处理，对于一帧接收时间 T_F，将属于同一辐射源脉冲的描述符消息聚类识别，把它们从其他辐射源接收到的脉冲描述符消息中分离出来。在前几代传感器中，这种处理由专用的高速数字处理板运行，不过如今使用普通处理器板就行了，因为它们也具备了很高的处理速度与处理能力。

用于去交错的瞬时脉冲参数通常有：

- 幅度(*A*)；
- 到达方向(DOA)(通常只有方位角)；
- 载波频率(FREQ)；
- 到达时间(TOA)，对于复杂的去交错(通常为脉冲被检波的时间)。

对于更复杂的去交错，还包括：

- 脉宽(PW)；
- 脉内调制(一种既可以是脉内简单调制，也可以是脉内相位调制或频率调制)。

对时间 T_F 内接收到的所有脉冲描述符消息的去交错处理可以用生成沿着到达角、载波频率和脉宽三轴的三维直方图(见图 3.41)进行。这种三维图的单元格的大小与传感器的脉冲瞬时参数测量精度相关，在一个单元格内的脉冲描述符消息可能属于同一个辐射源。考虑到辐射源可能的频率捷变，通常会对相等的到达方向、脉宽和不同的到达时间进行迅速的检查，以将相关的脉冲描述符消息加入该单元。

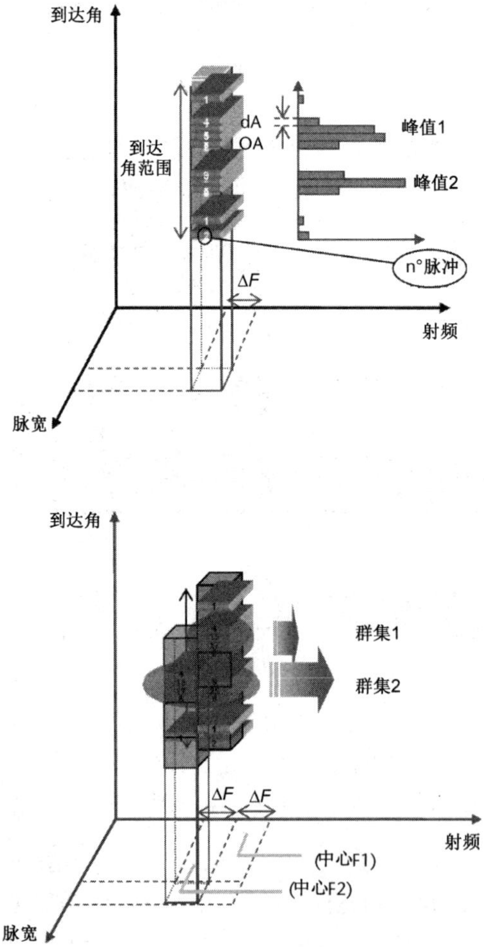

图 3.41　脉冲描述符消息三维直方图(射频、脉宽、到达角)

根据脉内调制进一步检查同一单元格内的脉冲描述符消息(确定是否将它排除出该单元)，然后根据到达时间递增排序，用各种适合各种已知脉冲重复间隔规律的算法确定辐射源脉冲重复间隔及其变化规律。有时，如果从电子战平台任务数据中可获得已知辐射源脉冲重复间隔规律的模版，就将按到达时间排序的单元脉冲描述符消息文件与它进行对比，以确定与已知辐射源的匹配情况。上述过程称为辐射源分选，因为该过程在完成时将提供一份在 T_F 内探测到的潜在辐射源清单。

前述的两种过程都尽可能独立于情报数据，充分使用聚类算法对接收到的所有脉冲描述符消息，对接收机体制能提供的所有信号参数(到达方向、射频、脉宽、脉冲重复间隔、脉内调制)进行处理，以对已知和未知的辐射源进行去交错和分选。

完成某时间段的辐射源分选过程后，一份综合辐射源文件将提供给电子战处理器，用新的辐射源数据更新先前的分选辐射源跟踪文件，并在跟踪文件中添加新的辐射源条目。然后，辐射源跟踪文件将与辐射源任务库中可利用的数据进行对比，以对辐射源模式进行识别，然后将其与相关武器系统关联。

脉冲去交错和辐射源分选过程的示意框图见图 3.42。

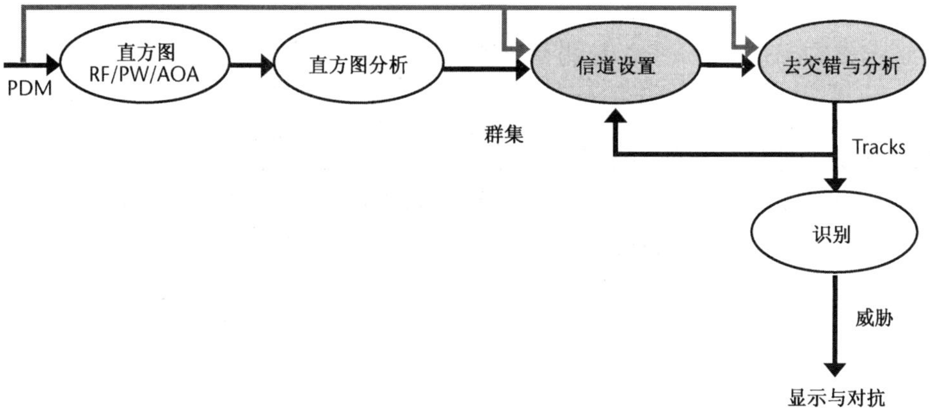

图 3.42　电子战传感器中脉冲去交错和辐射源分选过程的示意框图

3.8　辐射源识别

在某个辐射源被分选并以活动辐射源文件(AET)形式上报给 ESM 系统后，必须将它与数据库中记录的辐射源数据进行对比，以确定该辐射源最可能的识别。如前节所述，已分选的辐射源以活动辐射源文件的形式上报，附带一组测量得到的数据，这些参数包括四种主要参数(射频、脉冲重复间隔、脉宽与天线扫描周期)，对应的标记为：

- 射频：FIX、HOP、BST、SLD、AGL、CPX 等；
- 脉宽：FIX、HOP、BST、SLD、AGL、CPX 等；
- 脉冲重复间隔：FIX、STG、SWT、JIT、SLD、COD、CPX 等。

还有辐射源的二次参数涉及脉内调制是否存在，对应的标记为：

- 脉内频率调制：CHIRP、SAW、TRI、SIN 等；
- 脉内相位调制：BARKER、FRANK、UNK；
- 脉内幅度调制。

将上述各个参数与数据库中记录的每个被怀疑是辐射源对应的参数进行对比。这些记录中的可能辐射源是那些已通过频率滤波器(它将所有记录内的辐射源拒绝在已测量辐射源的频率载波间隔外)和符号滤波器(它将所有与分选辐射源相关符号不相同的记录内辐射源拒之门外)的信号。这样的比较产生了辐射源主要参数和二次参数的一种得分，我们统一用 i 来标记参数，用 $\mathrm{Score}_{i,j}$ 表示得分，j 为记录的被怀疑是辐射源的序号。

$\mathrm{Score}_{i,j}$ 是对测量的参数跨度与记录的辐射源相应参数跨度的重叠百分率的一种评估，其分辨率是实际接收机的参数测量精度。比如，考虑脉冲重复间隔参数，并假设：

- 辐射源分选后测量到的脉冲重复间隔为 IPRI($I_{\mathrm{PRI}} = \mathrm{PRI}_{\max} - \mathrm{PRI}_{\min}$)；
- 记录中第 j 个辐射源脉冲重复间隔为 $L_{\mathrm{PRI},j}$；
- 接收机脉冲测量重复间隔的精度为 δ_{PRI}。

因此，记录的第 j 个辐射源脉冲重复间隔参数的得分为：

$$\mathrm{Score}_{\mathrm{PRI},j} = I_{\mathrm{PRI}} / (L_{\mathrm{PRI},j} + 2\delta_{\mathrm{PRI}}) < 1 \tag{3.33}$$

已选择的各个记录的第 j 个辐射源的总得分的评估为各个测量参数得分的加权：

$$w_{i,j} = \mathrm{Fn}_{i,j}\mathrm{Fm}_{i,j} \tag{3.34}$$

式中，$\mathrm{Fn}_{i,j}$ 与参数标识对应，Fm_i 与测量兼容性对应。因此有：

$$\text{Total Score }(j) = \sum i(w_{i,j}\mathrm{Score}_{i,j}) \tag{3.35}$$

如果总得分数超过所选的叫做置信水平的门限，则可将记录的第 j 辐射源看作已分选辐射源的疑似识别。当然，对分选辐射源的最大似然的识别将被设定到获得最大总得分的辐射源。这个识别过程见图 3.43。

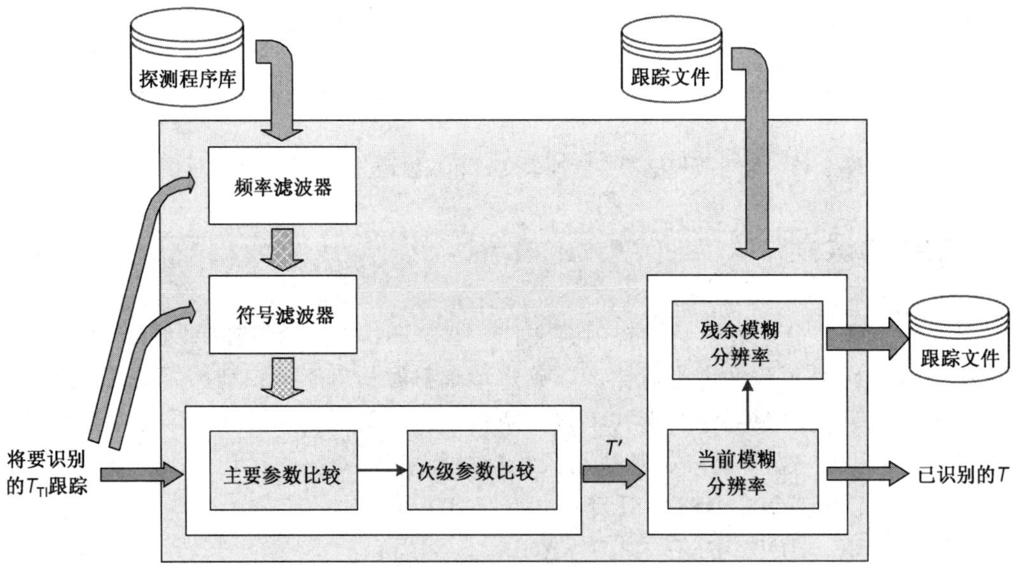

图 3.43　辐射源识别流程图

3.8.1　特定辐射源识别

特定辐射源识别(SEI)技术对于在高密度电磁战场上作战的现代 ESM/ELINT 系统来说起着重要作用，高密度电磁战场的特点是存在多个潜在的同种类型的非合作辐射源。

根据收发机的特性，每个发射机都把其特征作用到传输的信号上，SEI 所具有的功能就是基于这样的考虑。SEI 从收集到的雷达脉冲上提取独特的特征，并通过在由所关注的舰船组成的初步观察数据集上进行充分训练的机器学习算法来详细地描述这些特征。这样 SEI 就能识别出一个特定的辐射源(不仅是雷达，还包括导航转发器如 AIS)和装备该特定辐射源的平台。SEI 的工作过程如图 3.44 所示。

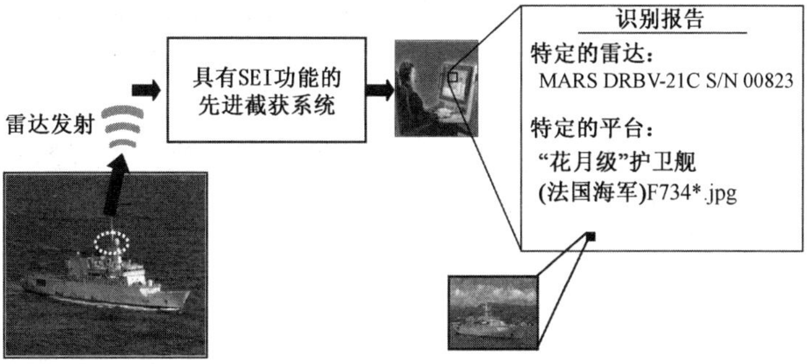

图 3.44　SEI 的工作过程

SEI 的自动功能可极大缩短培养有经验的 ESM/ELINT 操作员所需要的长培训周期，并且无需操作员参与就能得到识别结果。

SEI 的测量特点如图 3.45 所示。

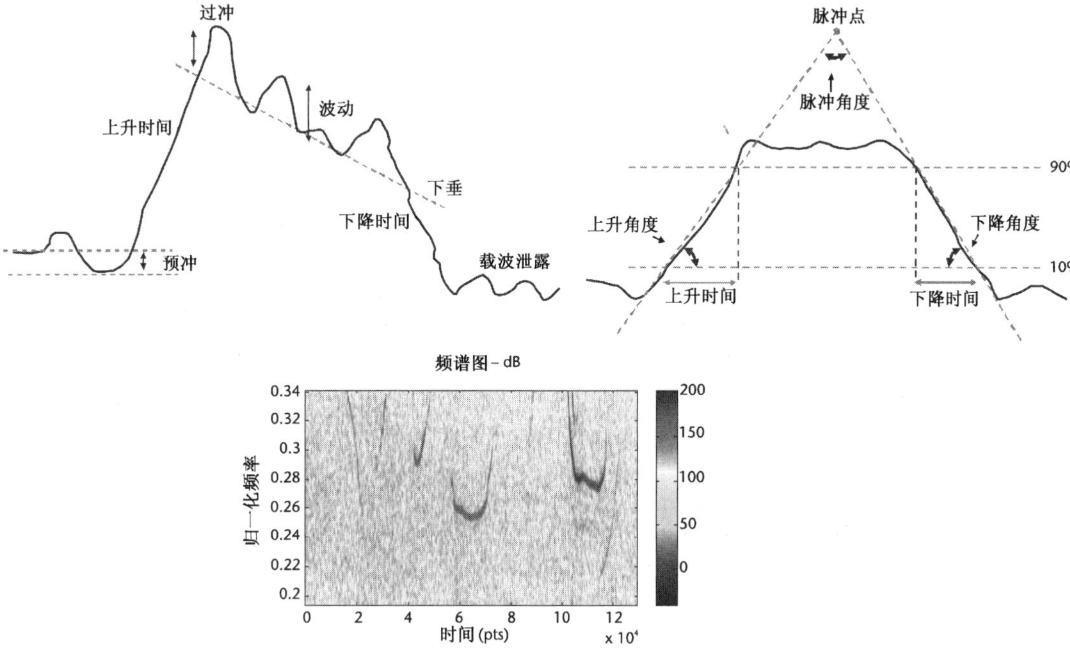

图 3.45　SEI 的测量特点

- 数据记录功能(与 ESM/ELINT 设备集成)；
- 数据库生成工具(一个额外的离线工作支持功能)，里面有很多首次收集到的辐射源特征(以及相关平台)；
- 实时的 SEI 功能(集成在 ESM/ELINT 设备里)。

最后一个功能是基于两个功能块的级联：测量块和模式识别块。测量块从收集到的脉冲中提取一个特征集合，如图 3.46 所示，该特点集合代表雷达辐射源唯一的和可识别的特征。模式识别块从已经过计算的特点集合中接收输入，并使用 SEI 数据库中存储的数据来识别与产生所收集到的脉冲相对应的辐射源。

SEI 的功能为 ESM/ELINT 系统提供了更深层次的威胁识别能力，而且不会影响现有的设备硬件/软件架构系统的方案。根据模拟和真实环境数据完成的测试，验证了该功能是完全可行的，并具有较高的识别性能。

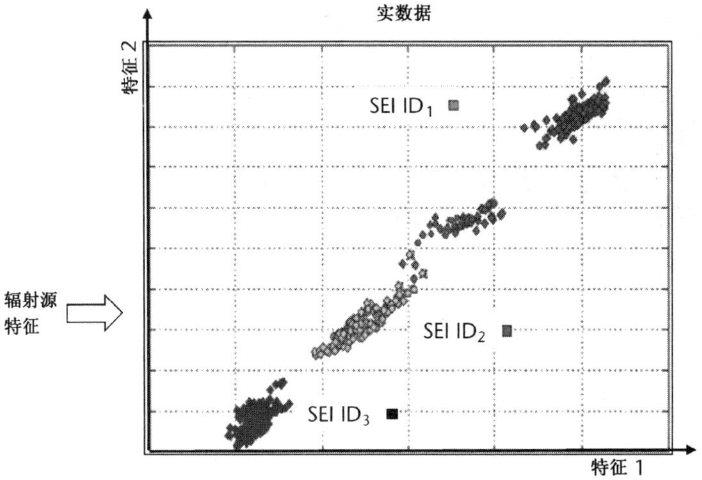

图 3.46 针对真实雷达数据的 2D 特征空间，利用特定辐射源识别功能计算出的结果。从三个同等级的雷达辐射源中，已准确识别出 99%以上的雷达脉冲。这只不过是在多个特征选取使用其中两个特点识别的一个例子

由于这种功能的实现在很大程度上依赖于所使用的 SEI 设备的接收机特性(即其数据库)，对于同样的辐射源(尤其是那些发射极不稳定与变化多样波形的雷达)，不同的 SEI 设备会有不同的响应，因此它们会有不同的数据库。导航转发器，例如自动询问系统(AIS)(必须能安装在任何船只上)发射一个能提供船只身份的、简单的编码波形，并且很容易与其发射机相关联。但当发射机不改变信号特征时，AIS 识别信息就很容易出现漏洞并遭受赛博攻击。因此，SEI 设备(具有自己的数据库)是最适合识别处于海峡或港口雷达交通监视中的船只并验证船只 AIS 转发器所宣称的身份信息。

3.9 通信支援测量(CESM)

今天的军事作战的特征是，需要鲁棒且安全的通信网络在固定与移动站点之间实时传送多媒体信息，为网络内各单元提供一种能力，能快速下达指令，更新完整的态势感知。

通信信号的截获系统叫通信电子支援测量系统(CESM)，如果它能够快速地向作战部队提供辐射源信号信息；或者叫通信情报系统(COMINT)，如果它能够分析一段时间内的信号以提供关于发射特征与内容的情报。

CESM 设备的任务为对周围环境中的通信信号进行搜索、截获、分类、识别、测向以激活进一步的电子战行动(例如辐射源定位、信号分析或对相关网络的干扰)。由于大量已

方与民用通信的存在，以及现代军事通信设备采用了低截获概率技术，如直接合成扩谱的数字编码信号(很可能还是加密的)和跳频信号，使得上述任务变得困难。

COMINT 设备的任务为记录辐射源信号，为后续可能的内容解密、低截获概率特征和电子防御措施特征的分析与评估做准备，以便确定最合适的干扰技术。

3.9.1 CESM

通信服务实际上已扩展到整个射频频谱。表 3.4 列出了频带的命名。

表 3.4　频带命名

波　长	频　带	名　称	标　识
100～10 km	3～30 kHz	甚低频	VLF
10～1 km	30～300 kHz	低频	LF
1～0.1 km	300～3000 kHz	中频	MF
100～10 m	3～30 MHz	高频	HF
10～1 m	30～300 MHz	甚高频	VHF
1～0.1 m	300～3000 MHz	特高频	UHF
100～10 mm	3～30 GHz	超高频	SHF
10～1 mm	30～300 GHz	极高频	EHF
1～0.1 mm	300～3000 GHz	光频	Optical

为应对极其拥挤的通信频带,也就是同时存在多个定频的、突发的、跳频的以及扩频的信号，CESM 的架构既可以用多个宽频带的信道化接收机覆盖所需频带，或多个(数量等于接收天线的数量)快速步进扫描相关射频频段的宽带超外差信道化接收机来实现。在实际中后一种架构用得最多，我们将在下面的讨论中谈到。

由于高频段上波长较长，CESM 设备需要非常大的天线(通常在大的区域布置的天线阵)来获得精确的到达角。需要使用的测向算法可以为沃森瓦特法配合爱德考天线[即布置于正方形的四个顶点上，并沿对角线成对互联的四个垂直单元(单极子)]或由 MUSIC 算法加强了的能解决多径测向模糊的[21]相关相位法(见第 4.3.1 节)。

由于在测量俯仰到达角的过程中电离层对高频信号产生折射，如果假设折射层的高度(D、E、F_1 或 F_2)已知，就可能估计地面上辐射源的距离，从而实现单点辐射源定位。

高频波段的 CESM 设备的架构与在甚高频/特高频频段中(30～3000 MHz)工作的 CESM 设备非常相似，如图 3.47 所示，不过测向天线的数量和类型，以及它扫描所通过高频段的瞬时带宽与甚高频/特高频波段的是不同的。

CESM 设备由下列部分组成：

- 由若干子频段天线阵组成的天线组；通常使用三个子频段，如 30～300 MHz，300～1000 MHz，以及 1000～3000 MHz；
- 天线前端接收机和子频段天线阵开关矩阵；
- 射频接收机；
- 处理器和接口；
- 辅助单元(人机接口、数据库和辐射源库、记录设备)。

在地面站点工作时，CESM 设备通常含有 GPS 接收机，以提供其站点的地理坐标，并与辐射源定位网络的其他 CESM 传感器同步(见第 4.5 节)。

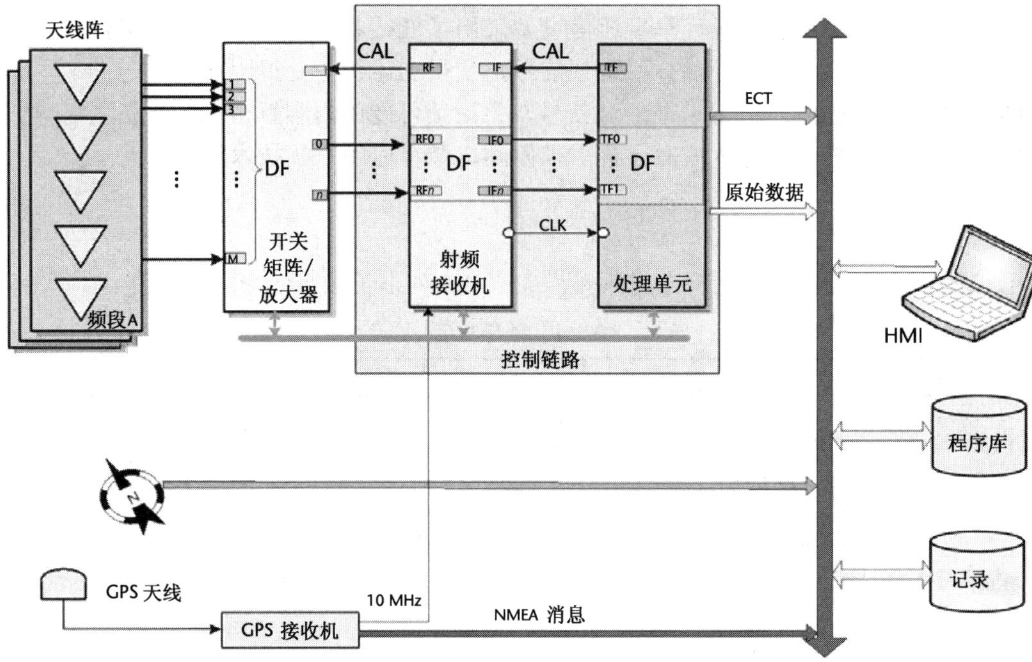

图 3.47 典型的甚高频/特高频 CESM 设备的示意框架图

所用测向法一般为相关测向法(如第 4.3.1 节所述)，如用奇数个垂直偶极子构成的子频段均匀圆阵(以减少因谐波频率造成的相位测量模糊数量，从而增加各个子频段阵列的测量带宽)。这样的子波段的典型的测角精度为均方根值 1°～2°。

图 3.48 和图 3.49 分别显示了相关测向法原理和典型的 CESM 天线阵的一个照片。

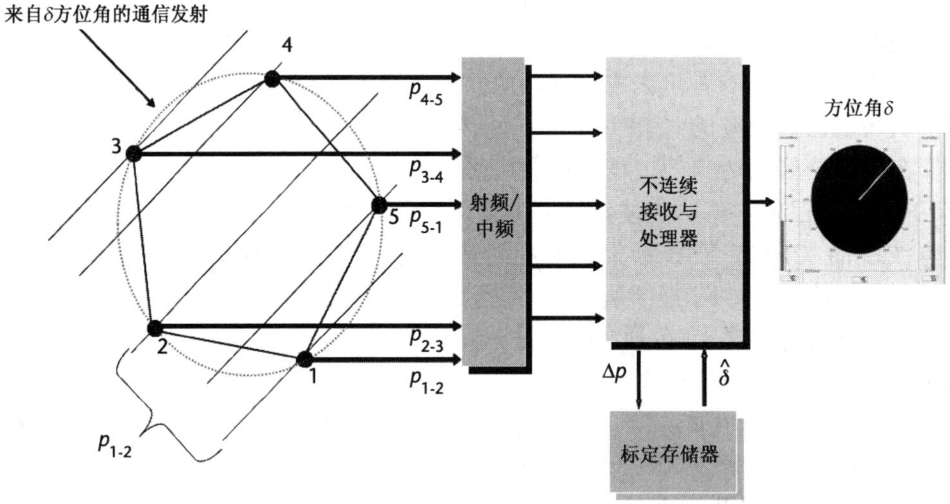

图 3.48 相关法测向原理

天线前端(AFE)和子频段阵列开关矩阵为设备连接到均匀圆阵各天线所接收到的射频信号进行了预选器滤波和第一级低噪声高频放大，然后，信号在对应的射频接收机内通过与合适的本振信号混频而被转化为中频。理论上，在相关相位法测向的测量中，一次只使用两个信道，然后按顺序将两个射频接收机信道与均匀圆阵的其他天线对转换，是可以测角的。过去用这种测向方案减少设备成本，然而如今辐射源增加的跳频速率使得该方案失去作用，因为要识别这种类型的辐射源，单脉冲测角是其基础。

图 3.49　带有三个子频段均匀圆阵和五个垂直偶极子的典型 CESM 天线（Elettronica S.p.A.公司提供）

射频接收机模拟部分的重要特征如下：

- 合成器调谐时间决定了接收机瞬时带宽（>40 MHz）步进扫描通过整个频率覆盖范围的速度，调谐时间越短，截获突发辐射的概率越大。目前该参数在十微秒量级上；
- 瞬时动态范围（IDR）能够在超大幅度信号（通常靠近设备场点）存在的情况下检测小幅度信号，一般来说，瞬时动态范围>60 dB；
- 射频链（自天线到中频输入）的噪声系数在频率覆盖带宽内为 8～10 dB 的量级。

各接收信道的中频信号通过 12～14 位的模数变换器进行数字变换（以实现有效瞬时动态范围>60 dB），并由若干现场可编程门阵列进行处理，实施检测（用均匀滤波器组）和相位法的测量。均匀圆阵中两个临近信道的示意框图如图 3.50 所示。图中还显示了应用于数字数据流的加窗，其作用为减少后续快速傅里叶变换的旁瓣。瞬时带宽在需要的整个频段中高速度步进扫描，以实现高截获概率，并确定辐射源的频率分布。瞬时带宽的调谐速度由任务数据控制，因此它的驻留时间能够在跳频辐射源所设想的频率上增加（在驻留时间内，在同一角度上完成相关的频率检测）或瞬时带宽中的频率区间数量能够根据在这些频率上的信号的设想带宽增加/减少（以近似该信号匹配滤波器的带宽）。图 3.51 展示了一个典型的稳定的瞬时带宽进行扫描的策略。

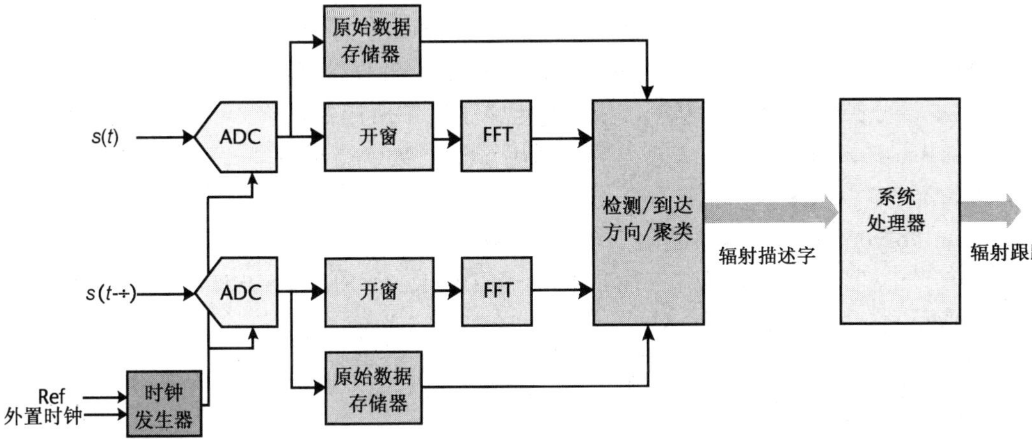

图 3.50　使用两副天线在瞬时带宽内进行多通道信号检测和差分相位测量的两个数字接收机信道

检波后，利用辐射源频率和方向角的测量，CESM 设备进行信号分类，通过指示使用中的通信设备型号来辅助确定敌方电子战斗序列。

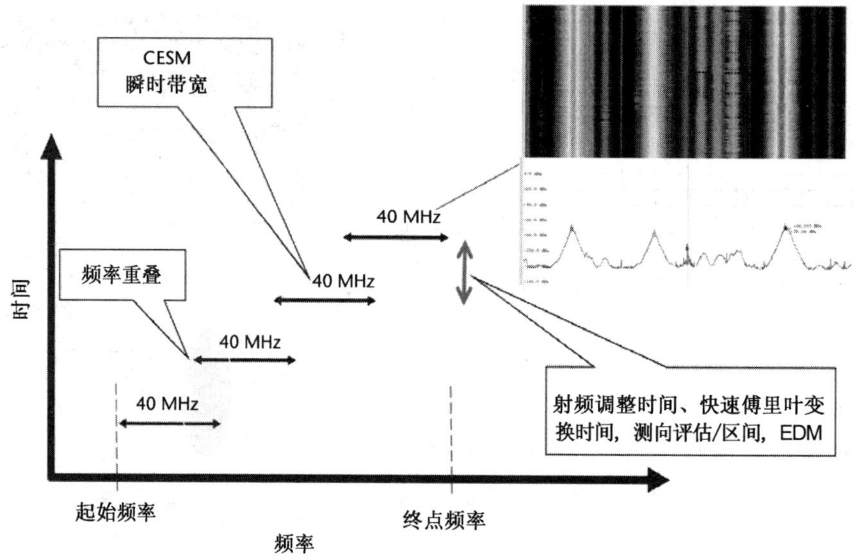

图 3.51 典型的 CESM 设备瞬时带宽扫描策略

信号分类包含多种类型的处理，例如：

- 信号类型识别(如模拟或数字)；
- 如果为模拟，则调制识别(如调幅、调频、调相)；
- 数字信号类型(如二进制相移键控、正交相移键控)；
- 多路复用类型(如频分复用、PPM)。

可使用两种算法来进行信号分类[13]：

(1)先提取信号特征，然后再做基于神经网络的模式识别处理，它能够识别信号类型。

(2)判定理论方法，它基于信号统计特征，优化已建立的似然比，以确定信号类型。

在两种方法的信号分类器中，我们仅简单列举几种，并请有兴趣的读者参阅文献[13]的第 10 章以及参考文献中给出的相关文献以加深了解。

对于模式识别处理：

- Nandi-Azzouz 分类器，适用于识别 13 种模拟和数字调制类型：调幅、调频、MFSK、MASK、DSB、LSB、USB、MPSK、VSB 以及组合(幅度和相位)调制，图 3.52 显示了该分类器的处理流程图，表 3.5 定义了图中所用参数；
- Assaleh-Farrell-Mammone 分类器，适用于识别数字调制类型。

对于判定理论方法：

- Kim-Polydoros 分类器，适用于识别 BPSK 和 QPSK；
- Sills 分类器，适用于识别三种 PSK 信号(BPSK, QPSK 与 8PSK)、三种 QAM 信号(2^4QAM、2^5QAM 与 2^6QAM)。

判定理论方法分类器相对于模式识别处理分类器的优势为前者能够在较低的信噪比上工作，而后者要求信噪比在 15 dB 以上。

然而，为了对辐射源进行识别，需要进行信号特征提取，就像第 3.8 节针对雷达辐射源所采取的方式：将各个特征与数据库中疑是辐射源的相关特征进行匹配，并对这样的匹配给出一个得分，在所有的辐射源特征中获得最高得分的辐射源将判定为这个辐射源。

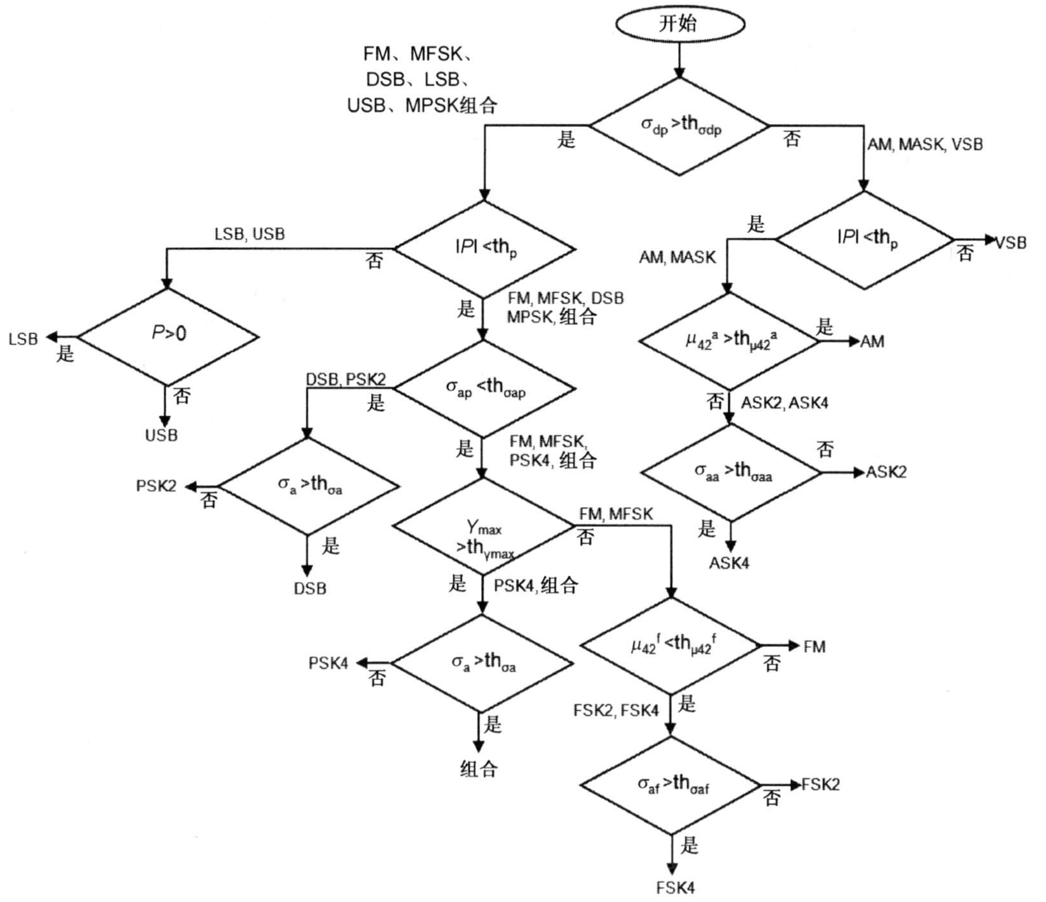

图 3.52　Nandi-Azzouz 分类器处理流程图(参数定义见表 3.5)

需要提取的典型辐射源特征如下：

- 信号类别；
- 工作频率；
- 射频带宽；
- 调制类型；
- 功率电平。

表 3.5　图 3.52 参数定义

参　数	定　义
γ_{max}	正态归中的瞬时幅度 PSD 的最大值
σ_{ap}	瞬时相位绝对值的标准差
σ_{dp}	瞬时相位的标准差
P	信号频谱的对称性
σ_{aa}	瞬时幅度绝对值的标准差
σ_{af}	瞬时频率绝对值的标准差
σ_a	瞬时幅度的标准差
$\mu 42^a$	瞬时幅度的峭度
$\mu 42^f$	瞬时频率的峭度

注：峭度是概率密度函数峰顶尖平程度的度量，通常是以正态分布为标准来比较的[13]，可以被表示为 $K=\mu_4/\sigma^4$，其中 μ_4 是随机变量的四阶中心矩，σ 是标准差。

3.9.2　通信情报(COMINT)

在军事作战中，COMINT 设备的任务记录敌方通信系统内容(为了后续监听及/或分析)，提供有关其位置、信号结构、反电子对抗措施等的精确数据，以支持可能包含干扰的任务规划(干扰目的在于中断敌方指挥链)。对设计将要发射的干扰波形以及选择将要使用的 CESM 设备来说，COMINT 数据的分析至关重要。对敌方战术数据链，COMINT 设备需要测量的对方主要电子对抗措施的特征为：跳频辐射源的跳频时间和跳频带宽，扩谱辐射源的处理增益。

COMINT 设备同样用于民用频谱监测应用，如在广播和无线服务领域监视广播信道宽度是否合适、评估接收信号质量。

COMINT 设备通常不配备覆盖 360° 方位角的测向天线，因此其高增益天线(用于增加灵敏度及更高的信噪比以使辐射源参数测量更加精确)需要相关的 ESM 设备引导角度。

COMINT 的主要作用为：

- 信号捕获和特征提取；
- 信号分类；
- 信号解调；
- 语音信号解调和监听；
- 信号记录；
- 精细化分析前的信号复制(比特流的解码、传输标准识别、语音和人员识别)。

COMINT 对接收信号的处理流程见图 3.53。

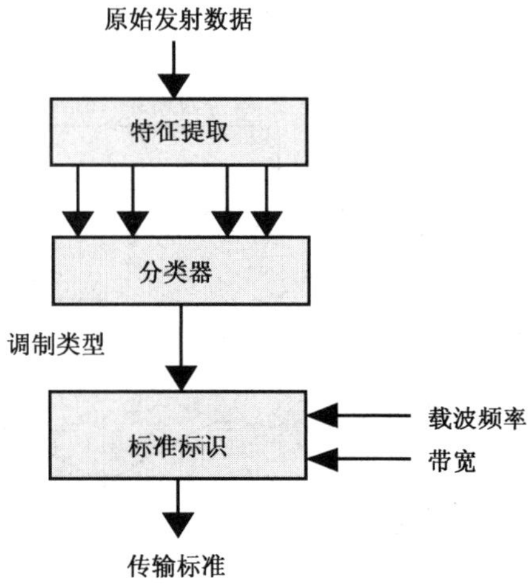

图 3.53　COMINT 捕获信号处理流程

COMINT 设备的架构与 CESM 设备的架构十分相似，不过 360° 方位的测角换成了高增益天线，接上更多的处理器、记录器和软件工具，以减轻操作人员任务分析工作。配备许多操作人员的典型 COMINT 站的框图如图 3.54 所示。这种情报站能够在高频段工作，且由于电离层反射，它可以截获并分析数千海里之外的通信辐射源。如图 3.55 所示的典型操作显示画面表明了现有软件工具的一些能力。

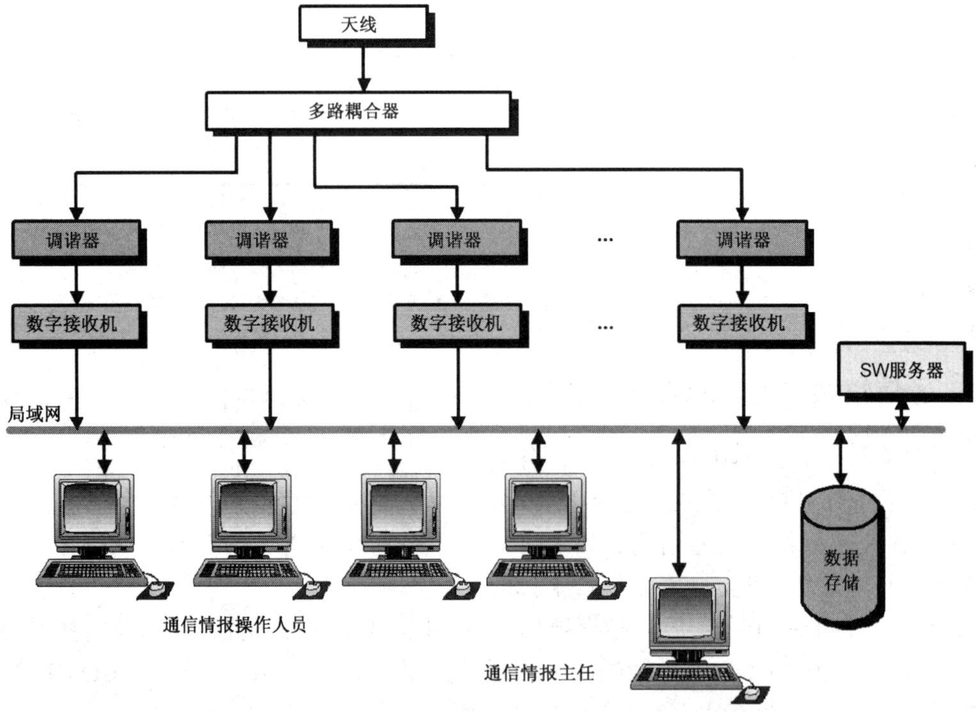

图 3.54　可在高频段工作、由多个人员操作、每个人员独立分析不同频段区域的典型的 COMINT 站框图

3.10　信号情报（SIGINT）

目前，SIGINT 不过是 COMINT 和 ELINT 的组合的一个定义。当前，引入大带宽通信服务的需求使得它们占据了超高频频段大量可利用的频谱区域。另一方面，军事平台隐身技术的引入已经把雷达推向特高频和甚高频范围内。在这两个频段范围中，目标与波长大小类似，所发生的谐振使探测变得更加容易。相同带宽内的通信信号和雷达信号的混合提示了使用这样的接收设备：公用天线分别馈送给二台专门用于雷达信号和通信信号的截获与分类的接收机。

这种新型设备为真正的 SIGINT 设备，因为它将 COMINT 和 ELINT 任务结合到了一个集成设备中，在飞机和舰船等倾向于较小体积的军事平台上呈现出重要的优势。ELT 819 机载信号情报设备就是此等设备的一个实例，其原理框图如图 3.56 所示。

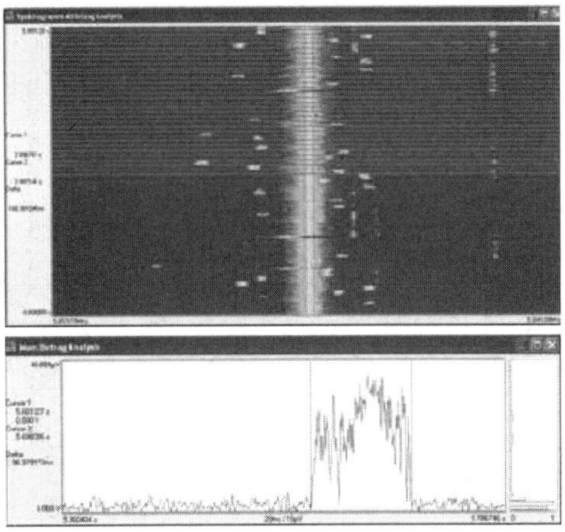

(a)工作人员选定时间的瀑布和频谱

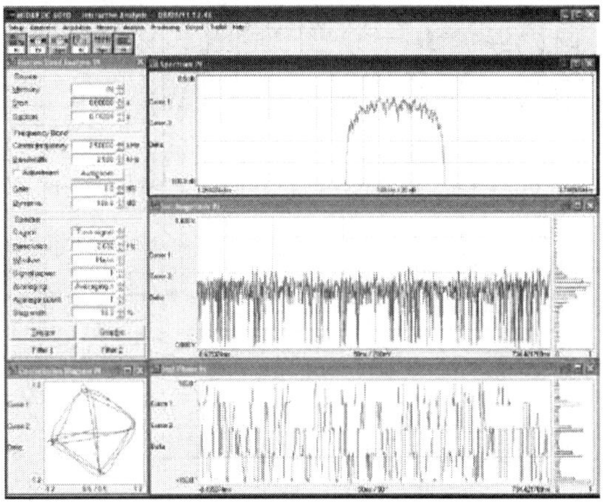

(b)三个信号的同时分析

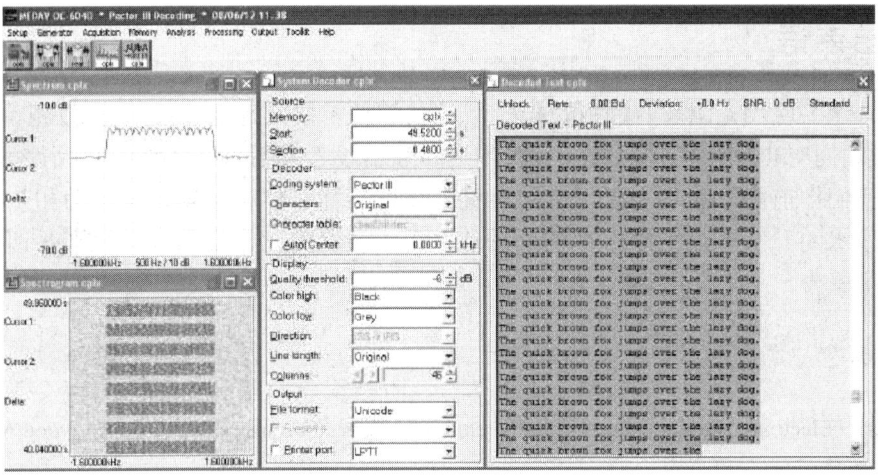

(c)OFDM频谱、瀑布和数字信号解码能力

图 3.55　在高频段工作的 COMINT 站的典型操作显示

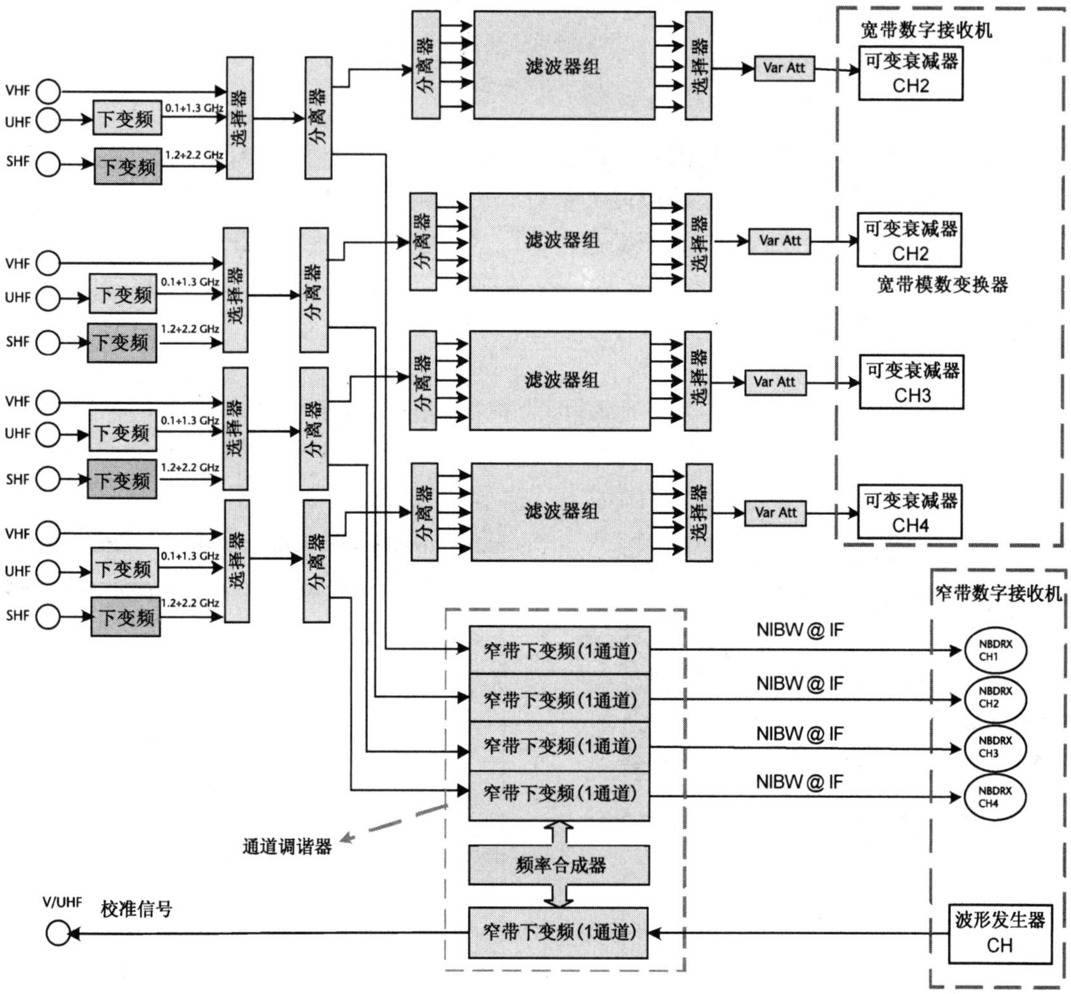

图 3.56 SIGINT 原理框图(频段 A～K)

3.11 结束语

本章阐述了现代无源(即接收机)电子战设备的技术以及工作(截获、参数测量、辐射源分类)原理。同时也描述了它们如何应对雷达和通信设备发射波形不断发展所带来的挑战，这些发展我们在前面第 2 章中已经讲到。鉴于飞机环境对体积、功耗、振动和热条件的要求最高，技术的开发重点均集中在机载设备方面，尽管如此，我们没有特别强调搭载这些设备的载机平台。

参考文献

[1] Wiley, R. Electronic Intelligence: The Interception of Radar Signals, Chapter 3, Norwood MA: Artech House,1985.

[2] De Martino, A., R. Ardoino, A. Zaccaron, and G. Falco, “Digital Receivers Applications in Electronic Warfare Systems,” IEEE-MTTS-IMS 2009, Workshop on Digital Receiver Systems for Defense and Related Commercial Applications, Boston, June 7–12, 2009.

[3] Waters, W. M., and B. R. Jarrett, "Bandpass Signal Sampling and Coherent Detection," IEEE Trans. on Aerospace and Electronic Systems, Vol. AES-18, Nov. 1982, pp. 731–736.

[4] Crochiere, R. E., and L. R. Rabiner, Multirate Digital Signal Processing, Englewood Cliffs, NJ: Prentice-Hall, 1983.

[5] Hentschel, T. Sample Rate Conversion in Software Configurable Radios, Norwood, MA: Artech House, 2002.

[6] Andraka, R., "A Survey of CORDIC Algorithms for FPGA Based Computers," Proceedings of the 1998 ACM/SIGDA 6th International Symposium on Field Programmable Gate Arrays, Monterey, CA, pp. 191–200.

[7] Van Trees, H. L., Detection, Estimation, and Modulation Theory–Part I, New York: John Wiley & Sons, 1968.

[8] Rife, D. C., and R. R. Boorstyn, "Single-Tone Parameter Estimation from Discrete-Time Observations," IEEE Trans. Inform. Theory, Vol. IT-20, Sept. 1974, pp. 591–598.

[9] Meyr, H., and G. Ascheid, Synchronization in Digital Communications, New York: John Wiley & Sons, 1990.

[10] Pace, P., Detecting and Classifying Low Probability of Intercept Radars, Norwood, MA: Artech House, 2004.

[11] Ardoino, R., and A. Megna, "LPI Radar Detection: SNR Performances for a Dual Channel Cross-Correlation Based ESM Receiver," 39th European Microwave Conference, EuRad session, Rome, September 28–October 2, 2009.

[12] Camuso, P., G. Foglia, and D. Pistoia. "A Comprehensive Analysis on Detection Performances of LPI Signals Filtering Strategies," 39th European Microwave Conference, EuRad session, Rome, September 28–October 2, 2009.

[13] Poisel, R., Introduction to Communication Electronic Warfare Systems, Chapter 10 and Appendix, Norwood, MA: Artech House, 2003.

[14] Tsui, J., Microwave Receivers with EW Applications, New York: John Wiley & Sons, 1986.

[15] Lynch, D., Introduction to RF Stealth, Chapter 2, SciTech Publishing, 2004.

[16] Aubry, A., A. Bazzoni, V. Carotenuto, A. De Maio, and P. Failla, "Cumulants-Based Radar Specific Emitter Identification," in Information Forensics and Security (WIFS), 2011 IEEE International Workshop on, 2011, pp. 1–6.

[17] D'Agostino, S., G. Foglia, and D. Pistoia, "Specific Emitter Identification: Analysis on Real Radar Signal Data," Proceedings of the European Radar Conference EURAD 2009, Rome, Italy, Sept 30–Oct 2, 2009, pp. 242–245.

[18] D'Agostino, S., G. Foglia, and D. Pistoia, "Specific Emitter Identification Based on Amplitude Features," Proceedings of the XII Defense Operational Applications Symposium (SIGE), São José dos Campos, Brazil, Sept 28–Oct 1, 2010.

[19] McKinney, J. D., "Photonics illuminates the future of radar," Nature, No. 507, March 2014, pp. 310-312.

[20] Ghelfi, P., et al., Workshop on "Microwave Photonics for Broadband Measurements," at IEEE IMS 2015, Phoenix, AZ.

[21] Lipsky, S. E., "Microwave Passive DF," SciTech Publ. Inc., Raleigh, NC, 2004.

第 4 章　射频测向与辐射源定位技术

4.1　引言

辐射源信号的到达方向数据不仅对作战有着至关重要的影响(例如,威胁在平台哪个方向,作战平台可以实施何种规避战术或交战策略),同时也是信号去交错和分选中非常重要的一环。电子战传感器对信号实施去交错和分选,到达方向是电子战传感器在相对较短的对辐射源的截获时间(时帧)内所获得的辐射源信号参数中唯一稳定的参数。

电子战传感器可采用多种不同的测向技术,可以通过单个传感器,也可使用多个同类传感器组合来实现要求的到达方向和位置的测量精度。我们将在附录 B 中详细讨论估计精度及其下限和克拉美-罗下限(CRLB)相关的基本概念。当然,无论采用何种测向方法,选择合适的传感器天线始终是实现测向功能的前提。天线及天线阵的基本介绍请见附录 C。

根据获取到达方向信息的时间跨度将测向技术分为几类。第一,瞬时测量(用一个脉冲,或对于大波长用波形的一小段样本,这叫单脉冲技术,需要使用多副天线);第二,序列测向,通过传感器天线相对于信号的到达方向运动(一般是旋转)进行测量。

单脉冲测向技术是利用两副或多副天线所接收的一个瞬时辐射源参数(如幅度、相位或到达时间)的差异进行测量,而序列测向技术通常是仅利用一个测量天线的运动所产生的调幅进行测量。

4.2　比幅法测向

原则上,射频信号的到达方向可通过具有低旁瓣的高增益抛物面天线扫描(通常在方位面快速圆扫)并在测量扫描过程中接收信号的幅度,即可确定射频信号的到达方向。假定在高增益天线主瓣扫描时间ΔT内信号幅度稳定,信号幅度将被天线方向图调制,主瓣的峰值就确定了信号的到达方向。测量到达方向的方法如图 4.1 所示。图 4.2 所示为典型的天线(ELT 888)的照片。这个方法采用天线及相关的射频单脉冲波束形成器(见图 4.2),可给出高精度的到达方向测量(2～18 GHz 频带范围内误差<1°)。

本方法利用在天线方位面和俯仰面扫描,由此实现二维测向。虽然使用旋转天线在概念上讲比较简单,并且可以达到 1°量级的测向精度,但对于角度扫描辐射源而言,它本身是一个低截获概率的方法,因此并不广泛应用于 ESM。当前唯一采用这种方法的是 ELINT 设备,高天线增益结合高灵敏度接收机(窄频/中频接收机),允许对扫描辐射源的天线旁瓣测量到达方向,从而绕过天线主瓣相对的低截获概率。不仅如此,大多数这类天线还可以在辐射源到达方向停止或驻留,以获取辐射源信号较长时间的采样,用于随后的信号分析。

比幅测向最常用的一种方法是利用四副静止的低增益天线,每副天线相互错开 90°,给出四个象限的方位角覆盖。这种天线组阵方式一般用于大部分 RWR 设备。它的工作原理是比较每副天线所接收的射频辐射源信号的幅度。因为幅度比较是瞬时完成的，所以此测向法一般称为“幅度单脉冲法”。

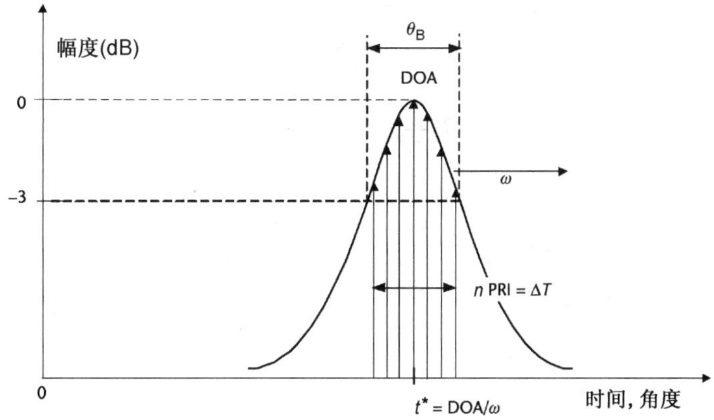

图 4.1　采用高速(ω = 360°/s)旋转高增益天线测量到达方向图(θ_B = 1°；在 t^*点出现幅度峰值；DOA = ωt^*；测得辐射源脉冲数量 $n = \Delta T/\text{PRI}$，$\Delta T = \theta_B/\omega$)

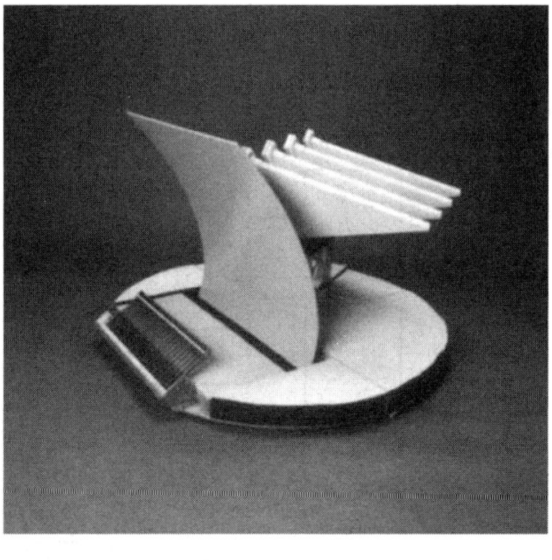

图 4.2　采用单脉冲技术的 ELT 888 全频带(2 个子频带)高增益旋转天线(束宽范围内)(意大利电子公司提供)

四天线的安排及对应的晶体视频接收机(CVR)的功能框图分别如图 4.3 和图 4.4 所示。常用于雷达告警接收机的天线为平面螺旋天线，如图 4.5 所示。

螺旋天线的增益方向图能够使用高斯函数很好地近似，在方位角平面用下式表示：

$$G(\theta) = A_i^2 \exp[-k^2(\theta_i - \alpha)^2/\theta_B^2] \tag{4.1}$$

式中，A_i 是天线/接收机组合的幅度增益峰值(图 4.4 所示的晶体视频接收机采用的是平方律检波器，后面跟一个低通滤波器，因此测得的幅度就是功率($P_i = A_i^2$))；

θ_B 是天线方向图的半功率(–3 dB)波束宽度(通常对于四天线的架构，在覆盖频段范围的低频端，θ_B = 90°)；

$k^2 = -\ln(1/2) = 0.693$；

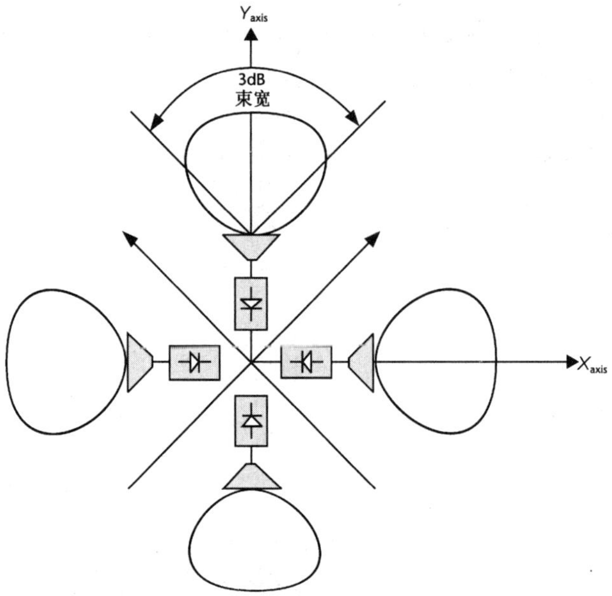

图 4.3 测向幅度比较单脉冲法采用的四天线组阵图

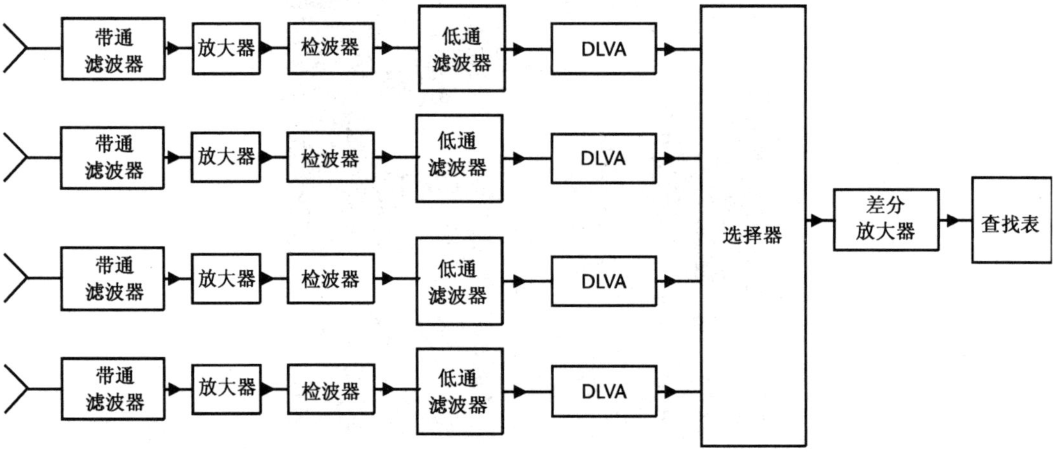

图 4.4 采用幅度比较单脉冲法的雷达告警接收机的功能框图(DLVA=检波器对数视频放大器)

(a) 正弦天线(双圆极化)

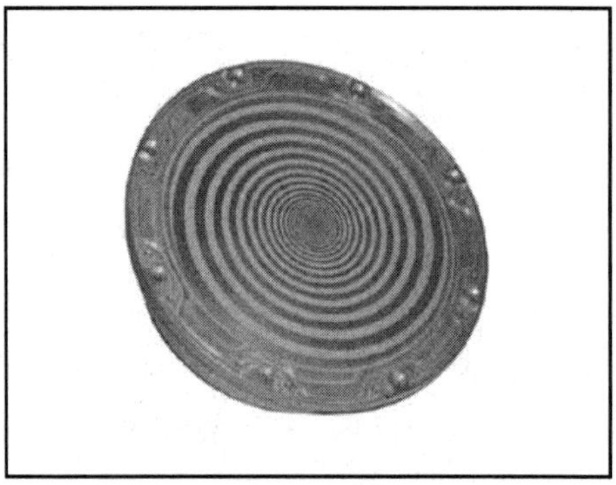

(b) 螺旋天线(单一圆极化)

图 4.5 雷达告警接收机用的典型平面螺旋天线(意大利电子公司提供)

α 是“偏角”，即任意两个天线视轴方向之间夹角的一半（在图 4.3 所示的四天线组阵方式中，$\alpha = 45°$）。

波束宽度 θ_B 通常选为 90°，但是，实际上天线可实现的束宽从频带最低端的 110° 变化到带频最高端的 70°。还有，偏角会随着频率的改变而发生明显变化。上述两种方向图的变化都将极大地影响宽带测向设备的精度。

典型螺旋天线的波束宽度随频率和极化变化情况如图 4.6（a）和（b）所示。

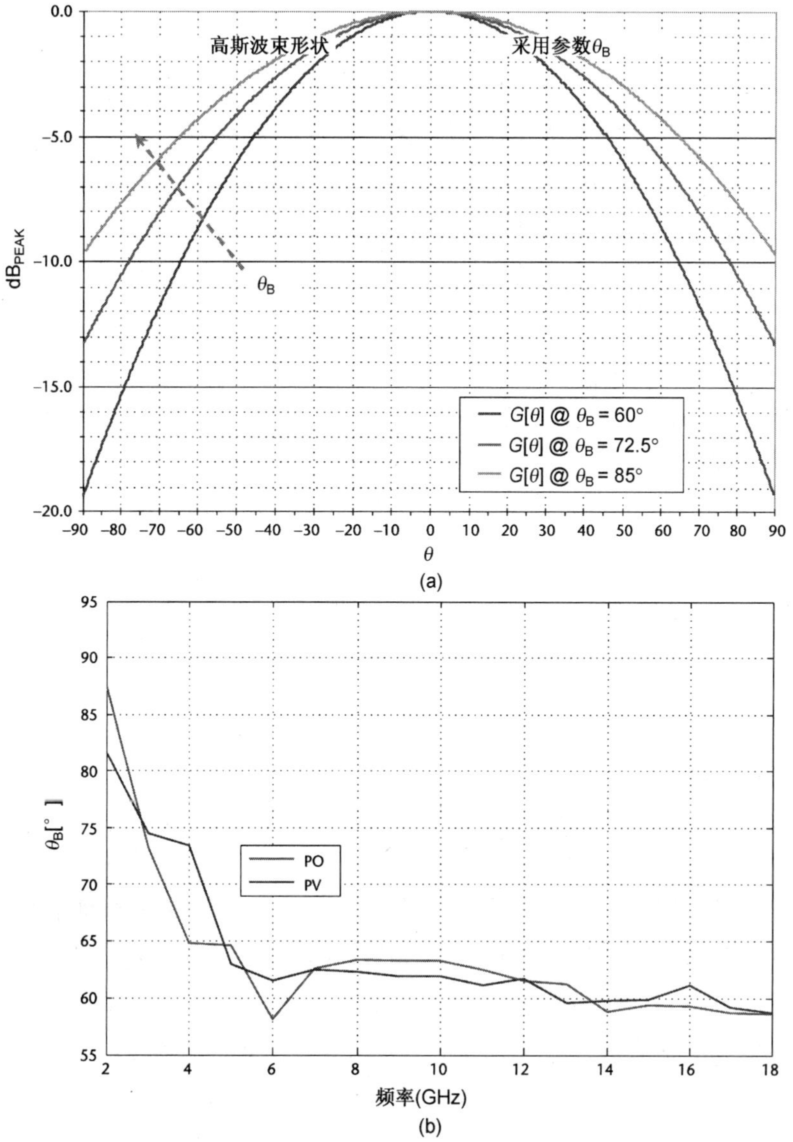

图 4.6　（a）高斯波束形状相对宽度随频率的变化；（b）实测的螺旋天线束宽随频率和极化的变化（意大利电子公司提供）

辐射源到达方向（即 θ 值）的测量分两步完成：首先，选择接收最强及次强信号幅度的两副天线，然后估算对数放大器后的两个功率电平之比。对数放大器后的两个功率之比 R（用 dB 表示）就是两个输出之间的差值：

$$R_{\mathrm{dB}}=10\lg\left(\frac{G_1(\theta)}{G_2(\theta)}\right)=20\lg\left(\frac{A_1}{A_2}\right)-20\lg e\cdot\left(\frac{k^2}{\theta_{\mathrm{B}}^2}\right)\cdot[(\theta-\alpha)^2+(\theta+\alpha)^2]$$
$$=20\lg\left(\frac{A_1}{A_2}\right)-\left(\frac{1.38}{\theta_{\mathrm{B}}^2}\right)\cdot(4\alpha\theta)\cdot 20\lg e=A_{1\mathrm{dB}}-A_{2\mathrm{dB}}+48\cdot\frac{\alpha\theta}{\theta_{\mathrm{B}}^2} \quad (4.2)$$

因此，两个最强信号之比 R_{dB} 与辐射源到达方向成正比，不包括两副接收天线增益不一致产生的偏差，这个偏差只与频率有关，必须查表(LUT)进行校正。因此式(4.2)变为：

$$\theta=R_{\mathrm{dB}}(\theta_{\mathrm{B}}^2/(48\alpha)) \quad (4.3)$$

DOA 精度与 R_{dB} 的关系，可以通过求导来估计：

$$\delta\theta=(\theta_{\mathrm{B}}^2/(48\alpha))\delta R_{\mathrm{dB}} \quad \text{或} \quad \sigma_\theta=(\theta_{\mathrm{B}}^2/(48\alpha))\sigma_{\mathrm{R_{dB}}} \quad (4.4)$$

通过式(4.4)可以看出，由于 $\delta R_{\mathrm{dB}}/\delta\theta$ 是恒定的，因此到达方向误差的估计相对于 θ 角是恒定不变的。当 $a=\theta_{\mathrm{B}}/2$ 时，对数功率比的斜率为：

$$\delta R_{\mathrm{dB}}/\delta\theta=24\,\mathrm{dB}/\theta_{\mathrm{B}} \quad \text{或} \quad \delta R_{\mathrm{dB}}/\delta\theta=24\,\mathrm{dB}/\text{束宽} \quad (4.5)$$

比幅测向体制存在一些潜在的误差源。其中一个最明显的误差源来自通道之间的增益不一致，它随频率的迅速变化，不能通过查表来完全补偿，因为查表是按照固定的频率步长校正增益的不一致的。一般来说，测向体制设计的最大不平衡限制在±1 dB。因此，当 θ_{B}= 90°时，最大角误差根据式(4.5)计算得出，$\delta\theta=3.75°$，$\delta R_{\mathrm{dB}}=\pm3.75°$ 或 $\sigma_\theta=2.16°$ (rms)。

如上所述，误差是由于天线波束宽度和天线偏角随频率变化而引起的，这样的误差一般可用查表的数据进行补偿。然而，其他原因造成的均方根误差也可用上述类似的方法进行估计，并添加到上面估计的误差上。

假设众多误差之间并不存在相关性，因天线参数变化造成的总误差可表示为：

$$\sigma_{\theta,\mathrm{ant}}=(\sigma_{\mathrm{R_{dB}}}^2+\sigma_{\theta,\theta_{\mathrm{B}}}^2+\sigma_{\theta,\alpha}^2)^{1/2} \quad (4.6)$$

式中，$\sigma_{\theta,\theta_{\mathrm{B}}}$ 是束宽 $\sigma_{\theta_{\mathrm{B}}}$ 变化相关的斜率误差，σ_θ,α 是与偏角 σ_α 相关的斜率误差，考虑式(4.3)和式(4.5)，它们分别为：

$$\sigma_{\theta,\theta_{\mathrm{B}}}=(\theta_{\mathrm{B}}/(24\alpha))R_{\mathrm{d_B}}\sigma_{\theta_{\mathrm{B}}}=\sigma_{\theta_{\mathrm{B}}}/\alpha$$
$$\sigma_{\theta,\alpha}=\sigma_\alpha/12 \quad (4.7)$$

另一个重要的误差是由通道中存在的接收机噪声引起的，它影响每个通道中测得的信号幅度。可以用由于幅度变化引起的式(4.2)中的 R 比值变化表示：

$$\delta R_{\mathrm{dB}}=20(\lg e)(\delta A_1/A_1-\delta A_2/A_2) \quad (4.8)$$

A_1 和 A_2 分别是两个通道中的信号峰值电压，因此均方根误差 $\sigma_{R_{\mathrm{dB}}}$ 与每个通道的信噪比有关，为：

$$\sigma_{\mathrm{A_1}}^2/A_1^2=1/(2\mathrm{SNR}_1),\quad \sigma_{\mathrm{A_2}}^2/A_1^2=1/(2\mathrm{SNR}_2) \quad (4.9)$$

因此，假设两个通道中的噪声无相关性，就有：

$$\sigma_{\mathrm{R_{dB}}}=20(\lg e)[1/(2\mathrm{SNR}_1)+1/(2\mathrm{SNR}_2)]^{1/2} \quad (4.10)$$

反过来，根据式(4.4)得出均方根角误差为：

$$\sigma_\theta = \sigma_{R_{dB}}/(\delta R_{dB}/\delta\theta) = (\theta_B^2/(48\alpha))20(\lg e)[1/(2SNR_1)+1/(2SNR_2)]^{1/2} \tag{4.11}$$

各通道信噪比与天线方向图成正比，两个通道的 SNR_i 值只有在交点处相等，即 $G_1(\alpha) = G_2(\alpha) = 1/2$，因此 $SNR_1 = SNR_2 = 1/2(SNR_M)$，$SNR_M$ 是在天线方向图峰值时的 SNR 值，从而得出：

$$\sigma_\theta = (\theta_B^2/(48\alpha))20(\log e)[2/(SNR_M)]^{1/2} = 0.255(\theta_B^2/\alpha)[2/(SNR_M)]^{1/2} \tag{4.12}$$

当 $\alpha = \theta_B/2$ 时，

$$\sigma_\theta = 0.721\theta_B/(SNR_M)^{1/2} \tag{4.13}$$

从式(4.13)看出，均方根角误差是偏角 α 的函数，因此，可求得角误差最小时的最佳 α 值。对于高斯天线方向图，可以证明[13]，$\alpha_{opt}= \theta_B/[2(\ln 2)^{1/2}] = 0.6\theta_B$，$\sigma_{\theta min}= 0.425/(SNR_M)^{1/2}$。例如，对于所选的 α=45°的情况，波束宽度应为 $\theta_B = 75°$，假设 SNR_M=20 dB=100，则 $\sigma_\theta = 3.75°$。

根据式(4.13)可以看出，随着覆盖全方位角的天线数量不断增加(即减少 θ_B 值量，相应地减少 $\alpha = \theta_B/2$)，到达方向的精度也随之提高。如表 4.1 所示。表中列出了两个 SNR_M 值对应的式(4.13)，并且已经考虑了式(4.6)的贡献。

在早期的雷达告警接收机中，比幅测向是根据示波器的 *x-y* 显示所导出的方法进行的。参考图 4.4，用两个差分放大器代替选择器，每个放大器连接一对相反方向的天线通道(见图 4.3)，然后根据地理坐标分为东(E)、西(W)、南(S)、北(N)四个方向。从南北向和东西向获得的两个信号表示沿着两条正交轴的合成振幅(见图 4.7)。

可以证明，测出的辐射源到达方向为：

$$\text{DOA} = \arctan\left[\frac{(E-W)}{(N-S)}\right] = \arctan\left[\frac{(\log G_E(\theta) - \log G_W(\theta))}{(\log G_N(\theta) - \log G_S(\theta))}\right] \tag{4.14}$$

对于与到达方向象限相关的两个天线的增益来说，两个相反方向的天线增益可以忽略不计。由此得出，

$$\begin{aligned}\text{DOA} \sim \arctan[(E)/(N)] &= \arctan[(\log G_E(\theta)/(\log G_N(\theta)] \\ &= \arctan[R_{dB}(\theta)] = \arctan[c\theta]\end{aligned} \tag{4.15}$$

表 4.1　随着覆盖 360°方位角的天线数量的增加而发生变化的幅度比较单脉冲精度(°)

天线数量	3 dB 波束宽度(°)	天线参数误差	SNR_M=13 dB 时的噪声误差	总精度(°)	SNR_M=20 dB 时的噪声误差	总精度(°)
4	90	6.03	14.51	15.71	6.49	8.86
6	60	4.02	9.67	10.48	4.33	5.91
8	45	3.02	7.26	7.86	3.24	4.43
12	30	2.01	4.84	5.24	2.16	2.95

采用实际数据估算了天线方向图变化引入的误差，而 SNR 引入的误差则根据式(4.13)进行估算。请注意，经校正的查阅表可大幅降低天线方向图变化引入的误差。

因此，通过此方法不需要选择最强和次强幅度就可以产生 R_{dB} 比值。

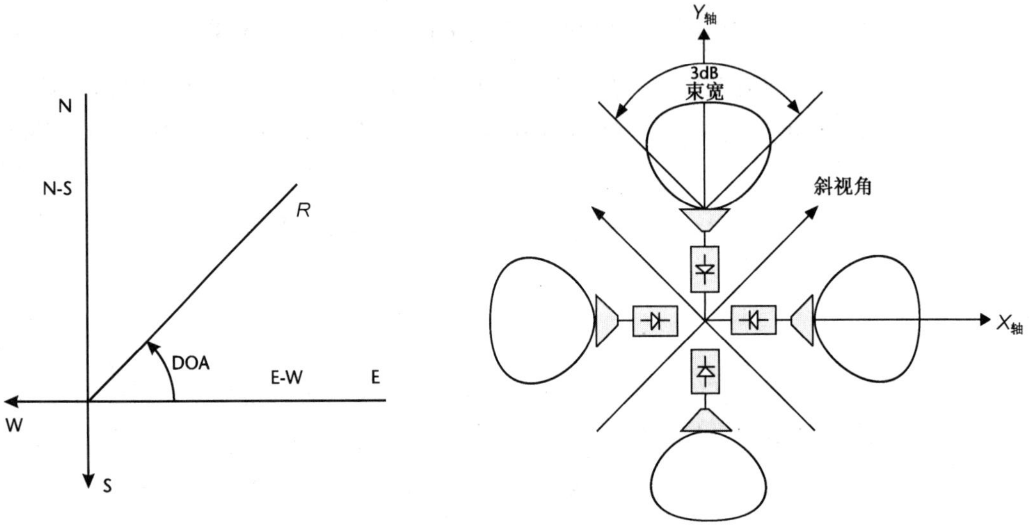

图 4.7 早期的幅度比较单脉冲法

4.3 单脉冲比相法测向

对于远距离的辐射源所辐射的单音(或窄带)射频波形的到达方向，在比相法测向中，我们通过测量用不同方式(沿轴、圆周或格状排列等)放置的天线组所接收的信号之间的相位差来测角。如图 4.8 所示，一组 n+1 副接收天线沿直线排列，构成直线阵，距参考天线的距离分别为 $d_1,d_2,\cdots,d_n$。由此，相位差可表示为：

$$\Psi_i = (2\pi d_i/\lambda)\sin\theta = (2\pi d_i/c)f\sin\theta, \qquad i = 1,2,\cdots,n \tag{4.16}$$

可以用相位相关器测得相位差，其功能框图如图 4.9 所示。

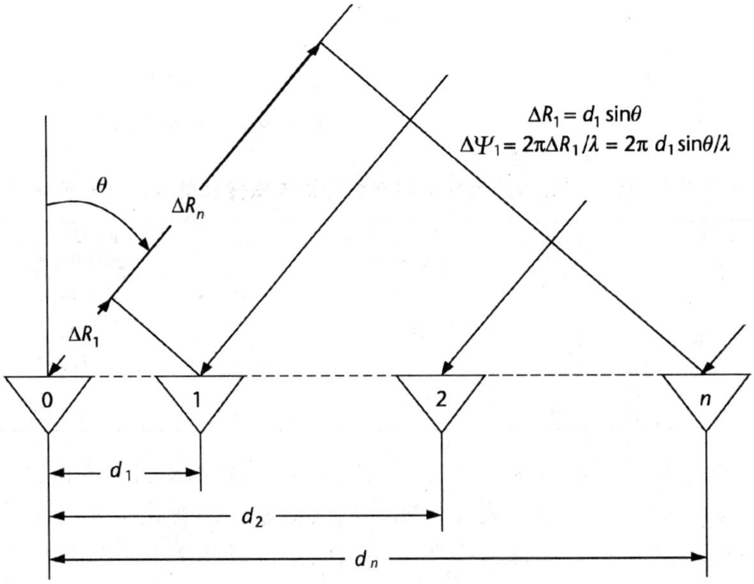

图 4.8 比相法测向的原理(直线阵)

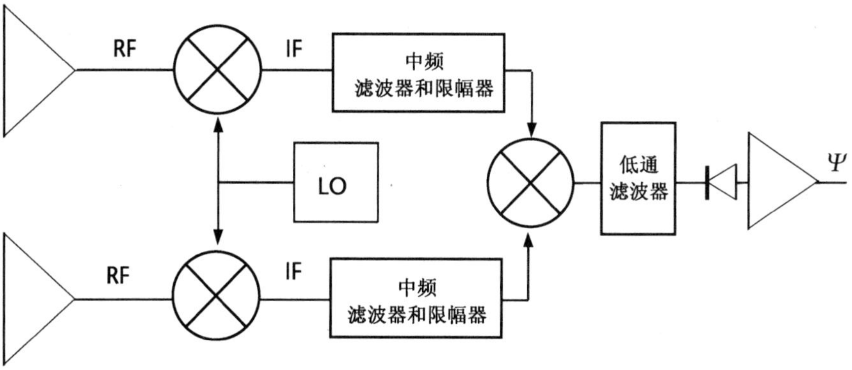

图 4.9　相位相关器功能框图

相位测量精度与基线误差（δd_i）（除了毫米波情况下，该误差一般可忽略不计）成正比，与载频测量误差（δf）成正比，还与热噪声产生的影响有关。精度与热噪声的关系可根据图 4.10 估计，图中显示出了相位因噪声扰动而产生增量变化 $\delta\psi$ 。

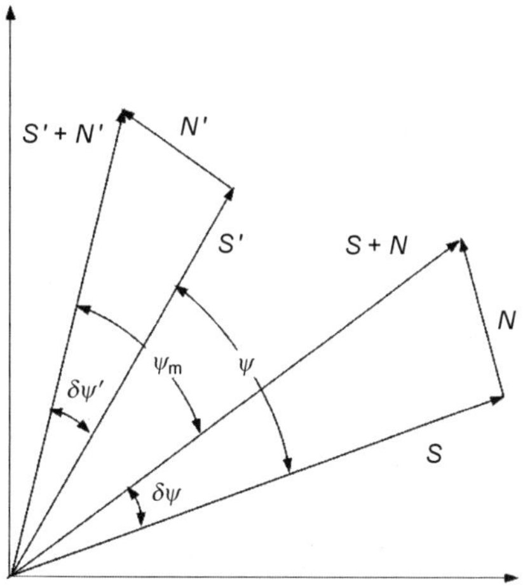

图 4.10　用于估算噪声误差的相位矢量图

实际上，根据相量 $\sqrt{\underline{S}}$ 、$\sqrt{\underline{N}}$ 和 $\sqrt{\underline{S}'}$ 构成的三角形，我们可(采用卡诺三角定理)得出：

$$\cos\delta\psi = (|\underline{S}| + |\underline{S}'| - |\underline{N}|)/2\left|\sqrt{S}\sqrt{S'}\right|$$

对于较小的 $\delta\psi$ 值，可用麦克劳林级数展开余弦值，然后得出：

$$\cos(\delta\psi) \approx 1 - \frac{\delta\psi^2}{2} \approx 1 - \frac{|\underline{N}|}{2|\underline{S}|} \text{ 或 } \sigma_\psi^2 = \delta\psi^2 = \frac{1}{(2\mathrm{SNR})}$$

由此得出：

$$\sigma_\psi = 1/\sqrt{(2\mathrm{SNR})} \tag{4.17}$$

因此，测角精度可以展开成：

$$\sigma_\theta = \frac{c\sigma_\psi}{2\pi d_i f\cos\theta} = \frac{c}{2\pi d_i f\cos\theta\sqrt{2\mathrm{SNR}}} \tag{4.18}$$

对于要求高 DOA 精度的体制来说，最好选用相位比较干涉仪，可用大的 d/λ 来降低误差。但是，为了实现这个目标，需特别注意两点：圆锥误差和相位差模糊。

直线阵存在圆锥误差，其中二维角(方位角 θ 和俯仰角 φ)覆盖范围内的相位差可表示 Ψ_i 为：

$$\Psi_i = (2\pi d_i c) f \sin\theta \cos\varphi \tag{4.19}$$

因为一维天线阵仅能测量相位差 $\Psi_i = (2\pi d_i / c) f \sin\theta^*$，解这两个方程我们可以得出：

$$\sin\theta^* = \sin\theta \cos\varphi$$

或

$$\theta^* = \arcsin(\sin\theta \cos\varphi) \tag{4.20}$$

圆锥误差参见图 4.11，它是真方位角 θ 的函数，参数为俯仰角 φ。

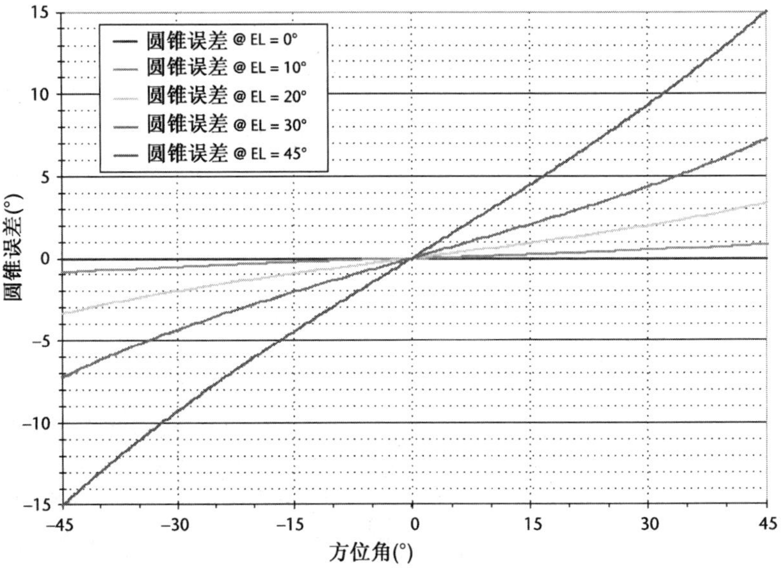

图 4.11 以俯仰角为参数时的方位角圆锥误差

可见由于圆锥误差的限制，选择直线阵进行到达方向(方位)角测量，只适合俯仰角≤10°(即接近地平线)的情形。

显而易见，如果采用能够测量俯仰角 φ 的平面天线阵或两个正交直线阵，则可消除圆锥误差。

相位差的不确定度来源于相位 Ψ_i 的周期为[2π]，该不确定度可通过在阵列的最小基线长度 d_1(也称为基本基线长度)上采用大带宽(高于一倍频)测向来消除，如果在频带 $\lambda_{min}=c/f_{max}$ 的高端，于是有：

$$\Psi_i = (2\pi d_i/\lambda_{min})\sin\theta_{max} < \pm\pi \text{ 或 } d_1 = \lambda_{min}/(2\sin\theta_{max}) \tag{4.21}$$

基本基线长度可用于谐波直线阵(即该天线阵的基线长度为 $d_i = 2^{i-1}d_1$)或非谐波直线阵，后者的阵列基线长度为基本基线长度的质数倍(例如，对两个基的阵列，$D_1 = 2d_1$ 和 $D_3 = 3d_1$)。相位不确定度测量通过中国余数定理来求解。

在覆盖范围的带宽小于一个倍频时，可选用谐比直线阵，因为多个天线基有利于提高测向精度。相反，当覆盖范围带宽大于一个倍频[1,2]时，则选用非谐波直线阵。

4.3.1　相位相关法测向

在地面/舰载或机载 CESM 设备上，在全方位角覆盖范围内，通常都利用均匀圆阵列(UCA)垂直振子相位测向方法来对 VHF/UHF 频段通信信号进行测向。为了避免因频率导致的测向不确定性，以便增加测量带宽，应选择使用奇数个(3、5 或 7)振子。不失一般性，对于奇数个振子，我们考虑 5 振子的圆阵，这个阵及其几何坐标如图 4.12 所示。

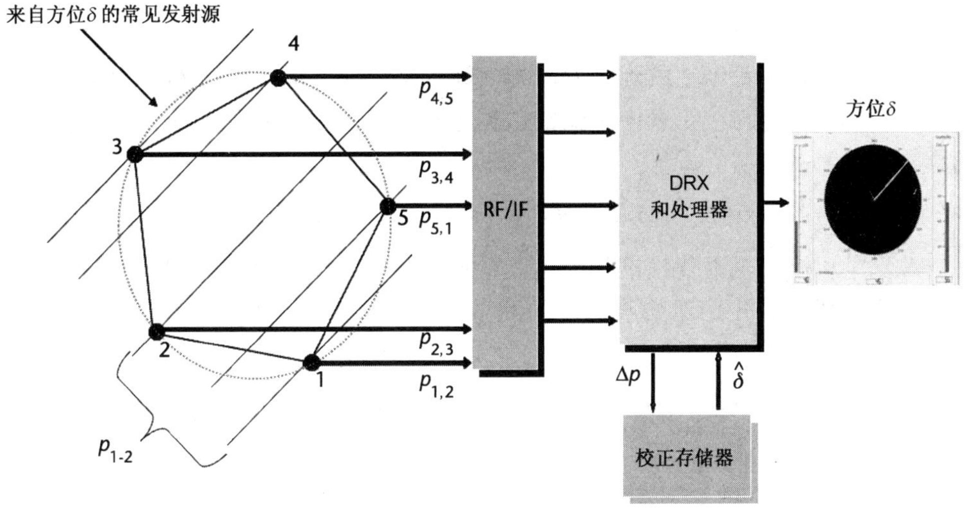

图 4.12　5 振子均匀圆阵及相关几何

圆阵可给出幅度和相位测量，采用文献[3]中的扩展相位干涉法(EPI)，虽然需要对每个接收通道进行一些计算，但是可给出多个信号时的高分辨率测向(基于 MUSIC 算法)。在本书中，我们只考虑与相位测量有关的结果，这是在 CESM 设备中最常用的。

天线阵中每副天线接收的信号可采用多种方法进行比较。例如，可用一副天线作参考天线，然后将其他天线所接收的信号与该参考天线所接收的信号进行比较[3]；或者，我们可以简单地测量相邻天线之间的相位差。这里，我们采用第二个方法，得出以下相位测量矢量：

$$\boldsymbol{P}^{(m)\mathrm{T}} = [p_{1,2}^{(m)}; p_{2,3}^{(m)}; p_{3,4}^{(m)}; p_{4,5}^{(m)}; p_{5,1}^{(m)}] \tag{4.22}$$

式中，

$$p_{k,k+1}^{(m)} = (2\pi L/\lambda)\cos(\varphi)\sin[\theta + 2(k-1)\pi/5] + n_{k+1} + n_k \tag{4.23}$$

式中，

θ 是相对于均匀圆阵中心至第 1 个阵元(天线 1)轴向的方位角；

φ 是相对于均匀圆阵中心的垂线的俯仰角；

n_{k+1}, n_k 是对应接收通道相位测量中热噪声的贡献。

因为天线的相位响应可能与理论响应很不相同，所以有必要在设备安装期间估计/测量实际天线不理想的部分，并采用“相关”技术，在确定到达方向角时把它们考虑进去，因此这类测向称为相关测向。相关测向法包括两个阶段：相关和插值。

4.3.1.1　第 1 阶段：相关

这个阶段涉及校正步骤，射频信号从一组方位角间隔$\Delta\theta$(可能的话，还考虑俯仰有一个步长$\Delta\varphi$)的位置发送至天线接收机。在设备带宽全覆盖范围内，按频率步长Δf 重复执行此校正步骤。

测得的数据(即 EPI 情况下的差分相位和幅度)存储于校正表中，这样对每一个频率对应的各项成为一个矢量 $\underline{v}(i\Delta\theta;k\Delta\varphi)$ (维度 5×1)，其中第 l 个分量可表示为：

$$B_l^{(i,k)}\exp(\mathrm{j}p^{(i,k)}{}_{l,l+1}),\quad l=1,2,\cdots,5$$

在设备运行期间分两步完成到达方向的估计。第 1 步，将实际测得的射频信号差分相位(以及 EPI 时的幅度)与校正表中存储的数据进行比较。把测得的射频信号幅度和差分相位用矢量 $\underline{u}$ 表示为：

$$\underline{u}^{\mathrm{T}}=\{A_1\exp(\mathrm{j}p_{1,2}^{(m)});A_2\exp(\mathrm{j}p_{2,3}^{(m)});A_3\exp(\mathrm{j}p_{3,4}^{(m)});A_4\exp(\mathrm{j}p_{4,5}^{(m)});A_5(\mathrm{j}p_{5,1}^{(m)})\}\tag{4.24}$$

我们需要先从校正表中查找出与上述矢量最相近的那个数据项。因为相位测量的精度取决于信噪比，所以首先应对接收信号的测量幅度进行归一化(也就是说，每个信号幅度 A_i 应除以矢量$\|\underline{u}\|=\sqrt{\Sigma_K A_k^2}$ 的模，以便与校正表中的数据项进行比较)。

归一化的接收信号矢量 $\underline{u}'=u/\|u\|$ 的第 l 个分量可表示为 $C_l\exp(\mathrm{j}p^{(m)}{}_{l,l+1})$，然后对照校正表查看与该矢量对应的数据项：

$$\mathrm{Corr}(u',v(i\Delta\theta;k\Delta\varphi))=\sum\nolimits_l B_lC_l\cos(p_{l,l+1}^{(m)}-p_{l,l+1}^{(i,k)})\tag{4.25}$$

使 Corr ($\underline{u}'$, $\underline{v}$ ($i\Delta\theta$; $k\Delta\varphi$)) 最大的数据项 $\underline{v}(i\Delta\theta;k\Delta\varphi)$ 决定到达方向的估计，$\mathrm{DOA}^*=(i\Delta\theta;k\Delta\varphi)$。

因为两个矢量之间的距离为：

$$d(\underline{u}',\underline{v})=\sqrt{\left(2-2\sum\nolimits_l B_lC_l\cos(p_{l,l+1}^{(m)}-p_{l,l+1}^{(i,k)})\right)}=\sqrt{(2-2\,\mathrm{Corr}(\underline{u}',\underline{v}(i\Delta\theta;k\Delta\varphi))}\tag{4.26}$$

可以证明将相关值最大化的数据项 $\underline{v}(i\Delta\theta;k\Delta\varphi)$，必定将两个矢量之间的距离最小化(它最有可能表示测量矢量)。

随着 L/λ 值逐渐变大，相关函数波动越来越大，如果不能合理选定$\Delta\theta$和$\Delta\varphi$，相关的最大化也会给出不正确的 DOA*估计，因此，第 2 步至关重要。下面我们将详细讨论。

4.3.1.2　第 2 阶段：插值

一旦得出估计的 $\mathrm{DOA}^*=(i\Delta\theta;k\Delta\varphi)$，就要沿两个正交方向(方位和俯仰)的正交通道在校正表相邻的数据项之间采用多项式插值，如图 4.14 所示，从而最大程度减小因实际 DOA $(\theta_{\mathrm{e}},\varphi_{\mathrm{e}})$ 和估计的 DOA*之间由于校正表的量化步长产生的系统误差，即减小方位和俯仰方向的误差，如下式所示：

$$\varepsilon_\theta^i=i\Delta\theta-\theta_{\mathrm{e}},\quad \varepsilon_\varphi^k=k\Delta\varphi-\varphi_{\mathrm{e}}\tag{4.27}$$

可以证明[3]，在取最大近似值(即 DOA*)时，相位干涉矢量的相关函数分为两项：确定项和统计项 $\xi^{(i,k)}$，后者是五个测向通道中所存在的热噪声引起的。

$$\mathrm{Corr}(\underline{p}^{(m)},\underline{p}^{(i,k)})=5-5(\pi L/\lambda)^2F(i\Delta\theta,\theta_{\mathrm{e}},\varepsilon_\varphi^l)-\zeta^{(i,k)}\tag{4.28}$$

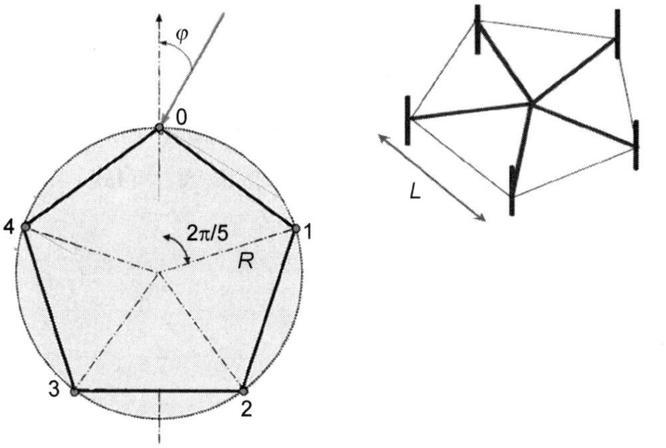

图 4.13　均匀圆阵阵元位置示意图

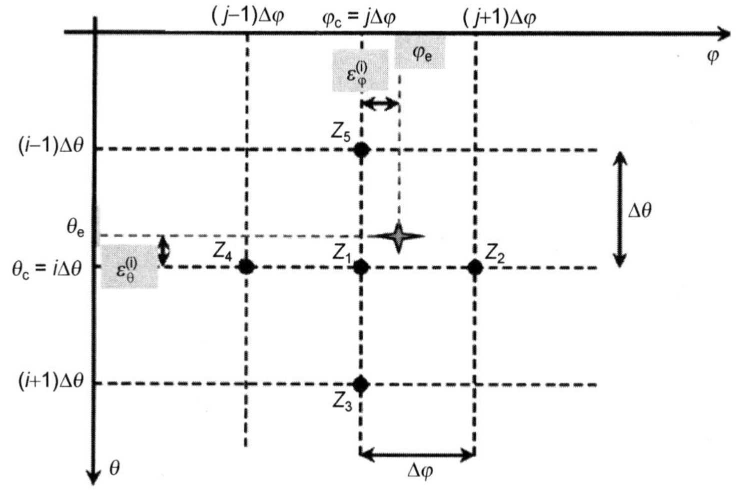

图 4.14　根据校正表插入相关测向值

确定项中的函数 F 为：

$$F(i\Delta\theta,\theta_{\rm e},\varepsilon_{\varphi}^{k} = (\cos(i\Delta\theta)-\cos(\theta_{\rm e}))^{2}+2\cos(i\Delta\theta)\cos(\theta_{\rm e})(1-\cos(\varepsilon_{\varphi}^{k})) \tag{4.29}$$

统计项 $\zeta^{(i,k)}$ 为：

$$\zeta^{(i,k)}=\sum\nolimits_{l}(n_{1}^{2}-n_{1+1}n_{1}+n_{1}(T_{l-1}^{(i,k)}-T_{1}^{(i,k)})) \tag{4.30}$$

式中，

$$T_{1}^{(i,k)}=2(\pi L/\lambda)(\cos\theta_{\rm e})\sin(\varphi_{\rm e}-(l-1)(2\pi/5))-\cos(i\Delta\theta)\sin(k\Delta\varphi-(l-1)(2\pi/5)) \tag{4.31}$$

根据式(4.28)，相关函数不是由 $\varphi_{\rm e}$ 决定，而 $\varepsilon^{k}\varphi$ 可能引起方位误差，所以应通过多项式内插法，同时细分方位和俯仰，把它降至最小值。

图 4.15 给出了方位角误差固定值为 5° 时与俯仰误差的关系，图 4.16 给出了没有俯仰误差以 $\theta_{\rm e}$ 为参数时函数 F 与俯仰的关系。

经过上述步骤后，到达方向估计值主要受热噪声引起的误差影响，如下式所示：

$$\sigma_{\theta\mathrm{rms}} = ((\sqrt{10})\sin(\pi/5))\sqrt{(1/(2\mathrm{SNR})+(Q^2/12))} \,/\, ((5\pi L/\lambda)\cos(\varphi_e)\cos^2(\varepsilon_\theta^i)) \tag{4.32}$$

式中，Q 为相位差测量中的相位量化步长。

根据文献[4]，在 D 频段下工作的 5 偶极子均匀圆阵，$L/\lambda = 0.75$，图 4.17 给出了不同 SNR 值时方位均方根误差与俯仰角的关系。图中虚线表示的式(4.32)得出的近似值，实线表示众多 SNR 值的仿真结果。

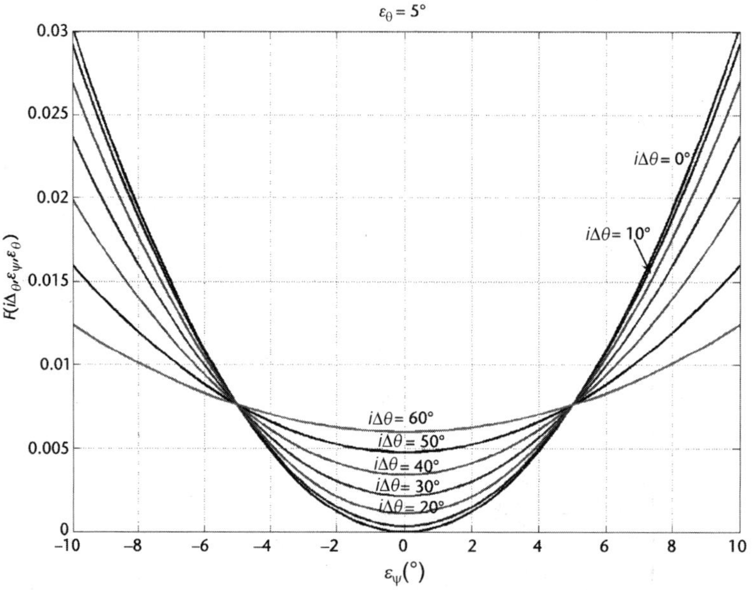

图 4.15 方位角为误差 5°时 F 函数与俯仰角的关系

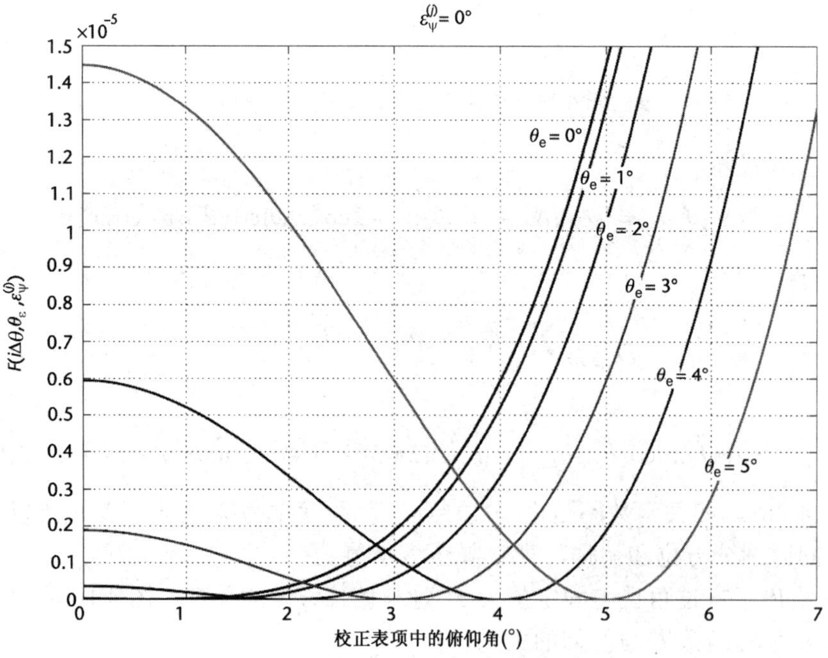

图 4.16 无俯仰误差时小方位角的 F 函数与俯仰角的关系

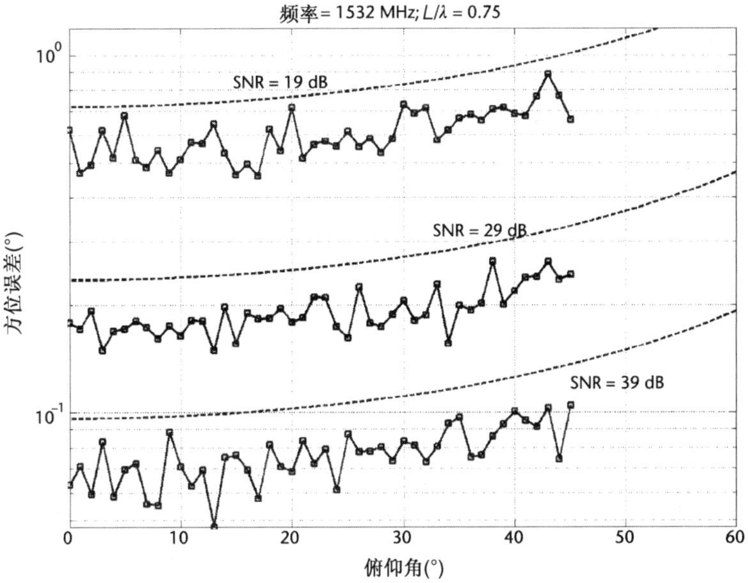

图 4.17　不同 SNR 时 5 偶极子均匀圆阵的方位误差(rms)与俯仰角的关系

4.4　时差法测向

到达时差(TDOA)测量的原理如图 4.18 所示，其中两个完全同步的接收天线/通道彼此间隔 B 放置，此距离称为两者的基线长度。如果辐射源俯仰角为 0°，距离为 R，远大于基线长度，那么它的波阵面是与两个接收通道基线倾斜角为 θ 的平面波。

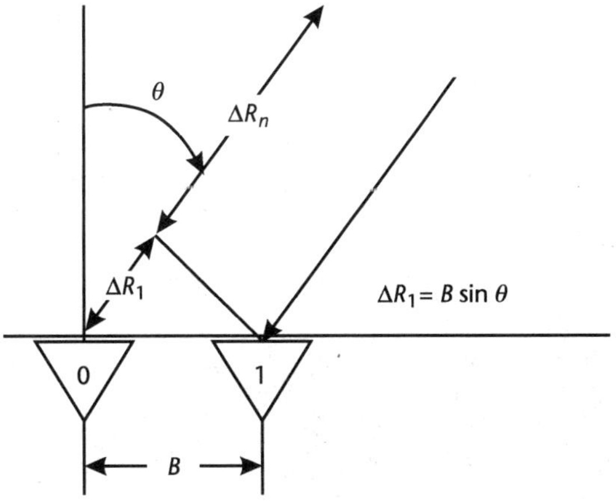

图 4.18　TDOA 测量原理，$\Delta t = (B/c)\ \sin\theta$

在此条件下，波前到达较远的天线相对于到达较近的天线的时间差Δt = TDOA 为：

$$\Delta t = (B/c)\sin\theta \tag{4.33}$$

式中，c 为光速($c = 3\times10^8$m/s)。例如，假设 B= 14m 和 $\theta = 45°$ (即 $\sin\theta = 0.707$)，则Δt = 33 ns。把式(4.33)倒过来，可以得出 θ 角为：

$$\theta = \arcsin(\Delta t(c/B)) \tag{4.34}$$

现在许多无线电导航设备都利用位于两个相距较远地点(机载或地基)的同一信号到达时间差，因为 TDOA 测量在地球表面会给出一条穿过辐射源所在位置的等延迟曲线(双曲线)。

对上两项求导，用 $\delta(x)$ 标记参数 x 的测量误差，可以用式(4.34)得出测角精度：

$$\delta\theta = (c/B\cos\theta)\delta\Delta t \tag{4.35}$$

可以得出，测角精度与基线长度的投影 $B\cos\theta$ 成反比，并与 TDOA 测量精度成正比。过去因为存在较大的 $\delta\Delta t$ 误差(近似数百纳秒)，这个技术采用较长的基线长度 B。

现在，由于数字接收机的应用，它可以在极快的采样速率(大于 1 GHz)下工作，因此，可以获得低于 1 ns 的 $\delta\Delta t$。正因如此，此方法现在应用于舰船、大飞机这样的平台上，甚至基线长度接近 10 m 的大平台地面基站。假设 $\delta\Delta t = 1$ ns，$B = 10$ m，$\theta = 22.5°$，根据式(4.35)我们可以算出 $\delta\theta \approx 1.9°$。把平滑算法用于连续多次到达时间差的测量，还可进一步减小此误差。

在获取中等的到达方向精度时，TDOA 测量法的优势在于它完全不受信号载频影响，因此在覆盖整个射频带宽范围的情况下，不需要采用相位法测向那么多的阵元天线。

到达时间差测量法的实现如图 4.19(a)和(b)所示，分别为双通道超外差接收机功能框图和配有共用时钟的双数字接收机板的照片。双通道结构是差分测量的基础；根据具体应用情况，测量可以是幅度、相位或时间，更多的测向技术，我们后面还要讨论。图 4.20 给出了在全方位和频段覆盖范围内进行到达时间差测量的舰载平台上的天线的安排。

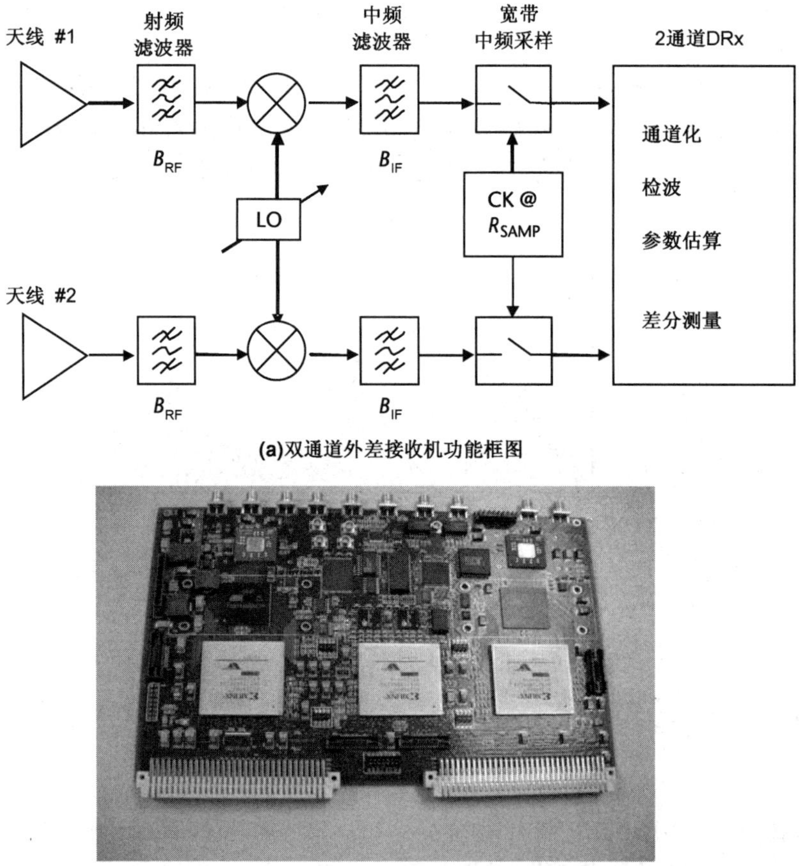

(a)双通道外差接收机功能框图

(b)配有共用时钟的双数字接收机板

图 4.19 到达时间差测量法的实现(意大利电子公司提供)

图 4.20　舰载天线安排图(意大利电子公司提供)

当俯仰角= 0°时，式(4.35)严格有效，它为距基线非常遥远的辐射源给出了一个合理的方位估计值。

当然，如果用在能够趋近辐射源的平台上，因为辐射源俯仰角≠ 0°，圆锥误差将极大地影响方位测量精度。如果增加一条正交基线，无论是选用垂直基线(为了测量俯仰角)或是如图 4.20 所示的另一条水平基线，均可降低圆锥误差。对于后一种情况，如图 4.21 所示，对每条基线进行到达时间差测量，可得出：

$$\Delta t_1 = (B/c)\sin(\mathrm{AZ})\cos(\mathrm{EL}),\quad \Delta t_2 = (B/c)\cos(\mathrm{AZ})\cos(\mathrm{EL}) \tag{4.36}$$

因此，根据上述两个测量得出的比，我们可以直接估算出方位角为：

$$\mathrm{AZ}^* = \arctan(\Delta t_1/\Delta t_2) \tag{4.37}$$

其精度为：

$$\delta\mathrm{AZ}^* = (c/B\cos(\mathrm{EL}))\delta\Delta t \tag{4.38}$$

由此可见，为了在整个方位角覆盖范围内实现较高的到达方向精度，用四条正交基线，组成边为 B 的正方形。这种排列方式也可采用两条对角线(基线为 $B\sqrt{2}$)，可以在整个频率覆盖范围内实现较佳的均方根方位精度的(1°量级)。

取决于辐射源的信号类型，有两种测量到达时间差的方法：①若是脉冲辐射源，采用前沿 TDOA(LE-TDOA)，利用脉冲上升时间之间的时间差进行测量；②若是连续波型辐射源，则采用信号相关法(SC-TDOA)进行测量。

LE-TDOA 测量法的原理如图 4.22 所示。从图中可以看出，Δt 是从每个天线所接收到的脉冲上升到最大幅度的一半 $A_0/2$ 时的前沿时间 T_r 的测量得到的。

文献[5]给出的到达时间差测量精度为：

$$\sigma_{\Delta t} = T_r/\sqrt{\mathrm{SNR}} \tag{4.39}$$

对于常规脉冲雷达[6]，$T_r = 1/B_{opt}$，B_{opt} 是与发射脉冲相匹配的滤波器带宽。若采用 ESM 接收机，接收带宽 B_r 则不同于 B_{opt}，因为它们必须适度选择以接收来自多种辐射源的脉冲，如图 4.23 所示。$\Sigma_{\text{LE-TDOA}}$ 值随带宽 B_r 而变，可近似表示为：

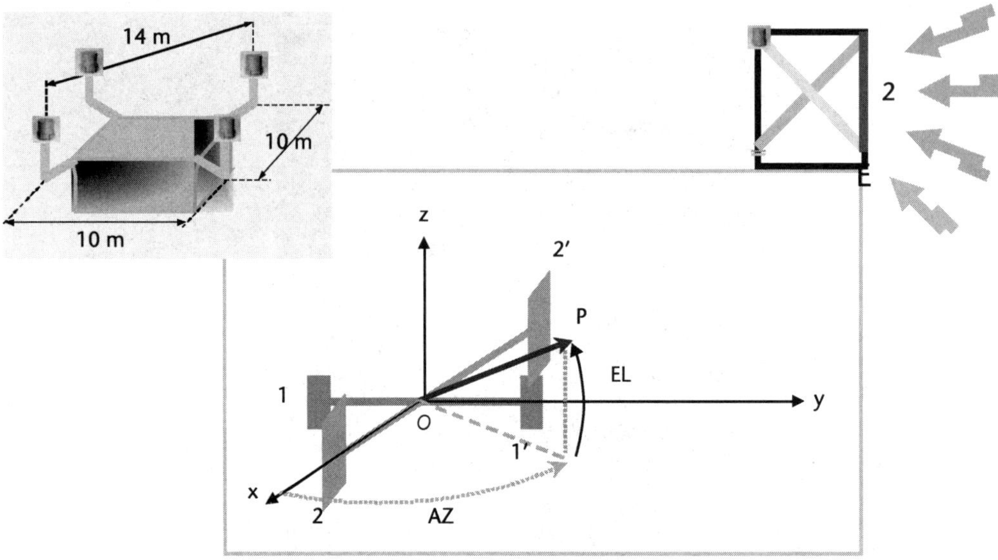

图 4.21 用于降低俯仰圆锥误差的两条水平正交基线

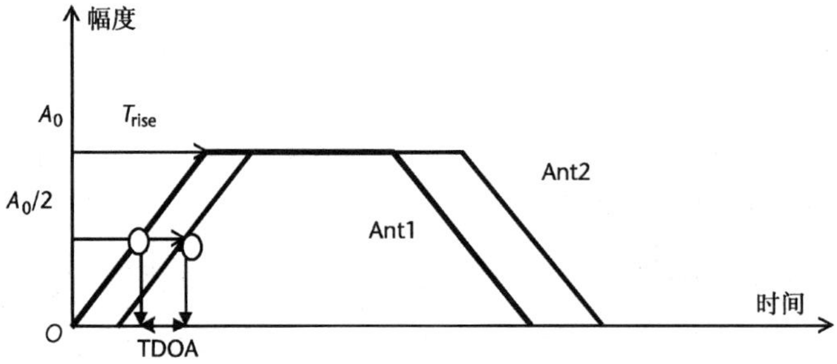

图 4.22 LE-TDOA 测量原理

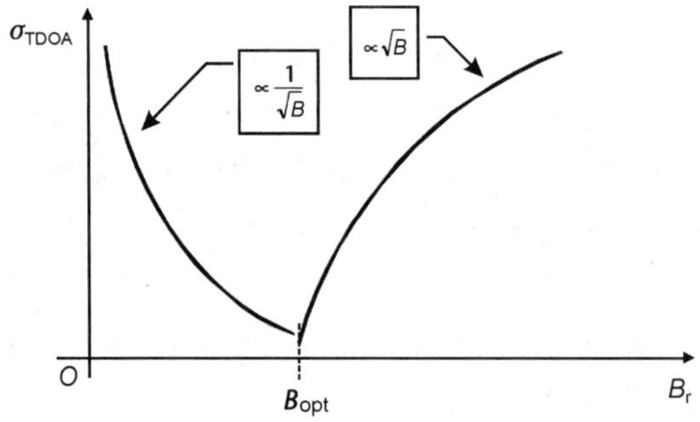

图 4.23 $\sigma_{\Delta t}$ 值随 ESM 接收机带宽 B_r 的变化曲线

$$\sigma_{\text{LE-TDOA}} = (1/\sqrt{\text{SNR}})\sqrt{(T_r^2 + 1/B_r^2} \tag{4.40}$$

见图 4.24。

SC-TDOA 测量的功能框图如图 4.25 所示，其测量精度评估如下[9]：

$$\sigma_{\text{SC-TDOA}} \approx \frac{1}{\sqrt{B_N \cdot T_{\text{CORR}}} \cdot 2\pi \cdot B_{\text{EQ}}} \cdot \sqrt{\frac{2}{\text{SNR}} + \frac{1}{\text{SNR}^2} \cdot \frac{1}{\left(\sqrt{2} \cdot 2\pi \cdot B_{\text{EQ}} \Delta T\right)^2}} \tag{4.41}$$

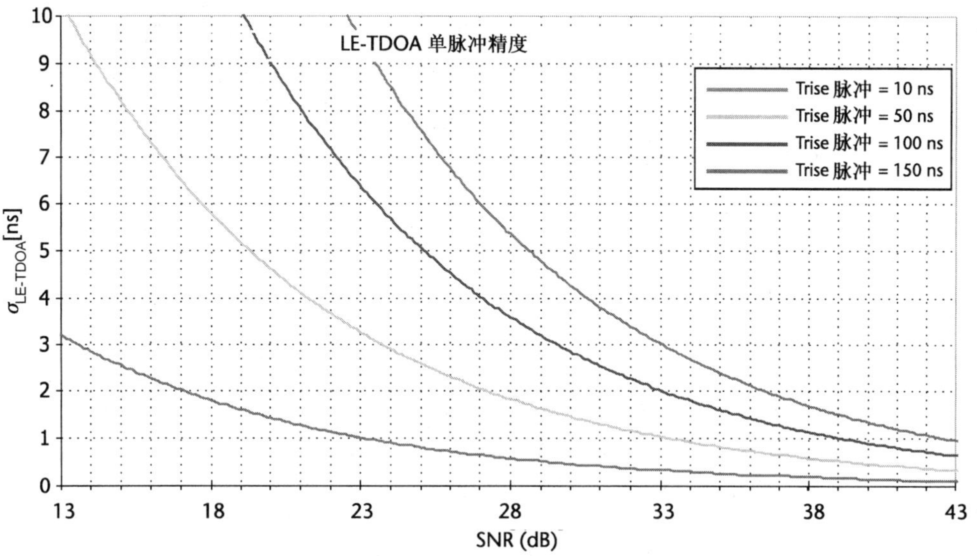

图 4.24 LE-TDOA 精度 $\sigma_{\text{LE-TDOA}}$ 值随 SNR 的变化曲线

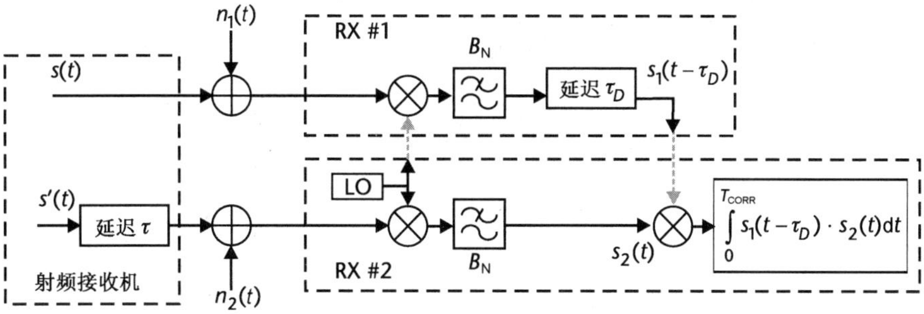

图 4.25　SC-TDOA 测量的功能框图

式中，

B_{N} = ESM 接收机噪声带宽(MHz)；

T_{CORR}= N_{CORR} 相关样本的总时间(ms)；

B_{EQ}=信号带宽；$B_{\text{EQ}}\approx$ CW 及脉内相位调制信号调制的实际带宽；$B_{\text{EQ}} \approx 1/\pi\sqrt{(2T_r \cdot \text{PW})}$（脉冲信号），$T_{\text{r}}$ 是上升时间，PW 为脉冲宽度(MHz)；

ΔT 为样本估算周期(100 ns)。

SC-TDOA 测量法的精度，如图 4.26 所示。

互相关测量法的优点在于，它适用于各种信号类型，也适用于较大的带宽 B_{EQ}，尤其是当信号是脉内调频或脉内相位调制的信号时。

在极低的灵敏度水平下，采用 SC-TDOA 测量法容易受接收天线附近的多径的影响，以及受接收机通道所生成的杂散信号的影响，从而导致估计出错误的到达方向值。

基于 MUSIC(多信号相关)算法的超分辨率技术的应用可以识别干扰信号，确保 SC-TDOA 测量的精度。图 4.27 给出了一个在低 SNR 条件下应用于 2 MHz 带宽的线性调频信号的示例。

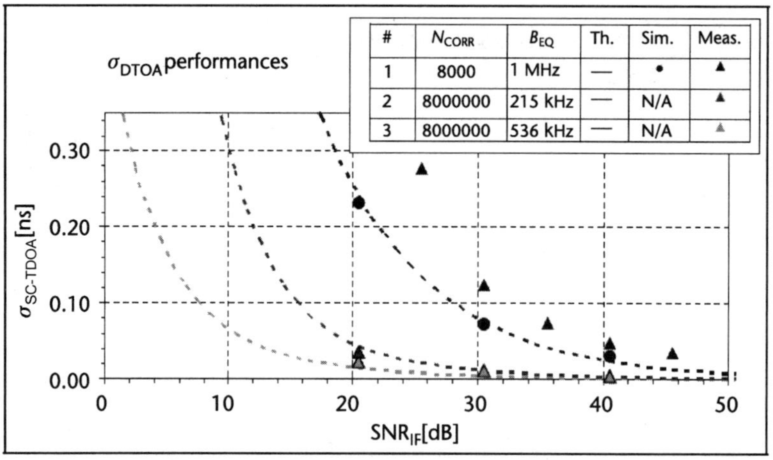

图 4.26 $\sigma_{\text{SC-TDOA}}$ 值随 SNR 的变化曲线(引自文献[9])

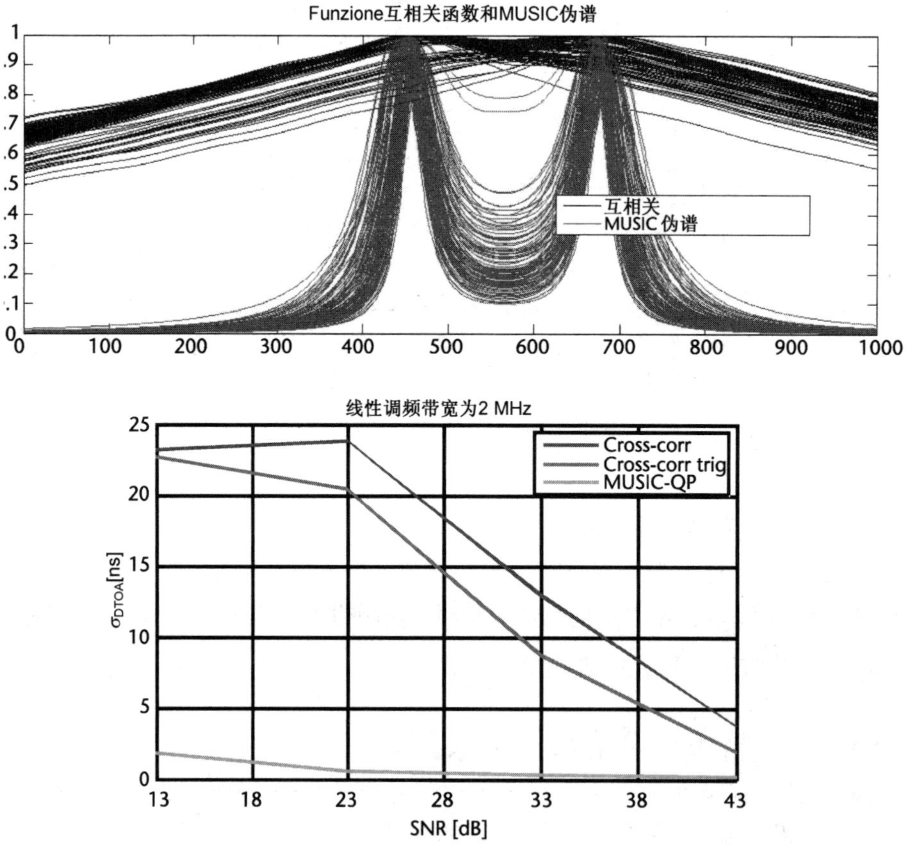

图 4.27 用于 SC-TDOA 的超分辨率法(引自文献[8])

4.5 辐射源定位

确定辐射源的地理位置是电子战系统的一个基本功能，因为关于辐射源位置的信息表明了敌方在其领域内的作战配置(电子作战序列，EOB)。在本节中，我们将主要讨论适用于电子战系统中的测量方法的物理概念以及文献[5]给出的实现方法。建议对这个问题想深入了解或感兴趣的读者查看文献[7]所描述的新的计算方法。

确定辐射源的位置称为“定位”，可采用下述方法之一进行定位：

(1) 测量来自两个或多个电子对抗截获传感器获得的辐射源的方向线(LOB)(实际应用中，仅测量信号到达方位角)。此方法可称为“三角交叉定位法”。

(2) 测量两个或多个电子对抗截获传感器上信号的到达时间差。此方法可称为“三距交叉定位法”。一般而言，如果传感器放置在移动平台上，除了到达时间差之外，还可进行差分多普勒(DD)测量，给出更高的定位精度。

三距交叉定位法和差分多普勒定位法已应用多年，采用的截获传感器彼此相距较远，在解决了时间与多普勒频率差值测量精度低的问题后，这样使用长基线可以给出很好的定位精度。

现在，随着电子技术的不断发展，可以实现高精度的时间和多普勒频率差测量，这就允许用单一移动平台实现辐射源定位，我们将在下面的章节中详细描述。除此之外，还将讨论从固定或缓慢移动平台上对机载辐射源的定位。

4.5.1　三角交叉定位法

如果从相距为 B(基线长度)的两个或多个截获传感器上，给出同一辐射源的到达方向，就可以用基本的三角几何关系确定辐射源的地理位置(所以叫“三角交叉定位法”)。三角交叉定位法原理如图 4.28 所示。

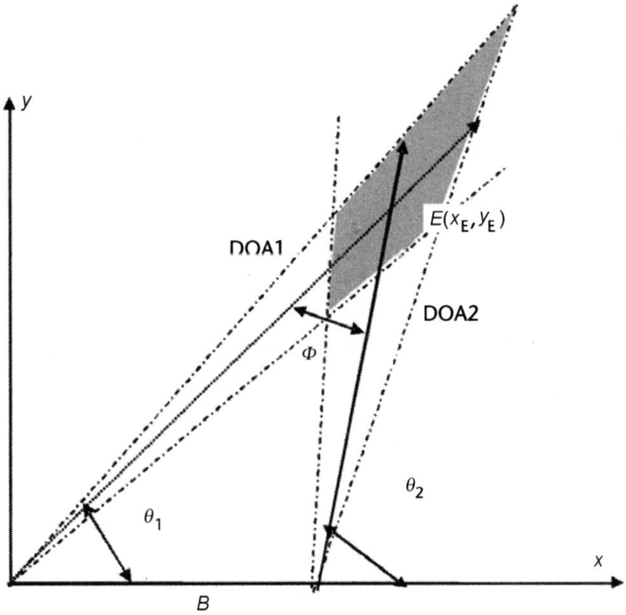

图 4.28　三角交叉定位法的几何原理

估算辐射源 E 的地理位置可以用如下方法直接计算：

$$
\begin{aligned}
y_E &= x_E \tan\theta_1 = (B - x_E)\tan\theta_2 \\
x_E(\tan\theta_2 - \tan\theta_1) &= B\tan\theta_2
\end{aligned}
\qquad (4.42)
$$

由此得出

$$x_E = (B\tan\theta_2)/(\tan\theta_2 - \tan\theta_1) = (B\sin\theta_2\cos\theta_1)/(\sin(\theta_2 - \theta_1))$$
$$y_E = x_E\tan\theta_1 = (B\sin\theta_2\sin\theta_1)/(\sin(\theta_2 - \theta_1)) \tag{4.43}$$

因为截获传感器的测向误差会影响到达方向的测定值，为便于计算，我们假设误差的期望值为 0，方差(或标准差)为 σ_θ。测向线所确定的不是一个点，但可确定一个区域范围(见图 4.28 中的阴影区域)。事实上，如果使用两个或多个截获传感器，其到达方向值不会相交于某一点，而是组成一个误差三角形，是 xy 平面内很不同的一些形状。因此，需要用数学方法计算误差三角形内的中心点或定位(PF)点，它要使三个到达方向值的均方误差最小(Stanfield 法[8])；也可用其他一些方法计算最佳值[7]。

现在回到两个截获传感器的实例，计算定位点附近的阴影区域面积非常重要。为此，我们假设方位误差为高斯分布，期望值为 0，标准差为 σ_θ。因此，定位点应位于椭圆区域内，该椭圆区域定义了真实位置在其内部的百分比；一般仅考虑椭圆的一部分，如 50%(1σ)或 90%(2σ)。

根据上述假设，根据文献[5]的附录 B 中给出的步骤，椭圆面积为：

$$\sigma_{\min} = (B\sigma_\theta/\sin(\theta_2 - \theta_1))((A - \sqrt{C}/2)^{1/2}$$
$$\sigma_{\max} = (B\sigma_\theta/\sin(\theta_2 - \theta_1))((A + \sqrt{C})/2)^{1/2} \tag{4.44}$$

式中，

$$A(\theta_2,\theta_1) = \sin^2\theta_2 + \sin^2\theta_1$$

和

$$C(\theta_2,\theta_1) = A^2 + 4A\sin^2\theta_2\sin^2\theta_1 - 8\sin^3\theta_2\sin^3\theta_1\cos(\theta_2 - \theta_1) \tag{4.45}$$

图 4.29(a)～(c)所示分别为三角交叉定位法的几何原理、边长等于基线长度的正方形区域内的误差椭圆和这个区域外的误差椭圆。从图中可以看出，椭圆的两轴与 $B\sigma_\theta/\sin\Phi$ 成正比，Φ 是辐射源位置和基线所构成三角形的双基角(如图 4.28 所示)。此外，距基线任何距离的最小面积椭圆沿基线轴分布(也可通过直观推断出这一现象)。沿基线轴我们可得出 $\theta_2 = \pi - \theta_1$，$\Phi = \theta_2 - \theta_1 = \pi - 2\theta_1$。求解式(4.44)得出椭圆误差概率为 50%时的两轴尺寸：

$$\sigma_{\min} = B\sigma_\theta/\cos^2\theta_1 \quad \sigma_{\max} = B\sigma_\theta/\sin 2\theta_1 = B\sigma_\theta/\sin\Phi \tag{4.46}$$

沿基线轴的三角交叉定位法归一的定位结果(CEP/B)与到基线的归一距离(R/B)之间的关系曲线如图 4.29 所示，其中角方差被用作参数。

4.5.2 三距交叉定位法

辐射源位置还可通过不同传感器测量同一信号的到达时间差进行确定。如本章 4.3 节所述，可采用两种方法确定辐射源位置：

① 若是脉冲辐射源，则以 LE-TDOA 为主，以差分多普勒测量为辅；

② 若是连续波型辐射源，则以 SC-TDOA 为主，以差分多普勒测量法为辅。

LE-TDOA 测量法是基于截获传感器上信号脉冲 TOA 的测量值与另一个距离 B(约 10 km)远的截获传感器对同一脉冲的 TOA 的差值(TDOA)的计算。两个显然由 GNSS 时钟同步的传感器构成一条基线。对 TDOA 测量结果在地面给出了一条穿过辐射源位置的等时延曲线（双曲线）。使用距离 B_2 的第三个截获传感器，就加上了与前一条有关联的第二条基线，根据第二个和第三个截获传感器上信号脉冲 TOA 的差值计算 $TDOA_2$，给出第二条等时延曲线。

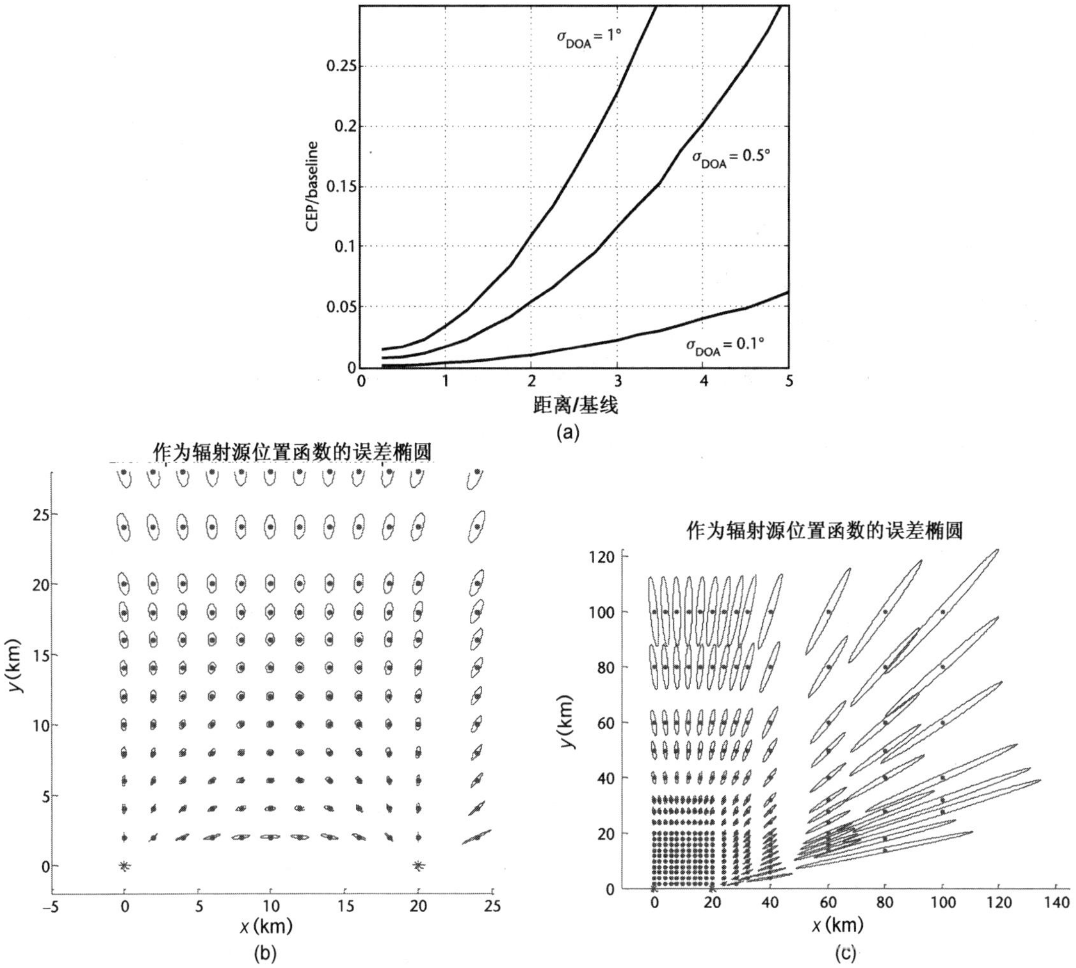

图 4.29　(a)三角交叉定位法归一化 CEP 随沿基线轴距离的变化曲线；(b)作为辐射源位置函数的两个传感器基线长度范围内的误差椭圆形状；(c)作为辐射源位置函数的两个传感器基线长度范围外的误差椭圆形状

两条等时延曲线的交点就是辐射源的地理位置。此方法的数学公式及其测量准确度请见文献[5]的附录 B2 和附录 B3。在本节中，我们仅给出主要的结果，感兴趣的读者想了解这个方法的细节，请参阅文献[5]。

三距交叉定位法的几何原理如图 4.30 所示。两条等时延曲线可表示为：

等时延迟曲线 1：$((B_1 - x_E)^2 + y_E^2)^{1/2} - (x_E^2 + y_E^2)^{1/2} = c\text{TDOA}_1$

等时延迟曲线 2：$((B_2 - x_E)^2 + y_E^2)^{1/2} - (x_E^2 + y_E^2)^{1/2} = c\text{TDOA}_2$

在定位点（辐射源地理位置）的等时延曲线的切角是各自双基角的平分线（即分别为 $\Phi_1/2$ 和 $\Phi_2/2$）。此外，如图所示，δ_{TDOA} 引起的最小位置误差（以 TDOA_1 测量值为例）是沿着定位点的切线的法线方向的，大小为 $\delta s = (c\delta_{\text{TDOA}})/(2\sin(\Phi_1/2))$，即该误差与对应的双基角的一半成反比。

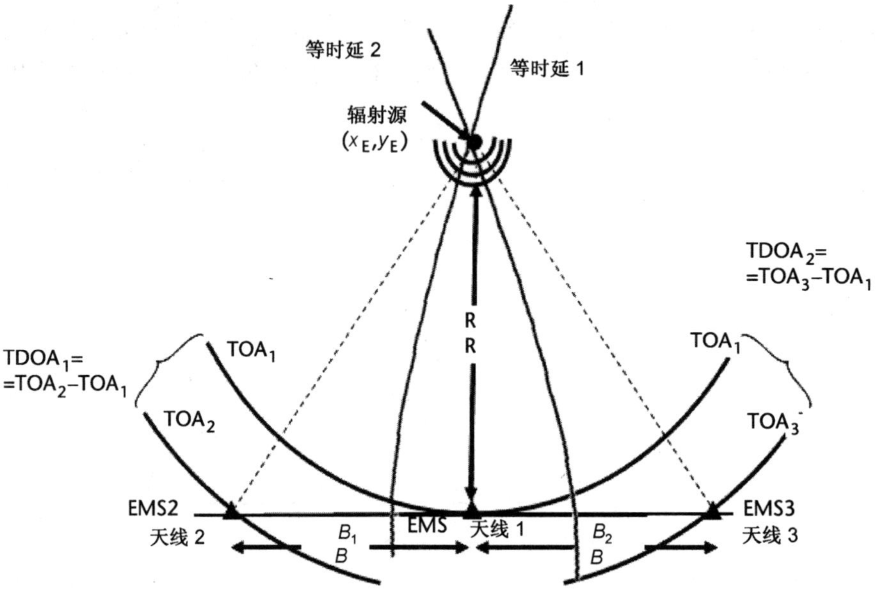

图 4.30 三距交叉定位法几何原理

三距交叉定位法的性能如图 4.31 所示(摘自文献[11])。从图中可以看出，对基线归一化的 CEP 随到两条等长基线的归一的距离而变化，以到达时间差的标准差为参数。

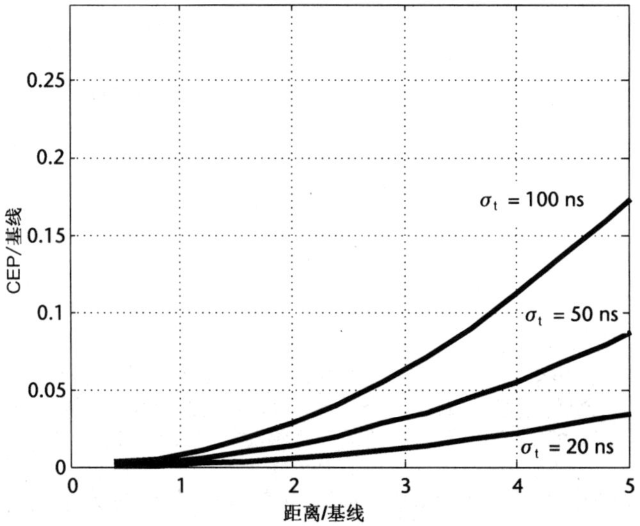

图 4.31 对基线归一化的 CEP 随(两条等长基线)与归一化距离的关系曲线

对比图 4.29(a)和图 4.31，可以看到后者的定位精度更高，尽管对应的代价是更复杂的 ESM 设备结构、要求有网络同步和数据链。因为，它还要解决以下问题：

- 对于连续波信号，可通过信号互相关完成到达时间差的测量。这对两个站之间的数据链路提出了更高的要求，因为必须要交换复杂的采样信号，而不是像用于脉冲辐射源时只交换同步数据。
- 所有截获传感器必须同时看得见辐射源的位置，能够让不同的 ESM 传感器对同一信号进行到达时间差测量。

- 需要解决面对短 PRI 辐射源时的模糊问题，如面对高脉冲重复频率(HPRF)雷达波形。

如今，三距交叉定位法的需求越来越大，尤其是针对无源辐射源追踪(PET)网络这样的地面应用，该网络正逐渐成为 IADS 雷达网络中不可或缺的一部分，具体原因如下：

- 与相关网络中装配的雷达相比，由于无源 ESM 传感器是仅接收的，其成本相对较低；
- 由于基于无源探测的策略，PET 网络是不可探测的；
- 由于 PET 网络只有单程路径信号衰减，可获得对攻击飞机更大的探测范围(RAF)(从而真正实现提前告警)；
- 系统不仅能实施探测，还能根据存储于辐射源库中的先验信息识别目标；
- 系统能够在信号非常密集的环境中工作，利用大量的辐射源波形参数测量值区分、识别机载辐射源；
- 系统利用特定辐射源识别(SEI)技术以一种独有的方式识别与特定平台相关的辐射源。

PET 网络典型布局如图 4.32 所示，其跟踪性能如图 4.33 所示。

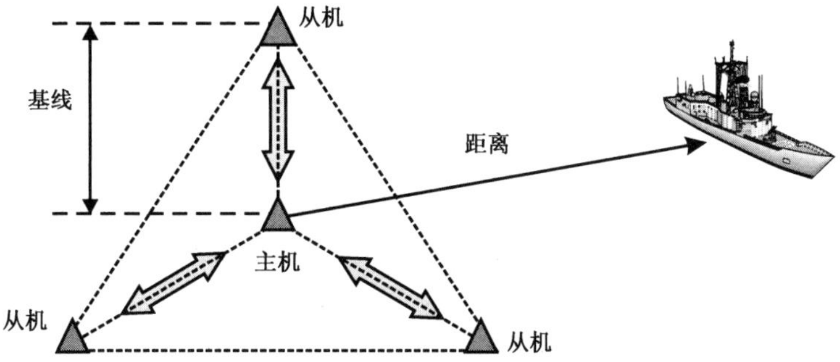

图 4.32　PET 网络典型布局

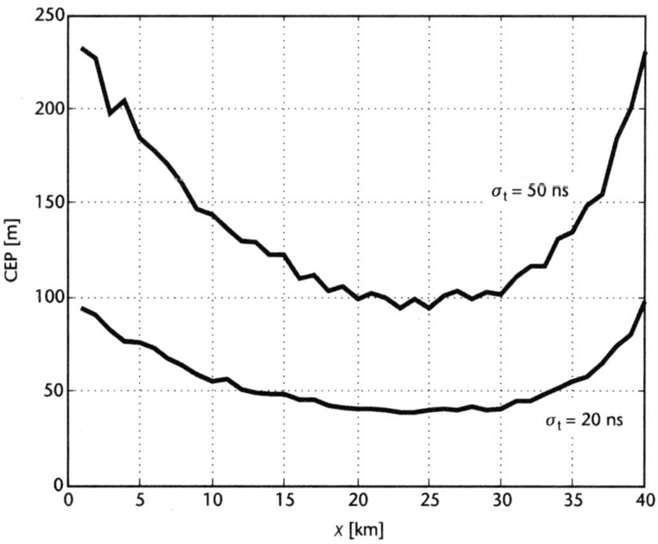

图 4.33　PET 对直线匀速运动的舰船的跟踪性能(引自文献[11])

4.5.3　可操作的移动无源辐射源追踪(PET)系统

无源辐射源追踪系统用于补充地面战区防御(GBAD)系统的监视功能(通常以雷达系统为基础)。其目的是避免雷达遭到反辐射导弹的攻击(雷达采用待机(静默)模式)和远程干扰，从而确保雷达不但能在作战中生存下来，还能在 GBAD 系统中发挥更大的效能。

PET 系统可在远大于 GBAD 防御系统半径的范围内，对发动攻击的辐射源飞机进行探测、识别、定位和跟踪，还能评估这些威胁辐射源的危险等级，因此能为 GBAD 提供预警。

PET 系统由多个传感器站(至少包括一个主站和三个辅助站)组成，能够以无源模式对发射脉冲的辐射源，如机载雷达(AI 和 AEW)和 IFF 系统进行 3D 定位(距离、方位和俯仰或 x、y、z 坐标)。PET 利用基于多个地基传感器对辐射源信号进行到达时差测量的多距交叉定位法技术。每两个传感器站组成一边或多边形基阵。

负责远程预警的 PET 传感器站(作为综合防空系统的补充)彼此之间距离非常远，以便非常精确地定位入侵飞机。

然而，如果飞机低空飞行进入防御区，那么山地会遮挡到达某些传感器站里的信号。这种情况是典型的区域外作战，可以使用一个轻型可移动的 PET 系统完成无源监视任务。为了提供 360° 的方位空间覆盖，系统由一个主站(安装在卡车上，具有 DF 功能的 ESM 系统)和三个无人值守的辅助站(每个站都包括一个 ESM 接收机和一个全线天线)组成。

可移动的 PET 系统架构如图 4.34 所示。

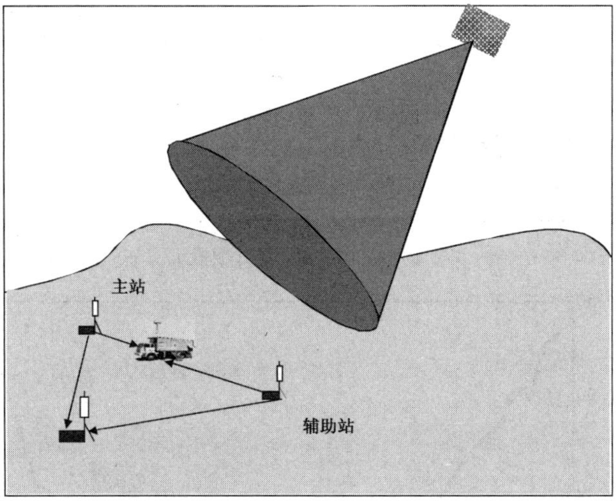

图 4.34 可移动的 PET 系统架构

该系统可在中距离/远距离探测机载辐射源威胁，这类威胁通常是机载 AI 雷达和 IFF 转发器(当它们在自己国家的领土内飞行时，仍保持活跃状态)。一个典型的场景如图 4.35 所示。

IFF 转发器辐射源的特点在于全向天线，因此，对这类威胁的探测仅取决于辐射源的范围和传感器系统的灵敏度。AI 雷达通常配有极低副瓣、窄的笔形波束天线，扫描范围通常在 120° 或 60° 方位扇区(从其前端±60° 或±30°)。因此，这类威胁只有在其飞行路线是朝向防御区域内部(即优先威胁)或者虽然与传感器系统相切飞行，但其天线扫描扇区可延伸到传感器系统的情况下是可定位的。不能定位在远处且仅与传感器系统相切的 AI 雷达辐射源(然而，这类飞机不会对 GBAD 系统造成威胁)。可跟踪和不可跟踪的飞机航线，如图 4.36 所示。

辅助站通过无电线链路与主站联系，例如，数据速率约为 100 kb/s 的战术 UHF/VHF 无线电设备。

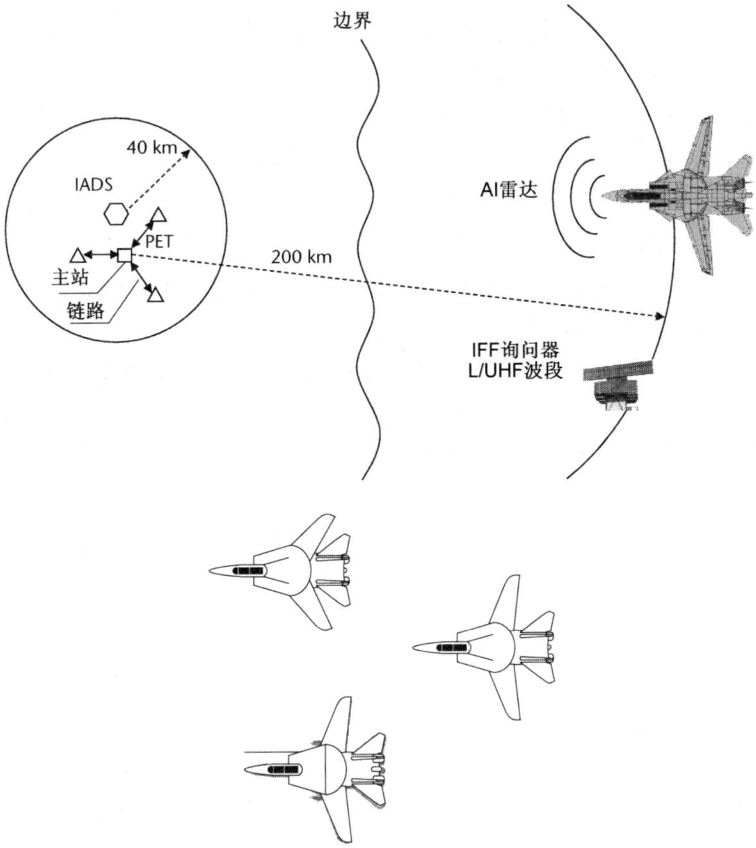

图 4.35 轻型 PET 系统的典型作战场景

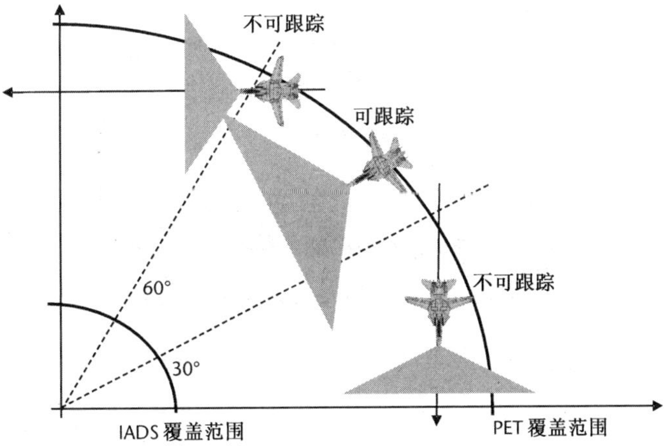

图 4.36 以自身航线为基础的 AI 雷达辐射源传感器系统的空间覆盖

主站 ESM 一直处于开机状态，当接收到辐射源信号时，会在其跟踪文件里生成一个条目(或跟踪数据)。跟踪数据由所有测量信号的参数组成(载频、脉冲宽度、脉内调制或脉冲重复间隔等)，还包括其 DOA(通常只有方位坐标)。利用这些参数可以识别辐射源(通过将测量数据与其威胁数据库中的相应记录进行比较)，或者至少可以标记出未知辐射源。主站 ESM 根据操作员的命令或预先编程的任务数据，把跟踪数据传送到辅助站，以便执行辐射源定位功能。辅助站被调谐到辐射源频段并与主站保持同步，以便将指定的辐射源 TOA

序列反馈到主站 ESM 里(连同测量的参数，以便与主站的测量数据相关联)。因此，基于TDOA 技术的主站 ESM 能够估算辐射源的位置。

两个传感器站之间的距离或基线可以从几千米到几十千米不等，这取决于山地地形和截获入侵者辐射源所要求的最小距离。基线越大，对辐射源的定位就越精确。然而，由于AI 雷达的笔形波束相当窄(–3 dB 波束宽度约为 2°)，所以传感器站彼此间的距离不能太远，以使所有的传感器站都处在同一波束宽度内(是利用多距交叉定位法技术的必要条件)。一个 2° 辐射源波束宽度从 100 km 远的距离仅能提供 3.4 km 的覆盖区。但考虑到 ESM 传感器站的灵敏度高，也能利用多距交叉定位法技术获取到 AI 雷达辐射源天线第一横向波瓣的信息，这些波瓣角度范围约为 100 mrad，因此基线为 5 km 是平衡辐射源定位精度和距主站最小截获距离的最佳方案。一旦判定第一个辐射源的位置在远处，也就是说，跟踪被初始化并且仅使用三个传感器基线中的两个(2D 定位)以及主站提供的方位角测量值就可在近距离完成后续的定位跟踪。

4.5.3.1 传感器站

主站由 DF 精度极高的、全包式多信道 ESM 设备组成。其频率覆盖范围为 0.5～18 GHz，因此，覆盖了 GBAD 威胁的所有频率：IFF UHF-L 波段、AEW S 波段以及 AI 雷达 X-Ku 波段。传感器的灵敏度相当高，可在 200 多千米的距离(在雷达视距之上飞行的飞机)探测和定位 IFF 转发器和机载雷达。

主站 ESM 可以安装在一辆 Lince 型高机动多用途轮式车(HMMWV)或“依维柯”Massif 战车的 S-250 型方舱或 S-788 型方舱内，包括一个显示控制台、空调和一个内部电力发电机。主站的安装，如图 4.37 所示。

图 4.37 主站安装在 Lince HMMWV 上

辅助站由电池供电，通常处于待机状态，根据主站的指令开始运行。辅助站最大的连续运行时间约为 12 h。如果要运行更长的时间，电池组可通过辅助站的太阳能电池板进行充电。辅助站的典型安装，如图 4.38 所示。

4.5.3.2 同步

为了实现准确的 TDOA 测量，系统站要求必须同步。TDOA 测量精度取决于信号脉冲形状(即信号带宽及其上升时间的形状)和同步精度。目前 PET 系统通过 GPS 接收机同步。系统可以向各站提供超稳定振荡器同步信号(作为一种选项)，以确保在 GPS 卫星出现故障或 GPS 受到干扰的情况下系统仍能正常运行。在最坏的情况下，整个系统首次截获(辐射源的位置）的 TDOA 测量精度约为 50 ns。TDOA 陡脉冲上升时间的测量精度和 GPS 最佳的接收精度约为 20 ns。系统总体的平均 TDOA 精度约为 35 ns。在图 4.39 中，以系统的 TDOA 测量精度（最小值、平均值和最大值）作为参数，显示出位置圆概率误差（CEP）与辐射源距离之间的关系。

注意：系统位置 CEP 的跟踪精度取决于辐射源飞行的轨迹。但比首次截获的精度要好（约为 1/10）。图 4.40 说明了沿着典型的轨迹跟踪系统辐射源 CEP 的情况。

图 4.38　辅助站和为电池组充电的太阳能电池板

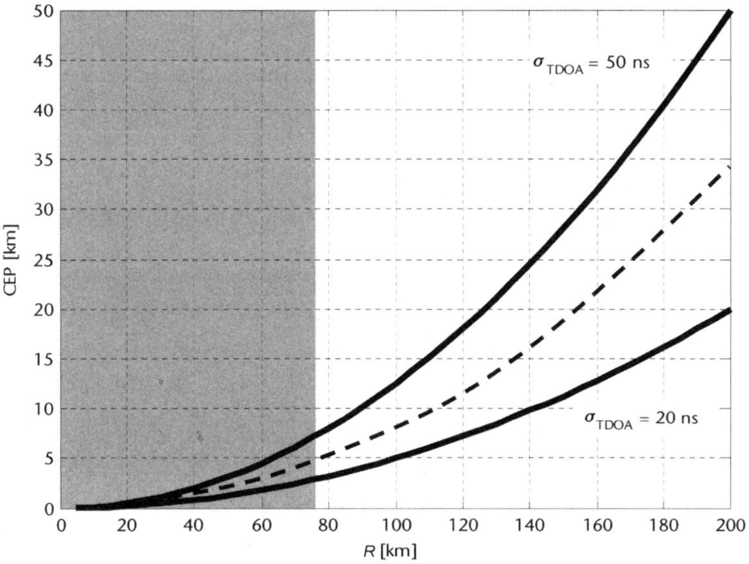

图 4.39　首次截获位置 CEP 与 5 km 传感器基线的辐射源距离对比。假设把 TDOA 测量精度作为一个参数（最小值=20 ns、平均值=35 ns、最大值=50 ns）

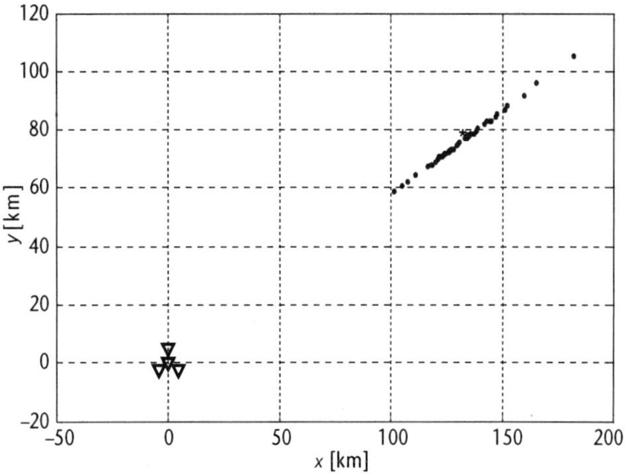

图 4.40　典型的初始定位图

CEP 可以快速表示定位精度。实际上，真实的定位精度是用一个椭圆表示的，在较远辐射源处和远离基线轴的角度处，椭圆被拉伸得很厉害，如图 4.41 所示。真实误差概率分布的 CEP(或等效面积半径)为两个椭圆半轴的 rms 值。

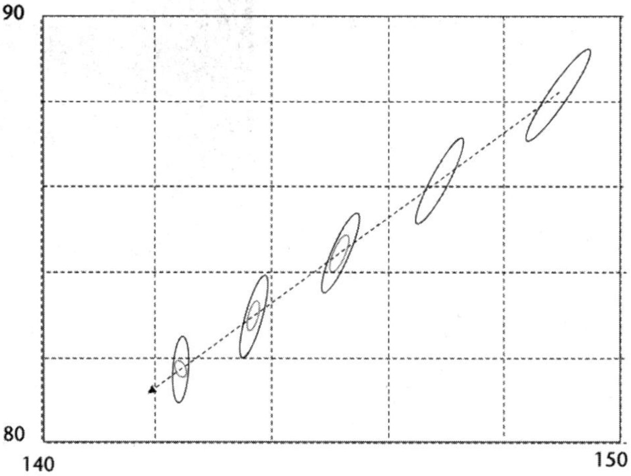

图 4.41 典型的辐射源飞机轨迹并通过移动 PET 系统对其进行跟踪

由图 4.41 可知，在辐射源距离为 150 km 处的精度为径向 σ_R =15 km，横向 σ_T =200 m，因此，CEP 约为 15 km。

4.5.4 到达频差无源定位技术

之前，飞行平台对地面辐射源的无源定位是采用上述章节所述方法进行定位的，如三角交叉定位法和多距交叉定位法[5]。现在，随着电子技术的不断发展，已开发出根据同一飞行平台中所安装的两套天线/接收机组测得的多普勒频差来定位的新方法。此技术能够实现非常准确的定位估计。因为频差是在信号波前到达平面时瞬间完成测量的，所以此方法也称为“到达频差法”(FDOA)。它的优势在于，辐射源定位耗时少，仅仅是辐射控制条件下雷达开关周期的量级。

此定位技术结合了 DOA 和到达频差的测量，图 4.42 说明了本方法的原理。相对于地面以速度 v 移动的飞机导致雷达辐射源视向角 LOSθ 的旋转。视向角的速度 ω 取决于速度切向分量 v_T(与 LOS 垂直)和飞机与辐射源之间的距离 R，可表示为：

$$\mathrm{d(LOS)/d}t = \omega = v_T/R = v\sin(\alpha-\theta)/R \quad [\mathrm{rad/s}] \tag{4.47}$$

式中，θ 是视向角，α 是 A/C 速度矢量相对于基线的角度。

两个天线构成机上基线 B，可根据辐射源信号的到达频差测量视向的角速度 ω，如下所示：

$$\mathrm{FDOA} = (1/\lambda)\mathrm{d}(R_2-R_1)/\mathrm{d}t = -(1/\lambda)\mathrm{d}(B\cos\theta)/\mathrm{d}t = f(\omega B\sin\theta)/c \quad [\mathrm{Hz}] \tag{4.48}$$

式中，$f = c/\lambda$ 是信号载频。

根据到达同一基线末端的 TDOA Δt 估算辐射源 DOA。

$$\mathrm{DOA} = \theta = \arccos((c\Delta t/B) \quad [\mathrm{rad}] \tag{4.49}$$

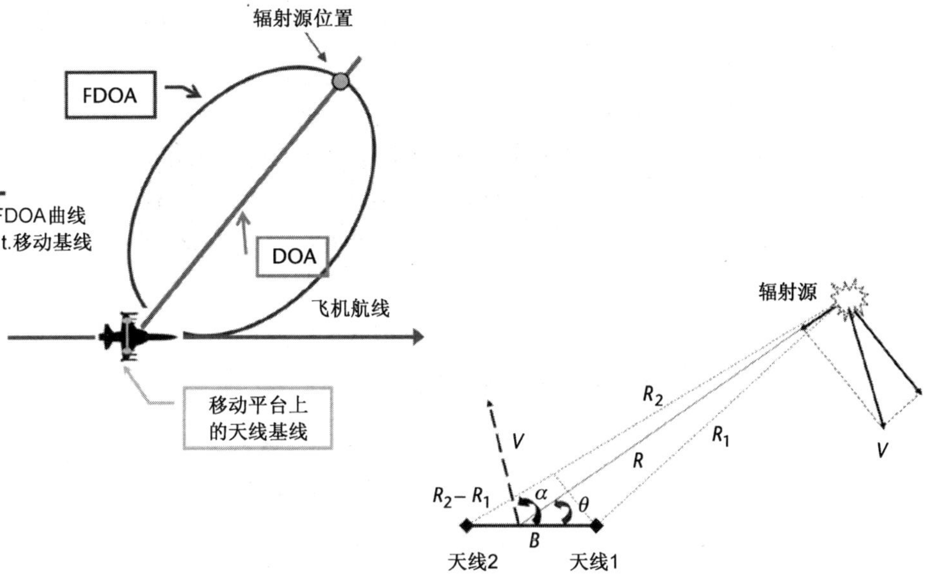

图 4.42　无源定位技术

根据式(4.47)～式(4.49)，通过电子传感器对到达时间差、到达频差 f 的测量，加上平台导航数据 v 和 α(相对于纵轴的基线方向)，我们可以得到：

$$R = v\sin(\alpha - \mathrm{DOA})/\omega = (fBv\sin(\mathrm{DOA})\sin(\alpha - \mathrm{DOA}))/(c\mathrm{FDOA})\ \ [\mathrm{m}] \tag{4.50}$$

对于估算距离 R 的归一化方差，可以按常规对上述公式求导来计算，该方差由与参数测量方差相关的三项组成：

$$\sigma_{\mathrm{R}}/R = [A\sigma_{\mathrm{TDOA}}^2 + B\sigma_{\mathrm{FDOA}}^2 + C\sigma_{\mathrm{f}}^2]^{1/2} \tag{4.51}$$

式中，

$A = [\ (f\,Bv\,\sin(\alpha - 2\theta))/(c\ \mathrm{FDOA}))]^2$; $A/R^2 = [\sin(\alpha - 2\theta)/\sin(\theta)\ \sin(\alpha - \theta)]^2$

$B = [((f\,Bv\,\sin(\theta)\sin(\alpha - \theta))/(c\ (\mathrm{FDOA}^2))]^2$; $B/R^2 = [1/\mathrm{FDOA}]^2$

$C \approx [(Bv\,\sin(\theta)\ \sin(\alpha - \theta))/((\mathrm{FDOA}))]^2$; $C/R^2 = [1/f]^2$

总的来说，因为 $C\approx 0$，所以式(4.51)中没有考虑方差 σ_{f} 的影响。

对于脉冲辐射源，$\sigma_{\mathrm{LE-TDOA}} = T_{\mathrm{r}} / (\sqrt{2N(\mathrm{SNR})})$，式中 N 是积累时间内的到达时间差的测量次数(见第 4.4 节)；

对于连续波辐射源：$\sigma_{\mathrm{SC\text{-}TDOA}} = \dfrac{1}{\sqrt{B_N \cdot T_{\mathrm{CORR}} \cdot 2\pi \cdot B_{\mathrm{EQ}}}} \cdot \sqrt{\dfrac{2}{\mathrm{SNR}} + \dfrac{1}{\mathrm{SNR}^2} \cdot \dfrac{1}{(\sqrt{2} \cdot 2\pi \cdot B_{\mathrm{EQ}} \Delta T)^2}}$；

$\sigma_{\mathrm{FDOA}} = (2\sqrt{3} / (2\pi))\ (1 / T_{\mathrm{p}})(\sqrt{(1 / (M\ \ \mathrm{SNR}))})$，式中 M 是给出估计的到达频差测量次数，如图 4.43 所示，T_{p} 是连续测量的时间跨度。

由式(4.50)可以看出，距离估计精度极大程度上取决于几何结构(包括到达方向角、相对于飞机速度矢量的基线方向以及还会影响 SNR 的辐射源的距离)，但是，基线长度、飞机速度以及辐射源频率均有助于提高精度(即在 VHF 通信波段工作条件下不能使用此方法)。

图 4.44 所示为此方法的应用示例，图中基线方向与飞机速度矢量方向垂直。图 4.45 所示为此方法的一个实验例证，基线方向始终与飞机速度矢量方向垂直。

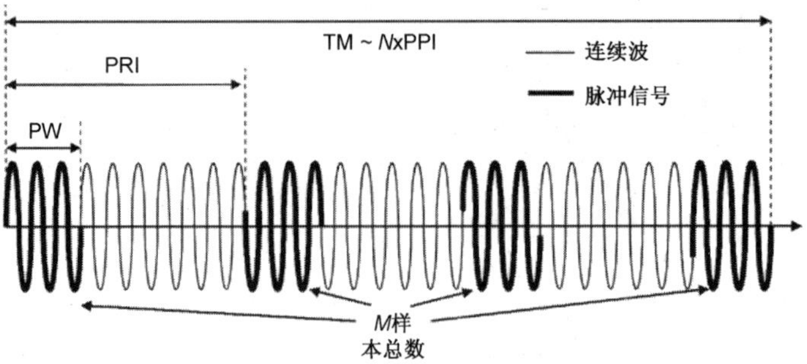

图 4.43　总时间跨度为 T_m 的 N 个相关脉冲

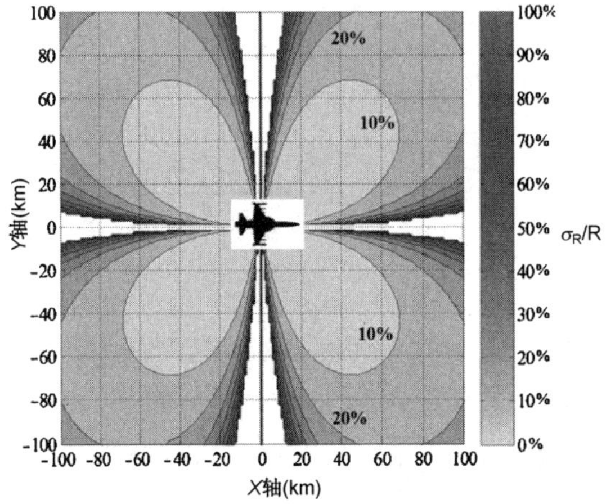

图 4.44　定位误差百分比图：以 200 m/s 速度运动的飞机对 90 dBm ERP 的地面辐射源的定位(引自文献[12])

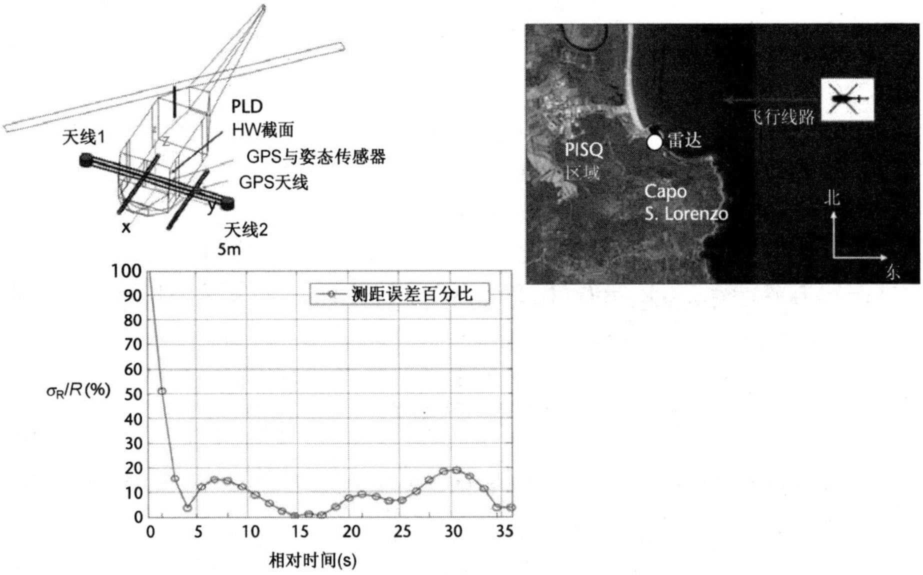

图 4.45　典型定位测试：测试期间测距估计误差百分比值(引自文献[12])

4.5.5　逆无源定位

同机载 ESM 设备实现的无源定位类似，到达频差法也可与 Elettronica 公司研发的技术结合使用，称之为“IPL(逆无源定位)”，可实现从表面(地面或海平面)单个固定基站对飞行的辐射源进行无源定位估计。显然，这个结果如果与 4.5.2 节中所陈述的使用到达时间差技术的 ESM 设备网一起使用，就更容易得到更精确的定位。但是，在一些特殊情况下，如独立的船只或移动式装甲车辆在辐射控制模式下工作时（即雷达和通信静默），以及没有预警飞机或监视卫星（并非所有武装力量都有这种手段）的帮助，却需要对正在接近的飞机辐射源的意图进行告警时，就需要单用逆无源定位。

IPL 法的几何原理如图 4.46 所示。此方法要求测量以下三个辐射源参数：

- 到达时间差或到达方向；
- 频差测角中的多普勒频差；
- 在不同时间处的多普勒频差。

前两个参数是作为长度为 B 的基线末端处两个天线/接收机通道之间的差分测量值，而第三个参数包含接收到的信号频率对时间的导数，是由一个天线/接收机通道严格按照相噪相关要求进行测量的。

根据图 4.46 所示的几何原理以及 4.5.2 节已提到的思路，前两个参数可以按照下述公式进行估计：

$$\text{TDOA} = \frac{(B\cos\theta)}{c},\quad \theta = \arccos\frac{c\,\text{TDOA}}{B} \tag{4.52}$$

$$\begin{aligned}\text{FDOA} &= \text{d}(\varphi_{\text{patb1}}\cdot\varphi_{\text{patb2}}/\text{d}t = (2\pi/\lambda)\text{d}(R_1 - R_2)/\text{d}t \\ &= (2\pi/\lambda)\text{d}(B\cos\theta)/\text{d}t = (2\pi B/\lambda)\omega\sin\theta\end{aligned} \tag{4.53}$$

式中，$\omega = d(\text{LOS})/\text{d}t = v_{\text{T}}/R = (v\sin\theta)/R$ 是视向角的旋转速度。

由于 ω 值取决于飞机速度的横向分量 v_{T} 和距离 R，到达频差测量值并不足以确定距离，因此需要估算速度值。飞机速度的径向分量为 $v_{\text{r}} = v\cos\theta$，用它的时间导数就可以估计速度，如图 4.47 所示。而速度的径向分量可以用对时间的多普勒频差（DFD）估计（前提是辐射源载频恒定，即相干辐射源）。

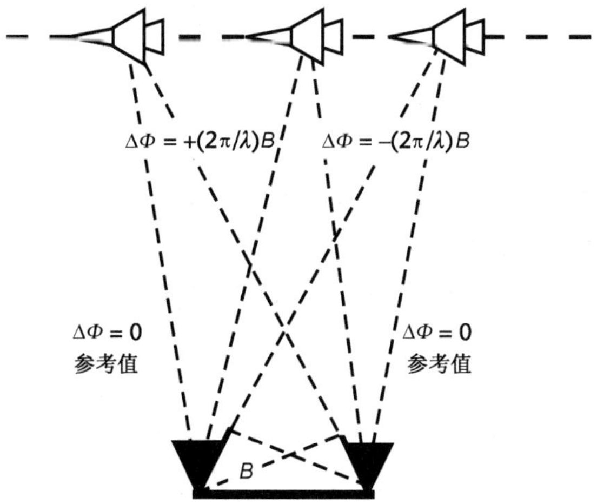

图 4.46　IPL 法几何原理

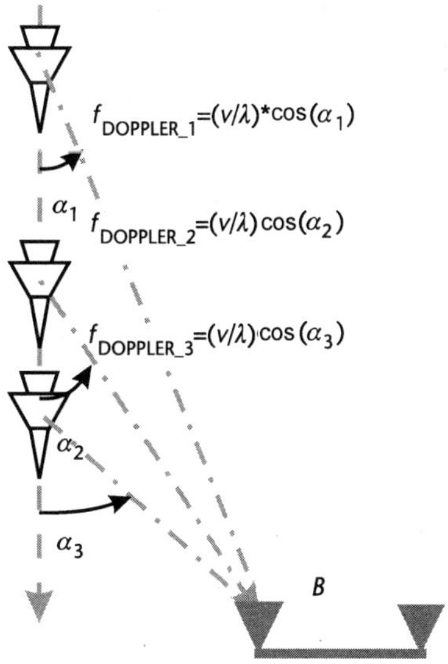

图 4.47　多普勒频差测量值

动力学中，上述测量值对应于飞机径向加速度测定值，即

$$a_{\text{r}} = \text{d}v_{\text{r}}/\text{d}t = -\omega v\sin\theta = -(v^2\sin^2\theta)/R \tag{4.54}$$

多普勒频差的变化为：

$$\mathrm{DFD} = \mathrm{d}f_{\mathrm{d}}/\mathrm{d}t = (1/\lambda)\mathrm{d}v_{\mathrm{r}}/\mathrm{d}t = a_{\mathrm{r}}/\lambda \tag{4.55}$$

因此，通过解下述二式得出距离的估计值 $\breve{R}$ 为：

$$\breve{R} = v_{\mathrm{T}}/\omega = (v\sin\theta/\mathrm{FDOA})(2\pi B\sin\theta/\lambda) \tag{4.56}$$

$$\breve{R} = (v^2\sin^2\theta)/a_{\mathrm{r}} = (v^2\sin^2\theta)/(\lambda\mathrm{DS}) \tag{4.57}$$

由此推导出 $v = (2\pi B)/\mathrm{FDOA}$，得出：

$$\breve{R} = (2\pi B)^2 f\,\mathrm{DFD}\sin^2(\theta))/(c(\mathrm{FDO}A)^2) \tag{4.58}$$

在脉冲多普勒机载雷达的情况下，雷达会采用持续时间 T_{BURST} 为 3～10 ms 量级的相干脉冲群波形，其中载频、脉宽都是不变的，因此可以得到多普勒频移的测量结果。

脉冲群一般表现为具有某种周期 ΔT，约为 1～2 s 的量级。典型的 PD 波形图如图 4.48 所示。

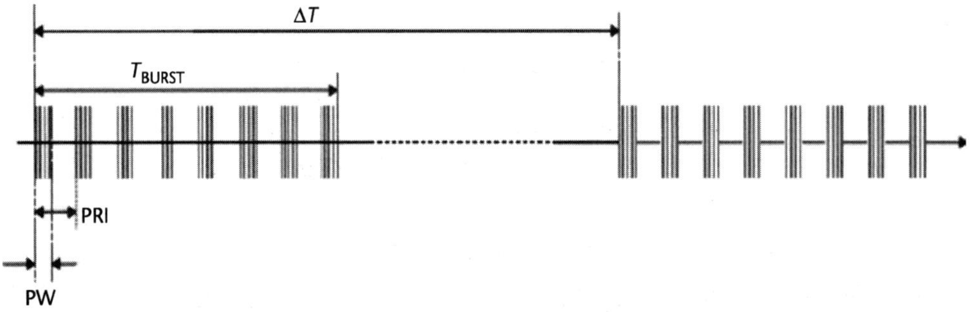

图 4.48 典型 PD 波形图

以下两种模式可测量不同时间处的多普勒频差：

① 把它当成每组脉冲群内脉冲初始相位的二阶导数来计算(脉冲群内模式)；

② 根据同一载频脉冲群测得的多普勒频率一阶导数进行计算(脉冲群间模式)。相比第一种模式，第二种脉冲群间模式需要更长的观察时间，但是定位精度更佳。

归一化的 IPL 精度 σ_{R}/R 取决于频率 f、多普勒频差、到达方向和到达频差测量，它可表示为：

$$\sigma_{\mathrm{R}}/R = [\sigma_{\mathrm{f}}^2/f^2 + \sigma_{\mathrm{DFD}}^2/\mathrm{DFD}^2 + 4\sigma_{\theta}^2\tan(\theta) + \sigma_{\mathrm{FDOA}}^2/\mathrm{FDOA}^2]^{1/2} \tag{4.59}$$

正如所有测得的参数一样，此方法的精度也显然取决于输入信噪比值(即雷达有效辐射功率)和脉冲多普勒的波形(一定观察时间内具有相同载频的脉冲群内的脉冲数量和脉冲群的数量)。

本方法也存在一些不足：

- 不能沿基线方向实施测量。但是，如果引入其他基线，并与第一条基线形成一定角度构成一个多边形，这个问题也可以得到解决。图 4.49 所示为有效测量的范围，与基线取向有关。
- 当相对于固定平台的弹道接近径向时，多普勒频差和到达频差测量结果将很差。在此情况下，由 ESM 设备向平台提供告警，以接通机载雷达并引导相连的武器系统。

图 4.50 所示为当飞机辐射源以横向速度飞过静止平台时的归一化的 IPL 精度 σ_{R}/R。

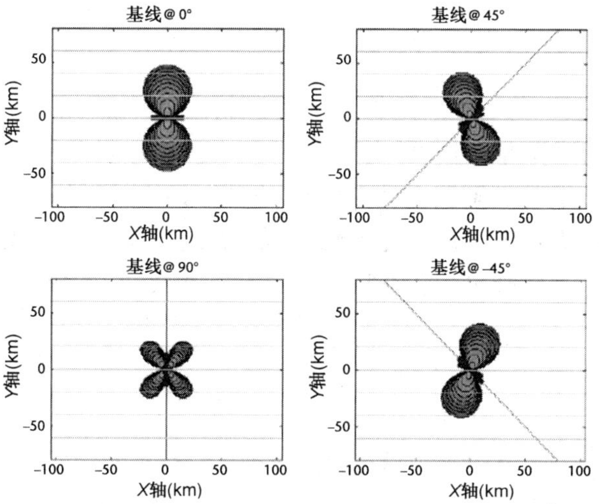

图 4.49　有效测量范围与基线取向有关

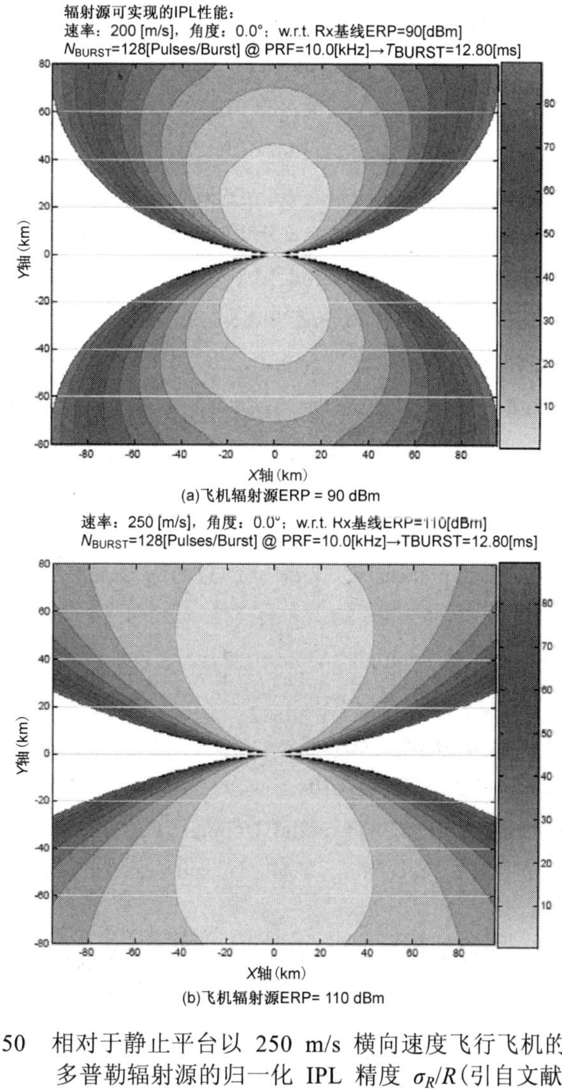

图 4.50　相对于静止平台以 250 m/s 横向速度飞行飞机的脉冲多普勒辐射源的归一化 IPL 精度 σ_R/R（引自文献[12]）

4.6 结束语

本章介绍了主要的无源测向技术。这些技术利用射频辐射源的瞬时信号参数，如幅度、相位和到达时间等向电子对抗系统提供告警和/或预警，从而可开展进一步的对抗。在不断发展的新型电子技术的支持下，这些技术也可以对地、对海或对空的辐射源进行定位，其可以工作在不同的模式下，既可装备在同一个平台，也可以在一个类似的传感器组内。

参考文献

[1] Lipsky, S., Microwave Passive Direction Finding, Chapter 6, Raleigh, NC: SciTech Publishing, 2004.

[2] Davis, B. A., and C. Hoffman, "Passive DF and Signal Location," Microwave Journal, September 1982, p. 59.

[3] Wu, Ying-Wah, S. Rhodes, and E. H. Satorious, "Direction of Arrival Estimation via Extended Phase Interferometry," IEEE Trans. AES, Vol. 31, No.1, January 1995, pp. 375-381.

[4] Dinoi, L., A. Di Vito, and G. Lubello, "Direction Finding of Ground Based Emitters from Airborne Platforms," Radar Conference 2008, RADAR '08. IEEE, 2008, pp. 1-6.

[5] Wiley, R., Electronic Intelligence: The Interception of Radar Signals, Chapter 5, Norwood, MA: Artech House, 1985.

[6] M. Skolnik, Radar Handbook, New York: McGraw Hill Editions, 1990.

[7] Poisel, R. EW Target Location Methods, Norwood, MA: Artech House, 2005.

[8] Stanfield, R. G., "Statistical Theory of DF Fixing," Proc. IEEE, Vol. 94, Part 3A, No. 15, 1947.

[9] Ardoino, R., F. Capriati, and A. Zaccaron "Performances of a TDOA Estimation Algorithm Based on Cross-Correlation Technique," Proc. Int. Radar Symposium, Krakow, Poland, May 24-26, 2006, pp. 189-192.

[10] Panci, G. "TDOA Estimation Using Super-Resolution Techniques," Elettronica Technical Report 4073, 2010.

[11] Benvenuti, D. et al., "A Comprehensive View of TDOA Based Digital Sensors on the Naval Surveillance," DTA-NTS 2009 Conference Singapore, March 2009.

[12] Severino, G., A. Zaccaron, and R. Ardoino "Airborne Passive Location Based on Combined TDOA and FDOA," EW Conference, Bangalore India, 2010.

[13] Becker, K., "An Efficient Method of Passive Emitter Location," IEEE Transactions on Antennas and Propagation, Vol. 28, No. 4, 1992, pp. 1091-1104.

[14] Levanon, N., "Interferometry Against Differential Doppler: Performance Comparison of Two Emitter Location Airborne Systems," IEE Proceedings F (Radar and Signal Processing), Vol. 136, No. 2, 1989, pp. 70-74.

[15] Chestnut, P. C., "Emitter Location Accuracy Using TDOA and Differential Doppler," IEEE Transactions on Antennas and Propagation, Vol. 18, No. 2, 1982, pp. 214-218.

[16] Deng, X. P., Z. Liu, W. L. Jiang, Y. Y. Zhou, and Y. W. Xu, "Passive Location Method and Accuracy Analysis with Phase Difference Rate Measurements," IEE Proceedings on Radar, Sonar, Navigation, Vol.

146, No. 5, 2001, pp. 302-307.

[17] Rife, D. C., "Single-Tone Parameter Estimation from Discrete-Time Observations," IEEE Transactions on Information Theory, Vol. IT-20, No. 5, 1974, pp. 591-598.

[18] Tsui, J., Digital Techniques for Wideband Receivers, Norwood, MA: Artech House, 2001.

[19] Torrieri, D. J., "Statistical Theory of Passive Location Systems," IEEE Transactions on AES, Vol. 20, No. 2, March 1984.

[20] Chan, Y. T., and K. C. Ho, "A Simple and Efficient Estimator for Hyperbolic Location," IEEE Transactions on Signal Processing, Vol. 42, No. 8, August 1994.

[21] R. Schmidt, O., "Multiple Emitter Location and Signal Parameter Estimation," IEEE Transactions on Antennas and Propagations, Vol. 34, No. 3, March 1986, pp. 276-280.

[22] Besson, O., and P. Stoica, "Analysis of MUSIC and ESPRIT Frequency Estimates for Sinusoidal Signals with Lowpass Envelopes," IEEE Transactions on Signal Processing, Vol. 44, No. 9, September 1996, pp. 2359-2364.

[23] Ge, F.-X., D. Shen, Y. Peng, and V.O.K. Li, "Super-Resolution DTOA Estimation Based on Eigen-Analysis and Sequential Quadratic Programming," IEE Proceedings on Radar, Sonar, Navigation,Vol. 151, No. 4, August 2004, pp. 197-202.

[24] Azaria, M., and D. Hertz, "Time Delay Estimation by Generalized Cross-Correlation Methods," IEEE Transactions on Acoustics, Speech and Signal Processing,Vol. ASSP-32, No. 2, April 1984.

[25] Vaccaro, D. EW Receiving Systems, Norwood, MA: Artech House, 1993.

第 5 章　电子对抗系统

5.1　引言

电子对抗(ECM)系统的目的是通过迷惑、欺骗或诱偏等软杀伤行动来降低或削弱敌方防御系统及相关武器系统的效能。在作战任务中，如果不使用 ECM 系统，现代武器系统的杀伤概率将会非常高，而且可能会带来很高的损伤，即大量的人员伤亡和设施破坏。

ECM 系统覆盖了整个电磁频谱，对它们的命名是依据其工作波长/带宽或所对抗的设备的功能进行的。因此，用于对抗通信系统的称为通信电子对抗(CECM)；用于对抗雷达系统的称为雷达电子对抗(RECM，通常简称 ECM)；用于对抗红外系统的称为红外电子对抗(IRCM)。

尽管 CECM 系统只能是有源系统(即通过发射适当的信号进行对抗)，而 RECM 和 IRCM 系统既有有源方式，又有无源方式。无源方式，如射频波段的箔条和红外波段的曳光弹，不需要发射任何信号就可实现对抗，它们通常通过隐藏真实目标来诱惑敌方。ECM 系统的分类如图 5.1 所示。

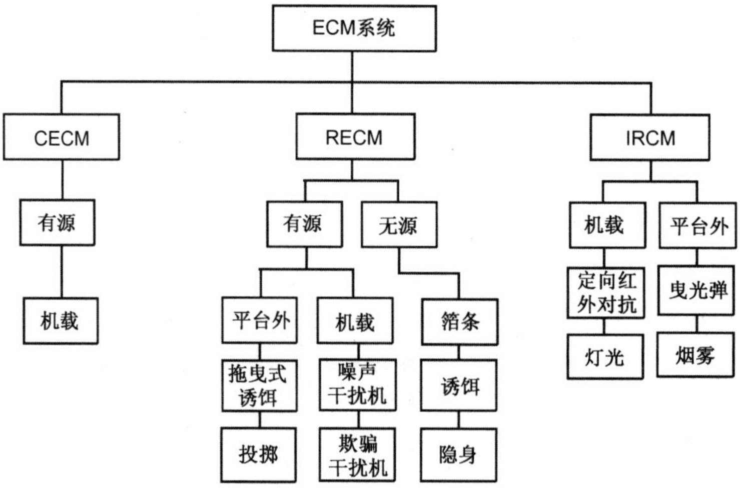

图 5.1　ECM 系统分类

RECM 系统的典型应用是自卫及对移动平台的支援防护，而 CECM 主要用于对平台的支援防护。

图 5.2 所示为典型自卫干扰系统(SPJ)的结构框图。SPJ 同时使用机载对抗系统(也即干扰机)和平台外对抗系统迫使攻击导弹偏离目标。这些系统包括：

① 一次性投放装置，如箔条和曳光弹；

② 抛射式有源对抗装置；

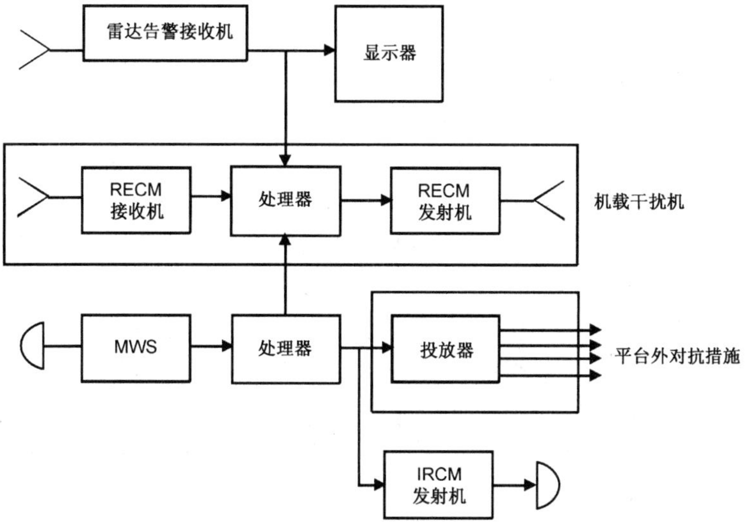

图 5.2　典型自卫干扰系统结构框图

③ 拖曳式装置(有些可以回收和再利用)。

使用平台外和机载 IRCM 派生的导弹告警系统(MWS)能够探测到来袭导弹，并在适当的方向触发对抗措施。如果导弹逼近告警系统采用近程脉冲多普勒(PD)雷达，即导弹逼近告警器(MAW)，就可以在适当的时机触发平台外系统工作，从而提供更加有效的对抗措施。

在讨论综合自卫系统结构前，让我们回顾一下图 5.3 中每个系统组成部分所完成的功能。

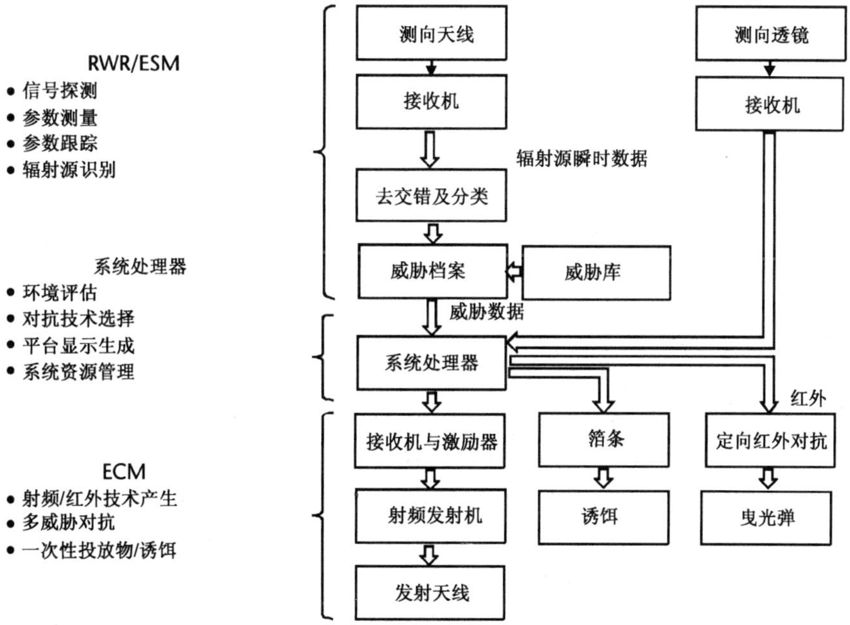

图 5.3　综合自卫系统原理框图

5.1.1　典型的 RECM 需求和任务

RECM 系统对抗的雷达类型主要有两种：监视雷达和跟踪雷达。

监视雷达(或搜索雷达)的功能是在大范围内进行目标定位和自动跟踪，支持防御中心进行威胁评估和火力分配(TEWA)。因为监视雷达必须具备远距离探测目标的能力，因此通常工作在较低射频波段(C-G 波段，电子战波段名称；或 VHF-C 波段，标准名称)。之所以采用较低的射频波段是因为这些波段的大气衰减小(见 2.1 节)。

这些雷达通常采用旋转天线，要么是抛物面加余割平方型的，要么是相控阵型的，前者给出二维的目标位置，后者给出三维的目标位置。两种天线类型都具有窄的主瓣波束和旁瓣波束，前者扫描搜索空域，后者照射所有方向并从这些方向接收信号。相对于主瓣峰值的旁瓣电平(SLL)取决于所用的天线类型，旁瓣电平分为：普通旁瓣(SLL= −13～−30 dB $_{峰值}$)、低旁瓣(SLL=−30～−40 dB $_{峰值}$)、超低旁瓣(SLL＜−40 dB $_{峰值}$)[2]。典型的发射波形是三坐标雷达的脉冲压缩信号，在仰角扫描上也有某种波形捷变。

跟踪雷达是 RECM 设备优先对抗的目标，因为它们与火力系统直接关联，尤其是在末端阶段。当跟踪雷达锁定目标时，与其相关联的武器系统也将指向目标。

RECM 的任务是中断跟踪雷达对目标的锁定，从而使武器系统无法得到跟踪雷达传输的制导信息，进而无法指向目标。

跟踪雷达具有窄波束特性，由较小的天线提供，通常工作在较高的射频波段(I～Ka 波段，电子战波段名称；或 X～Ka 波段，标准名称)。可能被武器系统攻击的每一架飞机或每一艘舰船都必须得到能够提供自卫能力的 RECM 的充分保护。

在机载情况下，理想的方式一般是用随队干扰/近距支援干扰(EJ/CSJ)或远距干扰(SOJ)系统对攻击飞机的自卫系统进行补充。这些干扰系统装备在随队平台上。随队干扰/近距支援干扰由专用飞机携载高功率干扰机伴随己方攻击部队飞行，并提供保护性的射频干扰屏蔽，以支援整个攻击部队的行动。远距干扰指的是平台在武器有效距离外的某个地方保护目标。典型的 EJ/CSJ 和 SOJ 任务剖面图如图 5.4 所示。

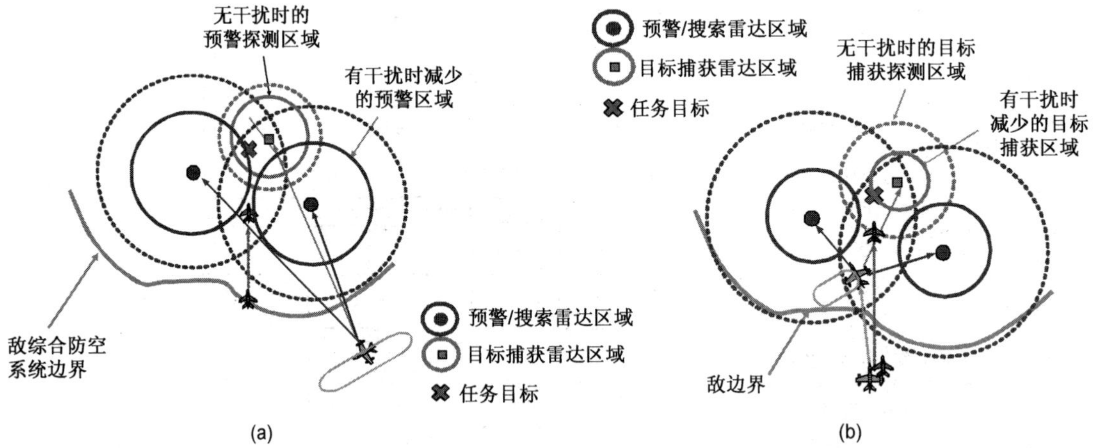

图 5.4 典型的 EJ/CSJ 和 SOJ 任务剖面图

SOJ 的优势是能够携载大型专用 RECM 载荷，其缺点是需要非常大的干扰机有效辐射功率(ERP)。因其离被干扰雷达的距离很远，而且大多数时候它的干扰信号是馈入到被干扰雷达的旁瓣中的。下面将对其进行讨论。

5.1.2　预警雷达干扰方程

干扰的目的是将干扰信号注入被干扰雷达的接收机，以掩护真实目标。干扰信号可以是随机噪声波形，也可以是人为复制的雷达波形。为达到这一结果所需发射的干扰功率可由雷达接收机输出端的干扰-信号功率比(JSR)求得。

雷达接收的目标信号功率 S 为(见 2.3 节)：

$$S = \frac{P_t G_t G_r \lambda^2 \sigma}{(4\pi)^3 R^4 L_t L_r L_a^2} \tag{5.1}$$

式中，

P_t 为雷达发射机功率(W)；

G_t 为雷达天线发射增益；

G_r 为雷达天线接收增益(通常，单基地雷达 $G_t=G_r$)；

λ 为发射波长(m)；

σ 为目标的雷达截面积(m^2)；

R 为目标至雷达的距离(m)；

L_t、L_r 和 L_a^2 分别代表发射机、接收机和大气双程传输损耗。

接收机噪声功率为：

$$T = kTB_r F_r$$

式中，B_r 为接收机处理链输出端的接收机带宽(Hz)，即发射信号带宽与接收机处理增益 G_P 的比值；

kTF_r 为 T=290 K 时接收机输出端的噪声功率密度(W/Hz)。

雷达接收机输出端的信噪比为：

$$S/N = \frac{P_t G_t G_r \lambda^2 \sigma}{(4\pi)^3 R^4 L_t L_r L_a^2 kTF_r B_r} \tag{5.2}$$

雷达的最人日标探测距离为：

$$R_{max} = \left[\frac{P_t G_t G_r \lambda^2 \sigma}{(4\pi)^3 (S/N)_{min} L_t L_r L_a^2 kTF_r B_r} \right]^{1/4} \tag{5.3}$$

式中，$(S/N)_{min}$ 为探测所需的最小信噪比。

干扰功率被扩展的带宽用 B_j 表示，通常比雷达接收机的带宽 B_r 要宽，干扰功率表示为：

$$J = \frac{P_j G_j G_{rj} \lambda^2}{(4\pi)^2 R_j^2 L_j} \frac{B_r}{B_j} \tag{5.4}$$

式中，

P_j 为干扰机发射功率(W)；

G_j 为干扰机天线增益；

G_{rj} 为干扰机方向的雷达天线增益(即 $G_{rj}=G_r \cdot SLL$)；

SLL 为雷达天线的旁瓣电平(平均旁瓣电平与最大增益之比)；

R_j 为干扰机至雷达的距离(m)；

L_j 为干扰机传输损耗。

有干扰信号存在的情况下，雷达探测被接收机的噪声所削弱，干扰信号扩展的带宽 $B_j>B_r$，那么，在接收机带宽 B_r 中的等效噪声功率为 $N' = N(1+J/N)$。如果假设 $J \gg N$（通常情况下成立），那么可以得到 $N' \approx J$。后面的讨论就是这种情况。

5.1.2.1 自卫干扰机(SPJ)

对于自卫干扰机，$R = R_j$，$G_{rj} = G_t = G_r$，由于 $\mathrm{ERP_r} = P_t G_t / L_t$ 表示雷达的有效辐射功率，$\mathrm{ERP_j} = P_j G_j / L_j$ 表示干扰机的有效辐射功率(大气传输损耗 L_a 很小，可以忽略)，可以得到：

$$\frac{J}{S} = \frac{\mathrm{ERP_j}}{\mathrm{ERP_r}} \frac{4\pi R_j^2}{\sigma} \frac{B_r}{B} \tag{5.5}$$

当干信比 $J/S=k$ 恒定时(k 是一个常数，由干扰技术决定，即干信比 $S/J=S/N'=1/k$)，自卫距离 $R_{j,ss}$，即雷达对干扰机目标的最大目标探测距离表示为：

$$R_{j,ss} = \left[\frac{\mathrm{ERP_r}}{\mathrm{ERP_j}} \frac{B_j}{B_r} \frac{\sigma}{4\pi} \frac{1}{k} \right]^{1/2} \tag{5.6}$$

由上式可知，目标的雷达截面积(RCS)越大，获得足够自卫距离的 $\mathrm{ERP_j}$ 就越大。

5.1.2.2 支援干扰机

对于支援干扰机，$G_{rj} = G_r \mathrm{SLL}$，假设 $G_r = G_t$，那么由式(5.3)可得到烧穿距离(即在干扰存在情况下的最大目标探测距离) $R_{t\max,j}$ 为：

$$R_{t\max,j} = \left[\frac{\mathrm{ERP_r}}{\mathrm{ERP_j}} \frac{B_j}{B_r} \frac{\sigma \cdot R_j^2}{4\pi (S/N')_{\min} \cdot \mathrm{SLL}} \right]^{1/4} \tag{5.7}$$

由式(5.3)和式(5.7)可得到在干扰存在情况和无干扰时(即只有接收机噪声的情况)探测距离的比值 ρ 为：

$$\rho = \frac{R_{t\max,j}}{R_{\max,\mathrm{clear}}} = \left[\frac{(4\pi)^2 N R_j^2 B_j}{\mathrm{ERP_j} B_r G_r \lambda^2 \cdot \mathrm{SLL}} \right]^{1/4} \tag{5.8}$$

由上式可知，比值 ρ 随着波长缩小、SLL 降低(比如超低旁瓣天线)、雷达处理增益的增高而增大(与 B_j / B_r 成比例)。影响比值 ρ 减少的因素，一是干扰机 $\mathrm{ERP_j}$ 增加，二是干扰机(即随队干扰机)至雷达的距离 R_j 减少。对于飞机和舰船上的各种干扰机所需的典型有效辐射功率 $\mathrm{ERP_j}$ 与频段的关系如图 5.5 所示。

5.2 雷达 ECM 结构

现代军事平台，如飞机(不管是攻击机还是空中优势飞机)和舰船，都在高脉冲密度的对抗环境中工作。脉冲密度由部署在指定作战区域的大量雷达控制的武器系统产生。第 2 章所介绍的现代雷达发射的复杂波形，给第 3 章中 RESM 对辐射源的拦截、探测、分类和识别带来了巨大挑战，同时给 RECM 设备在对抗这些辐射源时如何选择合适且有效的对抗措施带来了挑战。

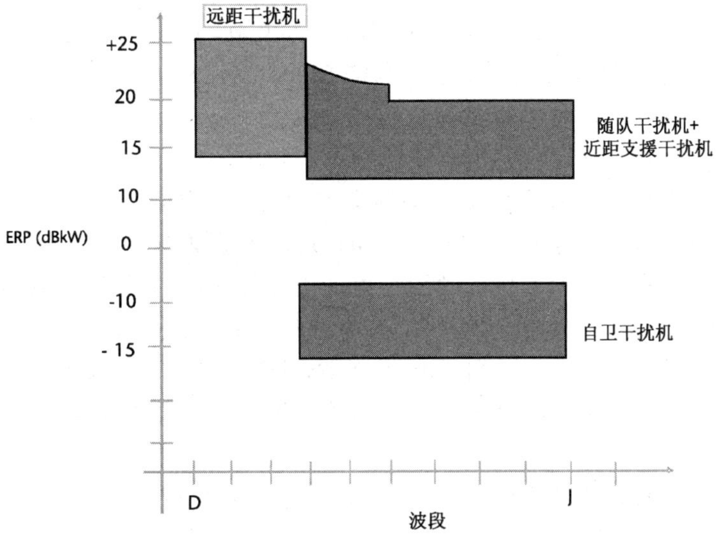

图 5.5　飞机和舰船上各种干扰机的 ERP_j 与波段的关系

进而，在这样的作战环境中，平台很可能同时受到多个不同类型威胁的攻击。因为每一个威胁都采用了某种特殊类型的电子反对抗(ECCM)措施，所以要求 RECM 设备能够提供对每一个威胁都适用且有效的 ECM 措施。为每个确定的威胁专门选定的 ECM 措施是以收集到的威胁情报数据为基础的。这些数据在执行任务前就进行了编码，并被载入 RECM 的威胁数据库中。为每个威胁专门选定的对抗措施通常由采用可编程参数的一系列基本 ECM 技术(将在第 6 章中讨论)组成，这是 RECM 设备中大量可用技术的一部分。我们称这种可编程 ECM 技术的组合为“干扰编程”。

满足上述需求的 RECM 系统结构[2]如图 5.6 所示，它按顺序依次完成如下功能：

① 截获、识别多个同时出现的威胁，按照危险程度对其进行优先级排序；

② 为每个威胁选定合适的干扰程序；

③ 分配干扰资源来执行选定的干扰程序；

④ 在与威胁对抗过程中，持续跟踪威胁源的到达角(DOA)和信号参数；

⑤ 在威胁不再锁定平台，或与威胁辐射源的距离足够安全时，宣布交战停止。

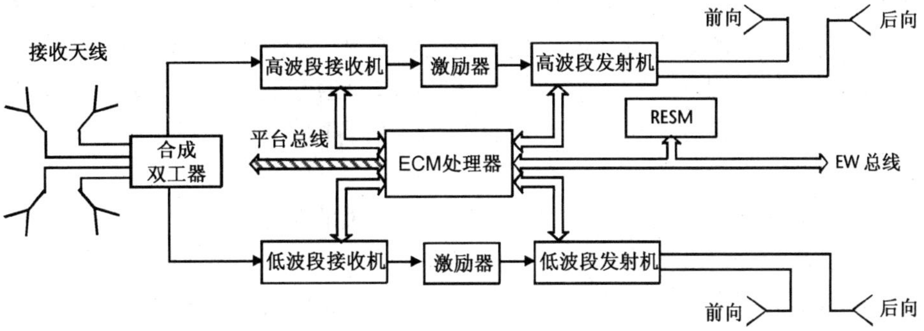

图 5.6　一种典型 SPJ 的原理框图

此外，一些类型的 RECM 还可以在一组平台(飞机/直升机机翼、护航舰)之间运行实时数据链路(RTDL)，这将在下一节中讨论。

功能①通常由 ESM 设备来完成，它根据威胁源类别、DOA 和当前威胁源辐射参数(即所谓的“雷达模式”)提供威胁指示信息。有些 ESM 设备还提供威胁辐射源至 RECM 平台的距离(第 4 章讨论过)，这对于功能⑤是非常有用的。

功能②由系统处理器完成，它根据威胁指示和威胁的危险程度优先级来更新交战威胁源列表。该处理器还要管理执行 RECM 威胁数据库中与威胁对应的合适的干扰程序。第 6 章将会讲到，该功能的实现是通过一个动态和自适应的资源管理程序(称为功率管理)完成的。该管理程序在某些需要的干扰资源用于处理更高优先级的威胁辐射源时重新安排可选的干扰程序(通常在威胁库中进行了编码，并与威胁辐射源相关联)。

功能③由系统资源来完成，它们可能是 N 个同样的独立干扰通道(N 为同时存在的最大的威胁数量)，或是 $n<N$ 个高度灵活、有效的干扰通道，通过快速切换分时来对抗同时出现的威胁。

干扰通道由一系列宽带组件组成，如图 5.7 所示。其中包括：

- 接收天线；
- 接收机调谐到威胁辐射源的频率，其带宽比雷达波形的要宽；
- 干扰射频波形合成器称为激励器，能够产生噪声波形或处理过的威胁信号波形复制信号；
- 宽带高功率放大器和宽带发射天线。

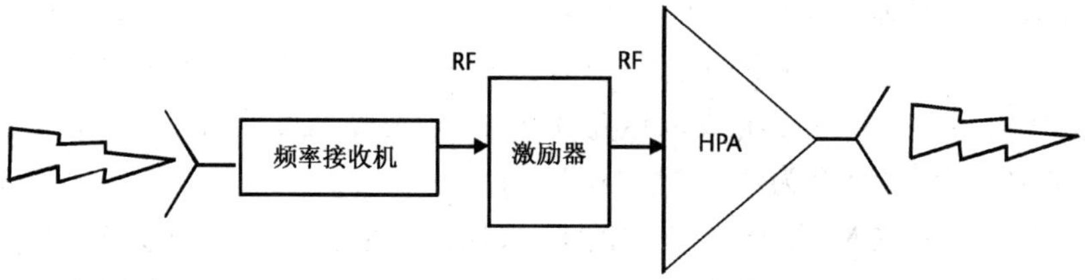

图 5.7 干扰通道原理框图

大部分平台(尤其是飞机平台)的机载设备在重量、体积和功耗方面都有限制，因此优先采用有限数量、高灵活性的干扰通道(如图 5.6 所示)。

随着宽带多比特数字射频存储器(DRFM)、宽带固态收/发(T/R)相控阵或基于行波管的发射机(TWT)等先进技术的采用，能够在整个威胁频段上快速调谐并在所需空域覆盖范围内进行快速波束控制的高度灵活的干扰通道已经实现。这些内容将在下面进行讨论。

图 5.6 中有低波段(从 D 或 E 到 G 波段)和高波段(通常从 G 到 J 波段)。低波段部分可能仅用于机载自卫干扰机(ASPJ)，高波段部分用于所有的平台(飞机、舰船和装甲车)以防御飞机的攻击。

因为大部分雷达威胁是由多个单目标跟踪(STT)类的雷达组成，所以系统的结构是基于上面提到的自适应分时高效快速资源切换(从一个威胁到下一个威胁)设计的，由到达时间预测电路(PTOA)控制，每个 PTOA 对应一个威胁。PTOA 根据分配给它的威胁辐射源的脉冲重复间隔(PRI)，以下一个脉冲到达时间(TOA)为中心产生足够宽的时间波门(PTOAG)，这个宽度考虑了威胁辐射源的脉宽(PW)、PRI 的变化，它们的偏差和捷变(根据设备的威胁辐射源数据库中的情报数据进行比较和核对)，以及干扰响应的持续时间。这种方式允许在各个威胁目标的相应到达时间预测波门(如图 5.8 所示)中，实现在相应的

PTOAG 中将整个干扰通道分配给各个威胁(如图 5.7 所示)。系统处理采用了多个很好的真实系统资源管理程序，但这里不讨论，因为对它们的讨论超出了本书的范畴[3]。

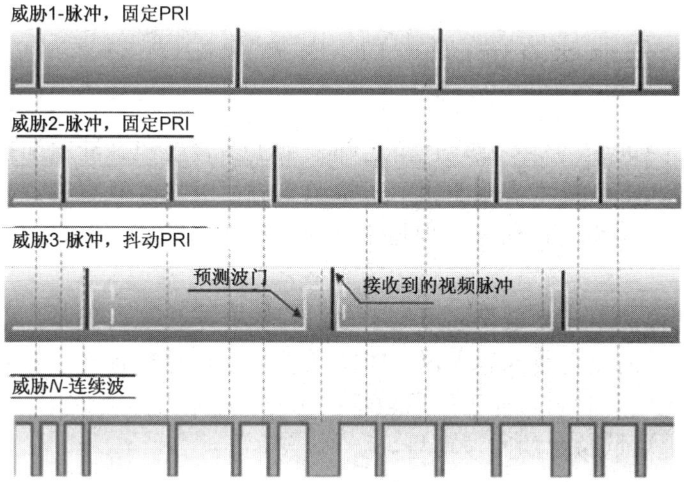

图 5.8　在同时出现多个威胁的场景中，通过 PTOA 进行分时的 SPJ 资源管理

这样，可以有多个与同时出现的威胁数量相等的干扰通道被用来对抗威胁。因此，一个虚拟通道占用的时间基本上取决于威胁辐射源和与威胁相关的干扰程序的占空比。RECM 中实际的并行通道数量的估算建立在下述基础之上：在与同时出现的威胁进行交战中，根据威胁的最大设想数量、它们的波形数量以及选定的干扰响应的数量来估计通道资源的占用时间。一个比较好的经验法则是：在一个高效 RECM 中至少使用两个实际的干扰通道。图 5.9 所示为一种先进 ASPJ 的原理框图，它采用了具有高增益的有源线性相控阵(通过控制窄的方位波束来覆盖较大的空间区域)。

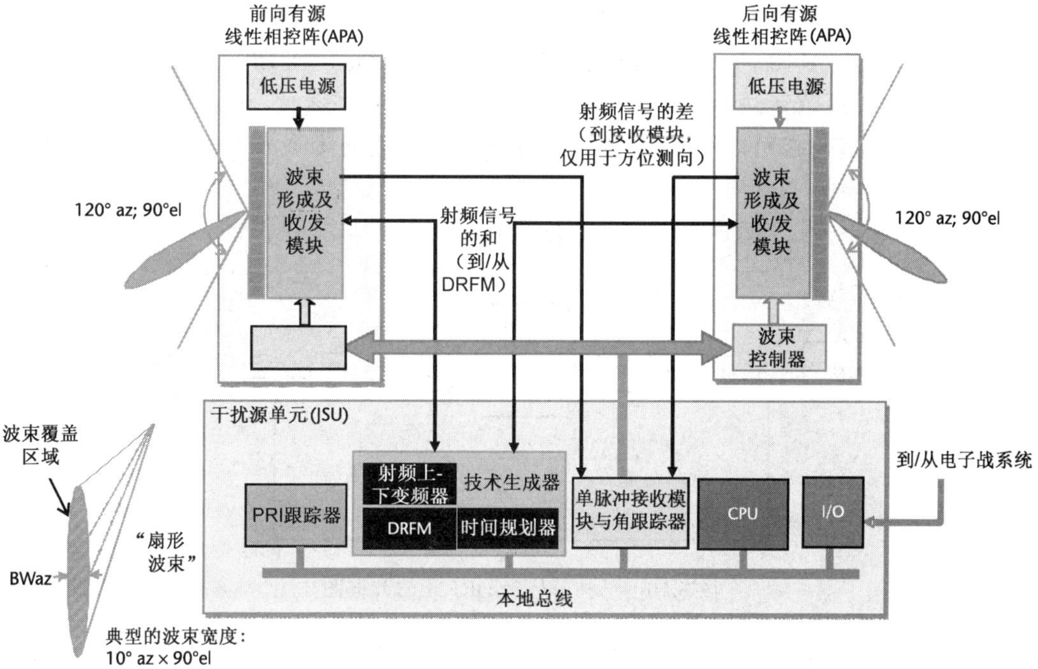

图 5.9　一种先进 ASPJ 的原理框图

在后面几节中，我们将首先讨论上面提到的干扰通道资源(即 DRFM 和发射机方案)，随后讨论本章引言中提到的各种 RECM 的实现。

5.3 数字射频存储器(DRFM)

在第 2 章中已经讲过，大多数现代雷达都采用了多普勒和脉冲压缩技术，这些技术必须由能够复制并处理雷达威胁信号的相干干扰源来进行对抗。只有通过相干干扰，才能使 RECM 设备克服雷达采用上述信号处理技术，而获得相对噪声干扰波形约 30～50dB 的处理增益优势。

DRFM 的概念很简单，其最早应用始于 20 世纪 70 年代末。但是，在把它变成有效的设备前，还需要大量的先进技术做支撑。DRFM 的功能可这样描述：对威胁信号进行相干存储(理想条件是无限长时间)，便于采用数字技术对其进行复制和处理(改变时延及频率分量)，从而向威胁提供欺骗性的回波信号。

DRFM 在电子战领域应用广泛，包括：

- 雷达/通信信号存储，用于后续的电子情报/通信情报(ELINT/COMINT)分析；
- 隐蔽通信欺骗；
- 干扰行动；
- 抗反辐射导弹(ARM)诱饵的复制雷达信号；
- 雷达信号产生，用于仿真和设备测试。

图 5.10 所示为一种单边带(SSB)DRFM 的方框图。

在抑制虚假信号方面，DRFM 的接收通道与传统的超外差接收机非常相似。在单边带 DRFM 的射频输入端，有一个带通滤波器(BPF)，紧接着是一个放大器，只有目标信号才能从此通过并被放大。截获的射频信号被本振(LO)下变频到基带。用低通滤波器(LPF)滤除奈奎斯特频率以上的重叠分量和不需要的混频器交调分量。在 LPF 的输出端，对信号进行采样，并被一个模数转换器(ADC)转换成≥4～6 位的数字信号。位数越多，动态范围就越大，但转换过程越慢。由于有带通和低通滤波器，器件的带宽为 $f_{max}=k \cdot f_{clock} / 2$(相对于奈奎斯特频率)，其中 $k < 1$。

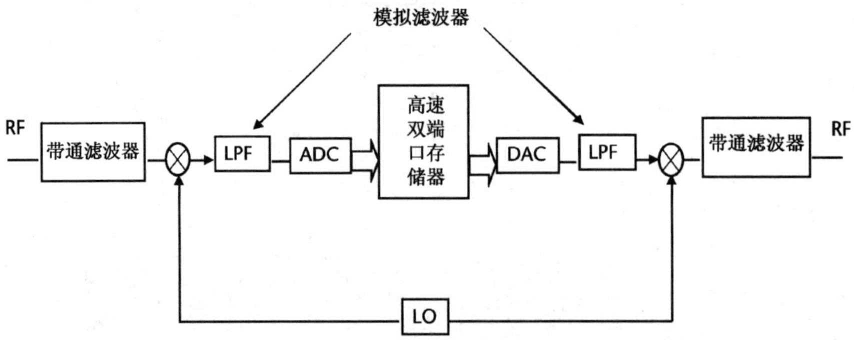

图 5.10　一种单边带 DRFM 的方框图

数字采样信号被记录在高速双端口存储器中，这样，存储的信号就可以同时进行再利用。在双端口存储器中记录信号，通常需要在输入端使用串并转换电路，以降低数据转换率，同时与双端口存储器的输入带宽相匹配。反之，再利用存储的信号需要在输出端使用并串转换电路，从而与双端口存储器的输出带宽相匹配。

从存储器中得到的数字信号被馈入数模转换器(DAC)中，后面接一个低通滤波器，再次生成模拟信号。然后基带信号与下变频电路中相同的本振信号混合，以重新生成射频信号。然后，射频输出信号通过一个带通滤波器传输，为发射机提供所需要的信号频谱。

通过双边带(DSB) DRFM 可以保持被截获的射频信号的相位，其方框图如图 5.11 所示。

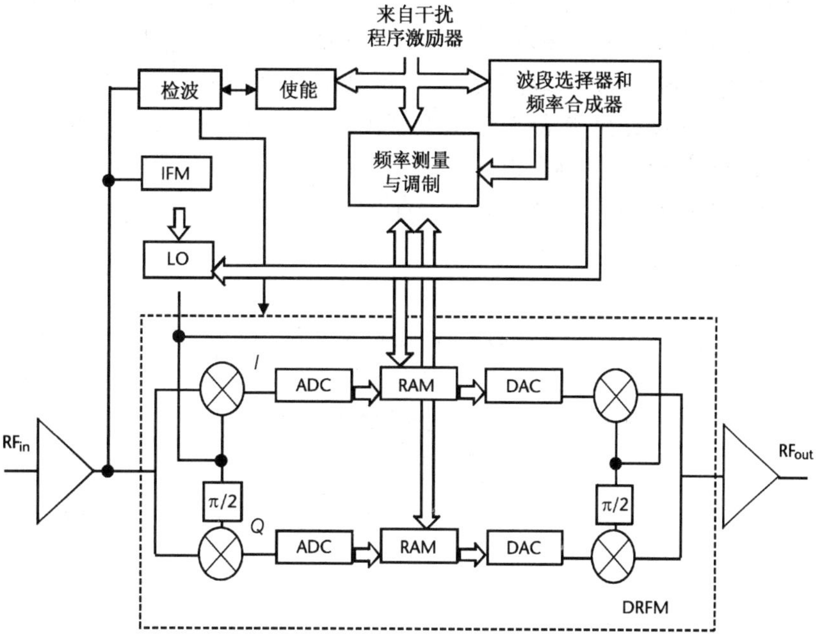

图 5.11　一种基于双边带 DRFM 的技术生成器

输入射频信号的相位保持由正交中频调制器输出端的两个数字化通道(I 和 Q)提供，该调制器还负责将射频输入信号与本振频率混合后下变频到基带。

图 5.11 中的双边带 DRFM 架构还给出了存储控制器(MC)和高速(HS)双端口存储器。MC 通过分配存储地址来管理数据的存储，同时还要负责恢复信号数据，并进行相应的延迟/调用操作。

双端口存储器的大小决定了辐射源信号能够被存储的最大时长。由于采用无损存储，所以 DRFM 能够在 10～20 ns 的时间段内读出存储的信号(这在某些对抗技术中是一个重要的特性，将在第 6 章中讨论)。必须注意的是，信号能够存储任意长的一段时间，并能根据需要任意多次地被读出，直到威胁信号从存储器中删除。

DRFM 对相干雷达进行对抗的操作受上下变频过程中使用的本振的长期稳定性限制。目前，本振频率由高度稳定的频率合成器产生，这些频率合成器由直接数字合成(DDS)振荡器和锁相控制环(PLL)组成。

值得一提的是，双边带 DRFM 的优点是在采用同样时钟速率并保留所截获信号的相位时，它的带宽是单边带 DRFM 的两倍，其代价是价格更高、结构更复杂。

宽带双边带 DRFM 已经成为 RECM 系统中的基本配置，主要原因是它能灵活复制其频率范围内的任何威胁信号，包括宽频雷达信号和脉冲压缩雷达信号。大量的技术开发工作，尤其是改进高速多位 ADC（DRFM 架构的基本器件），增强了 DRFM 的性能。多位的要求是为了降低因 ADC 量化而引起的寄生响应，阻止在拦截同时出现的多个威胁时出现的小信号抑制，并实现多种先进的 ECM 技术。DRFM 的动态范围（DR）随 ADC 的位数 n 的变化而变化，表示为 $DR \approx 6n$（dB）。最新的砷化镓（GaAs）技术，为瞬时带宽超过 1 GHz 的 ADC 提供的位数达到了 6～8 位。

DRFM 中产生寄生信号的主要原因有：

① 正交通道间的不平衡，导致产生镜像频率，详见文献[3,4]。

② 量化过程：位数为 n 的 DRFM，具有 2^{n-1} 个幅度电平，通常被平均分成正负电平。这种分法只产生奇数谐波。Pace 已经对量化产生的寄生电平进行了估算（见文献[3]，第 7.7 节）。通常，位数为 2 的 DRFM 其最大寄生电平大约低于峰值–18.1 dB，位数为 4 的 DRFM 其最大寄生电平大约低于峰值–34.4 dB。

③ 两个或多个被截获信号同时出现而产生的互调分量。

5.3.1 相位采样 DRFM

对被截获的信号进行相位采样是 DRFM 架构中常用的一种技术，因为雷达信号信息主要在角（相位）调制中。在相位采样 DRFM 中，幅度信息被忽略，而只对瞬时相位进行采样和量化。图 5.12 所示为一种 4 位相位采样 DRFM 的方框图。

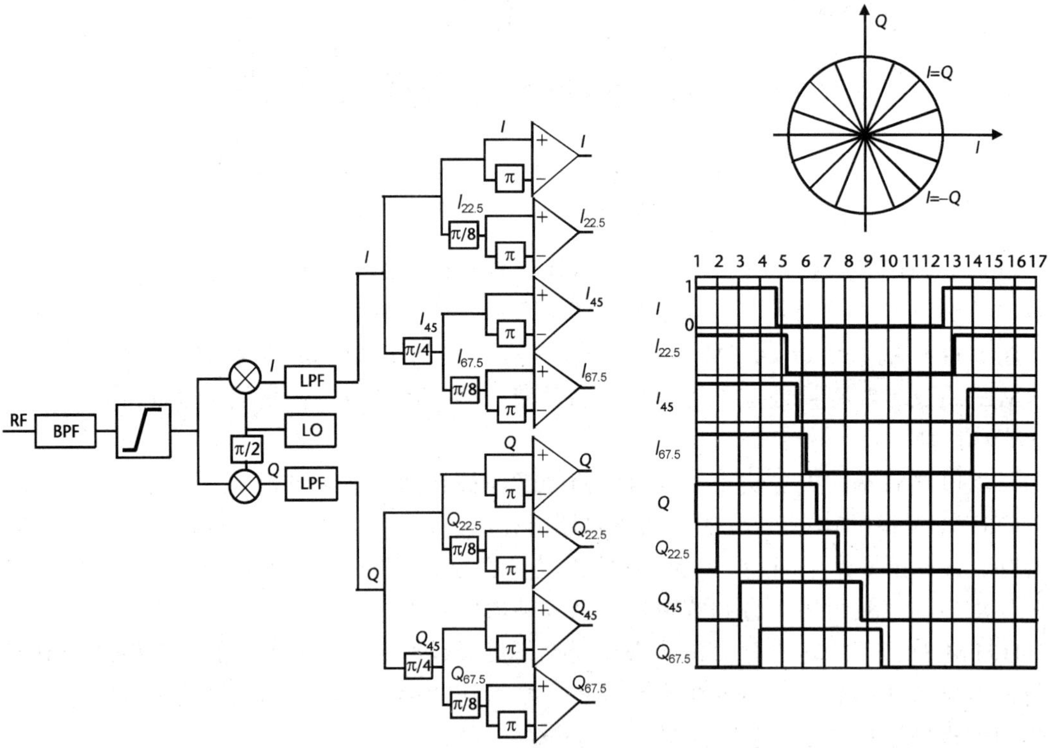

图 5.12 一种 4 位相位采样 DRFM 的方框图

经过本振下变频后，信号被硬限幅，便于用模拟比较器进行相位采样和量化。I 和 Q

信号首先被分离并移相π/4弧度(45°)，得到I_{45}和Q_{45}信号。然后对I、Q、I_{45}和Q_{45} 4个信号进一步分离并移相π/8弧度(22.5°)，又得到4个信号：$I_{22.5}$、$Q_{22.5}$、$I_{67.5}$和$Q_{67.5}$。这8个信号再次被分离成16个信号，16个信道中的8个被移相π弧度(180°)。然后，这16个信道两两比较，得出4位二进制相位输出结果。这个特殊的二进制码称为$n(n=4)$位约翰逊编码，有$2^n=16$个状态，仅用2^{n-1}个比较器进行编码，如图5.13所示。注意，4位相位采样DRFM需要15个比较器和1个对幅度敏感的精密电阻器。

States-bit	1	2	3	4	5	6	7	8	9	10	11	12	13	14	15	16
I	1	1	1	1	0	0	0	0	0	0	0	0	1	1	1	1
$I_{22.5}$	1	1	1	1	1	0	0	0	0	0	0	0	0	1	1	1
I_{45}	1	1	1	1	1	1	0	0	0	0	0	0	0	0	1	1
$I_{67.5}$	1	1	1	1	1	1	1	0	0	0	0	0	0	0	0	1
Q	1	1	1	1	1	1	1	1	0	0	0	0	0	0	0	0
$Q_{22.5}$	0	1	1	1	1	1	1	1	1	0	0	0	0	0	0	0
Q_{45}	0	0	1	1	1	1	1	1	1	1	0	0	0	0	0	0
$Q_{67.5}$	0	0		1	1	1	1	1	1	1	1	0	0	0	0	0

图 5.13　4位相位采样DRFM的约翰逊编码

在相位DRFM中，移相信号采用对称的电阻器和环形解调器进行处理[3]。在输出端，I和Q信号进行合成，并与本振信号混频，重新生成再次辐射的信号。

相位采样DRFM的优势包括：其性能与幅度双边带DRFM的类似，但存储器的位数(如上所述的n位约翰逊编码)只需要幅度双边带DRFM的一半；还有，由于I和Q通道的输入被硬限幅，所以谐波抑制得到了改进；而且相位调制可直接在输出信号中应用。

相位采样DRFM的缺点与同时进行信号处理有关，因为小信号被抑制到最多6dB，而且产生了寄生互调分量。在直接转发式干扰机这样的应用中，为了重建丢失的幅度信息，需增加另外的子系统。

文献[3]中对幅度DRFM和相位DRFM的性能比较表明，4位幅度DRFM和4位相位DRFM的最差寄生电平分别是−35.9 dB_c和−23.5 dB_c，寄生信号总量分别占0.27%和1.28%。注意，相位DRFM相比幅度DRFM的优势随着位数的增加而减少。

4位相位DRFM系统I和Q信号的重构是由8个数字输入信号按π/8弧度(22.5°)增量进行移相后得到的。在重构生成I和Q通号前把这8个输入信号进行适当旋转可直接对DRFM输出进行相位调制。

图5.14和图5.15所示分别为用与多位相位采样DRFM有关的调制器所实现的典型干扰程序和完整的带相关调制器的DRFM。

数字信号处理技术(即FPGAs)的不断进步使得第二代PCB中引入了以下附加功能：

- 8位的DRX(2GHz带宽)，用于评估接收信号的载波频率和带宽；
- LPI波形检测技术(见第3.5节)；
- 具有相位(快速路径)和振幅的DRFM；

- 具有 SLB 功能的单脉冲接收机；
- 线性调频功能；
- 先进的幅度干扰技术；
- RTDL 调制器/解调器。

由于这些附加功能，新的印制电路板被称为数字接收器和波形合成器(DRAWS)。

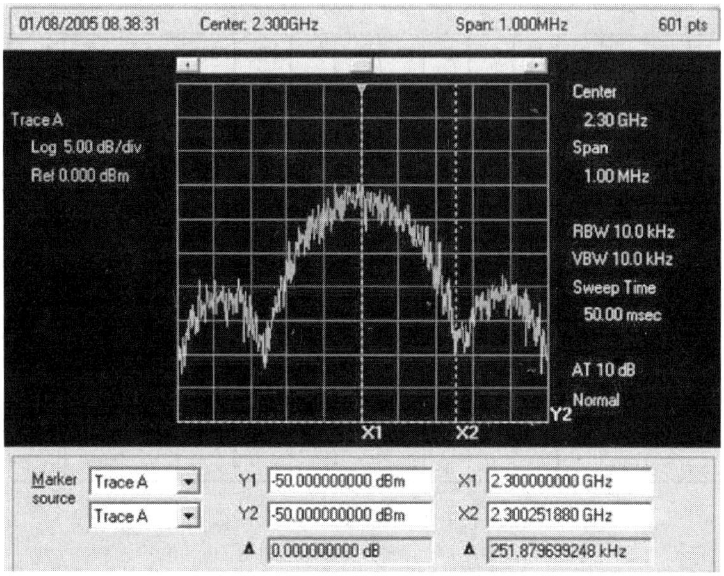

(a)

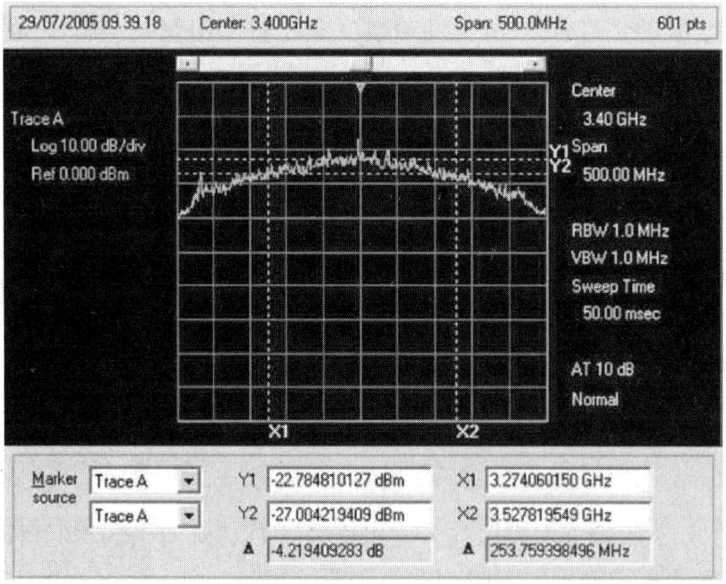

(b)

图 5.14 (a)相位采样多位 DRFM 产生的 250 kHz 瞄准式噪声波形；(b)相位采样多位 DRFM 产生的 256 MHz 阻塞噪声波形

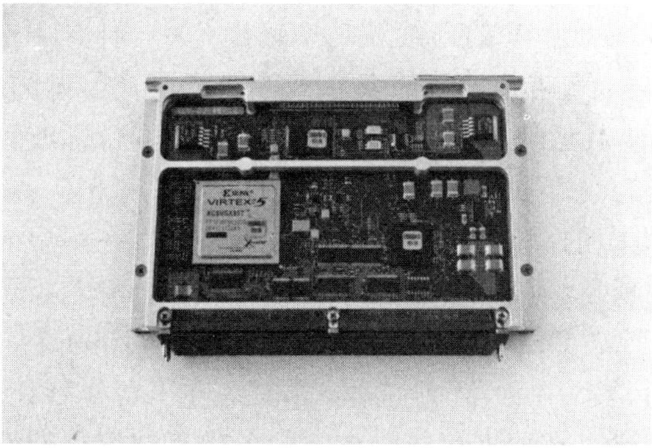

(a) 2010年

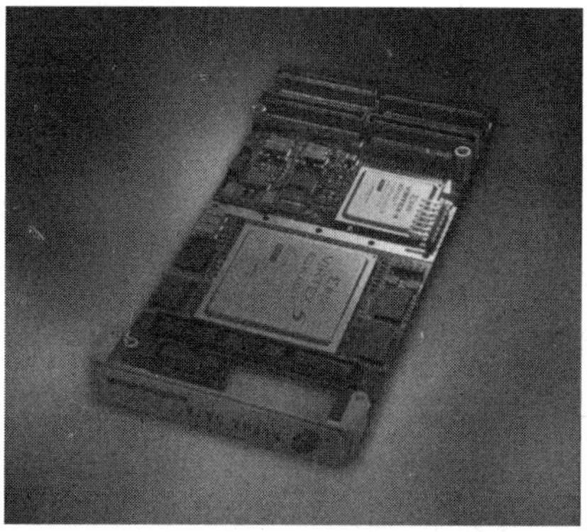

(b) 2015年

图 5.15　完整的带相关调制器的 DRFM

5.4　雷达 ECM 发射机

现代 RECM 发射机由驱动宽带高功率输出放大器(HPA)的宽带固态高增益放大器(SSA)射频链构成。高功率输出放大器有两种，一种是基于真空管技术的，另一种是基于固态高增益放大器的，每一种都推动相控阵天线的一个阵元。

RECM 的宽带真空管高功率输出放大器通常由一些螺旋型的行波管(TWT)放大器组成，结构如图 5.16 所示。

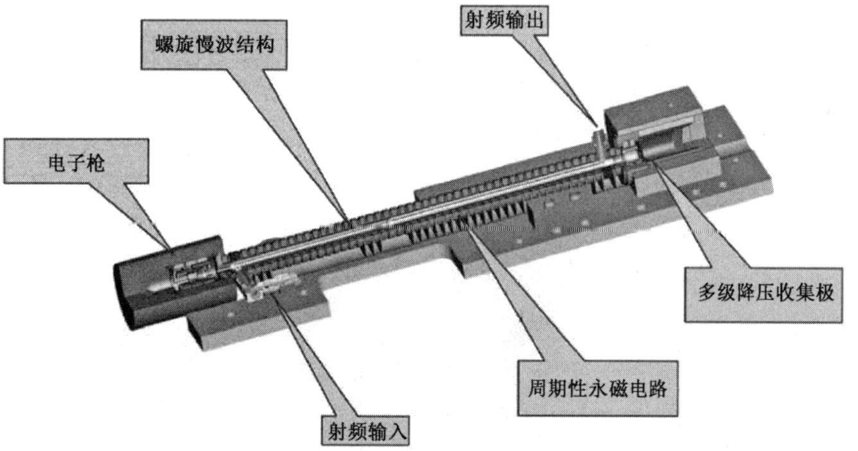

图 5.16　行波管的结构图

行波管的工作原理是由英国伯明翰大学的 R.康夫纳于 1943 年发明的，后来在贝尔实验室进行了改进。它是对电磁场中的电子束进行放大。射频信号电流调制的电磁波在被包在管子中的螺旋慢波电路中传播，电子从阳极(也称为电子枪)分离出来，被加在阴极和阳极(也称为收集极)间的高压电场沿着电子管加速。电子产生很强的被射频调制过的功率。由于行波管的螺旋结构只能在微波频段内具体实现，因此被广泛应用于电子战设备以及其他电子系统中，如雷达和通信链(特别是卫星转发器)。

有两种形式的宽带行波管：一种是 100～400 W 的连续波功率输出；另一种是 1～2 kW 的脉冲功率输出(占空比从 10%下降到 4%)。宽带行波管的典型功率输出模式呈抛物线状，在波段中心达到最大值，在波段的两端最小且近似相等(相差 1dB 量级)。宽带行波管的效率(即输出功率与设备功耗的比值)与覆盖的波段宽度成反比，范围为 15%～25%。高功率的输出是靠在两个电极间提供 4～10 kV 电压的高压电源给出的。电压越高，在潮湿或高海拔地方(空气密度低)形成电弧的危险性就越高。

宽带行波管的另一个缺点是寿命相对比较短(因为阴极中毒)，通常低于 2000 个工作小时。而且，行波管的运行需要预热(时间通常<10 秒)才能工作。所以，在平台执行任务中，它们必须保持在预热状态中。制造商还建议，必须将存储状态下的备用行波管周期性地短暂开通，以阻止行波管上使用的金属零件的渗透性所引起的真空性能降低。

近年来，行波管技术已经得到了大大改进，效率提高了，体积减少了。在体积方面，行波管已经从中型行波管(大约 1 L)发展到小型行波管(大约 0.2 L)，一直到现在的微波功率模块(MPM)。20 世纪 90 年代，从美国海军研究实验室的项目开始，美国的许多公司都开发了微波功率模块。

微波功率模块由小型行波管、驱动它的高增益、高功率固态放大器构成，它们被封装在一个 1 到几升(根据功率输出的大小)的小型单元中。装在一起的还有一个紧凑的功率调节器(连到平台的主体上)和传导型冷却器。由于尺寸小，微波功率模块作为发射机已经用在拖曳式诱饵中。图 5.17 所示为微波功率模块的示例。

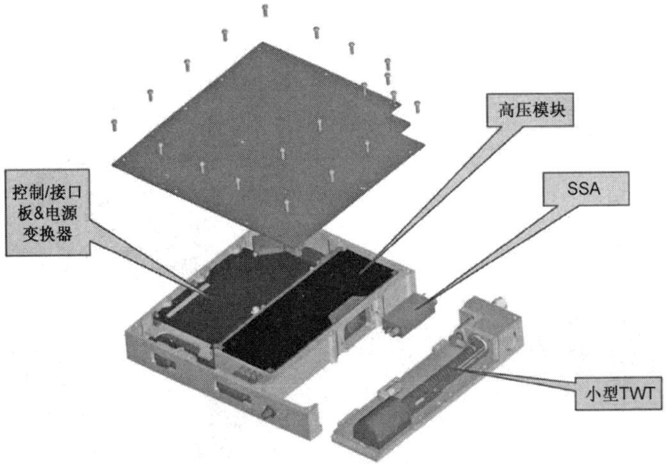

图 5.17 MPM 示例

表 5.1 列出了典型行波管的性能参数。

表 5.1 连续波 TWT 的典型性能

类型	产品编号	频率(GHz)	最小功率(W)	最大功率(W)	小信号增益(dB)	阴极电压(kV)	主要功率(W)	尺寸(长×宽×高)(mm)
中型	N10110	6～18	180	260	45	6.2	1050	329×50×62
	N10221F	4.5～18	100	210	37	6.2	1050	336×50×62
小型	N10173	6～18	75	125	32	4.55	430	220×27×29
	N20160	4.5～18	50	140	32.5	4.55	470	220×27×29

宽带行波管的输出功率足够满足自卫干扰发射机的需要，只需要将它与一个空域覆盖广的宽带喇叭天线相连就可以了。如果距离小于 1 m，采用低损耗电缆连接；如果距离大于 1 m，采用波导连接。

当需要更大的功率输出时，可在行波管的输入端连接移相器，在输出端连接巴特勒矩阵(包括 90°和 180°波导桥的一种微波网络)。图 5.18 所示为 2 阶巴特勒矩阵，这种方式用于连接两副天线。根据行波管输入端的相位设定，全部功率可以集中在其中的一副天线上。另外一种合成的方法是采用罗特曼透镜代替巴特勒矩阵作为波束形成网络。以线性模式运行行波管，能同时产生多个波束，并在时间上重叠。

a	b	O_1	O_2
0	π	$(2A/\sqrt{2})^2 = 2A^2$	0
0	0	0	$(2A/\sqrt{2})^2 = 2A^2$

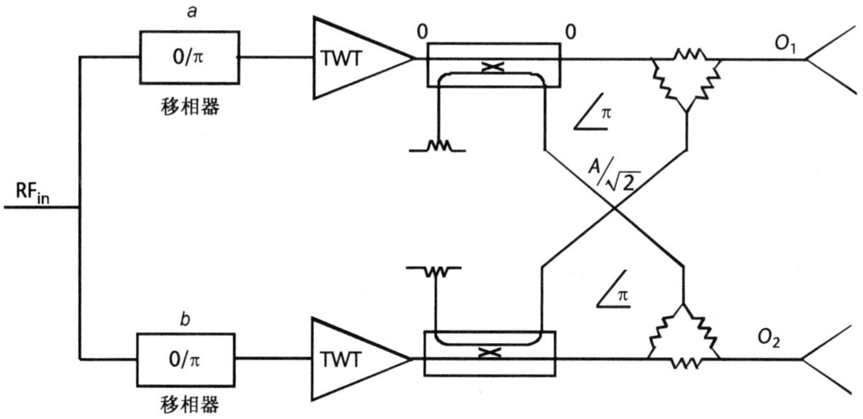

图 5.18　2 阶巴特勒矩阵原理框图

随着最近几年半导体技术的发展，微波功率领域得到了巨大的推动，研制出了小型、中功率输出的固态(用半导体替代真空管)放大器。对这些放大器进行适当的相位驱动，并与天线的阵元直接耦合，就可将阵列转换成能够在大的空域覆盖范围内控制高功率波束的有源相控阵天线。如果在连接到天线阵元的同一模块中，除了发射路径外还有接收路径，那么相控阵天线将变成一种发射/接收(T/R)天线，与现代雷达中使用的 T/R 天线类似。

有源相控阵 T/R 天线为综合电子战系统提供了一个非常有效的解决方案，能够根据需求将多个 RECM 组合以对抗多个同时出现的威胁目标。有源相控阵的主要优点为：

- 通过角度选择和跟踪，对每个被对抗的威胁都提供最大的 ERP；
- ERP 产生效率高，在降低重量、体积、功耗和损耗方面都很有效；
- 避免了使用高压电源；
- 如果 T/R 模块失效了，系统的性能只是稍有降低；
- 综合电子战系统的灵敏度随着相控阵天线增益的提高而增强，这在对抗低截获概率(LPI)雷达方面非常有用；

● 多种技术(幅度单脉冲和相位干涉测量法)可能实现高精度测向(HADF)；
● 在一组平台(飞机和直升机机翼、船舶、车队)之间准确传输/接收 RTDL 的数据/信息。

相控阵天线的基本特性是：不需要机械变动辐射孔径就能够改变其辐射方向图的峰值方向。相控阵孔径产生一个平面波前，其传播的方位角可用电子的方式在辐射阵元间加入适当的相位关系而发生改变。图 5.19 所示为一种线性相控阵天线的概念框图。

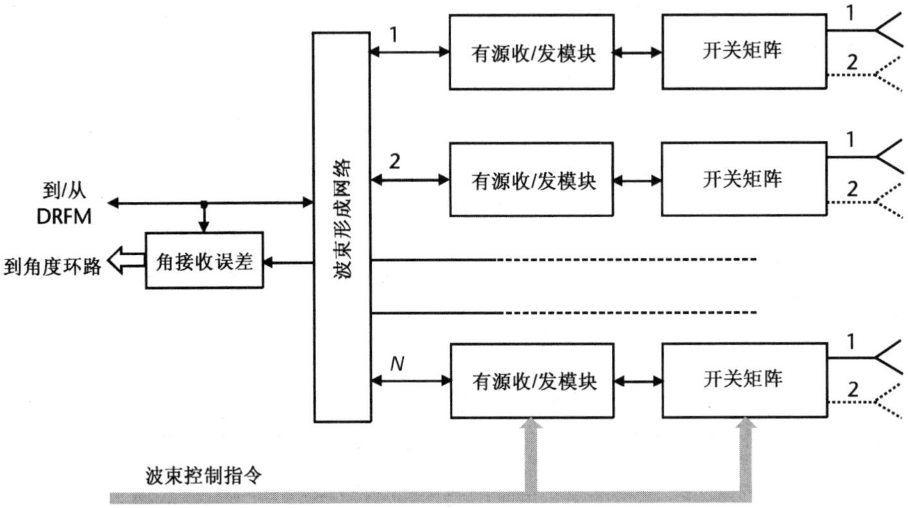

图 5.19 线性相控阵天线概念框图

把波束方向控制到给定的 θ 上，实现的方法是：加入数字控制的移相器，对阵列中每个 T/R 模块的 T/R 信号移相 $\Delta\Psi=(2\pi d/\lambda)$（$d$ 表示两个阵元的间距，λ 表示波长）。根据图 5.19，要在相对于阵列为 θ_0 的方向上发射一个信号波前，对第 i 个 T/R 模块所加的移相量为：

$$\Delta\psi_i=(i-1)\frac{2\pi d}{\lambda}\sin\theta_0 \tag{5.9}$$

其中，$i=1,2,\cdots,N$。

如附录 C 所示，对于各辐射阵元被同一辐射均匀照射的阵列，阵列因子(也即阵列的远场辐射方向图)表达式为：

$$F(\theta,\varphi)=g_{\mathrm{el}}(\theta,\varphi)\sum_{0}^{N-1}\mathrm{e}^{-\mathrm{j}k((2\pi d/\lambda)\sin\theta-\Delta\varphi_k)}=g_{\mathrm{el}}(\theta,\varphi)\frac{\left[\sin\dfrac{N\pi d}{\lambda}(\sin\theta-\sin\theta_0)\right]}{\left[\sin\dfrac{\pi d}{\lambda}(\sin\theta-\sin\theta_0)\right]} \tag{5.10}$$

其中，$g_{\mathrm{el}}(\theta,\varphi)$ 表示单个辐射阵元在相对于阵列视轴方向 (θ,φ) 上的电压增益。单个阵元的波束宽度必须满足空域覆盖范围的要求。辐射阵元还决定了相控阵天线的极化特性。为了满足在对抗所有类型的雷达(它们采用线性或圆极化天线)时无极化盲点的需求，干扰机的天线阵元是 45° 斜极化或双线性极化(水平和垂直)的，可以瞬时选择极化，使照射到雷达的有效辐射功率达到最大。有时由于空间局限(比如用于拖曳式诱饵的情况)，也会用到圆极化[右旋圆极化(RHCP)或左旋圆极化(LHCP)]。最常用的辐射阵元是交叉印制的凹口阵元(Vivaldi)，它们能够提供双线性极化或 45° 正弦螺旋斜极化，也使用简单的垂直印制的凹口阵元，再在阵列前加一个 45° 的极化器。

$\theta = \theta_0$时，得到式(5.10)的最大值：

$$F(\theta_0, \varphi) = N g_{el}(\theta, \varphi) \tag{5.11}$$

由式(5.11)可知，根据辐射信号的到达方向和波长，对每个模块进行移相，相控阵天线可获得最大接收增益。由附录 C 可知，相控阵的波束宽度与阵元所遭受的复合照射(幅度和相位)的形式有关。由式(5.10)可知，在均匀照射的情况下，波束宽度可表达为$\theta_B = 51\lambda / (Nd)$。可以看出，波束宽度与阵列的长度$Nd$成反比。当波束扫描角为$\theta_0$，阵列在该方向的投影长度就下降$\cos\theta_0$倍，因此波束宽度增加同样的倍数。也就是说，扫描的波束宽度可表示为$\theta_{B,scan} = \theta_B / \cos\theta_0$。如附录 C 所述，相控阵在阵元距离与波长的比值$d/\lambda$方面有一个负面特性，就是在波束朝最大扫描角扫描时在其视场空间中出现了栅瓣。视场可见光空间中出现栅瓣对于发射是不利的，因为它会削减主波束和传输功率，而在接收端产生错误的辐射源到达方向。避免在视场空间出现栅瓣，就要把阵元间距选定为满足$d / \lambda_{min} = 1/2$。

相控阵的有效辐射功率是天线增益与辐射阵元所提供的总功率的积，即：

$$\text{ERP}_{PA} = F(\theta, \varphi) g_{el}(\theta, \varphi) \cdot N P_{el} / L_a \tag{5.12}$$

其峰值为：

$$\text{ERP}_{PA,peak} = N^2 g_{peak} P_{el} / L_a \tag{5.13}$$

式中，P_{el}代表每个 T/R 模块输出的功率，L_a代表发射阵列天线的损耗。

确定相控阵的效率，可将其产生的有效辐射功率与行波管连接到与相控阵具有相同的空域覆盖的天线所产生的有效辐射功率进行比较来得到。在这种情况下，天线增益G_{ant}与单个辐射阵元的增益g_{el}相同，由此可得到$\text{ERP}_{Tx} = G_{ant} P_{TWT} / L_{Tx}$。解这个等效辐射功率方程，就得到：

$$N^2 P_{el} / L_a = P_{TWT} / L_{Tx} \tag{5.14}$$

假设两种方案的传输损耗相等，且相控阵发射的总功率为$P_{array} = N P_{el}$，那么，就得到：

$$P_{array} = P_{TWT} / N \tag{5.15}$$

该结果表明，为了得到所需要的有效辐射功率，有源相控阵的功率P_{array}必须等于行波管功率的 1/N。考虑到当前砷化镓(GaAs)放大器效率(大约 10%)相比 TWT(大约 20%)要低些，所以，上述结果有所降低。不过，不管怎样，随着氮化镓技术放大器的出现，其输出功率更大、功耗更低、效率稍高(仅上升 15%)，有源相控阵在重量、功耗和散热方面都有较大优势。

图 5.20 所示为一种有源线性相控阵的典型结构。

该有源相控阵由一组辐射阵元组成，它们直接与一组有源固态收/发(T/R)模块相连。这些模块被连接到波束形成网络中，对射频信号进行处理，从而为接收单元提供方位误差信号(采用单脉冲技术)，并为 DRFM 提供辐射源信号(用于随后产生干扰信号)。图 5.20 中的接口模块被称为控制接口，它可接收指令，并根据需要启动指令，以快速控制有源相控阵波束指向威胁方向，并管理有源相控阵接收和发射的相位。

由于天线波束窄(取决于阵列长度)，以及平台和威胁目标都在运动，因此，控制波束指向每个威胁的指令必须不断更新，才能确保对威胁的角跟踪是正确的。如图 5.21 所示，波束形成器接收机处理过的方位误差信号随后由一套闭环控制系统对其进行视频信号处理，在接收到平台导航数据后对平台机动给出补偿。

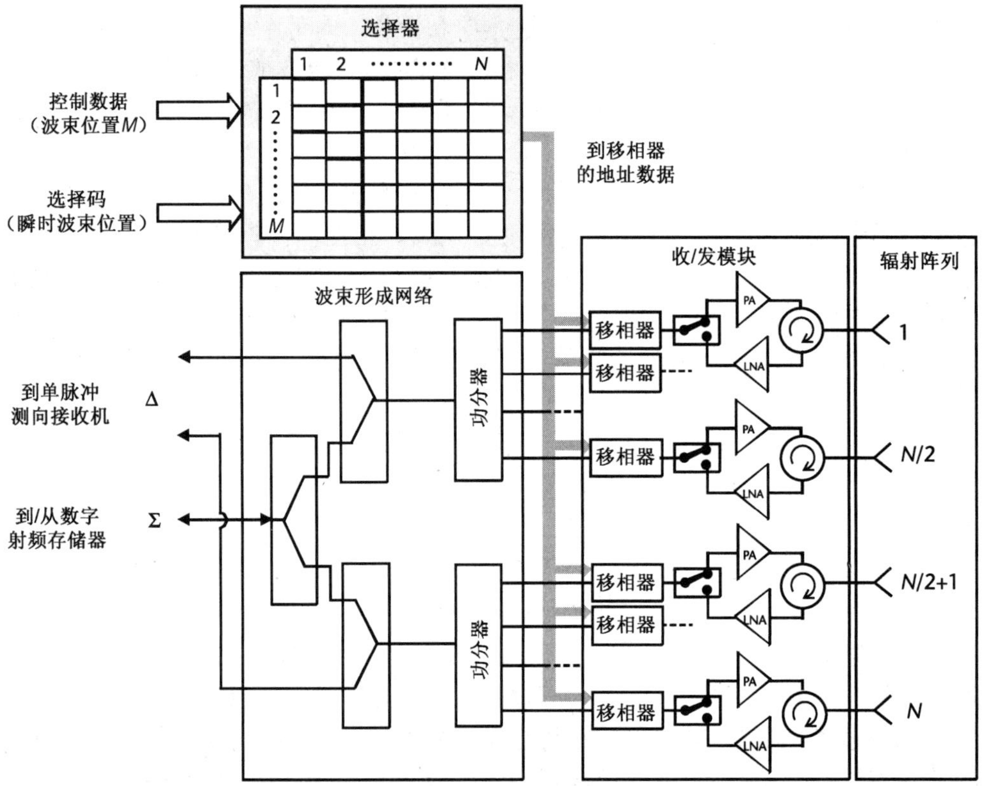

图 5.20 有源线性相控阵的典型架构

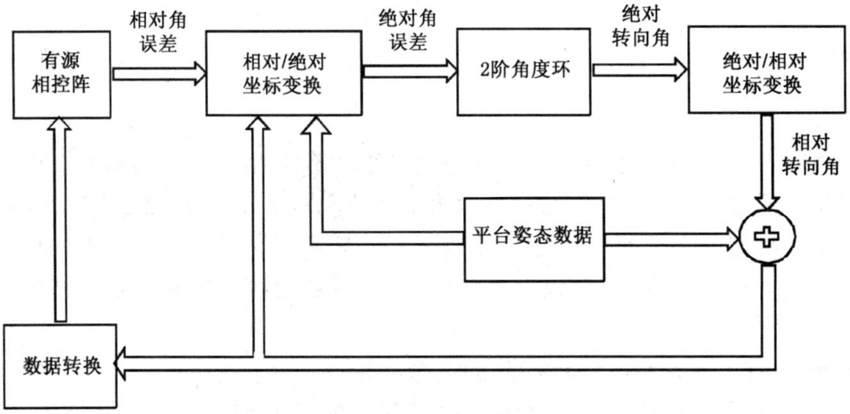

图 5.21 闭环角跟踪器方框图

在各种威胁方向上进行快速波束转换(数十纳秒)是由控制接口板发出 PTOAG 指令来完成的。该接口板存储了 M 个被跟踪威胁的最新方向数据，它还要评估相关的移相指令(根据威胁频率测量结果)，并分发给每个 T/R 模块。图 5.22 所示为一种典型的宽带中等功率输出的连续波 T/R 模块。

图 5.22 典型的宽带中等功率输出的连续波 T/R 模块

通常，一个线性相控阵只由一个阵列组成，但其他的阵列也可以加进来，如图 5.23 所示。增加阵列的目的是为了实现 360° 方位覆盖或增加俯仰覆盖，方法是向 T/R 模块引入等量的可切换的输出，如图 5.22 所示。

图 5.24 所示为一种典型的机载风冷式有源线性相控阵。

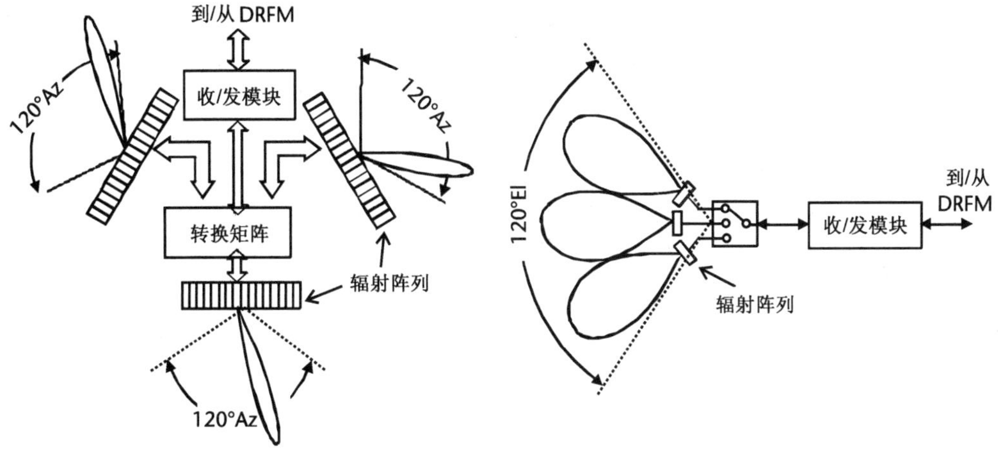

(a) 整个方位面的覆盖 (b) 采用3个线阵来增加仰角覆盖

图 5.23 能够使空域覆盖增强的线性相控阵结构

图 5.24 一种典型的机载风冷式有源线性相控阵

只要需要很大的有效辐射功率，都可以采用平面相控阵。如附录 C 所示，选定的栅格可以是矩形或三角形(沿阵列 x 和 y 轴的间距分别为 d_x 和 d_y)，在两个维度上进行波束控制是通过给每个阵元 (i, j) 加入移相值 $\Delta\varphi_{i,j}$ 来实现的：

$$\Delta\varphi_{i,j} = i\frac{2\pi d_x}{\lambda}\sin\theta_0\cos\varphi_0 + j\frac{2\pi d_y}{\lambda}\sin\theta_0\sin\varphi_0 \tag{5.16}$$

式中，(θ_0,φ_0)是相对于阵列视轴(0,0)的方向(仰角、方位)，i 和 j 代表 $N\times M$ 阵列中单个阵元的坐标，$i=0,1,2,\cdots,N-1$，$j=0,1,2,\cdots,M-1$。

这种阵列的有效辐射功率峰值为 $\text{EPR}_{\text{peak}} = NMg_{\text{peak}}P_{\text{el}}/L_{\text{a}}$。

这么高的有效辐射功率主要用于 RCS 非常大(比战斗机大 20～30 dB)的舰船自卫系统，以及机载(如 5.1 节所讨论的远距干扰机和随队干扰机系统)和舰载的防护系统。

表 5.2 列出了提供相同有效辐射功率的两种方案的性能比较，一种方案是采用有源相控阵，另一种方案是采用多个行波管(与适当的巴特勒矩阵和喇叭天线相组合)。该表列出了装配数据(功耗、散热、体积)、寿命周期成本(平均无故障时间，MTBF)以及任务关键性指标等。由表可以看出：T/R 模块出现 10%的故障会导致有源相控阵的性能稍有降低，有效辐射功率损失小于 1 dB。另外，表 5.2 进一步详细说明了，由于采用了单极波束形成网络，有源相控阵在综合电子战系统(即 ESM/ECM)中的灵敏度和高精度测角能力有所增强。

表 5.2 提供相同 ERP 的有源相控阵和 TWT 两种方案的性能比较

特性	有源相控阵	含巴特勒矩阵的 TWT
类型	48TRM(P_{EL}=4 W)	12CW-TWT(200 W)
ERP(平均最大视轴)(kW)	40	40
空域覆盖	90°Az, ±30°EL	90°Az, ±30°EL
额外的灵敏度(dB)	最多 20 dB	单个无源阵列提供的 Rx 模式及单脉冲 Rx
可靠性：MTBF(h)	300	100
可靠性：MTCBF(h)	1500	300
体积(L)(包括电源)	90	117
质量(kg)(包括电源)	80	105
功耗(包括电源)/VA	3500	5500
散热(包括电源)/W	3000	4000

引自文献[6]

图 5.25 所示为用于舰船自卫的大有效辐射功率宽带有源相控阵。

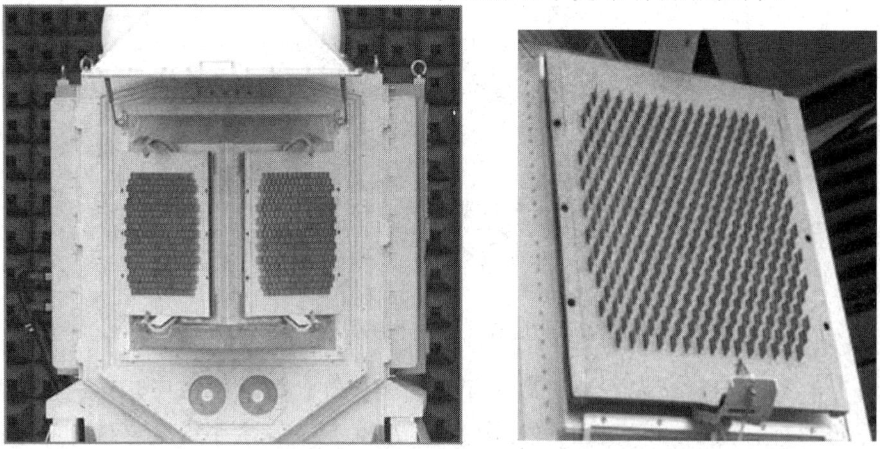

(a) 用于180°方位覆盖的两个90°平面有源相控阵　　(b) 单平面有源相控阵

图 5.25 用于舰船自卫的大有效辐射功率宽带有源相控阵

采用合适的复杂波束形成网络，或将平面阵列分割成子阵列，大的平面有源相控阵就能够产生多个独立的波束，它们既可用于接收，也可用于发射。交叠发射的波束需要输出 T/R 模块放大器以线性模式运行，这会明显降低波束的有效辐射功率。如果必须及时产生少量同时的甚至交叠的波束，那么，将平面阵列分割成子阵列将是一种更加方便的方式，而且还可以降低波束形成网络的复杂性。图 5.26 所示为一个平面有源相控阵产生 4 个独立波束的实现方式，该有源相控阵采用了单脉冲测量波束形成网络。

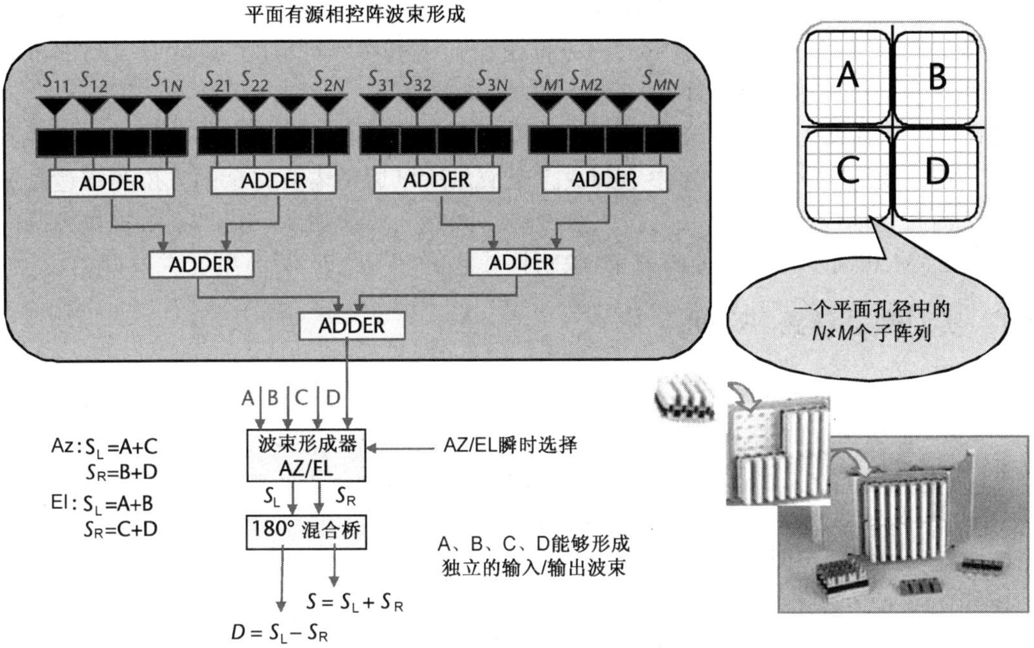

图 5.26　采用单脉冲测量波束形成网络的平面有源相控阵产生 4 个独立波束的实现方式

有效辐射功率较大的 RECM 系统（如远距干扰机或随队干扰机）的结构与上面描述的自卫干扰机非常类似。图 5.27 所示为随队干扰机系统的原理框图。

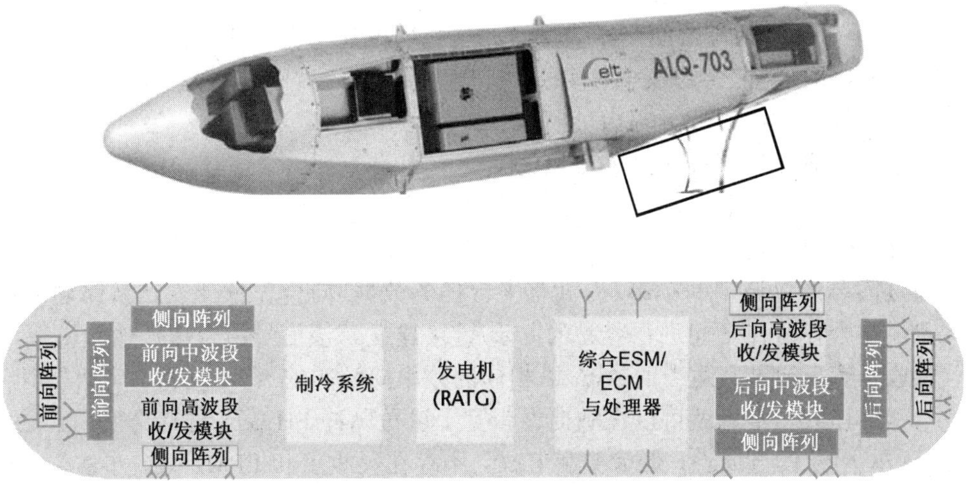

图 5.27　基于高有效辐射功率有源相控阵的随队干扰机系统原理框图

远距干扰机既可以安装在宽体飞机的机身内部，也可以安装在大型战斗机的机腹吊舱中。在后一种应用中，吊舱必须是自主式的。也就是说，吊舱必须具有制冷能力，并通过冲压式空气涡轮发电机提供电源，因为战斗机的电源通常没有能力应对这么大的额外需求。为了给突防飞机提供干扰走廊，远距干扰机通常必须在突防飞机航线附近巡航。因此，远距干扰机由两套大型平面有源相控阵组成，分别安装在吊舱的每个纵面，每套覆盖一个空间扇面。由于远距干扰机飞机与对抗监视雷达间的距离非常远，所以空间扇面的方位角很宽，仰角却很窄。两套有源相控阵通常工作在监视雷达的低频雷达波段，它们随突防走廊在飞机哪一侧而交替开关。扇面宽大的方位角加上飞机在执行 180°旋转时灵巧的机动方式，有助于使干扰静默时间最小。

随队干扰机系统通常是安装在战斗机的机腹或外挂吊舱中，同突防飞机一起渗透到敌方空域。由于随队干扰机系统要渗透到敌方空域，所以通常需要完全的方位和雷达频率波段覆盖。因为完成任务期间需要对抗大量威胁，因此，要为随队干扰机系统提供大量的干扰资源(DRFM 和同步有源相控阵波束)来对抗威胁。

5.4.1 实时数据链路(RTDL)

机载和舰载电子战系统中 RTDL 的适用性具有很多优势。

- 单个系统的性能增强；
- 由于增加了容量和减少了延迟，新应用需要大量的数据传输，例如交换跟踪文件，交换图像或视频(如前视红外传感器、视频)；
- 提炼可用信息和增强图片编辑(数据融合)；
- 由于缺乏可见性或 POI 问题，信息对于给定平台不可用；
- 可以进行敌方发射器三角测量/三边测量；
- ECM 行动协调(包括 ECM 技术、指定扇区以避免互相干扰等)；
- 威胁数据库动态变化。

RTDL 是在电子战处理器的指挥和控制下提供的。它由 APA(LB 或 MB)执行，APA 通过它们的光束控制提供飞机周围的环形空间覆盖，DRAWS 合成(在发射时)和解调(在接收时)来自/到电子战系统处理器的交换信息，并从处理器到飞机主计算机。

在 DRAWS 输出端产生的取样可用于以下情形：

- 为了执行带有频率微调的 FH 通信；
- 用于频率捷变(潜在超过 2 000 MHz)；
- 对调制类型没有限制。

指令 APA 的使用允许：

- 通过简单地以选定的频率(提供有平台任务数据)向合作伙伴发送链路建立请求信息，在合作伙伴之间进行容易的同步/链接建立。该信号由合作伙伴的机载 RESM 接收，然后通过其适当的 APA 以相同的频率向呼叫的 APA 发回“确认”消息。一旦链路建立，消息就可以在敏捷性带宽上以短脉冲 FH 模式进行交换。
  - 由于 APA 的方向性、低旁瓣和 ERP，不存在灵敏度和 EPM 问题[事实上，阻塞干扰机和跟随干扰机会带来很大的损失(见 3.6 节)，它们必须位于两个通信伙伴之间的狭窄椭圆内]；

-最大范围与瞬时数据速率。

- 设想电子战链路功能的占空因数(<2%)。

图 5.28 为 RTDL 应用(三边测量)于防空巡逻(CAP)任务，图 5.29 为 RTDL 在机载电子战系统中应用的例子。

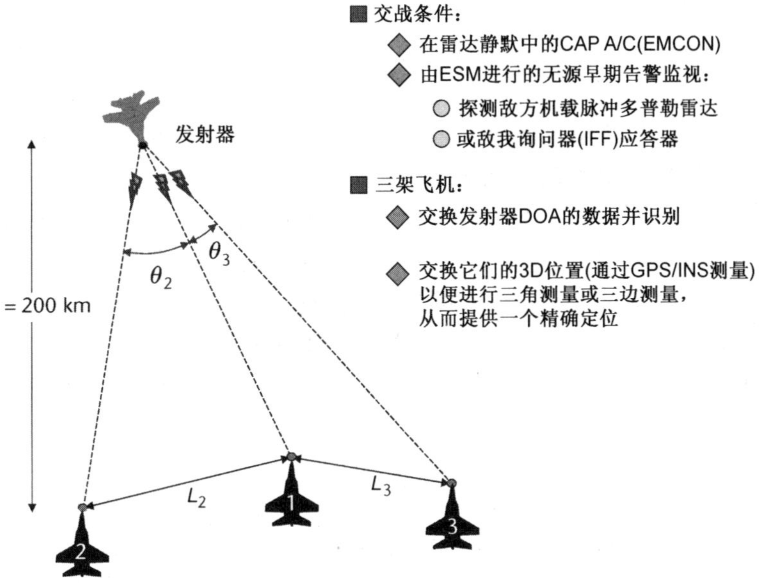

图 5.28 在 CAP 任务中的 RTDL 原理

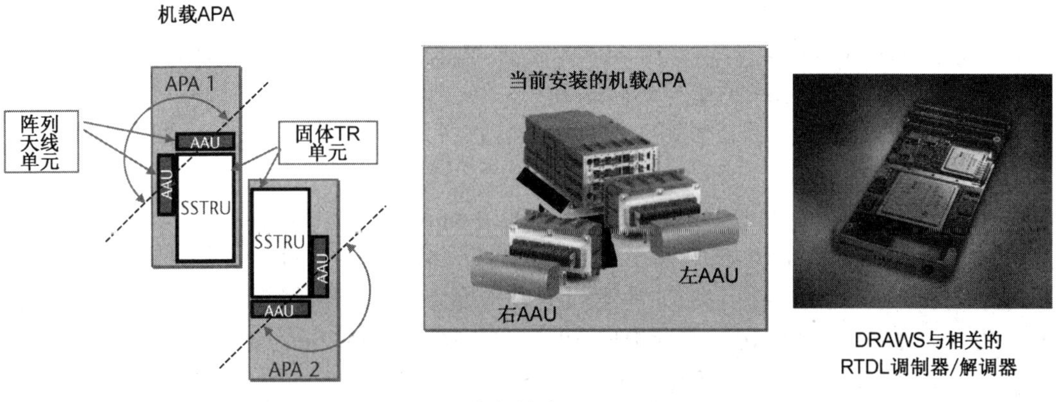

图 5.29 RTDL 使能技术：APA 和 DRAWS

5.5 箔条

箔条是一种大体积的雷达杂波，由大量(数百万)小型金属调谐偶极子组成。这些偶极子被切成大约 $\lambda/2$ 的长度，以获得最大的 RCS 与所用材料重量比值。这些箔条偶极子被投放到大气中，迷惑或干扰敌方雷达工作。箔条的使用，一是为了在监视雷达控制的空域形成干扰走廊，以掩护突防飞机渗透到敌方空域；二是在飞机或舰船遭到(高射炮、地空导弹或空空导弹)跟踪雷达的照射时，为它们提供自卫能力。

文献[14]完整地讨论了箔条走廊的形成以及箔条特性，在此推荐给感兴趣的读者。箔条从较高的高度(高于 10 km)以稳定的速率沿一条长长的路径投放，以形成一个较大的干扰面积。由于偶极子的下降速率很低，所以可持续几个小时。镀铝玻璃纤维是最常用的箔条材料，这样的箔条偶极子的平均箔条下降速率为 0.6m/s。不过，这个速率可随天气条件而变得更高或更低，主要是受风的影响。事实上，当箔条从机载投放器投射后，受到的大气拖曳比重力要大得多，致使箔条以气团的速度移动，箔条云在风和空气湍流的作用下体积逐渐增大。

在箔条云中，长度为$\lambda/2$的偶极子相对照射雷达的极化方向取向是随机的，N个随机取向的偶极子在雷达分辨单元的平均 RCS 为$\sigma_{av}=0.15N\lambda^2$[14]。

Schleher[14]指出，产生足够掩护大型突防飞机的箔条 RCS 并不难，假设 RCS_c 为箔条的 RCS，RCS_0 为飞机的 RCS，也就是在体积$V=R^2\theta_B\varphi_B c\tau/2$的雷达分辨单元内要满足$RCS_c \geqslant 10RCS_0$(其中，$R$表示与雷达的距离，$\theta_B$和$\varphi_B$分别表示波束宽度为−3 dB 的天线的方位和仰角，c表示光速，τ表示雷达采用的脉冲压缩波形的子脉冲持续时间)。由于所需数量的偶极子加起来的质量很轻，因而很容易投放。值得注意的是，由于偶极子在下降过程中受风产生的湍流的影响，偶极子在箔条云中会朝任何方向移动。在下降速度方面，保持垂直(由于重力)的偶极子比那些从最初的垂直方向变为水平方向(由于风力的影响)的偶极子要快。因此，有时候在投放箔条后，会形成两个不同极化方向的箔条层：上层为水平极化，下层为垂直极化。不过，由于箔条下降的速度和风的速度都很低，所以箔条云近似于静止状态的杂波，很容易被中等脉冲重复频率(MPRF)的脉冲多普勒或自适应动目标指示(MTI)的多普勒信号处理方法滤除掉，这两种方法在当前的监视雷达中常被采用[2]。但是，滤除掉箔条会阻止频率捷变在远程监视雷达中的使用，而且，转发式干扰机可利用这种方法产生假目标(见第 6 章)。虽然目前这种类型的机载箔条应用方式已经用得不那么多了，机载平台基本上还是将箔条专门用于自卫。

自卫箔条在飞机和舰船上都有应用，尽管特性各不相同，包括散开时间、有用时间、需要的 RCS 等。

飞机上使用的箔条，其投放器尺寸为 30 mm×30 mm×15 mm(也即体积$V=1.35\times10^{-7}\ \text{m}^3$)。一个圆柱形箔条，其$\lambda=0.03\ \text{m}$，那么$\upsilon=(\lambda/2)(\pi d^2/4)$。其中，直径$d$通常是偶极子长度的 1/1000，因此，$\upsilon=3.375\times10^{-13}\ \text{m}^3$。在假设包装密度为 50%的情况下，一个箔条弹中偶极子的数量为$N=0.5V/\upsilon=20\times10^6$。由此得出$RCS_c=0.15N\lambda^2=765\ \text{m}^2$。铝的密度为 2.5 kg/dm^3，因此，一个箔条弹中偶极子的重量只有约 16.5g。

箔条弹通常由不同长度的偶极子混装，这种方式是为了对付较大频率范围的雷达。另外，单个偶极子在其二次谐波和三次谐波上能够有效地对付谐振频率。

从飞机上投放箔条弹的最通用方法是，将箔条装在塑料弹壳中，箔条弹的底部放置电点火具。电点火具作用后，爆炸产生的气体将箔条从弹壳中抛射出去。推力能够将箔条弹射几米远的距离，然后箔条依靠气流和飞机尾流的作用散开。

飞机自卫箔条被用来使单目标跟踪器失锁，产生方法是在体积$V=R^2\theta_B\varphi_B c\tau/2$的雷达分辨单元(RRC)内形成多个与真实目标非常接近的假目标。由于采用了雷达波形脉冲压缩技术，使雷达分辨单元$\Delta R=c\tau/2$减少，加之飞机接近单目标跟踪器的速度很大，所以，在很短的时间内(数十微妙)产生的一系列箔条云团就形成了多个假目标。这种短时间的爆炸可通过现代化的数字控制投放器来产生，因为这种投放器也用来投放曳光弹，所以被称为箔条与曳光弹投放器(CFD)(见 5.7.1 节)。投放箔条通常还伴随着飞机机动，目的是使飞机向相当于雷达波束视轴 90°的方向飞行。这样既可以降低雷达多普勒信号处理的对消能力(此时目标回波信号需要与静止杂波对抗)，又可以利用较大的横向雷达分辨单元(RRC)[15]。

舰船自卫箔条用于迷惑和冲淡雷达分辨单元。迷惑功能在单目标跟踪的捕获阶段使用，方法是在不同于被保护平台的多个地点形成多个假目标。箔条投放与噪声干扰机协同进行，以中断单目标跟踪的距离波门锁定。

冲淡功能是在相同的雷达分辨单元内形成一个比舰船雷达截面积大得多的箔条雷达截面积，目的是将雷达分辨单元锁定在以风速(非常接近舰船的速度)移动的箔条云中，同时舰船进行机动，离开雷达分辨单元。

舰船自卫投放的箔条数量较大(约几千克)，通过火箭弹投放，这样才能到达较远的距离。

5.6 通信 CECM 系统

CECM 系统的主要目标是通过干扰在一定范围内实现信息拒止。在对称冲突中，信息是通过敌方通信系统的射频链路传输的；而在非对称冲突中，信息是通过广播通信服务，如调频收音机、模拟和数字电视。

要干扰的敌方最重要的射频链路是连接到指挥控制(C2)中心的链路。如 2.4 节所讨论的，现代通信系统大都采用数字调制，但大量采用模拟调制的传统通信系统仍然在使用，特别是在战场上。下面讨论的 CECM 系统的架构和干扰技术会同时考虑这两种调制类型。

对通信系统的干扰，其效率通过被干扰接收机输入端的干信比(J/S 或 JSR)来度量。通常要求 JSR＞1。在模拟调制信号(通常指调频或调幅的语音通信)中，文献[1]已经证明，有两种方法都足以使语音信息变得没有情报价值，一是干扰在 30%的时间内 JSR＞1；二是在整个信息时间内持续干扰，对调幅语音，JSR≥−15 dB，对调频语音，JSR≥−6 dB。由于战场上同时使用的信道数量很多，因此，在分时系统中干扰三个信道通常是方便的。

对于数字调制，要使传输的信息变得没有情报价值，方法是提高信道的误码率(BER)。把它从通常比较低的 10^{-3} 提高到 10^{-1}。为了实现这个目标，对于连续广播的数字信号，持续时间要在 10%以上；对于使用某些类型的调制(如 BFSK)，要求 JSR≥−5 dB，如文献[1,2]所述。

在讨论 JSR 时，理解 RECM 有效辐射功率与被干扰雷达有效辐射功率的比值以及 CECM 有效辐射功率与被干扰通信链路有效辐射功率的比值之间的重大区别是非常重要的。这种区别与被干扰传感器所采用的传输类型相关联：雷达采用的是双程传输，而通信链路采用的是单程传输。为了评估这种区别，让我们以图 5.30 所示的在自由空间中的典型 CECM 作战来进行考虑。其中，通信发射机(Tx)和 CECM 与接收机的距离分别为 R_{TR} 和 R_{JR}。

那么，通信接收机(Rx)从其发射机接收到的信号功率 $P_{r,t}$ 可表示为：

$$S = P_{r,t} = \frac{P_t G_t}{4\pi R_{TR}^2} \frac{G_r \lambda^2}{4\pi} \tag{5.17}$$

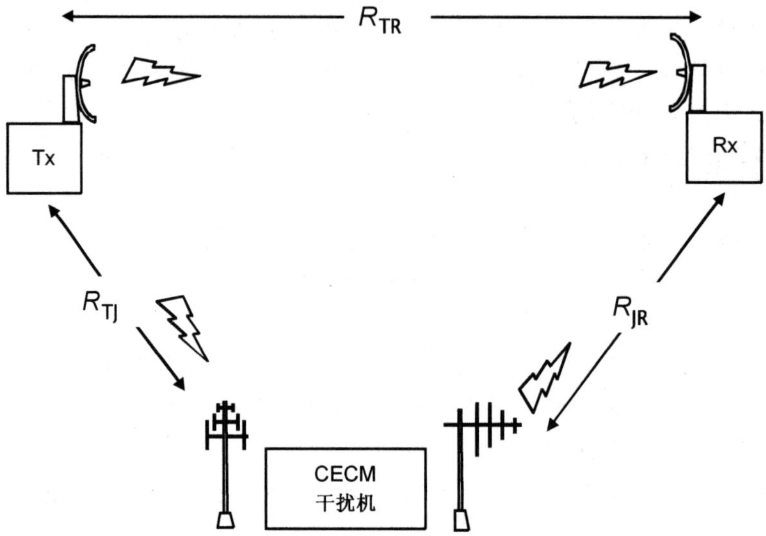

图 5.30 典型通信干扰作战的几何关系

式中，$P_tC_t = \text{ERP}_t$ 分别表示发射机的发射功率、天线增益和有效辐射功率，G_r 表示在发射机方向的接收天线增益。射频链路正确的操作是用 $\text{SNR} = P_{r,t} / N > 20$ dB 来接收发射的信号，其中，$N = kTB_rF$ 表示接收机信道带宽 B_r 内的噪声功率，它通常是一个非常低的功率电平。

从干扰机(CECM)接收的信号功率可表述为：

$$J = P_{r,j} = \frac{P_jG_j}{4\pi R_{JR}^2}\frac{G_{r,j}\lambda^2}{4\pi}\frac{B_r}{B_j} \tag{5.18}$$

式中，$P_jG_j = \text{ERP}_j$ 分别表示 CECM 的发射功率、天线增益和有效辐射功率，$G_{r,j}$ 表示在干扰机方向的接收天线增益。这样，在干扰出现时，信号功率 S 必须与干扰功率 J 相竞争，J 比噪声功率电平 N 大很多。干扰有效的条件是 JSR > k，它依赖于调制类型，也就是：

$$\text{JSR} = J/S = \frac{\text{ERP}_j}{\text{ERP}_t}\frac{G_{r,j}}{G_r}\frac{R_{TR}^2}{R_{JR}^2}\frac{B_r}{B_j} > k \tag{5.19}$$

式中，$B_j > B_r$ 是干扰机信号带宽。

从表达式可以看出，通常情况下(也就是接收机天线具有方向性)，$G_{r,j} < G_r$，且 B_r / B_j 的比值总是小于 1。除非干扰机与接收机的距离比干扰机与发射机的距离近许多，否则 ERP_j 必须比 ERP_t 大很多，这是有效 RECM 很少出现的情况。

在低频(最高几百兆赫兹)和低海拔情况下，CECM Tx 和 Rx 传播模型并非是 R^{-2} (即球面波)量级的衰减，而是 R^{-4} 到 R^{-6} 级的衰减[1]。这是因为当发射机和/或接收机接近地球表面时会有许多反射信号出现。

Poisel[1]推导出了衰减随距离变化的规律在下述距离上发生变化：

$$R > D_1 = (4h_rh_t)/\lambda \tag{5.20}$$

式中，h_t 和 h_r 分别表示 Tx 和 Rx 天线的高度，λ表示波长，D_1 表示首个菲涅耳区(椭圆形，它是到上述两个天线的路径差为$\lambda/2$ 的点的轨迹，也就是以这两个点为焦点的椭圆)第一次触到地面反射点的距离。实际上，从地面反射后，反射信号会产生常量π弧度相移，这可能会破坏射向接收机的直接射线。

在距离 D_1 外，接收功率可表示为：

$$P_r = \frac{ERP_t \cdot G_r \cdot (h_t h_r)^2}{R^4} \tag{5.21}$$

在式(5.21)中，尽管接收机功率与频率无关，但增益 G_r 和 G_t(包含在 ERP_t 中)随频率而变化。表 5.3 所示为各种高度的天线距离 D_1(km)与频率的关系。

表 5.3　距离 D_1 随频率的变化

天线高度 $h_t=h_r=h$(m)	视距 $R_{hor}=4.12\times2\times h^{1/2}$(km)	频率(MHz)	波长(m)	D_1(km)
100	82.4	3	100	0.4
		30	10	4.0
		300	1	40.0
50	58.3	3	100	0.1
		30	10	1.0
		300	1	10.0
25	41.2	3	100	0.025
		30	10	0.25
		300	1	2.5

如前所述，由于有效干扰距离相对较近，所以 CECM 主要部署在地面战场，有如下几种类型：

- 地面干扰机；
- 投掷式干扰机；
- 无人航空系统(UAS)上装备的近距离干扰机(SIJ)。

投掷式干扰机通常体积较小、使用寿命有限(因为使用电池)、有效辐射功率较小。它们由突击队放置或高炮发射到被干扰接收机附近，然后由射频指令进行操控。

安装在无人航空系统上的近距离干扰机是最有效的 CECM 系统，因为它们离被干扰接收机非常近，而且由于高度高，不会受到 R^{-4} 强衰减的影响。此外，与接收机很近让它们可以采用许多有效的干扰方案(如采用跟随干扰机，见第 6 章)，这些方案是那些与接收机距离较远的 CECM 系统无法采用的。但是，机载近距离干扰机不能提供较大的有效辐射功率[通常，因功耗和散热以及没有适合甚高频/超高频(VHF/UHF)波段的高增益天线可以安装在飞机上等因素的制约，发射机的功率大约为 100W]。

由于以上这些原因，在需要对大范围进行干扰时，地面干扰机更受欢迎，即使其天线高度较低，但采用高增益天线后却能提供大约 20 kW 的有效辐射功率。

在战场上进行 CECM 作战必须进行精确计划和同步，因为频谱占用非常密集，以至于采用较大带宽进行干扰可能会导致己方互相干扰。考虑到这些原因，CECM 的结构不得不考虑采用综合的通信电子支援措施(CESM)系统，它可以与 CECM 集成，或者在功能上与 CECM 连接，从而实施准确的(即不会互相干扰)干扰作战。

图 5.31 所示为 CECM 的原理框图。它由 4 个主要部分组成：

(1)处理器。它管理系统资源(功率管理)，并连接到 CESM 设备，后者对环境频谱进行持续监视，以避免互相干扰。

(2)激励器。激励器依次由频率合成器和技术调制器组成，前者提供干扰信号载频，后者提供干扰调制(如伪随机噪声调频(PRN FM)。激励器工作在较低的功率电平，所以有时候也被称为低功率射频部分。当前的合成器要么以直接数字合成振荡器为基础，要么以锁相控制环控制的电压控制振荡器(VCO)为基础。

(3)功放。功放至少有两个部分，每个部分控制着 CECM 的一个带宽。每个部分要么由多个并行固态基本功放组成，它们通常工作在 AB 级模式，并在输出端进行合成，要么是由串行的多个基本功放组成，对整个链提供增益。这两种方案都能够提供较大的功率输出。

(4)天线。天线通常由两部对数周期天线组成，能够覆盖 30～3000MHz 的全部射频波段。覆盖高频(3～30MHz)波段时，还需要其他天线和功放。

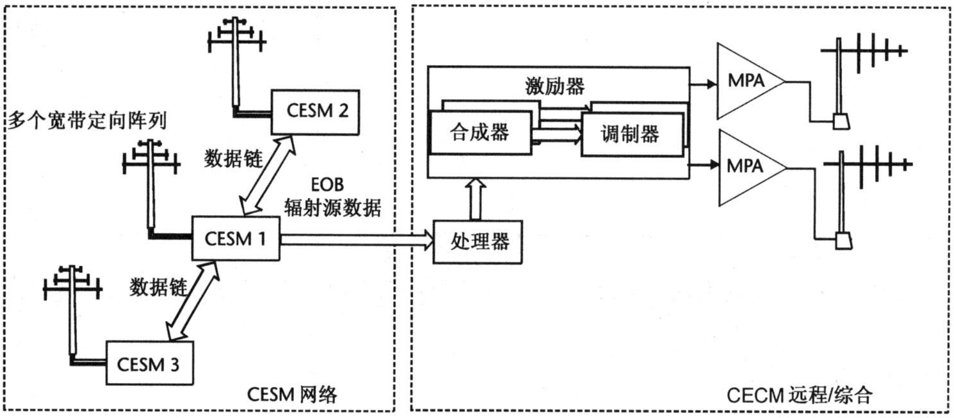

图 5.31　CECM 的原理框图

5.7　红外 ECM 系统

当前，飞机面临的主要威胁(大约 90%的威胁)来自红外制导导弹，因为在过去的 40 年间，战场上失事的飞机有 90%是被它们击中的。

之所以有这样的统计结果，是因为在过去的 40 年中大部分大规模空战都是在激烈的对敌防空压制(SEAD)作战已经压制住雷达制导地空导弹(SAM)之后进行的。在压制住雷达制导 SAM 前，飞机必须低飞以躲避 SAM 反倒使它们很容易遭到单兵便携式防空系统(MANPADS)的攻击。在雷达制导 SAM 被压制住后，红外武器继续在随后的作战中发挥作用。红外导弹在非对称战争中更加重要，因为敌人没有雷达制导地空导弹。但在任何主要的空战中，远程雷达制导地空导弹和空空导弹(AAM)仍然是主要威胁。

近年来，红外制导导弹技术迅速发展，可以划分为六代，当前是第六代，如图 5.32 所示。

大部分正在使用的红外导弹属于第一代(自旋扫描)和第二代(圆锥扫描)。如 2.6.2 节所述，这两代红外导弹采用的是相对简单的红外导引头，它们通过适当的刻线旋转来提供目标角跟踪能力。工作原理是这样的：导引头从目标收集的红外能量经刻线旋转后，在导引头的红外探测器处转换成调幅或调频信号。该信号与刻线的角度参考信号比较后，提供相对于光学瞄准线的目标角度信息给导弹制导系统，以瞄准目标。

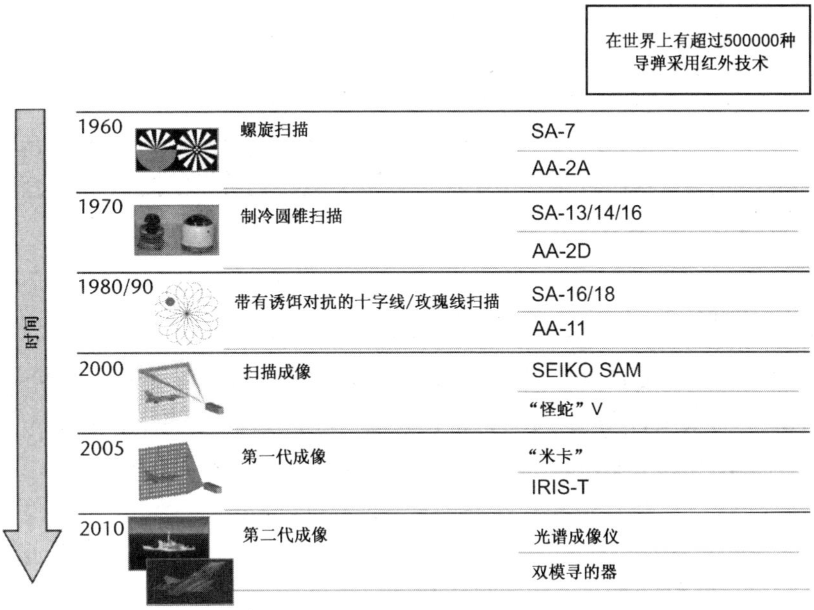

图 5.32　红外威胁分类

第三代红外导弹通过玫瑰线扫描，采用脉冲位置调制（PPM）来提供目标的角度信息。第四代红外导弹采用了成像焦平面阵，能够为导弹制导系统提供目标的两个角度坐标。

红外导弹不仅用于攻击飞机，还对装甲车辆和舰船构成威胁（见第 1 章对 ASMS 的描述）。

要想在 2.6.2 节的基础上对刻线和红外导弹有进一步的了解，我们为感兴趣的读者推荐文献[10]。

对抗第一代和第二代红外导弹最初所采用的措施是曳光弹。这些曳光弹从防御性的平台发射，诱使红外导引头朝辐射更强、更具吸引力的目标移动。因此，更加智能的、能够区分目标和曳光弹的红外导引头，如第二代的最新型及第三、四代导引头，其发展驱动了有源干扰系统的开发，如 IRCMs。

第五代和第六代红外导引头使用成像技术来识别和跟踪目标。

由于红外导引头完全是无源的，因此不可能确定其接收机工作在哪个红外波段。不过，因为红外导引头主要在 2～5 μm（中红外）的波段（也就是飞机发动机和尾焰辐射的波长范围）比较敏感，所以有源 IRCM 必须采用多波段高强度闪光灯或工作在同样波段的激光源。

有源 IRCM 采用的干扰技术有两种：对红外导弹导引头探测器进行欺骗和饱和/摧毁，这两种技术都能使红外导弹的角度跟踪失锁。表 5.4 所示为两种干扰技术对各代红外导弹的干扰效率。

欺骗是通过产生一个比目标红外特征更强（即干信比≫1）的红外信号来实现的，但在相同调制盘扫描率下，具有不同的调幅或调频，从而为红外探测器提供角度误差。这种欺骗技术（一种摆动波形）与 RECM 对抗隐蔽圆锥扫描（COSRO）跟踪雷达时采用的角度拖引技术（第 6 章有描述）非常类似。欺骗有两种可供选择的技术，要么由多个高强度的闪光灯瞬时覆盖大范围空域(闪光灯通常在飞机起降阶段使用)；要么由一个较低强度的定向辐射闪光灯或激光源通过角度闭环跟踪来瞄准来袭红外导弹。后面这种干扰机称为定向红外对抗(DIRCM)系统，它必须在导弹告警或逼近系统(见 2.6.3 节)提供了来袭红外导弹的到达角指示后才能被触发。

表 5.4 有源 IRCM 技术的干扰效率

导弹名	导引头类型	欺骗效率	致眩效率	损伤效率(激光功率＞100 mJ/脉冲)
响尾蛇(SA7/9，SA13)	自旋或圆锥扫描	非常有效	非常有效	不太有效
毒刺(SA18)，小檞树(AA10/11)	脉冲位置调制	不太有效	非常有效	非常有效
IRIS-T，西北风	成像	不太有效	有效	非常有效

采用高功率激光 DIRCM 可以实现对红外导弹探测器和其自动增益控制(AGC)回路的饱和(也叫致眩)。而采用极高功率的激光 DIRCM 可以破坏或摧毁红外导弹的探测器，甚至破坏封装导引头的红外整流罩。具体所需要的激光功率如表 5.5 所示。

表 5.5 光学威胁与激光功率需求

系统类型	传感器类型	波长范围(μm)	激光功率需求
侦察系统	电视/电荷耦合装置(TV/CCD)，图像增强器	0.4～1.1	欺骗：0.1～100 W(连续波) 破坏：>1 J/脉冲 红外整流罩摧毁：1 kJ/脉冲
	前视红外(FLIR)，红外搜索与跟踪(IRST)	1.5～5 3～5 8～12	欺骗：1～1000 W(连续波) 破坏：>1 J/脉冲 红外整流罩摧毁：1kJ/脉冲
导弹系统	刻线导引头	1.6～2.3 2.7～3.6 3.7～4.8	欺骗/致眩：1～20 W(连续波) 破坏：>0.1 J/脉冲 红外整流罩损坏：1 kJ/脉冲
	成像	0.4～1.1 3～5 8-12	致眩：0.1～50 W(连续波) 破坏：>1 J/脉冲 红外整流罩摧毁：1 kJ/脉冲
	波束制导	0.8～1 1.06 10	致眩：0.1～100 W(连续波) 破坏：>1 J/脉冲 红外整流罩摧毁：1 kJ/脉冲
	半有源激光	1.06	致眩：0.1～100 W(连续波) 破坏：>1 J/脉冲 红外整流罩摧毁：1kJ/脉冲

引自文献[11]

激光 DIRCM 相比闪光灯具有更多的优势，主要是因其激光定向能(很小的激光光束发散角)以及波长在红外导弹导引头的带宽内可调。波长可调是通过把激光与波长转换装置组合获取的，后者通常采用二阶非线性晶体材料(如铌酸锂($LiNbO_3$)，来获得光参的改变(OPG)，也就是产生两个比输入或激光泵浦信号波长更大的信号)。光纤激光是使用最多的激光源，因其效率高、不需要水冷、体积小且在人眼安全的辐射范围内。

DIRCM 欺骗所需要的干信比(JSR)可表示为：

$$\text{JSR}=\frac{H_{\rm t}T_{\rm s}(\lambda_{\rm t})f(\theta)}{\Delta H_{\rm a}T_{\rm S}(\lambda_{\rm a})} \tag{5.22}$$

式中，

$H_{\rm t}$ 为红外定向激光在红外导弹光学系统处的辐照度（W/cm^2）；

$T_{\rm S}(\cdot)$ 为波长为 $\lambda_{\rm t}$ 的激光和波长为 $\lambda_{\rm a}$ 的目标辐射信号的大气透过率；

$f(\theta)$ 为与光学瞄准线夹角为 θ 时，光学系统的离轴衰减；

$\Delta H_{\rm a}$ 为红外导弹光学系统的目标辐照度对比（W/cm^2）。

在距离 R 处对红外导弹光学器件的激光 DIRCM 辐照度与目标辐照度对比可表示为

$$H_{\rm t}=\frac{P_{\rm t}T_{\rm S}(\lambda_{\rm t},R)}{\Omega_{\rm t}R^2} \tag{5.23}$$

$$\Delta H_{\rm a}=\frac{\Delta J T_{\rm s}(\lambda_{\rm a},R)}{R^2} \tag{5.24}$$

式中，

$P_{\rm t}$ 为激光 DIRCM 的发射功率（W）；

$\Omega_{\rm t}$ 为激光的光束发散角（sr）；

ΔJ 为目标辐射对比度（W/sr）。

几种飞机典型的目标辐射对比度 ΔJ 如下：

- 直升机：$\Delta J_{\rm h}=100$ W/sr；
- 涡轮推进飞机：$\Delta J_{\rm p}=1000$ W/sr；
- 战斗机：$\Delta J_{\rm f}=10\,000$ W/sr。

如果我们假设一种可调谐激光的 $\lambda_{\rm t}=\lambda_{\rm a}$，那么可得到：

$$\text{JSR}=\frac{P_{\rm t}f(\theta)}{\Omega_{\rm t}\Delta J} \tag{5.25}$$

从式（5.25）可看出，欺骗所需要的激光功率与距离 R 无关，而只与目标的辐射对比度有关。不过，前提是假设导弹光学器件的离轴抗扰能力适中（即 DIRCM 的角跟踪环非常精确）。

图 5.33 所示为一种激光 DIRCM 的原理框图。

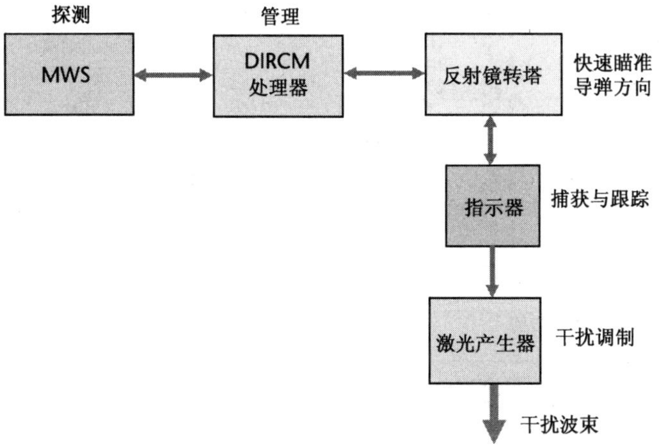

图 5.33　一种激光 DIRCM 的原理框图

激光/闪光灯 DIRCM 系统由三个主要的功能块组成：导弹告警系统(MWS)、系统处理器、激光/闪光灯转塔。有些 DIRCM 系统还有曳光弹投放器，它由系统的处理器进行激活。

激光/闪光灯 DIRCM 的威胁角度指示信息是由导弹告警系统提供的(见 2.6 节)，它由红外传感器或紫外(UV)传感器组成，红外传感器探测导弹羽烟产生的热能，紫外传感器探测导弹推进剂的光谱能量。一旦接收到角度引导，处理器便指示激光/闪光灯转塔指向指定的方向。转塔的光学定向器和发射器负责跟踪和干扰来袭的红外导弹。定向器与红外探测器焦平面阵列装在一起能够对导弹羽烟产生的热能量进行非常精密的测向(DF)。这些测量结果作为处理器驱动的转塔伺服回路的输入信号。激光/闪光灯产生器与多波段能源装在一起产生调幅干扰红外能量(通常是一种幅度起伏的高 PRF 波形)，然后传送给发射器。

由于攻击导弹的红外波段未知，必须同时发射分别覆盖波段 1 和 2(2～3 μm)和波段 2 和 4(3～5 μm)的两个激光器。所用的激光器不是光纤激光器就是固体激光器。后者提供更大的输出功率，用于新一代 DIRCM。

DIRCM 与导弹交战持续的时间非常短(仅有几秒钟，如图 5.34 所示)。所以，所有的 DIRCM 功能都必须快速完成，特别是转塔必须快速瞄准导弹的到达方向，并发射起伏的干扰波形。

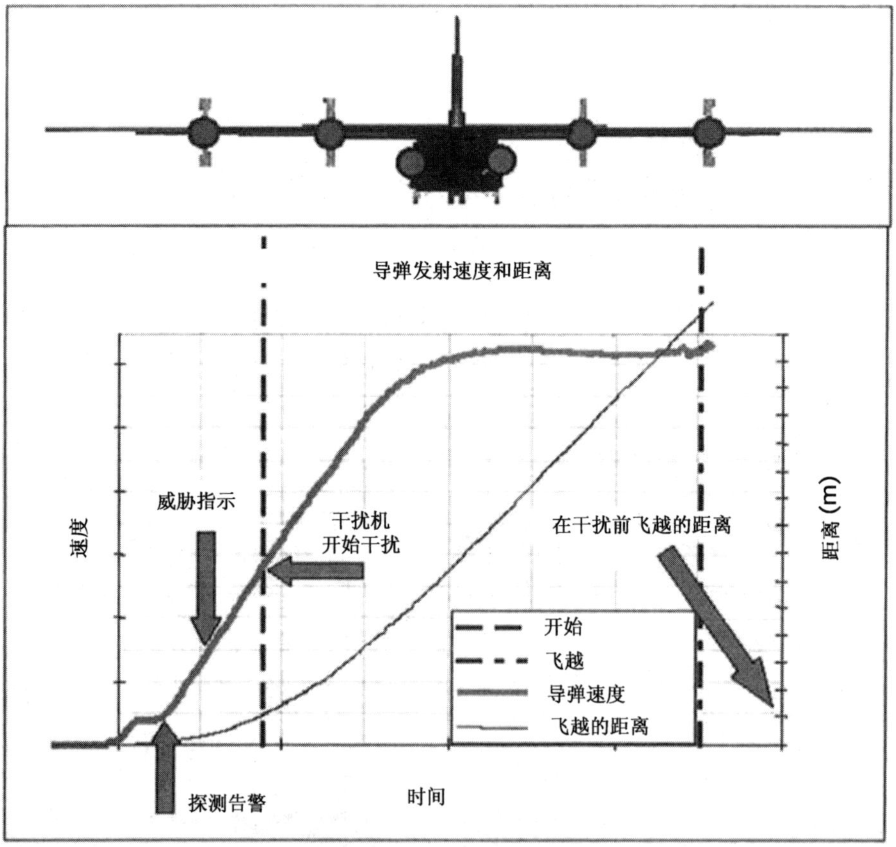

图 5.34　红外导弹交战持续时间

图 5.35 所示为直升机和大型飞机的 ELT 572(光纤激光器)DIRCM 转塔和喷气式飞机的 ELT 572J(固态激光器)转塔。

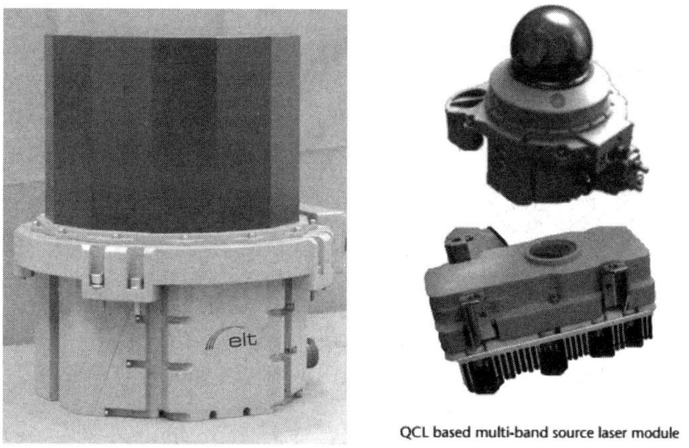

图 5.35　ELT 572 和 ELT 572J 激光定向红外对抗转塔(意大利电子系统公司)

5.7.1　曳光弹

曳光弹是飞机和舰船投放的红外诱饵，作用是将来袭红外导弹诱偏到被保护平台安全距离以外。

机载曳光弹与机载自卫箔条使用相同的投放器。美国的 MJU7B 和英国的 218 尺寸都为 50 mm×25 mm×200 mm。其他国家的尺寸有所不同，不过用于箔条和曳光弹的投放器都是相同的，称为箔条与曳光弹投放器(CFD)。由于相对于机载有源 ECM 的成本低，曳光弹通常被作为飞机上唯一的 ECM 设备。

曳光弹使用与箔条相同类型的发射装置，但因曳光弹所用干扰材料主要由镁(遇到空气中的氧气就可以立即燃烧)和铝/聚四氟乙烯粉经氟橡胶粘合而成(镁-聚四氟乙烯-氟橡胶的缩略语为 MTV)，所以点火机制与箔条截然不同，原因是为了防止曳光弹在飞机内无意或提前点火。实际上，曳光材料放在壳体中，由一个顺序器/快门装置进行激活，快门装置就是曳光材料底部的一个活塞。一旦火药被点燃，瞬间反应产生的气体将活塞、曳光材料和顺序器推出壳体。它们一出去，快门就打开了，镁粉开始燃烧。

因为大部分的红外导引头能够识别镁制曳光弹的光谱，所以，现代曳光弹正在进行改进，以模拟被保护飞机的光谱。机载曳光弹的主要特性如下：

- 辐射强度在导引头制导波段内满足需求(辐射强度从几百瓦单位立体角到几千瓦单位立体角，取决于被保护飞机类型(直升机或战斗机))；
- 上升时间短(通常几十毫秒便到达峰值辐射强度)；
- 辐射持续时间短(通常 3～6 s)。

红外威胁当前还出现在一些反舰射频导弹中，它们在导弹飞行的末段与红外寻的导引头一起作用，给出更高的精度。舰船上主要的红外源是机舱和烟窗排气管，而在大部分舰船设计中都将它们置于舰船的中心位置，因此，这个位置成了最具吸引力的导弹弹着点。将红外导弹引诱到远离舰船的位置是通过两种技术实现的[9]，可以利用一系列逐渐远离舰船的曳光弹(一种拖离技术，将在第 6 章中讨论)；或在前一方法之外，再增加一些漂浮的烟罐，在周围作为诱饵漂浮在海面上。北约的“海蚊”诱饵发射系统(DLS)就采用了这两种技术。“海蚊”是从安装在甲板上的 Mk 36 多管发射器发射诱饵弹的。图 5.36 为实施这种对抗方式的示意图。

图 5.36　逐渐远离舰船的一系列曳光弹的示意图

与飞机上不同，海军使用的红外干扰材料基于磷，这是因为要求其形成干扰的尺寸必须基本上与被保护舰船的尺寸相等，持续时间要求达到 30～60 s(大大长于导弹交战持续时间)。此外，海军使用的红外干扰弹要求干扰波段包括中红外波段(3～5 μm)和远红外波段(8～14 μm)，且两个波段的辐射强度比要合适，以对抗采用双色识别技术的导引头[9]。

5.7.2　定向红外干扰-诱饵干扰相结合

为了对抗新一代红外成像导弹，寻的器的实验已经证明在各类飞机防御中利用定向红外干扰是无效的，发射一系列红外诱饵弹有一点效果(＜35%)。意大利电子系统公司申请的专利报道了一项新技术[16]，并实验验证了这一技术,即采用定向红外干扰手段，并在恰当的时间发射红外诱饵弹能够提高干扰成功率(＞80%)。

定向红外干扰与红外诱饵弹联合使用对成像寻的器产生干扰效果的实例见图 5.37。从图中可以清楚地看出，定向红外对抗激光器是如何用致眩效果掩盖飞机特征，以及红外诱饵有助于对寻的器的角度欺骗。

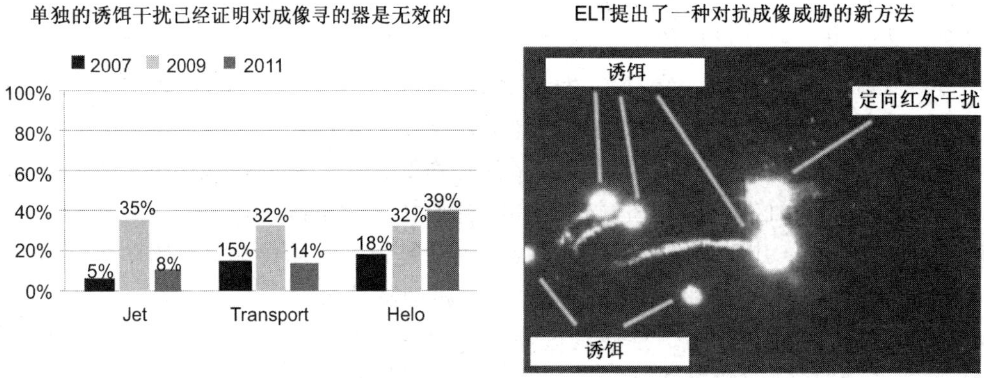

(a)　(b)

图 5.37　定向红外干扰与诱饵联合技术

5.8　结论

在本章中，我们讨论了不同类型 ECM 设备的结构和组成，它们专注于电磁频谱的某个域。我们阐述了这些设备的能力，在第 6 章中还会进一步论述对第 1 章和第 2 章中提到的各种传感器和武器系统进行干扰和欺骗的技术实现。

参考文献

[1] Poisel, R. A., Introduction to Communication EW Systems, Norwood, MA: Artech House, 2006, Chapters 2,7,8,11,and 17.

[2] Farina, A.,"Electronic Counter Measures," Chapter 24 in M. Skolnik (Ed.), Radar Handbook,New York: McGraw Hill, 2008.

[3] De Martino, A., S. Nanni, and M. Orsini, "Adaptive Multithreat Jamming Efficiency," EW International Conference at Pratica di Mare, Rome, Italy, May 11,1995.

[4] Pace, P., Advanced Techniques for Digital Receivers, Norwood, MA: Artech House, 2000,Chapter 7.

[5] Schneider, W. J., "Digital Countermeasure Memories: New Techniques Possible," in International Countermeasures Handbook, Dedham, MA: Artech House, 1986.

[6] Kerins, W., "Spur Levels in Multiple-Bit DRFMs," Journal of Electronic Defense, Vol. 14,No. 1, January 1991.

[7] Challis, A., "Introduction to RF Amplifiers for EW Applications," AOC India Chapter, EW Workshop, Bangalore, Nov. 24-25, 2010.

[8] De Martino, A., "Advances in Solid State Transmitters for EW Systems," 42nd AOC Convention, Washington, DC, November 6-8, 2006.

[9] Neri, F., Introduction to Electronic Defense Systems, 2nd Ed., Raleigh, NC: SciTech Publishing, 2006, Chapter 5.

[10] Torrieri, D., Principles of Secure Communication Systems, Second Edition, Norwood, MA: Artech House, 1992.

[11] Pollock, D. H. (ed.), The Infrared and Electro-Optical Systems Handbook, Vol.7, Chapter 3, SPIE Optical Engineering Press, 1993.

[12] Eriksson, A., O. Steinvall, L. Sjoqvist, and M. Lindgren, Tuneable Lasers for Countermeasure: A Literature Survey, Swedish Defence Research Agency, FOI-R-0536-SE, 2002.

[13] Steinvall, O., "Laser Countermeasure Capabilities," EO/IR Sensors and Countermeasures, Session III, Proceedings of the Third International AOC EW Conference, Zurich, Switzerland, May 21-24, 2000.

[14] Schleher, C., EW in the Information Age, Norwood, MA: Artech House, 1999, Chapter 7, Section 7.2.

[15] Galati, G., and Lombardi, P., "Design and Evaluation of an Adaptive MTI," IEEE Trans. on Aerospace and Electronic Systems, Vol. AES-14, November 1978, pp. 899-905.

[16] Falco, G., G. Foglia, and A. Usai, "EW Suite for AW101: A Look into the Future," Proceedings of the Fourth International Conference on Electronic Warfare-EWCI 2016, February 22-25, 2016, Bangalore, India.

第 6 章　电子对抗技术和传感器反电子对抗

6.1　引言

第 5 章讨论的有源电子对抗(ECM)系统安装在军事平台(飞机、军舰、车辆甚至建筑物)上，通过射频或红外发射扰乱敌方威胁雷达和红外制导导弹系统的工作，并压制敌方部队间的通信。

有源 ECM 系统所使用的技术可以划分为干扰和欺骗两种技术。干扰被定义为“有意发射信号，目的是干扰、屏蔽或降低敌方传感器系统对有用信号的接收。”[1]。欺骗被定义为“有意发射信号，目的是误导敌方传感器系统对获取信息的解析或使用”[1]。

有源 ECM 系统通常包含固定的干扰和欺骗模式，也可根据任务进行设置。在一些先进的系统中，复杂的数字信号处理器(DSP)可以根据威胁或平台交战态势实时地做出选择并设置参数。

本书讲述的 ECM 技术只是让读者理解有源 ECM 的有效性，其中对抗技术相关波形参数是基于对抗的一般机理，而不是对抗某个特定的传感器(雷达、红外寻的器或通信接收机)。

雷达是部署到陆地、海面和空中平台的大部分现代武器系统中的关键传感器，本章将首先研究雷达的 ECM 技术。先讨论用于对抗监视雷达的 ECM 技术，接着讨论用于对抗跟踪雷达和射频制导导弹寻的器的技术。然后讨论以上两种雷达采用 ECCM 技术后的效果，以及与之抗衡的 ECM 技术的适应性改进。

本章的第二部分将讨论涉及对抗现代通信系统的 ECM 技术，先讨论针对数字化战术数据链的技术及其相关的 ECCM 技术，再讨论针对射频启动简易爆炸装置(IED)的技术。

6.2　对抗监视雷达的 ECM 原理和技术以及相关的 ECCM

在第 2 章中已经讨论过，监视雷达的功能是在大区域范围内对目标进行探测和定位。第 2 章已经讨论了两坐标、三坐标和相控阵雷达的基本结构。另外，还讨论了监视雷达的信号处理技术，包括相关发射模式、相关多普勒信号处理和机载脉冲多普勒技术，及脉冲压缩技术和低截获概率波形的使用。这些内容为第 3 章和第 4 章中讨论的关于 ESM 系统的截获、分类、识别和测向作准备。本章还将讨论雷达为对抗第 5 章中提到的 RECM 系统所使用的 ECM 技术而采用的 ECCM 技术。

从概念上说，我们可以将监视雷达模拟成在俯仰面具有宽波束(二维)或多波束(三维)的旋转天线，其狭窄的主瓣波束连贯地扫描整个方位(或一个扇区)，同时其副瓣波束接收来自所有方向的响应。

根据模型，雷达 ECM 系统通过向雷达天线持续地发射噪声波形而产生干扰，这些噪声提高了雷达接收机的噪声水平，因此极大地降低了目标信噪比，甚至可能完全将目标掩盖(如第 5 章所示的干扰方程，干扰效果取决于雷达电子对抗系统与雷达之间的距离)。同样，雷达 ECM 系统可以通过复制由数字射频存储器(DRFM)产生的实际雷达波形进行欺骗，从而产生大量虚假目标，使雷达自动探测和跟踪处理(ADT)饱和[3]。欺骗式的虚假目标是只与雷达接收机的噪声相竞争的，因此可以用相对低的干扰功率生成。

现代监视雷达，除了采用第 2 章已讨论过的信号处理技术，还使用了大量的 ECCM 技术来减少以上所提到的 ECM 技术的影响，这将在后续章节中介绍。

6.2.1　传输中的频率捷变

对于逐个脉冲跳变的模式，传输中的频率捷变迫使干扰噪声带宽与整个雷达频率捷变带宽相等(通常大约为中心频率的 10%)，因此把干扰功率扩展到阻塞噪声带宽，降低了掩盖目标的效果，如图 6.1 所示。同样地，欺骗虚假目标在目标与雷达距离大于干扰机与雷达距离时，会被识别成雷达干扰信号，如图 6.2 所示。

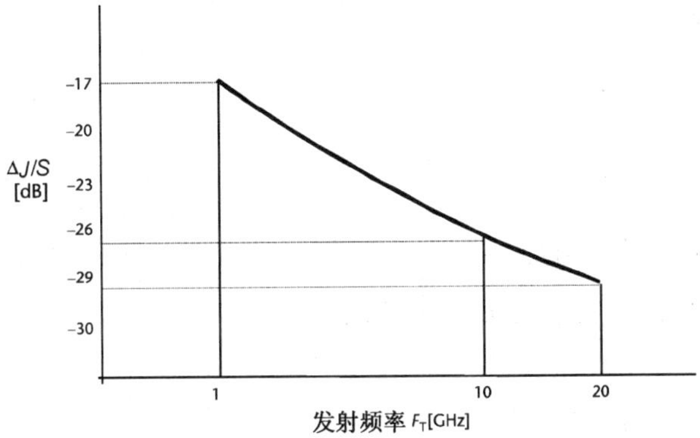

图 6.1　干信比(JSR)减少因子，即雷达脉冲的带宽(2 MHz)与逐个脉冲捷变的雷达中心频率的 10%之比

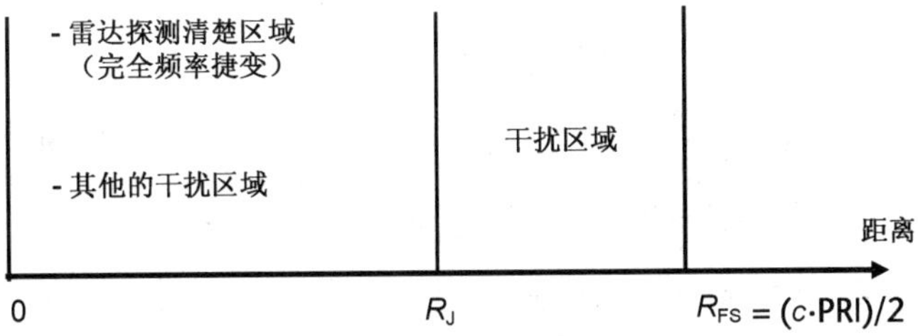

图 6.2　在频率捷变模式下干扰效果与距离的关系

6.2.2　脉冲重复间隔(PRI)捷变

对于欺骗虚假目标来说，PRI 捷变具有与频率捷变同样的效果。

6.2.3　超低副瓣

超低副瓣是指副瓣电平远小于主瓣(大约相当于全向天线的−20 dB)。超低副瓣极大地减少了来自副瓣的噪声干扰电平，并迫使雷达 ECM 装备极大地增加其有效辐射功率来产生有效的欺骗虚假目标。

6.2.4 多副瓣对消器

副瓣对消器(SLC)是一种额外的接收自适应天线系统，它通过控制整体的(包括雷达天线和额外的天线系统)接收天线方向图，将干扰机的方向设置为零点，可以极大地减少在雷达天线副瓣接收到的连续噪声干扰功率。通常在基本辐射源(偶极子)的线性阵列外再增加一个额外的天线系统，它们连接到各自的接收信道，增益和相移为自适应控制，如图 6.3 所示。只控制相移可实现次优旁瓣对消的结果。自适应阵列的基本原理可以通过考虑线性阵列来说明，该线性阵列接收到的平面波前相对于视轴的倾角为 θ ，如图 6.3 所示。

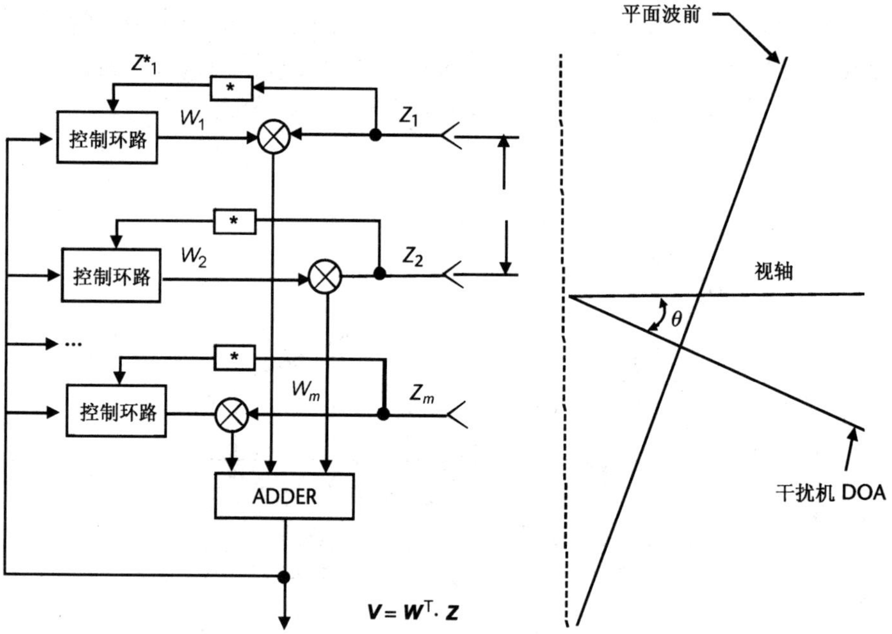

图 6.3 自适应阵列的简图

假设以 v_1 的相位作为参考点，接收的合成信号集可以由一个复向量 $\boldsymbol{v}^{\mathrm{T}}$ 表示：

$$\boldsymbol{v}^{\mathrm{T}}=(v_1,v_2,\cdots,v_m)=A(1,\mathrm{e}^{-\mathrm{j}a},\mathrm{e}^{-2\mathrm{j}a},\cdots,\mathrm{e}^{-(m-1)\mathrm{j}a}) \tag{6.1}$$

式中， $a=2\pi(d/\lambda)$ 是阵列中两个相邻阵元的相移。

每个复信号的复数权重为 $w_k=B_k\mathrm{e}^{\mathrm{j}b}$ ，在接收机的输入端它们相干叠加，生成信号 $g(\theta)$ ：

$$g(\theta)=\boldsymbol{w}^{\mathrm{T}}\cdot\boldsymbol{v}=\sum_{i=1}^{m}w_i v_i(\theta) \tag{6.2}$$

如果加权系数是均匀的实数，即如果 $\boldsymbol{w}^{\mathrm{T}}=(1,1,\cdots,1)$ ，那么线性阵列在视轴方向具有最大值，总的接收信号为：

$$g_0(\theta)=A\frac{\sin\left(\pi m\dfrac{d}{\lambda}\sin\theta\right)}{\sin\left(\pi\dfrac{d}{\lambda}\sin\theta\right)} \tag{6.3}$$

在 θ_{d} 方向上同时出现的幅度为 D 的强烈噪声干扰信号 $\boldsymbol{v}_{\mathrm{d}}$ 为：

$$\boldsymbol{v}_{\mathrm{d}}^{\mathrm{T}} = (v_{\mathrm{d}1}, v_{\mathrm{d}2}, \cdots, v_{\mathrm{d}m}) = D(1, \mathrm{e}^{-\mathrm{j}\varphi}, \mathrm{e}^{-2\mathrm{j}\varphi}, \cdots, \mathrm{e}^{-(m-1)\mathrm{j}\varphi}) \tag{6.4}$$

式中，$\varphi = 2\pi(d/\lambda)\sin\theta_{\mathrm{d}}$。

产生的总接收信号为：

$$\begin{aligned} g_0'(\theta) &= \boldsymbol{w}^{\mathrm{T}} \cdot (\boldsymbol{v} + \boldsymbol{v}_{\mathrm{d}}) \\ &= \boldsymbol{w}^{\mathrm{T}} \cdot \boldsymbol{v} + \boldsymbol{w}^{\mathrm{T}} \cdot \boldsymbol{v}_{\mathrm{d}} = g_0(0) + g_0(\theta_{\mathrm{d}}) \\ &= A + D\frac{\sin\left(\pi m \dfrac{d}{\lambda}\sin\theta_{\mathrm{d}}\right)}{\sin\left(\pi \dfrac{d}{\lambda}\sin\theta_{\mathrm{d}}\right)} \end{aligned} \tag{6.5}$$

由于 D 可能比 A 大得多，它将完全掩盖目标信号 A。通过控制权重 $\boldsymbol{w}$ 可以减少接收到的干扰功率，即抵消式(6.5)中的第二项。当权重 $\boldsymbol{w}$ 如下式时会出现这种情况[6]：

$$\boldsymbol{w}_{\mathrm{opt}} = k\boldsymbol{M}^{-1}\boldsymbol{s}^{*} \tag{6.6}$$

式中，

k是增益因子；

$\boldsymbol{s}$ 是主天线(或阵列)指向 θ_{s} 的方向矢量(单元矢量)，θ_{s} 即我们希望实现最大天线增益的方向；$\boldsymbol{s} = (1, \mathrm{e}^{-\mathrm{j}\psi}, \mathrm{e}^{-2\mathrm{j}\psi}, \cdots, \mathrm{e}^{-(m-1)\mathrm{j}\psi})$，其中 $\psi = 2\pi(d/\lambda)\sin\theta_{\mathrm{s}}$ ；

*表示复共轭符号，当应用于 $\boldsymbol{s}$ 后时表示改变了指数符号；

$\boldsymbol{M}(m \times m)$ 是阵列的协方差矩阵，它的第 k、r 个元素由下式表示(当 $D \gg A$ 时)：

$$m_{k,r} = E(v_k v_r^{*}) \cong E(D^2 \mathrm{e}^{-\mathrm{j}(k-r)\Psi} + n_k n_r^{*}) \tag{6.7}$$

其中，$E(\cdot)$ 表示期望算子(随机过程中的时间均值)，n_k 和 n_r 是第 k 和第 r 个接收信道在同一时间接收到的噪声样本。因此，矩阵元素 $m_{k,r}$ 为相应接收机信道接收到的噪声干扰样本的空间相关指数，$\boldsymbol{M}^{-1}$ 是该矩阵的逆矩阵。

这样，确定对消接收到的噪声干扰的最优权重的过程包含三个步骤：

(1)对由阵列的任意两个元素接收到的信号的空间相关性进行估计。为了避免对消所需要的信号，这种估计过程的时间跨度要比接收机噪声与发射波形的相关时间更长。

(2)计算协方差矩阵 $\boldsymbol{M}$ 的逆矩阵，根据阵列大小 m 的不同，这可能是相当耗时的。

(3)将矩阵 $\boldsymbol{M}^{-1}$ 乘以矢量 $\boldsymbol{s}^{*}$。

实际上，过去确定最优权重最常用的方法是时间迭代法，也称为闭环法，如 AHB 法(Applebaum-Howel-Brennan)[6]。现在，由于计算能力的提高，可以直接计算协方差矩阵，这些方法被称为开环法。不管怎样，对消噪声干扰的最优权重的估计都需要时间，用于估计阵元所接收到的信号的空间相关性。这段时间可持续几个发射波形。参考文献[2]报道了典型的噪声干扰对消比(JCR)的值为 30 dB 量级，很少到达 40 dB。

AHB 法的基本原理如图 6.4 所示。典型实例的性能如图 6.5 和图 6.6 所示[3]。

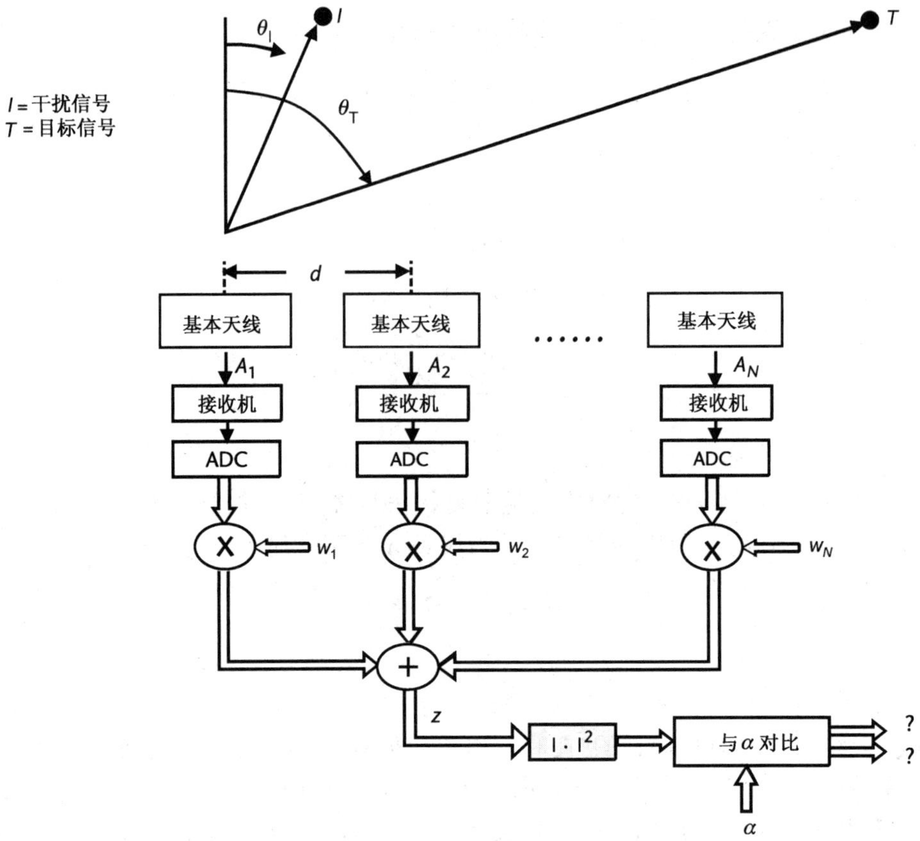

图 6.4 确定自适应阵列的最优权重的 AHB 闭环法的基本原理

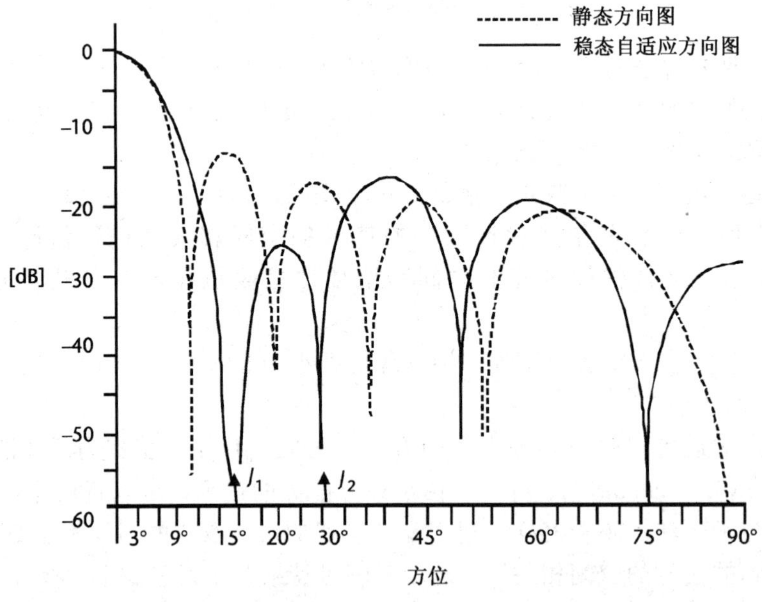

图 6.5 十元自适应阵列的瞬变和稳态模式，带有两个噪声干扰源(其中一个干扰机 J_1 在方位为 17.4°时，$J_1/N=30\,\text{dB}$；另一个干扰机 J_2 在方位为 30°时，$J_2/N=10\,\text{dB}$)

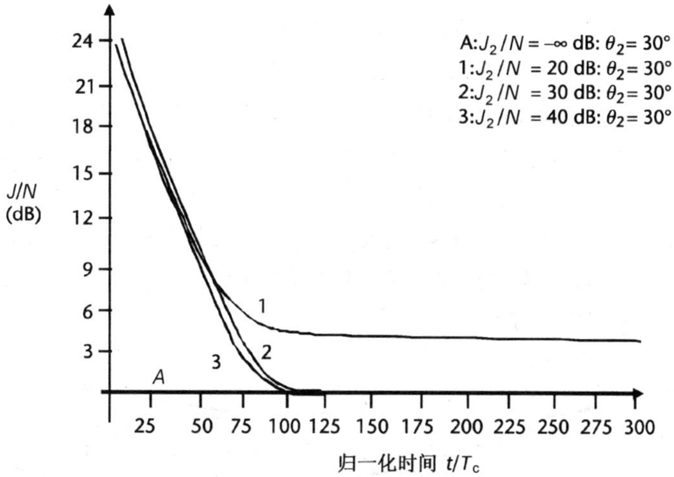

图 6.6　面对两个干扰源的十元自适应阵列的瞬变特征：J_1 在方位为 17.4°时，$J_1/N = 30$ dB；J_2 在方位为 30°时，J_2/N 为变量；T_c 是发射波形的持续时间（在此例中为一个脉冲）

6.2.5　旁瓣匿隐器

旁瓣匿隐器（SLB）是一种附加的接收通道。它由辅助天线（通常是一种半全向天线）抑制强目标的探测，避免干扰机脉冲（它们有可能出现在脉冲压缩以后）通过天线副瓣进入雷达接收机。SLB 的原理框图如图 6.7 所示。

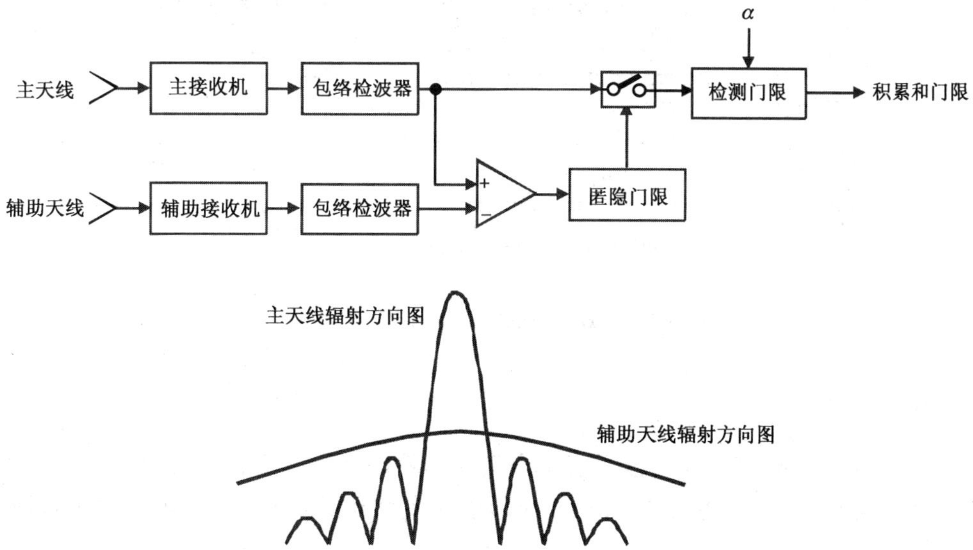

图 6.7　SLB 原理框图

通过选择适当的辅助通道增益 G_{aux}，使得在副瓣区域由辅助通道接收的脉冲幅度比主天线接收到的同一信号的电平高，因此可以抑制这样的脉冲信号。SLB 的作用是基于单脉冲的，并作用在每一个雷达的距离单元内。只有通过雷达主瓣进入的信号才能进入到下一步的雷达信号处理。文献[2]分析了 SLB 的目标探测性能 P_d 和 P_{FA} 与 SNR 和 JNR 的关系。

现代搜索雷达的又一个办法是使用了与每个通道（雷达的和辅助的）对应的距离滤波映

射(RFM)，RFM 是一种二维图，收集雷达脉冲在所有距离单元(在脉冲压缩之后)和所有的多普勒滤波器输出处的回波。然后，当距离单元出现重叠时，比较两个独立收集到的 RFM 的多普勒内容，通过这样的比较，从来自雷达 ECM 制造的虚假目标中辨别出真实目标。

SLB 和 SLC 的级联联合运作，如图 6.8 所示，确实是一种非常强大的 ECCM，不能仅凭单个 ESJ 进行对抗。因此，需要大量的 ESJ(至少三个)，并采用飞机之间特有的触发链路同步工作。在同步指挥上的每个 ESJ 将交替发射足够长(相对于雷达波形宽度 τ)的噪声波形，而其他的 ESJ 将发射大幅度的可信假目标(例如，具有正确多普勒频移的雷达波形的副本，由此欺骗上述提到的 RFM)。

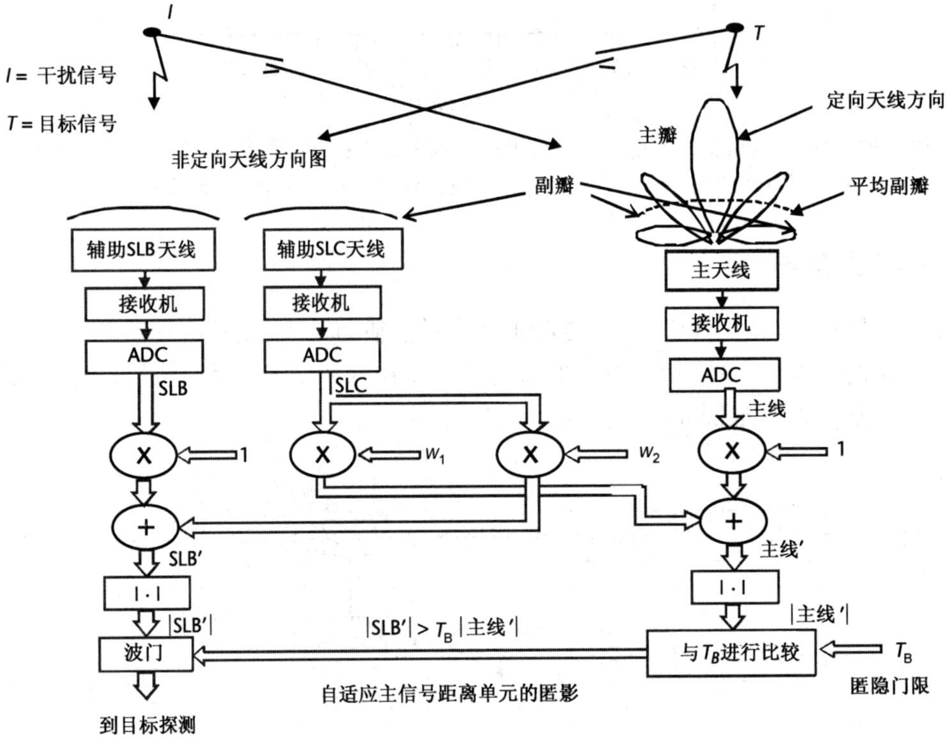

图 6.8　SLB 和 SLC 级联工作的功能框图

6.2.6　自适应阵列

雷达自适应阵列噪声原理类似于多个旁瓣对消器，在消除干扰的同时还可增强目标信号。为了实现这种功能，使用了把接收波束形成和多普勒滤波结合在一起的空间-时间自适应处理(见第 2 章)。

STAP 操作包括在波束形成阶段使用 N 个天线(理论上将提供 N–1 级自由度，能抑制 N–1 个分置的干扰机)以及 M 个相关的发射脉冲来做多普勒滤波。

完全自适应相控阵雷达实际上是不可能实现的，因为相控阵雷达需要大量的接收单元(至少上千个)，因此通常这些阵元被组成数量适度的子阵，馈送到自适应处理机。

这种由 N=24 个子阵列组成的相控阵雷达的框图和描述见文献[2]。图 6.9 给出了搜索雷达中有可能存在的各种 ECCM，以及它们为了移除或减少干扰和欺骗所具有的功能改进。

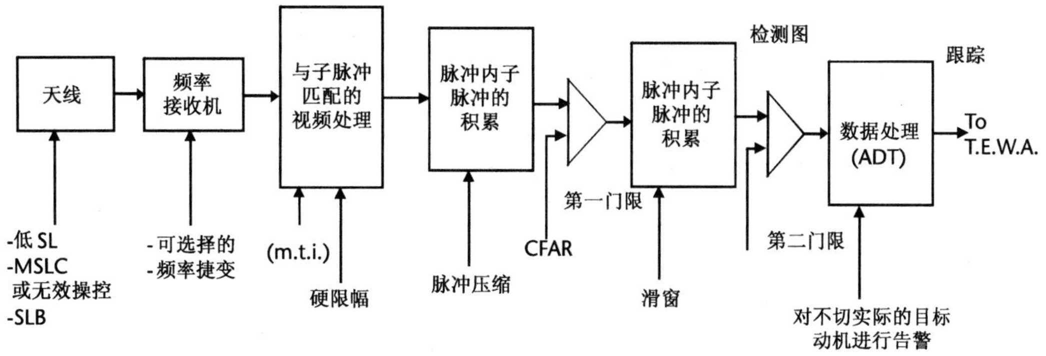

图 6.9　搜索雷达的信号和数据处理以及相关的 ECCM 应用技术的原理框图

6.2.7　噪声干扰

噪声干扰的目的是产生一种能完全掩盖目标信号的干扰信号。从原理上说，最佳的干扰信号应该具有接收机噪声的特性(也就是说，应该尽可能地接近高斯白噪声 WGN)。

噪声干扰根据干扰带宽 B_j 与雷达波形带宽 B_r(对于脉冲压缩技术，将根据雷达处理增益 G_{ap} 进一步减少)进行分类，如果 B_j/B_r 比值很大，这样的噪声干扰被称为“阻塞噪声干扰”；如果比值较小(3～5 之间)，这样的噪声干扰被称为“瞄准噪声干扰”。

理论上来说，大功率的高斯白噪声由低功率的高斯白噪声经功率放大生成，低功率的高斯白噪声由带通滤波电子设备产生(这种技术被称为“直接噪声放大”，DINA)。但是，由于功率射频放大器的深度饱和操作，高斯白噪声的大型噪声起伏现象将被饱和电平所削减，因此减少了在被欺骗雷达接收机上产生虚警的噪声峰值。

生成具有尖锐起伏的、近似高斯白噪声的常用办法是使用随机频率或不受功率放大器饱和水平所影响的相位调制波形。但是，由于一些雷达距离/方位相关处理技术(如滑窗积累器)极大地减少了虚假目标影响，它的 JNR 有效性不是很好，如图 6.10 所示。如果这种技术还另外使用由再生移位寄存器技术产生的数字噪声，它有可能被同步到被欺骗雷达的波形上去，对消以上提到的雷达方位相关处理的优势。把该技术与虚假随机目标的产生相结合，是一种称为“智能干扰”的干扰技术，可对抗 SLB 和 SLC 类的 ECCM 抑制技术[1]。当然，脉冲类信号不能被 SLC 所抑制，因为它的持续时间相对 SLC 的时间常数(回路瞬态时间)来说较短，SLB 的运行会让大量的随机虚假目标强行匿影雷达主瓣目标回波。

6.2.8　虚假目标

虚假目标技术主要用于对抗具有恒定天线扫描周期(ASP)和类型(AST)的搜索雷达。它包括雷达主瓣内(也就是雷达照射目标的时间 TOT)每个 PRI 内发出的波形副本，具有两个可调的延迟参数 τ_1 和 T_1，它们分别用于：

① 接收到的雷达波形上，以模拟虚假目标的径向移位；

② 复制波形的起始时间上，以模拟主瓣(直到 SLB 不消隐复制)的方位移动。

该技术意味着向雷达 ADT 功能产生大量可信的虚假目标，并被一些角度稍微错开(大小相当于一个雷达波束宽度)的干扰的同步运行而增强。

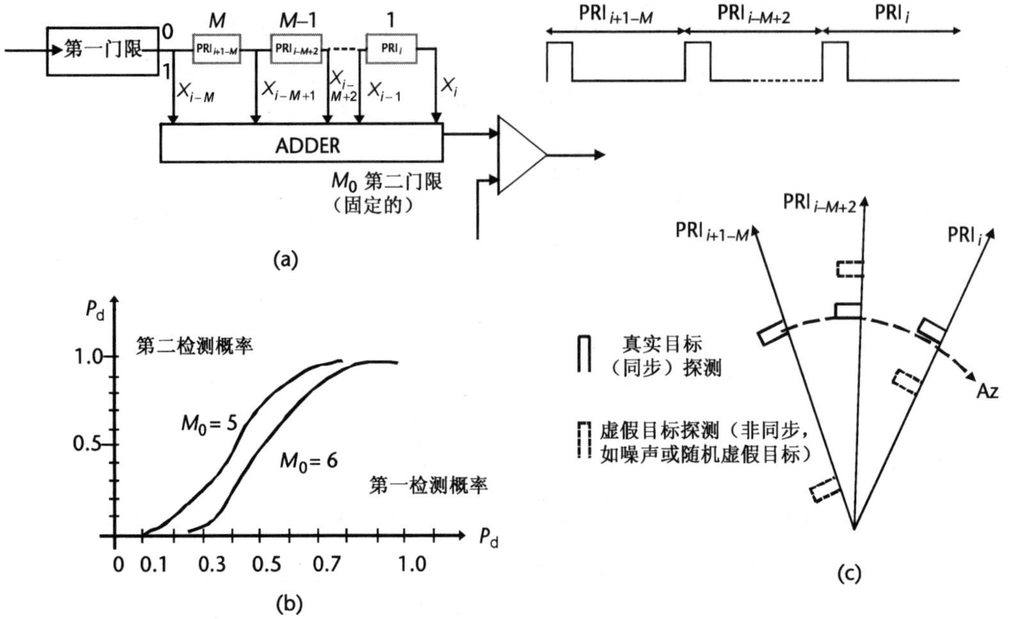

图 6.10　(a) 滑窗积累器(MWI)原理框图以及脉冲重频间隔(PRI)原理；(b) 当 M=10 时的同步采样积累以及 M_0 第二门限时的 MWI 的工作特性；(c) 异步探测的 MWI 对消能力

6.3　ECM 技术对抗 SAR

安装在飞行平台(飞机、卫星或无人机)上的 SAR 系统在各种天气条件下可提供(而光电系统不能)(见 2.3.11 节)大范围的高分辨率图像(比光电系统更小的分辨率)。SAR 在两个距离方向(快速处理)和跨距离方向(慢速处理)都使用具有大信号带宽和高处理增益的波形来实现所需的图像分辨率，因此需要特殊的干扰技术来有效地对抗它们。

对抗 SAR 系统的 ECM 技术旨在保护优先的感兴趣区域不受它们的侦察性能影响。这一考虑源于 SAR 的辐射特性：它们使用针对(瞬时)成像区域的窄天线波束(旁瓣电平非常低)和旁瓣保护技术。因此，在远离 SAR 平台处使用任何干扰和仅对靠近干扰机的保护区域(即当 SAR 天线指向干扰机时，SAR 覆盖区内的区域)集中干扰是不容易实现的。

适用的反 SAR ECM 技术可分为三种类型[31]：

① 非相干干扰(如点源、扫视点源和阻塞噪声干扰)；

② 部分相干干扰(干扰对于快时间 SAR 处理而言是快速的，但是对于慢时间处理而言是非相干的)；

③ 相干干扰或欺骗干扰(干扰对于上述两种 SAR 处理而言是相干的)。

非相干干扰是最容易实现的，但是它要求干扰机既具备高 ERP，又位于保护区内，以便通过遮蔽保护区并覆盖保护区内感兴趣的目标来对抗 SAR 相干高处理增益。一旦 SAR 天线旁瓣接收到干扰功率，这种类型的干扰对 SAR 没有影响，天线旁瓣在天线波束宽度的大约 10 倍处可以达到高达–40 dB 的水平(即大于 $10\theta_B$)。

该结论是通过脉冲多普勒雷达距离方程考虑干扰信号(JSR)和干扰波比(JCR)得出的，因为 SAR 数据采集和图像形成是相干过程，发射功率 P 被平均功率(W)乘以交叉范围内相干积分增益的乘积所替代，其中 T_d(s)是交叉范围内相干积分驻留时间，而 B 是 SAR 信号带宽；也就是说，$P_t = P_{av}BT_d$。

因此，

$$\mathrm{SNR} = \frac{P_{av}BT_dG_tG_r\lambda^2\sigma}{(4\pi)^3R^4(kTBF)L_s} = \frac{P_{av}T_dG_tG_r\lambda^2\sigma}{(4\pi)^3R^4(kTF)L_s} \tag{6.8}$$

式中，

G_t、G_r 分别为发射和接收中的 SAR 天线增益；

λ(m) 为 SAR 中心波长；

σ(m^2) 为目标（在地面上）RCS（假设在 SAR 分辨率区域内 $\Delta R\cdot\Delta\mathrm{CR}$）；

R(m) 为目标与 SAR 平台的倾斜距离；

B(Hz) 为 SAR 波形的带宽；

$kTBF$(W) 为热噪声功率；

F(dB) 为 SAR 接收机的噪声系数；

L_s 为 SAR 系统的损失。

相干积分驻留时间（见 2.3.11 节）为：

$$T_d = \frac{D_{SAR}}{v} = \frac{R\theta_B}{v} = \frac{R\left(\dfrac{\lambda}{2\Delta\mathrm{CR}}\right)}{v} = \frac{R\lambda}{2v\Delta\mathrm{CR}} \tag{6.9}$$

式中，

v(m/s) 为平台速度；

D_{SAR}(m) 为 SAR 基线长度；

θ_B(rad) 为 SAR 天线−3 dB 波束宽度；

ΔCR(m) 为 SAR 交叉距离分辨率。

因此，将式(6.9)代入式(6.8)，得出

$$\mathrm{SNR} = \frac{P_{av}G_tG_r\lambda^3\sigma}{2v\Delta\mathrm{CR}(4\pi)^3R^3(kTF)L_s} \tag{6.10}$$

杂波噪声比可以通过用杂波贴片 RCS 代替点目标 RCS 从 SNR 方程中推导出来，即

$$\sigma_c\sigma^0A_c = \sigma^0\left(\frac{\Delta\mathrm{CR}\Delta R}{\cos\beta}\right) \tag{6.11}$$

式中，

σ^0(m^2/m^2) 为杂波反向散射系数；

A_c(m^2) 为杂波斑块面积，它是两个 SAR 距离分辨率的乘积：交叉距离 ΔCR 和下距离 ΔR 乘以掠射角 β（地面与 SAR 天线主波束之间的角度）的余弦倒数。

因此，CNR 为

$$\mathrm{CNR} = \frac{P_{av}G_tG_r\lambda^3\sigma^0\Delta R}{2v\cos\beta(4\pi)^3R^3(kTF)L_s} \tag{6.12}$$

最后，通过引入由 SAR 收到的干扰噪声功率 P_{rj}，可以评估 JSR 和 JCR。

$$P_{\mathrm{rj}} = \frac{P_{\mathrm{j}} G_{\mathrm{j}} G_{\mathrm{rj}} \lambda^2}{(4\pi)^2 R_{\mathrm{jr}}^2 L_{\mathrm{j}}} \frac{B}{B_{\mathrm{j}}} \tag{6.13}$$

式中,

P_{j}(W)为干扰机发射功率;

G_{j} 为干扰机发射天线增益;

G_{rj} 为干扰机接收天线增益;

B_{j}(Hz)为干扰机带宽($B_{\mathrm{j}} > B$);

R_{jr}(m)为干扰机与 SAR 的倾斜距离,

$$\mathrm{JSR} = \frac{P_{\mathrm{rj}}}{S} = \frac{P_{\mathrm{rj}}}{\mathrm{JSR} \cdot kTBF} = \frac{P_{\mathrm{j}}}{P_{\mathrm{av}}} \frac{G_{\mathrm{j}} G_{\mathrm{rj}}}{G_{\mathrm{t}} G_{\mathrm{r}}} \frac{R^3}{R_{\mathrm{jr}}^2} \frac{2\upsilon \cos\beta \Delta CR}{\sigma\lambda} \frac{(4\pi) L_{\mathrm{s}}}{L_{\mathrm{j}}} \tag{6.14}$$

$$\mathrm{JCR} = \frac{P_{\mathrm{rj}}}{C} = \frac{P_{\mathrm{rj}}}{\mathrm{CNR} \cdot kTB} = \frac{P_{\mathrm{j}}}{P_{\mathrm{av}}} \frac{G_{\mathrm{j}} G_{\mathrm{rj}}}{G_{\mathrm{t}} G_{\mathrm{r}}} \frac{R^3}{R_{\mathrm{jr}}^2} \frac{2\upsilon \cos\beta}{\sigma^0 \lambda B \Delta R} \frac{(4\pi) L_{\mathrm{s}}}{L_{\mathrm{j}}} \tag{6.15}$$

通过将上述方程简化为 $\mathrm{JSR}_{\mathrm{j}} = K_1 G_{\mathrm{rj}} / R^2{}_{\mathrm{jr}}$ 和 $\mathrm{JCR} = K_2 G_{\mathrm{rj}} / R^2{}_{\mathrm{jr}}$,可以看到在干扰机保护的区域内,高 $\mathrm{ERP_j}$ 对于与高的 SAR 处理增益竞争是必要的,并且一旦干扰机离开保护区域,上述两个比率都迅速降低。

部分相干干扰(PCJ)和相干(或欺骗)干扰是通过使用宽带 DRFM 来实现的,该宽带记录 SAR 波形,并在方位、距离或两者都有一些错误信息的情况下将其重传。

PCJ 用于与高 SAR 处理增益竞争。它是通过使用宽带 DRFM 来实现的,宽带记录 SAR 脉冲,并以固定的延迟重新传输它们,以便在 SAR PRI 内产生许多虚假目标。因此,由于干扰机没有考虑 SAR 平台的运动特性,它成功地对抗了快速 SAR 处理,但没有对抗慢速 SAR 处理器(沿飞行路径执行)。也就是说,它没有考虑 SAR 不同脉冲之间的相位和延迟关系(如由慢速 SAR 处理所执行的),因此结果是在受保护区域的 SAR 图像中会有许多稀疏的弱点。PCJ 需要较少的 $\mathrm{ERP_j}$ 而不是噪声干扰,但它是由 SAR 探测到的,SAR 可以实施一些对抗技术来降低其影响。在文献[25]中例举了一个 PCJ 实例。

相干(或欺骗)干扰也是通过 DRFM 实现的。只要干扰机具有 SAR 波形参数(如载波频率、波形调制、带宽和 PRF)以及 SAR 轨迹和速度,它就呈现最低的干扰机 ERP,并有可能产生与真实干扰机具有相似特性的虚假 SAR 目标图像。

文献中有大量相干 SAR 干扰技术,从最简单的[26]到最复杂的[29]。下面只介绍最简单的技术[26](也称为 SAR 有源诱饵干扰)。

考虑图 6.11 的 SAR-ECM 场景,其中干扰机位于($R_{P_{\mathrm{j}}} = x_{\mathrm{j}}$),在 SAR 主瓣内。

SAR 传感器发射的(以及 DRFM 干扰机再现的)信号可以表示为

$$s(t,u) = h(t)\mathrm{rect}\left(\frac{t}{\tau}\right) \tag{6.16}$$

式中,

u 为平面(x,R)上的一个点距离 SAR 的距离;

t 为 SAR 的快速时间;

h(t)为啁啾(即 LFM)信号;

$$\text{rect}(t/\tau)=\begin{cases}1 & |t|<\tau/2\\ 0 & \text{其他}\end{cases}。$$

式中，τ 为 SAR 脉冲宽度。

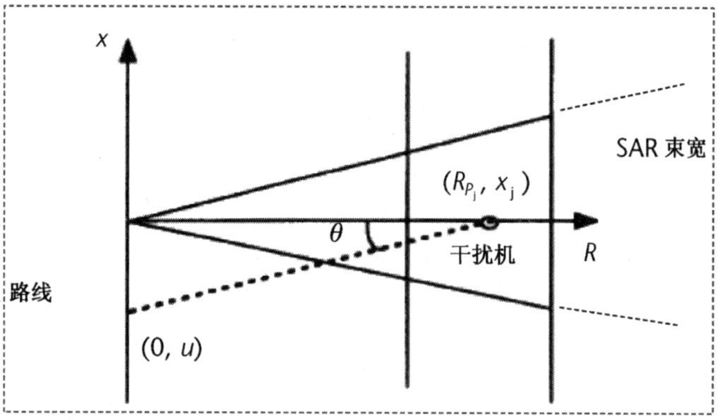

图 6.11 SAR 欺骗场景

由 n 个干扰诱饵目标之一延迟发射的 SAR 接收回波信号可以表示为

$$s_{jn}\left(t-\Delta t_n,u\right)=\sigma_n h\left(\frac{t-\dfrac{2R_{jn}(u)}{c}}{\tau}\right)\text{rect}\left(\frac{t-\dfrac{2R_{jn}(u)}{c}}{\tau}\right) \tag{6.17}$$

式中，

$$R_{jn}(u)=\sqrt{R_{jn}^2+\left(x_n-u\right)^2}$$

σ_n 是散射系数的振幅

$$\Delta t_n=\frac{\left(2R_{jn}(u)-2\sqrt{R_j^2+\left(x_j-u\right)^2}\right)}{c}$$

通过对 $s_{jn}(t-\Delta t_n,u)$ 进行傅里叶变换，得到：

$$S_n(f,u)=\sigma_n H(f,u)\exp\left(\text{j}2\pi f\Delta t_n\right)$$

因此，N 个诱饵的傅里叶变换结果是

$$S_\Sigma(f,u)=H(f,u)\cdot\Sigma_N\sigma_n\exp\left(\text{j}2\pi f\Delta t_n\right) \tag{6.18}$$

现在假设干扰机位于$(R_j,0)$，距离欺骗的目的是在$(R_j+\Delta r_1,0)$产生一个诱饵目标，其中 $\Delta r_1\ll R_j$。所需时间延迟为

$$\Delta t_1=\frac{\left(2\sqrt{\left(R_j+\Delta r_1\right)^2+u^2}-2\sqrt{R_j^2+u^2}\right)}{c}\approx\frac{\left(2\Delta r_1\right)}{c} \tag{6.19}$$

因此，具有许多虚假目标的距离欺骗可以在频域中表示为

$$D_n(f)=H\left(f,R_j\right)\cdot\Sigma_N\,\sigma_n\exp\left(\frac{\text{j}4\pi f\Delta r_n}{c}\right) \tag{6.20}$$

可以看出，距离欺骗的特征仅由倾斜距离方向上的偏移确定(即假设虚假目标离干扰机位置不太远，因此它们不依赖于干扰机相对于 SAR 的相对位置)。

为了在距离干扰机位置更远的方位上也产生虚假目标，所需的延迟时间应该为

$$\Delta t_2 = \frac{\left(2\sqrt{R_j^2 + \left(\Delta x_n - u\right)^2} - 2\sqrt{R_j^2 + u^2}\right)}{c} \approx \frac{\Delta x_n^2 - 2u\Delta x_n}{cR_j} \tag{6.21}$$

因此，方位欺骗可以表示为

$$A_n(f,u) = H(f,u)\cdot \Sigma_N \sigma_n \exp\left(\mathrm{j}2\pi f \frac{\Delta x_n^2 - 2u\Delta x_n}{cR_j}\right) \tag{6.22}$$

可以注意到，关于距离欺骗，方位假目标不仅依赖于方位偏移 u，还依赖于干扰机位置 R_j。这意味着为了产生精确的方位欺骗，干扰机必须时刻知道 SAR 的位置(即 SAR 轨迹和速度)。

实际上，如果干扰机需要在离干扰机很近的地方产生假目标；考虑 $\Delta x_n \ll R_j$，则上面的公式变成

$$A_n'(f,u) = H(f,u)\cdot \Sigma_N \sigma_n \exp\left(-\mathrm{j}2\pi f \frac{u\Delta x_n}{cR_j}\right) \tag{6.23}$$

该公式说明一种简化的有效技术，因为现在干扰机只需要估计 SAR 相对于干扰机的方位角。

基于前面的考虑，欺骗干扰机必须位于要保护的区域内，并分两步进行干扰：

① 产生方位欺骗虚假目标；

② 产生射程欺骗虚假目标。

所述 SAR 欺骗器的原理框图如图 6.12 所示。

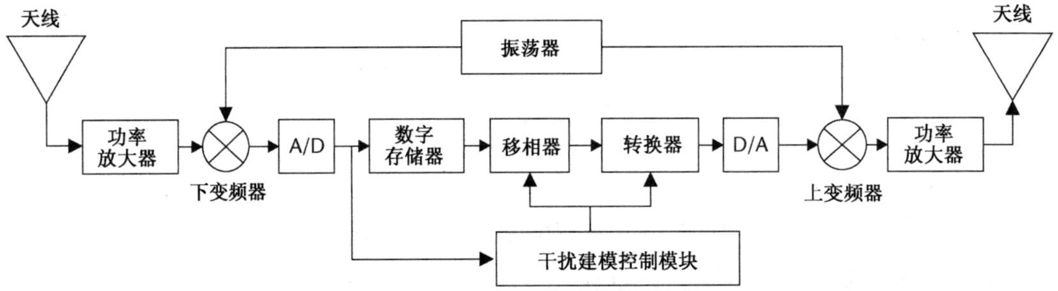

图 6.12 由两个调制器(方位角和距离)组成的 SAR 欺骗器的原理框图

图 6.13 给出了 SAR 欺骗器的仿真结果。

基于 DRFM 的 SAR 欺骗器在保护区域时具有以下优点：

- 位置与 SAR 距离无关，但需要连续估算 SAR 方位角，以便在干扰位置附近创建虚假目标；
- 不需要很高的 ERP(因此相对于噪声干扰机而言相对便宜)，但上述观察表明，它应该能够跟踪 SAR 飞行的方位角(例如，通过 Rx/Tx APA，详见第 5 章)；
- 相对于 SAR 目标，保护区域必须在干扰器后面，因为所有的假散射机都必须比任何方位角位置的干扰器位置更远，这种情况可以通过在保护区域的两侧放置两个虚假目标来实现；
- 该技术被认为对大多数应用的 SAR 聚焦技术都是有效的。

在文献中，有许多逆合成孔径雷达相干技术可以使用，它们也使用基于分数傅里叶变换的复杂干扰技术[32]，特别是针对合成孔径雷达啁啾波形来创建虚假合成孔径雷达图像（如停机坪上的假飞机），但它们在任何情况下都需要准确了解合成孔径雷达轨迹以及与干扰器的距离。图 6.14 列举了一个示例。

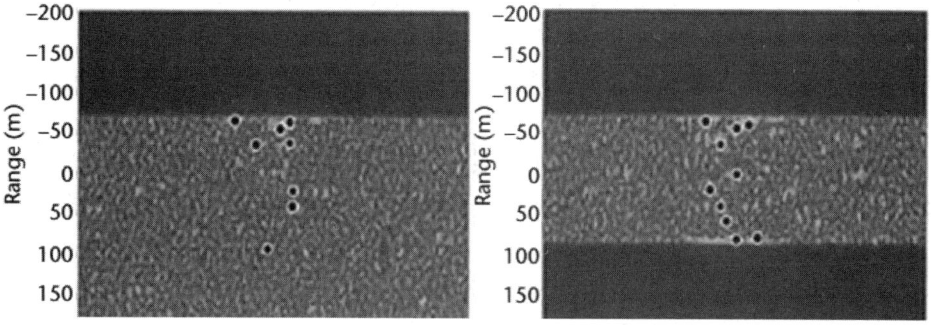

图 6.13　SAR 欺骗器的结果（引自文献[26]）

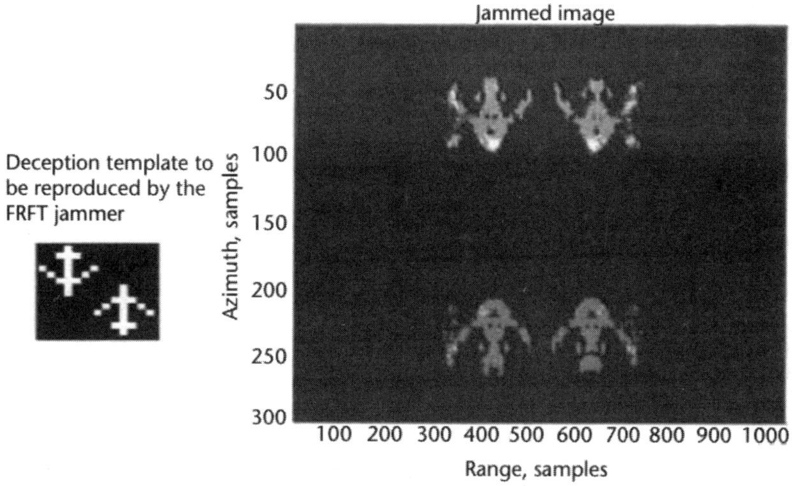

图 6.14　基于参数傅里叶变换的 SAR 欺骗器的结果（引自文献[32]）

6.4　对抗跟踪雷达的 ECM 原理和技术及其相关的 ECCM

跟踪雷达[（如第 2 章所述的单目标跟踪器（STT）或可多目标同时跟踪的多功能相控阵雷达（MFR）]被用于测量感兴趣目标相对于参考雷达位置的极坐标[距离为 R，两个角度为 (θ,φ)]。雷达以高数据率（几乎是连续的）获取角度和距离测量值，用于标识目标移动轨迹并精确推导其相对时间变化率，从而引导武器系统对目标进行成功拦截。雷达距离和角度精度必须精确到脉冲宽度 τ（转换成长度）及其波束宽度 θ_B 的几分之一。

某些类型的跟踪雷达，例如导弹指令制导或作为半主动寻的制导雷达，为了将目标维持在雷达天线的波束宽度以内，只需要测量角度坐标。

跟踪雷达通过使用窄波束宽度（$\theta_B < 2°$）和几分之一微秒的脉冲宽度（或压缩的脉冲宽

度)(也就是 10 m 量级的距离精度)来实现上述精度要求，并且通过对跟踪目标的位置和运动进行持续测量或使用高数据更新率来进一步提高未来目标位置的分辨率和精度。

距离跟踪通过前-后波门跟踪环路来实现，该回路调整前-后波门的位置使得两个波门处的能量电平相等，该位置与一个矩形脉冲匹配滤波器的峰值幅度对应。这样的跟踪环路通常具有记忆能力，可以在丢失数据(由干扰或信号衰减引起)后回到最后一次的测量距离率进行工作。

在跟踪阶段，距离跟踪环路带宽在几十赫兹的量级，从而实现需要的测量精度并保护跟踪不受到意外干扰(如第 5 章所讨论的由箔条产生的干扰)。

此外，需要注意的是，为了消除位于跟踪距离以外的任何干扰(甚至其他目标)，跟踪门产生器必须提供一个宽度略大于前-后波门的跟踪门，从而可以提取感兴趣的目标回波。这种跟踪门还决定哪个信号进入角度跟踪门和 AGC 环路，后者将接收机放大器的增益调整到与接收到的被跟踪信号的功率电平相当的水平。

因此，雷达 ECM 的干扰信号必须在雷达距离跟踪门的位置所决定的时刻进入到雷达接收机，这样才能有效。

从以上的讨论可知，雷达 ECM 在防护平台采用自卫和支援干扰两种方式所用的干扰程序是不一样的。采用自卫干扰时，干扰信号必须在干扰机天线截获到雷达信号之后的非常短的时间内发射出去。

通常，自卫干扰程序是一系列的技术，首先欺骗雷达距离跟踪环路，其次欺骗角跟踪环路，目的是产生雷达失锁，从而延迟或避免 STT 或 MFR 给出对武器系统的引导。

6.4.1 距离跟踪环路欺骗

距离跟踪可以被距离门拖引(RGPO)所欺骗，这就叫距离门拖引技术。RGPO 技术是将距离跟踪门从真实目标位置移动到只有干扰信号所在的位置。这意味着雷达 ECM 必须先发射干扰信号，并尽可能地与目标返回信号的时间一致。这在雷达 ECM 内是这样完成的：将 DRFM 重复器放到与接收天线尽可能近的地方，产生输入脉冲的复制品，用单独的发射天线(与接收天线完全隔离)或同一个接收天线发射出去。对于后一种情况，DRFM 通过发射大量邻接的小段输入脉冲(在接收被关闭后)来重构雷达的射频脉冲。而且它们头尾相位被校准，避免出现所谓的取模现象(如果发射的片段相位不连续，就会造成严重的 JSR 损失)。这种技术称为“分片应答模式”。两种可能的雷达 ECM 配置的原理框图如图 6.15 所示。

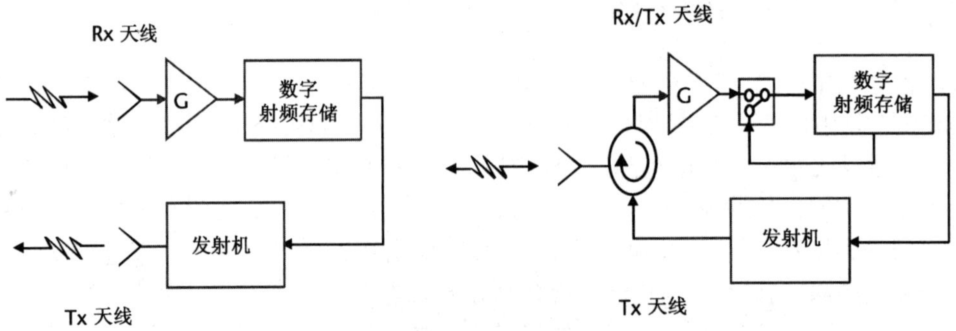

图 6.15 RGPO 项目中两种可能的雷达 ECM 配置的原理框图

雷达 ECM 发射信号被复制一段足够的时间，使得雷达 AGC 锁定到这个复制的电平上(慢慢地高过目标回波电平)。然后，根据拖引速率，把这个复制从真实的目标位置移开(增加到雷达的距离；或假装成减速的目标机动，减少到雷达的距离)。

拖引速率必须在跟踪环路的设计能力内，即它必须与可能的目标减速相似。另外，如果拖引速率很大，那么跟踪环路不能跟随拖引，距离门会返回到其存储的位置(真实目标的位置)。机载雷达 ECM 的拖引速率通常会模拟具有小于 3g(30 m/s^2) 的加速度。

与真实目标距离有关的距离差异可表示为：

$$\Delta r(t)=\frac{1}{2}at^2,\qquad 0<t<T \tag{6.24}$$

其中 t=0 是在 AGC 电平截获之后加载拖引速率的瞬间。

延迟的复制是与输入雷达脉冲的到达同步的，虚假目标的移动由基本延迟时间步长(分辨率小于 2 ns)来提供。发射信号的相位移动也根据延迟速率进行校正。RGPO 的时间变化如图 6.16 所示。

图 6.16 所示为复制副本的外加延迟。通常，最大延迟是这样设计的：$(\Delta r_{\max})/(c\tau/2)\geqslant 4$，例如，$aT^2\geqslant 4c\tau$，脉冲宽度 $\tau=0.5\,\mu\text{s}$，加速度 a=3 g，这样给出的总的拖引时间为 T=6.3 s，距离 $\Delta r_{\max}\approx 600$ m。

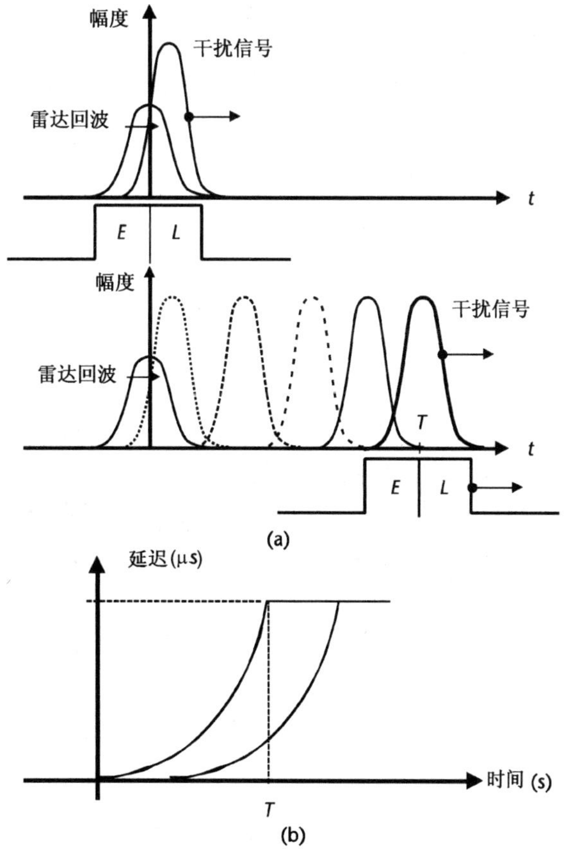

图 6.16　RPGO 的时间变化

当距离门与真实目标的距离足够远(延迟大于一个脉冲宽度)，角度欺骗技术可以用于雷达 ECM 信号。无论是何种原因，如果 RGPO 没有截获雷达距离跟踪门，后续的雷达 ECM 辐射和调制将在距离门以外，因此是无效的。因为雷达 ECM 系统没有方法来确定 RGPO 是否成功截获了雷达距离跟踪门，RGPO 的动作必须从真实目标位置再次重复，试图实现对波门的重新截获。

一旦上个延迟周期的延迟 $\delta \geq 2\tau$，就可以启动循环。首个 RGPO 周期，当其达到最大延迟时，继续从该位置发射复制信号。因此，雷达 ECM 向每个来自被欺骗雷达的截获脉冲发射两个脉冲：其中一个与 RGPO 循环一致，另一个继续放置在 RGPO 的外围。这后一个虚假目标就是“陷阱或拖出目标”。如果没有陷阱目标，拖引周期在某些情况下将产生无用的角度干扰调制，它不断地作用在陷阱目标上。这意味着当雷达距离跟踪门套住它时，雷达角度跟踪环路将持续地受到错误的角度调制。

大量的 ECCM 技术用于跟踪雷达以对抗 RGPO 技术。最常使用的是前沿(LE)距离跟踪，它可以是增加前波门相对于后波门的权重，或者对输入雷达脉冲作差分处理①，对差分以后的脉冲前沿再用前-后波门技术。两种技术在前波门的开始阶段跟踪目标，因此大大地减少了从干扰机接收到的功率，因为它有转发延迟，使其只在后波门出现。为了增加 ECCM 的有效性，跟踪雷达还可能使用跳动重频间隔，如果有可能的话，使用频率捷变或分集发射，以分别阻止对方对下一个脉冲的 TOA 及其载频的预测。

另一种大量应用的 ECCM 技术是添加在距离跟踪门一侧的距离防卫门。前波门和后波门一起会获知是否出现大型噪声脉冲，而只用后波门，则只能获知是否出现 RGPO。这两种情况下，在有限的时间内，雷达可以持续跟踪真实目标之前的位置，如果干扰持续，雷达将转为跟踪干扰的模式。

这些强化了的 ECCM 被雷达 ECM 用发射双模干扰的技术进行对抗，它的发射包含覆盖宽度等于重复周期的最大抖动的阻塞噪声和与雷达载频相同的复制脉冲。干扰机噪声信号阻止了任何形式的前-后波门跟踪(因为前后波门在覆盖脉冲内是浮动的)，而第二个信号的表现很像是目标。这种脉冲用于 RGPO，噪声覆盖脉冲在延迟的复制距目标位置为 2τ 时停止。同时，把角度干扰调制应用在雷达脉冲的复制上。

有些 PD 火控雷达采用了距离跟踪来提供更精确的目标距离测量。它们在窄带探测多普勒滤波器上使用修正后的距离跟踪器，这样，RGPO 技术必须与多普勒信号补偿联合应用。这种技术称为速度和距离门拖引(VRGPO)。

如果雷达 ECM 必须对抗 STT 以进行互保护，可用的干扰技术只有噪声覆盖脉冲。噪声干扰必须在短时间内应用(即在被保护平台执行快速机动所需要的时间以内)，否则干扰平台可能成为武器系统跟踪干扰源，或导弹按干扰寻的的对象。

6.4.2 对抗雷达多普勒跟踪的雷达 ECM 技术

多普勒雷达，不论是连续波的还是脉冲的，对进入的目标回波使用多普勒滤波器，以

① 将 EL 门应用于差分脉冲会影响雷达距离跟踪的性能，因为接收到的目标信号能量和噪声功率的增加，使得每个处理脉冲中接收到的能量相对于常规脉冲要低得多。此外，如第 2 章所述，目标 RCS 有效中心的位置因距离闪烁而波动，因此，LE 在位置上的抖动可超过 RECM 的传输延迟。一般来说，这种技术仅适用于存在非常大的雷达散射截面的情况，就像反舰导弹导引头攻击大型船舶的情况一样。通过简单的计算可以证明，由于使用阻塞噪声覆盖脉冲，雷达接收机处处理的干扰功率的降低部分，由上述对目标信号造成的损失进行补偿。

消除所有在相同角度甚至相同距离间隔内的其他信号，也抑制了目标多普勒滤波器带宽以外的任何有意或无意的干扰。使用与基于 TOA 的距离跟踪的 EL 类似的原理(不过是在多普勒频率域内)，通过多普勒频率跟踪，也可实现目标跟踪，如图 6.17 所示。

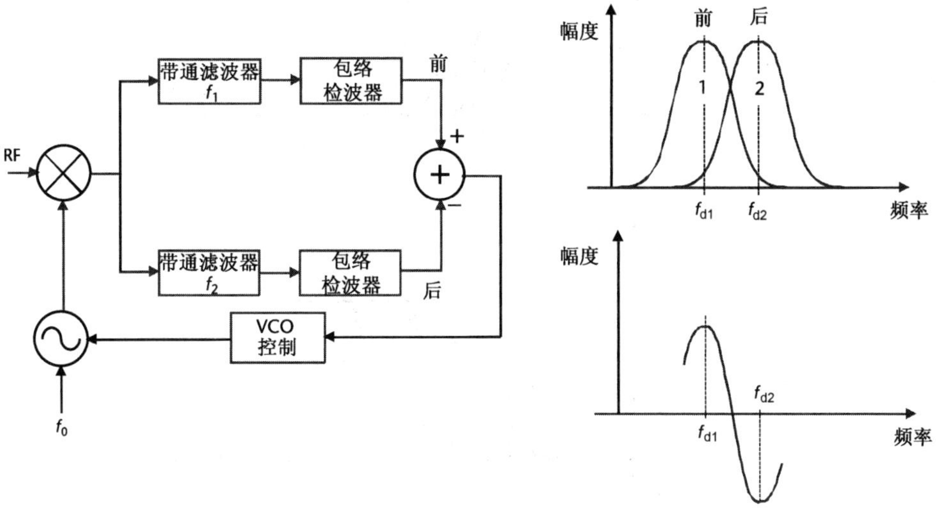

图 6.17　多普勒频率跟踪环路

图 6.17 中的 VCO 由控制环路设置合适的频率，使来自前-后多普勒滤波器输出幅度(即能量)差为零。多普勒跟踪必须在目标截获阶段测量了多普勒频率之后启动，这个多普勒频率与相对于雷达的目标速度和加速度有关(见图 6.17 中的 f_0)。

在 PD/CW 雷达中多普勒频率信息的提取需要使用相关处理间隔(CPI)，它在几个毫秒之上，通常包括许多雷达发射的脉冲间隔时间。雷达 ECM 技术在 CPI 持续时间内在多普勒频率上产生信号，它们对输入信号进行相位调制后转发，要么包含大量的多普勒频率(多个虚假多普勒目标，MFDT)以阻止雷达的目标截获，要么使用 VGPO 技术。

VGPO 技术的目的是截获多普勒跟踪门，把它拖离到距真实位置几个滤波器带宽以外的位置(虚假多普勒目标的能量为 JSR >3 dB 就可实现)，然后应用角度调制拖引技术。

与距离跟踪门的情况一样，虚假目标的拖引速率必须在多普勒跟踪环路的设计能力以内，因为这样的拖引代表了相对于真实目标加速或减速的目标。与 RGPO 技术一样，由于无法知道技术的第一个周期是否成功，VGPO 也是循环的，陷阱目标维持在最大(或最小)的接近速度上。VGPO 的时间变化如图 6.18 所示。

因为多普勒频率的速率改变代表了加速度$[\mathrm{d}f_\mathrm{d}/\mathrm{d}t = k\cdot \mathrm{d}v_\mathrm{c}/\mathrm{d}t = ka(t)]$，接近速度表示为 $v_\mathrm{c}(t) = a(t)\cdot t + v_{\mathrm{c}0}$，需要注意，加速度的最终值 $a(T)$ 不超过目标机动可能的最大加速度值(例如，有人驾驶的飞机为 3 g，无人驾驶的飞机(如 AAM)为 15 g)。

例如，虚假设假目标通过接近速度 v_c 的抛物线加速，模拟一个有人驾驶飞机的机动特性。在加速度最终值为 3 g 时，可以将 v_c 表达为：

$$v_\mathrm{c}(t) = v_{\mathrm{c}0} + kgt^2 \tag{6.25}$$

达到最大值的周期 T 为：

$$T = 3/k \tag{6.26}$$

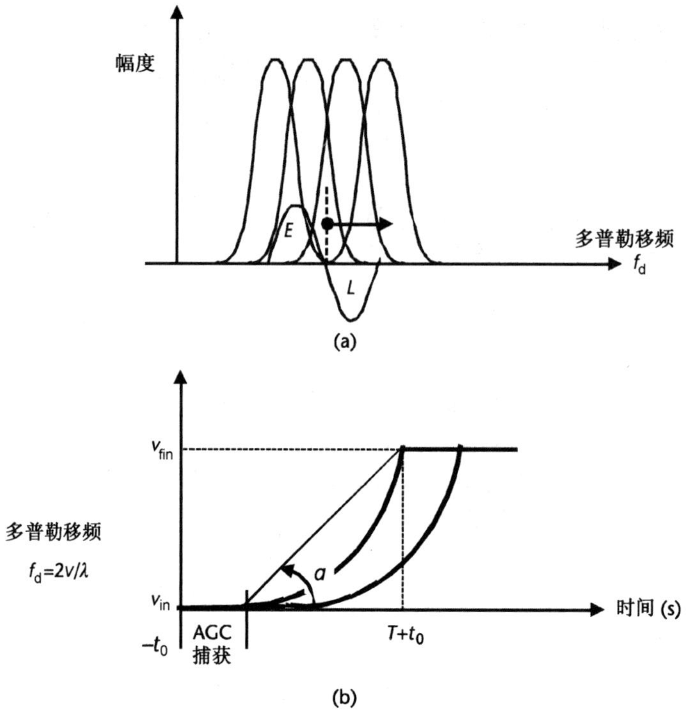

图 6.18　VGPO 的时间变化

假设 T=3 秒，那么 $k=1(\mathrm{s}^{-1})$，并且，接近速度的增长为：

$$\Delta v_c = v_c(T) - v_{c0} = 9\mathrm{g} \approx 90\ (\mathrm{m/s}) \tag{6.27}$$

假设雷达载频是 $f_t = 10\,\mathrm{GHz}$（或者 $\lambda = 0.03\,\mathrm{m}$），相应的多普勒频率增加 $\Delta f_d = 2\cdot\Delta v_c/\lambda = 6\,\mathrm{kHz}$。因为雷达多普勒跟踪带宽的量级为 1 kHz，VGPO 将产生几乎 6 个滤波器带宽的拖引。

注意到 VGPO 所给出的多普勒频率改变是追加在防御平台接近速度和加速度所提供的多普勒频率之上的，因此雷达 ECM 必须考虑到平台的瞬时运动参数选择附加的 VGPO 加速度。

针对 VGPO，雷达可以采用的 ECCM 技术有：

(1) 相干性检查。加在复制信号上的相位调制也产生相对强烈的虚假信号，它可以被位于包含真实目标多普勒频率的滤波器附近的多普勒滤波器内的检波器识别。在这种情况下，雷达将在真实目标多普勒滤波器上做惯性跟踪，而忽视新的欺骗信号。

(2) 速度保护门。该门位于真实目标多普勒滤波器的任一侧，以监视虚假目标的出现，并使雷达在真实目标多普勒滤波器上惯性跟踪(对前一个真实目标位置保持跟踪一段时间)，如果干扰持续的话，转到跟踪干扰的模式。

正如一开始所讨论的，RGPO 和 VGPO 技术的目标都是为后来的角度欺骗技术(当与真实目标竞争时，有可能要求 JSR>30 dB，)提供更大的 JSR，这是通过消除跟踪门的目标信号来实现的。

因为大多数现代跟踪雷达采用了一些多普勒信号处理(动目标指示器(MTI)，LPRF PD)，就必须在 RGPO(一种时间调制技术)的延迟复制信号上加入相对多普勒移频(当模拟飞机时，通常为几千赫兹)，这是由于假目标需要减速。这样的 VRGPO 可以由现代 DRFM 有效地形成。

6.4.3　对抗雷达角度测量的雷达 ECM 技术

STT 或 MFAR 雷达提供的角度测量和跟踪是有效地截获突防到领土的目标(包括军舰)的基本位置参数，因为在许多情况下目标角度位置仍然能独自为雷达引导的武器提供拦截(采用“跟踪干扰”或“寻的干扰”技术)。

因为 STT 角度测量和跟踪的重要性，雷达设计者耗费了大量心血保护这种能力，而雷达 ECM 设计者耗费了同样的精力通过开发有效的系统和技术抵消这种能力。正如之前章节所描述的，用于对抗雷达距离跟踪的雷达 ECM 技术只是干扰程序的初始部分，是为了让后续的用于对抗雷达角度跟踪技术能够容易地实施。

正如第 2 章所讨论过的，早期的跟踪雷达(某些国家仍在使用这些系统)正在使用序列波瓣的办法提供角度测量，其中最有效的是锥扫技术。在该技术中角度测量通过让天线主瓣方向图绕抛物反射盘的视轴进动，并测量目标回波的幅度调制来实现。这个调制成为了目标偏离天线视轴的角度的度量。当幅度调制为零时，该 STT 角度跟踪环路完全校正了角度偏移，也就是说，雷达天线视轴对准目标方向，如图 6.19 所示。

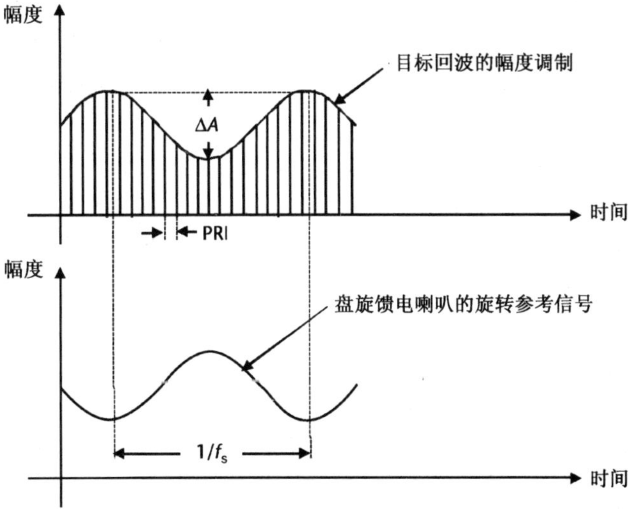

图 6.19　锥扫角度跟踪环路的工作原理

雷达 ECM 应用的技术是一种幅度调制，尽可能地与进动频率接近，以便在角度跟踪环路带宽(扫描频率中心为 f_s)可接受的范围以内。典型的频率为几赫兹。

即使目标回波信号被雷达 ECM 信号覆盖，除非它的调幅频率在以上提到的带宽以内，雷达角度跟踪环路将惯性跟踪在它先前的数据或继续从雷达 ECM 信号(由于接收馈源的进动被调制在 f_s 处)中提取正确的目标位置。因此，自卫用的雷达 ECM 首先测量幅度调制的频率(只有在雷达天线视轴不在目标方向时才有可能)，然后通过 PLL 锁定。一旦扫描频率锁定，雷达 ECM 开始在雷达载频上发射信号，该载频受方波调制(产生最大的调制深度)，频率为扫描频率，但是相对于接收到的雷达幅度调制有 π 弧度的相移。该技术被称为逆增益，如图 6.20 所示。

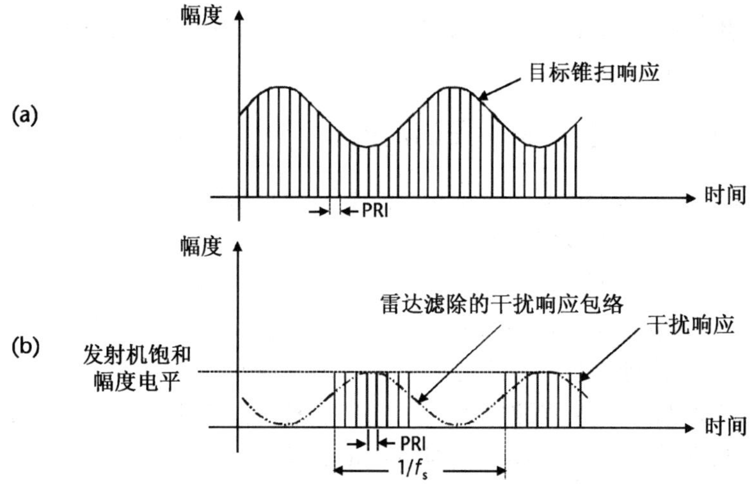

图 6.20 应用于对抗锥扫跟踪雷达的逆增益技术

图 6.20 显示了目标与干扰响应的组合(如果当 RGPO 或 VGPO 不成功时)，可以看到，目标调制仍然存在，需要大的 JSR 来拖引目标角度跟踪环路。在图 6.20 中，只显示了干扰响应在 RGPO 或 VGPO 成功的情况下，该响应将把雷达角度跟踪拖引开目标位置。

锥扫跟踪雷达首先采用的ECCM技术是双天线系统:其中发射天线具有固定波束宽度，位于抛物面反射盘的视轴中心；接收天线具有进动的波束宽度，以频率 f_s 环绕发射天线视轴。该技术称为"仅接收时锥扫"(COSRO)，也应用于切换波瓣的角度测量办法(见第 2 章)，称为"仅接收的波瓣"(LORO)技术。

由于雷达发射天线不再使用 COSRO 技术，所以雷达 ECM 不能测量角度扫描的调制频率 f_s，因此需要采用不同的雷达 ECM 技术，叫做方波扫描(SSW)，幅度调制的频率很缓慢但持续变化，如图6.21所示，覆盖雷达有可能使用在进动频率的预期范围($f_{s,min} \sim f_{s,max}$)。这个范围通常为 20～300 Hz。

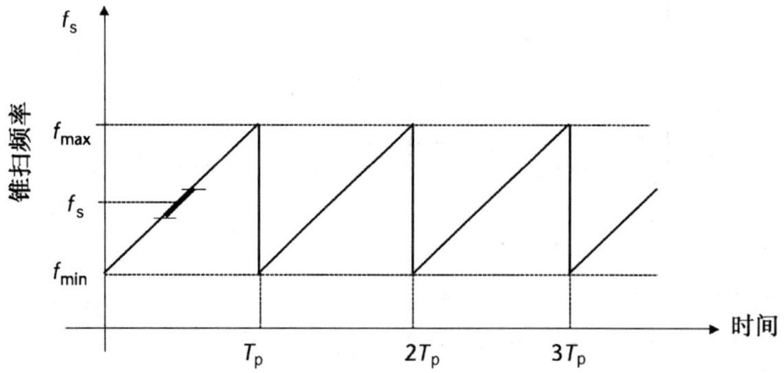

图 6.21 SSW 技术

扫描率必须足够慢，使得它在雷达扫描频率 f_s 附近保持足够的周期 T，以产生对角度跟踪拖引。

由于角度跟踪环路带宽通常很窄(约几赫兹)，要求的周期 T 为几分之一秒，因此覆盖整个锥扫频率范围(大约为 280 Hz)需要 50 s 以上。这种扫频周期太长了，尤其在导弹交战过程中。但是，因为采用的幅度调制(开关方波)具有丰富的奇次谐波(尤其是三次和五次谐波，分别在其基波上衰减 10 和 14 dB)，基础方波扫描 20～60 Hz 的范围就足以覆盖整个锥扫频率范围。在这种情况下，扫频周期可以是 4～5 s，而且有效的干扰周期为 T=0.25 s，足以产生角度跟踪的拖引。

逆增益或 SSW 技术的使用，在信号必须与真实目标回波竞争时需要 10～20 dB 的 JSR [5]。因此，该技术总是跟在 RGPO 或 VGPO 后面。RGPO 或 VGPO 通常仅仅需要 JSR>3 dB。

为了减少总的频扫周期，现代的雷达 ECM 采用了锯齿探测技术，该技术是基于监视跟踪雷达沿频率扫描的幅度变化。实际上，在频率扫描(扫频)期间，如果在某个频率上的驻留时间不足以扰乱雷达角度跟踪，它还是足够可以对角度跟踪环路引起瞬时的干扰。这些发射天线的小角度移动(以及雷达 ECM 接收到的幅度的相关变化)可以被探测到，对应的雷达 ECM 发射频率提供了雷达隐蔽锥扫频率提示。有了该提示，RECM 停止 SSW 频扫，并开始在这个指示频率附近的精细 SSW 频扫。

虽然由于小型红外刻线的转动惯量比进动的射频天线馈源小得多，红外导弹寻的器具有不同级别的旋转速度以及跟踪环路带宽，SSW 技术还用于针对具有旋转刻线的红外寻的导弹的红外干扰(通过闪光灯或 DIRCM)。

现代跟踪雷达采用单脉冲技术(幅度或相位)进行角度测量。该技术不需要幅度调制，因为它能通过测量雷达天线的两个或三个分置单元接收到的幅度差或相位差，从单个回波中提取需要的角度信息(见第 2 章)。

对抗单脉冲角度跟踪的雷达 ECM 技术将在下面讨论：

- 交叉极化；
- 交叉眼；
- 递减转发；
- 地面反弹；
- 照射箔条；
- 投放式和拖曳式诱饵。

6.4.3.1 交叉极化

有些雷达抛物面反射体天线对于幅度单脉冲技术表现出一个潜在的薄弱点，那就是相对于设计的极化，它存在交叉极化，尽管电平低于−25 dB。对于交叉极化天线方向图，零点出现在设计极化的方向图最大的地方(即两个极化波束显示出不同的方向图，如图 6.22 所示)。因此，当计算两个波束的幅度差时(幅度单脉冲技术要求执行)，它们的两个误差信号方向图是反相的。

结果是，相对于视轴的同样角度位置，交叉极化方向图驱动跟踪环路到相对于设计极化相反的方向上去。因此，雷达 ECM 必须在相对于接收信号的正交的极化上发射，以产生稳定的角度误差。为了保证在考虑了以下因素时还有效，发射极化要求具有相对于交叉极化 1° 的精度。假设跟踪雷达设计成垂直极化，其交叉极化(正交极化)响应相对于同极化响应的增益为−25 dB。发射信号相对于正交极化如果有 ε 度的误差，在垂直极化上产生的干扰分量的功率为：

$$P_{j,v} = P_j \sin^2 \varepsilon \cong P_{j,h} \sin^2 \varepsilon \tag{6.28}$$

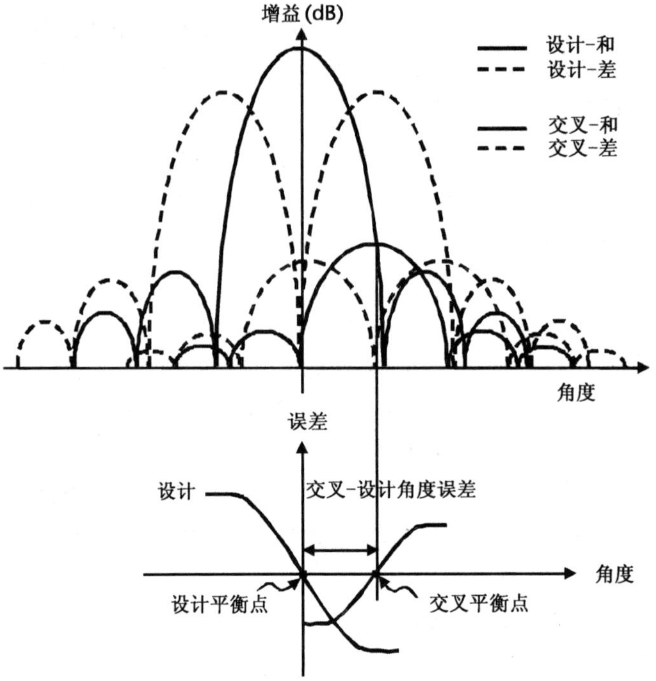

图 6.22 正交和与差方向图以及对应的幅度单脉冲梯度

如果$\varepsilon \approx 3^\circ$，$\sin^2\varepsilon = -25\,\text{dB}$，这意味着发射信号产生的垂直分量与交叉极化分量一样大。因此交叉极化信号的精度相对于正交极化将小于1°，由此其垂直分量将小于-35 dB，以保证技术的有效性。

由于很难达到这种精确度，雷达 ECM 使抛物面反射盘的馈源在相对于接收极化 90°处旋转，然后在 2°范围内缓慢扫描，当发射信号正好位于交叉极化时，会给角度跟踪环路一个冲击。

另一种雷达 ECM 方法是使用具有 N 个双极化(H 和 V)的辐射单元的大型有源相控阵天线。一旦以同上的精度测量到接收的极化，就选择合适比率 $n_{\text{H}}/n_{\text{V}}$ (其中 $n_{\text{H}}+n_{\text{V}}=N$)的发射单元，以产生要求精度的交叉极化干扰信号。

交叉极化技术因为以下原因没有被广泛使用：

(1) 它需要许多天线设备，例如接收馈源上要有极化滤波器，以及卡塞格伦天线子反射器上要有极化扭转，这大大降低了有效性(见第 2 章图 2.55 所示跟踪雷达 Selex NA30 和 NA25 的图像)。

(2) 没有内在的原因或实际需要让雷达接收天线必须设计成与发射天线具有同样的极化，因为目标的散射功率在所有极化方向上是均匀分布的。

相对于交叉极化，相位单脉冲雷达技术的特性与幅度单脉冲雷达技术是相似的，事实上，交叉极化的雷达 ECM 信号在两个单脉冲接收天线(或两个相控阵天线的半阵列)之间产生一个π弧度的相移，该技术详见文献[5]，因此产生了反馈到雷达角度跟踪环路的误差信号方向图的失真。

6.4.3.2 交叉眼

交叉眼技术研究了第 2 章所讨论的大量独立反射器组成的目标在角度跟踪环路中引起

的角度闪烁误差，文献中报道的是两个反射器的情况(文献[13]分析了哑铃模型)。

该技术在实际应用中，两个独立的反射器换成两个相参干扰源，距离为 L(称为基线长度)，干扰机发射功率 ERP_2 和 $ERP_1 = a^2 ERP_2$，其中，$a \leqslant 1$ 是衰减因子。发射的信号到达被欺骗雷达的天线(离基线距离为 R)时移相为 φ。这种情况下的几何关系如图 6.23 所示，可以证明[13-16]，雷达单脉冲网络的角度误差 ε 为：

$$\varepsilon = \frac{\alpha}{2} \cdot \frac{1 - a^2}{1 + a^2 + 2a\cos\varphi} \tag{6.29}$$

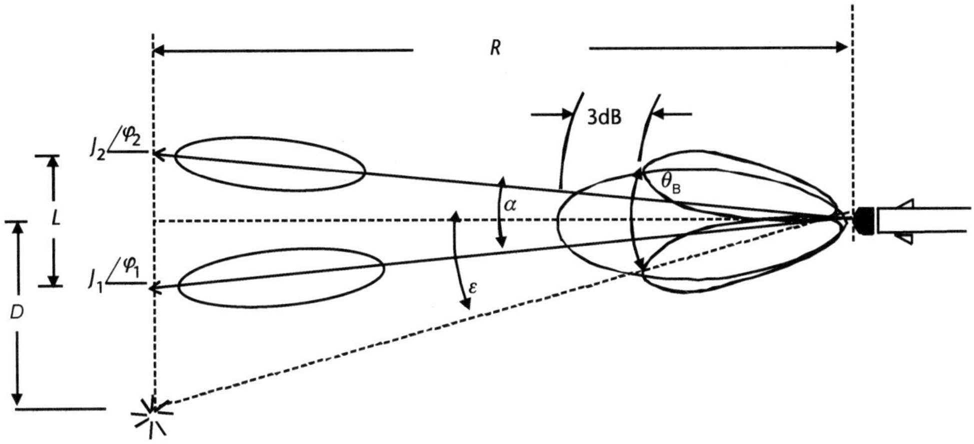

图 6.23　交叉眼技术示意图

其中 $\alpha = (L \cdot \cos\gamma)/R$ 是距离 R 处雷达所观察到的基线长度的角度跨度，γ 是法线方向基线长度与雷达天线视轴之间的角度。

只要角度误差 ε 不大于雷达和波束 3 dB 宽度的一半 $\theta_B/2$ (即 $\varepsilon \leqslant \theta_B/2$)，式(6.29)就是有效的。波束宽度与移相 ϕ 的关系如图 6.24 所示，功率比 $a^2 = J_1/J_2$，其中 J_1 和 J_2 是由两个干扰机发射并被距离 R 处的被干扰的雷达接收到的干扰功率。干扰机功率 J_1 和 J_2 与相应的干扰等效辐射功率成比例，具有相同的比例因子 $k = (ERP/(4\pi R^2)) \times (G\lambda^2/4\pi)$，其中 G 是雷达天线的接收增益。

如图 6.24 所示，当两个信号异相到达雷达天线时($\phi = \pi$ 弧度)，会出现最大的误差，峰值误差为：

$$\frac{\varepsilon}{\alpha} = \frac{D}{L} = \frac{1}{2} \cdot \frac{1+a}{1-a} \tag{6.30}$$

式中，D 是基线长度中心的位置到基线延长线上的虚拟干扰机(两个干扰机的组合)位置的距离。

为了实现实际的干扰机系统，必须考虑一些与前述的角度误差表达式有关的重要的因素：

(1) 在两个相关干扰机信号之间的接近于 π 弧度的移相是指到达雷达天线时的相位差。为了在大多数作战布局中实现这种关系，必须采用如图 6.25 所示的“反向系统架构”。

(2) 要提供距离防御平台更远距离的虚拟目标，移相精度要求就更高，且两个信号之间的幅度比越低。

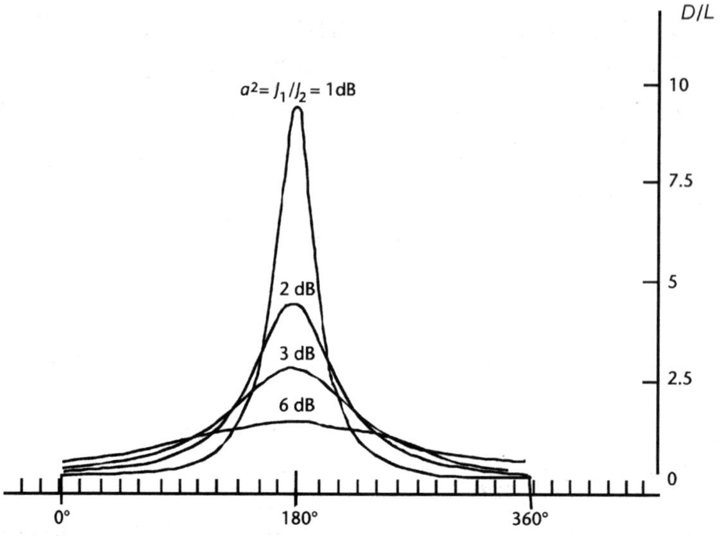

图 6.24 交叉眼引起的单脉冲接收天线误差

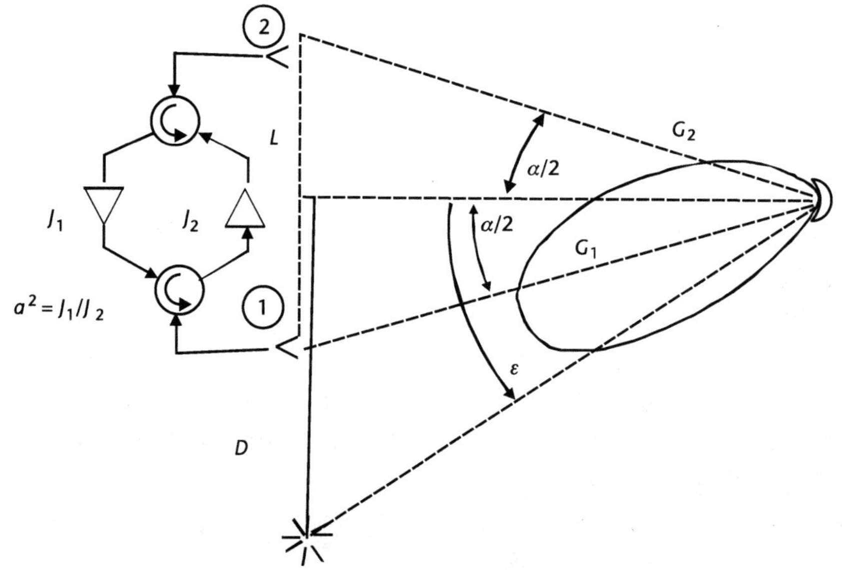

图 6.25 交叉眼干扰的反向系统架构

(3) 比率 a 越低，那么需要的两个相关源干扰 ERP_j 就越高，以补偿在雷达接收机处(由于反相所造成)的干扰机功率损失 ΔJ。干扰机的损失可表达为：

$$\Delta J=(1-a)^2 \tag{6.31}$$

关系曲线如图 6.26 所示。

根据理论和试验[15,16]，对于 $a=-2$ dB 需要的剩余 JSR(除掉损失 ΔJ 以后)必须满足 JSR $\geqslant$ 6 dB。

上述的考虑表明，在存在目标回波的情况下或者在 RGPO/VGPO 成功截获距离跟踪门(用于之前讨论的角度门欺骗技术)之后执行交叉眼时，实际的干扰机应该执行幅度比率 $a<-1$ dB。

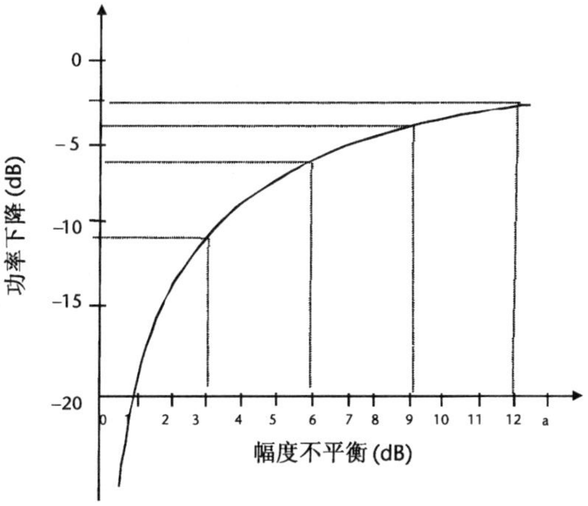

图 6.26　交叉眼干扰的功率损失

尽管表达式(6.28)估计了雷达角度跟踪的角度误差所产生的角度，式(6.29)所示的闪烁误差是用距离基线长度中心 D 的回波信号产生的。

交叉眼的最大角度误差与到雷达之间的距离 R 之间的关系如图 6.27 所示，其中 a 是一个参数。

如图 6.27 所示，在最大距离处(即 $\alpha_B = \alpha/(\theta_B/2) = L/(R\theta_B/2) < 0.01$，相对雷达波束的基线的小角度长度)，可获得大 JSR，角度误差是可以忽略的。在较近的距离上($\alpha_B > 0.05$)，基线长度的角度跨度相对于波束宽度增加了；由于在应用干扰技术后，两个干扰信号被接收处的不同天线的增益值增加了干扰机信号的不平衡 a，角度交叉眼误差减少。这意味着干扰机趋向雷达时，越接近雷达，天线增益应用到干扰机信号的不平衡会越大，导致虚源距离基线的距离 D 越小。

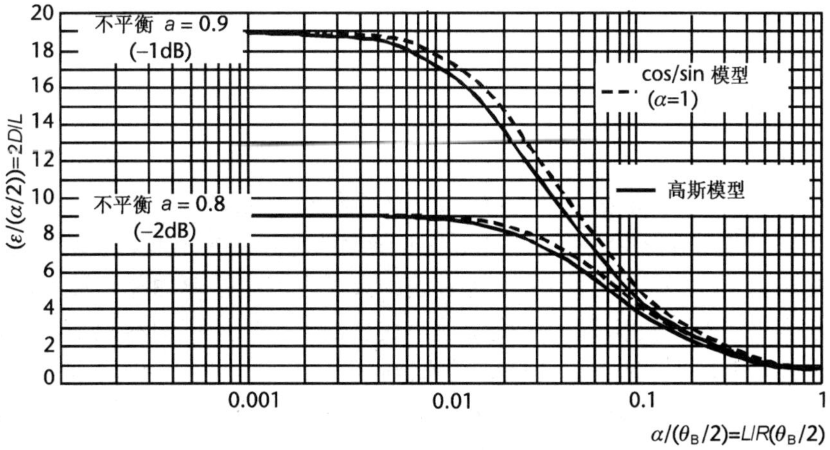

图 6.27　常数功率交叉眼(CPCE)角度误差与到雷达的距离 R 的倒数的关系

通过保持从雷达所接收到的干扰信号的不平衡可以在近距离上获得大角度误差。雷达波束宽度产生的额外的不平衡要由反向干扰架构通过跟踪闭环来补偿。第二种方法称为“恒增益交叉眼”(CGCE)，是现代采用有源收、发相控阵天线的一种雷达 ECM 的实施方法。这种方法还具有一种好处(在变化探测方面)，可以评估干扰技术的有效性，因为它与雷达波束宽度成闭环关系。实际上，通过对接收到的这种不平衡增长的测量，干扰机可以增加来自两个源的发射功率的不平衡，以保持雷达接收到的信号功率之间恒定的不平衡。

CGCE 方法归一的交叉眼增益与距离 R 的倒数的关系，以初始的不平衡 a 为参数，如图 6.28 所示。该图还与 CPCE 方法归一的交叉眼增益进行比较。从图中可以看出，当雷达与目标的距离量级为 $\alpha_B = \alpha / \theta_B/2 > 0.1(L/R\,\theta_B \geqslant 0.05)$ 时，CGCE 方法的引起角度跟踪误差取决于雷达天线的单脉冲特性(这是指Δ波束宽度峰值离天线视轴(或Σ波束宽度峰值)的角度距离)。这种共振已经过试验验证。由于导弹对目标的交战运动性能，这种共振误差会在攻击的最后阶段对导弹产生大的距离误差。主动制导导弹与装备有 CGCE 干扰机的作战飞机交战的仿真结果如图 6.29 所示。在图的左下角处设置了飞机模型(用四个独立的散射体模拟它的 RCS 及闪烁，因为干扰技术在没有 RGPO 的情况下实施)和干扰机模型，设置两个干扰机(放置在翼尖，以实现最大的基线长度 L=10 m)的初始差分振幅以保证飞机右侧的脱靶距离。在图的中心是 AAM/飞机交战的视图，两个距离分别为，$R_{\text{switch-on}}$ 代表从雷达开始交战，$R_{\text{CE-on}}$ 代表 CGCE 干扰技术的开始。在图的右侧是交战的结果，带有飞机和导弹运动学数据以及达到的误差距离(从翼尖的尽头算起)。

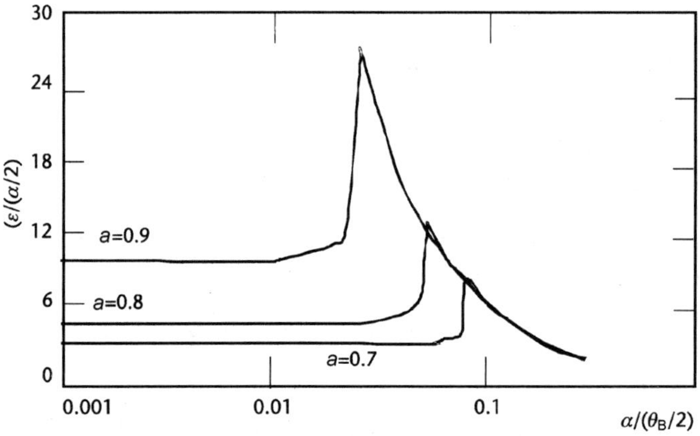

图 6.28 CGCE 方法中归一的交叉眼增益与距离 R 的倒数的关系

雷达天线的单脉冲特性的实验验证已经解除了交叉眼[见式(6.28)]最大角度误差低于雷达−3 dB 波束宽度($\varepsilon < \theta_B / 2$)的限制。实际上，只要交叉眼产生的距离 D 足够大，不管是因为基线长度 L 很大(因此 $\alpha = L / R > \theta_B / 2$)或者不平衡度 A 非常小，都将产生锁定-中断。这种情况将在许多作战中采用。在 6.4.3.4 节中讨论地面弹跳技术时，将给出一个例子。

这里所描述的交叉眼技术只在被干扰雷达的天线上产生了弯曲相位波前。这种弯曲相位波前可引起所有类型角度跟踪的角度误差。这种误差适用于试图将视轴对准输入(假设)的平面相位波前(跟踪门内只有单个目标)的天线。

对于对抗针对主动制导导弹的交叉眼技术可能用到的 ECCM 技术，必须提到两个重要的考虑因素：

(1) 交叉眼 SPJ 在大多数情况下不受大多数 SPJ(第 5 章干扰方程中已讨论过)的烧穿距离影响。这是因为导弹寻的器的波束宽度被指向了虚假目标。它照亮了实际的目标并接收只来自主瓣边缘的目标回波。这种双程天线增益的减少导致了 JSR 的增加，部分补偿了由逼近距离产生的 R^{-2} 目标信号 S 的增加。雷达天线波束宽度越窄，这种补偿越大，如图 6.30 所示。

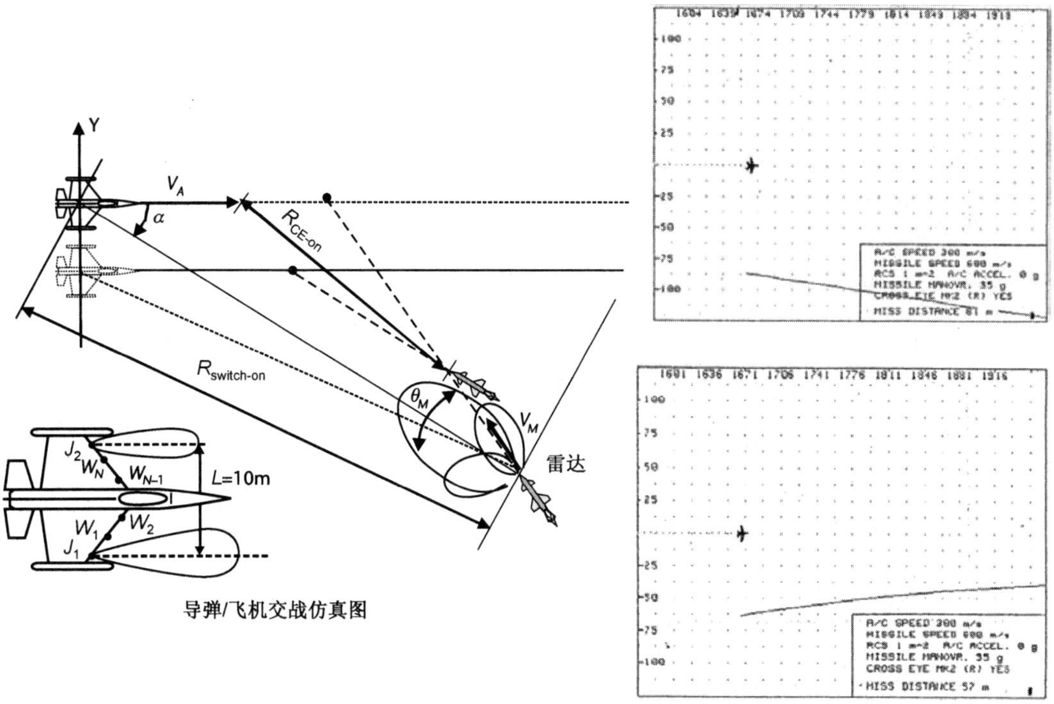

图 6.29　有源导弹与装备有 CGCE 干扰机的作战飞机交战的仿真结果

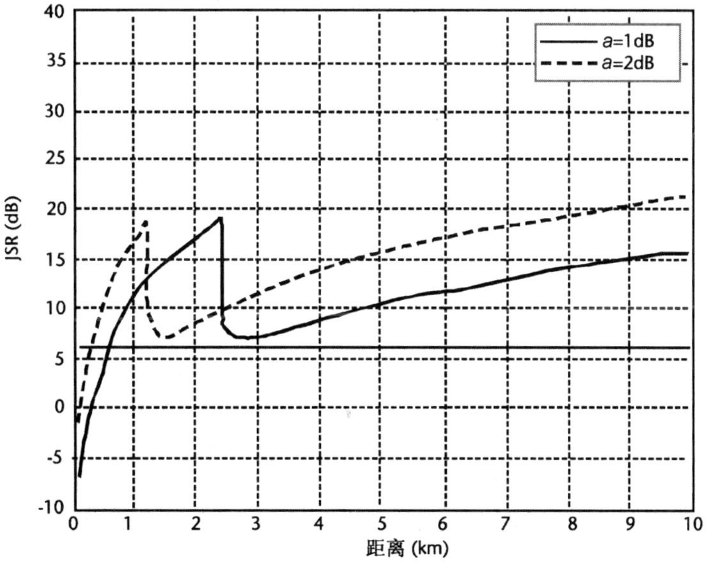

图 6.30　在交战最终阶段的 JSR 增长

(2) 如果交叉眼技术应用于存在目标回波的情况(在距离跟踪门以内，这意味着很短的基线长度，以实现干扰机的最小重传延迟)，只有采用了超级分辨率技术(因此具有阵列天线)的雷达才具有继续对真实目标进行角度跟踪的能力。

适用于单脉冲天线的简单方法，例如角度复数指示方法[17,18]，计算了复数形式的单脉冲 Δ/Σ 比(包括比值的实部和虚部，而通常的单脉冲方法只计算比值的实部)，只能指示干扰的存在，而不对角度欺骗进行任何补偿[19]。

6.4.3.3 递减转发

角度跟踪环路用窄的伺服带宽工作(即它们需要大量的脉冲来提取角度误差)。在使用RGPO或VGPO把跟踪门转移到诱惑虚假目标位置之后，有可能逐渐减少应答器回应的脉冲的数量(因此，该技术被称为递减转发)而保持在跟踪门以内。这种减少一直持续，直到脉冲数不足以提取精确的角度误差。这种技术还会影响AGC环路，它有一个放大级，试图保持后续电路工作在固定的幅度水平上。积累脉冲的减少会减少这种水平，因此AGC将增加放大量直到放大器饱和，这样将引起非线性，使角度跟踪精确度进一步恶化。

6.4.3.4 地面反弹

地面反弹技术可以被低空飞行飞机的雷达ECM使用，用于对抗AAM的PD或半主动CW跟踪雷达寻的器。它向下面的地形发射复制的雷达波形，发射的能量向跟踪雷达散射。

为了使该技术有效，必须满足两个条件：

(1)瞄准寻的器的直接干扰机能量必须比从地面反射的更低，这对于干扰天线或使用指向地面的专用干扰天线构成了旁瓣电平限制，以执行这种技术。

(2)对抗PD雷达时，反射的几何条件应当给出相对于目标回波最小的延迟；否则，雷达会继续跟踪飞机。这意味着该技术必须在导弹非常远的时候就激活，如此目标信号和被地形反射的干扰信号将在雷达的同一分辨率单元以内。

假设飞机以恒定速度 v_a 在高度 h_a 处飞行，导弹从高度 h_m 处进入，如图6.31所示。导弹和飞机之间的初始距离为 R_0。为了简化计算，假设交战的运动学就在俯仰面内，飞机和导弹可以表达为：

$$x_a(t) = G_0 - v_a t$$
$$y_a(t) = h_a$$

以及

$$x_m(t) = v_m t \sin\theta$$
$$y_m(t) = -v_m t \cos\theta \tag{6.32}$$

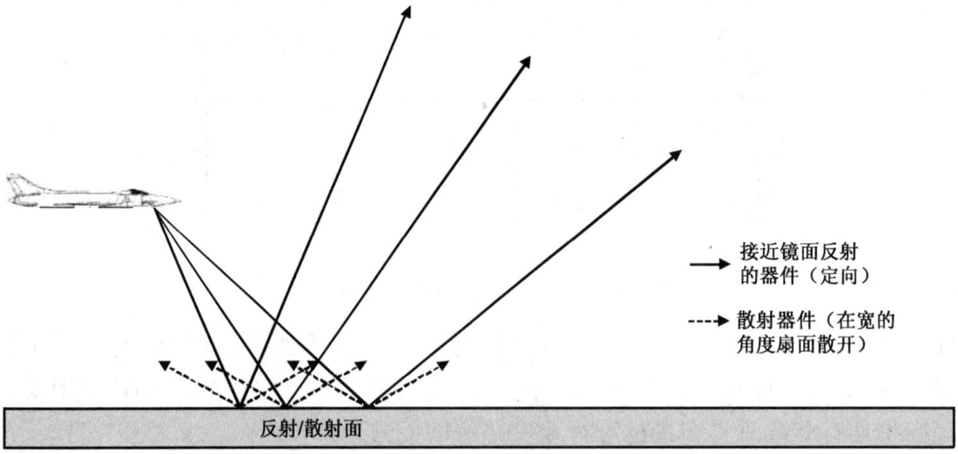

图6.31 地面反弹交战的几何示意图

在这些表达式中，G_0 是该技术的初始阶段地形的斜距，后继的表达式为：

$$G = \sqrt{R^2 - \Delta h^2} = r_a + r_m \tag{6.33}$$

式中，r_a 和 r_m 分别代表飞机和导弹信号的地形反射点的斜距。

根据图 6.31 可以得到：

$$r_a = \frac{h_a}{h_m} r_m, \qquad G = r_m(1 + h_a/h_m) \tag{6.34}$$

导弹接收到的来自地形反射信号的干扰功率 J_t 为：

$$J_t = \frac{\mathrm{ERP_j}}{4\pi R_a^2} \cdot \frac{\sigma_g}{4\pi R_m^2} \cdot \frac{G_m \lambda^2}{4\pi} \tag{6.35}$$

而被导弹寻的器雷达照射的目标回波功率为：

$$S = \frac{\mathrm{ERP_m}}{4\pi R^2} \cdot \frac{\sigma_a}{4\pi R^2} \cdot \frac{G_m \lambda^2}{4\pi} \tag{6.36}$$

式中，

$\sigma_g = \sigma_0 R_a^2 \theta_a^2$ 是被干扰机照射的地形块的双基地 RCS，它的天线波束宽度 θ_a 为 3 dB，而 $\sigma_0 = (\mathrm{dBm^2/m^2})$ 是地形的特定的 RCS；

$R_a = (h_a^2 + r_a^2)$ 以及 $R_m = (h_m^2 + r_m^2)^{1/2}$ 分别为到干扰机的反射地形块和导弹的距离；

$R = (G^2 + \Delta h^2)^{1/2}$ 是导弹到目标的距离；

σ_a 是目标的 RCS；

G_m 是导弹天线增益；

$\mathrm{ERP_j} = P_j G_j$ 和 $\mathrm{ERP_m} = P_m G_m$ 分别是干扰机（功率为 P_j，天线增益为 G_j）和弹载雷达（功率为 P_m，天线增益为 G_m）的有效辐射功率。

在这种条件下，JSR 为：

$$\mathrm{JSR} = J/S = \frac{\mathrm{ERP_j}}{\mathrm{ERP_m}} \cdot \frac{\sigma_g}{\sigma_a} \cdot \frac{R^4}{R_a^2 R_m^2} = \frac{\mathrm{ERP_j}}{\mathrm{ERP_m}} \cdot \frac{\sigma_g}{\sigma_a} \cdot f(R) \tag{6.37}$$

式中，

$$f(R) = \frac{R^4}{R_a^2 R_m^2} = \frac{R^4}{\left(h_a^2 / h_m^2\right) R_m^4}$$

假设 $R \approx R_m$，那么：

$$\mathrm{JSR} = \frac{\mathrm{ERP_j}}{\mathrm{ERP_m}} \cdot \frac{\sigma_g}{\sigma_a} \cdot \frac{h_m^2}{h_a^2} = \frac{\mathrm{ERP_j}}{\mathrm{ERP_m}} \cdot \frac{\sigma_0 \theta_j^2 R_m^2 (h_a^2/h_m^2)}{\sigma_a} \cdot \frac{h_m^2}{h_a^2} = \frac{\mathrm{ERP_j}}{\mathrm{ERP_m}} \cdot \frac{\sigma_0 \theta_j^2 R_m^2}{\sigma_a} \tag{6.38}$$

来自直接路径的导弹接收机处的 JSR 为：

$$\mathrm{JSR_d} = \frac{\mathrm{ERP_j}(G'/G_j)}{\mathrm{ERP_m}} \cdot \frac{4\pi R_m^2}{\sigma_a} \tag{6.39}$$

因此，地面反弹技术有效的前提条件是，$\mathrm{JSR} / \mathrm{JSR_d} > 1$ 或：

$$\frac{\mathrm{JSR}}{\mathrm{JSR_d}} = \frac{\mathrm{ERP_j/ERP_m}}{\mathrm{ERP_j/ERP_m}(G'/G_j)} \cdot \frac{\sigma_0 \theta_j^2 R_m^2}{4\pi R_m^2/\sigma_a} = \frac{\sigma_a \sigma_0 \theta_j^2}{4\pi} \cdot \frac{G_j}{G'} > 1 \tag{6.40}$$

根据式（6.40），采用典型的地形反射率最大值 $\sigma_0 \approx -20\ \mathrm{dBm^2/m^2}$，目标 RCS 取常用值，干扰波束宽度取最大值，在导弹方向的干扰天线增益 G' 比干扰天线增益 G_j 低超过 40 dB，实际上在该方向为零点。因此，采用地面反弹技术需要利用单独的朝向地面的干扰天线，并用飞机结构阻挡整个上半球方向。

一种更有效的利用地形产生的多路径的干扰技术是低空交叉眼（LACE）技术[20]。这种技术可以被低空飞行对抗雷达的飞机采用，对抗在两个角度维度（θ,φ）上具有角度跟踪环路的雷达（如对抗低空飞行直升机的 AAM 或 AAA）。该技术在垂直平面（被适当的基线长度所分开）上使用两个干扰机并利用地形反射，在导弹波束宽度内产生两个交叉眼干扰机的影像。飞行产生的大的虚拟基线长度（是飞行高度的两倍）产生了雷达角度跟踪的锁定-中断。LACE 交战的几何示意图如图 6.32 所示，波束宽度为 2° 的跟踪雷达与低空飞行的直升机对抗时的 LACE 的仿真结果如图 6.33 所示。该技术已经被实验验证。

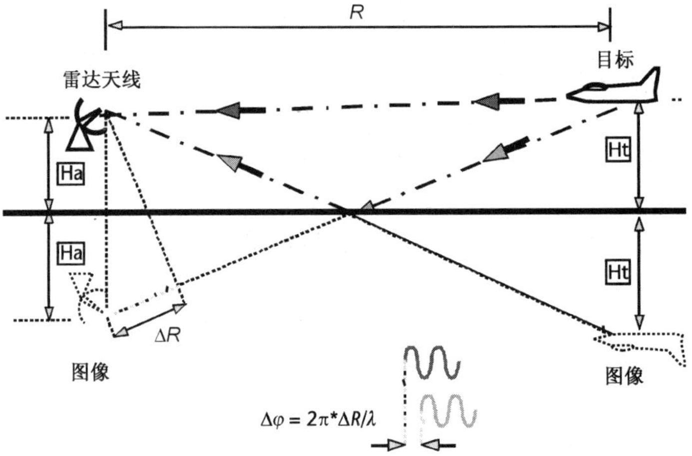

图 6.32　LACE 交战的几何示意图

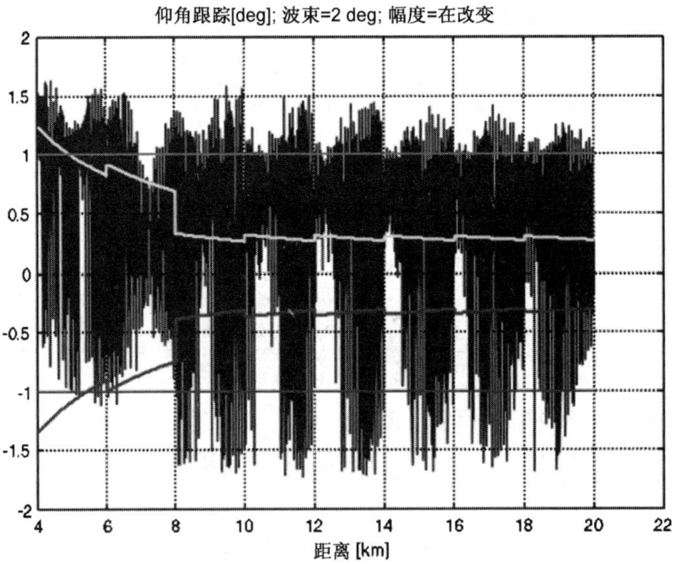

图 6.33　低空飞行直升机 LACE 交战时的仰角跟踪误差仿真结果。直升机高度从 100 m 降至 50 m。两条曲线（黑色和灰色）显示雷达波束宽度（2°）。两个界限以外是锁定-中断区

6.4.3.5　照射箔条

在第 5 章中，当讨论到箔条时，曾描述过一种能够产生雷达锁定-中断的技术。这种技术与机动性有关，飞机垂直于雷达视轴飞行，以便利用箔条的发射，立刻产生接近于零多

普勒的大 RCS 的杂波，这就不能被雷达多普勒信号处理器所识别。

锁定-中断还可以通过飞机后方的箔条发射，机载的雷达 ECM 通过用适当的雷达波形的复制信号予以照射来实现，而不需要飞机机动。复制是根据 VRGPO(或在 CW 雷达情况下简化的 VGPO) 发射的。该技术对于利用多普勒信息来抑制静止目标的相参雷达来说非常有效，并且非常方便，因为它采用了相对便宜的机外诱饵。

6.4.3.6　投掷式和拖曳式诱饵

相对于无源诱饵，例如箔条和角反射器(后者使用于舰船防御)，从防御平台发射有源诱饵对于对抗正在逼近的雷达制导导弹提供了更大的灵活性，因为它的发射信号可以被调制，从而产生对于雷达来说更真实或更迷惑的目标参数。

在机载的情况下，投掷式诱饵通常用于对抗半主动 CW 导弹，因为低功率的雷达 ECM 足以对抗。投掷式诱饵采用了小型导弹的外形，载荷与转发式干扰机非常相似，它发射欺骗式 VGPO，并且与被防御目标角度分离。

在导弹的来袭方向被发射以后，诱饵迅速地减速并开始降落(如果打开了小降落伞的话会缓慢降落)。因此，它发射的信号必须被 VGPO 调制，从而产生一段时间可信的虚假目标(通常维持时间为电池寿命的时间)。

舰载的投掷式诱饵通过舰载诱饵发射器进行发射，在来袭导弹的方向按弹道轨迹飞行，但相对于舰船与导弹之间的方向存在一个角度偏差。这样诱饵可以诱导导弹的前沿距离跟踪环路。它的作战寿命通过小型降落伞以及大型电池悬浮在空中来延长。

拖曳式诱饵(TD)用于防御舰船和飞机。海上拖曳式诱饵通常漂浮在水面，与被防御舰船保持远距离，并且采用转发式。机载拖曳式诱饵可以是转发式，也可以是通过光纤电缆在低功率的 RF 馈电式。

机载拖曳式诱饵的优势是其干扰信号与飞机目标的多普勒信号相同，因此只要发射能量超过目标回波就足够诱骗 CW 半主动导弹的跟踪门。

光纤拖曳式诱饵具有远程发射机(通常是小型 TWT 功率放大器)，RF 调制信号(通过光纤)和高压电源(拖曳飞机内部产生，通过电缆的内核)经同一根拖曳电缆提供。因此它们可以利用大量的机载雷达 ECM 技术产生器(见第 5 章)，并可以对抗更先进的威胁，而不仅仅对抗 CW 半主动导弹。

机载投掷式诱饵和拖曳式诱饵的部署如图 6.34 所示。

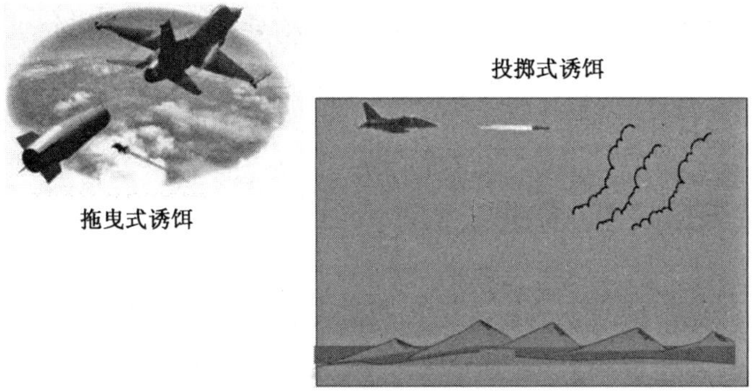

图 6.34　机载 SPJ：有效的机外有源诱饵

拖曳式诱饵技术存在两个圆锥区，来袭的导弹可以引爆和摧毁飞机。这是因为当导弹在跟踪诱饵信号并经过诱饵前或后时，可以足够接近飞机从而引爆和摧毁飞机。两个锥形的顶点在诱饵上，孔径为 $\alpha = 2\arctan((r_1+W)/L)$，其中 r_1 是引爆的摧毁距离，W 是飞机的机身宽度(通常对于 r_1 可以忽略)，L 是拖曳电缆长度。由于锥形孔径通常很小，拖曳电缆的长度很长。事实上，如果飞机和拖曳式诱饵与飞机前方扇面的导弹来袭方向一致，导弹通常将瞄准飞机，其多普勒引爆引信系统将在接近飞机时引爆。在飞机的后方扇面，如果导弹瞄准拖曳式诱饵，但在接近时由于任何原因不引爆的情况下，它将继续前进并在接近飞机时引爆。以上情况如图 6.35 所示。

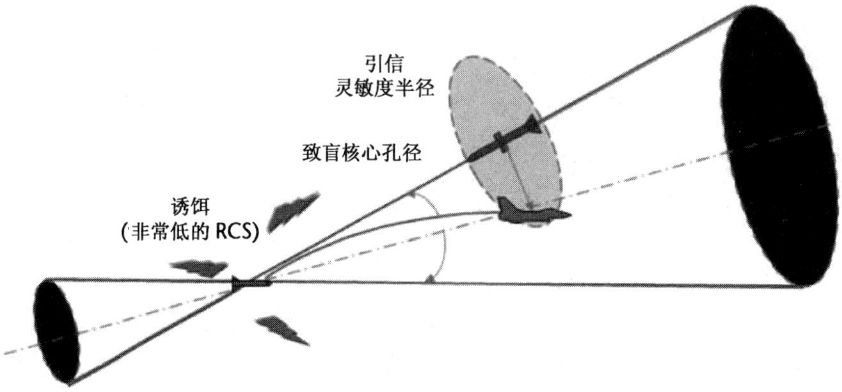

孔径(°)与电缆长度和引信灵敏度的关系			
引信灵敏度半径	拖曳线长度		
	50m	100m	200m
10m	22.5°	11.4°	5.7°
20m	44°	22.5°	11.4°

图 6.35　拖曳式诱饵限制：盲锥

为了避免这种麻烦，当导弹自动跟踪一旦被探测到，飞行员将执行“缓慢迂回航行”机动(因此不会大幅增加导弹视野中的飞机 RCS)以阻止飞机和拖曳式诱饵被导弹的 DOA 瞄准。

因为导弹的引信是由拖曳式诱饵体来激活的，导弹爆炸有可能损毁或摧毁拖曳式诱饵。在这种情况下飞机通常具有其他的诱饵，可以立即投入使用以保护飞机免受第二次攻击。

如上所述，机载拖曳式诱饵对于对抗 CW 半主动导弹是非常有效的，但对于对抗 AAA 跟踪雷达却不那么有效(除非具有非常大的 ERP)，这种雷达可以利用频率捷变和 LE 距离门跟踪。

6.5　有关雷达 ECM 技术的总结

在之前的章节，我们讨论了监视雷达和跟踪雷达主要采用的 ECM 和 ECCM 技术，这些雷达包括多功能有源相控阵雷达。

最有效的对抗监视雷达的 ECM 技术是噪声包络短脉冲和大量仿真虚假目标的组合，其中以脉冲压缩调频速率进行相位调制的脉冲干扰可以掩盖干扰飞机；同步 ESJ 产生的、在雷达主波束以内且位于 ESJ 后面的虚假目标，可以克服雷达脉冲重复间隔捷变和频率捷变带来的影响。

在大多数情况下，有必要首先采用 ECM 技术，把跟踪门拖离目标然后才试图进行角度欺骗。在这些已经使用的技术中，对抗主动制导导弹寻的器最有效的是交叉眼技术，可以引起大量的锁定-中断。在目标回波存在时(在距离跟踪门内)，它是很难被鉴别的，而拖曳式诱饵技术是对抗半主动导弹最有效的方法。

许多 ECM 技术被报道用于对抗 SAR 和双基地/多基地雷达，但到现在为止没有实验性的结果可以评估这些技术的有效性。

6.6　通信对抗的 ECM 原理和技术

在早期的军事行动中，通过无线电链路侦听对方的谈话及进行数据交换比干扰其信息传输更有价值。现代通信系统中广泛使用的数字化和加密技术已经极大地减少了从对方交换信息中提取信息的能力。因此，干扰对方通信网络节点变得至关重要，因为这可以把指挥官从部队中隔离出来，并且通过阻断对方网络中的信息交换限制敌方的态势感知。

军事作战中，对通信网络的干扰更重要的方面正如 W.Perry 在文献[22]中指出的那样："干扰对方的雷达，只能迫使一个武器不能攻击我们，但如果我们干扰一个 C2 系统，那么我们就能瓦解整个武器体系"。

正如第 2 章(2.4 节)所述，军事通信系统有三种类型：

① 作战网无线电台，提供近程和中程的语音(数字化调制)通信；

② 战术数据链，用于在 C2 系统中节点之间传输数据；

③ 卫星通信，提供用户之间的非常远程的数据交换。

现代数字调制通信系统的主要 ECCM(抗干扰)技术见图 6.36。有两种类型的 FHSS 通信波形，慢跳频(SFH，每个跳变有多个数据位)和快跳频(FFH，每个数据位有多个频率跳变)，它们的数据位是用 BFSK 调制的，分别如图 6.37 和图 6.38 所示。

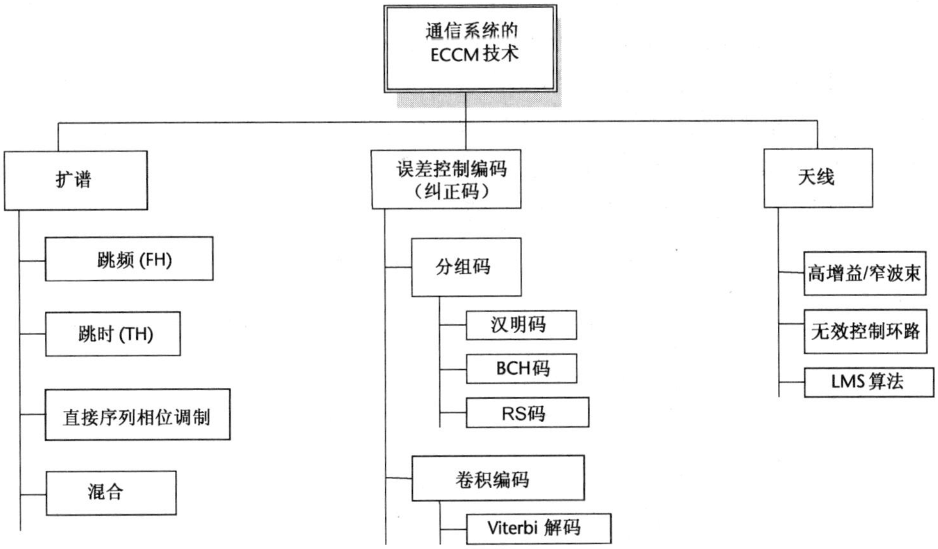

图 6.36　现代通信系统的 ECCM 技术

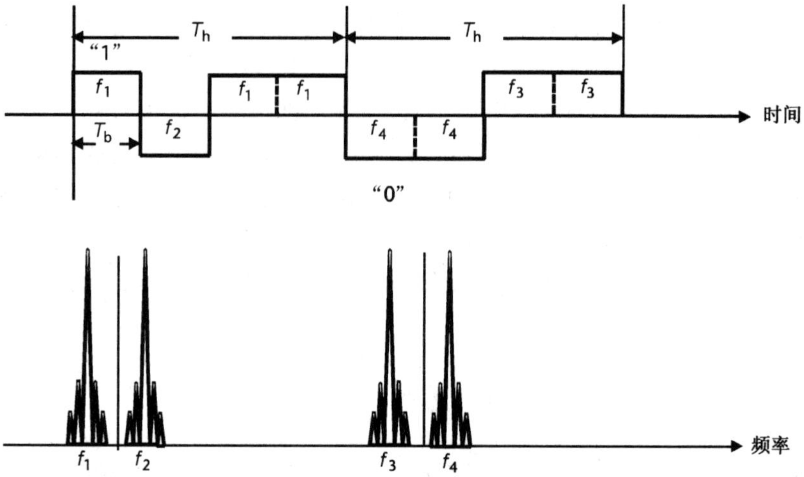

图 6.37 SFH BFSK 传输

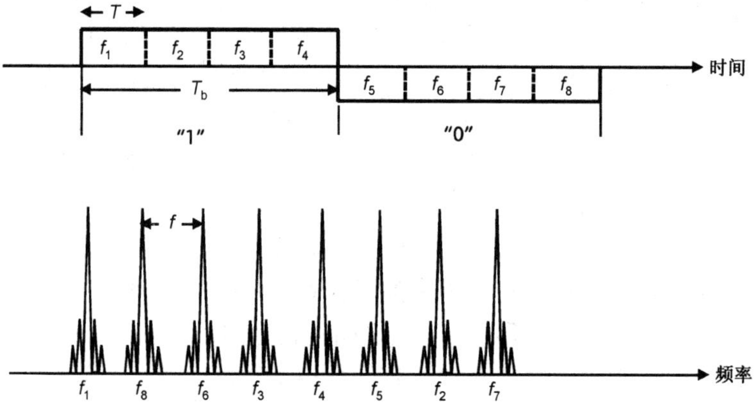

图 6.38 FFH BFSK 传输

现代通信波形的接收机内需要两种类型的电路：解调电路和同步电路。解调电路对接收到的波形和在接收机内的与发射相匹配的代码进行相关处理，因此将发射信息的内容进行解码。同步电路通过使两个代码对齐来实现上述功能。

因此，ECM 技术可以让接收到的信息内容产生错误，或阻止这些信息的同步。在选择干扰技术时这两个选项都需要考虑。问题是哪个技术对于通信系统可产生更高的破坏性。本节讨论的主要 ECM 技术如图 6.39 所示[21]。按照 Poisel[15]所提出的方法，他分析了图 6.36 中的通信技术相对于图 6.39 中的 ECM 技术的易损性。

对抗现代通信系统的 ECM 技术

- **波形**
  - 窄带噪声(NBN, 点)
  - 宽带噪声
    - 部分带宽噪声(PBN)
    - 宽带噪声(BBN, 阻塞)
  - 扫描噪声
  - CW音频
    - 单音频
    - 多音频
  - 智能干扰
- **策略**
  - 跟随或重复返回干扰机
  - 脉冲调制干扰机

图 6.39 用于对抗现代通信系统的 ECM 技术和策略(源自文献[22])

6.6.1 噪声干扰

噪声干扰技术是通过随机高斯噪声波形调制干扰载频来实现的。当调制带宽与单个通信信道相关时，就会产生窄带或点噪声。当调制带宽与整个(或部分)频谱占用的数字扩频通信相关时，就会产生宽带或阻塞(或部分波段)噪声。

该技术的目的是将噪声注入到接收机中，从而增加 BER 并拒绝通信信息内容，正如附录 D 所述。

宽带噪声(BBN)对于对抗所有类型的 SS 通信技术是有用的，然而，相对于传输的通信功率，它需要非常大的干扰功率，干扰效果与单信道宽度接收到的干扰功率成正比。也就是说，比率等于 SS 技术的处理增益，对于 DSSS 扩频技术，$G_p = B_{ss} / B_{ch}$，其中 B_{ss} 是整个通信带宽，B_{ch} 是单信道的带宽；对于 FHSS，$G_P = N_T$，其中 N_T 是通信的总信道数。

BBN 对于干扰 SS 通信的同步阶段来说也是有效的，这个时候接收机试图与发射机的 PN 码序列对齐。在 BBN 干扰下，FHSS 通信(用匹配的滤波器方法或序列搜索代码截获方法已经完成了粗截获)无法同步的概率达到 50%，文献[21]的第 6 章对此进行了估计，结果见表 6.1。

需要注意的是，对于在 FH 作战网络电台(如 Jaguar-V)对应的，在全 VHF 范围(30～90 MHz，信道带宽 $B_{ch} = 25\,\text{kHz}$)内工作的 BBN 干扰机达到这样的 JSR 水平，将需要干扰机发射功率在几千瓦量级(只有大型地基干扰机才能做到这一点)。

表 6.1　SNR=10dB、非同步概率>30%时的 FHSS 通信所需要的 BBN JSR(dB)

p	10	20	30
JSR(dB)	−3	−0.5	1

p 为达到同步的最小跳频数量。

部分带宽噪声(PBN)将噪声能量分布于被干扰通信系统的一些(不是全部)信道中。对于某些 SS 干扰技术，具有最优化带宽比 $\gamma > 0.3$ (其中 $\gamma = B_j / B_{ss}$，是干扰波形的带宽 B_j 占整个扩谱带宽 B_{ss} 的分数)。以最佳带宽系数工作时，有些扩频干扰技术的部分频段噪声的干扰效果比宽带噪声更好。

窄带噪声(NBN)干扰将噪声能量安排在单个信道中。如附录 D 中所示的 BFSK 干扰，干扰带宽可以是数据信号的，也可以是互补信号的，或两者都是。这种类型的干扰可以应用到跟随式干扰机，用于对抗 SFH 通信系统，考虑到 JSR 产生的 BER 必须被在接收机跳频期间存在干扰机的因子 $\alpha < 1$ 修正：

$$P_{\text{error}} = (1-\alpha)\cdot p_{\text{noise}} + \alpha \cdot p_{\text{jammer+noise}}$$

其中 p_{noise} 是只有接收机噪声存在时的误码概率，$p_{\text{jammer+noise}}$ 是干扰机和接收机噪声同时存在时的误码概率。

单音频干扰技术涉及把一个或多个干扰单音频放置于适当的通信系统频谱的信道中。单音频干扰，对于对抗 FHSS 是无效的，但当频率接近于载频时可有效对抗 DSSS [21]。多音频干扰可以通过在频谱范围干扰 m 个频率来执行，以对抗 FHSS 和 DSSS。对抗 FHSS 时，m 个频率必须随机跳迁以尽可能击中许多 FH 信道。对抗 DSSS 时，如果 m 个频率位于数据率的整数倍时干扰会更有效[21]。在两种情况下，可实现的 BER 低于 10^{-1}。多音频干扰可以有效地应用于对抗 FHSS 同步，其适当的音调数[JSR=0 dB]要大于 FH 通信系统截获接收机的相关器数。

各种干扰的频谱覆盖如图 6.40 所示。

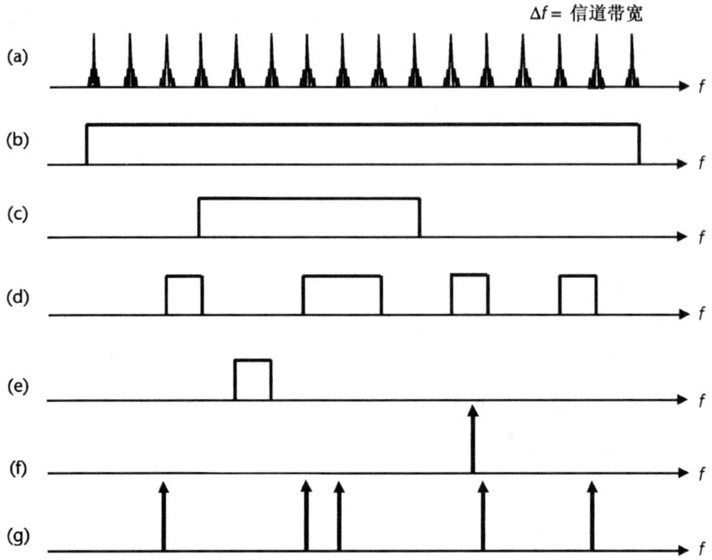

图 6.40 主要通信 ECM 技术的频谱覆盖：(a) FFH 频谱，(b) 阻塞噪声，(c，d) 部分带宽噪声，(e) 频率瞄准噪声，(f) 单音频干扰，(g) 多音频干扰

扫频噪声干扰是通过用一个包含 n 个邻近的 FH 信道相对大的 B_{sj}，在驻留时间内扫描通过整个 FH 带宽来实现的，在每个发射信道中的 JSR 足够高，能够产生需要的 BER。

假设要扫频的带宽为 B_{ss}，瞬时干扰带宽为 $B_{\mathrm{j}} = n\Delta f$，其中 Δf 是通信信道的带宽。进一步假设被干扰的通信系统是具有 h 跳/s 以及数据率为 R kbps 的 SFHSS，要实现 $\mathrm{BER} \geqslant 0.1$，需要干扰 $M = R \cdot \mathrm{BER}$ bps。因为每跳包含 R/h bits，所以在 T=1 s 时必须被击中的跳频数 k 为 $k \cdot R / h = M = R \cdot \mathrm{BER}$（即 $k = h \cdot \mathrm{BER}$），因此，在 T=1 s 内，B_{j} 在带宽 B_{ss} 上必须进行的扫频数为 k，扫频率为 $\omega = kB_{\mathrm{ss}}$ (MHz/s)，扫频周期 $T_1 = T / k = 1 / k$。信道带宽为 Δf 的每个信道的驻留时间为 $\tau = B_{\mathrm{j}} / \omega = B_E / kB_{\mathrm{ss}} = B_{\mathrm{j}} / (h \cdot \mathrm{BER} \cdot B_{\mathrm{ss}})$。

因为驻留时间占跳变时间的分数必须满足 $\gamma \geqslant 0.3$，那么 $\tau = \gamma / h$，因此 $B_{\mathrm{j}} = \gamma \mathrm{BER} B_{\mathrm{ss}}$。

举一个例子，如果假设 $B_{\mathrm{ss}} = 60\ \mathrm{MHz}$(整个 VHF 作战网络电台通信范围)，数据率 R = 20 kbps，跳速 h=100 跳/s，那么必须干扰 2000 bps。因此，需要对噪声带宽 $B_{\mathrm{j}} \geqslant 0.3 \times 0.1 \times 60\ \mathrm{MHz} = 1.8\ \mathrm{MHz}$ 进行 10 次/秒的扫描，才能在每个信道宽度(为 Δf)内提供干扰时间 $\tau = B_{\mathrm{j}} / \omega = 1.8 / 600 = 3 \times 10^{-3} = 3\ \mathrm{ms}$。

扫描干扰技术的时间状态如图 6.41 所示。

让我们回顾一下，干扰一个语音传输超过其时间 30%可以显著地降低信息的可理解性，因此拒止了信息的传输。对于数字通信判定，干扰波形的有效性标准是考虑在只有噪声存在的情况下的 BER 的设计值 $10^{-2} \sim 10^{-4}$ (基准)，提高到 10^{-1} 以上[21]。

在本节中，读者可以考虑当受到干扰噪声或连续波影响时，BFSK 调制的基础 BER 评估，如附录 D 所讨论，然后参照表 6.2。这个表列出了 Poisel[21]对于图 6.39 给出的干扰技术有效性的主要分析结果。

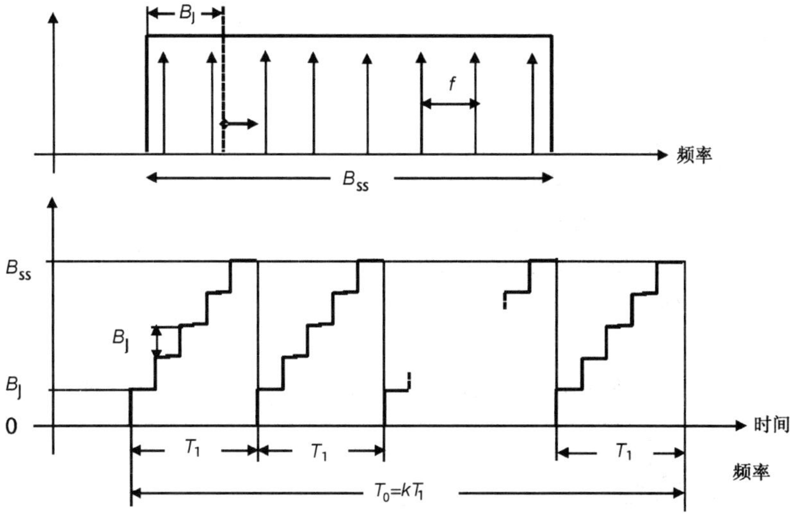

图 6.41　扫描干扰技术的时间状态

表 6.2　用于对抗先进数字化通信的干扰技术的有效性（BER>10^{-1}）

干扰技术	数字通信类型					
	DSSS BPSK/QPSK	备注	SFHSS	备注	FFHSS	备注
噪声干扰						
BBN	有效，但不实用	JSR > $G+SNR_{in}$	有效，但不实用	JSR > −5 dB（未编码）编码会减少有效性	有效，但不实用	JSR > −3 dB（未编码）编码会减少有效性
PBN	如果居中则有效	$\gamma>0.1$ 和 JSR > G_p	对于 $\gamma>0.3$ 有效	编码有效，但频率分集需要更大的 γ	对于 $\gamma>0.3$ 是最低限制	—
NBN	无效	—	对于 $\gamma>0.3$ 是跟随有效的	—	对于 $\gamma>0.3$ 是最低限制	（也是跟随者）
扫描干扰	无效	—	有效	—	NA	—
音频						
单音频	无效	—	对于 $\gamma>0.3$ 是跟随有效的	—	对于 $\gamma>0.3$ 是最低限制	（也是跟随者）
多音频	无效	—	对于 $\gamma>0.3$ 是跟随有效的	—	对于 $\gamma>0.3$ 是最低限制	（也是跟随者）
脉冲干扰	无效	—	NA	—	NA	—
智能干扰	有效	—	有效	—	有效	—

6.6.2　跟随干扰

如第 5 章所述，跟随干扰也称为转发器或应答干扰机，其组成包含有通信 ESM，它在 SFHSS 系统正在发射的时候测量其频率和相角，经过处理时间 T_j 之后识别辐射源，指挥干扰机发射新接收到的频率。这样的干扰响应必须满足必要的条件以保证有效性，要让窄带干扰波形处在跳频频率中心处的时间达到跳频周期的某个比例，也就是达到 αT_h（其中 $\alpha>0.3$ 是分数，T_h 是跳频周期），而这份时间是扣除波形根据几何关系传播和干扰机把窄带干扰信号对准跳频中心所需要的时间后留下的。这个条件可以参考交战时的几何关系和时间来表示(见图 6.42)，为：

$$(a+b-d)\leqslant c\left[(1-\alpha)T_{\mathrm{h}}-T_{\mathrm{j}}\right] \tag{6.41}$$

式中，

a 为发射器到干扰机之间的距离；

b 为干扰机到接收机之间的距离；

d 为发射器到接收机之间的距离；

c 为光速(3×10^{8} m/s)；

T_{j} 为干扰机的处理时间；

$(1-\alpha)T_{\mathrm{h}}-T_{\mathrm{j}}$ 为获得有效驻留时间 αT_{h}，干扰机响应分配的时间片段。

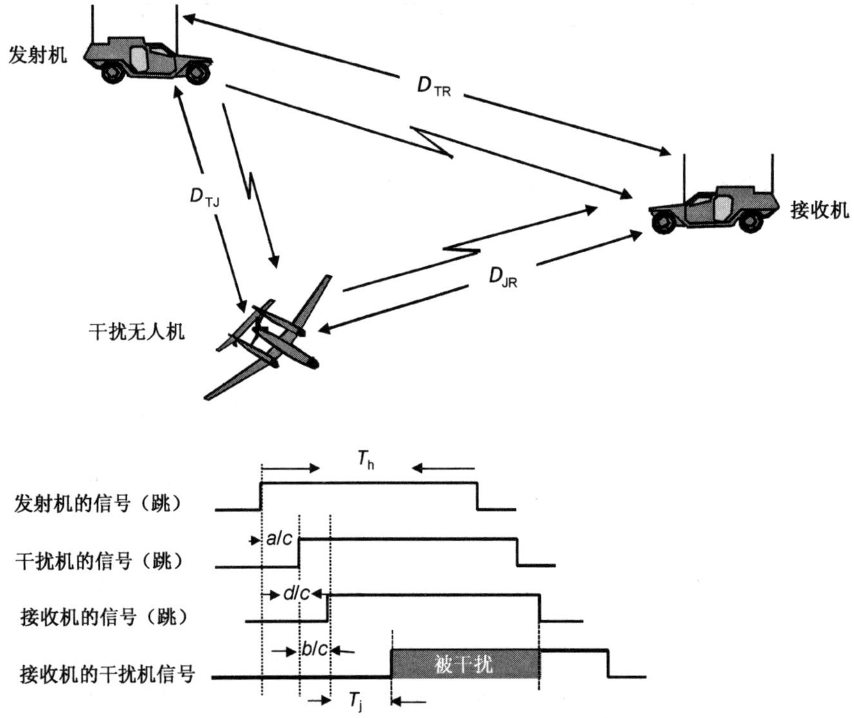

图 6.42 跟随干扰机技术的传播几何形状和授时

考虑一个笛卡尔坐标系统，原点位于距离 d 的中央，横坐标是通信发射机和接收机之间的连线，那么式(6.41)可以表示成典型的椭圆方程式：

$$\frac{x^{2}}{(k+d)^{2}/4}+\frac{y^{2}}{k(k+2d)/4}=1 \tag{6.42}$$

式中，$k=c[(1-\alpha)T_{\mathrm{h}}-T_{\mathrm{j}}]$，椭圆的两个半轴是 $A=(k+d)/2, B=(1/2)\cdot[k(k+2d)]^{1/2}$。

从式(6.42)中可以看到，对于通常的现代干扰机处理时间为 1～2 ms 量级，跟随干扰(地面或 UAS 机载)成了用于对抗 SFHSS 系统的优先干扰技术。对于 FFHSS 系统，跟随干扰技术只能应用于离接收机很近的 UAS。

跟随干扰场景如图 6.43 所示。

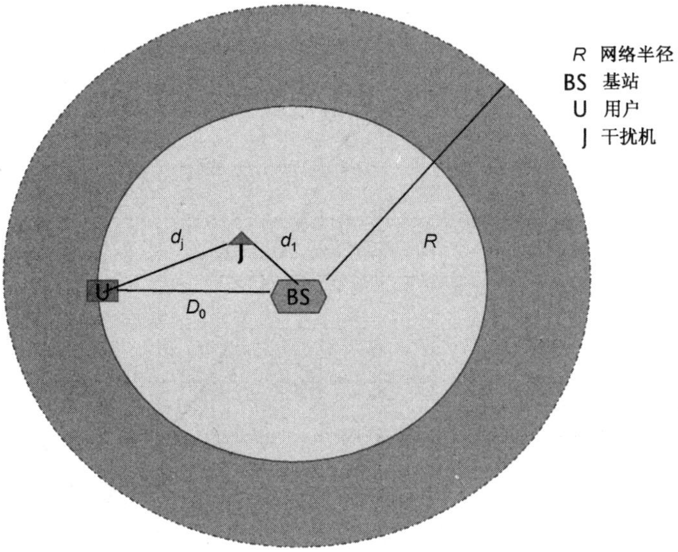

图 6.43　跟随干扰机技术的场景几何和提前定时 T_j：$T_j = (d_1 + d_j - D_0)/c$

6.6.3　智能干扰

智能干扰应用于对抗 TDMA 通信网络。它基于考虑这些网络的用户（发送和接收）需要由感兴趣区域的基站（也称为主机）同步，该基站在其区域内执行两个接收/发送用户之间的通信切换或消息交换。

每个 TDMA 网络有一个精确的接入协议，该协议定义为：

- 用户向基站传输（称为上行链路）和从基站接收（称为下行链路）中使用的频带；
- 通信代码及其计时。

在民用网络情况下，这种信息通过适当的消息（称为控制消息）连续地提供给网络用户，或者在军用网络情况下在规定的时间提供给网络用户。

智能干扰应用于控制消息的目的是：

- 拒绝基站和用户之间的频率分配；
- 断开基站和用户之间的连接。

在对用户的攻击中，干扰机在探测、跟踪并能够预测下一个控制消息的定时和频率之后，到达比基站更靠近干扰用户的位置，以便在预期来自基站的控制消息到达时对其进行干扰。在这种情况下，控制消息被拒绝，用户与网络断开连接。

图 6.44 为干扰成功的概率，该概率是 JSR 在针对 GSM 网络定时控制信号的点噪声攻击的函数。可以看出，JSR≥–6 dB（或 SJR≤6 dB）足以完全成功地干扰用户与网络的连接。

6.6.4　GNSS 干扰

GNSS 信息数据（位置、导航和时间解决方案）的中断可以通过三种方式获得：迷惑（使 GNSS 接收机计算一个错误位置）、欺骗和噪声干扰（其功率必须超过 GNSS 信号，以使接收机无法正常工作）。

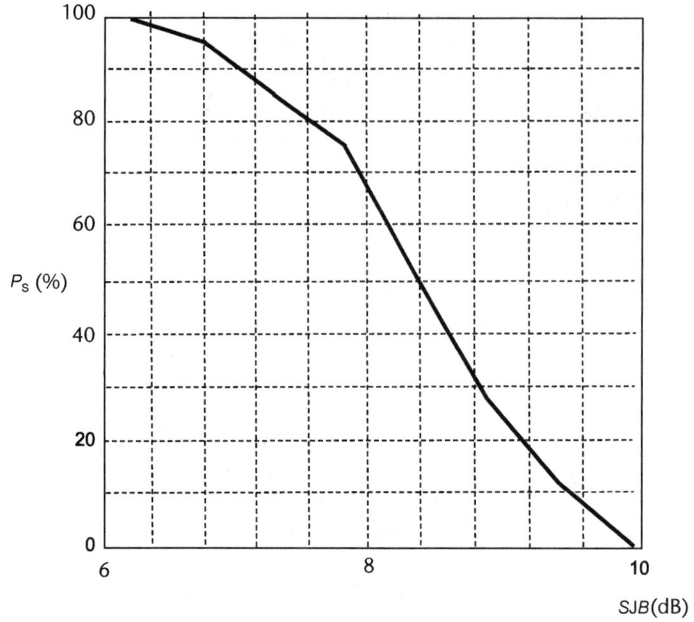

图 6.44 干扰成功概率 Ps(%)

迷惑是通过从多个卫星产生可靠信号并捕获 GNSS 接收机而获得的。在这种情况下，迷惑将产生一个与真实位置不同的位置。针对 GNSS 粗略获取(C/A 码)信号(未加密且其编码结构公开发布在现有规范中)的欺骗可能是成功的，但不针对 GNSS 军用码，这些军用码经过加密，以 10 倍于 C/A 码的速率传输，并且仅在一周后重复。

欺骗也可以通过从多颗卫星(至少 4 颗)捕获 GNSS 的通信/接收码，然后延迟一段时间重新发送，以制造混乱。(C/A 码包括大约 100 个用宽带伪随机噪声码调制的 BPSK 码元，并且每个码以 1 ms 的速率重复。)利用 CDMA 技术，每个卫星使用不同的唯一代码。

噪声干扰可以通过使用高发射功率有效对抗 GNSS 军用码。简单计算表明，从地球静止轨道(距地球中心 32930 km 或距地球表面最近的点 26560 km)发射的 GNSS 卫星的 ERP(约 100 W 或 50 dBm)在地面 GNSS 接收机处提供一个接收信号功率 P_r，约为 P_r=−120 dBm，低于 GNSS 接收机噪声基底 N 约 10 分贝。C/A 码规定的保证最小工作接收信号功率为 P^*_r=−130 dBm。通常，接收的信号在接收机内积分约 20 ms(即积分增益系数 $G_p \approx 20\times10^{-3}/1\times10^{-6}=20\times10^3=43\,\text{dB}$)，因此，工作接收功率增加，相当于−87～−77 dBm。如果 GNSS 加密代码的重复率是 C/A 码的 10 倍，等效功率 S 将变为−77～−67 dBm。

使用 GNSS 军用码对抗精确制导弹药，防御半径为 R km、高度($G_j=2.7\times10^4/(\theta_B\varphi_B)=2.7\times10^4/(360°\times60°)=1.25=1\,\text{dB}$)为 10 km 的圆形区域所需的干扰机 $\text{ERP}_J=P_jG_j$，根据以下公式进行评估：

$$\text{JSR}\geqslant\frac{\text{ERP}_J}{4\pi R^2}\frac{G\lambda^2}{4\pi}\frac{B_J}{B_{\text{GNSS}}}\frac{1}{S}$$

假设

S=−67 dBm；

GNSS 天线的增益为 $G=-3\,\text{dB}$ (在旁瓣接收)；

波长 $\lambda = c/1.5\,\text{GHz} = 0.19\,\text{m}$；

带宽比率 $B_{\text{J}}/B_{\text{GNSS}} = 2$。

可以得出

$$P_{\text{J}}(\text{dBm}) \geqslant 35 + 2R\left(\text{dB}_{\text{km}}\right)$$

如图 6.45 所示。

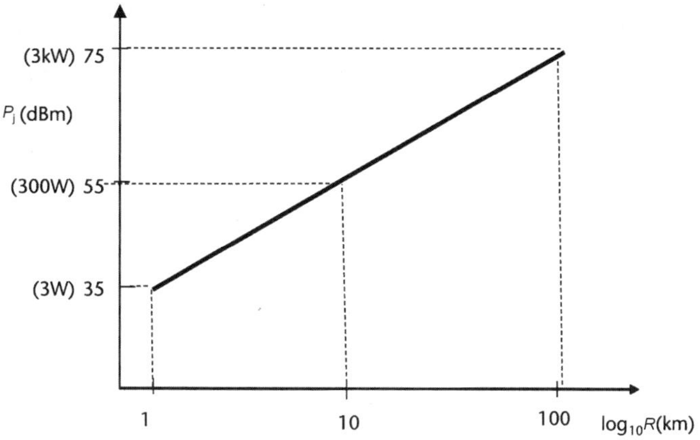

图 6.45　对 GNSS(军用码)接收机进行有效噪声干扰所需干扰机功率与高度 H>10 km 的圆形区域半径 R(km)的关系

然而，军用 GNSS 接收机受到多个旁瓣对消器环路的保护，这些环路大大降低了散布在受保护地形内的多个源产生的干扰功率(约 20～30 dB)。在图 6.46 中显示了放置在战斗机机身顶部的 GNSS 天线组件。该天线由一个主天线组成，其波束在天顶方向(以最大化 GNSS 信号的接收)，由 6 副略微向地面倾斜的辅助天线包围。每个天线连接馈送到多个旁瓣消除器环路的接收信道，该接收信道能够大大减少由 6 个独立噪声干扰机产生的干扰(即多达 6 副天线向多个旁瓣消除器环路提供的自由度)。干扰功率下降如此之快，以至于需要采用扇形天线来大幅增加干扰 ERP(如图 6.45 所示)。

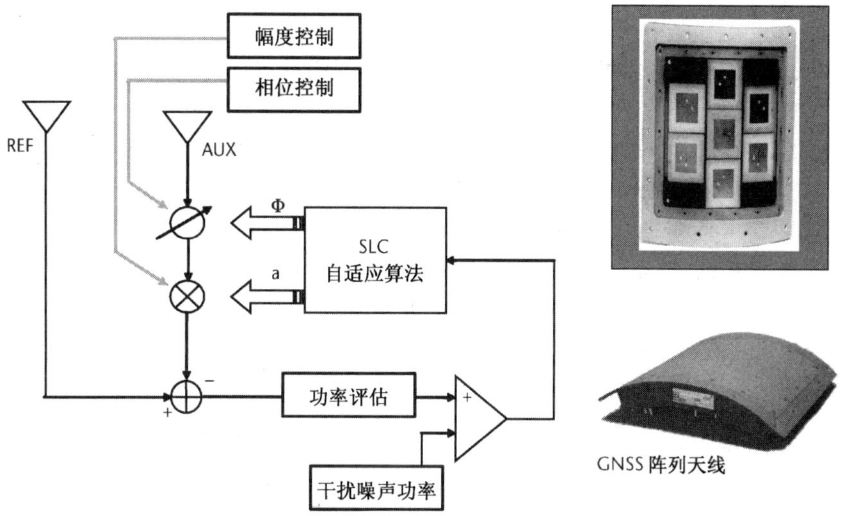

图 6.46　多旁瓣对消器环路保护机载 GNSS 接收机买免受多噪声干扰源的干扰(由电子公司提供)

6.7 ECM 技术小结

在本章的第一部分，对用于对抗现代监视、跟踪和多功能雷达最有效的 ECM 技术进行了讨论，陈述了它们的作战概念和使用效果。

在本章的最后部分，具体来说，6.6 节详细介绍了用于对抗现代扩频通信系统的 ECM 技术。6.6 节首先讨论了扩频通信技术，对这些技术的讨论主要包括把误码率提高到拒绝与通信接收机交换可靠信息的程度；然后，分别讨论了攻击网络通信协议的智能干扰技术和针对 GNSS 服务的干扰技术。

参考文献

[1] Schleher, C., EW in the Information Age, Norwood, MA: Artech House, 1999.

[2] Farina, A., “Electronic Counter-Countermeasures,” Chapter 24 in M. Skolnik (ed.), Radar Handbook, New York: McGraw Hill, 2008, Chapter 24.

[3] De Martino, A., “Jamming Techniques Against Modern Search Radars,” paper presented at EW International Conference, The Hague, The Netherlands, July 1985.

[4] Neri, F., Introduction to Electronic Defense Systems,” Second Edition, SciTech Publishing, 2006, Chapter 5.

[5] Chrzanowski, E., Active Radar Electronic Countermeasures, Norwood, MA: Artech House, 1990.

[6] Gabriel, W., “Adaptive Arrays—An Introduction,” IEEE Proc., Vol. 64, No. 2, February 1976, pp. 239-272.

[7] De Martino, A., “Adaptive Arrays,” doctoral thesis, University of Rome-La Sapienza, Faculty of Automatic Control Systems Engineering,1977.

[8] Monzingo, R., and T. Miller, Introduction to Adaptive Arrays, New York: Wiley, 1980.

[9] Barton, D., Modern Radar System Analysis, Norwood, MA: Artech House, 1988.

[10] Van Brunt, L., Applied ECM, Volume I, EW Engineering Inc., 1978.

[11] Vakin, S., and L. Shustov, Principles of Jamming and Electronic Reconnaissance, Ft. Belvior, VA: DTIC, 1969.

[12] Sherman, S., Monopulse Principles and Techniques, Norwood, MA: Artech House, 1984.

[13] Howard, D., “Tracking Radar,” in Radar Handbook, Third Edition, M. Skolnik (ed.), New York: McGraw-Hill, 2008 Chapter 9.

[14] Neri, F., et al., “Experimental and Theoretical Results of an Airborne Cross-Eye Based Angular Deception Jammer,” AGARD Proc., Florence, Italy, February 1986.

[15] De Martino, A., “Cross-Eye Based Jammers for Airborne and Shipboard Applications,” paper presented at NATO Conference, Brussels, Belgium, 1988.

[16] Faulks, L., “The Principle of Reprocity and Cross-Eye,” paper presented at European AOC Conference, Interlaken, Switzerland, 2008.

[17] Asseo, S., “Detection of Target Multiplicity Using Monopulse Quadrature Angle,” IEEE Trans. on Aerospace and Electronic Systems, Vol. AES-17, No. 2, March 1981, pp. 271-280.

[18] Bogler, P., "Detecting the Presence of Target Multiplicity," IEEE Trans. on Aerospace and Electronic Systems, Vol. AES-22, No. 2, March 1986, pp. 197-203.

[19] Grazzini, M., "Technical Note on Complex Indicated Angle as a Method of Cross-Eye and Towed Decoy Jamming Detection," Elettronica Internal Report 2004.

[20] De Martino, A., and Rossi, V., "Method and Apparatus for Generating Angular Deception Signals,"Italian Patent No. IT2009RM00330, June 26, 2009.

[21] Poisel, R. A., Introduction to Communication EW Systems, Norwood, MA: Artech House, 2002, Chapters 2, 7, 8, 11, and 17.

[22] Pettit, R., ECM and ECCM Techniques for Digital Communication Systems, Belmont, CA: Wadsworth, 1982.

[23] Richards, M. A., Fundamentals of Radar Signal Processing, Tata McGraw-Hill Education, 2005.

[24] Ener, E., "Simulation of SAR Jammer Techniques and Hardware Implementation for Point Scatterer Modelling," in Eighth International Conference on Advances in Satellite and Space-Communications (SPACOMM), 2016, pp. 36-41.

[25] Ye, W., H. Ruan, S. X. Zhang, and L. Yan, "Study of Noise Jamming Based on Convolution Modulation to SAR," in International Conference on Computer, Mechatronics, Control and Electronic Engineering, IEEE, Vol. 6, 2010, pp. 169-172.

[26] Dai, D. H., X. F. Wu, X. S. Wang, and S. P. Xiao, "SAR Active-Decoys Jamming based on DRFM," in IET International Conference on Radar Systems, IET, 2007, pp. 1-4.

[27] Liu, Q., S. Xing, X. Wang, J. Dong, and D. Dai, "A Strip-Map SAR Coherent Jammer Structure Utilizing Periodic Modulation Technology," Progress in Electromagnetics Research B, Vol. 28, 2011, pp. 111-128.

[28] Liu, Q., J. Dong, X. Wang, S. Xing, and B. Pang, "An Efficient SAR Jammer with Direct Radio Frequency Processing (DRFP)," Progress in Electromagnetics Research, Vol. 137, 2013, pp. 293-309.

[29] Zhao, B., F. Zhou, and Z. Bao, "Deception Jamming for Squint SAR based on Multiple Receivers," IEEE Journal of Selected Topics in Applied Earth Observations and Remote Sensing, Vol. 8, No. 8, 2015, pp. 3988-3998.

[30] Zhou, F., B. Zhao, M. Tao, X. Bai, B. Chen, and G. Sun, "A Large Scene Deceptive Jamming Method for Space-Borne SAR," IEEE Transactions on Geoscience and Remote Sensing, Vol. 51, No. 8, 2013, pp. 4486-4495.

[31] De Maio, A., Analisi di Tecniche ECM Contro Radar ad Apertura Sintetica (SAR), Technical Report, CNIT.

[32] Ravneet, K., H. Joshi, A. Singh, and A. Mishra "An Improved Method for Deceptive Jamming against Synthetic Aperture Radar," International Journal of Microwave and Wireless Technologies, November 2017.

附录 A　传感器接收机的信号检测

噪声是影响接收机信号检测性能的电磁能量，是影响接收机灵敏度的主要因素。噪声可以是由接收机自身产生的，比如接收机内部各元器件的电子热运动产生的热噪声；也可以是通过接收天线随着有用信号进入接收机的。除了高灵敏度的接收机，如那些应用于射电天文或远程监视雷达的接收机，大多数的接收机噪声主要是热噪声引起的。

带宽为 B(Hz)的接收机在温度为 T(K)时的热噪声功率 N(W)可表达为：

$$N=kTB \tag{A.1}$$

式中，k 是玻耳兹曼常数（$k=1.38\times10^{-23}$ J/K），T 是温度(通常假设为 290K)，B 是接收机的 3dB 带宽。式(A.1)通常以分贝表达为对数形式[例如，$X_{\text{dB}}=10\log(x/x_{\text{ref}})$]，参考功率单位为毫瓦（$\text{mW}=10^{-3}$ W），参考带宽单位为兆赫（$\text{MHz}=10^{6}$ Hz）。因此，

$$N_{\text{dBm}}=-114(\text{dB}_{\text{m/MHz}})+B(\text{dB}_{\text{MHz}}) \tag{A.2}$$

在电子战领域，主要考虑两种类型的接收机，超外差和带放大器的晶体视频接收机。两种接收机都可以用包含包络检波器的信号检测机制描述，如图 A.1 所示，放大器/滤波器的频率响应被认为是带宽与接收机一样的理想的矩形。

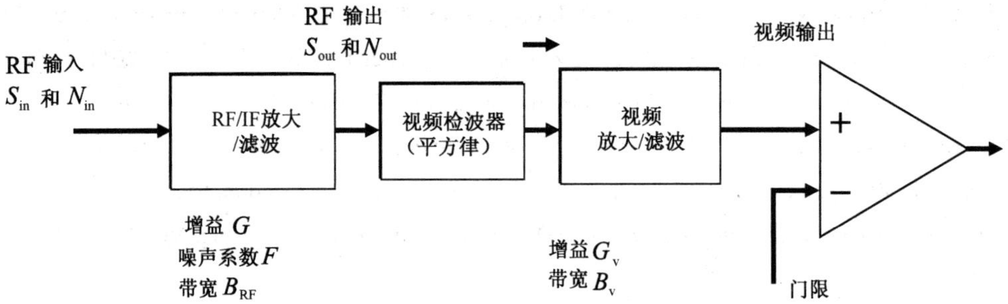

图 A.1　包络检波器

实际射频接收机的输出噪声功率 N_{out} 总是比理想的 GN_{in} 大，因为接收机的每个组件都引入了噪声。额外的噪声功率由噪声系数 F 表示，其定义为：

$$F=N_{\text{out}}/(GN_{\text{in}})=\frac{\text{实际放大器噪声输出}}{\text{理想放大器在标准温度时的噪声输出}} \tag{A.3}$$

噪声系数考虑了在实际放大器传输过程中 SNR 的降低，它可以用输入和输出的 SNR 表示为：

$$\frac{\text{SNR}_{\text{out}}}{\text{SNR}_{\text{in}}}=\frac{S_{\text{out}}/N_{\text{out}}}{S_{\text{in}}/N_{\text{in}}}=\frac{GS_{\text{in}}/GFN_{\text{in}}}{S_{\text{in}}/N_{\text{in}}}=\frac{1}{F}\quad \text{其中 } F>1 \tag{A.4}$$

如果接收机输入端由多个放大器级联而成，如图 A.2 所示，可以用式(A.3)中噪声系统的定义来进行描述，链路的整个噪声系数可表达为：

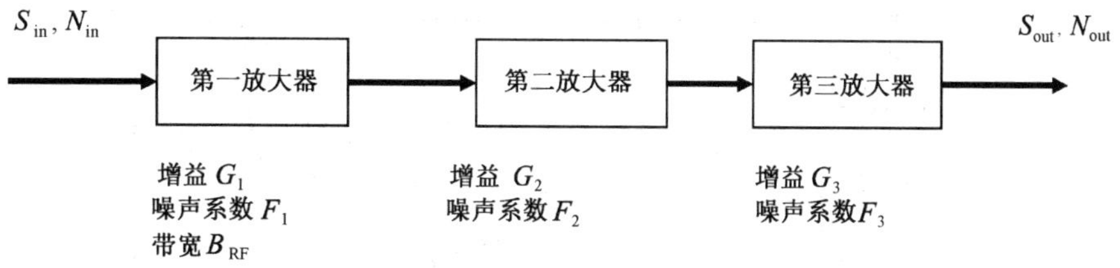

图 A.2　三级射频放大器链路的总噪声系数

$$F_{chain} = F_1 + (f_2 - 1)/G_1 + (F_3 - 1)/(G_1G_2) \tag{A.5}$$

超外差接收机和放大视频接收机的区别在于，前者将射频信号转变成更低的中频 f_{IF}，因为带宽 B_{IF} 比 f_{IF} 窄得多（$f_{IF} \gg B_{IF}$）。雷达传感器通常为超外差类型，且 $B_{IF} \approx 2 \cdot B_v$。

图 A.1 中视频检波器的输入噪声功率可表达为：

$$N_{in} = kTB_X F \tag{A.6}$$

式中，带宽 B_x 可以是 B_{RF} 或 B_{IF}。

视频检波器将射频带宽 B_X 以内的噪声转变到基带带宽 B_v。视频噪声由带宽为 $2B_v$ 的带通滤波器与带宽为 B_X 的带通滤波器的卷积进行计算。该过程如图 A.3 所示，当 $B_X/(2B_v) = 3$ 时，三个独立的噪声样本（$2B_v$ 带宽内服从瑞利分布）被加入到基带上。

图 A.1 接收机链路的等效噪声带宽可表达为：

$$B_{eq} = \sqrt{2B_v B_{RF}} \tag{A.7}$$

因此，检测后的 SNR 的集成增益为：

$$\frac{SNR_{out}}{SNR_{in}} = \frac{GS_{in}}{GkTB_{eq}F} \bigg/ \frac{S_{in}}{ktB_{RF}F} = \sqrt{\frac{B_{RF}}{2B_v}} = \sqrt{n} \tag{A.8}$$

Rx 链路输出端的单纯噪声的分布（瑞利分布）和信号加噪声的分布（赖斯分布）如图 A.4 和图 A.5 所示[1]。

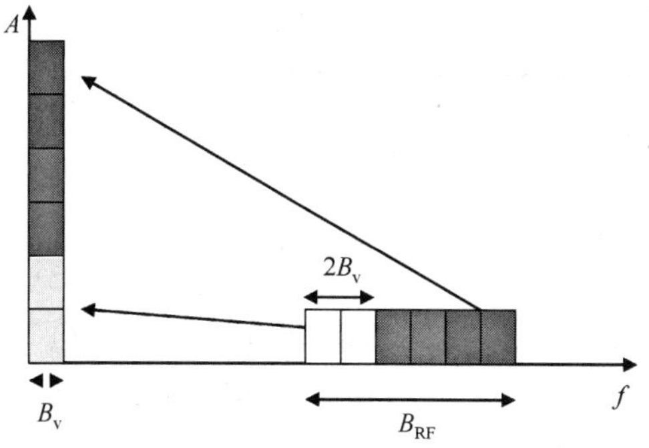

图 A.3　视频检波器将射频带宽转换到基带

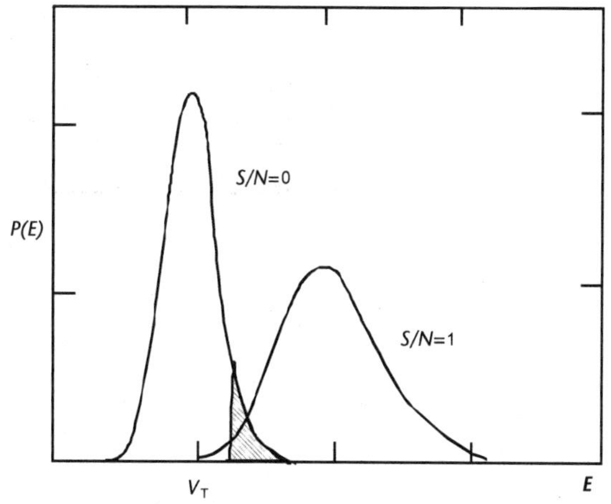

图 A.4　单独噪声以及信号加噪声的概率密度函数[1]

图 A.1 中接收机链路的信号检测是基于在包络检波器输出端设置幅度阈值 V_T 的方法实现的。如果信号幅度足够强并超过阈值，信号就会被检测到；如果信号幅度不够强，信号就不会被检测到。

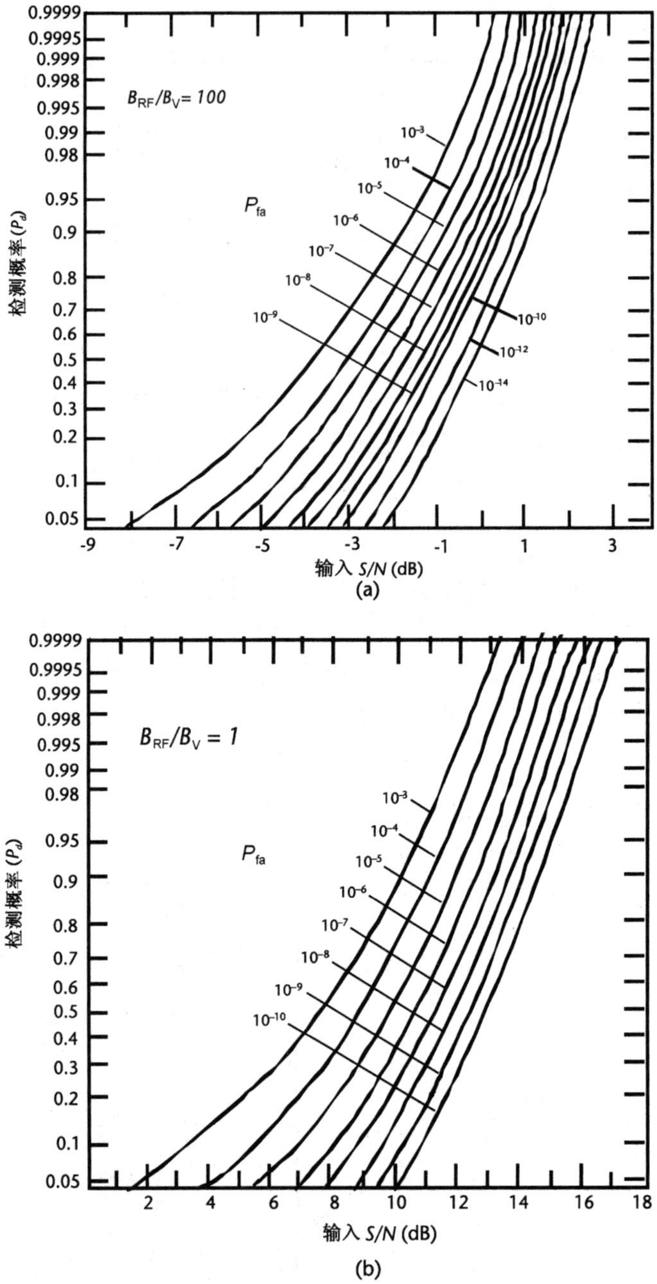

图 A.5 带噪声的正弦波检测概率与 SNR 的关系，参数为 P_{fa}，(a) Bv/BRF=100，(b) $B_v / B_{RF} = 1$ [1]

包络检波器的视频输出如图 A.6 所示。需要注意的是，波动的出现是因为接收机噪声的随机性引起的。如图 A.4 所示，如果阈值较低，将会有很多由噪声引起的且超过阈值的信号值，这样会产生虚假信号检测或虚警。

检波器输入的接收机噪声服从均值为零、方差为 σ_n^2 的高斯分布，功率为 N_{in}。

$$p(n) = \frac{1}{\sqrt{2\pi\sigma_n^2}} \exp\left(-\frac{n^2}{2\sigma_n^2}\right) \tag{A.9}$$

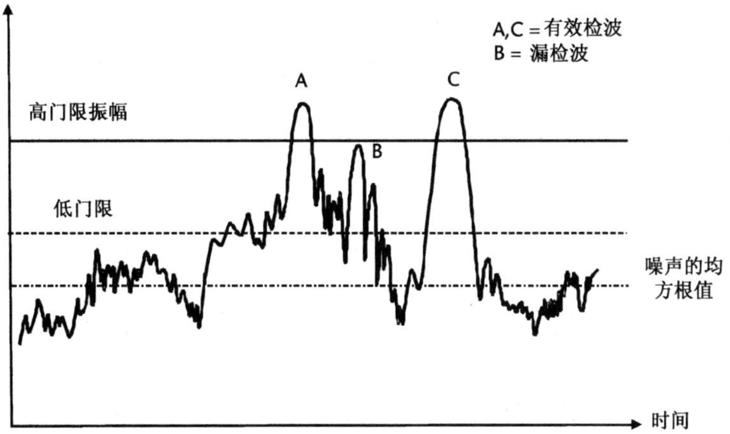

图 A.6　包络检波器的视频输出

包络检波器的输出噪声 $r(t)$ 表示为瑞利分布的形式：

$$p(r)=\frac{r}{\sigma_n^2}\exp\left(-\frac{r^2}{2\sigma_n^2}\right) \tag{A.10}$$

因此，虚警率 P_{fa}，也就是噪声的包络超过幅度阈值 Th 的概率(导致虚警)，可表示为：

$$P_{fa}=\int_{Th}^{\infty}\frac{r}{\sigma_n^2}\exp\left(-\frac{r^2}{2\sigma_n^2}\right)\cdot dr=\exp\left(-\frac{Th^2}{2\sigma_n^2}\right) \tag{A.11}$$

过量虚假信号检测造成的接收机问题，并不能通过虚警率本身进行很好地表述。更好的表述是采用虚警时间 T_{fa}，它可表示为[2]：

$$T_{fa}=\frac{1/B_{eq}}{P_{fa}}=\frac{2}{B_{eq}}\exp\left(\frac{Th^2}{2\sigma_n^2}\right) \tag{A.12}$$

举个例子，假设平均虚警时间 $T_{fa}\geqslant 15$分钟$=900$秒，等效带宽 B_{eq} =2MHz。由上述方程可得出 $P_{fa}=5.55\times10^{-10}$，以及 $Th/\sigma_n=\sqrt{-2\ln P_{fa}}=6.52=16.3\,dB$。

对于雷达，带宽 $B_{IF}\ll f_{IF}$，可以将检波器输入处的回波信号表达为：

$$x(t)=A\cdot\sin 2\pi f_{IF}t \tag{A.13}$$

因此，检波器的输入使得在视频波段输出的包络 $r(t)$ 的概率密度函数为莱斯分布：

$$p_s(r)=\frac{r}{\sigma_n^2}\exp\left(-\frac{r^2+A^2}{2\sigma_n^2}\right)\cdot I_0\left(\frac{rA}{\sigma_n^2}\right) \tag{A.14}$$

式中，$I_0(z)$ 是修正的零阶贝塞尔函数，变量为 z。

检测到回波信号概率的表达式为：

$$P_d=\int_{Th}^{\infty}p_s(r)\cdot dr \tag{A.15}$$

该概率不容易计算，但在文献[1]中有许多可用的曲线图。作为一个例子，图 A.5(a)给出了检测概率 P_d与$SNR=A^2/(2\sigma_n^2)$ 的关系，P_{fa} 为参数。

注意，在雷达接收情况下，用匹配滤波器(最大化 SNR 的滤波器)其带宽 B_{RF} 与发射信号的带宽相等：$B_{RF}/(2B_v)=1$。检波后 SNR 增益是沿时间对 n 个连续的检波后的视频脉冲进行积累得到的[2]。该过程与单独脉冲检测相比，对 P_{fa}和P_d 的要求更低(因此 SNR 也更低)。

A.1 连续雷达脉冲的积累

单个目标，即使被扫描天线照射到，也将提供 n 个回波信号。对来自单个目标的雷达回波求和的过程称为脉冲积累。积累可以相干的方法实现，它保留回波脉冲信号的相位，矢量同相叠加，没有任何损耗。这只能在检波器之前完成，因此，相干积累也称为检波前积累。

积累还可以用非相干方法实现，它将包络检波器后的脉冲幅度叠加(因此，非相干积累也称为检波后积累)之后。两种类型的脉冲积累如图 A.7 所示。

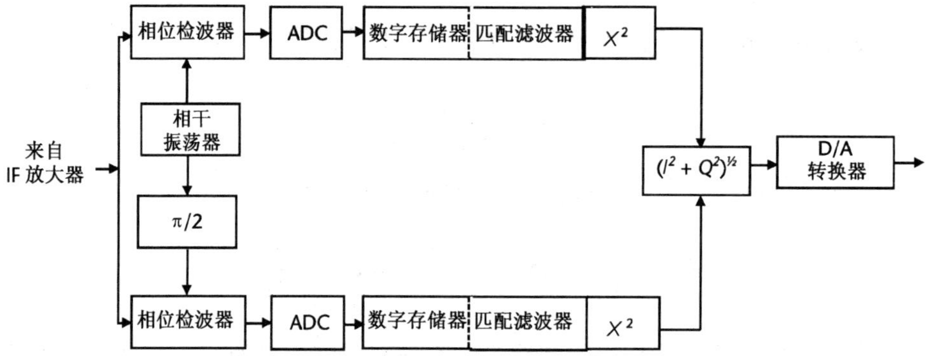

图 A.7 先进相干处理的 I 和 Q 检波器

n 个具有相同的SNR_{in}的脉冲相干积累的结果为：

$$\mathrm{SNR}_{out}=n\mathrm{SNR}_{in}$$

因为 SNR_{out} 是为了满足最终 P_d 和 P_{fa} 条件所需要的值，单脉冲需要的 SNR 低于 $\mathrm{SNR}_{in}=\mathrm{SNR}_{out}/n$。非相干积累可表示为：

$$\mathrm{SNR}_{out}=nE_i(n)\mathrm{SNR}_{in}>\sqrt{n}\cdot\mathrm{SNR}_{in}$$

其中，效率因子 $E_i(n)<1$ 考虑了包络检波器的损耗。

积累改进因子 $I_i(n)=nE_i(n)$ 是 n、P_d 和 P_{fa} 的函数，Marcum 给出了它的估计[3]，图 A.7 表明了这个结果。从图 A.7 可以看出，当只有少数脉冲被积累时(因此他们需要具备大的 SNR)，检波后的改进几乎与检波前的相等，而当大量脉冲被积累时(因此他们的 SNR 并不大)，检波后的改进与检波前的明显不同。

A.2 相干检波

大多数雷达对接收到的回波信号应用了相干处理，以便考虑由于目标机动引起的脉冲之间的多普勒相位变化。现代数字化信号处理中的相干检波应用了 I 和 Q 检波器(见图 A.7)。在这样的检波器中，窄带 IF 信号 $(t)=A(t)\sin(2\pi f_0t+\varphi(t))$ 被分解成两个分量：同相分量 $I(t)$ 和正交分量 $Q(t)$，它们分别为：

$$s(t) = I(t)\sin(2\pi f_0 t) + Q(t)\cos(2\pi f_0 t)$$

以及

$$I(t) = A(t)\cos\varphi(t) \quad 和 \quad Q(t) = A(t)\sin\varphi(t)$$

因此，两个信道一起给出了输入信号的幅度和相位调制。如果把 I 和 Q 信道的输出平方再叠加，那么和的平方根就是之前讲述的包络检波器的包络 $A(t)$。

数字化信号通过对两个分量取样和模数变换得到，这样会产生一系列复采样 I+jQ。为了如实地复制信号采样，至少以奈奎斯特速率(输入信号带宽 B 的两倍)执行。因为 I 和 Q 检波器有两个信道，每个 I 和 Q 信道的模数转换只需要以速率 B 采样/秒进行采样。这种速率与连续采样相比，有大约 0.6 dB 的 SNR 损耗，因为采样不能保证发生在匹配滤波器的峰值输出上。实际上，以 2B 采样/秒的速率采样，这样的 SNR 损失基本可以恢复。

参考文献

[1] Tsuin, J. B., Microwave Receivers with Electronic Warfare Applications, Raleigh, NC: Sci-Tech Publ. Inc, 2006.

[2] Skolnik, M., Introduction to Radar Systems, New York City, NY: McGraw-Hill, 1962.

[3] Marcum, J., “A Statistical Theory of Target Detection by Pulsed Radar, Mathematical Appendix,”IRE Trans., 1960.

附录 B 估计理论概念简介

传感器对信号参数的估计一般在信号检测之后，这些参数与一些有用的辐射源信息有关，例如幅度、时间、到达角、载频和调制频率。因为接收信号被各种干扰侵袭，需要从信号及其干扰(噪声)的统计信息中获得未知参数 u 的有效估计 $\tilde{u}$ 。

本附录简要描述了两种广泛应用的参数估计方法：最大似然估计和最小二乘估计。但在这之前，我们必须介绍一种非常重要的定义估计方法的界限：克拉美-罗下限(CRLB)。CRLB 的验证超出了本书的范畴。感兴趣的读者可以参考文献[1]进行深入了解。

假设我们获得了随机变量 y 的 N 个测量值，未知参数 u 与 y 有关。N 个测量值可以表示为矢量 $\underline{y}^{\mathrm{T}}=[y_1,y_2,\cdots,y_N]$，定义参数 u 的估计值为 $\tilde{u}=\varphi(\underline{y})$，其中 $\varphi(\underline{.})$ 是一个适当的函数，表示从样本与估计值之间存在一个合理的映射函数。进一步假设测量 $\underline{y}$ 给出了足够的统计信息(即提供足够的观察信息以做出正确决策)，并具有指数形式的概率密度函数(pdf)信息：

$$p(\underline{y}\,|\,u)=\exp[A(u)q(y)+B(u)]h(\underline{y}) \tag{B.1}$$

比如，平均值为 μ 、方差为 σ^2 的高斯概率密度函数。

估计参数 $\tilde{u}$ 的概率密度函数(pdf)依赖于未知参数 u，并且表示为 $p(\tilde{u}\,|\,u)$，称之为贝叶斯条件下的 pdf(也称为似然函数)或依赖于参数 u 的 pdf。

估计量的有效性取决于未知参数 u 与估计参数 $\tilde{u}$ 之间的差，即有多少紧密相关的 $p(\tilde{u}\,|\,u)$ 被聚集于真实值 u 附近。这个差值在测量理论中用两个参数进行定义。

(1)估计量的准确度，即估计量所给出的估算值 $\tilde{u}$，它的期望值 $E(\tilde{u}\,|\,u)$ 尽可能地与 u 接近，其中：

$$E(\tilde{u}|u)=\int \hat{u}p(\hat{u}|u)\mathrm{d}\hat{u}|$$

(2)估计量的精确度，即关于估计准确性的条件方差的表示：

$$\operatorname{var}(\tilde{u}|u)=\int\left|\hat{u}-E(\hat{u}|u)\right|^2 p(\hat{u}|u)\cdot\mathrm{d}\hat{u}$$

满足 $E(\tilde{u}\,|\,u)=u$ 的充分的估计量称为无偏估计，它是正确的。但是这不一定是最好的估算量，因为估计量的有效性还依赖于其精确度，即围绕均值的方差要最小。

克拉美-罗法则指出，对任何标量估计器的条件方差，有一个 CRLB 下限。因此，如果找到一种无偏的估计器，其方差等于 CRLB，那么它就是最优的估计器，并称为有效的估计器。

对于有偏的估计器，也就是可以表示为 $E(\tilde{u}\,|\,u)-u=b(u)$ 的估计，它的 CRLB 为：

$$\mathrm{CRLB}(\tilde{u})=\operatorname{var}(\tilde{u}|u)\geqslant(1+b'(u))^2/I(u)$$

其中 $I(u)$ 也称为样本的费希尔信息，定义为：

$$I(u)=\int_{-\infty}^{+\infty}N\cdot\left[\frac{1}{p(y|u)}\cdot\frac{\partial p(y|u)}{\partial u}\right]^2 p(y|u)\cdot\mathrm{d}y=N\cdot E\left[\left(\frac{p'}{p}\right)^2\right]$$

以及

$$b'(u)=\int\left[E(\hat{u}|u)-u\right]\cdot p'(y|u)\cdot \mathrm{d}y$$

$$p'(y|u)=\frac{\partial p(y|u)|}{\partial u}$$

CRLB 可以容易地通过参数 z 来计算，它是参数 u 的单变量可微函数，即 $z=g(u)$。这时：

$$\mathrm{CRLB}(\breve{z})=\mathrm{var}(\hat{z}|u)=\left[\frac{\mathrm{d}g(u)}{\mathrm{d}u}\right]^2\cdot \mathrm{CRLB}(\hat{u})$$

B.1　最大似然函数估计器

最大似然估计器(MLE)方法十分简单有效，只需要参数的最少先验信息。称 $\tilde{u}_{\mathrm{MLE}}$ 为观察 $\underline{y}$ 的最大似然估算，如果：

$$p\left(\underline{y}|\hat{u}_{\mathrm{MLE}}\right)\geqslant p\left(\underline{y}|\hat{u}\right),\ \forall \hat{u}$$

也就是说，$\tilde{u}_{\mathrm{MLE}}$ 最大化了似然函数 $p(\underline{y}\,|\,\tilde{u})$，或者说，$\tilde{u}_{\mathrm{MLE}}$ 是最可能引起观察值 $\underline{y}$ 出现的 $\tilde{u}$ 值。举例来说，考虑对参数 u 有 N 个杂乱的测量：

$$x_i=u+n_i\quad i=1,2,\cdots,N$$

其中 n_i 是零均值、方差为 σ^2 的独立高斯分布随机变量。

$\underline{x}$ 的条件 pdf 是：

$$p\left(\underline{x}|u\right)=\left(2\pi\sigma^2\right)^{-N/2}\exp\left(-\frac{1}{2\sigma^2}\sum_1^N\left(x_i-u\right)^2\right)$$

为了找出 $\tilde{u}_{\mathrm{MLE}}$，对似然函数求导数，令它等于零，将 $p(x\,|\,u)$ 最大化：

$$L\left(\underline{x}|u\right)=\ln\left(p\left(\underline{x}|u\right)\right)=-\frac{N}{2}\ln\left(2\pi\sigma^2\right)+\left(-\frac{1}{2\sigma^2}\sum_1^N\left(x_i-u\right)^2\right)$$

即：

$$0=\frac{\partial L\left(\underline{x}|u\right)}{\partial u}=\frac{1}{\sigma^2}\sum\left(x_i-\hat{u}_{\mathrm{MLE}}\right)^2$$

于是

$$\hat{u}_{\mathrm{MLE}}=\frac{1}{N}\sum x_i$$

因此估计 $\tilde{u}_{\mathrm{MLE}}$ 不依赖于噪声变量并且是无偏离的，因为 $\tilde{u}_{\mathrm{MLE}}$ 的期望值是 $E(\tilde{u}_{\mathrm{MLE}}\,|\,u)$，这也是观察值 $\underline{x}$ 的期望值。

估计 $\tilde{u}_{\mathrm{MLE}}$ 的条件方差为：

$$\mathrm{var}(\hat{u}_{\mathrm{MLE}}|u)=E\left[\left(\frac{1}{N}\sum_1^N(x_i-u)^2\cdot|u\right]=\frac{N\sigma^2}{N^2}=\frac{\sigma^2}{N}$$

上述结果是直观的，因为估计的精度是随 N 的增长而提高的。

这种情况下无偏离估计的 CRLB 为：

$$\sigma_{\mathrm{CRLB}}^2=\frac{1}{I(u)}=\frac{\sigma^2}{N}$$

这样，我们表明了 MLE 是有效的，因为它等于 CRLB。

上面关于如何应用 MLE 方法的例子导致了一种限定式解决方案。但是，在大多数实际情况中，这种方法的应用要复杂得多，涉及非线性关系，需要通过数字迭代法或者在某些工作点附近进行线性化来解决。

B.2 最小二乘估计法

最小二乘估计(LSM)方法来源于一般的最小二乘法，其目标是从较多数量的 M 个测量中估计 N 个参数($M>N$)。该方法假设在测量的参数中有一个线性的依赖关系。

假设 $\underline{z}(M\times 1)$ 为测量值的矢量，$\underline{x}(N\times 1)$ 是参数的矢量，$A(M\times N)$ 是代表测量值和参数之间线性依赖性的矩阵。它们之间的关系表示为：

$$\underline{z}=A\underline{x} \tag{B.2}$$

由式(B.2)可以看出，在 $M>N$ 时，没有唯一解。我们关注的是找到一个特定解 $\underline{x}_{\mathrm{LS}}$，它使误差 $\underline{\varepsilon}=|A\cdot\underline{x}-\underline{z}|$ 的平方范数最小：

$$\underline{\varepsilon}=|A\cdot\underline{x}-\underline{z}|$$

平方范数本质上是加权较大的误差、减小较小的误差。由上式可得误差的平方范数为：

$$q=\underline{\varepsilon^{\mathrm{T}}}\cdot\underline{\varepsilon}=(A\underline{x}-\underline{z})^{\mathrm{T}}\cdot(A\underline{x}-\underline{z})=\underline{x^{\mathrm{T}}}A^{\mathrm{T}}A\underline{x}+\underline{z^{\mathrm{T}}}\underline{z}-\underline{x^{\mathrm{T}}}A^{\mathrm{T}}\underline{z}-\underline{z^{\mathrm{T}}}A\underline{x} \tag{B.3}$$

式中，T 代表转置。令 q 对矢量 $\underline{x}$ 的导数等于零以实现 q 的最小化，考虑下面的等式对任何方阵 B 都是有效的：

$$\frac{\partial}{\partial\underline{x}}\underline{x^{\mathrm{T}}}B\underline{x}=\left(B+B^{\mathrm{T}}\right)\underline{x}$$

$$\frac{\partial}{\partial\underline{x}}\underline{x^{\mathrm{T}}}B\underline{z}=B\underline{z}$$

$$\frac{\partial}{\partial\underline{x}}\underline{z^{\mathrm{T}}}B\underline{x}=B^{\mathrm{T}}\underline{z}$$

那么，

$$0=\left.\frac{\partial q}{\partial\underline{x}}\right|_{\underline{\underline{x_{\mathrm{LS}}}}}=2A^{\mathrm{T}}\left(A\underline{x}_{\mathrm{LS}}-\underline{z}\right)$$

这就得出解为：

$$\underline{x_{LS}}=\left(A^{\mathrm{T}}A\right)^{-1}A^{\mathrm{T}}\underline{z}$$

矩阵 $P=(A^{\mathrm{T}}A)^{-1}A^{\mathrm{T}}$ 称为矩阵 A 的伪逆矩阵。如果 A 是方阵，那么可以确认 $P=A^{-1}$，也就是矩阵 A 的逆矩阵。

在复数域情况下，平方范数可表示为：

$$q=\underline{\boldsymbol{\varepsilon}^{\mathrm{H}}}\boldsymbol{\varepsilon}=(A\underline{x}-\underline{z})^{\mathrm{H}}(A\underline{x}-\underline{z})$$

式中，上标 H(厄密尔顿)表示复数共轭转置[即 $A^{\mathrm{H}}=(A^{*})^{\mathrm{T}}=(A^{\mathrm{T}})^{*}$]，伪逆阵为 $P=(A^{\mathrm{H}}A)^{-1}A^{\mathrm{H}}$。

在最小二乘估计法中，我们关注的是测量含噪声时的参数估计。在这种情况下的关系式可表示为：

$$\underline{z} = A\underline{x} + n$$

二次误差范数是它的期望值：

$$q = E\left[(A\underline{x} + \underline{n - z})^{\mathrm{T}}(A\underline{x} + \underline{n - z})\right] = (A\underline{x - z})^{\mathrm{T}}(A\underline{x - z}) + E\left[\underline{n}^{\mathrm{T}}\underline{n}\right]$$

令它对 $\underline{x}$ 的偏导数等于零，可以得到与没有噪声但有方差 $\mathrm{var}(\hat{x}_{\mathrm{LSE}}) = \sigma_{\mathrm{n}}^2 = \mathrm{CRLB}$ 时相同的估算：$\hat{x}_{\mathrm{LSE}} = (A^{\mathrm{T}}A)^{-1}A^{\mathrm{T}}\underline{z}$。

因此，我们看到，最小二乘估计器是一种有效的估计器。

参考文献

[1] Crescimbeni, R., and G. Galati, “Basic Concepts on Detection, Estimation, and Optimum Filtering,” in Advanced Radar Techniques and Systems, G. Galanti（ed.）, London, UK: Petere Peregrinus, 1993.

附录 C　天线与相控阵天线

天线是自由空间传播与电子战设备内部传输线之间的一种双向换能器。“双向”一词是指天线可以在发射(Tx)模式下工作，也可以在接收(Rx)模式下工作。发射过程中，天线将辐射能沿其视轴方向会聚成一定形状的波束。接收过程中，天线从自由空间中收集波束中的能量，然后将能量输送至接收机。

雷达频段内常用的天线一般具有特定形状的高度方向性，可通过移动一个或两个安装天线的天线座，沿一个或两个角方向(方位角和俯仰角)进行机械扫描。或以天线相控阵方式进行电扫描。以往各代的绝大多数雷达均采用各种形式的抛物面反射体，而当代的大多数雷达设计则采用平面相控阵列。通信波段所使用的天线一般为全向覆盖设计，但用于点对点传输的天线(无线链路)除外，这类天线与雷达频段所用的天线类似。

定向增益(G_D)指天线在某特定方向上汇聚能量的能力。定向增益是指出现在大小为 θ_B 和 φ_B 的主波束内(θ_B 和 φ_B 分别是波束在两个正交平面上的半功率波束宽度，以弧度为单位)的单位立体角最大辐射强度与整个立体角(4π 弧度)平均辐射强度之比。假设 P 为天线的总辐射功率，此定义则可表示为：

$$G_D = (P/\theta_B\varphi_B)/(P/4\pi) = 4\pi/(\theta_B\varphi_B) \tag{C.1}$$

若 θ_B 和 φ_B 用度为单位，则 $G_D = 41253/(\theta_B^{(\circ)}\varphi_B^{(\circ)})$。

上述定义并未给出天线的有效辐射功率，仅给出了其在主波束内聚集辐射能的能力。为了考虑天线损耗的影响，定义功率增益(G)，给出主波束有效辐射功率的度量，它正比于定向增益，比例因子为天线效率因子(η)(对于高品质天线，一般情况下 $\eta = 0.55\sim0.65$)：

$$G = \eta G_D \tag{C.2}$$

根据天线电磁理论[1]，可以将天线认为是一种具有某种形状的被照射的孔径(或某种电流分布)$I(x,y)$，在天线远场区(即距离 $R > R_{FF} = 2D^2/\lambda$，其中 D 为最大孔径尺寸，λ 为波长)，可产生一种电场强度矢量方向图 $\underline{E}(R,\theta,\varphi)$：

$$\underline{E}(R,\theta,\varphi) = \underline{a}\frac{e^{-jkR}}{R}E(\theta,\varphi)\cdot\exp(j\underline{k}'\cdot\underline{\rho}) \tag{C.3}$$

式中，

$\underline{a}$ =极化元(单位矢量)，$E(\theta,\varphi)\exp(j\underline{k}\cdot\underline{\rho})$ 为距离原点 R($R=(x^2+y^2+z^2)^{1/2}$)处的辐射方向图，$k = 2\pi/\lambda$ 且 $\underline{k}'^{T} = k(u\,\underline{x}_0; v\,\underline{y}_0; \underline{z}_0\cos\theta)$；

$\underline{\rho}'^{T} = (x'\underline{x}_0; y'\underline{y}_0;)$ 为平面孔径上的点坐标矢量，$\underline{x}_0; \underline{y}_0$ 为孔径平面上的坐标单位矢量，$\underline{z}_0$ 为孔径视轴的单位矢量；

$u = \sin\theta\cos\varphi$，且 $v = \sin\theta\sin\varphi$ 时，$\underline{k}'\cdot\underline{\rho}'$ 为两个矢量的数量积。

辐射方向图 $E(\theta,\varphi)$ 可表示为：

$$E(\theta,\varphi)=E(u,v)=\iint \mathrm{d}x'\mathrm{d}y' I(x',y')\exp(-\mathrm{j}k(x'u+y'v)) \tag{C.4}$$

其中，双重积分是在孔径区域内的，如图 C.1 所示。

由于天线是一种互易器件，因此，涉及入射平面波天线的有效面积 A_e 为：

$$A_\mathrm{e}=\frac{G\lambda^2}{4\pi}=\rho_\mathrm{a}A \tag{C.5}$$

式中，$A\,(\mathrm{m}^2)$ 为天线的实际面积，ρ_a 是天线孔径效率（与孔径照射分布 $I(x',y')$ 有关）。当其最大值归一化为 1 时，场强方形图 $|E(u,v)|^2$ 与天线归一化辐射方向图 $P(\theta,\varphi)$ 一致。

一般情况下，可假设孔径照射 $I(x',y')$ 的类型[2]为 $I(x',y')=I_1(x')I_2(y')$，即沿两个孔径坐标方向的两个相互独立的分布之积。因此式(C.5)变为：

$$E(\theta,\varphi)=\int_{-a/2}^{a/2}\mathrm{d}x' I_1(x')\exp(-\mathrm{j}kx'u)\cdot\int_{-b/2}^{b/2}\mathrm{d}y' I_2(y')\exp(-\mathrm{j}ky'v) \tag{C.6}$$

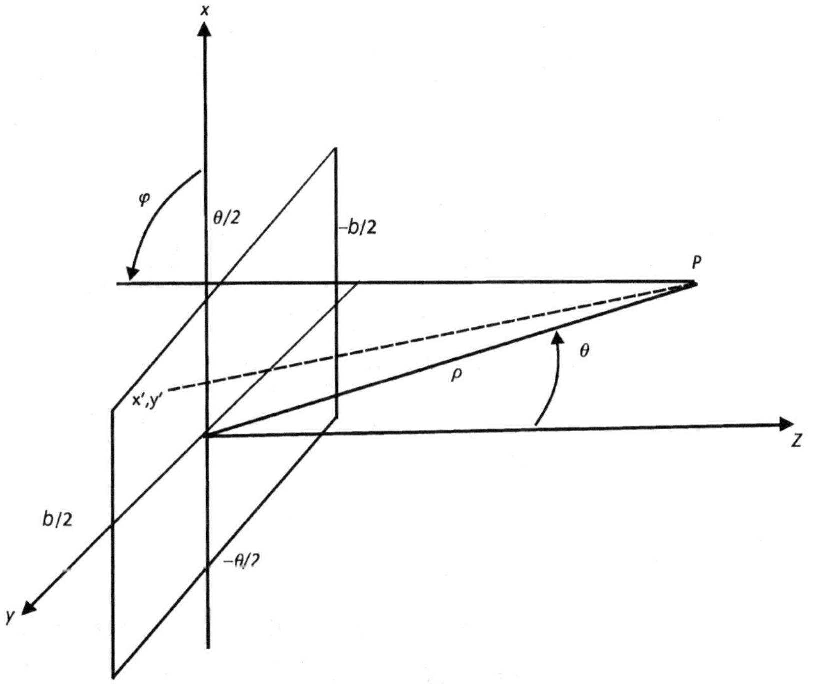

图 C.1　孔径参考坐标系

存在一种特殊情况，即沿两个坐标的均匀照射：$I_1(\cdot)=I_2(\cdot)=1$ 时，在平面 $(\theta,0)$ 和平面 $(\theta,\pi/2)$ 内的辐射方向图表示为：

$$E(\theta,0)=\frac{\sin[(ka/2)\sin\theta]}{(ka/2)\sin\theta},\qquad E(\theta,\pi/2)=\frac{\sin[(kb/2)\sin\theta]}{(kb/2)\sin\theta} \tag{C.7}$$

这两个方向图均为 $\sin x/x$ 的形式，如图 C.2 所示。

均匀照射是最高效的孔径分布（均匀照射情况下，$p_\mathrm{a}=1$），但会出现一个相对于峰值幅度仅为−13.2 dB 的第一旁瓣幅度。在半功率点之间测得的波束宽度为 $\theta_\mathrm{B}=0.88\lambda/a$（单位为弧度）或 $\theta_\mathrm{B}=51\lambda/a$（单位为度）。为降低第一旁瓣电平，可通过逐渐减少孔径边缘的照射来获取，但它会如文献[3]所报道的降低孔径效率（$p_\mathrm{a}<1$）。

圆形孔径属于特殊情况。由于孔径平面的对称性，该圆形孔径的辐射方向图为一个仅以角度 θ 围绕视轴旋转的旋转体。均匀照射的圆形孔径的辐射方向图可表示为：

$$E(\theta)=\int_0^{2\pi}\mathrm{d}\phi\int_0^{\rho_0}\mathrm{d}\rho\cdot\exp(-\mathrm{j}k\rho u)=2\pi\rho_0^2J_1(\delta)/\delta \tag{C.8}$$

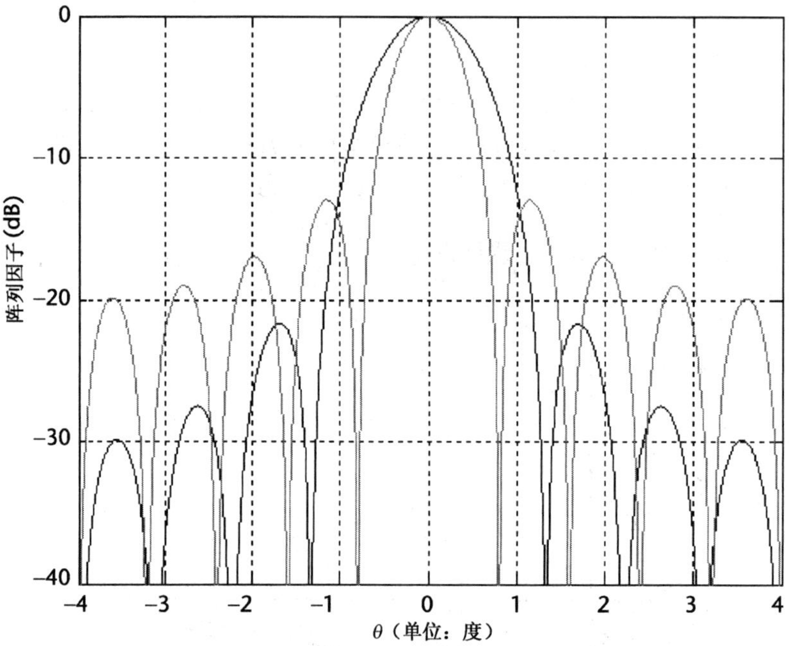

图 C.2 均匀孔径照射(灰色)与余弦孔径照射(黑色)的辐射方向图

其中，$\Delta=k\rho_0\sin\theta$ 与 $J_1(\cdot)$ 为一阶贝塞尔函数。第一旁瓣相对于峰值为−17.6 dB，波束宽度为 $\theta_{\mathrm{B}}=58.5\lambda/2\rho_0$ (单位为度)。

C.1 天线类型

抛物面反射体天线是最常用的雷达天线之一。因抛物面的几何特性，从焦点(也就是放馈源的位置)经抛物曲面反射发出的射线的路径长度与垂直于抛物线轴的平面发出的一样。因此，馈源处的点辐射源在抛物面输出端转换为平面波阵面。

雷达使用的反射体天线众多，在此仅介绍两种：卡塞戈伦反射体天线和余割平方反射体天线。前者常用于跟踪雷达，后者主要用于 2D 监视雷达。

卡塞戈伦天线原理见图 C.3。馈源放在抛物面反射体天线顶点处，在一个双曲线副反射体前面。远处目标产生的平面波阵面由副反射体(第二焦点)转换为一束会聚波束聚焦到馈源(天线的真正焦点)。卡塞戈伦反射体天线具有两个优点：一是减小天线轴向尺寸，二是连接馈源与发射/接收电路时简单、方便。

余割平方反射体天线主要用于监视雷达，用以形成大俯仰角波束，该大俯仰角波束与 $\mathrm{cosec}^2\varepsilon$ 成正比的图形一致，其中 ε 为俯仰角。这可以使在恒定高度 H 上飞行的目标产生一个恒定功率的回波信号，如图 C.4 所示。

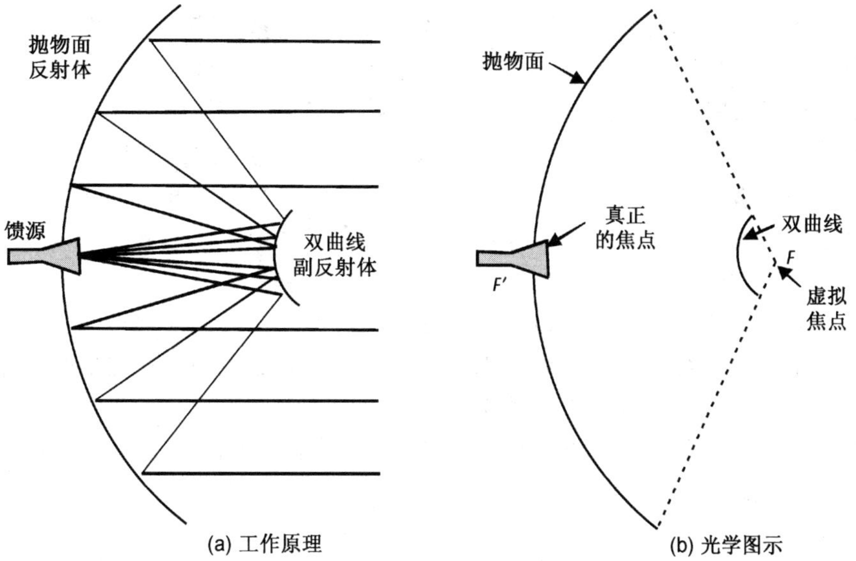

图 C.3　卡塞戈伦抛物反射体天线

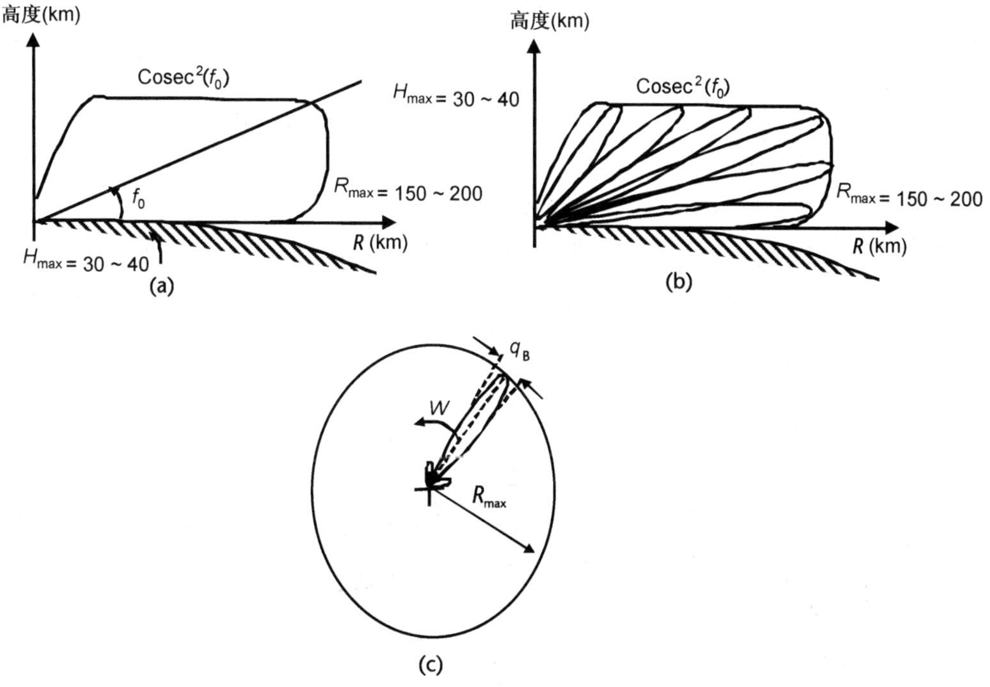

图 C.4　监视雷达的余割平方天线：(a)自由空间条件下俯仰角覆盖范围，(b)反射地形条件下俯仰角实际覆盖范围以及(c)方位角覆盖范围

C.2　阵列天线

阵列天线由 $n(n \geqslant 2)$ 个独立的辐射单元组成，它们放置在相互适当间隔的栅格上。对各辐射单元信号的幅度和相位进行控制，以便于在所有(或部分)辐射单元共同作用时获得想要的辐射方向图。这种阵列可以看作是一种含有离散辐射体的孔径，而不是像全辐射面一

样有无数辐射体。就其本身而言，阵列与天线具有相同的参数特征，如增益、极化、波束宽度和旁瓣电平等，但有一点不同的是，阵列中的这些参数是波束扫描角的函数。

阵列单元自身影响着阵列的许多特性，例如阵列极化、空域覆盖、工作带宽、阵列栅格间内单元的相互耦合等。阵列单元可包含偶极子、槽、螺旋、宽带喇叭口(Vivaldi)辐射体等。电子战领域涉及三种几何形状的阵列天线：线阵、平面阵和共形阵。线阵的阵元沿一条直线分布。平面阵为二维结构，阵元分布在一个平面上。共形阵为一维或二维结构，阵元分布在一条曲线或一个曲面上。

根据最大辐射方向，阵列可分为垂射阵列和端射阵列，其最大辐射方向与阵元分布的线或面分别为垂直或平行。端射阵列尚未在雷达波段中广泛应用。在通信带宽中，当要求中等增益和大波束宽度时，端射线阵较为常用。

考虑图 C.5 所示阵列中第 n 个阵元的远场辐射方向图，可直接由式(C.3)推导出相控阵列的性能参数[3]，即：

$$\underline{E}_n(R,\theta,\varphi) = \underline{E}_n(u,v) = a_n \frac{\mathrm{e}^{-\mathrm{j}kR}}{R} \underline{g}_n(u,v)\mathrm{e}^{\mathrm{j}\underline{k}'\cdot\underline{\rho}_n'} \tag{C.9}$$

式中，

$\underline{g}_n(u,v)$ 为峰值归一化后的矢量，描绘了辐射单元的远场方向图，包括极化，并考虑到了与其他阵元的互耦；

a_n 为复数权重(包括幅度和相位)，也称为阵列中第 n 个元素的激励；

其他符号与式(C.3)中的符号定义相同。

确定阵列辐射方向图时，由于各个辐射单元中都含有式(C.3)中的 $\mathrm{e}^{-\mathrm{j}kR}/R$，因此可以忽略该项式。在这种情况下，该方程用阵列中 N 个阵元的求和替代了照射孔径的积分：

$$\underline{E}_a(u,v) = \sum_1^N a_n \underline{g}_n(u,v)\cdot \mathrm{e}^{\mathrm{j}\underline{k}'\cdot\underline{\rho}_n'} \tag{C.10}$$

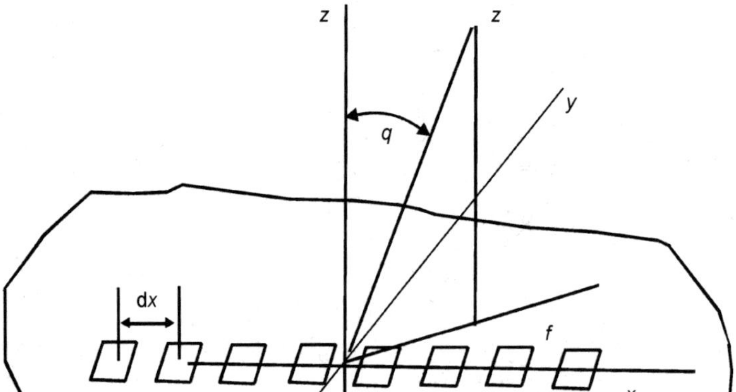

图 C.5　确定线阵辐射方向图的坐标系

上述一般式适用于任何类型的阵列。我们接下来讨论一些与规则的线阵和平面阵(即显示出周期性的一维或二维阵列）相关的简单表达式。

对于规则的线阵，阵元之间相互间隔距离 d_x，且距离为 $\rho' = x'\underline{x}_0 = nd_x\underline{x}_0$，所以式（C.10）中的指数变为 $\exp(jknd_x u)$。另外，我们可以假设阵列中所有阵元的辐射方向图相同，则方程（C.10）变为：

$$\underline{E}_{\mathrm{a}}(u,v) = \underline{g}(u,v)\sum_{-(N-1)/2}^{(N-1)/2}|a_n|\mathrm{e}^{\mathrm{j}\psi_n}\exp(\mathrm{j}knd_x u) = F_{\mathrm{a}}(u)\cdot\underline{g}(u,v) \tag{C.11}$$

这表明，线阵辐射方向图可表示为矢量元素方向图 $\underline{g}(u,v)$（假设所有阵元方向图相同）与标量代数项 $F_{\mathrm{a}}(u)$ 之乘积。当峰值归一时，可将该项定义为阵列因子。如果假设阵元激励的相位 $\psi_n = 0$，则 $u = 0$ 时，$F_{\mathrm{a}}(u)$ 达到峰值。

由式（C.11）可以得出一个重要观点，如果假设阵元激励相位 $\psi_n = -knu_0$ 时指数函数的自变数变成 $\mathrm{j}knd_x(u-u_0)$，阵列因子变成 $F_{\mathrm{a}}(u-u_0)$。也就是说，方向图峰值移动到 $u = u_0$ 处，而在 u 坐标系中描绘出的辐射方向图形状（即波束宽度和旁瓣电平）并未因移动而发生变化。

当所有 n 的激励幅值相同时，可以假设 $|a_n| = 1$，会出现一种重要的特殊情况。在该情况下，求和实际上为比值 $\exp(\mathrm{j}kd_x u)$ 的等比级数各项之和，所以阵列因子有一个显式表达式：

$$F_{\mathrm{a}}(u) = \frac{\sin\left[\dfrac{N\pi d_{\mathrm{x}}}{\lambda}u\right]}{N\sin\left[\dfrac{\pi d_{\mathrm{x}}}{\lambda}u\right]} \tag{C.12}$$

由式（C.12）可计算得到，波长为 λ，间隔距离为 $d_x = 0.5\lambda$，均匀激励的 16 单元线阵的阵列因子如图 C.6（a）和（b）所示，图中波束指向分别为 $u(0°,0°)$ 和 $u_0(60°,60°)$。

根据图 C.6（a）可以得出，在轴向（$\theta = 0°, \varphi = 0°$）的 −3 dB 波束宽度 θ_{B} 为 $\theta_{\mathrm{B0}} = 0.866\lambda / Ndx$；然而，当扫描至 $u_0(\theta_{\mathrm{scan}}°,0°)$ 时，它变为 $\theta_{\mathrm{B,scan}} = \theta_{\mathrm{B0}} / \cos\theta_{\mathrm{scan}}$。也就是说，波束宽度随扫描角度而变大。

从上述−3 dB 波束宽度的表达式可以看出，频率低时，方向图宽，频率高时，方向图窄。具体见图 C.7。

与孔径照射相似，阵元均匀激励时会出现最大阵列增益，但同时也会产生一个仅为峰值的−13.2 dB 的第一旁瓣，当 n 较大时，其他旁瓣按 $1/(n+1/2)$ 规律渐近衰减。

通过向各个阵元强加相移 $\psi_{\mathrm{n}} = -knu_0$ 可以实现阵列波束移至方向 u_0 与之相关的另一个考虑是：在移相器设置不变的情况下，频率从 $f_0 = c/\lambda_0$ 至 $f_0 + \Delta f = c/(\lambda_0 - \Delta\lambda)$ 的变化可进一步引起波束指向从 u_0 移至 $u = u_0 f_0 / (f_0 + \Delta f)$；当 $\Delta f > 0$ 时，波束更接近侧向，当 $\Delta f < 0$ 时，波束更远离侧向。同时还可以看出，当频移 Δf 为如下所示的公式时，信号接收过程中将损失 3 dB：

$$\frac{\Delta f}{f_0} = \frac{\sin(\theta_{B,\mathrm{scan}})}{u_0} \tag{C.13}$$

从上述公式可以看出，相控阵系统带宽存在局限：阵列中的阵元越多，带宽越窄（即波束宽度越窄）。如果加给每个阵元的相位是通过延时线（其相位随频率变化）提供的，则可以克服上述局限性。图 C.8 显示了指向（30°，0°）的 16 元线阵（阵元间距为 0.75λ）因频率变化 5%而发生的波束倾斜。

根据式(C.12)，当间距 d_x 与波长 λ 之比增加(为 d_x/λ 增加)时扫描波束至 u_0，在与扫描方向相反的方向上，会伴随有新波瓣(即栅瓣)的出现，如图 C.9 所示。

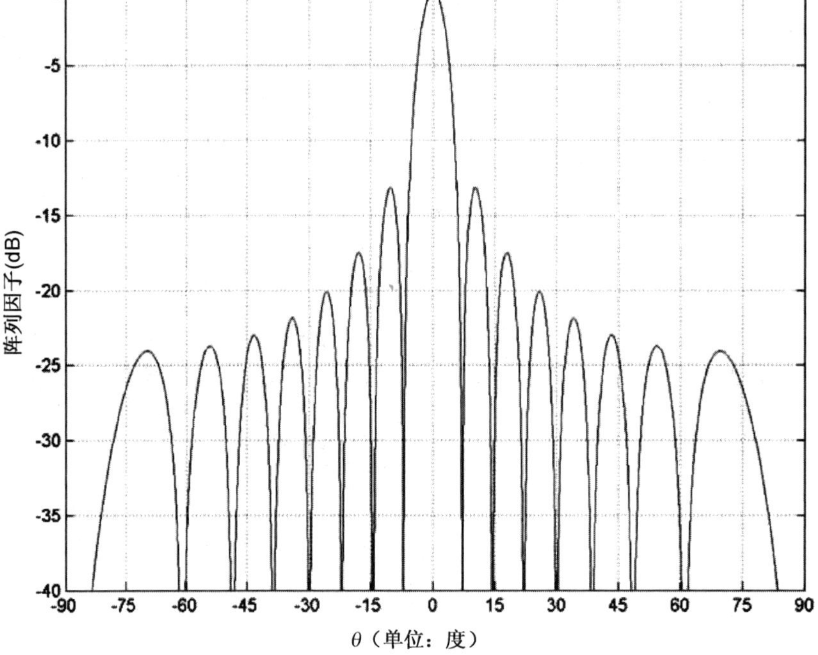

(a)

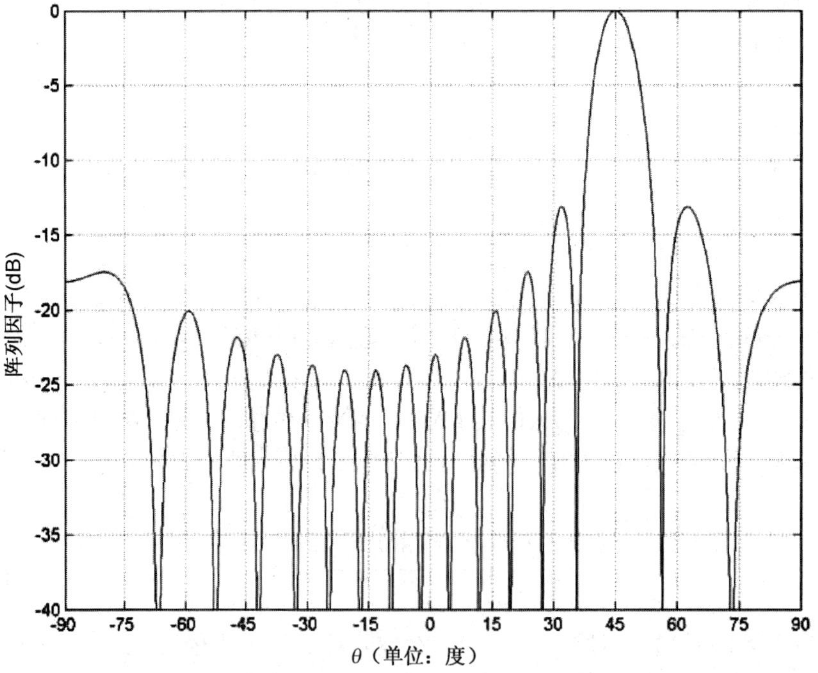

(b)

图 C.6 阵元间距为 0.5λ 的 16 元阵的阵列辐射方向图：(a)指向(0°，0°)时；(b)指向(60°，0°)时

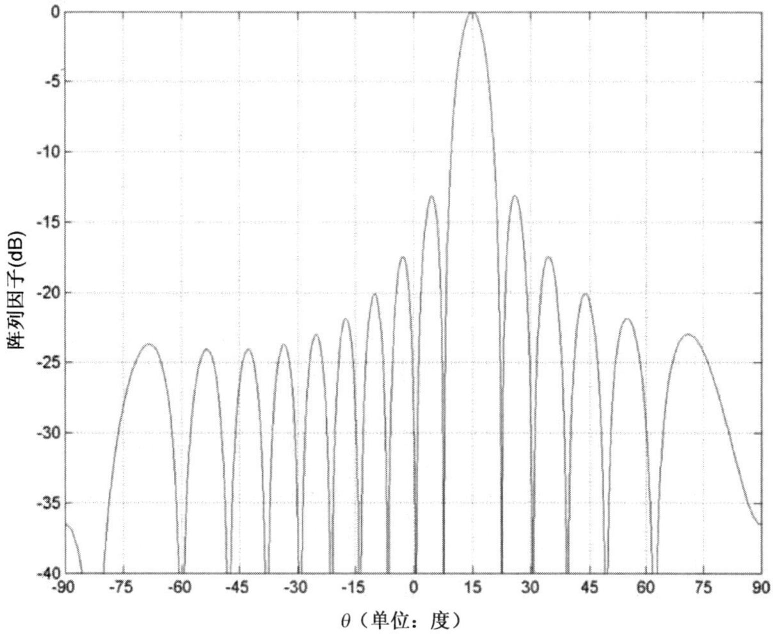

(a)

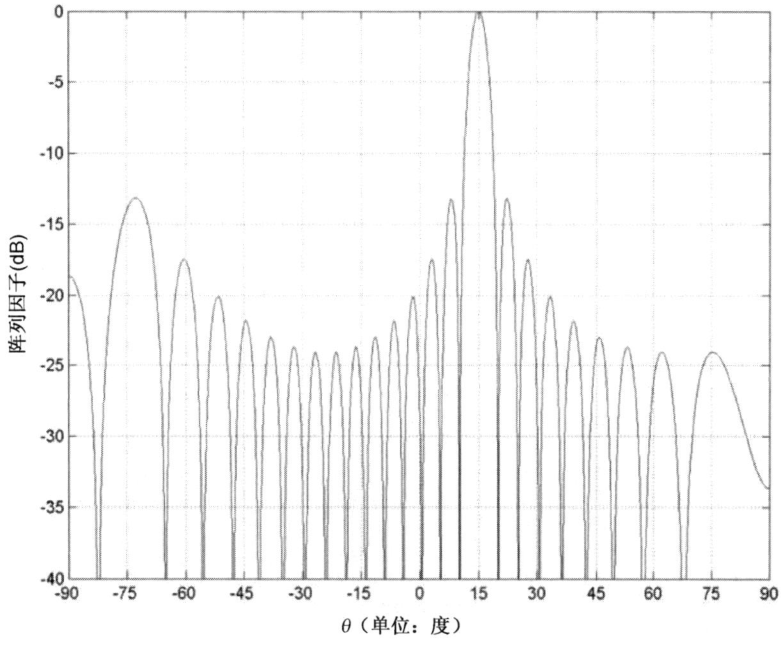

(b)

图 C.7 指向为(10°，0°)的 16 元线阵的辐射方向图：(a)频率为 $f_0(\mathrm{d}x/\lambda=0.5)$ 时；(b)频率为 $f_1(\mathrm{d}x/\lambda=0.75)$ 时

在波长 λ 处的线阵栅瓣条件可根据扫描的阵列因子 $F_{\mathrm{a}}(u-u_0)$ 的求和公式中各项的指数来确定。也就是 $\mathrm{j}knd_x(u-u_0)$。

因其周期性，对于任何满足下列公式的每个方向 u_{g}，指数项都有一个零值：

$$\frac{2\pi d_x}{\lambda}(u_g-u_0)=2\pi g, \qquad g=0,\pm 1,\pm 2,\cdots$$

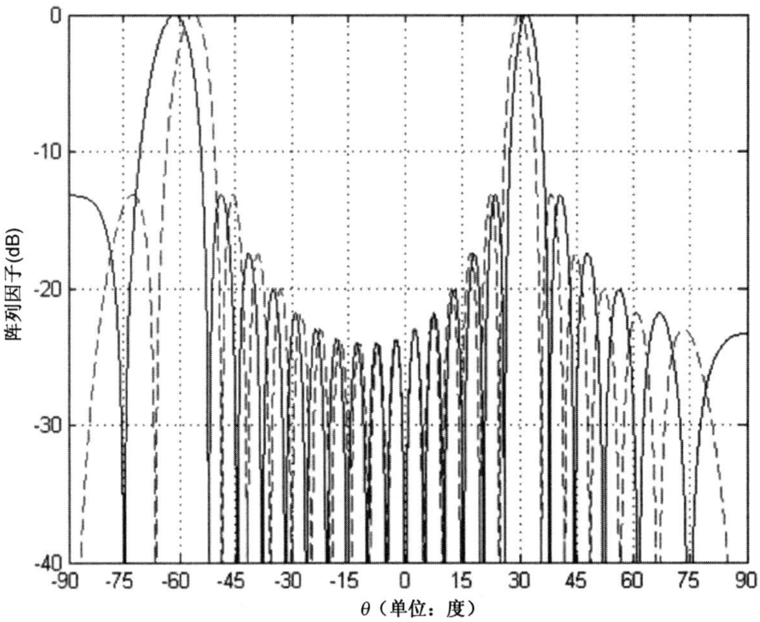

图 C.8 指向为(30°,0°)、阵元间距为 0.75λ 的 16 元线阵的线阵中，频率变化 5% ($f_1 = 0.95f_0$)引起的波束变化

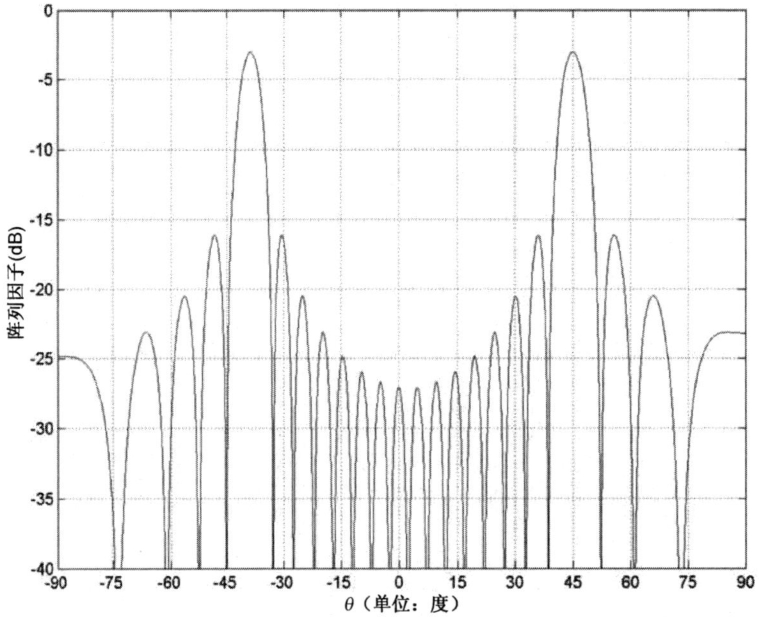

图 C.9 线阵(阵元间距为 0.75λ 的 1 6 元阵)的波束被扫描至(45°，0°)时，出现在(–40°，0°)处的栅瓣

即，

$$u_g = u_0 \frac{\lambda}{\lambda_0} + g\frac{\lambda}{d_x} \tag{C.14}$$

式(C.14)中考虑到了在阵列带宽中阵元相位随着频率的变化。在阵元相位是通过时延线提供的情况下，式(C.14)可简化为：

$$u_g = u_0 + g\frac{\lambda}{d_x} \tag{C.15}$$

式(C.15)定义了与主瓣扫描波束指向 u_0 距离为 $g\lambda/d_x$ 的波束集合。并在“实空间” $|u_g|\leqslant 1$ 内出现的栅瓣为真正的辐射波束，而在“虚空间” $|u_g|\geqslant 1$ 内出现的栅瓣不辐射能量。

可根据式(C.15)推导出将波束扫描至规定最大方向 $u_{\max}$ 时，避免在“实空间”出现栅瓣的条件，它是阵元间距的设置限值：

$$\frac{d_x}{\lambda}\leqslant\frac{1}{u_g+u_{\max}}=\frac{1}{1+\sin\theta_{\max,\text{scan}}} \tag{C.16}$$

注意：电子战领域中，常用的小阵列在扫描时可能会产生足够宽的栅瓣波束，即使在峰值出现在“虚空间”的情况下，他们仍会对“实空间”产生一定影响。因此，对于这类较小阵列，可以选择一个间距 d_x，确保栅瓣至少在“虚空间”边界半个波束宽度(即 $\theta_B/2$)以外。

$$\frac{d_x}{\lambda}=\frac{1}{1+\sin\theta_{\max,\text{scan}}+\sin(\theta_B/2)} \tag{C.17}$$

对于平面阵，由以下公式可得出“实空间”的边界为一个圆(如图 C.10 所示)：

$$\sin\theta=\sqrt{u^2+v^2}\leqslant 1 \tag{C.18}$$

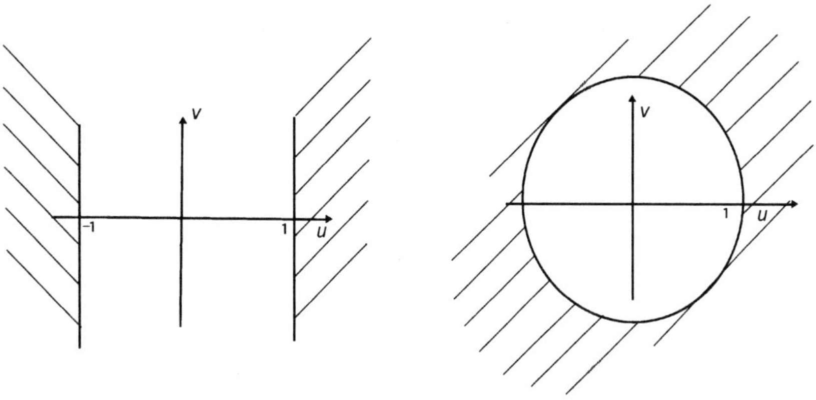

(a) 线阵　　(b) 平面阵

图 C.10　“实空间”的边界

平面阵常用的两种栅格：矩形栅格(有 d_x 和 d 两个间距)和三角形栅格(有 d_x 和 d_y 两个间距)，如图 C.11 所示。

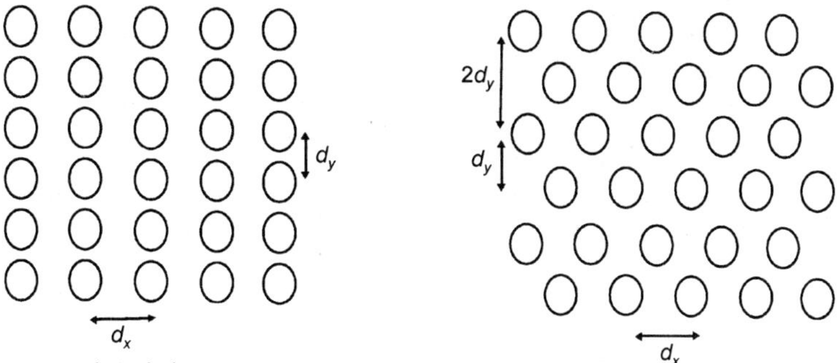

矩形点阵　　三角形点阵

图 C.11　平面相控阵列的典型点阵

矩形栅格阵列的栅瓣位置的表达式可以从式(C.14)推导出，即：

$$v_{\mathrm{h}} = \frac{\lambda}{\lambda_0} v_0 + h\frac{\lambda}{d_{\mathrm{y}}}, \qquad \mathrm{h} = 0, \pm 1, \pm 2, \cdots$$
$$u_{\mathrm{g}} = \frac{\lambda}{\lambda_0} u_0 + g\frac{\lambda}{d_{\mathrm{x}}}, \qquad g = 0, \pm 1, \pm 2, \cdots \tag{C.19}$$

图 C.12 和图 C.13 分别显示了正方形栅格和等边三角形栅格中的这类栅瓣，用色度来表示它们低于主波束峰值的相关幅度(dB)。

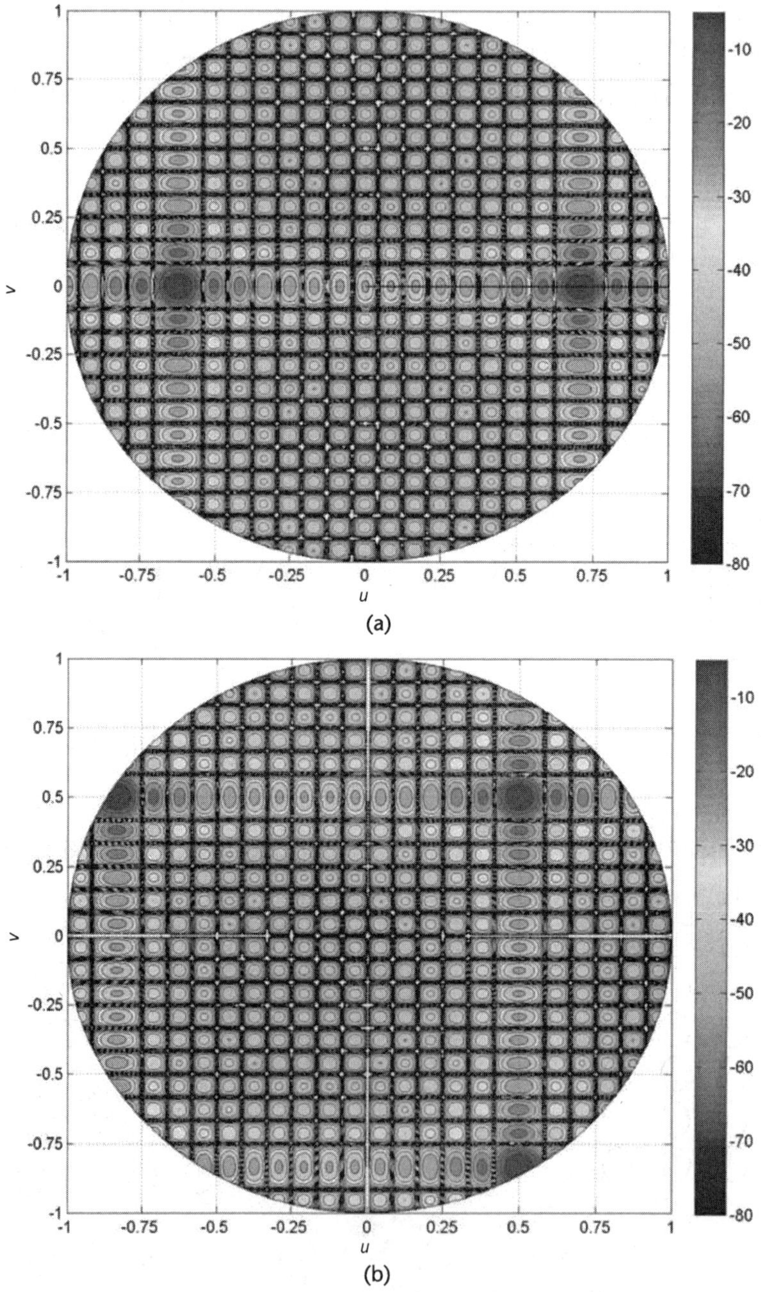

图 C.12　16×16 平面阵(正方形栅格，间距 $d_x = d_y = 0.75\lambda$)阵列因子中的栅瓣：(a)主波束扫描至(45°,0°)时；(b)主波束扫描至(45°,45°)时

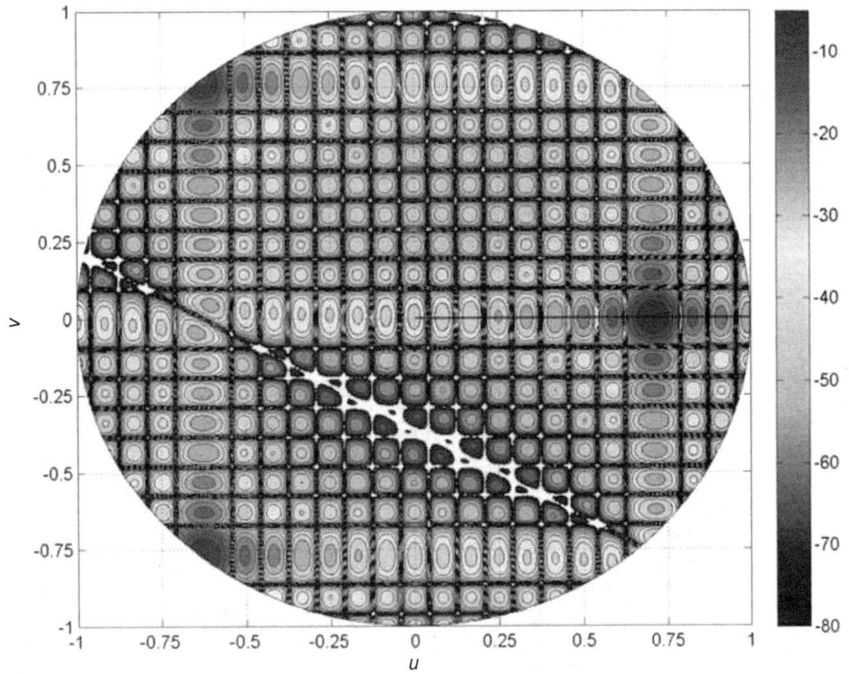

(a)

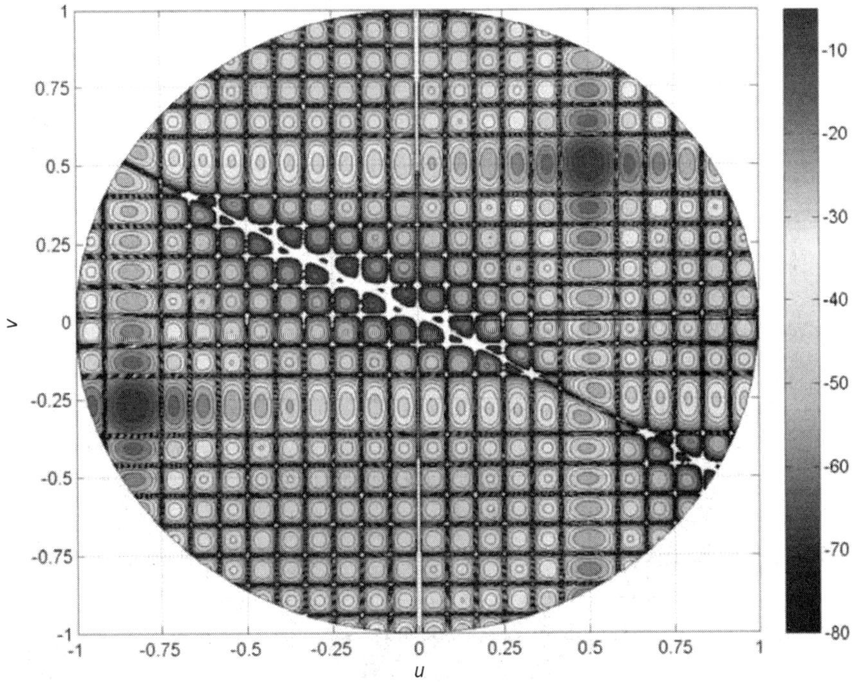

(b)

图 C.13　16 × 16 平面阵(三角形栅格，间距 $d_x = 0.75\lambda$，$d_y = 0.65\lambda$)阵列因子中的栅瓣：(a)主波束扫描至(0°,0°)时；(b)主波束扫描至(45°，45°)时

在矩形栅格阵列中，最近的栅瓣沿主平面出现(即沿着 $(u,0)$ 或 $(0,v)$)。因此，根据

式(C.16)，对于间距 d_x 和 d_y，在“真空间”中避免栅瓣出现的条件与式(C.16)是一样的，如图 C.14 所示。

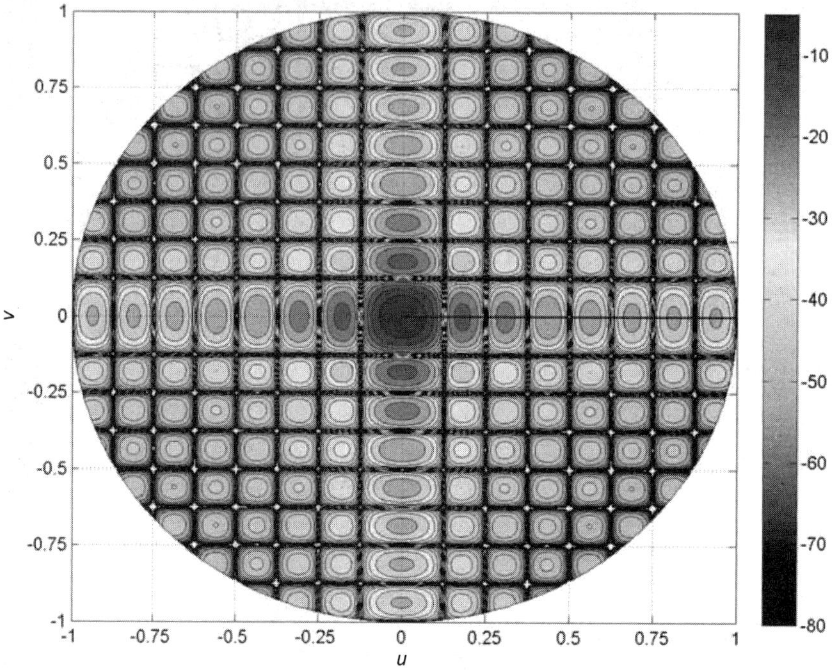

(a)

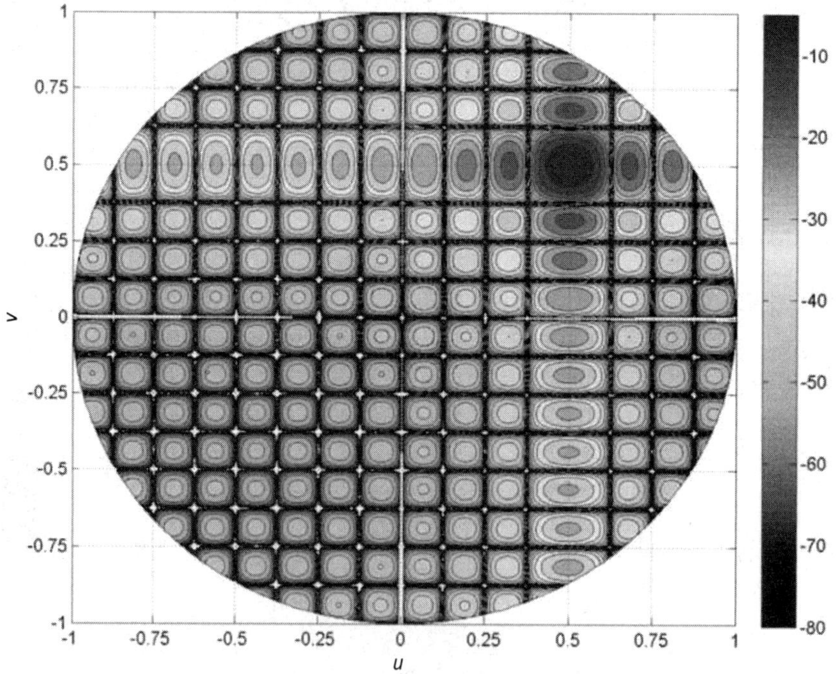

(b)

图 C.14　16×16 平面阵(正方形栅格，间距 $d_x = d_y = 0.5\lambda$)阵列因子中无栅瓣：(a)主波束扫描至(0°，0°)时；(b)主波束扫描至(45°，45°)时在一定面积的平面阵列内，相比于正方形栅格，三角形栅格需要的阵元数更少。这一点可以从图 C.12 等边三角形点阵图中看出。图中，在面积 $A = d_x \cdot 2d_y$ 的范围内，矩形点阵内有 6 个阵元，三角形点阵内有 5 个阵元(即节省了 16.6%的阵元)。

参考文献

[1] Skolnik, M., Introduction to Radar Systems, New York: McGraw-Hill, 1962.

[2] Mailloux, R., Electronically Scanned Arrays, San Rafael, CA: Morgan & Claypool Publishers, 2007.

[3] Jasik, H., “Fundamentals of Antennas,” in R. Johnson (Ed.), Antenna Engineering Hand-book, New York: McGraw-Hill, 1993.

[4] Cooley, M., and Davis, D., "Reflector Antennas," Chap. 12 in M. Skolnik (Ed.), Radar Handbook, 3rd ed., New York: McGraw-Hill, 2008.

附录 D　模拟调制方法

D.1　幅度调制

调幅技术如图 D.1 所示，其中，用信号 $m(t)$ 对载波 $c(t)=\cos 2\pi f_c t$ 进行调制。如图 D.1 (a)所示为基带的有限带宽 Δf 的频谱，如图 D.1 (b)所示为经载波转换后有限带宽 Δf 的频谱。

当 $f_m < f_c$ 时，考虑由单音信号 $m(t)=\cos 2\pi f_m t$ 构成的调制信号，可以轻易地推导出频谱的形状，这种情况下，图 D.1 中的输出信号为

$$y(t)=\cos 2\pi f_c t \cdot \cos 2\pi f_m t = \frac{1}{2}\cos 2\pi(f_c + f_m)t + \frac{1}{2}\cos 2\pi(f_c - f_m)t$$

由于幅度调制为线性调制，频谱带宽是基带的复制。图 D.1 (c)所示的调制方法主要涉及双边带幅度调制(DSB-AM)。其他幅度调制方法可以是：①通过抑制载波双边带调制(DSB-SC)方法抑制载波；②通过单边带调制方法抑制单边带。如果被抑制的带宽由数字 1 表示，则称为上边带；如果由数字 2 表示，则称为下边带。由于每一个边带所含信息相同，可抑制其中一个频带，从而提高该调制方法的效率。

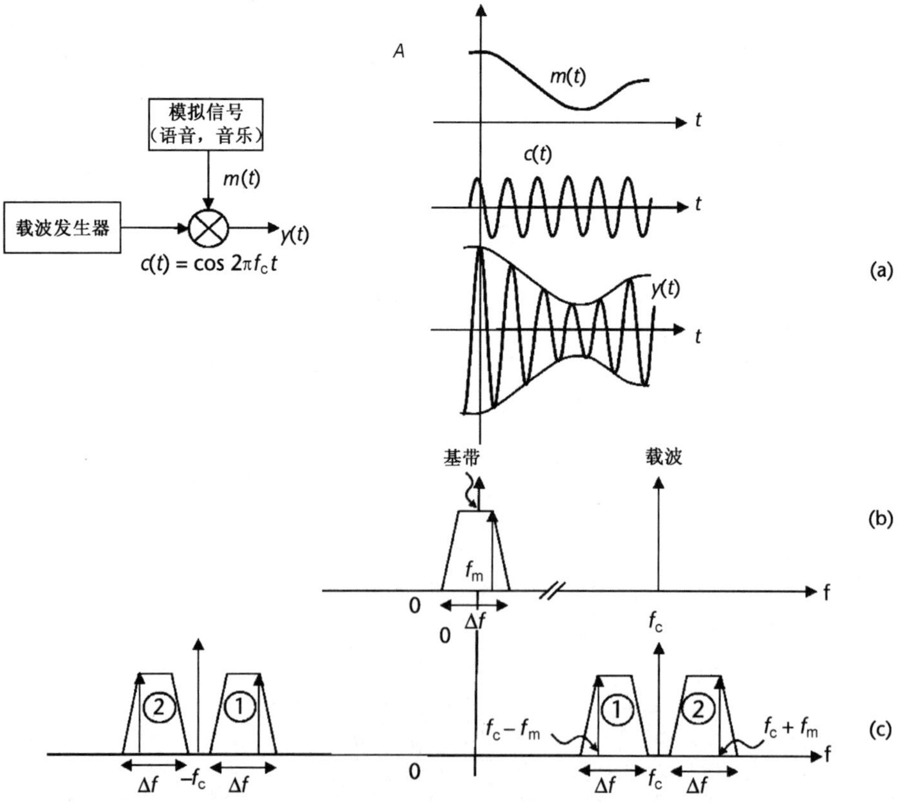

图 D.1　幅度调制信号的(a)时域表示，(b)在基带上的调制信号频谱，(c)调制到载波上之后的信号频谱

D.2　角度调制

已调制信号的瞬时相位为 $\varphi(t)=2\pi f_c t+\phi(t)$，其瞬时频率为

$$f_{\text{inst}}=\frac{1}{2\pi}\frac{\mathrm{d}\varphi}{\mathrm{d}t}=f_c+\frac{1}{2\pi}\frac{\mathrm{d}\phi}{\mathrm{d}t} \tag{D.1}$$

对于相位调制(PM)，k_p 为相位调制常数(弧度/伏)，因此，已调载波信号为

$$s(t)=A\cos(2\pi f_c t+k_p m(t))$$

对于频率调制(FM)：

$$\phi(t)=k_f\int_{-\infty}^{t}m(\tau)\cdot \mathrm{d}\tau$$

在上式中，k_f 为频率调制常数(弧度/秒/伏)，因此，已调载波信号为

$$s(t)=A\cos(2\pi f_c t+k_f\int_{-\infty}^{t}m(\tau)\cdot \mathrm{d}\tau)$$

调频频谱的形状相当复杂。图 D.2 所示为一个简单的例子，当 $f_m \ll f_c$ 时，调制信号 $m(t)$ 为单音信号 $m(t)=M\cos 2\pi f_m t$。此时，调制信号为：

$$y(t)=A\cos(2\pi f_c t+\beta\sin(2\pi f_m t)) \tag{D.2}$$

式中，$\beta=k_f\dfrac{M}{2\pi f_m}$ 为调制指数，是由调制信号引起的最大载波频偏与调制信号最大频率之比。其频谱见图 D.2。在 β 较小时，式(D.2)可表示为

$$s(t)=A\cos 2\pi f_c t-\frac{A\beta}{2}\cos\left[2\pi(f_c-f_m)t\right]\frac{A\beta}{2}\cos\left[2\pi(f_c+f_m)t\right] \tag{D.3}$$

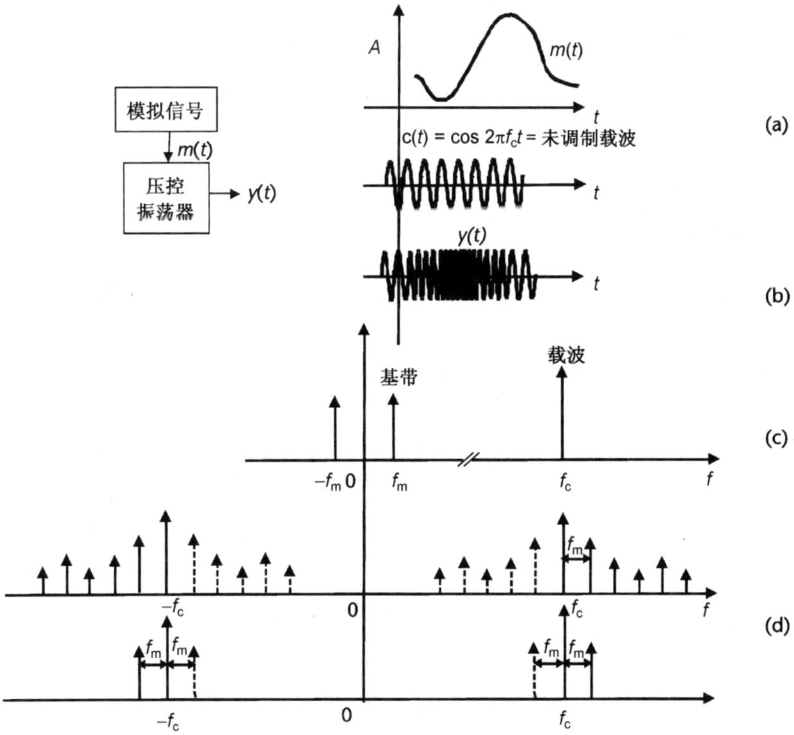

图 D.2　频率调制频谱

如图 D.2 所示。当 $\beta<1$ 时，为窄带频率调制，信号带宽约为 $2f_m$。

由于频率调制为非线性调制，因此很难判断其带宽。卡森曾研究出一种近似法，称为“卡森带宽法则”。根据该法则，可采用如下公式计算带宽：

$$\begin{aligned} \beta_{\mathrm{IF}} &= 2(\beta+1)f_{\mathrm{m}} \qquad \beta >> 1 \\ \beta_{\mathrm{IF}} &= 2(\beta+2)f_{\mathrm{m}} \qquad 2<\beta<10 \end{aligned} \tag{D.4}$$

压控振荡器可构成有效而简单的调频调制器，该振荡器通过输入电压 $m(t)$ 控制其振荡输出频率(当 $f_{\mathrm{m}} \ll f_{\mathrm{c}}$，电压随振荡器频率的变化而缓慢变化)。

相位调制频谱的推导方式与频率调制频谱的推导方式一样。我们将调制信号 $m(t)$ 看作一种单音信号 $m(t)=M\cos 2\pi f_{\mathrm{m}}t$，且 $f_{\mathrm{m}} \ll f_{\mathrm{c}}$。其结果是相同的。卡森带宽法则与式(D.4)一致(除此之外，β=调相调制指数$=\Delta f / f_{\mathrm{PM}}$，其中 f_{PM} 为最大的调制频率)。

D.3 正交调制

在数字通信中，两个数据 A 和 B，如果利用正交波形(例如 sin 和 cos)调制到载波频率上时，可同时传输。这样的正交调制方法见图 D.3。

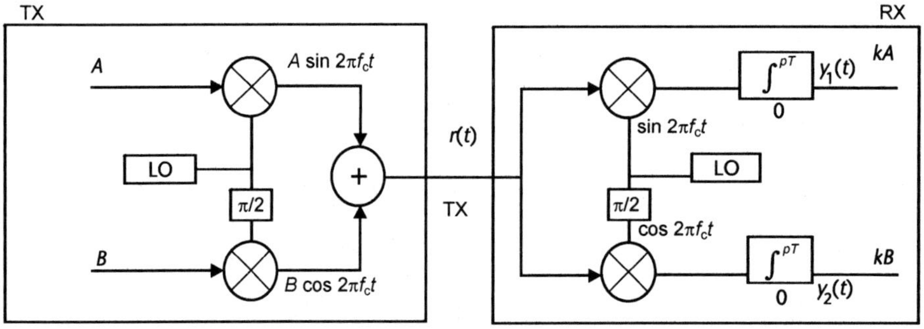

图 D.3 正交调制方法

发送的信号在接收机上部支路进行处理。相关积累器对 p 个周期 $T(T=1/f_{\mathrm{c}})$ 的输入进行积分，在输出端得到信号 $y_1(t)$：

$$\begin{aligned} y_1(t) &= \int_0^{pT} r(t)\sin 2\pi f_{\mathrm{c}}t\cdot \mathrm{d}t = \int_0^{pT} A\sin^2 2\pi f_{\mathrm{c}}t\cdot \mathrm{d}t + \int_0^{pT} B\cos 2\pi f_{\mathrm{c}}t\cdot \sin 2\pi f_c t\cdot \mathrm{d}t = \\ & A\int_0^{pT}\left(\frac{1-\cos 4\pi f_{\mathrm{c}}t}{2}\right)\cdot \mathrm{d}t + B\int_0^{pT}\frac{\sin 4\pi f_{\mathrm{c}}t}{2}\cdot \mathrm{d}t = \frac{A(pT)}{2} = kA \end{aligned} \tag{D.5}$$

根据上述同样的计算方法，可得出接收机下部支路的输出为 $y_2(t)=kB$。

图 D.3 所示的正交调制方法要求发射机与接收机的本地振荡器(LO)同步，以确保两者相位一致，同时还要求在 pT 这一精确时间段内进行积分。否则所得结果可能与 kA 和 kB 不一致。因此正交调制方法仅适用于数字通信领域。由于接收机上部的预期输出可能是 kA，也可能是 $-kA$，因此很可能出现给出的最可能结果是输出不同于 $\pm kA$。

参考文献

[1] Poisel, R., Introduction to Communication EW Systems, Norwood, MA: Artech House, 2002.

附录 E　BFSK 通信系统中噪声与单音干扰提高误码率的评估

最常见的频率调制方式为二进制频移键控(BFSK)，分别采用单音 f_1 和 f_2 传输二进制符号“0”和“1”。通过利用 2^n 个频率(MFSK)，每个频率可以传输 n 个二进制位。频移键控方法允许接收机采用非相干检测技术。其振荡器无需在随频率发生较大变动时维持相位的相干性，而这在多进制频移键控(MFSK)调制或快速跳频(FFH)通信是要求的。然而，该类振荡器能够在慢速跳频(SFH)通信跳变范围内维持相位相干性。图 E.1 为多进制频移键控通信发射机的示意框架图。

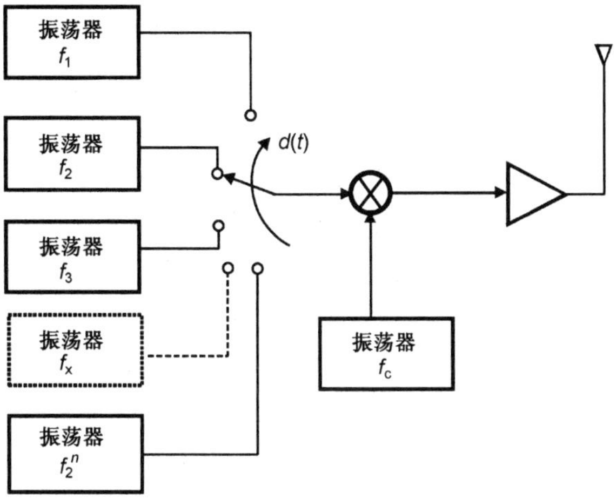

图 E.1　多进制频移键控信号产生的示意框图

为了评估干扰对二进制频移键控通信的影响，我们首先讨论超外差检波的机制。图 E.2 显示了非相干二进制频移键控检波的接收机检波器结构，从图中可以看出，信道层与附录 A 中所分析的雷达非相干检波的结构相同。

信号 $x_i(t)$ 经过两个中心频率分别为 $f_1 = f_c - \delta_f$ 和 $f_2 = f_c + \delta_f$ 的带通滤波器后可以用如下公式表示，其中，指数 i 和 k 是为了将两个信道作一般类型考虑。

$$x_i(t) = s_i(t) + j_i(t) + n_i(t) \tag{E.1}$$

$x_k(t)$ 也是同样的。

其中 $s_i(t) = A\cos(2\pi f_i t)$，$i = 1$ 或 2，是接收到的信号，信号幅度 A 与发射功率成正比；

$n_i(t)$ 和 $n_k(t)$ 为窄带高斯噪声；

$j_i(t)$ 和 $j_k(t)$ 是接收机入口端干扰波形 $j(t)$ 的滤波输出。

包络检波器的输出 $r_1(t)$ 和 $r_2(t)$ 分别为窄带输入 $x_1(t)$ 和 $x_2(t)$ 的理想包络。接收机输出 $z(pT)$ 取决于时间 T 内两个信道输出之间的较大包络样本。

若以积分分量表示窄带噪声和干扰，可得到如下公式：

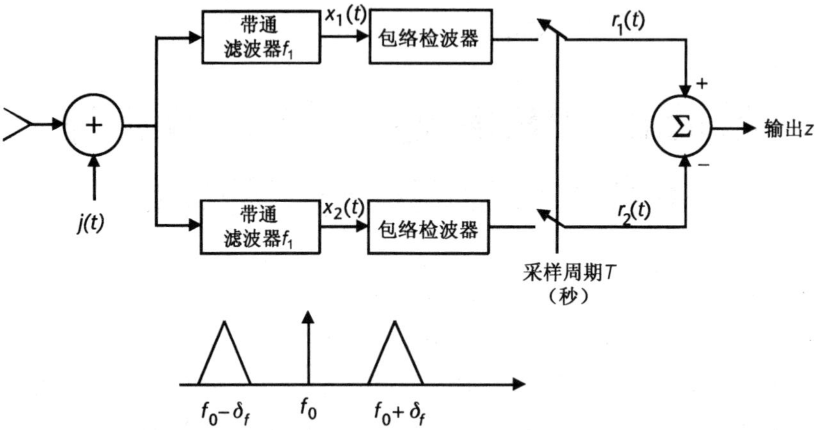

图 E.2 二进制频移键控非相干接收机检波器

$$
\begin{aligned}
n_i(t) &= n_{ci}(t)\cos\left(2\pi f_i t\right) - n_{si}(t)\sin\left(2\pi f_i t\right) \\
j_i(t) &= j_{ci}(t)\cos\left(2\pi f_i t\right) - j_{si}(t)\sin\left(2\pi f_i t\right)
\end{aligned}
\tag{E.2}
$$

式中，n_{ci}和n_{si}在统计上相互独立、零均值、功率为N的高斯过程。由于两个带通滤波器之间不存在带宽重叠现象，所以n_{ci}和n_{ck}(以及类似的n_{si}和n_{sk})在统计上同样也是相互独立的过程。根据这些假设，我们可以假设符号“1”是随频率f_2传输的。在无干扰的条件下，$r_1(t)$和$r_2(t)$的概率密度函数(pdf)可分别以瑞利分布和莱斯分布表示，令：

$$
\begin{aligned}
p(r_1) &= \frac{r_1}{\sigma_n^2}\exp\left[-\frac{r_1^2}{2\sigma_n^2}\right], \quad r_1 \geqslant 0 \\
&= 0, \quad r_1 < 0
\end{aligned}
\tag{E.3}
$$

$$
\begin{aligned}
p(r_2) &= \frac{r_2}{\sigma_n^2}\exp\left[-\frac{r_2^2+A^2}{2\sigma_n^2}\right]\cdot I_0\left[\frac{\mathrm{A}r_2}{\sigma_n^2}\right], \quad r\geqslant 0 \\
&= 0 \quad , r_2<0
\end{aligned}
\tag{E.4}
$$

式中，σ_n^2表示各带通滤波器输出端的噪声均方值(即噪声功率N)；$I_0(\mathrm{x})$表示第一类零阶修正贝塞尔函数。

当$r_1>r_2$时，会出现误差，这种情况下会产生如下误差概率：

$$
\begin{aligned}
p\left(r_1 > r_2 | 1\text{sent}\right) &= \int_0^\infty \mathrm{d}r_2 \cdot p\left(r_2\right)\cdot\int_{r_2}^\infty \mathrm{d}r_1 \cdot p\left(r_1\right) = \int_0^\infty \mathrm{d}r_2 p\left(r_2\right)\cdot\exp\left[-\frac{r_2^2}{2\sigma_n^2}\right] \\
&= \int_0^\infty \mathrm{d}r_2 \cdot \frac{r_2}{\sigma_n^2}\exp\left[-\frac{2r_2^2+A^2}{2\sigma_n^2}\right]\cdot I_0\left(\frac{Ar_2}{\sigma_n^2}\right) = \frac{1}{2}\exp\left[-\frac{A^2}{4\sigma_n^2}\right]
\end{aligned}
\tag{E.5}
$$

令$x=\sqrt{2}\cdot r_2/\sigma_n$和$a=A/(\sqrt{2}\sigma_n)$，可以得到：

$$
\int_0^\infty \mathrm{d}x\cdot x\cdot\exp\left[-\frac{x^2+a^2}{2}\right]\cdot I_0(ax) = 1
$$

进一步地，可以得出$A^2/\sigma_n^2=\mathrm{SNR}$，因此式(E.5)可简化为：

$$
p(r_1 > r_2 | 1\text{sent}) = p(\text{error}|1\text{sent}) = \frac{1}{2}\exp\left[-\frac{\mathrm{SNR}}{2}\right]
\tag{E.6}
$$

同样，如果传输的符号为“0”，可得出相同结果：

$$p(r_2 > r_1|0\,\text{sent}) = p(r_1 > r_2|1\,\text{sent}) = \frac{1}{2}\exp\left[-\frac{\text{SNR}}{2}\right] \tag{E.6a}$$

总的误差概率为

$$p_{\text{error}} = p_0 \cdot p(\text{error}|0\,\text{sent}) + p_1 \cdot p(\text{error}|1\,\text{sent}) = \frac{1}{2}\exp\left[-\frac{\text{SNR}}{2}\right] \tag{E.7}$$

前提是假定发送符号的先验概率分别为 p_0 和 p_1，p_0 和 p_1 的值相同且均等于 1/2，因为没有理由会多传输哪一个符号。对多进制频移键控也可以推导出类似的表达式，具体见文献[1]的第 3 章。多进制频移键控通信的误码率见图 E.3。

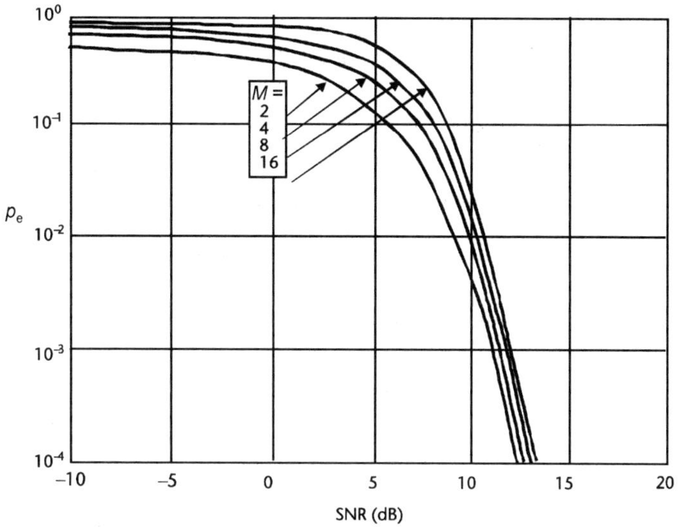

图 E.3　在只有噪声的条件下多进制频移键控通信的误码率（来自参考文献[1]第 3 章）

在干扰条件下，必须考虑两个概率：①干扰机同时在两个信道上制造功率为 J 的额外噪声；②干扰机仅在一个信道上制造功率为 J 的额外噪声。在第一种情况中，通过在式(E.7)中考虑到总噪声功率 $N+J$，即可轻易得出误差概率，即

$$p_{\text{误差}}(\text{两个频带同时被干扰}) = \frac{1}{2}\exp\left[-\frac{S}{2(N+J)}\right] \tag{E.8}$$

在第二种情况中，两个信道中的噪声功率不相同，其中一个信道的噪声功率为 N，另一个为 $N+J$。由于数学信道与之前的信道相似，且对发送两个符号的先验概率假设相同，则得出：

$$P_{\text{误差}} = p_0 \cdot p(\text{互补信道误差}|\text{干扰}) + p_1 \cdot p(\text{信号信道误差}|\text{干扰}) =$$

$$\frac{1}{2}\cdot\frac{N+J}{2N+J}\exp\left[-\frac{S}{2N+J}\right] + \frac{1}{2}\cdot\frac{N}{2N+J}\exp\left[-\frac{S}{2N+J}\right] = \frac{1}{2}\exp\left[-\frac{S}{2N+J}\right] \tag{E.9}$$

在只有一种连续波单音干扰的情况下，可表示为：

$$j(t) = \sqrt{J}\cos(2\pi f_i t + \varphi)$$

这个单音频率与带通信道相同，相位在[0,2π]范围内随机均匀分布。文献[1]指出，该相位对误差概率作用突出(因为该相位独立于其他因素)。当该相位在同一数据信道中时就更是如此，因为它可能会加强信号，而不是产生差错。

由于两个概率密度函数均为莱斯分布，误差概率可用 Q 函数表示[2]，具体如下：

$$Q(x,y)=\int_y^{\infty}\mathrm{d}u\cdot u\exp\left[-\frac{u^2+x^2}{2}\right]I_0(ux)$$

$$p(\text{误差}|\text{有一个频带受连续波单音干扰})=\frac{1}{2}Q\left(\sqrt{\frac{JS}{N^2}}\right)$$

$$p(\text{误差}|\text{两个频带均受连续波单音干扰})=\frac{1}{2}-\frac{1}{2\pi}\int_0^{\pi}\mathrm{d}\varphi\cdot\left[Q\left(h(\varphi),\sqrt{\frac{J}{N}}\right)-Q\left[\sqrt{\frac{J}{N}},h(\varphi)\right]\right]$$

式中，

$$h(\varphi)=\left[S/N+2\cos\varphi\cdot\sqrt{JS/N^2}+J/N\right]^{1/2}$$

多进制频移键控通信在干扰条件下的误码率见图 E.4。

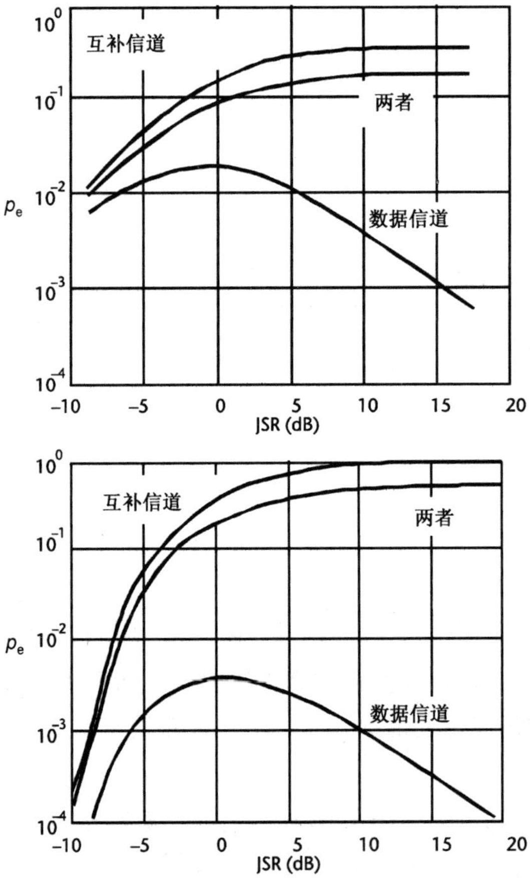

图 E.4　二进制频移键控通信误码率与 JSR (dB)的关系（参数 SNR = 10 和 20 dB）

参考文献

[1] Poisel, R., Introduction to Communication EW Systems, Norwood, MA: Artech House, 2002.

[2] Pettit, R. H., ECM and ECCM Techniques for Digital Communication Systems, Belmont, CA: Lifetime Learning Publications, 1982.

附录 F　雷达脉冲压缩波形

F.1　线性调频

调频波形是在小功率时产生的，然后经功率放大器放大再发射。发射波形由幅度为 A、持续时间为 T 的矩形脉冲组成。脉内载频可从 f_1 线性增大（向上线性调频）到 f_2 或从 f_2 线性下降到 f_1（向下线性调频）。接收的线性调频信号通过脉冲压缩滤波器，这是一个传输速度与频率成正比（向上线性调频）或与频率成反比（向下线性调频）的延迟线。在向上线性调频的情况下，相对于脉冲前沿的较低频率，它加快了脉冲后沿的较高频率，因此信号在宽度（$\tau=1/B$）被压缩了 $B=f_2-f_1$。脉冲压缩滤波器是一个匹配滤波器，其输出包络是输入信号的自相关函数。它的解析表达式为 $\sin(\pi B\tau)/(\pi B\tau)$。脉冲的峰值功率增加了 PCR 倍，这里的 PCR=T/通过滤波器的脉宽。线性调频的发射波形和匹配滤波器输出如图 F.1 所示。

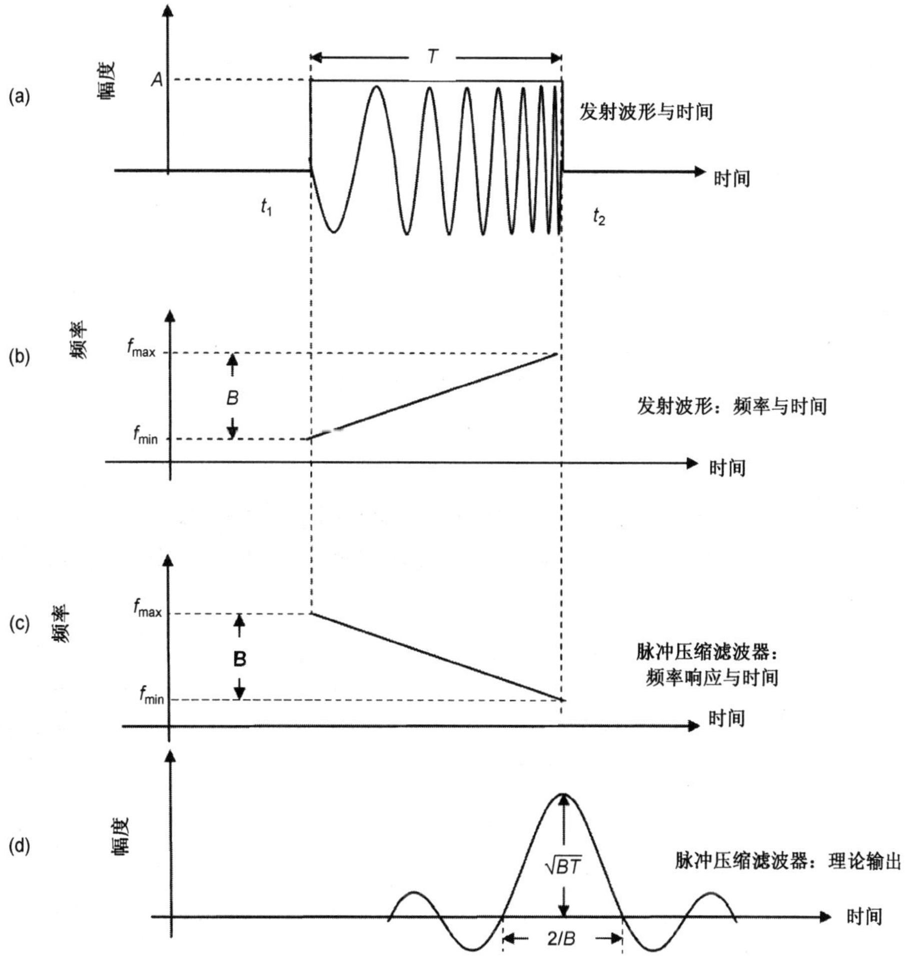

图 F.1　线性调频发射波形及匹配滤波器输出

线性调频脉冲压缩波形的模糊图表明：如果回波信号的多普勒频移大，那么它指示的距离是非真实距离。这一结果被称为距离-多普勒耦合。在许多情况下，多普勒频移产生的距离误差较小，因此可以接受。若多普勒频移产生的距离误差较大，则可通过对以相同带宽的向上、向下线性调频波形获得的两个距离值求平均来进行补偿。

线性调频波形的匹配滤波器的输出包络 $(\sin(\pi B\tau)/(\pi B\tau))$ 包含有靠近主瓣的比较高的时间副瓣(−13.2 dB)。通常，这是不能接受的，因为它可能会被误认为其他目标，或掩盖了附近的一些微弱目标。通过在匹配滤波器中应用幅度加权可以在接收时降低时间副瓣的幅度。这样，滤波器失配，并导致 SNR 降低。表 F.1 给出了第一时间副瓣的电平和相应的 SNR 损失以及因某些加权函数而导致的主瓣响应的扩展。

表 F.1 降低时间副瓣的一些加权函数的特性

加权函数	副瓣幅度(dB)	损失(dB)	主瓣宽度(相对)
均一	−13.2	0	1.0
$\cos^2(\pi f/B)$	−31.7	1.76	1.65
汉明：$0.08+0.92\cos^2(\pi f/B)$	−42.8	1.34	1.5

F.2 二进制相位码脉冲压缩

信号带宽的增大可通过将持续时间为 T 的长脉冲分为 N 个子脉冲并且改变每个子脉冲的相位(相位随时间的变化也就是频率)来实现。最简单的相位变化形式是二进制相位编码，每个子脉冲的相位都可根据特定的准则选为 0 或π弧度。如果随机将相位选为 0、π，则波形接近噪声调制信号，它有一个类似图钉的模糊图。

匹配滤波器的输出是一个宽度被压缩的脉冲，幅度 N 倍于长脉冲的脉冲。因此，$\mathrm{PCR}=N=T/\tau$，扩大的带宽为 $B=1/\tau$。

匹配滤波器输出(自相关函数)相对于峰值响应从 $-T$ 延伸到 $+T$。时间副瓣始终存在，若随机选择相位，预计最大副瓣(SLL)比压缩输出峰值低 $2/N$。因此，随机选择相位并不是有利的准则。

较好的准则是选择能提供均匀(最小)副瓣的编码，即巴克码，见表 F.2。巴克码最大长度为 13，副瓣电平为峰值信号的 $1/N^2$。巴克码匹配滤波器由抽头延迟线组成，图 F.2 所示是长度 $N=7$ 的巴克码。

表 F.2 巴克码(＋表示相位 0；－表示相位π)

码 长 度	码 元	副瓣电平(dB)
2	+ −; + +	−6.0
3	+ + −	−9.5
4	+ + − +; + + + −	−12.0
5	+ + + − + −	−14.0
7	+ + + − − + −	−16.9
11	+ + + − − − + − − + −	−20.8
13	+ + + + + − − + + − + − +	−22.3

利用有反馈的 N 级二进制移位寄存器和以模数为 2 的加法器（见图 F.3）可获得比巴克码所提供的 PCR 更大的 PCR。实际获得的序列取决于反馈连接和移位寄存器的初始载荷。图 F.3 所示的 N 级二进制设备共有 2^N 个不同的状态，不过要排除所有位为 0 的状态。因此它能产生一个 2^N-1 长的序列，称为最大长度序列或伪噪声（PN）序列，之后序列将重复。

可能存在着不止一个最大长度序列，这取决于反馈连接。如图 F.3 所示的装置，可以产生长度为 31 的 8 个不同的最大长度序列。采用合适的编码，最大副瓣电平可能比峰值响应（PCR 达到 N^2=30 dB）低 12～18 dB（或 $1/2N$ 到 $2/N$，均值 $1/N$）。

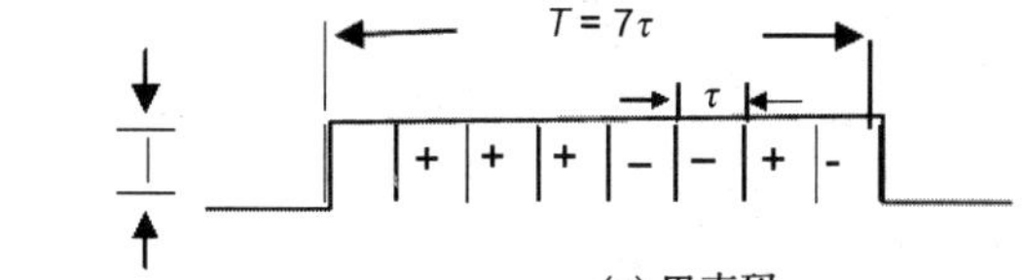

(a) 巴克码

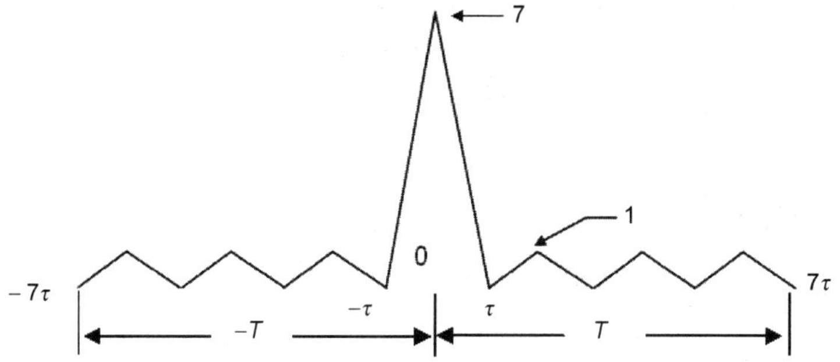

(b) 匹配滤波器输出

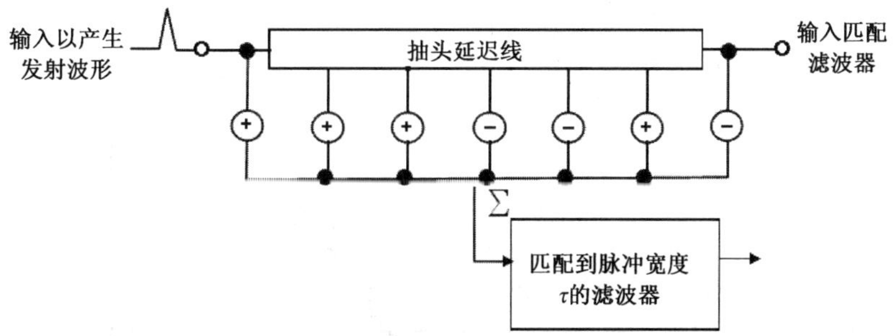

(c) 匹配滤波器框图

图 F.2　长度 N=7 的巴克码

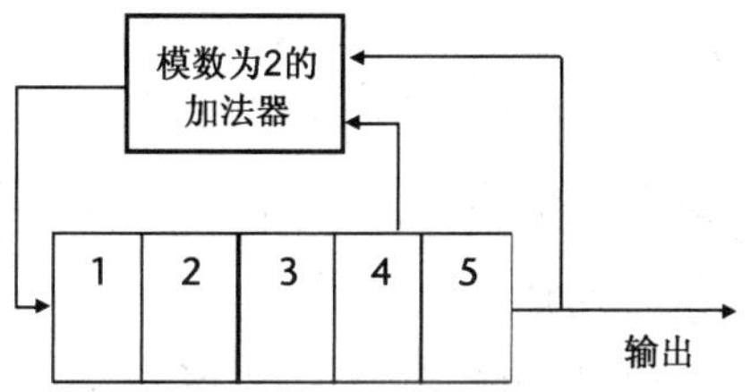

图 F.3　包含反馈和模数为 2 的加法器的五级二进制移位寄存器

F.3　多相码

当两个以上的相位量化应用于长脉冲的子脉冲时，其波形被称为多相码。通常，这些码产生较低电平的副瓣，能接受的多普勒频移比二进制相位码更大。

多相码的一个例子是由 $M\times M$ 方形矩阵产生的长度为 M^2 的弗兰克码。该矩阵的每个元素定义为：

$$\varphi_{n,k}=\frac{2\pi(n-1)(k-1)}{M} \tag{F.1}$$

式中，$n=1,2,\cdots,M$ 为矩阵的行数，$k=1,2,\cdots,M$ 为矩阵的列数。例如，若 $M=4$，则 $2\pi/M=\pi/2$ 弧度，因此可得出以下矩阵：

$$F_4=\begin{bmatrix}0 & 0 & 0 & 0\\ 0 & 1 & 2 & 3\\ 0 & 2 & 4 & 6\\ 0 & 3 & 6 & 9\end{bmatrix}\cdot\frac{\pi}{2}$$

然后，将矩阵的行连接在一起可获得相位元为 16、模数为 2π的发射序列：

$$[0\quad 0\quad 0\quad 0][0\quad \pi/2\quad \pi\quad 3\pi/2][0\quad \pi\quad 0\quad \pi][0\quad 3\pi/2\quad \pi\quad \pi/2]$$

弗兰克码可被看成阶梯形线性调频波形，如图 F.4 所示。

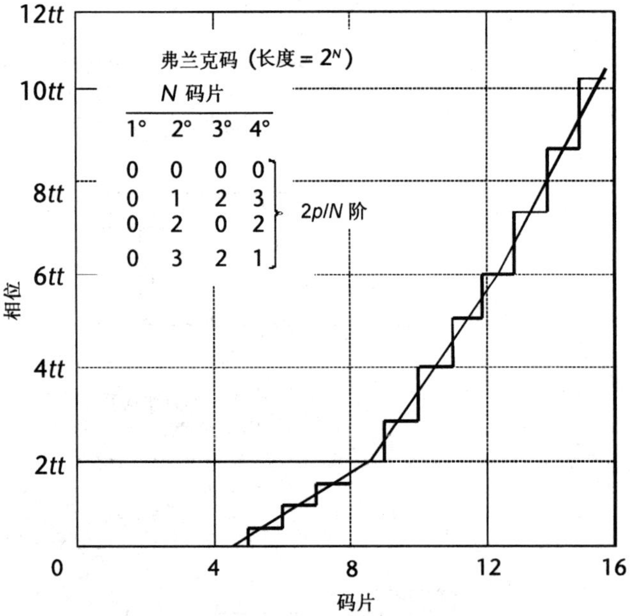

图 F.4　十六元弗兰克码的相位调制

多相码的模糊图类似于线性调频波形的模糊图，但在具有奇数倍π弧度的多普勒频率的每个子脉冲处，有 3～4 dB 的信号损耗。

多相码的最大副瓣相对于压缩脉冲峰值为 $1/(\pi^2M^2)$。在上述例子中（M^2=16=12 dB），最大副瓣电平约比峰值响应小−22 dB。

还有一些多相码就是所谓的 P 码，是 Lewis 和他的同事提出的，它也是阶梯式地接近线性调频（P_1 和 P_2 码）或正好就是线性调频（P_3 和 P_4 码）。

Lewis 还证明[3]，通过在脉冲压缩滤波器的输出端引入双采样滑窗减法器（在弗兰克码和 P_1 码的情况下）或双采样滑窗加法器（在 P_3 和 P_4 码的情况下）可极大地降低多相码的副瓣（大约 10 分贝）。

利用这一附加方式，长度为 N 的多相码的时间副瓣比较均匀，相对于峰值的副瓣电平 SLL=$4/N^2$。但压缩脉冲的宽度加倍（即为 2τ），且 PCR=$N/2$。例如，在 $N=M^2=100$ 码元的弗兰克码情况下，PCR=$N/2=50=17$ dB，SLL=$4/N^2=-28$ dB（低于峰值输出）。这就是若有 50 个码元的巴克码存在，即可获得的 SLL 值。

多相码的价值就在于，这种码极大地增加了码长度，因此获得了较大的 PCR，同时降低了自相关函数（即匹配滤波器输出）的时间副瓣电平。

F.4　Costas 码

跳频编码波形可通过将宽度为 T 的长脉冲划分为一串宽度为 τ 的、频率在带宽 B 内选择的邻接子脉冲来产生，如图 F.5 所示。频率间隔为子脉冲宽度的倒数（即 $\Delta f=1/\tau=M/T$），带宽 $B\geqslant M\Delta f$。由于频率是随机选取的，故模糊图为图钉形状。PCR 为 $BT=M\Delta f\cdot T=M^2$，但只用了 $M=(BT)^{1/2}$ 个子脉冲而不是二进制相位编码所需的 BT 个子脉冲。

并非所有 M 个频率组合都产生时域和频域副瓣较低的模糊图。Costas 建议了一个选择频率顺序的办法，可以获得相对于峰值功率的副瓣电平在远离中心峰值时为 $1/M^2$，而在接近中心峰值时的 SLL 会升高到 $4/M^2$。

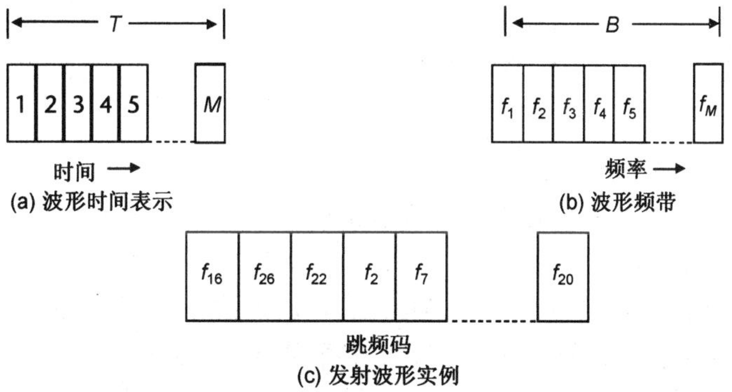

图 F.5　Costas 码：(a) 波形时间表示，(b) 波形频带，(c) 发射波形实例。

文献[4]的第 6 章介绍了基于 Costas 准则的波形，感兴趣的读者如果想要深入了解可以参阅。

F.5　其他编码

F.5.1　非线性调频（NLFM）

与线性调频（LFM）相比，非线性调频（NLFM）的优势是可产生较低的时间副瓣，因为频率的非线性变化速率与对频谱的幅度加权有同样的效果。事实上，如果在某些频谱的时间较少，这相当于降低该频谱部分的幅度。此外，它还不会明显加宽压缩后的脉冲。当采用对称的 NLFM 时，模糊图是图钉型，但多普勒容差差。非对称 NLFM 波形在模糊图上呈现经典的脊形，且有一些 LFM 的距离多普勒耦合。

F.5.2 补码(格雷码)

补码是广泛应用于 LPI 雷达，尤其是空地雷达[5]的二进制码。它们可以定义为一对长度相等的码，称为 A 和 $\tilde{A}$，一个码的自相关函数的时间副瓣与其补码的幅度相等，但符号相反。因此，如果两个长度为 N 的补码的自相关函数相加，则峰值为 $2N$，而时间副瓣都等于零，如图 F.6 所示。

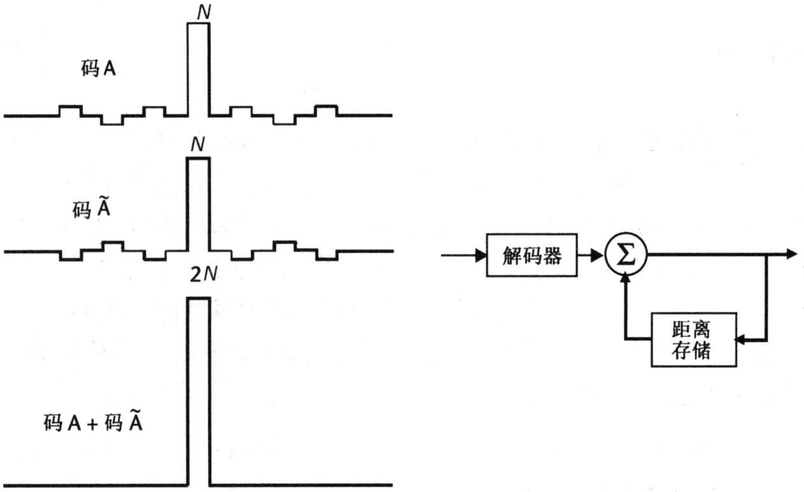

图 F.6　补码的自相关函数特性

交替发射两个码并将它们按单元相加，可获得极大的峰值副瓣比。实际上，实施误差将这一性能限制在 30dB 以上。此外，用很长的码也可获得良好的性能。

Golay[6]发现了长度为 $N=2^n$ 的补码，其中 n 为整数，Welti 发现了长度为 $N=2^n$ 的叫做 D 码的补码，它由更短的补码合成，文献[5]给出了关于这些码的更多的信息。

LPI 雷达采用的各种补码迫使 ESM 截获设备要么拥有大量并行解码器，要么在整个雷达工作带宽采用平方律检波器。后者使检波器有一个相对于辐射源的脉冲压缩为 $N^{1/2}$ 的损耗。该损耗在码长度大于 10^4 时可能很大(损耗大于 20dB)。

补码并不多用，因为它有两个弱点：①在 f_d=PRF/2 处存在未抵消的时间副瓣；②与所有的二进制码和多相码一样，它们没有多普勒容差。

F.6 组合的巴克码

巴克码的乘积可以生成较长的二进制码。码长为 τ 的内部巴克码可以通过码长为 T(等于 13τ)的外部巴克码进行调相。这样即可获得码长度为 169 个码片的巴克码(PCR 为 169)。该编码及其自相关函数如图 F.7 所示。从图中的自相关函数可以看出，中心峰值每边围绕着 12 个高度为 13 的峰值，其中 6 个位于中心区域。这些副瓣都相当大，必须引入副瓣抑制滤波器[5]，还要损失 SNR(大概要损失−1.1dB)。

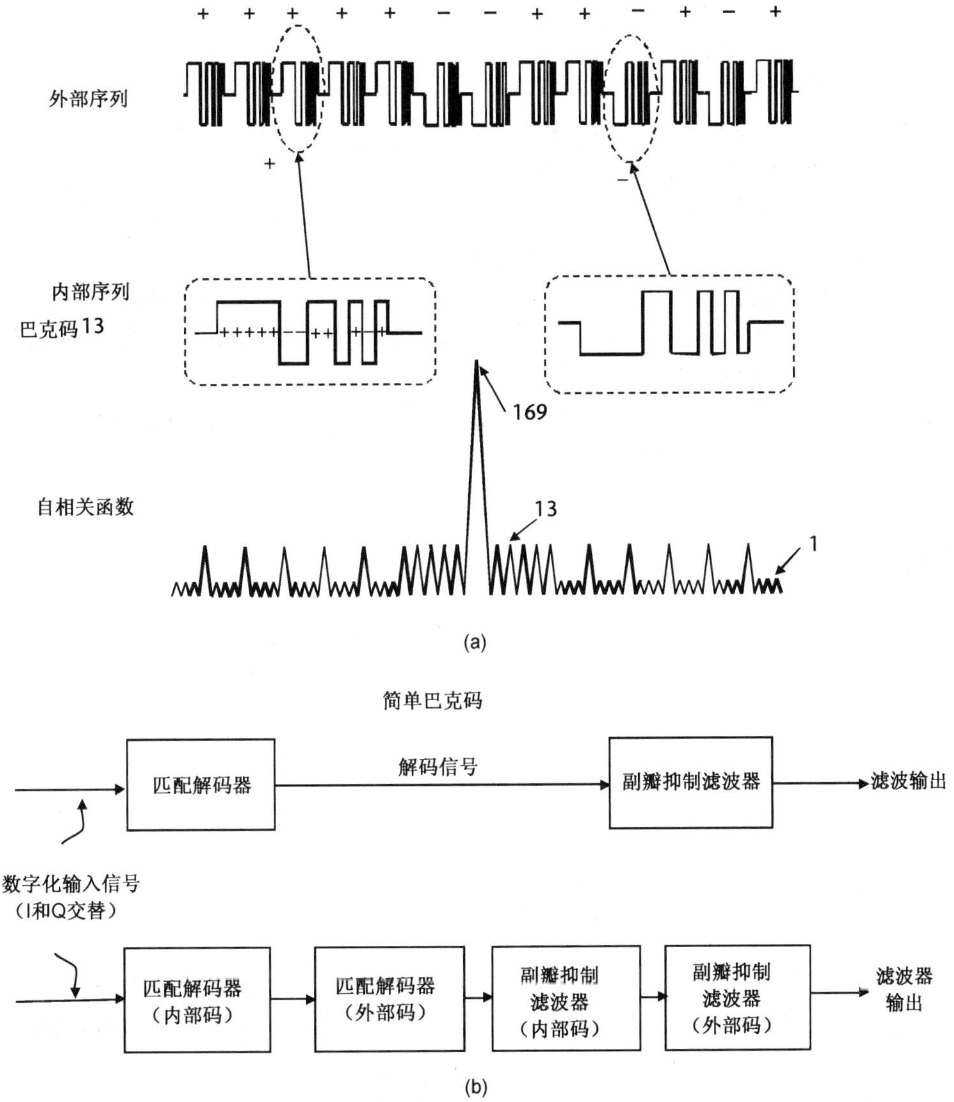

图 F.7 长度为 169 的组合巴克码及其自相关函数

F.7 多载波相位编码信号

多载波相位编码信号(MCPC)是脉冲压缩波形，其提供了一个近似图钉的模糊函数(AF)图像，在多波束相控阵和汽车雷达中有良好的应用。

多载波相位编码信号由 N 个序列(M 比特相位码)组成，这些序列在 N 个载波频率上同时传输。相邻两载波间的频差 $\Delta f=1/\tau$，其中 τ 是相位比特持续时间。

多载波相位编码信号脉冲复包络 $g(t)$ 在持续时间为 $M\tau=T$、带宽 $B=N/\tau=NM/T$ 时的计算式为：

$$g(t)=\sum_{n=1}^{N}\sum_{m=1}^{M}w_n a_{n,m}s[t-(m-1)\tau]\exp\left[\mathrm{j}2\pi\left(n-\frac{N+1}{2}\right)\frac{t}{\tau}\right] \quad (F.2)$$

式中，

w_n是与载波f_n相关的复合权重；

$a_{n,m}$是调制载波f_n序列中的第m元，$|a_{n,m}|=1$；

$s(t)=\mathrm{rect}(t-\tau)$；即对于$t-\tau<0$，$s(t)=0$；对于$0\leqslant t<\tau$及$t>\tau$，$s(t)=1$；

$g(t)=0$，$t<0$；$g(t)=T$，$t>M\tau$。

从图钉多载波相位编码波形模糊函数可以看出，其距离分辨率为$\Delta r=(c\tau)/(2N)$，多普勒分辨率为$\Delta f_{\mathrm{d}}=1/T=1/(M\tau)$，平均副瓣功率为$\mathrm{SL}=1/(MN)$。

以上波形的选择是由OFDM传输方法推导出来的，它是一种在局域网、数字广播和视频广播中使用的有效通信方法。事实上，它允许将带宽分成许多小的正交窄带频道，每一信道传输一个字位的数据。

波形正交性是一个数学概念，它意味着两个波形在其共同周期内乘积积分为0，即

$$\frac{1}{\tau}\int_0^{\tau}u_n(t)u_m^*(t)\,\mathrm{d}t=1,\qquad m\neq 0$$

让我们假设如下两个正弦波形带宽相同、载频不同，得到

$$u_n(t)=\exp\left[\frac{\mathrm{j}2\pi nt}{\tau}\right]\mathrm{rect}\left[\frac{t}{\tau}\right]$$

及

$$u_m(t)=\exp\left[\frac{\mathrm{j}2\pi mt}{\tau}\right]\mathrm{rect}\left[\frac{t}{\tau}\right]$$

因此

$$\left(\frac{1}{\tau}\right)\int_0^{\tau}u_n(t)u_m^*(t)\,\mathrm{d}t=\left(\frac{1}{\tau}\right)\int_0^{\tau}\exp\left(\mathrm{j}2\pi(n-m)\left(\frac{t}{\tau}\right)\right)\mathrm{d}t=0,\qquad m\neq n$$

多载波相位编码信号的正交性意味着在一段τ时间内，一个载波对另一个载波没有影响。假设每个载波的功率为P，波形$g(t)$的平均发射功率为$P_{\mathrm{av}}=NP$，则峰值功率

$$P_{\mathrm{peak}}=N^2p\ (\mathrm{if}\ w_n=1)$$

在多载波相位编码信号波形中使用不同权重w_n，以获得更好的模糊(距离-多普勒)性，而减少带外干扰意味着在传输(而非更有效的饱和功率)过程中需使用线性功率放大器，这会在输出功率ΔP(dB)中产生损耗，可通过峰均值(平均值)功率比测算出损耗，即

$$\Delta P=-10\log_{10}(\mathrm{PMEPR})=-10\log_{10}\left(\frac{\left(\sum_1^N|w_n|\right)^2}{\sum_1^N|w_n|^2}\right)$$

PMEPR＞N，因此功率损耗通常大于3 dB。为获得较好的PMEPR，必须适当选择M序列的相位比特。与序列相关内容在文献[1]中有具体论述，感兴趣的读者可查阅文献[1]中内容。

参考文献

[1] Levanon, N., and E. Mozeson, Radar Signals, New York: John Wiley & Sons, 2004, Chapter 10.

[2] Lewis, B., F. Kretschmer and W.Shelton, Aspects of Radar Signal Processing, Norwood, MA: Artech House, 1986.

[3] Lewis, B., "Range-Time Sidelobe Reduction Technique for FM-Derived PC Codes," IEEE Trans., AES-29 (July 1993), pp. 834-840.

[4] Skolnik, M., Introduction to Radar Systems, Third Edition, New York: McGraw-Hill, 2001.

[5] Lynch, D., Jr., Introduction to RF Stealth, SciTech Publishing, 2004, Chapters 1 and 5.

缩 略 语

A 幅度
A/C 飞机
AA 抗混叠
AAA 防空高炮
AAM 空对空导弹
ACM 比幅单脉冲
ADC 模数转换
ADT 自动检测与跟踪
AFF 主动辐射源文件
AESA 有源电扫阵列
AEW 机载预警
AFE 天线前端
AGC 自动增益控制
AGL 捷变
AI 机载截获雷达
AM 调幅
AMTI 机载动目标指示器
APA 有源相控阵天线
ARM 反辐射导弹
ARQ 自动重发请求
ASIC 先进专用集成电路
ASK 幅度键控
ASM 空对地导弹
ASP 天线扫描周期
ASPJ 机载自卫干扰机
AST 天线扫描类型
BBN 宽带或阻塞噪声
BDA 战损评估
BER 误码率
BFSK 二进制移频键控
BOC 二进制偏移载波
BPF 带通滤波器
BPSK 二相移相键控
BST 猝发
BW 带宽
C2 指挥控制
CA 单元平均
CCD 电荷耦合器件
CDMA 码分多址
C-ECM 通信电子对抗措施
CEP 圆概率误差
C-ESM 通信电子支援措施
CFAR 恒虚警率
CFD 箔条和曳光弹投掷器
CGCE 恒增益交叉眼
CHILL 箔条照射
CHR 信道化接收机
CIC 级联集成梳状
CIWS 近程武器系统
CLOS 指令视线制导
CM 对抗措施
CNR 作战网无线电台
COD 编码
COMINT 通信情报
COMSEC 通信保密
CORDIC 坐标旋转数字计算机
COSRO 隐蔽锥扫
CPCE 恒功率交叉眼
CPI 相干处理间隔
CRB 克拉美-罗界
CRLB 克拉美-罗下限
CSJ 近距支援干扰机
CVR 晶体视频接收机
CW 连续波
DAC 数模转换器
DD 差分多普勒
DDC 数字下变频器
DDS 直接数字合成

DECM	欺骗式电子对抗措施
DEMUX	多路分路器
DEW	定向能武器
DFD	差分多普勒频率
DFT	离散傅里叶变换
DIAL	差分吸收激光器
DINA	直接噪声放大
DIRCM	定向红外对抗
DLS	诱饵发射系统
DME	距离测量设备
DMT	离散多音
DOA	到达方向
DR	动态范围
DRFM	数字射频存储器
DRx	数字接收机
DS	直接序列
DSB	双边带
DSP	数字信号处理
EA	电子攻击
ECCM	电子反对抗措施
ECM	电子对抗措施
EEP	椭圆概率误差
EJ 或 ESJ	随队支援干扰机
ELINT	电子情报
EM	电磁
EMCON	电磁辐射控制
EMP	电磁脉冲
EMS	电磁频谱
ENOB	有效位数
EO	光电
EOB	电子战斗序列
EP	电子防护
EPI	扩展的相位干涉法
EPL	电子情报参数清单
ERP	有效辐射功率
ES	电子战支援
ESM	电子战支援措施
EW	电子战
FAM	快速傅里叶变换累积法
FCR	火控雷达
FCS	火控系统
FDMA	频分多址
FDOA	到达频差
FEC	前向纠错
FFH	快速跳频
FFT	快速傅里叶变换
FH	跳频
FIR	有限冲激响应
FLIR	前视红外
FM	调频
FMCW	调频连续波
FOV	视场
FPA	焦平面阵列
FPGA	现场可编程门阵列
FSK	频移键控
GaAs	砷化镓
GCA	地面控制进场
GCD	最大公约数
GEO	地球同步轨道
GNSS	全球导航卫星系统
GPS	全球定位系统
GSM	全球移动通信系统
HADF	高精度测向
HD-TV	高清电视
HMI	人机接口
HPA	高功率放大器
HPRF	高重频脉冲
HVPS	高压电源
IADS	综合防空系统
ICW	间断的连续波
IDR	瞬时动态范围
IED	简易爆炸装置
IF	中频
IFM	瞬时测频
IFOV	瞬时视场
IIR	无限冲击响应
IPL	逆无源定位
IR	红外

IRST 红外搜索与跟踪
ISAR 逆合成孔径雷达
ISTAR 情报收集、监视、目标截获和侦察
JCR 干扰对消率
JIT 抖动
JPEG 联合图像专家组规定的图像压缩格式
JSR 干信比
LACE 低空交叉眼
LB 大带宽
LCM 最小公倍数
LEO 低地球轨道
LE-TDOA 前沿到达时差
LFM 线性调频
LNA 低噪声放大器
LO 本振
LOB 方位线
LORAN 远程导航
LORO 隐蔽波束
LOS 视距
LPF 低通滤波器
LPI 低截获概率
LPIR 低截获概率雷达
LPRF 低脉冲重复频率
LSB 下边带
LSM 最小二乘法
LUT 查询表
MAC 乘法累积器
MANPADS 便携式防空系统
MAW 导弹逼近告警器
MC 存储控制器
MFAR 多功能相控阵雷达
MFSK 多频频移键控
MI 导弹照射器
MIDS 军事信息分发系统
MLE 最大似然估计
MOP 脉内调制
MPEG 动态图像专家组规定的图像压缩格式
MPM 微波功率模块
MR 毫弧度
MPRF 中脉冲重频
MRT 最低可分辨温度
MSK 导弹导引头
MTBF 平均无故障时间
MTD 动目标检测
MTF 调制传递函数
MTR 导弹跟踪雷达
MTI 动目标指示器
MTV 镁-聚四氟乙烯-氟橡胶
MUSIC 多信号分类识别算法
MWI 滑窗积累器
MWS 导弹告警系统
NAVSTAR 导航卫星定时与测距
NB 窄带
NBC 核子、生物和化学
NBN 窄带噪声
NCS 网络控制站
NEMP 核电磁脉冲
NEP 噪声等效功率
NET 噪声等效温度
NIMD 多最大检测的非相干积累
NLFM 非线性调频
NN 神经网络
OFDM 正交频分复用
OKPSK 偏移正交相移键控
OPG 光参数产生
OPSEC 作战安全
OTH 超视距
PACF 周期自相关函数
PAF 周期模糊函数
PAR 精密近场雷达
PBN 部分频带噪声
PBR 无源双基地雷达
PCL 无源相干定位
PCM 比相单脉冲
PCM 脉冲编码调制
PCR 脉冲压缩比

PD	脉冲多普勒
PDF	概率密度函数
PDM	脉冲描述符消息
PDW	脉冲描述字
PET	被动辐射源跟踪器
PF	定位
PGM	精确制导弹药
PGR	雷达处理增益
PLL	锁相环
PM	相位调制
PN	伪噪声
POI	截获概率
PRF	脉冲重复频率
PRI	脉冲重复间隔
PRN	伪随机噪声
PSK	移相键控
PSYOPS	心理战
PTOA	预计到达时间
PW	脉冲宽度
QAM	正交调幅
QM	正交调制方法
QMF	正交镜像滤波器
QPSK	正交移相键控
RAF	距离优势因素
RATG	冲压式空气涡轮发电机
RCIED	无线电控制简易爆炸装置
RCS	雷达散射截获面
RF	射频
RFM	距离滤波映射
RGPO	距离门拖引
RHCP	右旋圆极化
RRC	雷达分辨单元
RWR	雷达告警接收机
S/H	采样和保持
S/W	软件
SAM	地对空导弹
SAR	合成孔径雷达
SATCOM	卫星通信系统
SAW	表面声波
SC-TDOA	信号相关到达时差
SCR	信号-杂波比
SEAD	对敌防空压制
SEI	个体辐射源识别
SFDR	无杂散噪声动态范围
SFH	慢跳频
SH	超外差
SHR	超外差接收机
SIGINT	信号情报
SIJ	防区内干扰机
SLB	旁瓣消隐
SLC	旁瓣对消
SLD	滑动
SLL	旁瓣电平
SNR	信噪比
SOJ	防区外干扰机
SPJ	自卫干扰机
SPS	自卫系统
SS	扩谱
SSA	固态高增益放大器
SSB	单边带
SSCA	条带谱相关分析
SSM	地对地导弹
SSW	方波扫描
STAP	时-空自适应处理
STT	单目标跟踪
SWT	扫描
T/R	收/发
TA	目标截获雷达
TD	拖曳式诱饵
TDL	战术数据链
TDMA	时多分址
TDOA	到达时差
TERCOM	地形地貌匹配
TEWA	威胁评估和武器部署
TOA	到达时间
TOI	截获时间
TOT	照射目标的时间
TR	变换接收机

TTR	目标跟踪雷达
TVM	经导弹跟踪
TWS	边扫描边跟踪
TWT	行波管
UAS	无人空中系统
UCA	均匀圆阵
UMOP	无意脉内调制
USB	上边带
VCO	压控振荡器
VGPO	速度波门拖离
VOR	甚高频全向无线电测距
VRGPO	速度和距离门拖引
WB	宽带
WGN	高斯白噪声
WO	宽开
WVD	维格纳-瑞利分布

反侵权盗版声明

举报电话：（010）88254396；（010）88258888
传　　真：（010）88254397
E-mail：　dbqq@phei.com.cn
通信地址：北京市海淀区万寿路 173 信箱
　　　　　电子工业出版社总编办公室
邮　　编：100036